The First Latin Translation of Euclid's *Elements* Commonly Ascribed to Adelard of Bath

edited by

H. L. L. Busard

Among the foremost of medieval English translators, Adelard of Bath (fl. 1116-1142) in all likelihood was the first to present a full version or versions of the *Elements* of Euclid in Latin and thus to initiate the process that led to Euclid's domination of high and late medieval mathematics. Adelard's name is associated in twelfth-century manuscripts with three quite distinct versions. Version I, which seems to be anterior to the other versions, is a close translation of the whole work (as well as of the non-Euclidean Books XIV and XV). In preparing Version I the translator possibly used some form of the revised second translation made by al-Ḥajjāj, who was the first to translate the *Elements* from Greek into Arabic.

The aim of the present work is to reconstruct the text of Version I as it circulated in four manuscripts (for the first eight books) and in one manuscript (for Book X.36 to Book XV.2). Book IX, Book X.1-35 and the last three propositions of Book XV are not extant. The text is preceded by a lengthy introduction: chapter one deals with the transmission of the *Elements* and the use of the Latin translations; chapter two with some differences in translation techniques between Versions I and II, which do raise the question whether or not Adelard was the translator of both. Version I is also compared with a Syriac fragment and the Arabic Euclid. Chapter three contains a description of the manuscripts used and a discussion of their mutual relationship. The volume concludes with four addenda: a list of Arabic words in the various versions of the Latin *Elements*; a list of characteristics of the various translations; fragments of a version of the *Elements* contained in a Vatican manuscript and a discussion of whether Gerard of Cremona based his translation on an Isḥāq-Thābit text which already contained material drawn from the first version of al-Ḥajjāj.

STUDIES AND TEXTS 64

THE FIRST LATIN TRANSLATION OF EUCLID'S *ELEMENTS* COMMONLY ASCRIBED TO ADELARD OF BATH

BOOKS I-VIII AND BOOKS X.36-XV.2

EDITED BY

H. L. L. BUSARD

PONTIFICAL INSTITUTE OF MEDIAEVAL STUDIES

ACKNOWLEDGMENT

This book has been published with the help of a grant
from the Canadian Federation for the Humanities
using funds provided by the
Social Sciences and Humanities Research Council of Canada.

CANADIAN CATALOGUING IN PUBLICATION DATA

Euclid.
[Elements. Latin]
The first Latin translation of Euclid's Elements commonly ascribed to Adelard of Bath

(Studies and texts, ISSN 0082-5328 ; 64)
ISBN 0-88844-064-2

1. Geometry - Early works to 1800. 2. Mathematics, Greek. 3. Euclid. Elements. I. Busard, H. L. L. (Hubertus Lambertus Ludovicus), 1923- II. Adelard, of Bath, ca. 1116-1142. III. Pontifical Institute of Mediaeval Studies. IV. Title. V. Series: Studies and texts (Pontifical Institute of Mediaeval Studies) ; 64.

QA31.E8782 1983 516 C83-098181-0

Pontifical Institute of Mediaeval Studies
59 Queen's Park Crescent East
Toronto, Ontario, Canada M5S 2C4

PRINTED BY UNIVERSA, WETTEREN, BELGIUM

Contents

1

The *Elements* of Euclid

A. Introduction

Although Euclid is one of the most well-known mathematicians whose name was synonymous with geometry until the twentieth century, only two facts about his life are known, and even these are not beyond dispute. One is that he lived after the pupils of Plato (d. 347 BC) and before Archimedes (b. ca. 287 BC); the other that he taught in Alexandria. Until recently most scholars would have been content to say that Euclid was older than Archimedes on the ground that Euclid, *Elements* I.2 is cited in Archimedes, *On the Sphere and the Cylinder* I.2. In 1950, however, Johannes Hjelmslev asserted that this reference was a naïve interpolation. The reasons that he gave are not wholly convincing, but since Archimedes never quotes Euclid anywhere else, why should he suddenly do it for this extremely elementary point? Although it is no longer possible to rely on this reference, a general consideration of Euclid's works shows that he still must have written after such pupils of Plato as Eudoxus and before Archimedes.

Euclid's residence in Alexandria is known from Pappos, who records that Apollonios spent a long time with the disciples of Euclid in that city. This passage is also attributed to an interpolator by Pappos' editor, Fr. Hultsch, but only for stylistic reasons (and these are not very convincing); and even if the Alexandrian residence rested only on the authority of an interpolator, it would still be credible in the light of general probabilities. Since Alexander ordered the foundation of the town in 332 BC and another ten years elapsed before it began to take shape, we have as a first approximation that Euclid's Alexandrian activities lay somewhere between 320 and 260 BC. Apollonios was active at Alexandria under Ptolemy III Euergetes (acceded 246) and Ptolemy IV Philopator (acceded 221) and must have received his education about the middle of the century. It is likely, therefore, that Euclid's life overlapped that of Archimedes and that he must have flourished ca. 300 BC.

Euclid's fame rests preeminently upon the *Elements*, written in thirteen books, the first half dozen of which are on elementary plane geometry, the next three on the theory of numbers, the tenth on incommensurables, and the last three chiefly on solid geometry. In the fourth century Theon of Alexandria reedited it, altering the language in some places with a view to greater clarity, interpolating intermediate steps, and supplying alternative proofs, separate cases and corollaries. All the manuscripts of the *Elements* known until the nineteenth century were derived from Theon's recension. Then Peyrard discovered in the Vatican a manuscript, known as P, which obviously gives an earlier text and is the basis of Heiberg's definitive edition.[1]

In ancient times it was not uncommon to attribute to a celebrated author works that were not by him; thus some versions of Euclid's *Elements* include a fourteenth and even a fifteenth book, both shown by later scholars to be apocryphal. The Gerard of Cremona translation, for example, held both books XIV and XV to be by Hypsicles (there called Assicolaus), who probably lived in the first half of the second century BC.

B. Transmission of the *Elements*

a. The Medieval Arabic Euclid

Some knowledge of the Arabic translations of the *Elements* is a necessary introduction to the study of Euclid in the Latin West, for the versions obtained and studied in Europe during the twelfth century were almost exclusively those of the Arabic tradition. Several translations of the *Elements* were made, the earliest of which was that by al-Ḥajjāj ibn Yūsuf ibn Maṭar (fl. ca. 786-833) under the 'Abbāsid caliphate of Hārūn ar-Rashīd (786-809), at the insistence of his vizier Yaḥyā ibn Khālid ibn Barmak. Actually al-Ḥajjāj made two versions of the *Elements*; the second one, a shorter recension of his earlier translation, bore the name Ma'mūni (for al-Ma'mūn [813-833]). An altered form of the second version, edited by Besthorn, Heiberg, and others, has been preserved in a Leiden manuscript, Codex Leidensis 399.1. It is uncertain, however, just how closely this text resembles the second al-Ḥajjāj version, due to the fact that it may have been altered in the course of being combined with the an-Nayrīzī commentary (see below).

[1] Ivor Bulmer-Thomas, "Euclid," *Dictionary of Scientific Biography*, ed. Charles C. Gillispie, 4 (New York, 1971), pp. 414-416.

A new and later translation, more closely resembling the best Greek tradition, was made in the tenth century by Isḥāq ibn Ḥunayn (d. 910), the son of the most famous of the Arabic translators, Ḥunayn ibn Isḥāq. Again a second recension was prepared, in this instance by a scholar who in his own right holds a major position within the history of Islamic mathematics, Thābit ibn Qurra (d. 901). The spurious Books XIV and XV of the *Elements* were translated by the Baghdad mathematician and astronomer Qusṭā ibn Lūqā (d. about 912).

The standard Arabic recension is that of Naṣīr ad-Dīn aṭ-Ṭūsī (d. 1274). We know that at least one *Taḥrīr Uṣūl Uqlīdis* (Recension of Euclid's *Elements*) was completed by aṭ-Ṭūsī in 1248. It covered all fifteen books and made use of both the Ḥajjāj and Isḥāq-Thābit translations.[2]

b. The Arabic-Latin Tradition of the Elements

Once integral translations of the *Elements* from the Arabic were available to the medieval scholar the so-called Euclidean fragments, which had been so popular in the monastic and cathedral schools, receded into the background. From the problem of attempting to determine relationships between the meager extracts of the early period and the true Euclid, the student of the Euclid question must accordingly turn to one concerned with the authorship of the new texts, the sources and time of their translation, the number and completeness of the divergent versions, and their influence. The new dominant tradition was twofold: one wing derived from the al-Ḥajjāj Euclid, the other from that of Isḥāq-Thābit. (The recension of aṭ-Ṭūsī came too late to enter into the competition of translating activity in the twelfth century.)

The Latin *Elements* based upon the Isḥāq-Thābit text was the accomplishment of Gerard of Cremona (ca. 1114-1187).[3] It had long been known that Gerard numbered among his translations a copy of the *Elements*, but until 1901 no manuscript had been singled out as containing his version. At that time A. A. Björnbo discovered that the anonymous Vatican manuscript Reg. lat. 1268 included a translation by an unknown hand of the *Elements*, Books X-XV, from an Arabic source. Later, in 1904, after discovering other manuscripts containing all fifteen books of the *Elements*, he concluded that this must be the Gerard text. The translation by Gerard is not the Isḥāq-Thābit version in its pure form because it also

[2] For a list of Arabic commentaries on the *Elements* see F. Sezgin, *Geschichte des Arabischen Schrifttums*, 5 (Leiden, 1974), pp. 105-115.

[3] See my edition, *The Latin Translation of the Arabic Version of Euclid's* Elements *Commonly Ascribed to Gerard of Cremona* (in press).

contains material drawn from an al-Ḥajjāj version, very likely the first one. Since the Arabic manuscript Escorial 907 containing an Isḥāq-Thābit version also contains this other material, it is very likely that Gerard did not utilize texts of both in making his translation, but based his labors on an Isḥāq-Thābit text that already contained material drawn from al-Ḥajjāj I.[4] It is possible that the work was completed in 1167. Gerard also contributed to the *Euclides Latinus Medii Aevi* by translating the commentary of an-Nayrīzī (fl. ca. 897-922) on the first ten books of the *Elements*, the commentary of Muḥammad ibn ʿAbdalbāqī (fl. ca. 1100) on Book X, and at least part of Abū ʿUthmān ad-Dimashqī's (fl. ca. 908-932) translation of Pappos' commentary on Book X.

Next we come to Hermann of Carinthia (fl. ca. 1140-1150), well-known translator of astronomical texts from Arabic. In the list of writings ascribed to Hermann by various authors, no mention is made of his having translated Euclid; nonetheless, Birkenmajer has traced the history of a Paris manuscript of the *Elements*, which seems ultimately to go back to Hermann. In a comparison made of the manuscripts described by Richard de Fournival at Amiens in his *Biblionomia* (written about 1246) with those bequeathed to the Sorbonne in 1271 by Gerard d'Abbeville, he detected an item that seems to be the same. This manuscript, which now bears the shelfmark MS latin 16646 in the Bibliothèque Nationale, had been described in the *Biblionomia* in the following manner: "37. Euclidis geometria, arithmetica et stereometria, ex commentario Hermanni secundi." This version is, therefore, presumably the work of Hermann.[5] The Paris manuscript, which dates from the thirteenth century, contains only the first twelve books of the *Elements*. Although up to then only one manuscript containing the Hermann translation was known, there are good reasons to assume, as we shall see below, that the author of the anonymous manuscript Vat. Reg. lat. 1268 containing Books V, VI and X-XI.4 of the *Elements* (fols. 72^r-113^v) was acquainted with the original Hermann version. Since the proofs in Vatican, MS Reg. lat. 1268 which resemble or show the influence of those of Hermann have been more fully elaborated, we must assume that the Hermann version as we have it today is a very succinct one. In preparing his translation Hermann used, in all

[4] See Addendum 4.

[5] For the edition of Books I-VI see my *The Translation of the* Elements *of Euclid from the Arabic into Latin by Hermann of Carinthia (?)* (Leiden, 1968); for that of Books VII-IX, my "The Translation of the *Elements* of Euclid from the Arabic into Latin by Hermann of Carinthia (?), Books, VII, VIII and IX," *Janus* 59 (1972), 125-187; and for that of Books VII-XII, my *The Translation of the* Elements *of Euclid from the Arabic into Latin by Hermann of Carinthia (?), Books VII-XII* (Amsterdam, 1977).

probability, some form of an al-Ḥajjāj text. Testimony is adequate but not overwhelming for this conclusion. Thus, the Hermann version contains a number of Arabic terms not found in other versions;[6] and the presence of several Greek terms such as *rumbus* (*ῥύμβος*) suggests that he may have been acquainted with Boethian excerpts.[7]

Among the foremost of medieval English translators and natural philosophers, Adelard of Bath (fl. 1116-1142) was one of those who made the first wholesale conversion of Arabic-Greek learning from Arabic into Latin. He traveled widely, first to France where he studied at Tours and taught at Laon. After leaving Laon he journeyed about for seven years visiting Salerno, Sicily (before 1116, perhaps before 1109), Cilicia, Syria, and possibly Palestine. It seems probable that he also spent time in Spain, on the evidence of his manifold translations from the Arabic (particularly his translation of the astronomical tables of al-Khwārizmī from the revised form of the Spanish astronomer Maslama ibn Aḥmad al-Majrīṭī). It may be, however, that he learned his Arabic in Sicily and obtained Spanish-Arabic texts from other Arabists who had lived in Spain, for example, from Petrus Alphonsus. He is found in Bath once more in 1130 when his name is mentioned in the Pipe Roll. There are several indications in his writings of some association with the royal court. The dedication of his *Astrolabe* to a young Henry (presumably the future King Henry II) seems to indicate a date of composition for that work between 1142 and 1146, and no later date for his activity has been established.[8] It is in this work on the astrolabe that Adelard testifies to the fact that he translated the *Elements*.

Within the past two decades Marshall Clagett has surveyed an impressive array of Adelardian manuscripts and demonstrated that among the Euclidean manuscripts attributed to, and with some probability written by, Adelard there are three distinct versions of the *Elements*. One, entitled Version I, is a close translation of the whole work (including the non-Euclidean Books XIV and XV) from an Arabic text, probably that of al-Ḥajjāj II. No single codex contains the whole version, but on the basis of translating techniques and characteristic Arabicisms[9] the text has been pieced together. Only Book IX, the first thirty-five propositions of Book X,

[6] See Addendum 1, Arabic Words in Latin Versions of the *Elements*, part a, p. 391.

[7] See Addendum 2, List of Characteristics of the Various Translations, pp. 397-399.

[8] Marshall Clagett, "Adelard of Bath," *Dictionary of Scientific Biography*, ed. Charles C. Gillispie, 1 (New York, 1970), p. 61.

[9] See Addendum 1, Arabic Words in Latin Versions of the *Elements*, part b, pp. 391-394 and part c, pp. 394-395.

and the last three propositions of Book XV are missing. (This is the version edited in this volume.)

The second treatment of the *Elements* bearing Adelard's name, termed Version II, is of an entirely different character. Not only are the enunciations differently expressed but the proofs are very often replaced by instructions for proofs or outlines of proofs. It is clear, however, that this version was not merely a paraphrase of Version I but derives at least in part from an Arabic original, very likely an al-Ḥajjāj text since it contains a number of Arabicisms[10] not present in Version I. It was Version II that became the most popular of the various translations of the *Elements* produced in the twelfth century and apparently the one most commonly studied in the schools. Certainly its enunciations provided a skeleton for many different commentaries, the most celebrated of which was that of Campanus of Novara, composed in the third quarter of the thirteenth century.

Version III does not appear to be a distinct translation but a commentary. Whether or not it is by Adelard, it is attributed to him and is distinguished from his translation in a manuscript in the Bibliothèque Nationale in Paris,[11] and judging from Oxford, Balliol College MS 257, fols. 2^r-98^v, which dates from the late twelfth century, it was written prior to 1200. One of the difficulties Clagett[12] noted in ascribing the third version to Adelard was the possible reference to Book X of Jordanus' *Arithmetica*, which, if true, would create dating problems. The reference, however, is not to Jordanus but rather merely to the ten means distinguished in any treatise on arithmetic, as, for example, in Boethius.[13] This version enjoyed some popularity and was quoted by Roger Bacon, who spoke of it as Adelard's *editio specialis*. Since Version III quotes Version II, as we shall see below, it is very probable that Version III was written after Version II, and that Version II provided the direct source for the axioms, definitions and enunciations which Version III uses.

It is also very likely that Version I is prior to Version II, as we shall again see below. If so, Version I is the first full Latin translation of the *Ele-*

[10] See Addendum 1, Arabic Words in Latin Versions of the *Elements*, part d, pp. 395-396.

[11] The explicit of Version III from BN MS latin 16648, fol. 58r, is: "Explicit edit[i]o alardi bathoniensis in geometriam Euclidis per eundem a. bathoniensem translatam."

[12] M. Clagett, "The Medieval Latin Translations from the Arabic of the Elements of Euclid with Special Emphasis of the Versions of Adelard of Bath," *Isis*, 44 (1953), 24.

[13] J. E. Murdoch, "The Medieval Euclid: Salient Aspects of the Translations of the Elements by Adelard of Bath and Campanus of Novara," *Revue de Synthèse*, 89 (1968), 71.

ments made in the Latin West. The attribution of Version I to Adelard appears only in the twelfth-century manuscript, Oxford, Trinity College MS 47, fols. 139r-180v. As this manuscript also contains Version II, which like most of the many other manuscripts it clearly ascribes to Adelard, the attribution to Adelard of Version I is not particularly significant. As we shall see, there are reasons to doubt that both versions were made by Adelard.

C. The Use of the Latin Translations

Version II of Adelard was by far the most popular in the Middle Ages. It is this version which Weissenborn settled on as the Adelard translation, and which most students of the Euclid problem have continued since his time to call the "Adelard Euclid." Its popularity is not only shown by the considerable number of manuscripts of it which are still extant, but also by the fact that the enunciations of Version II were used by numerous scholars of the thirteenth and fourteenth centuries (including Campanus) who wished to make commentaries on Euclid or rework the proofs in their own style. Marshall Clagett[14] has listed some of the later paraphrases and reworkings:

1. London, British Library, MS Sloane 285, fols. 1r-65v. This uses the definitions, postulates, axioms and enunciations from Version II, but has different proofs for Books I-VI.4. After VI.4 this is straight Version II.

2. Paris, BN, MS latin 7374, fols. 1r-111r. From I.Def. 1 through I.46 this is straight Version II. Then in I.47 it suddenly shifts to a completely different version; the enunciations, however, are still from Version II. This version goes through IX.38. Then in fols. 109v-111r it gives the introduction of Book X which appears in some manuscripts containing Version II, e.g., in Prague, University Library, MS III.H.19 (= 572), fol. 72r. It is continued in Paris, BN, MS latin 16647, fols. 3r-92r which contains Books X.Def.-XV.5. This again is straight Version II.

3. Oxford, Bodleian Library, MS D'Orville 70, fols. 1r-23v contains Books I-VII.6 and the enunciations are in the form of Version II. Fols. 23v-38v contain Books VII.7-X.36 of Version III. Fols. 39r-71v contains Books X.36-XV.2 of Version I.

[14] Clagett, "The Medieval Latin Translations," pp. 29-30.

4. The version of Campanus of Novara. Most of the enunciations are in the form of Version II.

5. In Oxford, Bodleian Library, MS C.C.C. 234, fols. 1^r-172^v, we have two "commenta" following each enunciation (from Version II). The second comment is that of Campanus; the first, constituting still another version, is unidentified.

6. Paris, BN, MS latin 7292, fols. 188^r-267^v contains Books I-X.Def. The enunciations are borrowed from Version II. Menso Folkerts informs me that the text would be identical with Vienna, Nat. Bibl., MS 5304, fols. 1^r-127^r – Books I-XV without the definitions, postulates and axioms of Book I; with Bonn, Univ. Bibl., MS S. 73, 86 fols. – Books I-XV.6; and with Vatican, MS Reg. lat. 1268, fols. 1^r-69^r – Books I-XV.6. Incipit: "Punctus est cui non est pars. Linea est longitudo sine latitudine...." Explicit (Book XV.6): "... constabit quia equidistat substrato, qui totus est in una superficie. Idem intelligatur de aliis." [15]

This last manuscript – Vatican, MS Reg. lat. 1268 – shows some similarity to an early commentary on the *Elements*, Books I-IV, attributed to Albertus Magnus and contained in Vienna, Dom. Bibl., MS 80/45, fols. 105^r-145^r. Albertus' commentary has as its most important source the commentary written by Anaritius (Albertus mentions Anaritius several times) and translated from the Arabic by Gerard of Cremona. Moreover, Albertus is familiar with several other translations and redactions of the *Elements* which he mentions as "commenta Boethii et Adelardi" (I.5), "alia translatio," "translatio ex greca," "translatio ex arabico," etc. At least one of these can be shown to be Version II or possibly Version III. (The latter uses definitions, postulates, axioms and enunciations from Version II.) In "Anonyme lateinische Euklidbearbeitungen aus dem 12. Jahrhundert," Menso Folkerts has shown that the manuscript Lüneburg, Ratsbibliothek, MS misc. D 4° 48, fols. 13^r-17^v, contains a mélange of parts of the Boethian excerpts and parts of Version II. The text dates from about 1200 and seems to have been compiled by a North German scholar.[16]

Vatican, MS Reg. lat. 1268, fols. 72^r-91^v, contains a version of Books V and VI of the *Elements*. The books have been introduced with a commentary (Book V: fols. 72^r-76^r; Book VI: fols. 81^v-82^r) in which the

[15] A. A. Björnbo, "Studien über Menelaos' Sphärik. Beiträge zur Geschichte der Sphärik und Trigonometrie der Griechen," *Abhandlungen zur Geschichte der mathematischen Wissenschaften*, 14 (Leipzig, 1902), p. 138.

[16] *Denkschriften der Österreichischen Akademie der Wissenschaften*, Math.-naturwiss. Klasse, 116 (1971), pp. 5-42.

author cites Alfarabius and Aristotle. An indication of the use of Version III is found in the introduction to Book V – fol. 72r: "Sex autem diffinitiones premittit. Quarum prima est partis, id est submultiplicis. Secunda multiplicis. Tertia proportionis. Quarta proportionalitatis. Sed quoniam proportionalitas alia est continua, alia incontinua, ideo quinta diffinitio est continue proportionalitatis. Sexta vero est incontinue. Cetera autem que in hoc prohemio secuntur potius apponuntur ad assignandum ignotorum verborum significationes quam ad aperiendum notorum verborum proprietates." [17]

Roger Bacon was also acquainted with Version III as appears from his quotations: "... et Alardus Batoniensis in sua edicione speciali super Elementa Euclidis ait: 'Concepciones sunt que ultimo (aliter primo) occurrunt humane intelligencie, in quibus non est exigendum propter quid." [18] In another place Bacon quotes at length from the introduction of Version III: "De hiis vero sic scribit Alardus Batoniensis in edicione speciali super librum Elementorum Euclidis dicens: Excercitacionis ... leuca miliarium unum et dimidium." [19]

As for the missing part of Version I, we found the enunciations of X.17 and 24 in the thirteenth-century Vatican manuscript, Reg. lat. 1137, fols. 73v-74r; the proofs there, however, have been taken from Version II.[20]

[17] For the text of Version III see Thomas J. Cunningham, "Book V of Euclid's *Elements* in the Twelfth Century: The Arabic-Latin Traditions" (Ph.D. thesis, University of Wisconsin, 1972 [*Dissertation Abstracts International*, 33 (1972-1973), 6824-A]), p. 203.

[18] R. Steele, *Communia Mathematica Fratris Rogeri* (Oxford, 1940), pp. 65-66, and Clagett, "The Medieval Latin Translations," p. 36.

[19] Steele, *Communia Mathematica*, pp. 78-79, and Clagett, "The Medieval Latin Translations," pp. 34-35.

[20] The transcription below is from the Vatican manuscript. See also Leipzig, Universitätsbibliothek, MS Rep. I, 68c, fol. 59r, and Florence, Bibl. Riccard., MS 2968/2, fol. 23r.

X.24 Nunc demonstrandum est quomodo inveniantur due linee mediate potentia tantum communicantes continentes superficiem rationalem longior quarum potens supra minorem augmento quadrati linee seiuncte sibi in longitudine.

Due que sequuntur non sunt de numero. Signentur itaque due linee potentia tantum rationales communicantes *a* et *b*. Sitque *a* potens super *b* augmento quadrati linee seiuncte sibi in longitudine. Sitque inter *a* et *b* linea proportionalis *g* sintque *g* et *b* et *d* continue proportionales. Dico itaque quia *g* et *d* sunt sicut proposuimus. Argumentum huius ex xxiii xi Euclidis sume et ingenio.

X.17 Nunc demonstrandum est quomodo inveniantur due linee potentia tantum rationales communicantes quarum longior potens sit supra breviorem augmento quadrati linee communicantis ipsi longiori in longitudine.

Sit ergo linea *a b* in longitudine communicans linee *b g* lineeturque super eam semicirculus *a g b*. Signenturque duo numeri *d h* et *d z*. Non sit autem proportio numeri *d z* ad numerum *h z* sicut numeri quadrati ad numerum quadratum. Sit autem proportio inter *d z* ad *h d* sicut numeri quadrati ad numerum quadratum. Sit vero proportio numeri *d z* ad

This manuscript also contains Version II (fols. 1ʳ-73ᵛ). We found a reference to the use of Version I in the margin of the Gerard manuscripts, Vat. lat. 7299 and Vat. Ross. 579: at I.15 the reference reads as follows: "Invenitur in alio libro hoc quod est in fine huius theorematis, scilicet, cum dicitur: Iam igitur ex hoc etc. corollarium esse et quod ibi dicitur de quattuor angulis non in propositione contineri, sed post finem theorematis illud postea concludi." [21]

Marshall Clagett[22] has discovered one interesting reference to the Gerard translation in a fourteenth-century manuscript in the British Library, Harley 5266. It is a copy of the Campanus version, but has numerous marginal notes, in some of which he refers to the Gerard translation anonymously as *alia translatio*. The scribe also makes reference to an-Nayrīzī's commentary. Clagett also noticed that the introductory material in the Gerard translation is found inserted in a multiple commentary from the Arabic, a fragment of which is contained in the Paris manuscript, BN, MS lat. 7215, fol. 4ʳ.

I found another use of the Gerard translation in the Oxford manuscript, Bodleian Library, D'Orville 70, containing Version I. In this manuscript the enunciations have been corrected to agree with the version of Gerard. Above the enunciation of X.77 (i.e., Gerard X.80) is written: "seiuncta toti in potentia cuius quadratum cum quadrato totius sit rationale et superficies quam ipse continent sit medialis." [23] If the enunciations differ too much from one another, the whole Gerard enunciation is written above, e.g., for X.79 (= Gerard, X.82): "Linee que cum mediali coniuncta facit totum mediale non coniungitur nisi una linea tantum seiuncta toti in potentia cuius quadratum cum quadrato totius sit mediale et sit etiam superficies quam continent medialis." [24]

I have discovered the best example yet of the use of the Gerard and the Hermann versions in the Vatican manuscript, MS Reg. lat. 1268; it is also the only use of the Hermann version which I have been able to find up to

---

numerum *h z* sicut quadrati linee *a b* ad quadratum linee *b g*. Dico itaque quia *a b* et *b g* sicut intendimus. Istud demonstrandum videtur deesse decimo iuxta xvii.

[21] It is very probable that the following remark in the margin of certain Gerard manuscripts – Bruges 521, Vat. lat; 7299, and Rossiano 579 – refers to Version I: X.79: "In alio: Residuo bimediali secundo non coniungitur nisi una linea tantum donec fiant in termino earum ante separationem. Dico igitur quod non coniungitur linee *a b* alia linea in termino *a g* et *g b*."

[22] Clagett, "The Medieval Latin Translation," p. 28.

[23] Oxford, Bodleian Lib., MS D'Orville 70, fol. 45ʳ and my *Latin Translation ... Gerard of Cremona*, c. 302.

[24] Oxford, Bodleian Lib., MS D'Orville 70, fol. 45ʳ and my *Latin Translation ... Gerard of Cremona*, cc. 303-304.

now. As previously noted, fols. 1^{r}-69^{r} of this manuscript contain a version of the *Elements* which differs from the versions of Adelard, Hermann, and Gerard. Fols. 69^{r}-71^{r} contain an algorismi treatise ascribed to Jordanus de Nemore (Incipit: "Communis et consuetus rerum cursus virtusque..."). This treatise is incomplete, ending at Proposition 15.[25] Fols. 72^{r}-91^{v} contain Books v and vi of the *Elements*; fols. 92^{r}-112^{v} Book x; fols. 113^{r-v} Book xi Definitions and Propositions 1-4; and fols. 113^{v}-142^{v} Books xi.5-xv.5 taken over from Gerard. Books v, vi, x and xi Definitions and Propositions 1-4 are reworked from the same author who borrows his material from Version ii (or iii) and from Hermann and Gerard. Most of the enunciations he adopts from Version ii, and like Version iii he comments on the definitions of Books v and vi. The author was also acquainted with the proofs of x.18 and 20[26] in the commentary of Muḥammad ibn 'Abdalbāqī, translated into Latin by Gerard of Cremona and published by Curtze as the last part of an-Nayrīzī's commentary. This is one of the few cases in which I have found that the commentary of 'Abdalbāqī has been used by a medieval scholar. In my edition of the Gerard translation[27] I remarked that the *numeri Anaritii* agree with those of Gerard, that is to say, with those of Isḥāq-Thābit. The numbers of the propositions as found in the commentary of 'Abdalbāqī belong to the Adelard-Hermann tradition, that is to say, to an al-Ḥajjāj version, and on the whole the diagrams have been lettered in agreement with Hermann. The Vatican manuscript, Reg. lat. 1268, is a good example of the way in which the medieval author reworked his material. The parts of the proof are not specifically labelled, though several divisions can easily be recognized by certain phrases which quite consistently introduce them. The words *Exempli causa* (or *Verbi gratia*) set out the example; the actual proof is introduced by *Quod sic probatur*; and the proposition generally concludes with the phrase *Et hoc est quod monstrare* (or *invenire* or *probare*) *voluimus* (or *intendimus* or *proposuimus*). The propositions of Book v generally follow the Gerard version; in v.5 the author gives only the first proof offered by Gerard, and in v.18 both Gerard proofs, the second one almost verbatim.[28] In Book vi the author added vi.11

[25] Ron B. Thomson, "Jordanus de Nemore: Opera," *Mediaeval Studies*, 38 (1976), 108.

[26] See Addendum 3, The Version of the *Elements* in Vatican, MS Reg. lat. 1268, ff. 72^{r}-113^{v}, pp. 400-413, and M. Curtze, *Anaritii in decem libros priores Elementorum Euclidis commentarii ex interpretatione Gherardi Cremonensis* (Leipzig, 1899), pp. 303 and 306-307.

[27] H. L. L. Busard, *Latin Translation ... Gerard of Cremona*.

[28] See Addendum 3, p. 400, and my *Latin Translation ... Gerard of Cremona*, c. 130.

(= Heiberg VI.12) which proves the existence of a fourth proportional in the case of three given straight lines. This proposition is missing from the Adelard and the Hermann editions; therefore, since Gerard is the only one who gives it, the author must take the proof from Gerard.[29] In VI.12 the author again offers two proofs, the second one in full agreement with Gerard, and in VI.14 the proposition ends as follows: "Has ergo superficies pro mutua laterum circa equos angulos comparatione equas esse nullus ambigit." This is taken from Hermann.[30] The proof of VI.19 partly follows Gerard and partly Hermann, the second part of the proof being especially similar to that of Hermann, e.g., (fol. 87^{r-v}): "Sed quoniam si quotlibet quantitatum ad totidem alias una fuerit proportio que fuerit unius eorum ad sui comparem, eadem erit omnium pariter acceptarum ad omnes sic acceptas ex xiii quinti, tunc que inter *a b e* ad *z h l* triangulos proportio, eadem et multiangulas superficies...." [31] For the other part of the proof the author offers the wording of Gerard verbatim.[32] The proof of VI.21 is arranged in the same way as VI.19. In Addendum 3 (pp. 401-402) I have indicated which part of the proof belongs to Hermann and which to Gerard. The proof of VI.22 consists of two parts. In the first part the author gives a proof which resembles that of Version I followed by one of the Gerard redaction. It is very difficult to distinguish whether or not in the second part of the proof the author follows the same procedure; in any case the last part of his proof agrees with the alternative proof of Gerard. Gerard offers two proofs of VI.32 which are also found in the Vatican manuscript. First the author gives a proof which resembles Gerard's second one; then his second proof follows Gerard's first proof verbatim.[33] In the last proposition of Book VI the author again gives a mixture of the proofs of Gerard and Hermann.[34]

The author takes the definitions of Book X from Version II, but he also adds some phrases from Gerard, e.g., like Gerard he concludes with "Linea ex qua fit quadratum irrationale est irrationalis." [35] In X.2, 7, 8 and 10 the author follows Hermann;[36] in the proof of X.12 he adds from Version II, "per hanc regulam: Si latera proportionalia, et quadrata

[29] See Addendum 3, p. 400, and my *Latin Translation ... Gerard of Cremona*, cc. 145-146.

[30] Hermann VI.13. See my *Translation ... Hermann of Carinthia* (1968), p. 123.

[31] Hermann VI.18. See ibid., p. 128.

[32] See Addendum 3, p. 401, and my *Latin Translation ... Gerard of Cremona*, c. 152.

[33] See Addendum 3, p. 404, and my *Latin Translation ... Gerard of Cremona*, c. 162.

[34] See Addendum 3, pp. 404-405.

[35] Fol. 92^{r} and my *Latin Translation ... Gerard of Cremona*, c. 233.

[36] See Addendum 3, pp. 405-407.

eorum," [37] and at the end of the proof he adds from Gerard, "Ergo si *a* addit in potentia super *b* quadratum linee communicantis sibi in longitudine, et *g* addit in potentia super *d* quadratum linee communicantis sibi in longitudine." [38] The author concludes the proof of x.13 as follows: "Propter hoc autem dicitur: debere deesse superficies quadrata ex complemento linee quoniam, nisi deesset, et superficies adiuncta esset maior aut minor parte remanente ex duabus partibus linee, non esset theorema verum nec illud quod inducitur ex secundo libro." I found a similar remark in the margin of the Gerard manuscripts – Bruges 521, Vat. lat. 7299, Boulogne-sur-Mer 196, and Rossiano 579.[39] In x.17 the author gives two proofs for the case that the square on the greater is greater than the square on the less by the square on a straight line incommensurable in length with the greater (= Heiberg x.30). Next he gives the proof of Gerard for the case that the straight line is commensurable in length with the greater, followed by a remark which he took from Version II.[40] In the first proof of x.18 the author follows Hermann, whereas the second proof is in full agreement with the proof of ʿAbdalbāqī,[41] and the same holds true for the proofs of x.20. In the proof of x.22 I found again an addition taken from Version II: "per hanc regulam: omnis superficies quam continent due linee potentia rationales et longitudine communicantes est rationalis." [42] In x.23 and 24 the author gives the proofs following Hermann, but for part of the proofs he offers a second version which he took from Gerard.[43] He concludes the proof of x.23 with the following remark: "Quod autem hoc dicitur: longior linea plus posse breviore non debet esse in hoc theoremate neque in sequenti. In sequentibus enim ponitur et probatur. Interim autem est positio in hoc et in illo." I found a similar remark again in the margin of the Gerard manu-

[37] Fol. 94^r. Version II reads as follows: "Quia vera est hec regula: quorum latera proportionalia sunt, quadrata proportionalia esse." (See, e.g., Cambridge, University Lib., MS Dd.XII.61, fol. 66^v).

[38] Fol. 94^r and my *Latin Translation ... Gerard of Cremona*, c. 243.

[39] "Non ob aliud dixit: minuatur ex complemento linee superficies quadrata nisi quia si non minueretur superficies quadrata, et fuisset amplitudo superficiei adiuncte longior aut brevior parte remanente ex duabus partibus linee, non esset iudicium verum. Et illud etiam quod ipse induxit ex tractatu secundo huius libri non esset verum."

[40] For the text see my *Latin Translation ... Gerard of Cremona*, Appendix I.

[41] See Addendum 3, pp. 407-408, and Curtze, *Anaritii*, p. 303.

[42] Fol. 97^r. Version II reads as follows: "ex hac regula: omnis superficies quam continent due linee potentialiter rationales et longitudine commensurabiles est rationalis." (See, e.g., Cambridge, University Lib., MS Dd.XII.61, fol. 70^r.)

[43] See Addendum 3, pp. 408-409, and my *Latin Translation ... Gerard of Cremona*, cc. 249-250, crit. app.

scripts – Bruges 521, Vat. lat. 7299 and Rossiano 579.[44] Therefore, it is very probable that the author used one of these manuscripts. In x.26 the author follows first the proof of Hermann, and then he continues with the proof of Gerard x.31.[45] After the proof of x.34 the author says: "Sic autem probatur predicta respecta qua dicitur: Quod superfluum quod est inter diversas diminutiones quantitatum equalium superfluo, quod est inter residua earum, est equale." The proof which follows is very similar to the proof which Gerard gives after x.40 and ascribes to Iezidi.[46] The beginning of the proof of x.41 is very similar to Hermann x.41, and the proof proceeds with Gerard x.46. The first proof of x.42 (to find the third binomial straight line) is the proof Gerard gives in x.47 and his second proof is that of Hermann x.42.[47] Some parts of the proofs of x.43 (= Gerard x.48), x.44 (= Gerard x.49), x.45 (= Gerard x.50) and x.46 (= Gerard x.51) are borrowed by the author from Gerard.

In the introduction of my Gerard edition I have pointed out that the author of the part of the Vatican manuscript under discussion used in some proofs the word *mutus* instead of *surdus*, *tetragonus* instead of *quadratum*, and in Book XI, Definition 8 *teres* instead of *rotunda* – characteristics of Hermann. I have also shown there that Propositions XI.1-4 are very similar to Hermann's, and that the Vatican manuscript author gives, starting from XI.5, only the reading of Gerard. Now at the end of my investigation of the Vatican manuscript, Reg. lat. 1268, I must conclude that the author of Books V, VI and X-XI.4 tried to combine the translations of Adelard, Hermann and Gerard in a very primitive manner. Sometimes the author follows Gerard verbatim, sometimes not. Therefore, I cannot distinguish whether the reading of the Vatican manuscript is better than the succinct text in the Paris manuscript, BN MS lat. 16646, attributed to Hermann of Carinthia. However, I did not find any proof which follows verbatim the text of Hermann as found in the Paris manuscript and if we take into consideration that the author sometimes follows the text of Gerard, of Version II and of 'Abdalbāqī very

[44] This text reads as follows: "Quod dicitur in hoc theoremate: longior linea addere super breviorem non debet esse in ipso neque in eo quod ipsum sequitur. Sed utendum est positione in hoc et in illo ponendo quadratum superficiei equale esse. Non enim quod hic dicitur de augmento unius linee super aliam in sequentibus probatur et ponitur."

[45] See Addendum 3, pp. 409-410, and my *Latin Translation ... Gerard of Cremona*, c. 258.

[46] See Addendum 3, pp. 410-411, and my *Latin Translation ... Gerard of Cremona*, cc. 264-265.

[47] See Addendum 3, pp. 411-413, and my *Latin Translation ... Gerard of Cremona*, cc. 271-272, as well as my *Translation ... Hermann of Carinthia, Books VII-XII*, p. 106.

closely (in x.42 and 45[48] the author gives, for example, the proofs of Gerard verbatim and those of Hermann not at all), we must conclude that the real Hermann text was longer than the one contained in the Paris manuscript, and that his proofs were arranged in the usual manner, marked off with *Verbi gratia* or *Exempli causa, Quod sic probatur* and *Et hoc est quod monstrare voluimus* or something similar. The Vatican manuscript, Reg. lat. 1268, was probably copied during the second half of the fourteenth century, but it is my guess that the text was written early in the thirteenth century, for by seeing the manner in which the mixed proofs in particular are arranged, we must conclude that the procedure used points to a period very close to the origin of the translations. Therefore, it is very probable that the work belongs with other early commentaries on the *Elements* such as Version III and the commentary attributed to Albertus Magnus.

[48] See Addendum 3, p. 413, and my *Latin Translation ... Gerard of Cremona*, cc. 273-274, and my *Translation ... Hermann of Carinthia, Books VII-XII*, pp. 107-108.

2

The Versions Ascribed to Adelard of Bath

A. The Translator of Versions I and II

It is quite certain that Adelard of Bath made a translation of the *Elements*. He himself mentions this in a later work on the astrolabe written between 1142 and 1146.[1] We do not know whether or not Version III was written by Adelard; however, it is very probable that this version was written after Version II, based on the explicit in some manuscripts containing Version II which agrees with the following phrase in the introduction of Version III: "Titulus is est primus liber euclidis philosophi de arte geometrica incipit, vel incipit ars geometrica [c]ccclxiiii propositiones et proposita continens, ab euclide in arabico composita et ab adhelardo bathoniensi in latinum transumpta. Propositiones vero per indicativum, proposita per infinitivum explicantur." [2] Moreover, Version II is quoted in the Version III proof of VI.27 (= Heiberg VI.28): "Unde in commento: 'Sin autem frustra laborabis', occasione sumpta ex precedenti." [3] The phrase quoted is indeed in the proof of the same proposition in Version II. Also I have found the same remark after the axioms of Book I in Versions II and III and in Campanus.[4] It was very probably taken from Version II.

[1] C. H. Haskins, *Studies in the History of Mediaeval Science* (New York, 1927), pp. 25, 29.

[2] Clagett, "The Medieval Latin Translations," p. 36. The explicit of Version II reads: "Explicit liber Euclidis philosophi de arte geometrica continens cccclxv proposita et propositiones, et xi porismata preter anxiomata singulis libris premissa. Proposita quidam infinitivis, propositiones vero indicativis explicans." This explicit follows texts found in Cambridge, Gonville and Caius MS 504, fols. 30v-86r; Oxford, Bodleian Library, MS Auct. F.5.28, fols. IIr-XLIv; Erfurt, Cod. Ampl. Q.23, fols. 1r-70v; Berlin, MS lat. quarto 510, fols. 1r-59v; London, British Library, MS Add. 34018, fols. 1r-78v; Exeter Cathedral Library, MS 3503, fols. 1r-96v; Dresden, MS Db 86, fols. 1r-48v; Naples, Bibl. Naz., MS VIII.C.22, fols. 1r-44r.

[3] Murdoch, "The Medieval Euclid," p. 72.

[4] For the text see Mary van Ryzin, "The Arabic-Latin Tradition of Euclid's *Elements* in the Twelfth Century" (Ph.D. thesis, Univ. of Wisconsin, 1960 [*Dissertation Abstracts*, 21 (1960-1961), 1210]), pp. 150 and 201. I found the same note in the margin of Oxford, Trinity College MS 47, fol. 171v (containing Version I), but in a different hand from that of the text.

It is also very probable that Version I is prior to Version II. After Book II, Def. 1, there is in Version II the following phrase: "Nota parallelogrammum idem esse quod superficiem equidistantium laterum." It is very likely that this note concerns the use of the phrase "superficies equidistantium laterum" in Version I. And again, in XI.16 one reads: "Linee enim ille, quas nos communes sectiones, arabes vero ubi nos fefellerunt interpretes: communes differentias in sua lingua dicunt elfadhel...." I have found the expression "communes differentias" in several places in Version I, including XI.16.

Moreover, Version I seems to be more primitive than Version II, that is to say, in the former the translator is still looking for the right Latin word. In XII.10, for example, instead of "triplicata" he gives "repetitione tripla," then "ter repetita" and then "trirepetita"; in Book I, for instance, he used the word "inconiunctivus" or "equistans" instead of "equidistans"; and in Book III, "quadratura" instead of "ductu." The translator of Version I only transcribes some words such as "elmansor" (i.e., "serratilis") and "elaalem" (i.e., "gnomo"),[5] or he does not translate them although he was acquainted with their Latin equivalents, e.g., "differens" instead of "residuum," "elkora" instead of "spera" and "elmukaab" instead of "cubus." The translator of Version I also does not show any Greek influence, or that he was familiar with Boethius who is actually named in Version II. Also missing in Version I are Greek words such as "hypotenusa," "gnomo," "parallelogrammum," "ysosceles," "orthogonaliter," etc., common in Version II.[6] Furthermore, the great majority of the demonstrations in all books of Version I are concluded by the phrase "Et hoc est quod demonstrare intendimus," rendering the Arabic phrase "Wa dhalika ma aradna an nubayyina," whereas in XIII.7 of Version II the same Arabic phrase has been translated by "Et hoc est quod oportebat ostendere," rendering the Greek *ὅπερ ἔδει δεῖξαι.*[7]

The attribution of Version I to Adelard of Bath occurs only in the Oxford manuscript, Trinity College 47, and it appears to be in a different hand from that of the text. Moreover, on fols. 104ᵛ-138ʳ of this manuscript is found Version II, and therefore in this case the attribution to Adelard is of little value. If both versions are from Adelard's hand he did

[5] In the margin of manuscripts of Version I – Oxford, Trinity College, MS 47, fol. 179ᵛ and Bruges, MS 529, fol. 10ʳ – we find in a different hand from that of the text, "elaalem arabice," "gnomo grece," "vexillum vel signum latine"; and in Paris, BN MS lat. 16201, fol. 43ʳ (also Version I), "arabice, sed nos dicimus gnomonem."

[6] See Addendum 2, List of Characteristics of the Various Translations.

[7] The great majority of the demonstrations in Books XI-XV of Version II conclude with the phrase: "Quod oportebat ostendere."

not make Version II until he recognized that words such as "gnomo," "serratilis," and "parallelogrammum" are equivalent to "elaalem," "elmansor," and "superficies equidistantium laterum," and if my supposition is right, this should be again an indication that Version II originated after Version I.

Adelard's earliest efforts in arithmetic appear in a work entitled *Regule abaci* which was apparently a work composed prior to his study of Arabic mathematics for it is quite traditional and has Boethius and Gerbert as its authorities. Judging from his *Quaestiones naturales* Adelard was also acquainted with the *Musica, Topica* and *De consolatione* of Boethius. Therefore, very probably he was also acquainted with Boethius' *De geometria* from which he could have taken technical terms such as "gnomo," "parallelogrammum," "communes animi conceptiones" (in Version I expressed as "scientia universaliter communis"), etc.[8] In XI.21 Version II refers to a dullard with the words "pinguis Minerva" taken from Cicero. In his work *On the Astrolabe* Adelard also quotes Cicero once.[9] Moreover, most of the many manuscripts of Version II clearly ascribe the work to Adelard. Therefore, it is very probable that he composed Version II, but whether or not this is the case with Version I, I cannot say.

B. The Syriac Euclid, the Arabic Euclid, and Version I

It was frequently the case that Arabic translations of Greek works were done via a Syriac intermediary. It is, however, rather doubtful that this was the case with the *Elements*. We do possess fragments of a Syriac redaction of Book I in a fifteenth or sixteenth-century manuscript published with a German translation in 1924 by G. Furlani.[10] After comparing Proposition I.1 of al-Ḥajjāj II,[11] Naṣīr ad-Dīn aṭ-Ṭūsī, the Syriac fragment and the Greek text, Furlani concludes that there exists a close filiation between the Syriac text and the al-Ḥajjāj II version, and that they sometimes agree literally. Neither this agreement nor the fact that in the Syriac fragment Greek technical terms like "basis," "trigonus," etc., are transcribed (unlike al-Ḥajjāj II which lacks them) is conclusive evidence

[8] Also in his *De eodem et diverso*, Adelard shows the influence of Greek rather than of Arabic learning. There are a few Greek but no Arabic words. (Haskins, *Studies*, p. 21.)

[9] Haskins, *Studies*, p. 41.

[10] "Bruchstücke einer syrischen Paraphrase der 'Elemente' des Eukleides," *Zeitschrift für Semitistik und verwandte Gebiete*, 3 (1924), 27-52; 212-235.

[11] In this section for al-Ḥajjāj II, we mean the Besthorn edition.

for this supposition that a Syriac text served as an intermediary between the Greek original and al-Ḥajjāj. For, as Furlani said, Bar Hebraeus (1226-1286) gives in his philosophical works based on Arabic originals a transcription of Greek technical terms, even though he had not mastered the Greek language. This phenomenon is also found in the Latin West, witness, for instance, the use of the words "gnomo" and "parallelogrammum" in Version II.

I have compared the Syriac fragment with Version I and have found an almost literal agreement between them. In Version I, for example, it is very easy to find the place where the Syriac fragment breaks off in I.23 and where it begins again in I.37. The phrase "Nunc demonstrandum est," which is used to introduce among other things Book I Propositions 1-3, 9-12, 22 and 23, is characteristic of Version I; a similar phrase is found in the Syriac fragment in the same places, and also in al-Ḥajjāj II. The diagrams in all three texts have also been lettered in the same way.[12] On the other hand, very few differences between the various texts can be shown. For instance, al-Ḥajjāj omits the phrase "Dico quia..." in Book I Propositions 1-3; Version I and al-Ḥajjāj do the same in Propositions 10-12 and 22. In I.3 al-Ḥajjāj takes the lines *ab, bg* instead of *ab, g* and in I.16 he adds the proof for the second exterior angle, which is perhaps an addition of an-Nayrīzī. As well in I.18 and I.19 al-Ḥajjāj takes *ab* greater than *ag* instead of the reverse. On the whole, however, the three texts agree very well, with the exception that the corollary given in Heiberg's *Elements* after the proof of I.15 is included in the Syriac fragment and in al-Ḥajjāj II as part of the enunciation while Version I adds it to the *exemplum*. (Versions II and III omit it entirely.) Since we know nothing about a Syriac version before the eleventh century and the very little about the al-Ḥajjāj version written in the eighth or ninth century, we must be content with the simple assertion that there exists a close relationship between the Syriac fragment, the *Elements* of al-Ḥajjāj, and Version I.

[12] Version I used *h* for hā' and H for ḥā'.

3

The Critical Edition

A. The Edition

There is a persistent belief that some rendering of Euclid's *Elements* existed in England before the celebrated versions of Adelard of Bath. If by this is meant some truncated Latin version such as that attributed to Boethius, or fragments such as those in the encyclopedic works of Macrobius, Martianus Capella, Cassiodorus, St. Isidore, and Bede, then the belief has some justification, since all of these works circulated in England. But if it means that some English scholar prepared a translation or a commentary as early as the tenth century, we must deny it.

Early in this century T. L. Heath[1] cited a fragment of a fourteenth-century poem found in British Library, MS Royal 17A, fols. 2ᵛ-3ʳ, in which the mention of King Athelstan would put the introduction of Euclid into England as far back as 924-940 AD. However, Miss F. A. Yeldham argued successfully that the author is referring not to Euclid nor even to geometry, but to masonry.[2] More recently Marshall Clagett[3] has laid to rest a tradition dating back to Regiomontanus (1464) and revived by E. Jörg in 1935, that Venice, Bibl. Naz. Marc., MS f. a. 332, fols. 86ʳ-233ʳ contains a complete version of the *Elements* by Boethius and a partial commentary on it (up to IV.5) by King Alfred the Great. Clagett established that the manuscript on which Jörg relied, and to which the latter believed Regiomontanus referred, is merely another manuscript containing Versions II and III.

Thus Version I is the first translation of Euclid's *Elements* into Latin during the medieval period, written probably between 1126 and 1130. Since Books IX-X.35 and the propositions following XV.2 are unknown, I

[1] T. L. Heath, *The Thirteen Books of Euclid's Elements*, 2nd ed. (Cambridge: University Press, 1925; reprt. New York: Dover Publications, 1956), 1: 95.

[2] F. A. Yeldham, "The Alleged Early English Version of Euclid," *Isis* 9 (1927), 234-238.

[3] Marshall Clagett, "King Alfred and the Elements of Euclid," *Isis* 45 (1954), 269-277.

am now publishing only the first eight books and Books x.36-xv.2 of Version I.

All the manuscripts known to me, namely Bruges 529 (sigilla B), British Library, Burney 275 (sigilla L), Oxford, Trinity College 47 (sigilla O), and Paris BN lat. 16201 (sigilla P), have been used to establish the text of the first eight books and are fully collated. All four manuscripts are generally in close agreement. Manuscripts L, O and P regularly conclude with "Et hoc est quod demonstrare intendimus" (or "proposuimus"), while B omits entirely any formula for terminating the propositions. The conjecture of Marshall Clagett[4] that P was copied from O may be correct since in nearly all cases P used the word which O has written above the line.[5] Nor did I find any place where P added a word or phrase not in O. On the other hand, frequent omissions, repetitions and errors make P the least reliable of the four manuscripts, the more so since P is written without much care.[6] Clagett observes[7] that P breaks off at the same place as O, but that may have been coincidental since both manuscripts do end at the bottom of a folio. In the margin of P we read: "Hic finitur liber octavus euclidis; deficiunt residui vij (?)," but this phrase is in another hand. Therefore, we can conclude that P was derived from O or from another copy belonging to the same family as O.

The relationship between B and O is more difficult to establish, but I assume that B goes back to a text older than O. Occasionally two Latin words of the same meaning are placed in B, one above the other. Some of these superscripts in B have been used by O.[8] The same is also valid in some cases in which B uses Arabic terms and gives their Latin translations

[4] Clagett, "The Medieval Latin Translation," p. 18.

[5] In I.29 O has written "equidistantes" (used by P) above "inconiunctive"; in II.13 O has written "perpendicularis" (used by P) above "alhamud"; in IV.5 O has written "basis" (used by P) above "alkaida"; in v.3 O has written "multiplicatione" (used by P) above "comparatione"; in VI.13, 14, 15 and 17 O has written "mutekefia" (used by P) above "proportionalia"; in VI.17, 18, 24 and VIII.11 O has written "repetita" (used by P) above "duplicata"; in VI.27 O has written "abdeturque" (P: additurque) above "minorabiturque"; and in VIII.18 O has written "sicut" (used by P) above "similis." Moreover, O and P made the same mistake at the end of VIII.18 by writing "duplicata" instead of "triplicata."

[6] In IV.2 P writes "circulus" instead of "cuius"; in IV.5, 7, 8, VI.4, 11 and 23 P writes "equidem" instead of "equidistans"; in IV.13 P writes "pentus" instead of "pentagonus"; in IV.15 P writes "exangulus" instead of "exagonus"; in v.8, 11, 12 and 13 P writes "multipliciter" instead of "multiplicitas"; and in v.22 and 23 P writes "multum" instead of "multiplicitas."

[7] Clagett, "The Medieval Latin Translations," p. 18.

[8] In I.30 B has written "equidistans" (used by O) above "inconiunctiva"; in III.34 B has written "ductu" (used by O) above "quadrata," "perpendicularis" (used by O) above "alhamud," and "inequalia" (used by O) above "diversa."

as superscripts, e.g., in vi.18 and 24, B gives "mutecene" with "duplicata" written above, whereas O has "duplicata" with "repetita" (used by P) above; in vii.Def. 15, B gives "elmusita" above which is written "superficialis" (used by O); in vii.Def. 19, B gives "mustahein muthinetein mutesebihein" above which is written "superficiales solidi similes," whereas O gives only "superficiales et solidi similes"; and in viii.11 we read in B "muthetene biltekerir" (L: "mutenebiltekerir") above which has been written "dupli" which O renders as "duplicata." [9] And it frequently happens that B uses transliterated Arabic words such as "alkaida" and "alhamud" whereas O gives their Latin translations, "basis" and "perpendicularis." Furthermore, in Book v, B sometimes employs the word "comparatio" rather than the word "multiplicatio" (used by O) although it should be noted that B uses "multiplicatio" as well (in the margin of fol. 27^r B reads "pro comparatione multiplicationem ubique pone"). B also uses words which are less common, for instance, "inconiunctiva" (or "equistans") instead of "equidistans" (OP), and "quadratura" (or "quadrata") instead of "ductu" (OP). Thus, for these reasons it is very likely that B goes back to a text older than O.

On the other hand, it is not very probable that O was copied from B. In iii.6 and iv.4 O renders the word "patet" in B with "manifestum est," and writes in Book iii "circumferia" instead of "circumferentia" (B). Moreover, B is the only one which omits entirely any formula for terminating the propositions and which interchanges Propositions i.25 and i.26. Finally, O appears more carefully written and more accurate in content than B since B has many omissions which O contains. Thus we must conclude that O cannot have been derived from B or vice versa.

However, it is possible that both B and O were in the same place at some time since we find the same remarks in both manuscripts, e.g., "ex arba asserin j^i" (= ex i.24) in the margin of B (fol. 15^v) and O (fol. 167^v); "min wahet wa asserin j^i" (= ex i.21) in the margin of B (fol. 16^r) and O (fol. 168^r); and "quod dicit denominative accipe aliter non procedit" in the margin of B (fol. 27^v) and O (fol. 161^v).[10]

[9] In vi.31 B has written "similes" (used by O) above "mutesebiha," and in viii.16 B has written "repetita" (used by O) above "muthena."

[10] Likewise in the margin of B (fol. 3^r) and O (fol. 172^v): "a quinta sequitur"; B (fol. 4^v) and O (fol. 174^r): "a precedenti sequitur," "a xiii^a assumit" and "a v^a sequitur"; B (fol. 4^v) and O (fol. 174^v): "a precedenti"; B (fol. 5^r) and O (fol. 174^v): "ex v^a quia maior suo equali"; B (fol. 5^v) and O (fol. 175^r): "ex iiii^a"; B (fol. 5^v) and O (fol. 175^v): "ex xviii^a," and "ex iiii^a"; B (fol. 6^r) and O (fol. 176^r): "ex iiii^a (sequitur B)," "ex xv^a (sequitur B) est impossibile" and "ex xv^a assumit"; B (fol. 7^v) and O (fol. 177^r): "ex xxvi^a"; B (fol. 9^r) and O (fol. 179^r): "ex xxix^a"; B (fol. 10^r) and O (fol. 179^v): "Elaalem nominantur (*om.* O) arabice, gnomo grece, vexillum vel signum latine"; B (fol. 10^v) and O (fol. 180^v): "ex xxix^a i^i," "ex

The words "Exempli gratia" found in every proposition to set out the example are missing in L. The omissions in L do not agree with those of B, O, or P. In VIII.11 L has "mutenebiltekerir" (B uses "muthetene: biltekerir" and "muthene: biltekerir") for "duplicata" and "triplicata," and in VIII.18 L alone uses "mutenethabiltekerir" for "triplicata" and adds "muthel" before "triplicata," whereas in VIII.16 B uses "muthena" above which has been written "repetita" (used by L). Thus, since O is a manuscript catalogued as of the twelfth century, and B was written in the thirteenth century and L in the fourteenth, it is difficult to say what the interrelationship is among them. We can only conclude that none was copied from another.

The number of propositions in Version I in Books II (14), IV (16), V (25), VII (39), XI (41) and XII (15) agrees with that of al-Ḥajjāj and Isḥāq-Thābit versions; in Books I (47), VI (32), VIII (25) and XIII (18) with that of al-Ḥajjāj, Versions II and III, and the Hermann version; but Version I is the only one among all the Latin versions which is missing III.36 (= Heiberg III.37). In a note added in Bruges, MS 529 to III.35 the author remarks that in some books the converse of III.35 is proved. It may be that he has taken his remark from Version II since the enunciation is very similar to that of Version II and since in that version the proof consists of a reference to the reasoning of III.35.[11] The number of propositions in Book X very likely agrees with that of al-Ḥajjāj (107). However, we cannot establish this since we are not acquainted with the two propositions (i.e., Heiberg X.27 and X.28) which both Isḥāq-Thābit and the Greek text have but al-Ḥajjāj omits.[12]

---

v^{a} i^{i} assumit," "ex vi^{a} i^{i}" and "ex xxxiiij^{a} i^{i} assumit"; B (fol. 11^{r}) and O (fol. 163^{r}): "a xliii^{a} primi infert," "a iii^{a} scientia communis" and "a prima scientia communis"; B (fol. 11^{v}) and O (fol. 163^{r}): "a tercia scientia communis"; B (fol. 12^{r}) and O (fol. 164^{r}): "ex compositione," "ex xxix^{a} primi" and "ex compositione assumit"; B (fol. 13^{r}) and O (fol. 165^{r}): "ex vi^{a} secundi"; B (fol. 13^{v}) and O (fol. 165^{v}): "ex penultima primi," "ex iiii^{a} (huius libri sequitur B)" and "ex vii^{a} secundi (sequitur B)"; B (fol. 14^{r}) and O (fol. 165^{v}): "a xl primi (libri sequitur B)"; B (fol. 15^{r}) and O (fol. 166^{v}): "ex xxvi^{a} primi"; B (fol. 23^{r}) and O (fol. 158^{v}): "xxxi^{a} tercii"; B (fol. 41^{v}) and O (fol. 141^{v}): "ex premissa."

[11] See the critical apparatus for the Latin text of the note. III.36 of Version II runs as follows: "Si fuerit punctus extra circulum, a quo due linee ad circulum ducantur, altera secans, altera circumferencie applicata, fueritque quod ex ductu tocius linee secantis in partem sui extrinsecam equum ei quod ex ductu applicate in se ipsam, erit lineam applicatam circulum ex necessitate contingere. Hec proposicio apposita per priorem facile probatur." Consequently the authòr of Version II also thinks that the proposition has been added.

[12] For the relationship among Version I, the al-Ḥajjāj, Isḥāq-Thābit and Gerard of Cremona versions, see the Introduction to Busard, *Latin Translation ... Gerard of Cremona*.

Two phrases serve to distinguish Version I from the others. The phrase "Nunc demonstrandum est," which is used to introduce certain propositions, namely those requiring a construction, is characteristic of Version I. Secondly, the great majority of the demonstrations are concluded with the phrase (also peculiar to this version) "Hoc est quod demonstrare intendimus." The peculiarity lies particularly in the use of "intendimus" instead of "proposuimus" or "voluimus." The last is generally used by Gerard and in Vatican, MS Reg. lat. 1268, whereas Version II concludes the demonstrations, if any, with the words "Quod oportebat ostendere." Finally, it is appropriate to record that Version I contains a set of formal phrases in various parts of each proposition: the words "Exempli gratia" set out the example; "Dico quia" or "Dico itaque quia" begins the application of quantities specified by the example to the theorem's enunciation; and "Rationis causa" introduces the actual proof.

B. Manuscripts of Version I

The following five manuscripts (with sigla) are those used to establish the Version I recension of Euclid's *Elements*.

B Brugge/Bruges, Stadsbibliotheek, MS 529.
Date: 13th century.
Section used: fols. 1^r-48^v.
General description: L'Abbé A. De Poorter, *Catalogue des manuscrits de la Bibliothèque Publique de la ville de Bruges* (Gembloux/Paris, 1934), p. 627. Cf. the old catalogue – P. J. Laude, *Catalogue des manuscrits de la Bibliothèque Publique de Bruges* (Bruges, 1859), p. 462.

The De Poorter catalogue of the Bruges manuscripts gives the following information. It consists of forty-eight numbered folios measuring 217 × 165 mm. The text is written in a single column of thirty-four lines. The Gothic hand is clear and easily readable. The manuscript contains a few more propositions of Version I than do manuscripts O and P, for the work terminates with VIII.25 (rather than with VIII.24 as the catalogue alleges). Interlinear notes on the definitions and marginalia in the form of Arabic words and cross-references to previous propositions occur throughout the work. The propositions are numbered using roman numerals. Propositions I.25 and 26 are reversed. The enunciations and proofs are written in the same size and style of lettering. The title, which is in red lettering, fails to refer to Adelard of Bath but does specify its Arabic origins.

L London, British Library, MS Burney 275.
Date: 14th century.
Section used: fols. 302^{r}-308^{r}.
General description: *Catalogue of the Manuscripts in the British Museum*, new series, vol. 1, part 2: *The Burney Manuscripts* (London, 1840), pp. 69-70.

Folios 293^{r}-302^{r} contain Version II, I-VII.2 (the proofs of VII.1 and 2 agree with those in Erfurt, Stadtbibliothek, Cod. Amplonianus Q 23, and Berlin, MS lat. quarto 510, and diverge from those in the other manuscripts containing Version II). Folios 302^{r}-308^{r} contain VII.3-VIII.25 of Version I (the manuscript gives only the enunciation of VII.2), and folios 308^{r}-335^{r} contain IX-XV.2 of Version III.[13] The text is written in a clear, legible hand and is arranged in two columns. The initial letter of each book is enlarged and illuminated; the initial letter of each proposition is also enlarged. The enunciations of the propositions have been set off from the proofs. This section of the manuscript contains no diagrams.

O Oxford, Trinity College, MS 47.
Date: 12th century.
Section used: fols. 139^{r}-180^{v}.
General description: H. O. Coxe, *Catalogus codicum manuscriptorum qui in collegiis aulisque Oxoniensibus hodie adservantur*, pars 2: *Catalogus codicum MMS. collegii S. Trinitatis* (Oxford, 1852), p. 19.

The manuscript is written in a clear, legible hand with comparatively few abbreviations. Clagett[14] has dated its leaves to before 1150. He has further noted that the leaves containing Version I have been incorrectly bound. The following arrangement represents the correct order: Books I-II.5, fols. 171^{r}-180^{v}; II.5-III.24, fols. 163^{r}-170^{v}; III.24-V.14, fols. 155^{r}-162^{v}; V.14-VII.5, fols. 147^{r}-154^{v}; VII.5-VIII.22, fols. 139^{r}-146^{v}. On each folio is a single column of some thirty lines. Each proposition bears its appropriate roman numeral. The diagrams in the margin are quite accurately drawn and lettered, but there is a peculiar pattern of confusion for those drawings accompanying V.10-14. In fact, O omits the diagram for V.10 (which is the same as for 9) and substitutes the drawing proper to 12; the drawing for 11 is correct; the drawing for 12 is replaced by that for 14, that for 13 by that proper to 15, and that for 14 by that proper to 16. The correct correlation is restored only by repeating in their proper places – that is, adjacent to propositions 15 and 16 – the diagrams already

[13] Clagett, "The Medieval Latin Translations," p. 18.
[14] Ibid., pp. 18-19.

drawn beside 13 and 14. Occasionally the words "Exempli gratia" inserted after the enunciation distinguish it from the remainder of the proposition. The proofs themselves are usually introduced by the words "Rationis causa." The manuscript breaks off in the middle of VIII.22. The references to previous propositions in the margin agree with those in Version II. Another portion of this twelfth-century manuscript (fols. 104^{v}-138^{r}) contains Version II.

P Paris, Bibliothèque Nationale, fonds latin 16201.
Date: 12th century.
Section used: fols. 35^{r}-82^{r}.

Marshall Clagett observes that P breaks off at exactly the same place as O, that is, in the middle of VIII.22.[15] In a different hand from that of the text is written "Hic finitur liber octavus euclidis, deficiunt residui vij." The manuscript itself is written in a clear, legible hand with few abbreviations. Each folio has a single column of forty lines; propositions are numbered using roman numerals in Book I and arabic numerals in the rest. There are only a few diagrams in the margin. Propositions I.15 and 16 are reversed, as are VII.37-38. Menso Folkerts informs me that the manuscript contains Hermannus Contractus, *De compositione astrolabii* (fols. 1^{r}-4^{r}); idem, *Horologium viatorum* (fols. 4^{r}-6^{r}); Boethius, *Arithmetica* – explicit "Huius autem descriptionis subter exemplar adiecimus" (fols. 6^{v}-34^{r}); a blank folio (34^{v}); Euclid's *Elements*, Version I (fols. 35^{r}-82^{r}); a figure (fol. 82^{v}); Boethius, *De musica* (fols. 83^{r}-124^{v}).

D Oxford, Bodleian Library, MS D'Orville 70.
Date: 13th or 14th century.
Section used: fols. 39^{r}-71^{v}.

General description: Falconer Madan, *A Summary Catalogue of Western Manuscripts in the Bodleian Library at Oxford*, vol. 4 (Oxford, 1897), p. 55:

> **16948**. 70. In Latin, on parchment: written in the 14th cent.: $9\frac{1}{4} \times 6\frac{3}{8}$ in., iv + 75 leaves.
> The *Elements* of Euclid, bks. i-xv.2, with diagrams, in Latin. Fol. iv is a nearly erased, parchment leaf from a 14th cent. Latin liturgical volume. 'Andreas Franciscus' is written on fol. 72^{v}, 'Di m. Cosimo battolj n° 80' (16th cent.?) on fol. 1.

Clagett dates this manuscript of Books I-XV as from the thirteenth century. According to him the manuscript contains on fols. 1^{r}-23^{r} Books

[15] Ibid., p. 18.

i-vii.6 of a version different from any of the known versions; on fols. 23^{v}-38^{r} Books vii.7-x.36 of Version iii. Books i-x.36 contain the same version as Vienna, Nat. Bibl. cod. 83 (14th century), fols. 39^{r}-65^{r}. After the proof of x.36 on fol. 38^{r} the manuscript gives the introduction to Book x which occurs in Version ii (38^{r}-38^{v}; the text ends halfway down fol. 38^{v}, the rest of the folio being blank). The fragment of Version i begins on fol. 39^{r} with a second proof of x.36. Fols. 61^{v}-62^{v} contain a short work on the hyperbola translated from Arabic by John of Palermo, which Clagett published in 1954.[16] At the end of Book xiv the same proposition is given twice. The first form is very similar to xiv.9 of Version ii, whereas the second is similar to xiv.3 of Gerard's version although the proof in the latter is longer.

The text is written in a clear, legible hand, but some places are so much erased that they are now illegible. The initial letter of each proposition is enlarged; the enunciations of the propositions have been set off from the proofs. Nearly every proposition bears its appropriate arabic numeral. The drawings, which are placed in the margin adjacent to the proposition, are clearly made. The square brackets used in the text have been retained in the edition in this volume.

C. Textual Procedures

In order to indicate unambiguously textual corrections and additions, the following procedures have been adopted. Square brackets [ ] are employed in all instances where they were also used in the manuscript. Angle brackets < > indicate editorial additions. Ellipsis points ... indicate a lacuna in the printed text because the original is illegible; no effort has been made to indicate the length of the omission, be it one word or several lines. References to Euclid consist of the book number in roman numerals and the proposition number in arabic numerals (for example, iv.11 means Book iv, Proposition 11).

In the variant readings the manuscripts have been fully collated. A negative apparatus has been used in which the notation provides readings only for those manuscripts that diverge from the preferred reading. Thus "12 post] potest P" means that in line 12 of the text manuscript P substitutes "potest" for the preferred reading, "post"; at the same time it is implied that manuscripts B and O (and from vii.3 onward, L as well) agree

[16] Ibid., pp. 18, 25 and 29; idem, "A Medieval Latin Translation of a Short Arabic Tract on the Hyperbola," *Osiris* 11 (1954), 359-385.

with the textual reading. When a given word appears within a line more than once, the word for which there is divergence is indicated by an exponent; thus "14 sunt[2]" means that the variant is of the second use of "sunt" in line 14. If more than one manuscript has a variant for a specific textual reading, all the variants are indicated. Thus "15 tantum *om.* B; *in marg.* O" means that in line 15 manuscript P (and possibly L) has the textual reading whereas B omits it and O has it in the margin.

I have made no attempt to give the orthographic variations from manuscript to manuscript, or even within a given manuscript. Nor have I recorded the substitution of *ergo* for *igitur* or vice versa. I have adopted certain spellings throughout the text without reporting the variant readings and I have chosen the "ti" reading before vowels instead of the more commmon "ci." I have punctuated the text in such a way, I hope, as to facilitate the reading. Furthermore, for convenience and ease of reading I have rendered the letters marking the geometrical figures in italics. As well, the order of the letters used in the text of the proofs is that of the manuscripts and is not necessarily the way we would describe lines; for example, in II.5 (l. 108) line *lHk* is described as "*lkH*."

The following abbreviations have been used in the apparatus:

add.	= has added
om.	= has omitted
tr.	= has transposed
scr. et del.	= has written and deleted
bis	= twice
ante	= before
post	= after, following
corr. ex	= has corrected from
in marg.	= has in the margin
supersc.	= has written above

Euclid, *The Elements*

Version I
ascribed to
Adelard of Bath

Sigla

B Brugge/Bruges, Stadsbibliotheek, MS 529, fols. 1r-48v
Books I-VIII.25

D Oxford, Bodleian Library, MS D'Orville 70, fols. 39r-71v
Books X.36-XV.2

L London, British Library, MS Burney 275, fols. 302r-308r
Books VII.3-VIII.25

O Oxford, Trinity College, MS 47, fols. 139r-180v
Books I-VIII.22

P Paris, Bibliothèque Nationale, fonds latin 16201, fols. 35r-82r
Books I-VIII.22

<Liber I>

<Definitiones>

<i> Punctus est illud cui pars non est.

<ii> Linea est longitudo sine latitudine.

<iii> Cuius extremitates quidem duo puncta.

<iv> Linea recta est ab uno puncto ad alium extensio, in extremitates suas utrumque eorum recipiens.

<v> Superficies est quod longitudinem et latitudinem tantum habet.

<vi> Cuius extremitates quidem linee.

<vii> Superficies plana est ab una linea ad aliam extensio, in extremitates suas eas recipiens.

<viii> Angulus planus est duarum linearum alternus contactus, quarum expansio supra superficiem applicatioque non recta.

<ix> Quando que angulum continent due linee recte fuerint, rectilineus angulus nominatur.

<x> Quando recta linea supra rectam lineam steterit duoque anguli utrobique fuerint equales, eorum uterque rectus erit, lineaque linee superstans ei cui superstat, perpendicularis vocatur.

<xi> Angulus vero qui recto maior est obtusus dicitur.

<xii> Angulus autem qui recto minor est acutus appellatur.

<xiii> Terminus vero est rei cuiuslibet finis.

<xiv> Figura est que termino vel terminis continetur.

<xv> Circulus est figura plana, una quidem linea contenta que circumferentia nominatur, in cuius medio punctus a quo

3 *ante* Punctus *add.* B Primus liber Euclidis institutionis artis geometrie incipit xlvii propositiones continens ex arabica in latinam translatus; O Institutio artis geometrice ab Euclide descripta xv libros continens, per Adelardum Batoniensem ex Arabico in Latinum Sermonem translata incipit; P Geometrice demonstrationis Euclidis Commentum. Incipit liber primus | pars non est] non est pars B. 15 Quando que] Quandocumque P. | fuerint *om.* P 16 nominatur] appellatur P. 17 Quando] Quandocumque P. 19 ei cui superstat *om.* B. 22 autem] vero B. 25 quidem *om.* P. 26 circumferentia] circumferia BOP.

omnes linee ad circumferentiam exeuntes sibi invicem sunt equales.

<xvi> Et hic quidem punctus circuli centrum dicitur.

<xvii> Diametros circuli recta linea est supra centrum eius transiens, que extremitates suas circumferentie applicans, circulum in duo media dividit.

<xviii> Semicirculus est figura diametro circuli et medietate circumferentie conclusa.

<xix> Portio circuli est figura recta linea et parte circumferentie contenta, semicirculo quidem aut maior aut minor.

<xx> Rectilinee figure sunt que rectis continentur lineis, quarum quedam trilatere tribus rectis lineis, quedam quadrilatere quattuor rectis, quedam multilatere pluribus quam quattuor rectis lineis concluduntur.

<xxi> Figurarum trilaterarum alia est triangulus tria habens equalia latera, alia triangulus duo habens equalia, alia est triangulus trium inequalium laterum.

<xxii> Earum item alia est rectangula unum angulum rectum habens, alia obtusangula aliquem angulum obtusum habens, alia acutangula in qua anguli sunt tres acuti.

<xxiii> Figurarum vero quadrilaterarum: alia est equilatera atque rectangula et vocatur quadratum. Alia rectangula sed non equilatera et vocatur quadratum longum. Alia equilatera quidem est sed rectangula non est et dicitur elmuain. Alia est cuius latera quidem et anguli sibi invicem opposita sunt equalia, non tamen equilatera et non rectangula et dicitur simile elmuain. Quecumque vero preter has quas exposuimus quadrilatere fuerint vocabuntur irregulares.

<xxiv> Equidistantes linee sunt que in una superficie collocate, et in aliquam partem protracte, non coniungentur etiam si in infinita protrahantur.

Petitiones quinque

Intendenti autem mensurare quinque prescire necessarium est.

27 circumferentiam] circumferiam OP. 29 quidem] idem P. 31 circumferentie] circumferie BOP. 33-34 circumferentie] circumferie BOP. 35 circumferentie] circumferie BOP. 36 quidem aut *om.* B. 37-38 quarum ... lineis *om.* B. 41-42 equalia latera *tr.* B. 42 est *om.* P. 44 rectangula] rectiangula B. 45 obtusangula] obtusiangula B. 46 acutangula] acutiangula B.| tres] i i i B. 48 rectangula[1]] rectiangula B. 51 *ante* sunt *add.* B invicem. 58 Petitiones quinque *om.* BP.

60 <1.> A quolibet puncto in quemlibet punctum rectam extrahere lineam assignatamque lineam rectam quantolibet spacio directe protrahere.

<2.> Item supra quodlibet centrum quantumlibet occupando spacium circulum designare.

65 <3.> Item omnes rectos angulos sibi invicem esse equales.

<4.> Item si linea recta supra duas lineas rectas ceciderit, duoque anguli ex una parte duobus angulis rectis minores fuerint, illas duas lineas ex illa parte protractas procul dubio coniunctum iri.

<5.> Item duas lineas rectas planum non continere.

70 Scientia universaliter communis

<1.> Si fuerint alique due res alicui rei equales, unaqueque earum erit equalis alteri.

<2.> Si equalibus equalia addas, ipsa tota fient equalia.

<3.> Si de equalibus equalia demas, que relinquuntur equalia sunt.

75 <4.> Si inequalibus equalia addas, tota quoque fient inequalia.

<5.> Si fuerint due res alicui uni equales, unaqueque earum equalis erit alteri.

<6.> Si fuerint res quarum unaqueque sit media pars uniuscuiuslibet rei, unaqueque earum erit equalis alteri.

80 <7.> Si aliqua res alii superponatur appliceturque ei, nec excedat altera alteram, erunt ille sibi invicem equales.

<8.> Omne totum sua parte maius est.

<I.1> Nunc demonstrandum est quomodo superficiem triangulam equalium laterum super lineam rectam assignate quantitatis faciamus.

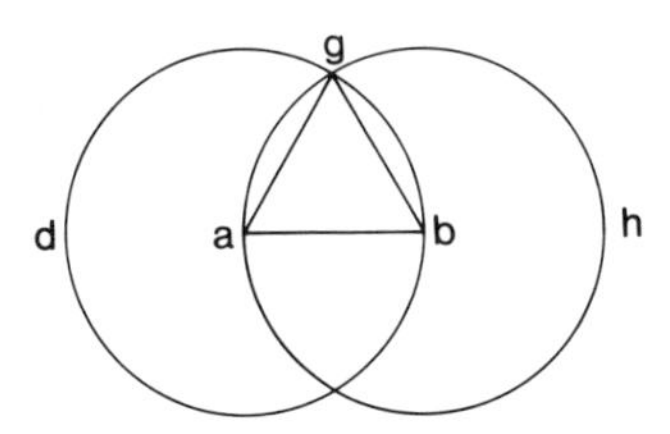

85 Sit linea assignata *a b*. Ponaturque centrum supra *a* occupando spacium quod est inter *a* et *b* circulo, supra quem *g d b*. Item ponatur supra centrum *b* occupando spacium inter *a* et *b* circulo alio, supra quem *g a h*.

60-61 extrahere lineam *tr*. B. 66 lineas rectas ceciderit] rectas cecidit lineas B. | ceciderit] cecidit O. 71 alique] aliquando P. | due *om*. B. 76-77 Si ... alteri *om*. B. 80 alii] alicui B. 85 supra] super P. 86 et *om*. P. | supra[1]] super P. | supra[2]] super a P.

Exeantque de punto *g* supra quem incisio circulorum due linee recte ad punctum *a* et ad punctum *b*. Sintque ille *g a* et *g b*. Dico quia ecce fecimus
90 triangulum equalium laterum supra lineam *a b* assignatam.

Rationis causa: Quia punctum *a* factum est centrum circuli *g d b*, facta est linea *a g* equalis linee *a b*. Et quia punctum *b* est centrum circuli *g a h*, facta est linea *b g* equalis linee *b a*. Sicque unaqueque linearum *g a* et *g b* equalis est linee *a b*. Equalium autem uni rei unumquodque equale alteri.
95 Itaque linee tres *a g* et *a b* et *b g* invicem equales. Triangulus igitur equalium laterum *a b g* factus est supra lineam *a b* assignatam. Et hoc est quod in hac figura demonstrare intendimus.

<I.2> Nunc demonstrandum est quomodo cum puncto assignato lineam linee assignate equalem inveniamus.

100 Sit linea assignata linea *b g*, punctusque assignatus punctus *a*. Intendimus autem cum punto *a* lineam linee *b g* similem invenire. Exeat itaque a puncto *a* linea usque ad *b*, linea *a b* fiatque supra eam triangulus equalium laterum supra quem *d a b*. Protrahanturque linee *d a* et *d b* directe usque ad *h* et *H*. Ponaturque supra centrum *b* occupeturque

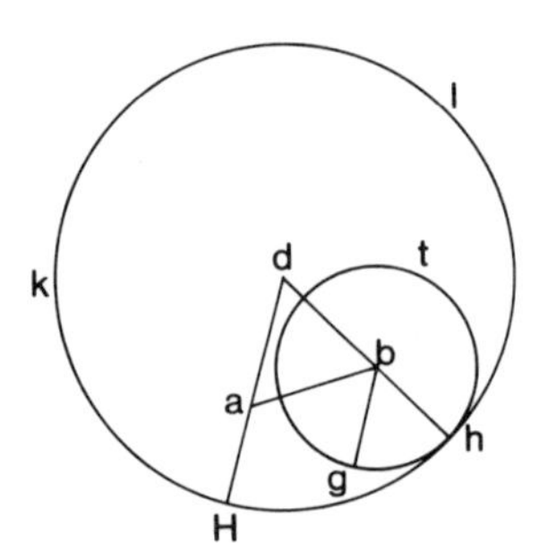

105 spacium inter *b* et *g* circulo supra quem *g t h*. Item ponatur supra centrum *d* occupeturque spacium inter *d* et *H* circulo supra quem *H k l*. Dico quia iam invenimus cum puncto *a* lineam equalem linee *b g* et est linea *a H*.

Rationis causa: Quia punctus *b* factus est centrum circuli *g h t*, facta est linea *b g* equalis linee *b h*, et quia punctus *d* factus est centrum circuli

88 supra] super P. | incisio] inscissio B. 89 ecce *om*. B. 90 equalium laterum] equilaterum B. | supra] super P. 91 *Rationis*] Exempla P. 93 *post* Sicque *add*. B quia. 94 est *om*. OP. 95 Itaque linee *tr*. B. | et[1] *om*. B. 96 supra] super P. 96-97 Et ... intendimus *om*. B. 99 equalem] equales P. 100 linea[2] *om*. P. | linea *b g* *tr*. B. 101 linee] linea P. 102 supra] super P. 103 equalium laterum] equilaterus B. | supra] super P. 104 supra] super P. 105 supra[1]] super BP. | *g t h*] *g t H* BP. | supra[2]] super BP. 106 *H*] *h* P. | supra] super P. | *H k l*] *h N k* P. 107 *a H*] *a h* BP.

110 *H k l*, facta est linea *d h* equalis linee *d H*, ex quibus duabus equalibus linea *d a* equalis linee *d b*. Relinquiturque linea *a H* equalis linee *b h*. Sed iam demonstratum erat lineam *b g* linee *b h* equalem, et unamquamque linearum *a H* et *b g* linee *b h* equalem. Equalium autem uni rei unumquodque erit equale alteri. Quare facta est linea *a H* equalis linee *b g*. Sic 115 igitur invenimus cum puncto assignato *a* lineam linee assignate equalem. Et hoc est quod in hac figura demonstrare intendimus.

<I.3> Nunc demonstrandum est quomodo de longiore duarum linearum assignatarum equale brevioris earum abscidatur.

Sit linea longior linea *a b*. Sit brevior linea *g*. Intendimusque de linea 120 *a b* longiore equale brevioris *g* linee abscidere. Adiciatur itaque ab *a* linea equalis linee *g* linea *a d*. Ponaturque supra centrum *a* occupeturque spacium inter *a* et *d* circulo supra quem *h d z*. Dico quia iam abscidimus de longiore linea *a b* equale brevioris linee *g*, et est linea *a z*.

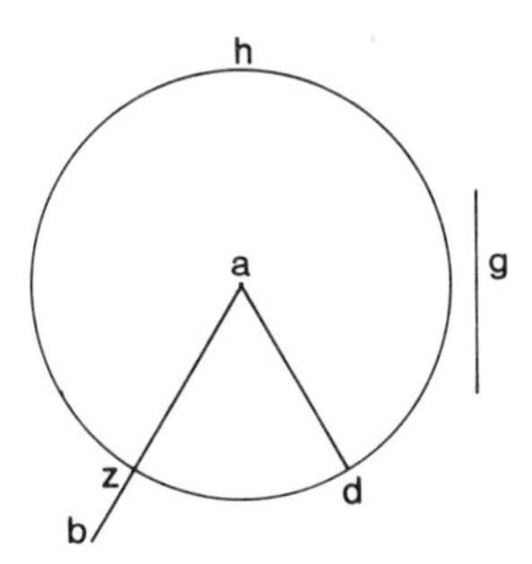

Rationis causa: Quoniam punctus *a* factus est centrum circuli *h z d*, 125 facta est linea *a z* equalis linee *a d*. Lineaque *g* linee *a d* equalis. Sicque unaqueque linearum *a z* et *g* linee *a d* equalis. Itaque linea *g* equalis linee *a z*. Equalium autem uni rei unumquodque erit equale alteri. Manifestum igitur est quomodo de longiore linea *a b* equale brevioris linee *g* abscidatur. Et hoc est quod in hac figura demonstrare proposuimus.

130 <I.4> Omnium duorum triangulorum, quorum duo latera unius duobus lateribus alterius fuerint equalia, duoque anguli illis equalibus

110 *H k l*] *H k h* P. 111 *ante d b add.* P est linea. | *a H*] *a h* B. 112 equalem] equalis P. 113 *a H*] *a h* B. | *b h*] *b n* B. 114 linea *om.* P. | *a H*] *a h* B. 116 Et ... intendimus *om.* B. | intendimus] intendere P. 118 earum *om.* P. | abscidatur] abscindatur B. 119 *post g add.* P linea *g*. 120 abscidere] abscindere P. | ab] ad BP. 121 equalis ... linea *om.* P. | supra] super P. 122 inter] intra OP. | supra] super P. 123 equale] equalis P. | et est linea] lineaque est B. 124 est *om.* B. 127 autem *om.* B. 129 Et] Etenim P. | Et ... proposuimus *om.* B. | hac] hanc P.

lateribus contenti equales, erunt latera eorum reliqua sese respicientia equalia. Reliqui etiam anguli unius reliquis angulis alterius equales.

Exempli gratia: Sint duo latera trianguli *a b g, a b* et *a g* equalia
135 duobus lateribus trianguli *d h z, d h* et *d z*, scilicet, *a b* equale *d h* et *a g* equale *d z*. Angulusque *b a g* equalis angulo *h d z*. Dico quia *b g* reliqua basis basi *h z* relique quam respicit equalis est. Sicque angulus *a b g* angulo *d h z* equalis. Ceterique anguli ceteris angulis non minus equales qui equalibus lateribus continentur, scilicet, *a b g* sicut *d h z* et *a g b*
140 sicut *d z h*.

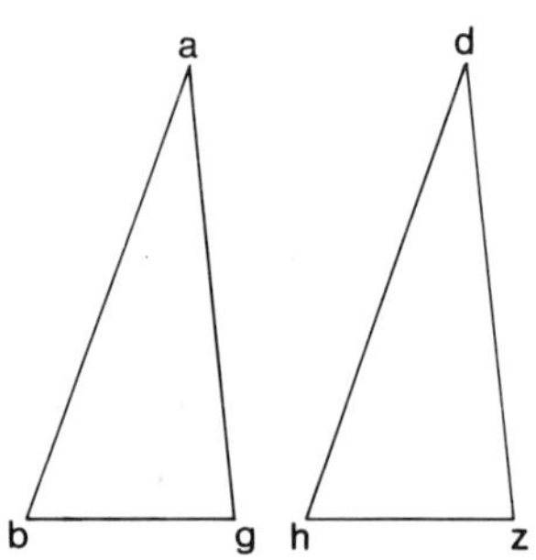

Rationis causa: Si enim triangulum *a b g* triangulo *d h z* superposuerimus, punctumque *a* supra punctum *d* lineamque *a b* supra lineam *d h* locaverimus, punctus *b* supra punctum *h* cadet quia *a b* sicut *d h*. Cumque *a b* superposita fuerit *d h*, erit *a g* superposita *d z* quia angulus
145 *b a g* sicut *h d z*. Quapropter punctus *g* super punctum *z* incidit, quia *a g* sicut *d z*. Itemque punctus *b* supra punctum *h* cadet. Latus itaque *b g* lateri *h z* superveniet eruntque ambe bases. Superposito enim puncto *b* puncto *h* punctoque *g* puncto *z*, necessario basis *b g* super basim *h z* cadet. Alioquin due recte linee planum continent, quod est impossibile.
150 Quare *b g* superincidet *h z* eritque ei equalis. Totusque triangulus *a b g* triangulo *d h z* applicatus erit cui et erit equalis. Ceterique anguli supra ceteros angulos equales, videlicet, *a b g* sicut *d h z* atque *a g b* sicut *d z h*. Sic igitur manifestum est quoniam omnium duorum triangulorum quorum duo latera unius duobus lateribus alterius fuerint equalia, duoque
155 anguli illis equalibus lateribus contenti equales, erunt latera illorum reliqua se respicientia equalia, reliquique anguli unius reliquis angulis alterius triangulusque triangulo. Et hoc est quod demonstrare intendimus.

132 eorum] illorum B. 134 *Exempli gratia om.* B. | latera trianguli *tr.* B. 136 *h d z*] *d h z* P. 137 est *om.* OP. 138 Ceterique] Ceteri quique P. | non minus equales *om.* B. 141 *a b g*] *a g b* B. 143 *ante b add.* P *a*. 145 super] supra P. 147 eruntque] erunt P. | *b om.* B. 148 super] supra P. 151 erit equalis *tr.* B. 157 Et ... intendimus *om.* B.

<1.5> Omnis trianguli duum equalium laterum anguli, qui super basim,
sunt equales a quibus si due linee duabus equalibus lineis coniuncte
160 directe protrahantur, duo anguli qui sub basi sunt fient equales.

Exempli gratia: Sit triangulus *a b g* duum quidem equalium laterum
sintque *a b* et *a g*. Extrahantur itaque directe de punctis *b* et *g* due linee
duabus lineis *a b* et *a g* coniuncte sintque *b d* et *g h*. Dico quia angulus
a b g supra basim sicut alter angulus *a g b* qui et ipse super basim sedet.
165 Eodem quoque modo angulus *g b d* sub alkaida sicut angulus *b g h* sub
eadem.

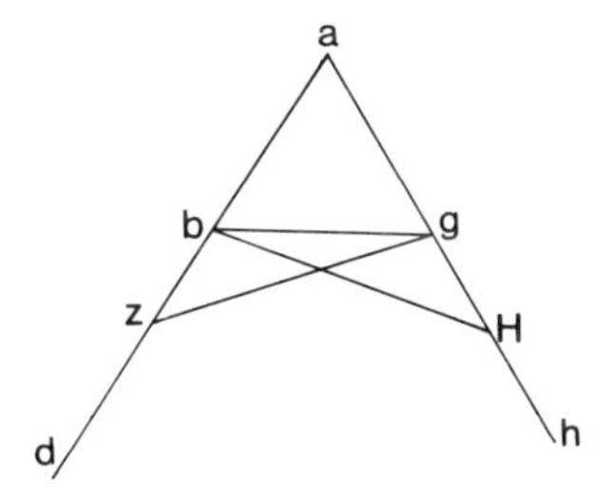

Rationis causa: Si enim supra lineam *b d* ponatur punctum *z*
abscidaturque de linea *a h* linea equalis *a z* sitque *a H*, protrahaturque *z*
ad *g* et *H* ad *b*; erit *a z* linee *a H* equalis. Sed *a b* equalis *a g*. Sicque linee
170 *z a* et *a g* sicut linee *H a* et *a b* unaqueque se respicienti equalis sub uno
angulo contente qui est *z a H*, et alkaida *z g* sicut alkaida *H b*.
Triangulusque *a z g* sicut triangulus *a H b*, ceterique anguli ceteris
equales. Angulus, scilicet, *a z g* sicut angulus *a H b* angulusque *a g z*
sicut angulus *a b H*. Atque linea *a z* sicut linea *a H* et *a b* sicut *a g*.
175 Relinquitur itaque *g H* sicut *b z*. Notum autem erat quia *z g* equalis *H b*.
Sicque *b z* et *z g* equales lineis *g H* et *H b* unaqueque se respicienti.
Angulusque *b z g* sicut angulus *g H b*, linea vero *b g* communis
omnibus. Triangulus ergo *b z g* sicut triangulus *g H b*. Ceterique anguli
ceteris angulis equales illis equalibus lineis contenti. Angulusque, scilicet,
180 *z b g* sicut angulus *H g b*. Suntque illi duo anguli sub alkaida positi.
Angulusque *b g z* sicut angulus *g b H*. Sed iam notum est angulum *a b H*
angulo *a g z* equalem. Relinquitur itaque angulus *a b g* angulo *a g b*
equalis. Suntque supra alkaidam *b g*. Sicque item demonstratum est sub

158 super] supra P. 160 fient] fiunt P. 161 *Exempli gratia om.* B. 163 coniuncte] iuncte B. 164 super] supra P. 165 Eodem quoque] Eodemque P. | alkaida] basi OP. | *b g h*] *b o h* B. 166 eadem] eodem B. 167 *ante z add.* P et sit punctus. 169 linee[1]] linea P. 171 alkaida[1]] basis OP. | alkaida[2]] basis OP. 173 *a g z*] *a ẓ g z* B. 175 *b z*] *h z* O. 176 et[2] *om.* P. 177 *g H b*] *n g b* B. 179 angulis *om.* B. | scilicet *om.* B. 180 *z b g*] *z g b* B. | alkaida] basi OP. 182 *a g z*] *a g h* P. 183 alkaidam] basim OP. | item] idem P.

alkaida duos angulos equales *z b g* et *H g b* suntque sub triangulo. Ita
185 igitur duo anguli supra alkaidam quorumlibet triangulorum duorum laterum equalium sibi erunt equales. Cumque de primis lineis due recte linee directe fuerint extracte, fient item duo anguli sub alkaida equales. Et hoc est quod proposuimus.

<I.6> Si fuerint duo anguli alicuius trianguli equales, erunt duo latera,
190 angulos illos respicientia, equalia.

Exempli gratia: Sit triangulus *a b g* sitque angulus *a b g* equalis angulo *a g b*. Dico quia latus *a b* lateri *a g* equale.

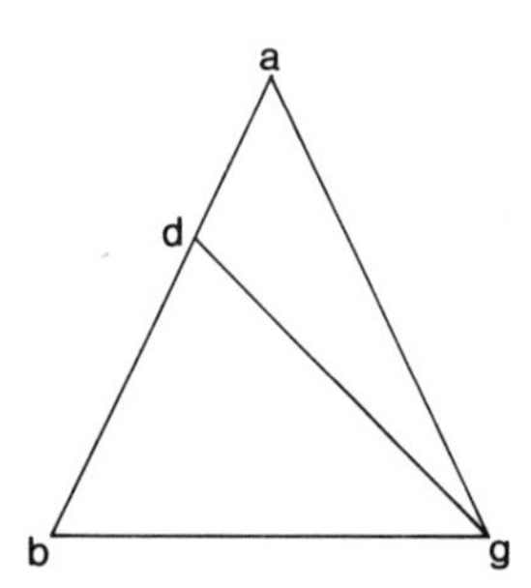

Rationis causa: Nisi enim equalia fuerint, alterum altero excedetur, sitque *a b* longius *a g*. Quod cum fuerit, de longiore quod est *a b*
195 auferatur *a g* minoris equale sitque *d b*. Iungaturque *d* cum *g*. Eritque *d b* simile *a g* et *b g* eis communis. Quod si linee *d b* et *b g* equales sunt lineis *a g* et *g b*, angulusque *d b g* equalis angulo *a g b*, erit basis *a b* equalis basi *d g*. Triangulusque *a b g* equalis triangulo *d b g*, maior minori, quod contrarium est impossibile. Sicque manifestum est latus *a b* latere *a g* non
200 longius sed equale. Omnis igitur trianguli cuius duo anguli sunt equales, erunt duo latera illos angulos respicientia equalia. Quod in hac figura demonstrare intendimus.

<I.7> Si protracte fuerint due linee de duobus punctis aliam lineam terminantibus, quarum summitates supra punctum convenerint, impossi-
205 bile est de exitu cuiusque linee lineam equalem ei in illam partem producere, quarum summitates supra punctum alium ab illo conveniant.

184 alkaida] basi OP. | Ita] Itaque P. 185 alkaidam] basim OP. | duorum] duum B. 186 laterum equalium *tr.* B. 187 alkaida] basi OP. 191 *Exempli gratia om.* B. 193 *ante* altero *add.* B ab. 194 quod[2]] que OP. | est *a b tr.* B. 195 auferatur] auferetur O. | *a g*] *a d g* B. | sitque] sit O. 199 contrarium *om.* B. | Sicque] Sique B. 201 respicientia] entia B. 201-202 Quod ... intendimus *om.* B. 201 figura *om.* P. 206 illo] alio P.

Exempli gratia: Sint due linee producte de duobus punctis linee *a b*, videlicet, de puncto *a* et puncto *b*. Summitates quarum supra punctum *g* sibi conveniant. Dico esse impossibile producere de puncto *a* lineam linee
210 *a g* equalem et de puncto *b* lineam linee *b g* in illam partem equalem, summitates quarum supra punctum alium a puncto *g* conveniant.

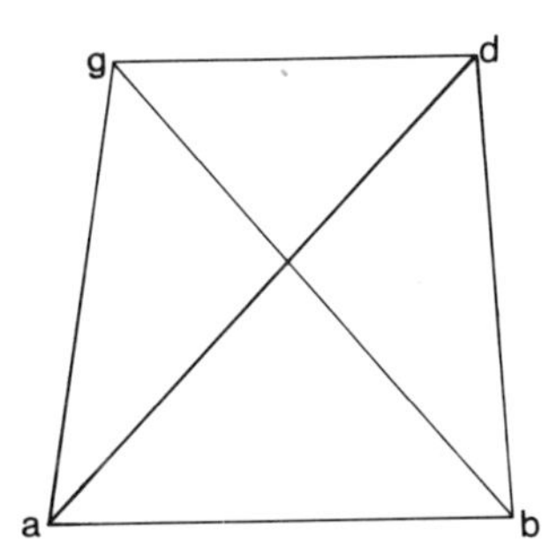

Si enim possibile est, fiat *a d* sicut *a g* et *b d* sicut *b g*. Conveniantque *a d* et *b d* supra punctum *d* coniungaturque *g* cum *d*. Itaque si fuerit *a g* sicut *a d*, erit angulus *a g d* angulo *a d g* equalis atque angulus *a d g*
215 angulo *d g b* maior. Item si linea *g b* linee *d b* equalis fuerit, erit angulus *g d b* angulo *d g b* equalis. Angulus itaque *d g b* angulo *a d g* maior. Sicque fiet angulus *a d g* angulo *b d g* maior, minor maiore maior, quod est impossibile. Non igitur si producuntur due linee de linea una supra idem punctum convenientes de eiusdem extremitatibus, due alie linee eis
220 equales in illam partem exeunt quarum summitates supra punctum alium incidant. Et hoc est quod in hac figura ostendere intendimus.

<I.8.> Omnium duorum triangulorum quorum duo latera unius duobus lateribus alterius trianguli fuerint equalia, basisque unius basi alterius equalis, erunt duo anguli equalibus lateribus contenti equales.
225 *Exempli gratia*: Sint duo trianguli quorum unus *a b g*, alius vero *d h z*. Sintque duo latera *a b* et *a g* equalia duobus lateribus *d h* et *d z*, et alkaida *b g* alkaide *h z* equalis. Dico angulum *b a g* angulo *h d z* equalem.

Rationis causa: Si enim triangulus *a b g* triangulo *h d z* superponatur, punctusque *b* supra punctum *h*, lineaque *b g* supra lineam *h z*, punctus *g*

207 *Exempli gratia om.* B. | linee[2]] line B. 208 quarum] quarumque P. 209 esse impossibile *tr.* B. 213 *d*] *g d* P. | coniungaturque] coniungatur P. | Itaque si *tr.* B. 216 *ante* Angulus *add.* B Ex eadem. 217 *a d g*] *a g d* P. | maior[1]] maiorem P. | maiore] minore OP. 221 Et ... intendimus *om.* B. | ostendere] demonstrare P. | intendimus *bis* O. 222 duo] duorum P. 223 trianguli *om.* BP. 224 lateribus *om.* P. | contenti *om.* B. 225 *Exempli gratia om.* B. | vero *om.* P. 226 alkaida] basis OP. 227 alkaide] basi OP. 229 supra[2]] super B.

230 supra punctum *z* incidet. Quia *b g* sicut *h z* supervenientque latera *b a* et *a g* lateribus *h d* et *d z*. Quod si duo latera duobus lateribus non supervenerint, in diversa incident sicut *h H* et *H z*. Sicque de extremitatibus

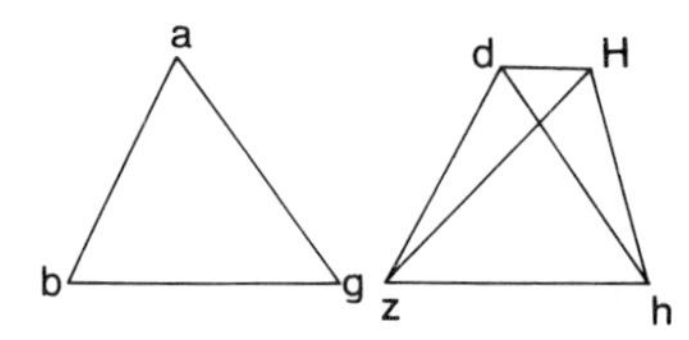

unius linee due exibunt linee quarum summitates puncto superincident exibuntque in eandem partem ab eisdem extremitatibus alie due linee eis 235 equales quarum summitates supra punctum alium convenient, quod est impossibile. Cum autem basis basi non supervenerit, duo latera duobus non supervenient. Si vero supervenerit, supervenient et latera. Angulus igitur *b a g* supra angulum *h d z* eruntque equales. Et hoc est quod demonstrare proposuimus.

240 <I.9> Nunc demonstrandum est quomodo angulus assignatus in duo media dividatur.

Sit angulus assignatus *b a g*. Superaddaturque linee *a b* punctus supra quem *d* lineeque *a g* punctus supra quem *h* fiatque *a h* sicut *a d*. Iungaturque *h* cum *d* fiatque super eam equalium laterum triangulus 245 *d h z*. Iungaturque *a* et *z*. Unde dico angulum *b a g* in duo media divisum esse.

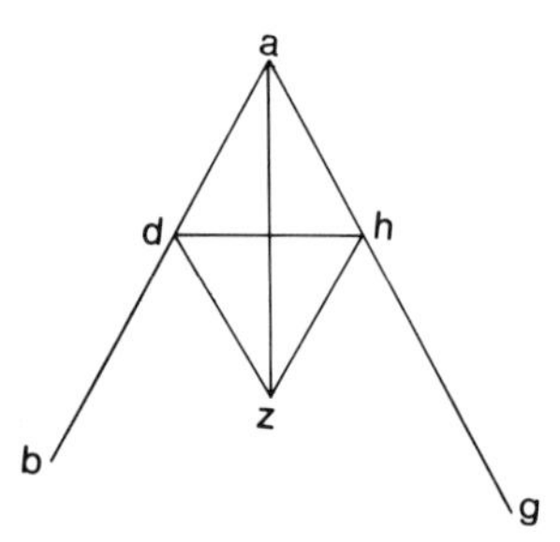

Rationis causa: Quoniam lineam *d a* sicut lineam *a h* iam ostendimus, lineamque *a z* communem, erunt linee *d a* et *a z* lineis *a h* et *a z* equales,

230 supra] super B. 231 lateribus *h d* et *d z*] triangulo *d h z* superponatur puncte P. | *post* lateribus[2] *add.* P *h d* et *d z*. 231-232 supervenerint] supervenient P. 232 incident *om.* P. 234 exibuntque] exibentque P. | eis] eisdem P. 237 supervenerit *om.* P. | supervenient[2]] superveniunt P. 238 eruntque equales] equalesque erunt B. 238-239 Et ... proposuimus *om.* B. 239 proposuimus] intendimus P. 240 angulus assignatus *tr.* B. 242 supra] super B. 243 lineeque] lineque B. 247 lineam[1]] linea BP. 248 *post a z*[2] *scr. et del.* B sicut angulus. | *a h* et *a z*] *d* et *a* et P.

alkaidaque *d z* sicut alkaida *h z*. Sicque angulus *d a z* sicut angulus *h a z*.
250 Ita igitur angulum *b a g* assignatum in duo media divisimus lineaque *a z*. Et hoc est quod demonstrare proposuimus.

<I.10> Nunc demonstrandum est quomodo linea assignata in duo media dividatur.

Sit linea assignata *b a* fiatque super eam equalium laterum triangulus
255 *a g b*. Angulus cuius in duo media per lineam *g d* dividatur.

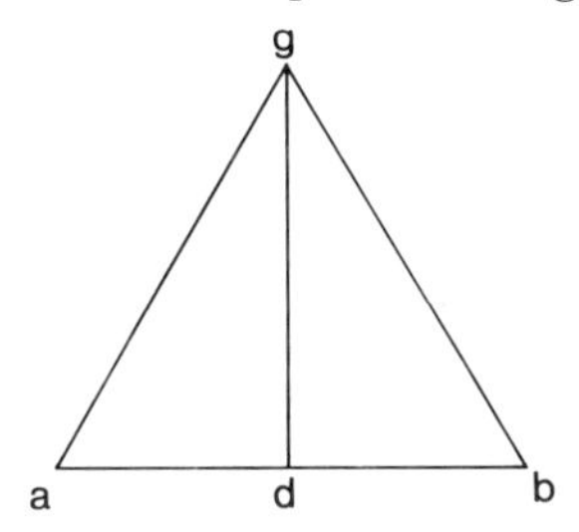

Quoniam igitur lineam *g a* linee *g b* equalem ostendimus, lineamque *g d* communem, erunt linee *a g* et *g d* lineis *b g* et *g d* vicissim equales. Angulusque *a g d* sicut angulus *b g d*, alkaida itaque *a d* sicut alkaida *b d*. Lineam igitur *a b* supra punctum *d* in duo media divisimus. Quod
260 demonstrare proposuimus.

<I.11> Nunc demonstrandum est quomodo linea assignata perpendicularem ei de puncto assignato in illa extrahamus ex utraque parte, cuius anguli quidem equales erunt et recti.

Sit linea assignata *a b* punctusque assignatus *g*. Ponatur itaque supra

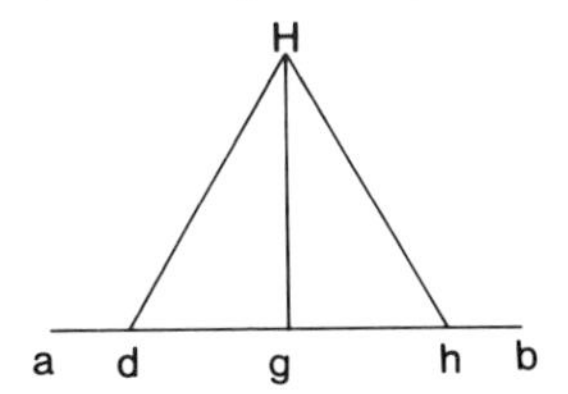

265 lineam *a g* punctus *d* et supra lineam *b g* punctus *h*. Sitque linea *g h* sicut *g d*, fiatque supra lineam *d h* triangulus equalium laterum *d H h* coniungaturque *H* cum *g*, linea *H g*.

249 alkaidaque] basisque OP. | alkaida] basis O; basisque *d z* sicut basisque P. | *h a z*] *a h z* B. 250 assignatum] assignantum B. | lineaque *om.* OP. | *a z om.* P. 251 demonstrare *om.* B. | proposuimus] intendimus P. 254 triangulus] angulus B. 256 lineam] linea B. 257 lineis *b g* et *g d om.* P. 258 alkaida[1]] basis OP. | alkaida[2]] basis OP. 259 Lineam] Linea P. 259-260 Quod ... proposuimus *om.* B. 262 ei de] eidem P. 264 Sit] Sitque P. 265 *b g*] *g b* B. 265-266 sicut *g d om.* P. 266 equalium laterum] equilaterus B. 267 coniungaturque] coniunganturque P. | *H*] enim P.

Sicque manifestum est quia linea *d g* linee *g h* equalis, lineaque *g H* communis, linee itaque *d g* et *g H* lineis *h g* et *g H* unaqueque se
270 respicienti equalis. Basisque *d H* basi *H h* equalis. Angulus ergo *d g H* angulo *h g H* equalis. Cum autem linea linee supervenerit, fuerintque anguli ex utraque parte linee equales, erit uterque eorum rectus. Anguli itaque *d g H* et *h g H* recti. Linea ergo *H g* linee *d h* superstans duos rectos efficit angulos. Sic igitur linee *a b* assignate de puncto *g* in ea
275 assignato perpendicularis extracta est, scilicet, *H g* duobus rectis angulis superstans. Quod demonstrare proposuimus.

<I.12> Nunc demonstrandum est quomodo de puncto assignato perpendicularem linee non assignate quantitatis extrahamus.

Sit linea *a b* punctusque supra eam assignatus *g*. Sitque ex alia parte
280 linee *a b* punctus *d*. Ponaturque supra centrum *g* occupeturque spacium inter *g* et *d* circulo *h d z*. Dividaturque *h z* in duo media supra punctum *H* iungaturque *g* cum *H* et *h* et *z*.

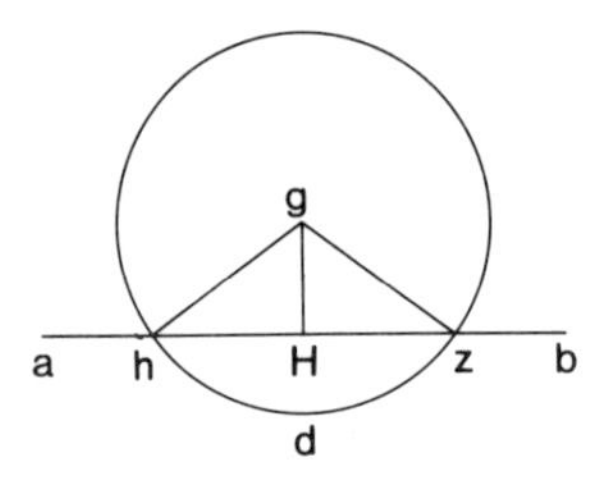

Cum itaque punctus *g* centrum sit circuli, erit linea *g h* linee *g z* equalis. Cum autem *h H* equalis sit linee *H z*, linea vero *H g* communis,
285 lineeque *h H* et *H g* sicut linee *z H* et *H g*. Basisque *g h* sicut basis *g z*, erit angulus *h H g* sicut angulus *z H g*. Cum autem linea linee supervenerit, fuerintque duo anguli ex utraque parte linee equales, erit eorum uterque rectus, lineaque supra lineam stans perpendicularis ad eam supra quam stat. Sic igitur de puncto *g* assignato linee non assignate
290 quantitatis *a b* perpendicularem extraximus, estque *g H*. Et hoc est quod demonstrare intendimus.

268 quia] quoniam B. | linee] linea P. 269 *g H*[1]] *h g H* P. 270 equalis[1]] equales BP. 271 *h g H*] *h d H* B. 272 Anguli] Angulus P. 273 *d g H*] *g d g n* B; *d h H* P. 275 *post* rectis *scr. et del.* O lineis. 276 Quod ... proposuimus *om.* B. 279 supra] super BP. 280 *post d add.* B que. | supra] super P. 281 *h z*] *h d z* P. 282 iungaturque] iungatur P. 285 *ante z H add.* P et. | *g h*] *d h* B. 287 supervenerit] supervenente P. | erit] erunt P. 288 supra] super BP. 289 supra] super B. 290 perpendicularem] perpendicularis P. | *g H*] *H g* B. 290-291 Et ... intendimus *om.* B. 291 demonstrare] dicere P.

<I.13> Omnium rectarum linearum supra rectas lineas existentium duo utrobique anguli aut recti aut rectis equales.

Exempli gratia: Sit linea *a b* linee *g d* superveniens. Dico quia duo
295 anguli *a b g* et *a b d* aut recti aut rectis equales.

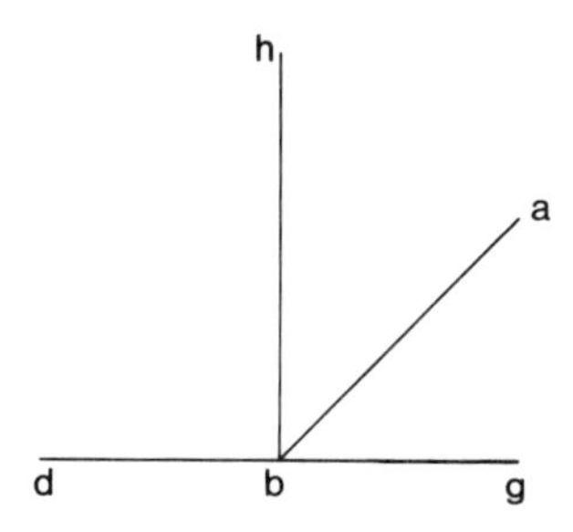

Rationis causa: Linea enim *a b* si fuerit perpendicularis linee *d g*, erunt duo utrobique anguli recti. Quod si non fuerit perpendicularis, de puncto *b* lineam perpendicularem extrahamus. Sitque linea *b h*. Duo itaque anguli *h b g* et *h b d* recti. Suntque tres anguli *a b g* et *a b h* et *h b d*.
300 Duoque anguli *a b g* et *a b h* sicut angulus *h b g*. Duo itaque anguli *h b g* et *h b d* recti equales tribus angulis *a b g* et *a b h* et *h b d*. Omnesque tres anguli duobus angulis equales qui sunt *a b g* et *a b d*. Erunt itaque duo anguli qui sunt *h b g* et *h b d* recti et qui sunt *a b g* et *a b d* equales duobus rectis. Et hoc est quod in hac figura demonstrare
305 intendimus.

<I.14> Si due linee de puncto unius linee in diversas partes exierint, duoque anguli ex duabus partibus linee existentes duobus rectis equales fuerint, linee ille due sibi invicem recto modo iuncte una fient linea.

Exempli gratia: Sit linea *a b* exeantque de puncto *b* due linee, scilicet,
310 *b g* et *b d* in duas partes diversas. Duoque anguli *g b a* et *a b d* duobus angulis rectis equales ponantur. Dico quia due linee *b g* et *b d* directe iuncte erunt una linea recta.

Rationis causa: Quia enim aliter est impossibile, de puncto *b* linea alia usque ad *h* extrahatur. Sitque linea *b h* cum linea *b g* recto modo iuncta.

292 supra] super P. | duo *om.* P. 293 aut[1]] ut P. 294 *Exempli gratia om.* OP. | *g d*] *d g* B. 297 anguli recti] angulis rectis P. 297-298 de ... perpendicularem] lineam perpendicularem de puncto *b* B. 298 extrahamus] protrahamus B. | *b h*] *d h* B. 299 *a b h*] *a b g h* P. 301 *post* recti *add.* P et qui sunt *a b g*. 303-304 Erunt ... *a b d om.* B. 304 *a b d*] *a d* P. 304-305 Et ... intendimus *om.* B. 304 demonstrare] demonstrando P. 306 *post* unius *scr. et del.* B linius. 308 fuerint] fiunt P. | fient] fiet P. 309 *Exempli gratia om.* OP. 310 *b d*] *h d* B. 311 angulis] anguli B.

315 Et iam linea *a b* supra lineam *g h* stabit. Sicque facti sunt duo anguli *a b g* et *a b h* duobus rectis equales. Sed iam ostensum est quod illi qui sunt *a b g* et *a b d* sicut duo anguli recti. Sicque duo anguli *a b g* et *a b d* sicut

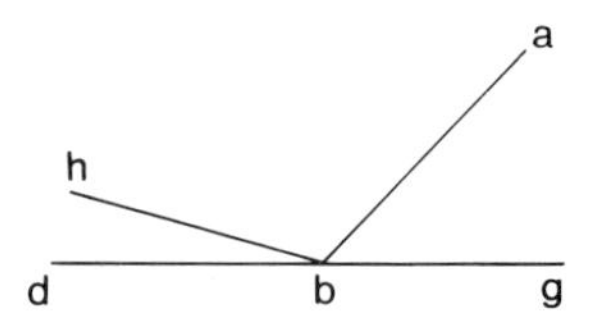

duo anguli *a b g* et *a b h* facti sunt. Removeatur itaque angulus *a b g* communis, relinquitur *a b d* similis *a b h* maius minori. Quod est 320 impossibile. Ostensum igitur est quia *b h* neque cum *b g* neque cum alia linea recto modo iungitur. Linea igitur *b d* cum *b g* recto modo iuncta fit una linea. Et hoc est quod demonstrare intendimus.

<I.15> Omnium duarum linearum quarum una aliam secat omnes anguli sibi oppositi erunt equales.

325 *Exempli gratia*: Sint linee *a b* et *g d* se invicem secantes supra punctum *h*. Dico itaque angulum *a h d* angulo *g h b* equalem atque angulum *a h g* sicut angulum *b h d*, et sic quattuor anguli quattuor rectis angulis equales.

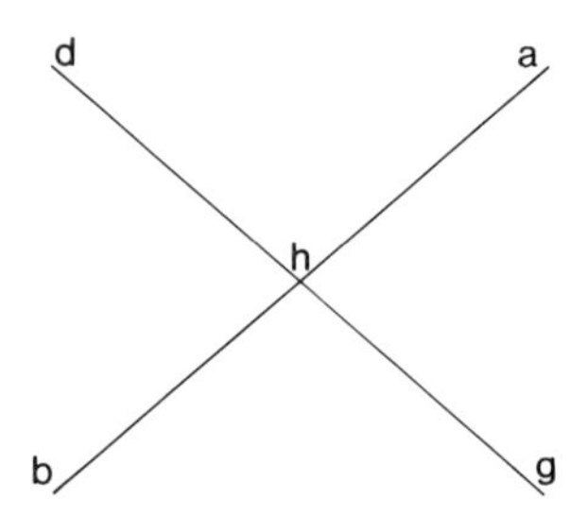

Rationis causa: Cum enim linea *a h* linee *g d* supersteterit, anguli qui sunt *a h d* et *a h g* rectis angulis fiunt equales. Item cum linea *g h* linee 330 *a b* supersteterit, fient anguli *a h g* et *g h b* duobus rectis angulis equales. Erunt itaque anguli *a h d* et *a h g* sicut anguli *a h g* et *g h b*. Angulus itaque *a h g* communis si removeatur, remanet *a h d* angulo *g h b* equalis. Et hoc modo scire potes *a h g* et *d h b* esse equalia. Ostensum

316 *post* ostensum *add.* O scilicet per premissam. 318 Removeatur] removeantur P. 320 neque[1] *om.* BP. 321 *ante* recto[1] *add.* O scilicet *a b.* | modo] commodo B. | iungitur] iuncgatur P. 322 Et ... intendimus *om.* B. 325 *Exempli gratia om.* OP. 326 *a h d*] *a b d* P. | *a h g*] *b h g* P. 327 quattuor[1]] quatuor B. | quattuor[2]] iiii^{or} B. 329 *a h g*] *a h d g* P. | fiunt] fuerint O; fient P. 333 *d h b*] *d h a* BO; *d b a* P.

igitur est quattuor angulos quattuor angulis rectis esse equales. Et hoc est
335 quod demonstrare proposuimus.

<I.16> Omnis trianguli cuius unum latus extra triangulum recto modo protrahetur, erit angulus ille extrinsecus quolibet angulo trianguli sibi opposito maior.

Exempli gratia: Sit triangulus *a b g* producaturque linea *b g* directe
340 ad punctum *d*. Dico quia angulus *a g d* extra positus duorum sibi oppositorum quolibet maior est, videlicet, *a b g* et *b a g*.

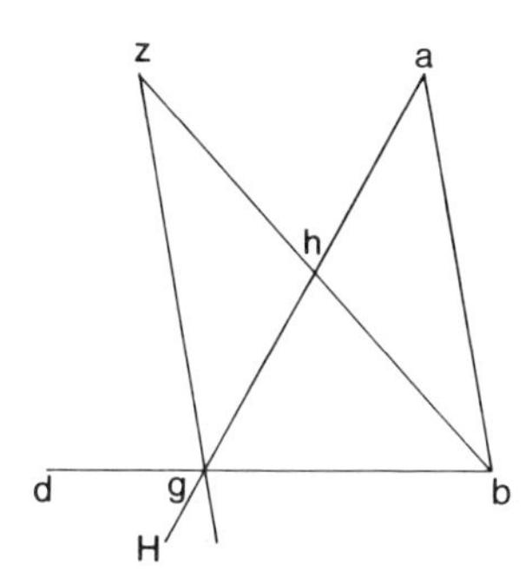

Rationis causa: Si enim secetur linea *a g* in duo media supra punctum *h* iungaturque *h* cum *b*, linea *b h*, exeatque hec linea recto modo ad punctum *z*. Sitque *b h* sicut *h z*. Iungaturque *z* cum *g* protendaturque
345 latus *a g* recte usque ad punctum *H*. Fiet *a h* sicut *h g* et *b h* sicut *h z*. Quia autem linee *a h* et *h b* sicut linee *g h* et *h z* unaqueque se respicienti equalis. Angulusque *g h z* sicut angulus *a h b*, erit basis *a b* sicut basis *g z*. Triangulusque *a h b* sicut triangulus *g h z*. Ceterique anguli ceteris angulis equalibus lateribus contentis equales, scilicet, *b a g* sicut *a g z*.
350 Erit itaque *a g d* maior *b a g*. Sicque esse cognosces angulum *b g H* angulo *a b g* maiorem. Sed *b g H* angulo *a g d* equalis. Angulus itaque *a g d* angulo *a b g* maior. Sic igitur demonstratum est illos angulos sibi oppositis aliis esse maiores, scilicet, *a b g* et *b a g*. Et hoc est quod in hac figura demonstrare proposuimus.

334 quattuor[1]] iiii^{or} B. | quattuor[2]] iiii^{or} B. 334-335 Et ... proposuimus *om.* B. 337 extrinsecus *om.* BP. 339 *Exempli gratia om.* OP. 341 est *om.* P. 342 secetur] stetur P. 346 linee[1] *om.* P. | *h b*] *h g* P. | *g h*] *b h* P. 347 equalis *om.* BP. | Angulusque] Angulus P. | angulus *om.* BP. 348 ceteris] ceterisque B. 349 *b a g*] *b h g* P. 350 esse] etiam P. 351 maiorem] maior P. 351-352 Sed ... maior *om.* P. 353-354 Et ... proposuimus *om.* B. 354 proposuimus] intendimus P.

355 <I.17> Omnis trianguli quocumque modo se habeat duo quilibet anguli duobus rectis angulis erunt minores.

Exempli gratia: Sit triangulus *a b g*. Dico quia eius duo anguli *a b g* et *b a g* duobus rectis angulis minores et *a b g* et *a g b* duobus rectis angulis minores.

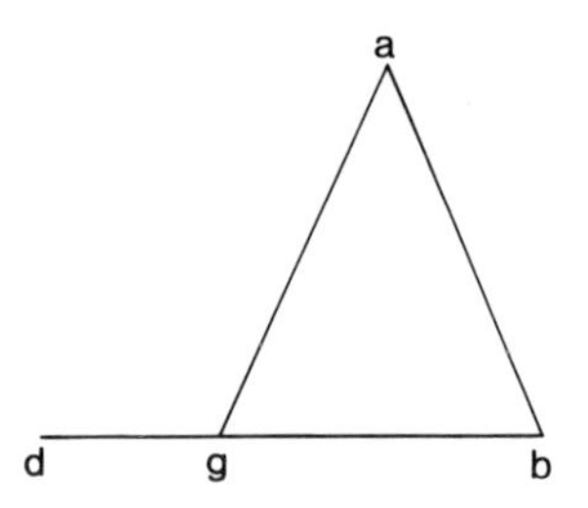

360 *Rationis causa*: Si enim protrahatur linea *b g* recte usque ad punctum *d*, erit angulus *a g d* angulo *b a g* maior. Angulusque *a g b* communis relinquatur. Duo itaque anguli *a g d* et *a g b* maiores duobus angulis *a g b* et *b a g*. Duo autem anguli *a g d* et *a g b* sicut duo anguli recti. Duo itaque anguli *a g b* et *b a g* duobus rectis angulis minores. Sic igitur 365 cognosces quoniam duo anguli *a g b* et *g b a* duobus rectis minores. Anguli etiam *g b a* et *b a g* duobus rectis minores. Similiterque de omnibus triangulis. Et hoc est quod intendimus demonstrare.

<I.18> Omnis trianguli longius latus maiori angulo oppositum est.

Exempli gratia: Sit triangulus *a b g*. Sitque latus *a g* latere *a b* longius. 370 Dico quia angulus *a b g* angulo *a g b* maior.

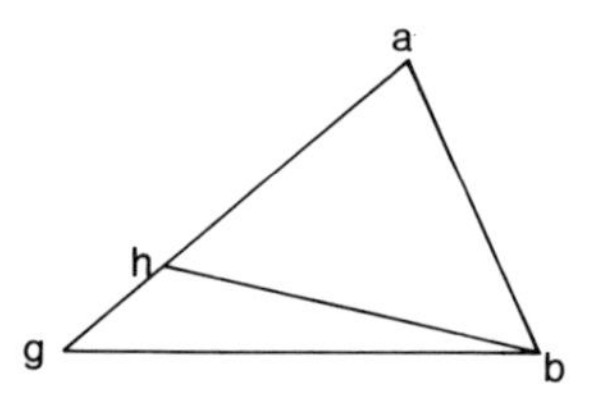

Rationis causa: Si enim lineam *a g* equalem linee *a b* fecero sitque linea *a h* iungaturque *h* cum *b* linea *h b* facta, erit linea *a b* sicut linea *a h*. Eritque angulus *a b h* sicut angulus *a h b* et supra triangulum *h b g*

355 quilibet] quolibet B. 356 duobus *om.* B. 357 *Exempli gratia om.* OP. 358 *b a g*] *h a g* B. 358-359 duobus² ... minores] similiter B. 361 angulo] angulos P. 362 relinquatur] relinquetur B. 363-364 Duo autem ... *b a g om.* B 365 *g b a*] *b a g* P. 366-367 Similiterque ... demonstrare *om.* B. 367 intendimus] proposuimus P. 369 *Exempli gratia om.* OP. 371 lineam] linea B. 373 supra] super P.

angulus extrinsecus, estque *a h b*. Quare angulus *a h b* angulo *a g b*
375 maior. Est autem *a h b* sicut *a b h*. Angulus itaque *a b h* angulo *a g b* maior. Est igitur angulus *a b g* angulo *a g b* multo maior. Quod demonstrare intendimus.

<I.19> Omnis trianguli maior angulus longiori lateri oppositus est.

Exempli gratia: Sit triangulus *a b g* sitque angulus *a b g* angulo *a g b*
380 maior. Dico quia latus *a g* latere *a b* maius.

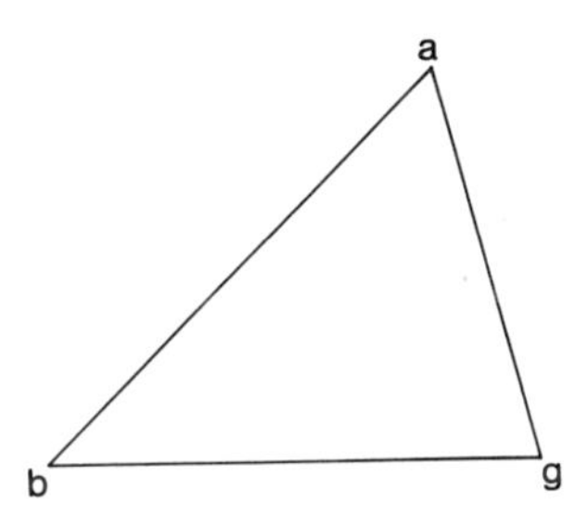

Quod si non fuerit, aut equale aut minus erit. Sed *a g* non est *a b* equale. Si enim esset equale, angulus *a b g* angulo *a g b* esset equalis. Non est autem sic. Item *a g* non est *a b* minor. Quia si esset minor, angulus *a b g* angulo *a g b* minor esset. Non est autem sic. Sic igitur latus
385 *a g* latere *a b* longius. Et hoc est quod demonstrare intendimus.

<I.20> Omnis trianguli quelibet duo latera simul iuncta reliquo eiusdem trianguli latere erunt longiora.

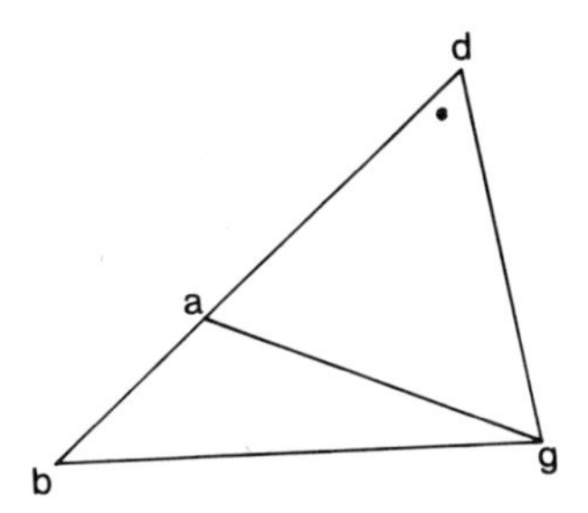

Exempli gratia: Sit triangulus *a b g*. Dico quia latera *a b* et *b g* latere *a g* longiora, lateraque *a g* et *g b* latere *a b* longiora, atque *a b* et *a g*
390 longiora *b g*.

374 *a h b*[1]] *h a b* P. 375 *a g b*] *a b g* O. 376-377 Quod ... intendimus *om.* B. 379 *Exempli gratia om.* OP. 383 autem] dum P. | *a g*] *a b* P. 385 Et ... intendimus *om.* B. 386 reliquo] reliqua P. 388 *Exempli gratia om.* OP. | *ante* latera *add.* P duo.

Rationis causa: Si enim tria latera fuerint equalia, quelibet eorum duo latera reliquo latere erunt maiora. Quod si non fuerint equalia, sit *b g* ceteris maius. Dico quia reliqua duo eo longiora. Protrahatur enim linea *b a* usque ad punctum *d*, sitque linea *a d* linee *a g* equalis. Iungaturque *d* cum *g*, fiatque linea *d a* linee *a g* equalis. Sic itaque angulus *g d a* angulo *a g d* erit equalis. Angulus ergo *d g b* angulo *b d g* maior. Omne autem cuiuslibet trianguli longius latus maiori angulo oppositum est. Latus ergo *b d* latere *b g* longius atque *d a* sicut *a g*. Latera ergo *b a* et *a g* latere *b g* longiora. Ostensum igitur est omnia cuiuslibet trianguli duo latera reliquo esse maiora. Et hoc est quod in hac figura demonstrare intendimus.

<I.21> Si protracte fuerint due linee de duabus extremitatibus unius lateris trianguli convenerintque earum extremitates supra punctum infra triangulum, erunt ille duabus reliquis trianguli lineis minores angulusque ab eis contentus angulo a lateribus superioris trianguli contento maior. *Exempli gratia*: Sit triangulus *a b g* protrahanturque de duabus summitatibus lateris *b g* due linee ad punctum *d*. Sintque *b d* et *d g*. Quas dico duabus lineis *b a* et *a g* minores. Angulus autem *b d g* ab ipsis contentus trianguli angulo *b a g* maior.

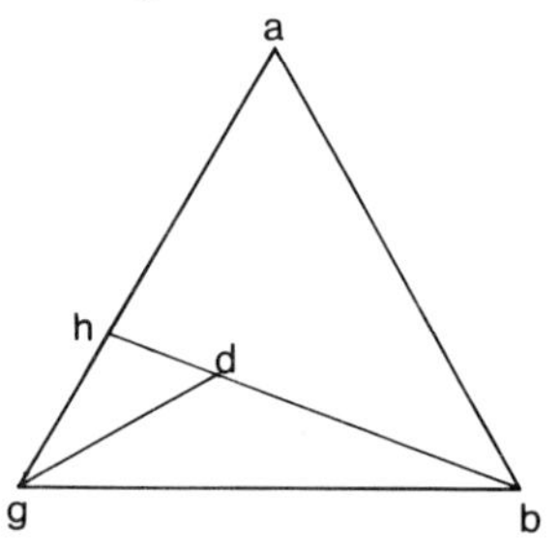

Rationis causa: Si enim protrahatur linea *b d* directe ad punctum *h*, cum iam notum sit quia duo latera cuiuslibet trianguli reliquo trianguli latere sunt longiora, latera *g h* et *h d* latere *g d* protensiora erunt fietque *d b* communis. Erunt itaque linee *b h* et *h g* lineis *b d* et *d g* protensiores. Linee item *b a* et *a h* linea *b h* longiores. Sitque linea *h g* communis. Erunt itaque linee *b a* et *a g* lineis *b h* et *h g* longiores. Erant autem *b h* et *h g* lineis *b d* et *d g* longiores. Erunt ergo *b a* et *a g* lineis *b d* et *d g* multo

392 reliquo] reliqua P. 395 *g d a*] *g a d* P. 396 *d g b*] *g d b* P. 397 oppositum] oppositus OP. 398 *b d*] *d b* B. | *b* g^1] *b d* P. 399-400 Ostensum ... intendimus *om.* B. 399 reliquo] reliqua P. 400 in hac figura *om.* P. 405 *Exempli gratia om.* OP. | triangulus] trianguli P. | protrahanturque] protrahaturque P. 407 *b d g*] *b g d* P. 408 contentus] contentis P. 409 Si] Sit B. | enim *om.* B. 412 *h g*] *h d* latere P. 413-414 Sitque ... longiores *om.* B. 414 *b a*] *b* et *a* P. | *h g*] *a g* P. | Erant] Erunt P. 415 *d* g^1] *g d* B.

protensiores. Item quoniam triangulo *a h b* est angulus extrinsecus *b h g*, erit *b h g* angulo *b a g* maior. Quoniam vero triangulo *d h g* est angulus extrinsecus *b d g*, erit idem angulo *g h b* maior. Atque angulus *g h d* angulo *b a g* maior. Angulus igitur *b d g* angulo *b a g* multo maior. Et
420 hoc est quod in hac figura demonstrare intendimus.

<I.22> Nunc demonstrandum est quomodo de tribus lineis tribus assignatis lineis equalibus, quarum quelibet due simul iuncte reliqua tertia fuerint maiores, triangulum faciamus.

Sint linee *a* et *b* et *g*. Sitque una linea cuius summitates *t* et *d*. Uni autem
425 termino eius non ponatur terminus de qua quidem linea sumatur linea sicut *a*, sitque *d z*. Item alia sicut *b* sitque *z H*. Tertia itidem sicut *g* sitque *H t*, ponaturque centrum *z* a quo usque ad *d* longitudo comprehendatur circulo *d k l*. Itemque supra centrum *H* longitudo *H t* circulo *t k l* claudatur, protrahanturque de puncto *k*, super quem duorum circulorum
430 extat incisio, due linee ad *z* et ad *H*, sintque *k z* et *k H*.

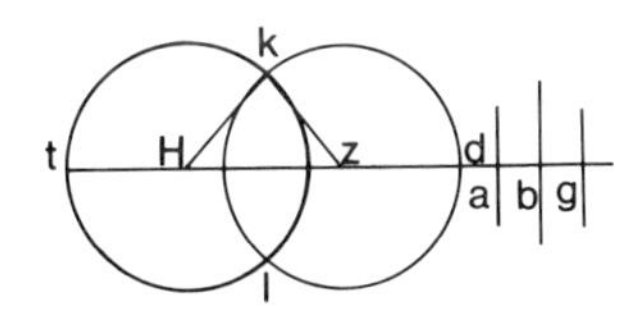

Quia itaque punctus *z* centrum est circuli *k l d*, erit linea *d z* linee *z k* equalis. Sed *d z* linee *a* equalis erat. Sic ergo linea *a* linee *z k* erit equalis. Itemque quia punctus *H* factus est centrum circuli *t k l*, linea *t H* erit sicut linea *k H*. Sed *H t* sicut linea *g*. Linea itaque *g* sicut linea *k H*. Linea
435 autem *z H* sicut linea *b*. Sic igitur manifestum est quoniam triangulum de tribus lineis *d z* et *z H* et *H t* fecimus tribus assignatis lineis equalibus, scilicet, *a* et *b* et *g*. Et hoc est quod in hac figura demonstrare intendimus.

<I.23> Nunc demonstrandum est quomodo supra punctum linee assignate angulum faciamus angulo assignato equalem.

440 Sit linea assignata *a b* punctusque linee supra quem surgat angulus *a*. Angulus vero assignatus *h d z* fiatque signum supra lineam *d h* sitque punctus *H*, supra lineam vero *d z* punctus *t*. Iungaturque *H* cum *t*, linea

417 triangulo] triangulus P. 418 Atque] Atqui OP. 419 Angulus ... maior *bis* B. 419-420 Et ... intendimus *om.* B. 424 Sint] Sit B; Sunt P. | linee] linea B. | et[1] *om.* P. | linea *om.* P. 426 sitque[1]] fuitque P. 429 claudatur] concludatur B. | protrahanturque] protrahaturque P. | *k om.* P. | super] supra B; *om.* P. 430 extat incisio] exstat inscisio BP. | sintque] suntque P. 432 erat] erit P. 434 *k H*[1] ... linea[2] *om.* P. 437 Et ... intendimus *om.* B. 440 assignata] assignate P. 442 *t*[1] *om.* P.

H t fiatque supra *a* punctum linee *a b* triangulus trium linearum triangulo aliarum trium linearum equalis, scilicet, *k a l* sicut *d H t*. Eritque *a k*
445 sicut *d H*, et *a l* sicut *d t*, et *k l* sicut *H t*.

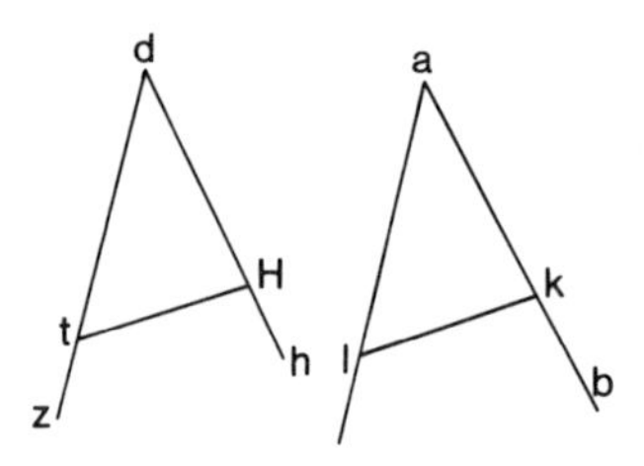

Sic igitur manifestum est lineas *k a* et *a l* sicut lineas *H d* et *d t* unamquamque se respicienti equalem. Alkaidamque *k l* alkaide *H t*. Angulus ergo *k a l* sicut angulus *H d t*. Sic igitur supra *a* punctum assignate linee angulum *k a l* angulo *h d z* equalem fecimus. Et hoc est quod in hac
450 figura demonstrare intendimus.

<I.24> Omnium duorum triangulorum quorum duo latera unius duobus lateribus alterius fuerint equalia, si unus angulus contentorum sub illis equalibus lateribus fuerit altero maior, erit alkaida ipsius alkaida alterius maior.

455 *Exempli gratia*: Sint duo trianguli *a b g* et *d h z* quorum duo latera *a b* et *a g* duobus lateribus *h d* et *d z* equalia, scilicet, *a b* sicut *h d* et *a g* sicut *d z*. Angulus vero *b a g* angulo *h d z* maior. Dico itaque quoniam alkaida *b g* alkaida *h z* longior.

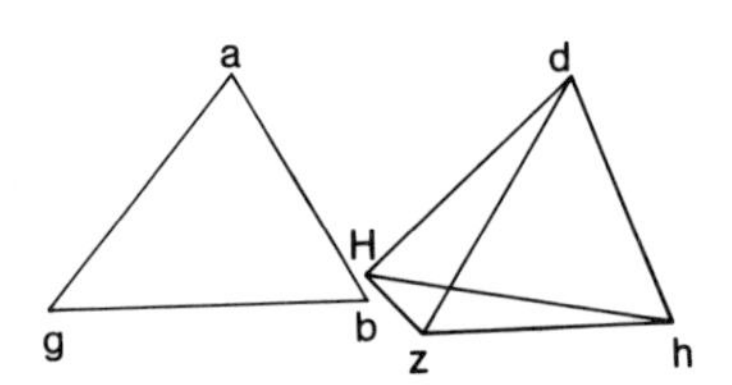

Rationis causa: Si enim supra *d* punctum linee *h d* angulum angulo
460 *b a g* equalem faciamus, scilicet, *h d H*. Sitque linea *d H* linee *a g* et *d z* equalis. Iungaturque *H* cum *z* et *H* cum *h*. Notum autem erat lineam *a b*

443 fiatque] fiat P. | triangulo] triangulus P. 444 Eritque] Erit P. 447 Alkaidamque] Basimque OP. | alkaide] basi OP. 448 *k a l*] *k l a* P. 449 *k a l*] *k l a* P. 449-450 Et ... intendimus *om.* B. 453 alkaida[1]] basis OP. | ipsius] ipsi B. | alkaida[2]] basi OP. 455 *Exempli gratia om.* OP. | Sint] Sintque P. | *d h z*] *d b z* P. 456 *d z*] *d t* P. | *d z* ... et[3] *om.* B. 457 itaque *om.* B. | alkaida] basis OP. 458 alkaida] basi OP. 461 Iungaturque] Iungiturque B.

linee *d h* equalem et *a g* linee *d H*. Erunt itaque linee *b a* et *a g* lineis *h d* et *d H* unaqueque se respicienti equalis. Angulus autem *b a g* angulo *h d H* equalis. Alkaida itaque *b g* alkaide *h H* equalis. Notum autem erat
465 lineam *d z* linee *d H* equalem. Quare et angulum *d H z* angulo *d z H* equalem. Angulus itaque *d z H* angulo *h H z* maior. Erit ergo angulus *h z H* angulo *h H z* multo maior. Latus vero cuiuslibet trianguli longius maiorem angulum respicit. Latus itaque *h H* latere *h z* longius. Atque *h H* sicut *b g*. Erit igitur *b g* longius *h z*. Et hoc est quod in hac figura
470 demonstrare intendimus.

<I.25> Omnium duorum triangulorum quorum unius duo latera duobus lateribus alterius unumquodque se respicienti fuerint equalia, alkaidaque unius alkaida alterius maior fuerit, erit angulus trianguli maioris alkaide duobus equalibus lateribus contentus angulo alterius
475 trianguli se respiciente maior.

Sint duo trianguli *a b g* et *d h z* sintque duo latera *a b* et *a g* duobus lateribus *d h* et *d z* unumquodque se respicienti equalia, scilicet, *a b* sicut *d h* et *a g* sicut *d z*, alkaidaque *b g* alkaida *h z* maior. Dico itaque quia *b a g* angulo *h d z* maior.

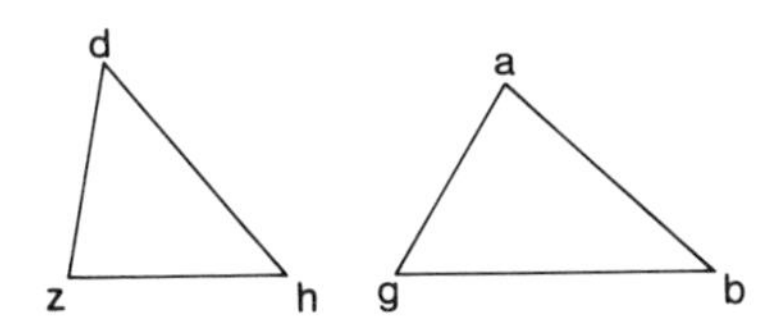

480 *Rationis causa*: Si enim maior non fuerit, aut equalis aut minor erit. Equalis vero si fuerit, iam *b g* sicut *h z* erit. Non est autem sic. Angulus igitur *b a g* angulo *h d z* maior. Et hoc est quod demonstrare intendimus.

<I.26> Omnium duorum triangulorum quorum duo anguli unius duobus angulis alterius unusquisque se respicienti fuerint equales,
485 latusque unius lateri alterius equale, fueritque illud latus inter duos angulos equales aut uni eorum oppositum, erunt duo unius latera residua

462 *b a*] *b* et *a* P. | *a g*[2]] *a b* B. 463 equalis] equales P. 464 Alkaida] Basis OP. | alkaide] basi OP. | erat *om.* P. 468 Atque] Atqui OP. 469 igitur *om.* B. | Et] Quia P. 469-470 Et ... intendimus *om.* B. 469 in hac figura *om.* P. 471 triangulorum] t[i] B. 472 fuerint] sint P. 473 alkaidaque] basisque OP. | alkaida] basi OP. 474 alkaide] basis OP. | lateribus *om.* P. 476 Sint] Sit B. 478 *a g*] *h a o* P. | alkaidaque] basisque OP. | alkaida] basi OP. 479 *h d z*] *a b z* P. 481 vero *om.* B. | sic *om.* B. 482 Et ... intendimus *om.* B. 483 triangulorum] t[i] B. | duo anguli *tr.* B. 484 fuerint] fuit P. 485 fueritque] fuitque P. 486 equales] similes B. | unius latera *tr.* B.

duobus reliquis alterius trianguli lateribus unumquodque se respicienti equale. Angulusque residuus unius angulo residuo alterius equalis.

Exempli gratia: Sint duo trianguli *a b g* et *d h z*. Sintque duo anguli
490 *a b g* et *a g b* sicut duo anguli *d h z* et *d z h*, scilicet, *a b g* sicut *d h z* et *a g b* sicut *d z h*. Sitque primo latus *b g* sicut latus *h z*. Sitque illud quod inter duos angulos equales. Dico quia duo residua latera *b a* et *a g* sicut duo alia reliqua *h d* et *d z* unumquodque se respicienti equale, scilicet, *a b* sicut *d h* et *a g* sicut *d z*. Angulusque residuus *b a g* sicut alius angulus
495 residuus *h d z*.

Rationis causa: Si enim *a b* lateri *d h* non fuerit equale, erit alterum eorum altero longius. Sitque *a b* longius, si sit possibile, auferaturque ab eo sicut *d h*, sitque *H b*. Iungaturque *H* cum *g*. Si itaque fuerit *H b* sicut *d h* et *b g* sicut *h z*, erunt duo latera *H b* et *b g* sicut duo latera *d h* et *h z*
500 unumquodque alteri equale. Angulusque *H b g* sicut angulus *d h z*. Alkaida itaque *H g* sicut alkaida *d z*. Triangulusque *H b g* sicut triangulus *d h z*. Ceterique anguli ceteris angulis equales, scilicet, *H g b* sicut *d z h*. Erat autem angulus *d z h* sicut *a g b*. Angulus ergo *a g b* sicut *H g b*, maior minori equalis. Quod contrarium est impossibile. Non itaque *a b*
505 longius *d h*, nec potest esse non equale. Item *b g* sicut *h z*. Latera itaque *a b* et *b g* lateribus *h d* et *h z* unumquodque se respicienti equale. Angulus autem *a b g* sicut *d h z*. Alkaida itaque *a g* sicut alkaida *d z*. Triangulusque *a b g* sicut triangulus *d h z* ceterique anguli ceteris angulis equales, scilicet, *b a g* sicut *h d z* quemadmodum dictum est.

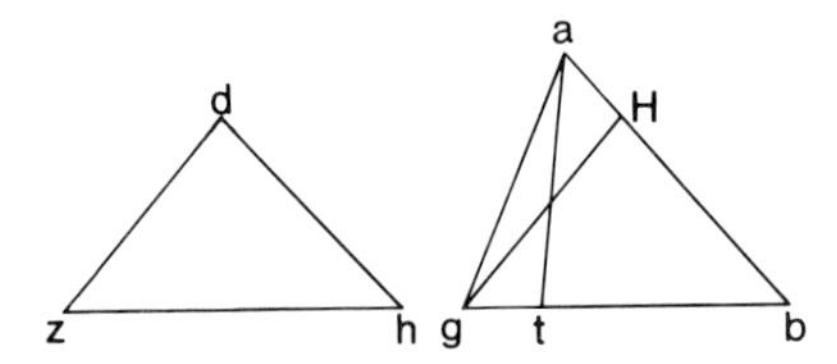

510 Item sit latus respiciens unum duorum equalium angulorum, videlicet, *a b* se respicienti *d h* equale. Dico quia latera *b g* et *g a* reliqua sicut

488 equale] equalia OP. | residuus] residuas P. | equalis] similis B. 489 *Exempli gratia om.* OP. | Sint] Sintque P. 490 *a g b*] *a b g et superscr.* O *g b*. 490-491 sicut[2] ... *a g b om.* B. 491 *d z h*] *d z d* P. 492 quia duo *om.* B. 494-495 Angulusque ... *h d z in marg.* O. 496 equale] equalis BOP. 497 auferaturque] auferatur B. | ab] ad P. 499 *d h*[1]] *d b* P. | et[3] *om.* P. 501 Alkaida[1]] Basis OP. | alkaida[2]] basis OP. 503 Erat] Erit P. 504 minori equalis] maiori equale P. | contrarium est *om.* B. 505 equale] equalem B. 506 equale] equalia BP. 507 *d h z*] *g h z* P. | Alkaida[1]] basis OP. | alkaida[2]] basis OP. 508 angulis *om.* B. 510 sit] Si P. | respiciens] respicientis P. 511 equale] equalis P. 511-512 *g a* ... reliquusque *om.* B.

reliqua latera *h z* et *z d* unumquodque se respicienti, reliquusque angulus *b a g* reliquo angulo *h d z* equalis.

Rationis causa: Si enim *b g* non fuerit *h z* equalis, erit alter eorum altero longior. Sitque *b g*, si sit possibile. Auferatur itaque ab eo *h z* minori equale sitque *b t*. Iungaturque *t* cum *a* eritque *b t* sicut *h z* et *a b* sicut *d h*. Erunt itaque latera *a b* et *b t* sicut latera *d h* et *h z* unumquodque equale se respicienti. Angulus autem *a b t* angulo *d h z* equalis. Quare et alkaida *a t* sicut alkaida *d z*, et triangulus *a b t* sicut triangulus *d h z*. Ceterique anguli ceteris angulis se respicientibus equales, scilicet, *a t b* sicut *d z h*. Erat autem *d z h* equalis *a g b*. Erit ergo *a g b* equalis *a t b* extrinseco intrinsecus. Quod contrarium est impossibile. Latus ergo *b g* sicut *h z*. Non enim est possibile esse inequale. Sed *a b* sicut *d h*. Latera itaque *a b* et *b g* sicut latera *d h* et *h z* unumquodque se respicienti equale. Angulus autem *a b g* angulo *d h z* equalis. Erit igitur basis *a g* sicut alkaida *d z*. Triangulusque *a b g* sicut triangulus *d h z*. Ceterique anguli ceteris se respicientibus equales, scilicet, *b a g* sicut *h d z*. Et hoc est quod demonstrare intendimus.

⟨I.27⟩ Si linea supra duas lineas ceciderit, duoque anguli coalterni fuerint inter se equales, erunt due ille linee equidistantes.

Sit linea *h z* supra lineas *a b* et *g d* cadens. Sintque anguli coalterni *a H t* et *H t d* equales. Dico quia linea *a b* equidistans erit linee *g d*.

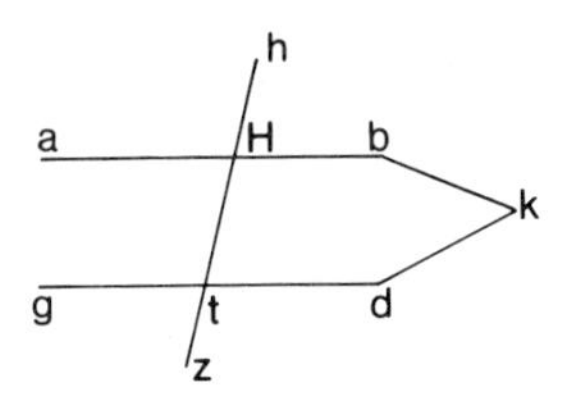

Rationis causa: Si enim non fuerit ei equidistans, ille due linee in alterutram partem protracte, scilicet, aut *a g* aut *b d* convenient, producantur itaque in partem *b* et *d*, conveniantque super punctum *k*, si fuerit possibile. Erit itaque angulus *a H t* trianguli extra positus angulo

516 equale] equalis P. 518 se respicienti *tr.* B. 519 et[1]] etiam O. | alkaida[1]] basis OP. | alkaida *a t* sicut *om.* B. | alkaida[2]] basis OP. 521 Erat] Erit P. | Erit] Eritque P. 522 contrarium *om.* B. 523-525 Sed ... equale *om.* B. 526 alkaida] basis OP. 527-528 Et ... intendimus *om.* B. 530 fuerint inter se] inter se fuerint B. | linee *om.* P. 531 *h z*] *z h* B. 532 *H t d*] *H d t* P. | equidistans] equidistantes P. 533 fuerit] fuit P. 533-534 ille ... *b d*] ducte in infinitum B. 534 *post* convenient *add.* B scilicet *a b* et *g d*. 535 super] supra P. | *ante* fuerit *add.* P non. 536 possibile] impossibile P.

intrinseco *H t k* equalis, quod est impossibile. Manifestum itaque est lineas *a b* et *g d*, cum in utramlibet partem protracte fuerint, non convenire. Erunt ergo equidistantes. Et hoc est quod demonstrare
540 intendimus.

<I.28> Si linea una duabus lineis supervenerit, fueritque angulus extrinsecus angulo intrinseco sibi opposito equalis, aut duo anguli intrinseci ex una parte duobus rectis angulis equales, erunt ille due linee equidistantes.

545 Sit linea *h z* supra duas lineas cadens *a b* et *g d*. Sitque angulus extrinsecus *h H b* angulo *H t d* intrinseco equalis, aut duo anguli intrinseci ex una parte qui sunt *t H b* et *H t d* duobus rectis angulis equales. Dico quia linea *a b* linee *g d* erit equidistans.

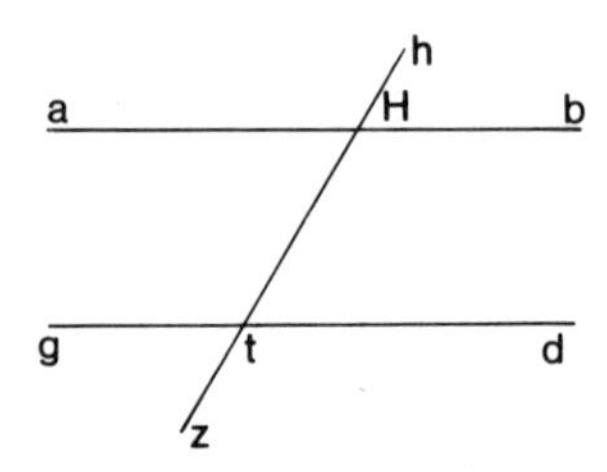

Rationis causa: Quoniam enim angulus *h H b* sicut angulus *H t d*,
550 angulus autem *b H h* sicut *a H t*, erit angulus *a H t* sicut *H t d*. Sunt autem coalterni. Linea ergo *a b* equidistans linee *g d*.

Item si duo anguli intrinseci ex una parte, scilicet, *b H t* et *d t H* duobus rectis angulis equales fuerint, dico quia linea *a b* linee *g d* equidistans erit.

555 Cum enim duo anguli *b H t* et *H t d* duobus rectis angulis equales sint, duo quoque anguli *t H b* et *t H a* duobus rectis angulis equales, erunt anguli *t H b* et *H t d* sicut *b H t* et *t H a*. Remoto itaque *b H t* communi, relinquitur *H t d* sicut *t H a*. Sunt autem coalterni. Erit igitur *a b* equidistans *g d*. Et hoc est quod demonstrare intendimus.

560 <I.29> Si linea duabus equidistantibus lineis supervenerit, erunt duo anguli coalterni equales, angulusque extrinsecus sicut intrinsecus angulus

537 *ante* Manifestum *add.* P Erit itaque angulus *a H t*. 539-540 Et ... intendimus *om.* B. 548 erit *om.* BP. 549 angulus[2] *om.* P. 550 autem *om.* P. | angulus[2] *bis* B. 551 *ante* coalterni *add.* B ex precedenti. | *a b om.* B. 555 sint] fuerint B. 556 duo quoque] duoque B. | duobus rectis angulis *om.* P. 557 *H t d*] *H t b* BO. | Remoto itaque] Remotaque P. | *ante* communi *add.* P et. 559 Et ... intendimus *om.* B. 560 duo *om.* P.

sibi oppositus. Itemque fient duo intrinseci anguli ex qualibet parte duobus rectis angulis equales.

Exempli gratia: Sit linea *h z* duabus equidistantibus lineis superstans
565 *a b*, scilicet, et *g d*. Dico quia duo anguli *a H t* et *H t d* equales. Angulus vero extrinsecus *h H b* sicut intrinsecus *H t d*, duoque anguli intrinseci ex qualibet parte, scilicet, *b H t* et *H t d* duobus rectis angulis equales.

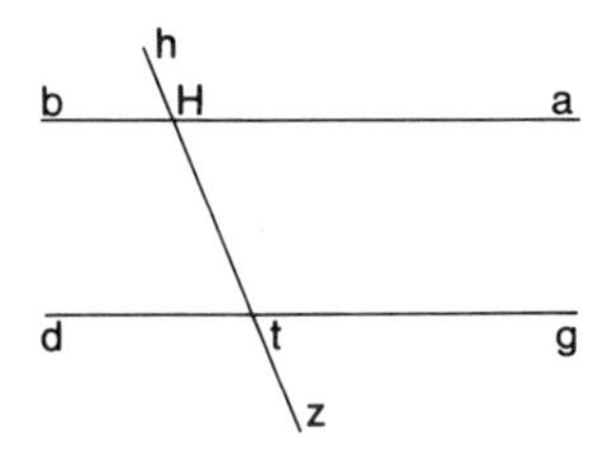

Rationis causa: Primum autem explicare necesse est quia angulus *a H t* sicut *H t d*. Quia si non fuerint equales, erit alter altero maior, sitque
570 *a H t* maior, si fuerit possibile. Angulusque *b H t* sit communis. Eruntque *a H t* et *b H t* angulis *H t d* et *b H t* maiores fientque *a H t* et *b H t* simul sicut duo anguli recti et qui sunt *H t d* et *b H t* rectis minores. Due autem linee, cum fuerint de duobus angulis protracte minoribus rectis, necessario convenient. Sed impossibile est lineam *a b* linee *g d*
575 convenire. Sunt etenim inconiunctive. Angulus itaque *a H t* angulo *H t d* maior non est, sed equalis. Angulus autem *a H t* sicut *b H h*. Angulus itaque *h H b* sicut *H t d*, extrinsecus sicut intrinsecus sibi oppositus. Sit item *b H t* communis. Anguli ergo duo *h H b* et *b H t* sicut *b H t* et *H t d*. Sed qui sunt *h H b* et *b H t* sicut duo anguli recti. Erunt igitur
580 *b H t* et *H t d* sicut duo anguli recti. Et hoc est quod demonstrare intendimus.

<I.30> Si fuerint plures linee alicui linee equidistantes, erunt linee ille sibi invicem non minus equidistantes.

Exempli gratia: Sint linee *a b* et *g d* linee *h z* inconiunctive. Dico quia
585 *a b* erit *g d* inconiunctiva.

Rationis causa: Si enim linea super lineas quolibet modo ceciderit, cadatque linea *H t* super lineas inconiunctivas que sunt *a b* et *h z*, anguli

564 *Exempli gratia om.* OP. 568 quia] quod OP. 569 alter altero *tr.* B. 571 et *b H t*[2] *om.* P. | fientque] fiantque P. | *post a H t*[2] *add.* P angulis. 575 inconiunctive] equidistantes P; *superscr.* O equidistantes. 580-581 Et ... intendimus *om.* B. 583 equidistantes] equidem P. 584 *Exempli gratia om.* OP. | inconiunctive] *superscr.* B i.e. equidistantes; equidistantes OP. 585 inconiunctiva] *superscr.* B equidistans; equidistans OP. 586 lineas] lineam P. 587 inconiunctivas] equidistantes OP. | que] qui P.

duo coalterni $a\ k\ l$ et $k\ l\ z$ erunt equales. Itemque cadat linea $H\ t$ super duas lineas inconiunctivas $h\ z$ et $g\ d$. Angulusque extrinsecus $H\ l\ z$ sicut

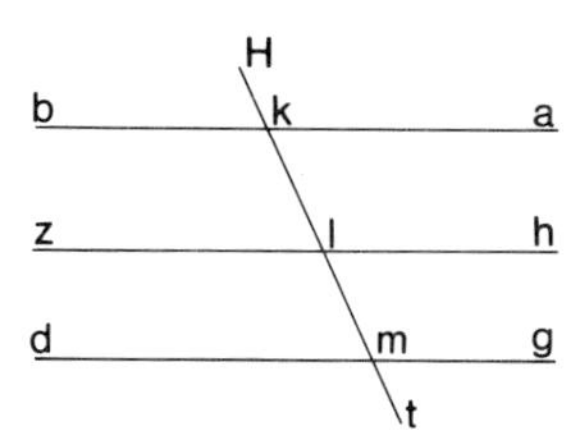

590 intrinsecus ei oppositus $l\ m\ d$. Erat autem angulus $k\ l\ z$ sicut $a\ k\ l$. Quare $a\ k\ l$ sicut $l\ m\ d$. Sunt autem coalterni. Linca igitur $a\ b$ linee $g\ d$ inconiunctiva. Et hoc est quod demonstrare intendimus.

<I.31> Nunc demonstrandum est quomodo super punctum assignatum lineam linee assignate inconiunctivam inveniamus.

595 Sit linea assignata linea $b\ g$ punctusque assignatus punctus a. Extrahatur itaque ex eo linea ad lineam $b\ g$, quolibet modo cadens. Sitque linea $a\ d$ fiatque supra punctum a angulus sicut angulus $a\ d\ g$ sitque $h\ a\ d$. Protrahaturque $h\ a$ directe ad punctum z. Dico quia linea $h\ z$ linee $b\ g$ inconiunctiva.

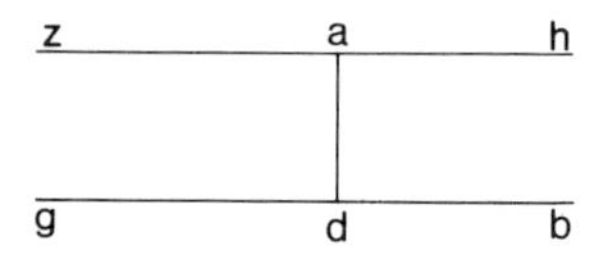

600 *Rationis causa*: Cum enim linea $a\ d$ supra lineas $h\ z$ et $b\ g$ ceciderit, fuerintque duo anguli coalterni $h\ a\ d$ et $a\ d\ g$ equales, erunt linee $h\ z$ et $b\ g$ inconiunctive. Ostensum igitur est posita linea $h\ z$ supra punctum a lineam $b\ g$ linee $h\ z$ esse inconiunctivam. Et hoc est quod intendimus demonstrare.

605 <I.32> Omnis trianguli extrinsecus angulus duobus intrinsecis angulis sibi oppositis equalis. Tres etiam anguli sicut duo anguli recti.

589 duas *om.* P. | inconiunctivas] equidistantes OP. 590 *post* intrinsecus *add.* P $H\ b\ z$ sicut intrinsecus. 591-592 inconiunctiva] equidistans OP. 592 Et ... intendimus *om.* B. 593 super] supra BP. 594 inconiunctivam] *superscr.* B equidistantem; equidistantem OP. 595 linea[2] *om.* B. | punctus *om.* B. 597 angulus[1] *om.* P. | $a\ d\ g$] $a\ g\ d$ P. 598 *ante* ad *add.* B usque. | linea *om.* P. 599 inconiunctiva] equidistans OP. 600 *post* $b\ g$ *add.* P h et $b\ g$. 602 inconiunctive] equidistantes OP. 603 inconiunctivam] equidistantem O; equidistantes P. 603-604 Et ... demonstrare *om.* B. 605 duobus] duo P.

Exempli gratia: Sit triangulus *a b g* protrahaturque directe latus *b g* usque ad punctum *d*, ut sit triangulo angulus *a g d* extrinsecus. Dico quia duobus intrinsecis angulis *a b g* et *b a g* sibi oppositis erit equalis.
610 Tresque intrinseci anguli *a b g* et *b g a* et *g a b* duobus rectis equales.

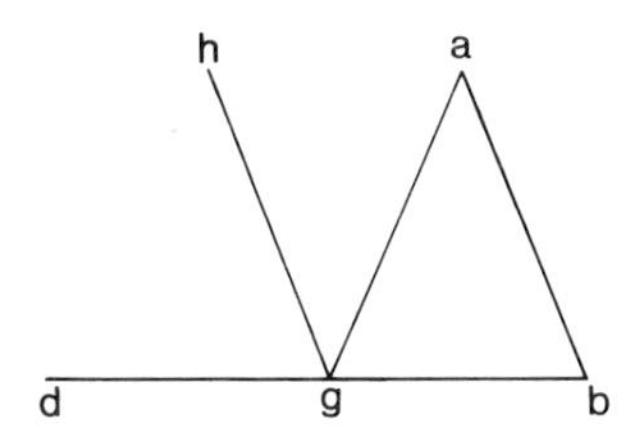

Rationis causa: Extrahatur enim de puncto *g* linea inconiunctiva linee *a b*, sitque linea *h g*. Superstat itaque linea *a g* duabus lineis inconiunctivis *a b* et *g h*. Erunt ergo duo anguli coalterni *b a g* et *a g h* equales. Item cum ceciderit linea *b d* supra duas lineas inconiunctivas *a b*
615 et *g h*, erit angulus extrinsecus *h g d* sicut intrinsecus ei oppositus, qui est *a b g*. Angulus igitur *a g d* extrinsecus duobus intrinsecis sibi oppositis, qui sunt *b a g* et *a b g*, equalis. Sit item *a g b* communis. Unde duo anguli *a g d* et *a g b* sicut tres anguli *b a g* et *a b g* et *a g b*. Atqui *a g d* et *a g b* sicut duo recti. Manifestum igitur est tres angulos trianguli
620 duobus rectis similes. Et hoc est quod demonstrare intendimus.

<I.33> Si summitatibus inconiunctivarum linearum equalis quantitatis alie linee coniungantur utrimque equales et equidistantes erunt.

Exempli gratia: Sint due linee equales et inconiunctive *a b* et *g d*. Quarum summitatibus due linee *a g* et *b d* addantur. Dico *a g* et *b d*
625 equidistantes et equalis quantitatis esse.

Rationis causa: Iungatur enim *a* cum *d* linea *a d*, cadetque linea *a d* supra duas lineas equidistantes *a b* et *g d*. Quare duo anguli coalterni

607 *Exempli gratia om.* OP. 608 ut] et O. | angulus *om.* P. 609 *post b a g add.* P et *g a b*. 610 *b g a*] *b a g* P. 611 inconiunctiva] equidistans OP. 612 *h g*] *b g* P. 612-613 inconiunctivis] equidistantibus OP. 613 *a b*] *a b g* P. | *g h*] *g b* P. 613-614 *b a g* ... linea *in marg.* O 614 inconiunctivas] equidistantes OP. 615 et *g h*] *g* et *h* P. | *post* erit *add.* P equales. | extrinsecus *om.* P. | *h g d*] *h d g* P. 617 equalis] equales P. | Sit] Sint P. 618 Atqui] Atque B. 620 *post* rectis *add.* P lineis. | Et ... intendimus *om.* B. 621 *ante* summitatibus *add.* B in. | inconiunctivarum] equidistantium O; equidistantium laterum P. 622 utrimque] utre P. 623 *Exempli gratia om.* OP. | equales *om.* P. | inconiunctive] equidistantes OP. 625 esse *om.* B. 626 Iungatur] Iungaturque P. | cadetque] cadet B. 627 supra] super P.

b a d et *a d g* equales. Erat autem *a b* sicut *g d*. Sitque *a d* communis. Quoniam igitur linee *b a* et *a d* sicut linee *g d* et *d a* angulusque *b a d*
630 sicut *g d a*, erit basis *b d* basi *g a* equalis. Triangulus autem *a d b* sicut

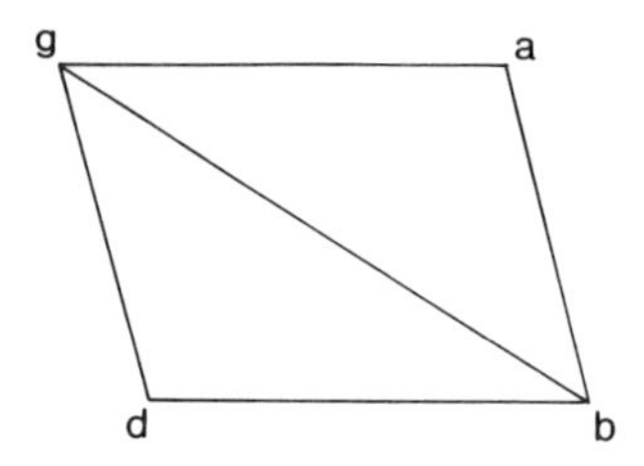

triangulus *g d a* angulique sicut anguli, quisque sibi opposito equalis, quos latera equalia continent. Angulus, scilicet, *g a d* sicut *b d a*. Cum ergo superveniente linea *a d* lineis *a g* et *b d*, facti sunt duo anguli coalterni, qui sunt *g a d* et *a d b*, equales, erunt linee *a g* et *b d*
635 equidistantes. Manifestum est igitur lineas *a g* et *b d* equidistantes et equales esse. Et hoc est quod demonstrare proposuimus.

<I.34> Cum constiterit superficies ex lineis equidistantibus, erunt latera eius sibi invicem opposita equalia, angulique sibi oppositi equales, diametro dividente eam per medium.

640 *Exempli gratia*: Sit superficies supra quam *a b* et *g d* sintque latera *a b* et *g d* inconiunctiva. Itemque alia latera *a g* et *b d* similiter equidistantia, linea vero diametri *a d*. Dico itaque quia *a b* equalis *g d* et *a g* equalis *b d* unaqueque sibi opposite. Angulusque *g* equalis angulo *b* et angulus *a* equalis *d* quisque sibi opposito diametro *a d* secante superficiem per
645 medium.

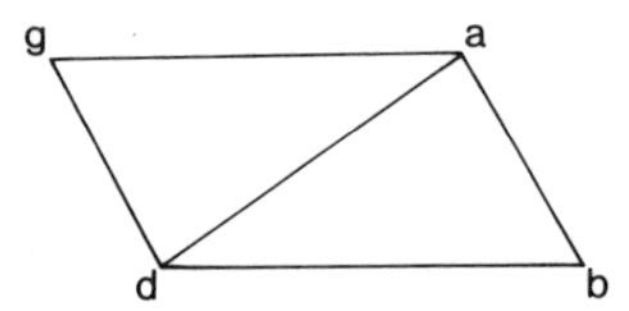

Rationis causa: Quia enim linea *a d* supervenit duabus lineis equidistantibus *a b* et *g d*, facti sunt duo anguli coalterni, qui sunt *b a d* et *g d a*, equales. Itemque quia *a d* supervenit duabus lineis equidistantibus *a g* et

628 Erat] Erit P. 629 linee[1]] linea B. 632-633 quos ... lineis] Erunt linee P. 634 *g a d*] *g d a* P. | et[1]] per P. 636 Et ... proposuimus *om.* B. | proposuimus] intendimus P. 637 constiterit] steterit BP. 638 eius *om.* P. 640 *Exempli gratia om.* OP. | et *om.* B. 641 inconiunctiva] equidistantia OP. | equidistantia *om.* B. 642 equalis[2] *om.* B. 646 lineis *om.* B. 648 lineis *om.* B. | equidistantibus] equistantibus B.

b d, facti sunt duo anguli coalterni, qui sunt *g a d* et *a d b*, equales.
650 Sicque duo anguli unius trianguli, qui sunt *d a b* et *a d b*, sicut duo anguli alterius trianguli, *g d a* et *g a d*, quisque respicienti se equalis, scilicet, *d a b* sicut *a d g* et *a d b* sicut *g a d*. Istis autem equalibus angulis commune latus *a d*. Reliqua ergo latera *a b* et *b d* reliquis lateribus *a g* et *g d* equalia unumquodque se respicienti, scilicet, *a g* sicut *b d* et *a b* sicut
655 *g d*. Itemque duo reliqui anguli *a b d* et *a g d* equales. Ostensum autem est quod angulus *d a b* sicut *a d g* et *g a d* sicut *a d b*. Totus igitur angulus *g a b* sicut totus angulus *g d b*. Et hoc est quod demonstrare proposuimus.

<I.35> Omnes superficies inconiunctivarum linearum supra eandem
660 basim cadentium inter quascumque lineas inconiunctivas contineantur, erunt equales.

Exempli gratia: Sint due superficies quarum una *a b g d*, altera *h z g d* linee quarum equidistantes supra unam alkaidam *g d* cadant inter duas, scilicet, lineas equidistantes *g d* et *a z*. Dico itaque duas superficies
665 equales esse.

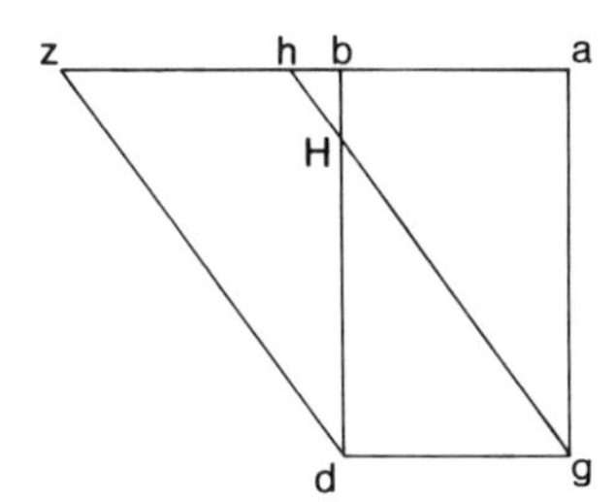

Rationis causa: Cum enim linea *a z* supervenerit duabus lineis equidistantibus *a g* et *b d*, erit *z b d* extrinsecus angulus sicut *b a g* angulus intrinsecus ei oppositus. Omne autem latus superficierum equidistantium linearum lateri sibi opposito equale, angulusque angulo opposito. Erit
670 itaque latus *a g* sicut latus *b d*, et latus *g d* sicut latus *a b*. Sed *a b* sicut *h z*. Linea vero *b h* communis. Tota ergo *a h* sicut tota *b z*. Sed *a g* sicut *b d*. Sicque due linee *g a* et *a h* sicut due linee *d b* et *b z* unaqueque sibi

651 equalis] equales O. | scilicet *om.* BP. 652 *a d g*] *a g d* P. | equalibus angulis *tr.* B. 654 scilicet *om.* BP. 656 *a d g*] *a g d* P. 657-658 Et ... proposuimus *om.* B. 659 inconiunctivarum] equidistantium OP. | supra] super P. 660 inconiunctivas] equidistantes OP. 662 *Exempli gratia om.* OP. 663 alkaidam] basim OP. | duas *om.* P. 665 *post* equales *add.* O scilicet. 668 superficierum] superficiei etiam P. | *post* equidistantium *add.* P laterum. 670 *ante* sicut[1] *add.* P et. 671 *ante a g add.* B et. 672 *d b*] *g b* P.

opposite equalis. Angulus autem *g a h* sicut angulus *d b z*. Basis ergo *g h* sicut basis *d z*. Triangulusque *g a h* sicut triangulus *d b z*. Remoto itaque
675 *b H h* communi, relinquitur superficies irregularis *a g b H* sicut reliqua superficies *d z H h* irregularis, sitque triangulus *g d H* communis. Erit igitur tota superficies *a b g d* superficiei tote *g d h z* equalis. Et hoc est quod demonstrare proposuimus.

<I.36> Si superficies equidistantium laterum supra bases equales
680 ceciderint atque inter duas lineas equidistantes, ipse quoque equales erunt.
Exempli gratia: Sint due superficies quarum una *a b g d*, altera vero *h z H t* linee quarum equidistantes supra duas bases equales *b d* et *z t* et inter duas lineas equidistantes *b t* et *a H*. Dico quia superficies erunt equales.

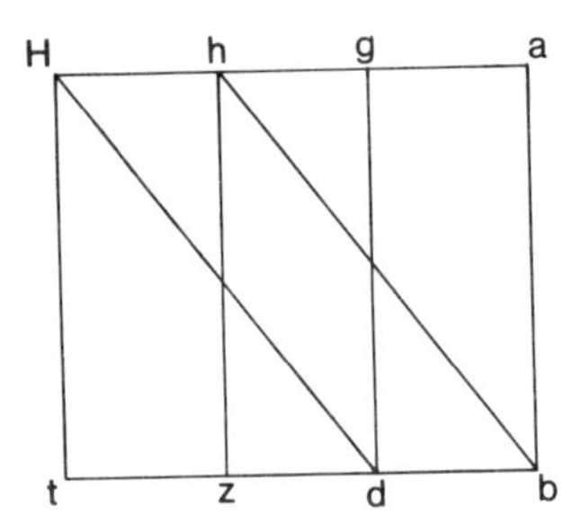

685 *Rationis causa*: Iungatur enim *h* cum *b* et *H* cum *d*, erit linea *b d* sicut *z t* et *z t* sicut *h H* et *b d* sicut *h H* sibi equidistans, iuncteque erunt summitates earum duabus lineis *h b* et *H d* equidistantibus et equalibus. Manifestum est ergo quia superficies *h b H d* equidistantium linearum sicut superficies *a b g d* quarum est eadem basis, scilicet, *b d*. Suntque
690 inter duas lineas equidistantes *b d* et *a H*. Superficiesque *h z H t* sicut superficies *h b H d*. Equalium autem uni rei unumquodque equale alteri. Superficies igitur *a b g d* et *h z H t* equales. Et hoc est quod demonstrare intendimus.

673 equalis] similis B. | *g h*] *g b* B. 674 Triangulusque] Triangulus P. | itaque] ita P. 675 relinquitur] relinquatur P. 676 *post* irregularis *add.* P *a g b*. 677-678 Et ... proposuimus *om.* B. 679 equales *om.* B. 680 ceciderint] cecidit O; ceciderit P. 681 *Exempli gratia om.* OP. | Sint] Si P. 686 equidistans] equidistantes P. 686-687 iuncteque ... equalibus *in marg.* O. 688-689 *h b H d* ... superficies *om.* P. 689 sicut] sic B. | *a b g d*] *a b* et *g d* BOP. | *b d*] *b g* P. 690 Superficiesque] Superficies P. 691 unumquodque] unum quod B. 692-693 Et ... intendimus *om.* B.

<I.37> Si trianguli super eandem basim et inter duas lineas equidistan-
695 tes ceciderint, erunt equales.

Exempli gratia: Sint duo trianguli *a b g* et *d b g* supra eandem basim, que est *b g*, et inter duas lineas equidistantes *b g* et *a d*. Dico quia isti trianguli erunt equales.

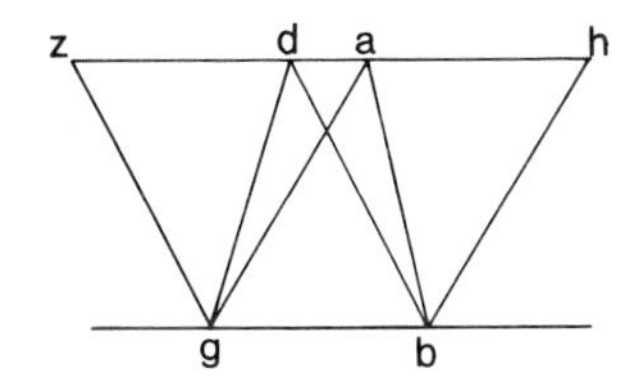

Rationis causa: Si enim linea *a d* utrobique directe protrahatur ad
700 punctum *h* et punctum *z*, iungaturque *b* cum *h* linea equidistante linee *a g* iungaturque *g* cum *z* linea equidistante linee *b d*. Manifestum erit quia superficies *h b a g* equalis superficiei *d b g z*. Continentur enim lineis equidistantibus supra eandem basim *b g* et inter duas lineas equidistantes *b g* et *h z*. Atqui triangulus *a b g* media pars est superficiei *h b a g*.
705 Diametros enim linea *a b*. Triangulus vero *d b g* media pars superficiei *d b z g*. Diametros enim *d g*. Quorum autem media sunt equalia ipsa equalia esse. Manifestum est igitur quia triangulus *a b g* triangulo *d b g* erit equalis. Et hoc est quod demonstrare proposuimus.

<I.38> Si trianguli super bases equales et inter duas lineas equidistantes
710 ceciderint, equales esse necesse est.

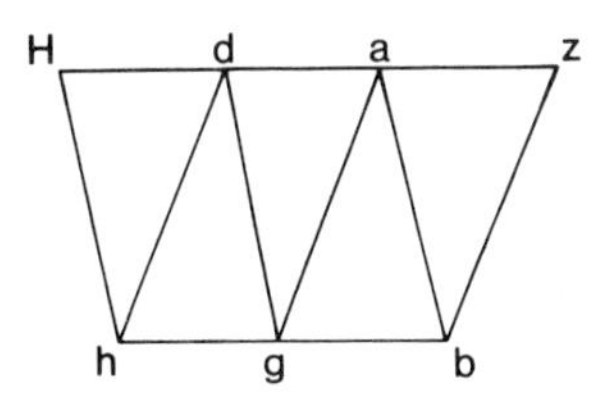

Exempli gratia: Sint duo trianguli *a b g* et *d g h* supra duas bases equales *b g* et *g h* inter duas lineas inconiunctivas *b h* et *a d*. Dico quia triangulus *a b g* sicut triangulus *d g h*.

695-697 ceciderint ... equidistantes *om.* P. 696 *Exempli gratia om.* O. 698 *post* trianguli *add.* P *a b g* et *d b g* super eandem basim que est *b g* et inter duas lineas equidistantes *b g* et *a d*. Dico quia isti trianguli *a b g* et *d b g*. 699 linea] linee B. 701 erit] est P. 702 equalis] equali P. 703 supra] super P. 704 *post h z add.* P continentur. 706 *d b z g*] *d b a g* P. 707 est *om.* B. | quia] quoniam B. 708 erit equalis] equalis est B. | Et ... proposuimus *om.* B. | proposuimus] intendimus P. 709 trianguli] t[i] B. 711 *Exempli gratia om.* OP. 712 inconiunctivas] equidistantes OP.

Rationis causa: Si enim linea $a\ d$ in duas partes directe protrahatur ad duo puncta H et z. Iungaturque b cum z linea equidistante linee $a\ g$. Iungatur quoque h cum H linea equidistante linee $d\ g$. Manifestum erit quia superficies $z\ b\ a\ g$ superficiesque alia $d\ g\ H\ h$ erunt equales. Continentur enim lineis equidistantibus supra duas equales bases $b\ g$ et $g\ h$ inter duas lineas equidistantes $b\ h$ et $z\ H$. Triangulus autem $a\ b\ g$ media pars superficiei $z\ b\ a\ g$. Diametros enim linea $a\ b$. Triangulos vero $d\ g\ h$ media pars superficiei $g\ d\ H\ h$. Diametros enim $d\ h$. Quorum vero tota equalia sunt ipsa media equalia esse. Manifestum igitur est triangulum $a\ b\ g$ triangulo $d\ g\ h$ equalem. Et hoc est quod in hac figura demonstrare intendimus.

<I.39> Omnes duo trianguli equales si supra eandem basim ceciderint, inter duas lineas equidistantes erunt.

Exempli gratia: Sint duo trianguli $a\ b\ g$ et $d\ b\ g$ equales supra eandem basim $b\ g$. Dico quia ipsi inter duas lineas equidistantes erunt.

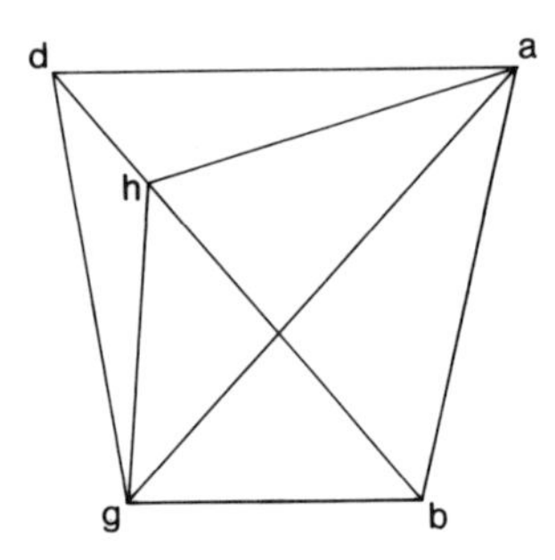

Rationis causa: Ita esse necesse est quia aliter esse impossibile est. Extrahatur enim linea de puncto a usque ad h equidistans linee $b\ g$, si fuerit possibile; iungaturque h cum g. Erit ergo triangulus $a\ b\ g$ triangulo $h\ b\ g$ equalis. Eorum enim basis $b\ g$ una suntque inter duas lineas equidistantes $a\ h$ et $b\ g$. Atqui triangulus $a\ b\ g$ triangulo $d\ b\ g$ equalis. Triangulus itaque $d\ b\ g$ triangulo $h\ b\ g$ equalis, maior minori, quod est impossibile. Sicque ostensum est quia $a\ h$ non est equidistans linee $b\ g$. Impossibile

714 linea] linee B. | directe] recte P. 715 et *om.* P. | *a g*] *d g* P. 716 Iungatur ... *d g om.* P. | quoque *om.* B. | *h*] *b* B. | erit] est B. 717 superficiesque] superficiei quia P. 718 supra] super P. 722 est *om.* B. 723-724 Et ... intendimus *om.* B. 723 in hac figura *om.* P. 725 Omnes] Omnis P. | supra] super P. 727 *Exempli gratia om.* OP. | supra] super BP. 728 *post b g add.* P equales. 729 est[2] *om.* B. 731 iungaturque] iungatur P. | *h b g*] *h b d* B. 733 Atqui] atque P. | triangulus[1]] angulus B. 734 triangulo *h b g*] triangulus ita *a b g* P.

igitur est de puncto *a* lineam equidistantem linee *b g* extrahi preter lineam *a d*. Et hoc est quod demonstrare proposuimus.

<I.40> Si trianguli equales supra bases unius linee equales ceciderint, necesse est eos inter duas lineas inconiunctivas contineri.

740 *Exempli gratia*: Sint duo trianguli *a b g* et *d g h* equales supra duas bases equales *b g* et *g h* unius linee *b h*. Dico quia duo trianguli inter duas lineas equidistantes *a d* et *b h* continebuntur.

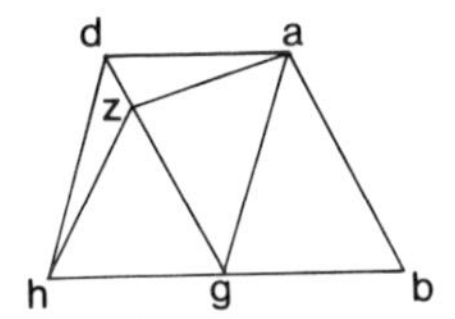

Rationis causa: Ita esse necesse est, quia aliter esse impossibile est. Extrahatur enim de puncto *a* linea usque ad *z* inconiunctiva linee *b h*, si 745 est possibile. Iungaturque *z* cum *h*. Erit igitur triangulus *a b g* triangulo *g h z* equalis. Sunt etenim supra duas equales alkaidas *b g* et *g h* et inter duas lineas equidistantes *b h* et *a z*. Sed triangulus *a b g* sicut triangulus *d g h*. Erit ergo triangulus *d g h* equalis triangulo *z g h*, maior minori, quod contrarium est impossibile. Manifestum itaque est quia *a z* non est 750 inconiunctiva linee *b h*. Impossibile igitur est de puncto *a* lineam equidistantem linee *b h* preter *a d* extrahi. Et hoc est quod demonstrare intendimus.

<I.41> Omnis superficies lineis equidistantibus conclusa, cuius basis basis trianguli inter duas lineas equidistantes, ipso triangulo dupla est.

755 *Exempli gratia*: Sit superficies *a b g d* cuius linee equidistantes basisque *g d* sit basis trianguli *g h d* inter duas lineas inconiunctivas *g d* et *a h*. Dico quia superficies *a b g d* dupla triangulo *h g d*.

736 equidistantem] equistantem B. 737 Et ... proposuimus *om.* B. | proposuimus] intendimus P. 738 supra] super P. | equales[2] *om.* B. 739 inconiunctivas] equidistantes OP. 740 *Exempli gratia om.* OP. 741 *b h*] *b g h* O; *d h* P. 742 *b h*] *h* P. 743 Ita] Itam O. | esse[2] *om.* B. | est[2] *om.* B. 744 inconiunctiva] equidistans OP. 745 possibile] impossibile P. 746 alkaidas] bases OP. 747 equidistantes] equistantes B. 748 Erit ... *d g h om.* P. 749 quod ... impossibile *om.* B. | Manifestum itaque] Patens ergo B. 750 inconiunctiva] equidistans OP. | igitur est] est ergo B. 750-751 equidistantem] equistantem B; equidistantes P. 751-752 Et ... intendimus *om.* B. 753 equidistantibus] equistantibus B. 754 basis *om.* P. | *ante* ipso *add.* P *o*. 755 *Exempli gratia om.* OP. | Sit] Si B. 756 sit] sicut P. | inconiunctivas] equidistantes OP. 757 dupla] duppla B. | *h g d*] *a g d* P.

Rationis causa: Coniungatur enim *a* cum *d*. Notum autem est triangulum *a g d* sicut triangulum *h g d*. Sunt etenim supra eandem

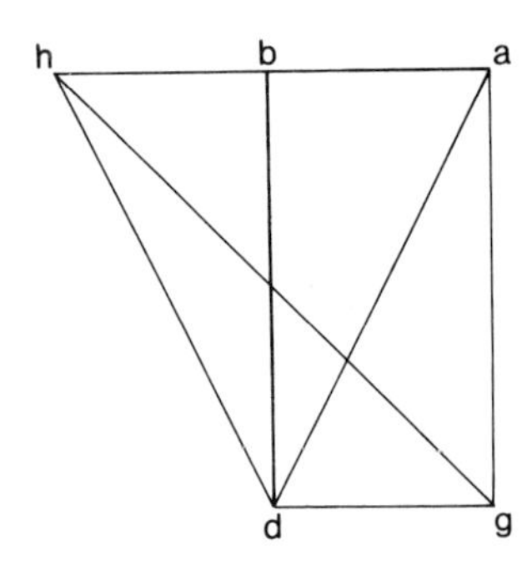

760 basim *g d* et inter duas lineas equidistantes *g d* et *a h*. Atqui superficies *a b g d* dupla triangulo *a g d*. Diametros enim *a d*. Est igitur dupla triangulo *h g d*. Et hoc est quod demonstrare intendimus.

<I.42> Nunc demonstrare intendimus quomodo fiat superficies equidistantium laterum cuius angulus sit angulo assignato equalis. Ipsa vero 765 superficies triangulo assignato equalis.

Sit angulus assignatus angulus *d*. Triangulusque assignatus *a b g* lineaque *b g* in duo media secetur supra punctum *h*. Iungaturque *a* cum *h* fiatque supra lineam *h g* supra punctum *h* angulus sicut angulus *d*. Sitque

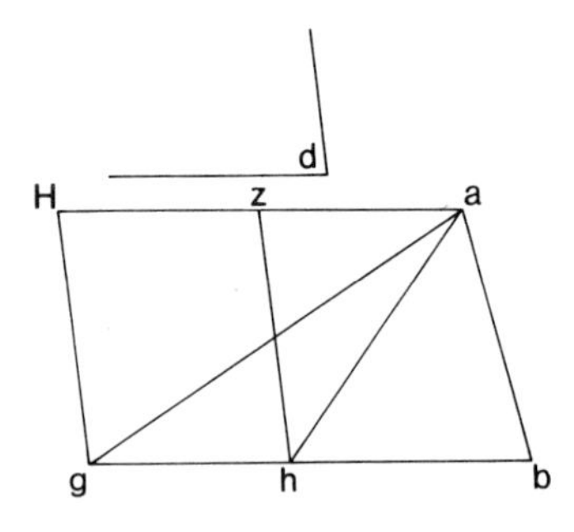

g h z. Extrahaturque a puncto *g* linea usque ad *H* linee *h z* equidistans. 770 Extrahaturque a puncto *a* linea usque ad *z* et *H* linee *h g* inconiunctiva. Dico quia facta est superficies quam intendimus, estque *z H h g*.

759 etenim supra] enim super P. 760 *ante* et[1] *add.* P et *a h*. | et[1] *om.* B. | equidistantes] equistantes B. 761 dupla[1]] duppla B. | dupla[2]] duppla B. 762 Et ... intendimus *om.* B. 763 fiat] si et P. 767 lineaque *b g superscr.* O. | media] medio P. | *h*[1]] *d* P. 769 *h z om.* P. 770 *a*] *g* P. | *post* linea *add.* P a linea. | ad *z*] a P. | inconiunctiva] equidistans OP.

Rationis causa: Si enim linea *b h* linee *h g* equalis fuerit, erit triangulus *a b h* sicut triangulus *a h g*. Sunt enim super duas bases equales *b h* et *h g* et inter duas lineas equidistantes *a H* et *b g*. Sicque ostensum est
775 triangulum *a b g* duplum triangulo *a h g*. Superficies quoque *z H g h* equidistantium laterum dupla triangulo *a h g*. Sunt enim supra eandem basim, estque *h g*, et inter duas lineas inconiunctivas *a H* et *h g*. Quecumque vero fuerint dupla alicui uni unumquodque eorum erit equale alteri. Manifestum igitur est quia superficies *z H h g* equalis triangulo
780 *a b g*. Angulusque *g h z* sicut angulus *d*. Et hoc est quod demonstrare intendimus.

<I.43> In omni superficie equidistantium laterum si due superficies equidistantium laterum superficiem complentes ex duabus partibus diametri ceciderint, necesse est eas esse equales.

785 *Exempli gratia*: Sit superficies *a b g d* equidistantium laterum. Sit diametros linea *b g* ex duabus partibus cuius due superficies laterum equidistantium utrobique superficiem complentes *a z* et *z d*. Dico quia sunt equales.

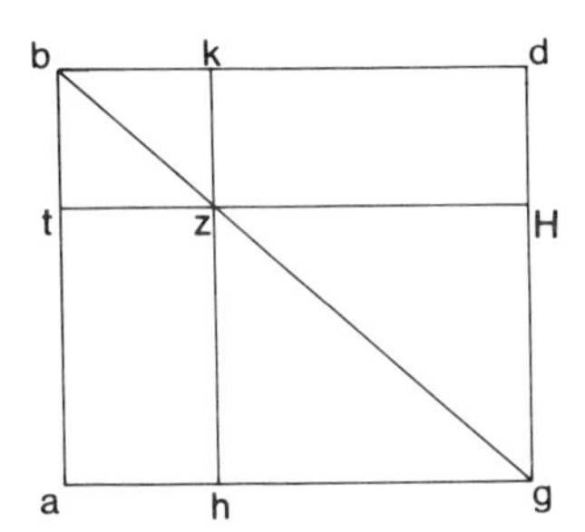

Rationis causa: Superficie etenim *a b g d* existente laterum equidistan-
790 tium diametroque *b g*, erit triangulus *a b g* sicut triangulus *d b g*. Item superficie *h H* existente equidistantium laterum diametroque *g z*, triangulus *g h z* sicut triangulus *g H z*. Eodemque modo triangulus *z k b*

772 fuerit] fuit P. | erit *om.* P. 773 *a h g*] *a b h* P. 774 equidistantes] equistantes B. 775 duplum] dupplum B. | *a h g*] *a b h* P. 776 supra] super P. 777 inconiunctivas] equidistantes OP. | et *h g*] *h* et *g* P. 779 est *om.* B. 780-781 Et ... intendimus *om.* B. 782 superficie] superficiei P. | *in* equidistantium *scr. et del.* B -di-. 785 *Exempli gratia om.* OP. | Sit^{2}] Si P. 786 diametros] diametro B. | ex *om.* B. | *post* partibus *add.* P diametri ceciderint. 787 *post* quia *add.* superficies. 789 etenim] enim B.

sicut triangulus *z t b*. Relinquitur igitur superficies *a h z t* complens sicut superficies *z H d k* complens. Et hoc est quod demonstrare intendimus.

795 <I.44> Nunc demonstrare intendimus quomodo supra lineam assignatam fiat superficies equidistantium laterum cuius angulus sit angulo assignato equalis. Ipsa vero superficies triangulo assignato equalis.

Sit itaque linea assignata *a b* angulusque assignatus *z* triangulusque assignatus *g d h*. Protrahaturque linea *a b* directe usque ad *H*. Sitque *b H* 800 sicut medium alkaide trianguli *g d h*. Estque alkaida *d h* fiatque super eam superficies equidistantium laterum triangulo *g d h* equalis. Sitque superficies *b H t k*. Sitque angulus *t b H* sicut angulus assignatus *z* producaturque directe linea *k t* ad punctum *l*. Iungaturque *a* cum *l* linea equidistante duabus lineis *b t* et *H k*. Coniungatur quoque *l* cum *b*. Atqui 805 *a l* equidistans linee *k H* sicque cecidit supra eas lineas *l k*. Duo autem anguli *k l a* et *l k H* sicut duo anguli recti. Duo vero anguli *k l b* et *H k l* minores duobus angulis rectis. Cum vero producte fuerint due linee de duobus angulis minoribus rectis necessario coniungentur. Due itaque linee *l b* et *k H* directe producantur conveniantque supra punctum *m*.

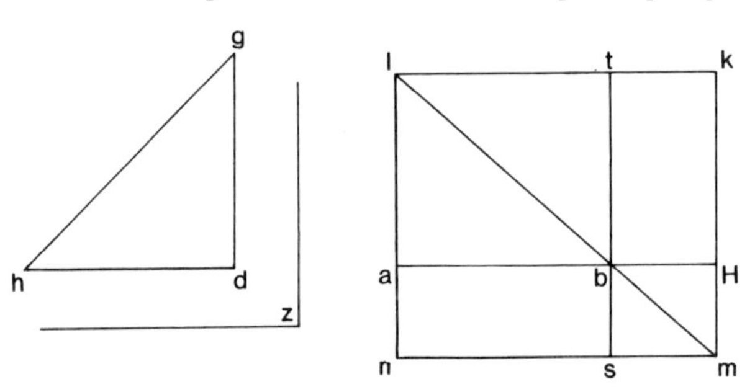

810 Extrahaturque de puncto *m* linea usque ad *n* equidistans duabus lineis *a H* et *l k*. Producatur quoque linea *l a* directe usque ad *n* et linea *t b* usque *s*. Dico quia iam facta est supra lineam *a b* superficies laterum equidistantium triangulo *g d h* equalis angulusque eius equalis angulo *z*, estque superficies *a s*.

793 Relinquitur] Relinquatur P. 793-794 sicut² ... complens *om.* P. 794 Et ... intendimus *om.* B. 795 intendimus *om.* B. | supra] super P. 796 equidistantium] equistantium B. 797 equalis²] equale P. | *post* equalis² *add.* P Ipsa vero superficies. 798 itaque] ita P. 799 *b H*] *b a H* P. 800 sicut] sic B. | alkaide trianguli] trianguli basis OP. | alkaida] basis OP. 801 equidistantium] equistantium B. 803 *a om.* B. 804 Coniungatur quoque] Coniungaturque O. | Atqui] atque B. 805 equidistans] equistans B. | cecidit] ceciderit P. | lineas] linea B. 806 sicut] sicutque P. 807 angulis rectis *tr.* B. 808 coniungentur] coniungetur P. 811 ad *om.* P. 812 supra] super B. 812-813 equidistantium] equistantium B.

815 *Rationis causa*: Quoniam superficies *l m* equidistantium laterum diametrosque *l m* supra quam due superficies equidistantium laterum *a t* et *s H*, quas diametros secat, due superficies superficiem complentes *b k* et *b n* sunt equales. Superficies autem *b k* triangulo *g d h* angulusque *t b H* angulo *a b s* equalis. Sed *t b H* equalis *z*. Angulus itaque *a b s* 820 equalis angulo *z*. Manifestum igitur est factam esse superficiem supra lineam assignatam *a b* triangulo *g d h* assignato equalem, estque superficies *a s* angulusque eius *a b s* angulo *z* equalis. Et hoc est quod demonstrare intendimus.

<I.45> Cum propositum fuerit quadratam superficiem super lineam 825 assignatam invenire.

Sit linea assignata linea *a b*. Extrahatur itaque de puncto *a* linea usque ad *g* equalis linee *a b* supra angulum rectum producaturque de puncto *g* linea usque ad *d* linee *a b* equidistans, sitque *g d*. Extrahatur item de puncto *b* linea linee *a g* equidistans, sitque *d b*. Dico quia iam facta est 830 superficies quadrata supra lineam *a b* assignatam, estque *a d*.

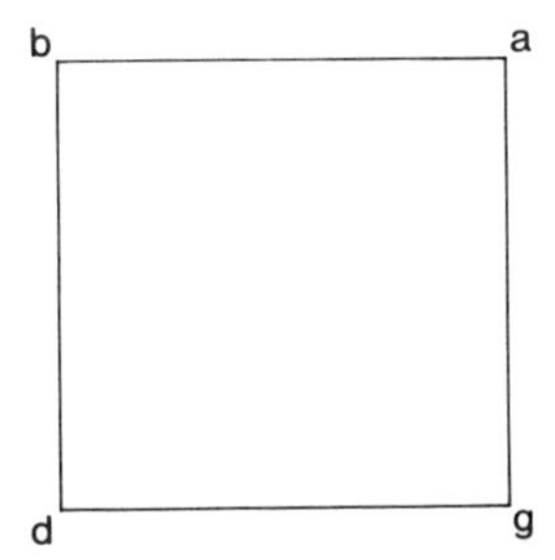

Rationis causa: Quoniam enim latera superficiei *a d* equidistantia sunt, erit latus *a b* lateri *g d* equale, latusque *a g* equale lateri *d b*. Atqui *a g* sicut *a b*. Quare *g d* sicut *d b* et *b d* sicut *b a* et linee quattuor *a b* et *d b* et *d g* et *g a* sibi invicem equales. Superficies itaque *a b g d* equilatera. Est 835 quoque rectangula. Angulus enim *a* et angulus *g* duobus rectis equales. Estque uterque rectus. Angulus autem *a* sicut angulus *d*. Angulus ergo *d* rectus. Angulus vero *g* sicut angulus *b*. Angulus ergo *b* rectus. Ostensum igitur est quia superficies *a b g d* equilatera est atque rectangula. Et hoc est quod demonstrare intendimus.

815 equidistantium] equistantium B. 816 supra] super P. 817 due] duo P. 819 *a b s* equalis] *a b* sunt equales P. 820 Manifestum igitur est] Patet ergo B. | supra] super P. 822-823 Et ... intendimus *om.* B. 824 fuerit] sit B. 826 linea[1]] linee P. 828 equidistans] equistans B. 829 equidistans] equistans B. 830 supra] super BP. 832 equale[1]] equalis BP. 833 Quare] et B. 834 equales] equale P. 835 rectangula] rectiangula B. 836 Estque] Est B. 838 rectangula] rectiangula B. 838-839 Et ... intendimus *om.* B.

840 <1.46> Omnis trianguli rectanguli latus recto angulo oppositum si
ductum in seipsum quadratum constituerit, erit quadratum illud sicut duo
quadrata ex duobus reliquis lateribus in seipsa ductis.
Exempli gratia: Sit triangulus *a b g* angulusque rectus *b a g*. Dico quia
quadratum quod constiterit ex latere *b g* in seipsum ducto sicut duo
845 quadrata que sunt ex ductu duorum laterum *b a* et *a g* in seipsa.

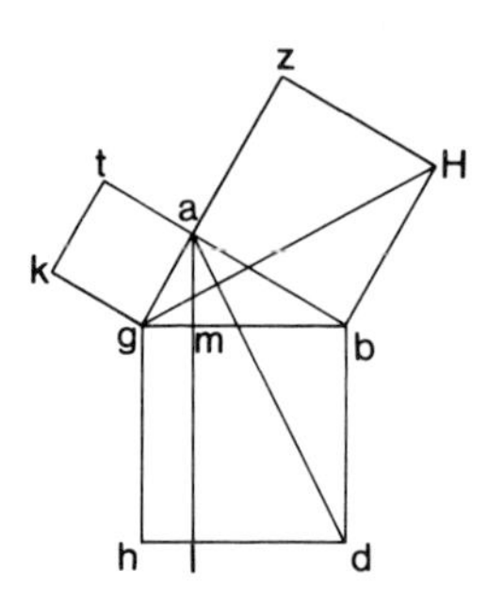

Rationis causa: Fiat enim supra lineam *b g* superficies quadrata supra
quam *b g d h*. Itemque supra duas lineas *b a* et *a g* due superficies
quadrate supra unam quarum *a z H b* atque supra aliam *a t k g*.
Extrahaturque de puncto *a* linea usque ad *l* lineis *b d* et *g h* equidistans.
850 Iungaturque *a* cum *d* et *H* cum *g*. Anguli autem *b a g* et *z a b* recti. Cum
ergo extracte fuerint de *a* puncto linee *a b* linee *a z* et *a g* in duas partes
oppositas supra duos angulos rectos, scilicet, *z a b* et *b a g*, erunt due
linee *z a* et *a g* directe iuncte linea una. Anguli item *H b a* et *g b d* recti
sibi equales, sitque angulus *a b g* communis. Totus ergo angulus *H b g*
855 sicut totus angulus *a b d*. Linea autem *H b* sicut linea *b a* et *b g* sicut *b d*.
Linee ergo *b H* et *b g* sicut linee *a b* et *b d* unaqueque sibi opposite
equales. At vero angulus *H b g* sicut angulus *a b d*. Basis itaque *H g* sicut
basis *a d*. Triangulusque *H b g* sicut triangulus *a b d*. Atqui superficies
a z H b dupla triangulo *H b g*. Eorum enim basis una que est *H b*.
860 Suntque inter duas lineas equidistantes *H b* et *z g*. Superficies vero
b d l m dupla triangulo *a b d*. Basis enim eorum *b d* una. Suntque inter
duas lineas equidistantes *b d* et *a l*. Omnium autem duplorum alicui uni

840 rectanguli] rectianguli B. 841 ductum] ducunt P. | constituerit] constiterit B.
843 *Exempli gratia om.* OP. 844 quod] quidem P. | ex] in P. | ducto] ductum B.
845 que] qui BP. | seipsa] seipsam P. 846 supra[1]] super P. | supra[2]] super P.
847 supra] super P. 848 supra[1]] super P. | supra[2]] super BP. 849 *l*] *k* B. | *g h*] *g d*
B. 850 Anguli] Angulus P. 851 *a om.* P. | in *om.* B. 852 supra] super P.
853 *a g*] *a b* P. 854 sitque] sintque P. 855 *a b d*] *a d b* B. 856 *post* sicut *scr. et
del.* B *b d*. 857 Basis itaque] Basisque ita P. 859 dupla] duppla B. 861 dupla]
duppla B. 862 uni *bis* B.

unumquodque erit equale alteri. Ostensum itaque est quia superficies *a z H b* superficiei *b d l m* equalis. Eodemque modo superficies *l m h g*
865 superficiei *t a k g* equalis. Tota quoque superficies *g b d h* duabus superficiebus *a b H z* et *a g k t* equalis. Atqui superficies *g b d h* est quadratum ex latere *b g* in seipsum ducto constitutum. Superficies vero *a b H z* et *a g k t* sunt quadrata ex ductu duum laterum *b a* et *a g* utriusque in seipsum constituta. Manifestum igitur est quia quadratum ex
870 ductu *b g* in seipsum existens est sicut duo quadrata que ex ductu *b a* et *a g* utriusque in seipsum existunt. Et hoc est quod in hac figura demonstrare intendimus.

<I.47> Omnis trianguli a cuius aliquo latere in seipsum ducto quadratum constitutum duobus quadratis constitutis ex reliquis lateribus
875 in seipsa ductis equale fuerit, angulum lateri illi oppositum rectum esse necesse est.

Exempli gratia: Sit triangulus *a b g* sitque latus *b g* in seipsum ductum. Sitque quadratum ex eo constitutum sicut duo quadrata constituta ex duobus reliquis lateribus *b a* et *a g* in seipsa ductis. Dico quia angulus
880 *b a g* rectus.

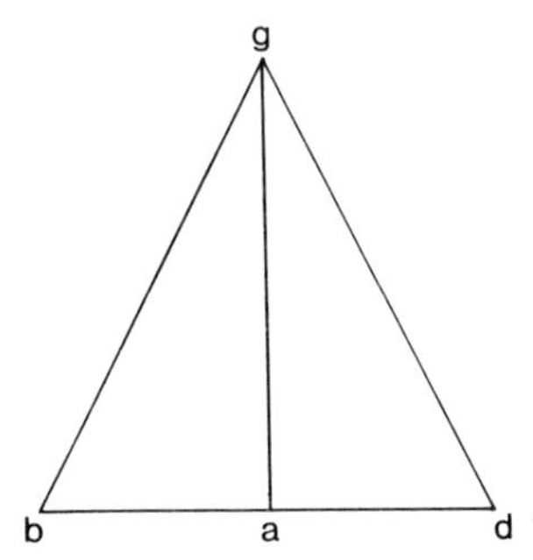

Rationis causa: Extrahatur enim a linea *a g* a puncto *a* supra angulum rectum linea usque ad *d* equalis linee *a b*. Iungaturque *d* cum *g*. Quoniam ergo *b a* sicut *a d*, erit quadratum quod fiet ex ductu *b a* in seipsum sicut quod fiet ex ductu *a d* in seipsum. Sit autem quadratum quod ex *a g* in
885 seipso ducto commune. Duo itaque quadrata que fiunt ex lineis *b a* et *a g*

863 unumquodque] numquam OP. | est *om.* B. 865 quoque] ergo B. 866 *a b H z*] *a b H t* B. | *post g b d h add.* P duabus superficiebus *a b h z* et *a g k t* equalis. Atqui superficies *g b d h*. 867 *b g*] *b g d* P. | seipsum] ipsum P. 869 seipsum] semetipsum P. | Manifestum igitur est] Patet ergo B. 871-872 Et ... intendimus *om.* B. 871 in hac figura *om.* P. 877 *Exempli gratia om.* OP. 879 Dico quia angulus] de eo et angulis P. 882 ad] a P. 883 fiet] fuit P. | seipsum] semetipsum O. 885 seipso] se B.

ductis in seipsas duobus quadratis que ex *a d* et *a g* ductis in seipsas equalia. Atqui duo quadrata que ex *a d* et *a g* ductis in seipsas sicut quadratum quod ex *g d* ducto in seipsum. Angulus enim *d a g* rectus. Duo vero quadrata que ex *b a* et *a g* in seipsas ductis constituuntur sicut
890 quod ex *b g* in seipsum. Quare quod ex *b g* in seipsum equale erit quadrato quod ex *g d* in seipsum. Sicque latus *b g* equale lateri *g d*, latus quoque *b a* equale erat lateri *a d*. Sitque latus *a g* commune. Erunt quoque *b a* et *a g* sicut *d a* et *a g* unumquodque sicut respiciens se. Sed basis *b g* sicut basis *g d*. Angulus ergo *b a g* sicut angulus *g a d*. Angulus
895 autem *g a d* rectus, angulus itaque *b a g* rectus. Sic igitur ostensum est quia omnis trianguli cum ex ductu alicuius suorum laterum in seipsum quadratum constituitur, si quadratum illud sicut duo quadrata ex ductu reliquorum duum laterum in seipsa, angulum trianguli a duobus illis lateribus contentum rectum esse necesse est. Et hoc est quod demonstrare
900 proposuimus.

Explicit liber primus.

887 equalia ... seipsas *om.* P. 891 *b g*] ipsum *g* B. 892 erat] erit P. | latus *om.* P. | commune *om.* P. | Erunt] Erit P. 893 sicut[2]] sic B. | *post* Sed *add.* O etiam. 894 *g a d*] *b a d* P. 895 itaque] ergo B. | igitur ostensum est] patet B. 896 seipsum] semetipsum P. 897 constituitur] fit B. 898 reliquorum] reliquarum P. | duum *om.* B. | in seipsa *om.* B; in seipsas P. 899-900 Et ... proposuimus] *om.* B. 900 proposuimus] intendimus P. 901 Explicit ... primus *om.* OP.

< Liber II >

Liber secundus incipit xiiii propositiones continens.

< Definitiones >

< i > Omnem superficiem equidistantium laterum rectangulam necesse est duabus lineis rectum angulum continentibus concludi.

< ii > Omnis superficiei equidistantium laterum due superficies supra diametrum cadentes equidistantium laterum erunt diametro dividente illas per medium. Quod si una earum cum duabus complentibus coniungatur que ex utraque parte diametri cadunt omnia ista elaalem vocabuntur.

< II.1 > Si fuerint due linee quarum una in quotlibet partes dividatur, erit illud quod ex ductu unius in aliam fiet sicut illud quod ex ductu linee indivise in omnes partes linee particulatim divise.

Exempli gratia: Sint linee linea *a* et linea *b g*. Quarum una dividatur sitque *b g* supra duo puncta *d* et *h*. Dico quia quod fiet ex ductu linee *a* in partem *b d* et in partem *d h* et in partem *h g* erit sicut illud quod fuerit ex ductu *a* in *b g*.

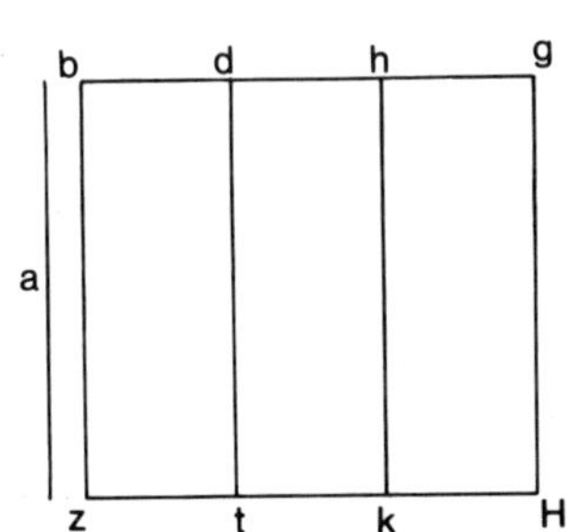

Rationis causa: Producatur enim de linea *b g* de puncto *b* linea supra rectum angulum sicut linea *a* sitque *b z*. Extrahaturque de puncto *z* linea

2 Liber ... continens] Incipit liber secundus geometrice descriptionis Euclidiz P. 7 diametrum] diamen P. 10 ista *om.* B. | vocabuntur] nominantur B. 11 quotlibet] quaslibet P. 14 *Exempli gratia om.* OP. | linea[1] *om.* B. | linea[2] *om.* B. 15 quia *om.* B. 16 *b d*] *d h* P. | erit *om.* BP. | illud *om.* P.

20 equidistans linee *b g* sitque *z H*. Extrahanturque de punctis *d* et *h* et *g* linee equidistantes linee *b z* sintque *d t*; *h k*; *g H*. Manifestum erit quia superficies *z g* sicut tres superficies *z d* et *t h* et *k g*. Omnes vero he superficies equidistantium laterum sunt et rectorum angulorum. Atqui superficies *z g* facta est ex ductu linee *a* in lineam *b g*. Continent enim
25 eam linee *b z* et *b g* lineaque *z b* equalis linee *a*. Atqui superficies *z d* facta est ex ductu *a* in *b d*. Continent enim eam linee *z b* et *b d* et linea *b z* equalis linee *a*. Atqui superficies *t h* facta est ex ductu linee *a* in lineam *d h*. Continentque eam linee *t d* et *d h* et linea *t d* equalis linee *a*. Atqui superficies *k g* facta est ex ductu linee *a* in lineam *h g*. Continentque eam
30 linee *k h* et *h g* lineaque *k h* equalis linee *a*. Sic igitur manifestum est quia quod factum est ex ductu linee *a* in lineam *b g* equale est illis que facta sunt ex ductu linee *a* in lineas *b d* et *d h* et *h g*. Et hoc est quod demonstrare intendimus.

<II.2> Si fuerit linea in partes divisa, erit illud quod ex ductu ipsius in
35 omnes partes suas sicut quod ex ductu ipsius in seipsam.

Exempli gratia: Sit linea *a b* in partes divisa supra punctum *g*. Dico quia quod fuerit ex ductu linee *a b* in lineam *a g* et in lineam *b g* erit sicut illud quod fiet ex ductu linee *a b* in seipsam.

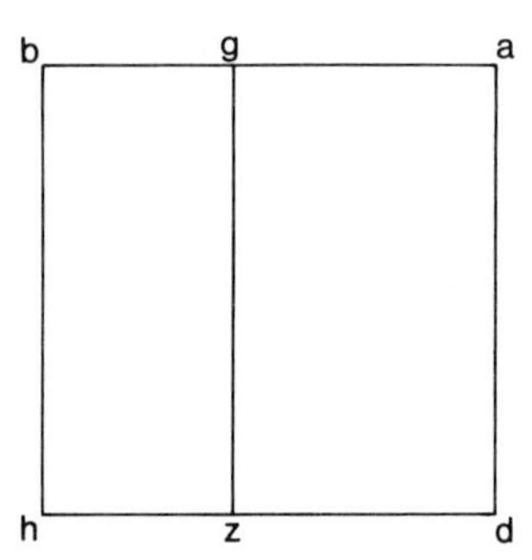

Rationis causa: Fiat enim supra lineam *a b* superficies quadrata que est
40 *a h* extrahaturque de puncto *g* linea usque ad *z*. equidistans duabus lineis *a d* et *b h*, erunt superficies *a z* et *z b* equidistantium laterum sicut

20 Extrahanturque] Extrahaturque BP. | punctis] puncto P. | et[2] *om.* P. 21 Manifestum erit] Patet ergo B. 22 sicut] sint P. | he] linee P. 23 et *om.* B. 26 in] m P. 27 ductu] multiplicatione B. | lineam] linea B. 29 ductu] multiplicatione B. 30 igitur manifestum est] patet B. 31 quod *om.* B. | ductu] multiplicatione B. | illis] ista P. 32 sunt] est P. | ductu] multiplicatione B. | *d h* et *h g*] *d h g* P. 32-33 Et ... intendimus *om.* B. 34 illud *om.* P. | ipsius] ipsi P. 36 *Exempli gratia om.* OP. 37 ductu] multiplicatione B. | erit *om.* BP. 38 illud *om.* P. | ductu] multiplicatione B. 40 equidistans] equidistantes P.

superficies *a h*. Atqui superficies *a z* facta est ex ductu linee *a b* in lineam *a g*. Continent enim eam *d a* et *a g* et *d a* equalis *a b*. Atqui superficies *z b* facta est ex ductu *b h* in *b g*. Continent enim eam *h b* et *b g* et *h b*
45 equalis *b a*. Atqui superficies *a h* facta est ex ductu *a b* in seipsam. Manifestum igitur est quia quod ex ductu *a b* in *a g* et *g b* est sicut illud quod ex ductu *a b* in seipsam. Et hoc est quod demonstrare intendimus.

<II.3> Si fuerit linea in duas partes divisa, erit illud quod ex ductu totius in quamlibet earum sicut quod ex ductu eiusdem partis in seipsam et
50 unius in alteram.

Exempli gratia: Sit linea *a b* in duas partes divisa supra punctum *g*. Dico quia quod fuerit ex ductu linee *a b* in *a g* est sicut illud quod ex ductu *a g* in *g b* et ex ductu *a g* in seipsam.

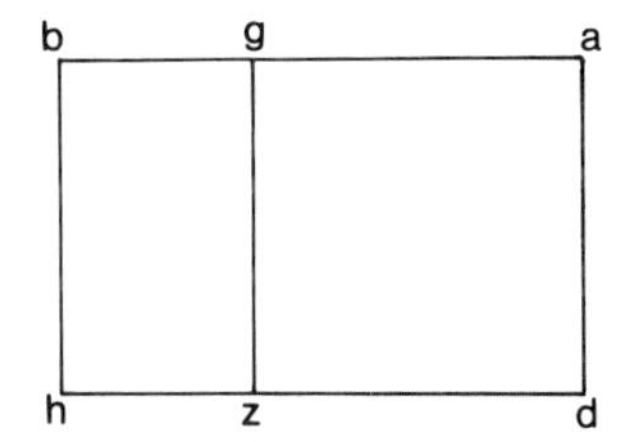

Rationis causa: Fiat enim supra lineam *a g* quadrata superficies *a z*.
55 Protrahaturque linea *z d* usque ad *h* extrahaturque de puncto *b* linea equidistans lineis *a d* et *g z* sitque linea *b h*, erunt superficies *z b* et *z a* equidistantium laterum. Itemque superficies *b d* equidistantium laterum sicut due superficies *z b* et *z a*. Atqui *z b* facta est ex ductu *a g* in *g b*. Continent enim eam *b g* et *g z*. Atqui *g z* sicut *g a*. Item superficies *b d*
60 facta est ex ductu *a b* in *a g*. Continent enim eam *b a* et *a d*. Atque *g a* sicut *a d*. Atqui *a z* facta est ex ductu *a g* in seipsam. Manifestum igitur est quoniam quod factum est ex ductu *b a* in *a g* sicut illud quod factum est ex ductu *a g* in *g b* et ex ductu *a g* in seipsam. Et hoc est quod in hac figura demonstrare proposuimus.

42 Atqui] Atque P. | ductu] multiplicatione B. | *a b*] *a d* BP. 43-44 Continent ... *b g*[1] *bis* B. 43 *d a* et *a g*] *d a g* P. | Atqui] Atque P. 44 ductu] multiplicatione B; ducta P. 45 *b a*] *b h* P. | Atqui] Atque P. | ductu] multiplicatione B. 46 Manifestum igitur est] Patet igitur B. | ductu] multiplicatione B. | est[2] *om.* BP. 47 *post* quod[1] *add.* B fiet. | ductu *om.* B. | Et ... intendimus *om.* B. 48 *ante* totius *add.* P ipsius. 49 quod] que P. | partis *om.* BP. 50 unius] alterius B. 51 *Exempli gratia om.* OP. | linea] lineam P. 52 quia quod *tr.* P. | est *om.* BP. | illud *om.* P. 54 supra] super P. 57 equidistantium] equistantium B. 59-60 Continent ... *a g om.* P. 59 *g z*[2]] *z g* B. 61 *a z*] *a t* P. | ductu] multiplicatione B. 61-62 Manifestum igitur est] Patet ergo B. 62 ductu] multiplicatione B. 62-63 *b a* ... ductu[1] *om.* P. 63 ductu[1] *om.* B. | ductu[2] *om.* B. 63-64 Et ... proposuimus *om.* B. 64 proposuimus] intendimus P.

65 < II.4 > Si fuerit linea in duas partes divisa, erit illud quod ex ductu totius
in seipsam sicut quod ex ductu utriusque partis in seipsam et unius in
alteram bis.

Exempli gratia: Sit linea *a b* in duas partes supra punctum *g* divisa.
Dico quia quod fiet ex ductu *a b* in seipsam sicut illud quod ex ductu *a g*
70 et *g b* in seipsas et *a g* in *g b* bis.

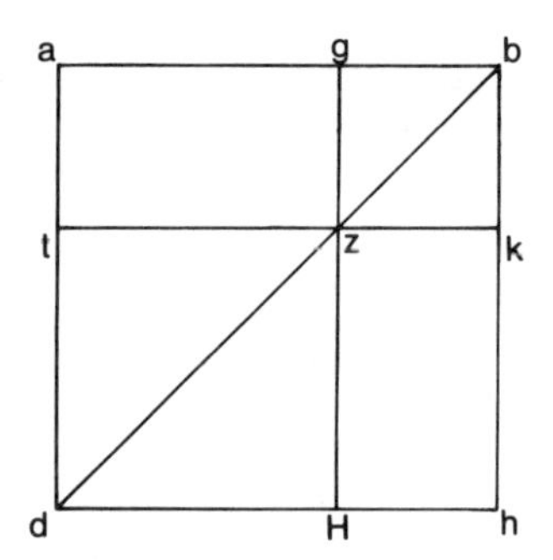

Rationis causa: Si enim supra lineam *a b* superficies quadrata
designetur supra quam *a b d h* coniungaturque *b* cum *d* extrahaturque de
puncto *g* linea equidistans duabus lineis *a d* et *b h*. Sitque linea *g H*.
Protrahaturque de puncto *z* linea *t z k* equidistans duabus lineis *a b* et
75 *d h*. Cadet linea *b d* supra duas lineas equidistantes *a d* et *g H* fietque
angulus extrinsecus *g z b* sicut intrinsecus ei oppositus *a d b*. Atqui
angulus *a d b* sicut *a b d*. Itaque angulus *g z b* sicut angulus *g b z*. Quare
et latus *g z* sicut latus *g b*. Sed *z g* sicut *b k* et *g b* sicut *k z*. Itaque *z k*
sicut *k b* et *k b* sicut *b g*. Sicque quattuor latera *b g* et *g z* et *z k* et *k b*
80 equalia. Superficies itaque *g k* equalium laterum rectangula erit. Angulus
enim *g b k* rectus. Superficies itaque *g k* quadrata et facta est ex ductu *g b*
in seipsam. Eodemque modo facta est superficies *t H* quadrata que quod
ex ductu *a g* in seipsam nata est. Superficies ergo *t H* et *z b* ambe
quadrate suntque ex ductu *a g* et *g b* in seipsas nate et superficies
85 conclusiva *a z* sicut conclusiva superficies *h z*. Atqui *a z* ex ductu *a g* in
g b facta est estque rectangula. Continent enim eam *a g* et *g z*. Atqui *g z*
equalis *g b*. Superficies quoque *z h* ex ductu *a g* in *g b* nata est.

68 *Exempli gratia om.* OP. 69 ductu[1] *om.* B. | *a b* ... ductu[2] *om.* P. | ductu[2]] multiplicatione B. 70 seipsas] seipsis P. 72 quam *om.* P. | extrahaturque] extrahatur P. 73 equidistans] equistans B. 75 Cadet] latent P. | *b d tr.* B. | fietque] fiet P. 77 *g z b*] *g b z* P. 79 et *k b*[1] *om.* P. | latera] laterum P. 81 rectus *om.* P. | *g k*] *b k* B. | ductu] multiplicatione B. 83 ductu] multiplicatione B. | nata] natam B. 84 ductu] multiplicatione B. | seipsas] ipsas se P. 85 *h z tr.* B. | Atqui] Atque P. 86 *a g* et *g z*] *a g z* B.

Manifestum igitur est quia superficies *d z* et superficies *z b* et due superficies *a z* et *z h* ex ductu *a g* et *g b* in seipsas et *a g* in *g b* bis nate
90 sunt. Sunt autem omnes he superficies *d z* et *z b* et *a z* et *z h* de tota superficie *a h*. Estque ea que ex ductu *a b* in seipsam nata est. Que igitur ex ductu *a b* in seipsam nata est sicut ille que ex ductu *a g* et *g b* in seipsas et *a g* in *g b* bis nate sunt.

Ostensum est in hoc quia due superficies in superficie quadrata
95 contente, quas diametros per medium secat, ambe quadrate. Et hoc est quod demonstrare intendimus.

<II.5> Si linea in duo equalia itemque in duo inequalia dividatur, erit illud quod ex ductu longioris dividentis in breviorem differentieque medietatis et brevioris dividentis in seipsam sicut illud quod ex ductu
100 medietatis linee in seipsam.

Exempli gratia: Sit linea *a b* in duo media divisa supra punctum *g*. Itemque in duas partes inequales supra punctum *d*. Dico quia quod ex ductu *a d* in *d b* et ex ductu *g d* in seipsam sicut illud quod ex ductu *g b* in seipsam.

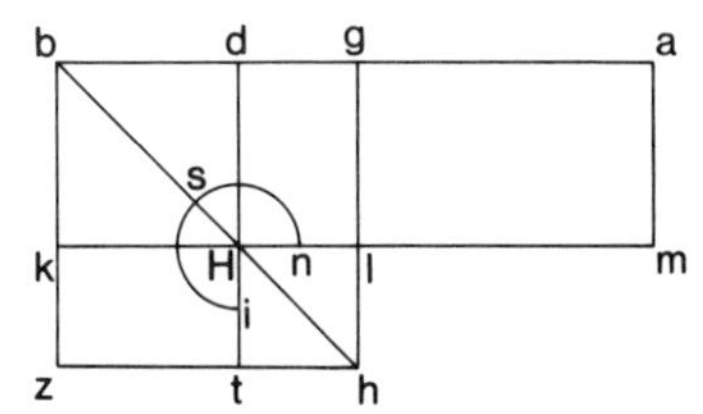

105 *Rationis causa*: Fiat enim supra lineam *g b* superficies quadrata *g z* coniungaturque *b* cum *h* extrahaturque de puncto *d* linea usque ad *t* equidistans lineis *g h* et *b z* supra quam *d H t* protrahaturque de *H* linea equidistans lineis *a b* et *h z* supra quam *l k H*. Extrahaturque de puncto *a* linea lineis *g l* et *d H* et *b k* equidistans, sitque *a m*. Erit itaque superficies
110 *g H* superficiei *H z* conclusiva conclusive equalis. Sitque superficies *d k* communis. Tota itaque superficies *g k* sicut tota superficies *d z*. Atqui *g k* sicut *g m*. Sunt etenim supra duas bases equales *b g* et *g a*, atque inter duas lineas equidistantes *b a* et *k m*. Superficies itaque *g m* sicut super-

91 *a h*] *a* P. 92 ductu[1]] ducto P. 93 bis] vel P. 94 Ostensum] Ostensumque BP. 95-96 Et ... intendimus *om.* B. 99 et] in P. 99-100 ductu ... linee] medietatis linee ductu B. 101 *Exempli gratia om.* OP. 102 in] inter O. 103 ductu[2] *om.* P. 106 coniungaturque] Iungaturque P. 107 protrahaturque] protrahatur P. 108 *l k H*] *d H l k* P. 109 equidistans] equistans B. | *a m*] *z m* P. | Erit itaque] Eritque P. 110 superficiei] superficie B. | *H z*] *H t* P. 111 *g k*[2]] *g z* P. 112 *post* duas *add.* P lineas. 113 equidistantes] equidistans P.

ficies *d z* sitque *l d* communis. Tota itaque *m d* sicut *n s i* elalem.
115 Superficies vero *m d* ex ductu *a d* in *d b* nata est. Continent enim eam *a d* et *d H* et *d H* sicut *d b*. Itaque *n s i* elalem sicut quod ex ductu *a d* in *d b*. Illud vero quod erit ex ductu *g d* in seipsam commune. Estque superficies *l t*. Superficies igitur que ex ductu *a d* in *d b* et ex ductu *g d* in seipsam nata sicut superficies *g z* que ex ductu *g b* in seipsam nata est que quidem
120 media pars linee est. Et hoc est quod demonstrare proposuimus.

<II.6> Si linee in duo media divise alia linea addatur in longitudinem, erit illud quod ex ductu totius in additam lineam et ex ductu medietatis prime linee in seipsam sicut illud quod ex ductu medietatis cum linea addita ei coniuncta in seipsam.
125 *Exempli gratia*: Sit linea *a b* in duo media divisa supra punctum *g* addaturque ei in longitudinem linea *b d*. Dico quia illud quod ex ductu *a d* in *d b* et *g b* in seipsam sicut illud quod ex ductu *g d* in seipsam.

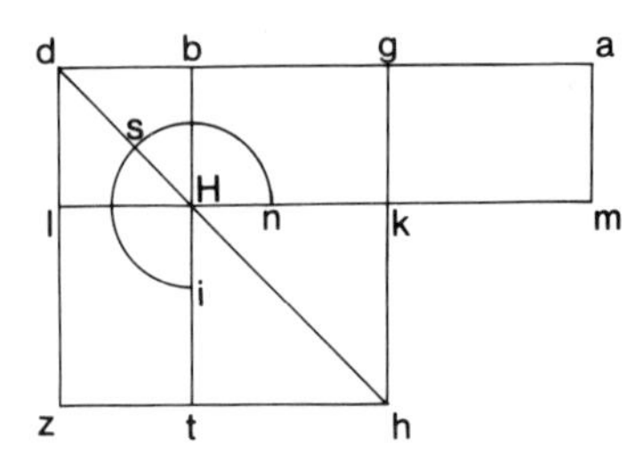

Rationis causa: Fiat enim supra lineam *g d* superficies quadrata *g z* coniungaturque *d* cum *h* concludanturque linee figuram secundum
130 compositionem superius assignatam. Erit itaque *g H* conclusiva sicut superficies *H z* conclusiva. Sed *g H* sicut *a k*. Sunt etenim ambe supra duas alkaidas equales et inter duas lineas equidistantes *b a* et *m H*. Itaque *a k* sicut *z H* sitque superficies *k d* communis. Tota itaque *m d* sicut tota *n s i* elalem. Atqui *m d* ex ductu *a d* in *d b* nata est. Continent enim eam
135 *a d* et *d l* atqui *l d* sicut *d b*. Erit itaque *n s i* elalem sicut illud quod ex ductu *a d* in *d b*. Sitque quod ex ductu *g b* in seipsam commune. Estque

114 *l d*] *l m* P. | *n s i*] *H s H i* P. | elalem] eleadem P. 115 ductu] multiplicatione B. 115-116 *a d* et *d H*] *a d n* B. 116 et *d H*[1] *om.* P. | *d H*[2] *tr.* B. | Itaque] Itemque B. 117 quod] quia P. | commune] communis P. 118 ductu[1]] ducta P. 120 Et ... proposuimus *om.* B. 121 linea addatur *tr.* B. 123 *post* medietatis *add.* P prime linee in seipsam sicut illud quod ex ductu medietatis. 125 *Exempli gratia om.* OP. 129 coniungaturque] coniungatur P. | figuram] figure P. 130 itaque] namque P. 130-131 sicut ... conclusiva *om.* P. 132 alkaidas] bases OP. | equidistantes] equistantes B. | Itaque] Itemque B. 134 *n s i*] *n s* idest P. | *ante* eam *add.* P *H*. 135 *a d* et *d l*] *a d l* B. | *d l*] *d h* P. | atqui] Atque P. | *d b tr.* B. 136 quod *om.* P. | Estque] Est quod B.

superficies *k t* quadrata. Quod quoque ex ductu *a d* in *d b* et *g b* in seipsam sicut *n s i* elalem et superficies *k t* quadrata. Elalem vero *n s i* et superficies *k t* tota est superficies *g z* que ex ductu *g d* in seipsam nata est.
140 Ostensum igitur est quia quod ex ductu *a d* in *d b* et *g b* in seipsam natum est sicut illud quod ex ductu *g d* in seipsam. Et hoc est quod demonstrare proposuimus.

<II.7> Si linea in duas partes dividatur, erit quod ex ductu eius in seipsam et ex ductu cuiuslibet partis in seipsam sicut illud quod ex ductu
145 totius linee in eandem partem bis et ex ductu alterius partis in seipsam.
Exempli gratia: Sit linea *a b* in duas partes divisa supra punctum *g*. Dico quia illud quod erit ex ductu *a b* et *b g* in seipsas sicut illud quod erit ex ductu *a b* in *b g* bis et ex ductu *a g* in seipsam.

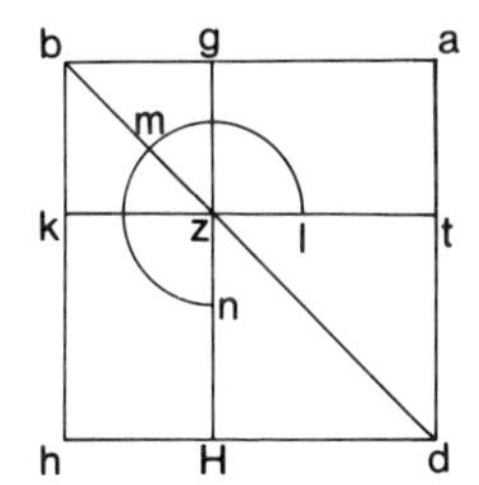

Rationis causa: Fiat enim superficies quadrata *a h* supra lineam *a b*
150 lineeque figuram concludant sicut superius assignatum est. Erit itaque superficies *a z* conclusiva sicut conclusiva superficies *z h* sitque superficies *g k* communis. Tota itaque superficies *a k* sicut tota superficies *g h*. Atque *a k* et *g h* sicut *a k* bis. Sed *a k* et *g h* sicut *l m n* elalem et *g k*. Itaque *l m n* elalem et *g k* sicut *a k* bis. Atqui *a k* sicut illud quod ex
155 ductu *a b* in *b g*. Continent enim eam *a b* et *b k* et *b k* sicut *b g*. Itaque quod ex ductu *a b* in *b g* bis sicut *l m n* elalem et *g k* quadrata. Quod vero ex ductu *a g* in seipsam sit commune. Estque superficies *t H*. Itaque illud quod erit ex ductu *a b* in *b g* bis et *a g* in seipsam est sicut *l m n* elalem et *g k* et *t H*. Atqui *l m n* elalem et *g k* et *t H* sicut *a h* et *k g*. Est autem *a h*
160 ex ductu *a b* in seipsam atque *k g* ex ductu *g b* in seipsam. Sic igitur manifestum est quia illud quod ex ductu *a b* et *b g* in seipsas sicut illud

137 quoque *om.* OP. | *d b*] *b* P. 140 natum] nata O. 141 seipsam] seipsa est P. 141-142 Et ... proposuimus *om.* B. 143 quod] quidem P. 143-144 eius ... partis] alterius partis eiuslibet P. 145 totius *om.* B. 146 *Exempli gratia om.* OP. 147 *a b om.* B. | erit[2] *om.* P. 150 concludant] concludat B. | Erit itaque] Eritque ita P. 153 *l m n*] *a m n* P. 154 Itaque *om.* B. 155 *post b g*[1] *add.* P bis sicut *l m.* | *a b* et *b k*] *a b k* B; *a b* P. 157 *post* Itaque *add.* P superficies. 158 *ante* ex *add.* P quod. 161 quia] quod B. | *b g tr.* B.

quod erit ex ductu *a b* in *b g* bis et *a g* in seipsam. Et hoc est quod in hac figura demonstrare proposuimus.

<II.8> Si linea in duas partes dividatur et ei in longitudinem linea
165 equalis uni dividentium addatur, erit illud quod ex ductu totius in seipsam sicut illud quod ex ductu linee prime in partem additam quater et quod ex ductu alterius dividentis in seipsam.

Exempli gratia: Sit linea *a b* in duas partes supra punctum *g* divisa. Addaturque ei in longitudinem equale parti eius *g b* scilicet *b d*. Dico quia
170 quod ex ductu *a d* in seipsam sicut illud quod ex ductu *a b* in *b d* quater et *a g* in seipsam.

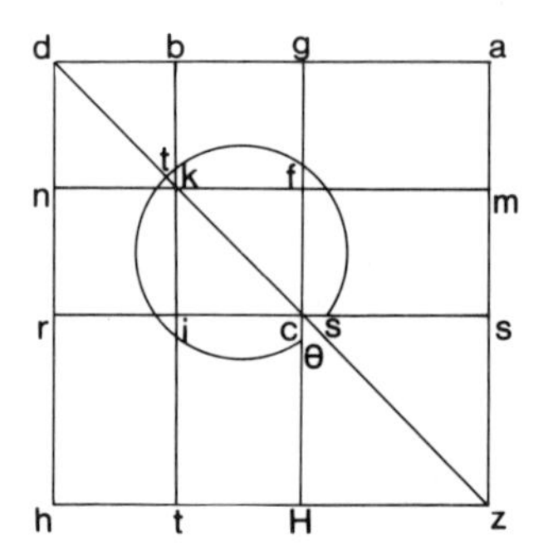

Rationis causa: Fiat enim superficies quadrata *a h* supra lineam *a d* iungaturque *d* cum *z* extrahanturque de *g* et *b* due linee equidistantes lineis *a z* et *d h* sintque *g H* et *b t* protrahanturque de *k* et *c* due linee
175 equidistantes lineis *a d* et *z h* sintque *m n* et *s r*. Linea itaque *g b* sicut linea *b d* et *g b* sicut *f k* et sicut *c i* et *b d* sicut *k n* et sicut *i r*. Quare *f k* sicut *k n* atque *c i* sicut *i r*. Superficies itaque *g k* sicut superficies *b n* superficiesque *f i* sicut *k r*. Quare et *c t* sicut *i h*. Sed *b n* sicut *f i*. Sicque quattuor superficies *g k* et *b n* et *f i* et *k r* quattuor equalia superficiei *g k*.
180 Sed *g k* et *b n* et *f i* et *k r* sunt tota superficies *g r*. Quare *g r* quattuor equalia *g k*. Item *g b* sicut *b d* et *g b* sicut *f k* et *b d* sicut *k n*. Atqui superficies *f i* superficiesque *b n* quadrate. Quare *a f* sicut *m c* et *c t* sicut *i h*. Atqui *m c* conclusiva sicut *c t* conclusiva. Quattuor itaque superficies *a f*

162 *b g tr.* B. 162-163 Et ... proposuimus *om.* B. 166 linee prime *tr.* B. | additam] edita P. 167 *post* seipsam *add.* P sicut illud quod ex ductu. 168 *Exempli gratia om.* OP. | supra ... divisa] divisa supra punctum *g* B. 170 *a d* ... ductu^2 *om.* P. 172 supra] super P. 173 *z*] *t z* P. | equidistantes] equistantes B. 174-175 *a z* ... lineis *om.* P. 175 equidistantes] equistantes B. | *z h*] *t h* P. | *s r*] *s k* B. 176 sicut *i r*] sic *i k* B. | *f k*] *f g* P. 177 atque] atqui B. | *c i*] *c i r* P. 180 sunt] sed P. | tota *om.* B. | *post g* r^1 *add.* B tota. 181 *k n*] *d n* B. 182 quadrate *om.* P.

et *m c* et *c t* et *i h* equales. Sunt autem quattuor similia *a f*. Superficies vero *g r* quattuor similia *g k*. Erit itaque elalem totum *s t θ* quattuor similia *a k*. At vero *a k* ex ductu *a b* in *b d*. Continent enim eam *a b* et *b k*. Atqui *k b* sicut *b d*. Quod vero ex ductu *a g* in seipsam fit commune. Estque superficies *s H*. Quod itaque ex ductu *a b* in *b g* quater atque *a g* in seipsam sicut *s t θ* elalem et superficies *s H*. Atqui *s t θ* elalem et superficies *s H* sunt superficies *a h* que ex ductu *a d* in seipsam nata est. Manifestum igitur est quod illud quod ex ductu *a d* in seipsam est sicut illud quod ex ductu *a b* in *b d* quater et *a g* in seipsam. Et hoc est quod demonstrare intendimus.

<II.9> Si linea in duo equalia et duo inequalia dividatur, erit quod ex ductu inequalium in seipsas duplum illi quod ex ductu medietatis et differentie medietatis supra minorem in seipsas.

Exempli gratia: Sit linea *a b* in duo media supra punctum *g* divisa itemque in duas diversas supra *d*. Dico quia illud quod ex ductu *a d* in seipsam et *d b* in seipsam sicut illud quod ex ductu *a g* in seipsam bis et *g d* in seipsam bis.

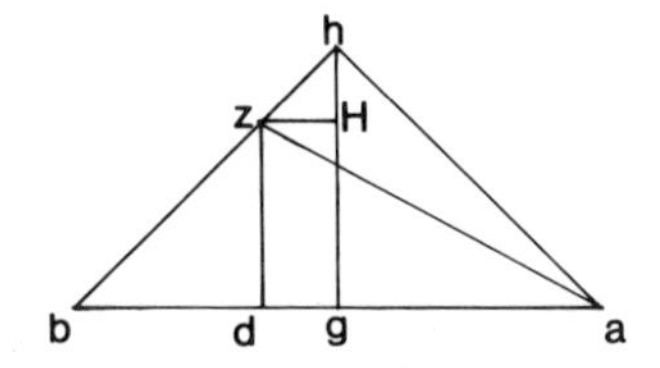

Rationis causa: Extrahatur enim de *g* puncto linee *a b* linea supra duos angulos rectos equalis utrique duarum linearum *a g* et *g b* sitque linea *g h*. Iungaturque *a* cum *h* et *h* cum *b*. Producaturque de puncto *d* linea equidistans linee *g h* sitque linea *d z*. Extrahaturque de puncto *z* linea equidistans linee *a b* sitque *z H*. Iungaturque *a* cum *z*. Erit itaque *a g* sicut *g h*. Angulus quoque *a h g* sicut angulus *h a g*. Angulus autem *a g h* rectus. Anguli itaque *a h g* et *h a g* uterque recti anguli medietas. Item *b g* equale *g h*, angulus quoque *b h g* sicut angulus *h b g*. Angulus autem *b g h* rectus. Sicque anguli *b h g* et *h b g* uterque anguli recti

185 *s t θ*] *s t e* P. 186 *post* vero *add.* P *g r* quattuor similia. | *post b d add.* B *g* natum fuit. | Continent] Convenit P. 186-187 eam *a b* et *b k*] *a b k* B. 187 Atqui] atque B. 189 *s t θ*¹] *s t e* P. | *post* Atqui *add.* B superficies. | *s t θ*²] *s t e* P. 191 igitur est *tr.* B. | est² *om.* BP. 192-193 Et ... intendimus *om.* B. 196 minorem] minores P. 197 *Exempli gratia om.* OP. | Sit] Si P. 198 in¹ *om.* B. 201 de *g*] *g d* P. | supra] super P. 204 equidistans] equistans B. | *ante* de *add.* B etiam. | linea²] linee P. 206 quoque] ergo P. | *a h g*] *a g h* P. 207 Anguli¹] Angulus P. 208 *g h*] *a g h* P. | quoque] ergo BP. 209 *b g h*] *b d h* P.

210 medietas. Itaque angulus *a h b* rectus. Itemque linea *h g* supra duas lineas equidistantes *H z* et *a b* cadente factus est angulus *h H z* extrinsecus sicut angulus intrinsecus *h g d*, angulus autem *h g d* rectus. Angulus ergo *h H z* rectus. Atqui angulus *H h z* recti medietas, angulus itaque *h z H* recti medietas. Latus ergo *h H* sicut latus *H z*. Itemque linea *a b* supra
215 duas lineas equidistantes *H g* et *z d* cadente angulus *b d z* extrinsecus sicut angulus *h g b* intrinsecus. Angulus vero *h g d* rectus. Itaque etiam angulus *b d z* rectus. Angulus autem *z b d* recti medietas. Angulus ergo *d z b* reliquus recti medietas. Sicque angulus *z b d* sicut angulus *d z b*, latus ergo *z d* sicut latus *b d* et *h g* sicut *g a*. Illud itaque quod ex ductu
220 *b g* in seipsam sicut illud quod ex ductu *g a* in seipsam. Quodque ex ductu *h g* in seipsam illud quod ex ductu *g b* in seipsam. Quodque ex ductu *h g* in seipsam et *g a* in seipsam duplum illi quod erat ex ductu *g a* in seipsam. Illa autem que ex ductu *h g* in seipsam et *g a* in seipsam sicut illud quod ex ductu *h a* in seipsam. Quia angulus *h g a* rectus. Quodque
225 ex ductu *a h* in seipsam duplum ei quod ex ductu *a g* in seipsam. Itemque linea *h H* in seipsam sicut linea *H z* in seipsam. Suntque due ille in seipsas ducte sicut *h z* in seipsam. Angulus enim qui est *h H z* rectus. Quodque ex ductu *h z* in se ipsam duplum ei quod ex ductu *H z* in seipsam. Atqui quod ex ductu *H z* in seipsam sicut quod ex ductu *g d* in seipsam. Quia
230 *H z* sicut *g d*. Itaque quod ex ductu *h z* in seipsam duplum ei quod ex ductu *g d* in seipsam. Quod autem ex ductu *a h* in seipsam duplum ei quod ex ductu *a g* in seipsam. Quodque ex ductu *a h* et *h z* in seipsas duplum ei quod ex ductu *a g* et *g d* in seipsas. Atqui quod ex ductu *a h* et *h z* in seipsas sicut quod ex ductu *z a* in seipsam. Quia angulus *a h z*
235 rectus. Itaque quod ex ductu *z a* in seipsam duplum ei quod ex ductu *a g* et *g d* in seipsas. Quod autem ex ductu *a z* in seipsam sicut quod ex ductu *a d* et *d z* in seipsas. Quia angulus *a d z* angulus rectus. Manifestum igitur est quia illud quod ex ductu *a d* et *d z* in seipsas duplum ei quod ex ductu *a g* et *g d* in seipsas. Atqui *d z* sicut *d b*. Sic igitur quod ex ductu
240 *a d* et *d b* in seipsas duplum ei quod ex ductu *a g* et *g d* in seipsas. Et hoc est quod demonstrare intendimus.

210 *a h b*] *a b g* B. | supra] super P. 212 *ante* autem *add.* P ergo *g*. 214 *H z*] *a H z* P. 216 *h g d*] *h g b* B. 218 Sicque angulus *z b d om.* P. 220 ductu[1]] ductis P. 221 *ante* illud *add.* B sicut. 221-222 illud ... seipsam[1] *om.* P. 221 ductu[2] *om.* B. 222 duplum] sicut illud quod ex ductu dupla B. | erat] erit P. 223-224 Illa ... seipsam *om.* P. 224 Quodque] Quod quoque B. 225 ductu[2]] ductum P. 226 due ille *tr.* B. 228 duplum ... seipsam *om.* P. 230 *H z*] enim *z* P. 232-233 in[1] ... *a g om.* B. 233 quod[2] *om.* P. 235 Itaque quod] Quod autem B. 237 *post* seipsas *add.* P duplumque ei. | angulus[2] *om.* B. 237-238 Manifestum ... quia] Patet quod B. 239 *d z*] *b z z* P. 240 *a d* et *d b*] *a g* et *g b* P. 240-241 Et ... intendimus *om.* B.

< II.10 > Si linea in duo media dividatur eique in longitudinem alia linea addatur, erit quod ex ductu totius cum linea addita in seipsum duplum ei quod ex ductu medietatis prime linee cum addita ei adiuncta in seipsam et
245 ductu alterius medietatis in seipsam.

Exempli gratia: Sit linea *a b* in duo media supra punctum *g* divisa sitque *b d* ei in longitudinem addita. Dico quia illud quod ex ductu *a d* et *d b* in seipsas duplum ei quod ex ductu *g d* et *a g* in seipsas.

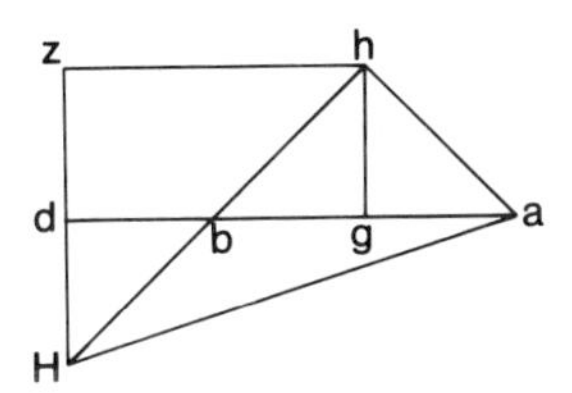

Rationis causa: Extrahatur enim de *g* puncto linee *a b* linea equalis *a g*
250 et equalis *g b* supra duos angulos rectos sitque linea *g h*. Iungaturque *b* cum *h* et *h* cum *a*. Extrahaturque de *h* linea equidistans linee *a d* sitque linea *h z* protrahatur item de puncto *d* linea equidistans linee *h g* sitque linea *z d*. Cadet itaque *h z* supra duas lineas equidistantes *g h* et *d z* eruntque anguli *g h z* et *h z d* ambo recti. Anguli quoque *d z h* et *z h b*
255 rectis duobus minores. Cum autem extracte fuerint due linee de duobus angulis rectis minoribus necessario coniungentur. Sicque due linee *h b* et *z d* producte supra punctum *H* conveniant. Iungaturque *a* cum *H*. Atqui *h g* sicut *g a*, angulus ergo *h a g* sicut angulus *a h g*. Angulus vero *a g h* rectus, uterque itaque *a h g* et *g a h* recti medietas. Ideoque angulus
260 *a h b* rectus. Quare et angulus *g b h* recti medietas. Est ergo angulus *d b H* recti medietas. Angulus autem *H d b* rectus. Relinquitur itaque angulus *d H b* recti medietas. Angulusque *b H d* sicut angulus *H b d* latusque *b d* sicut latus *d H*. Eodemque modo *h z* sicut *z H*. Sed *h g* sicut *g a*. Quod itaque ex ductu *h g* in seipsam sicut quod ex ductu *g a* in
265 seipsam. Quod autem ex ductu *h g* et *g a* in seipsas sicut illud quod ex ductu *h a* in seipsam. Quod ergo ex ductu *h a* in seipsam sicut illud quod ex ductu *a g* in seipsam bis. Atqui *h z* sicut *z H*. Quodque ex ductu *h z* in

242 eique] eque P. 246 *Exempli gratia om.* OP. 247 longitudinem] longitudine P. | quia] quod P. 249 Extrahatur *om.* P. | de g] *g d* P. | *g* puncto *tr.* B. 250 supra] super P. 251-252 *a d* ... linee *om.* B. 252 protrahatur] protrahaturque P. 253 supra] super P. 254 anguli[1]] angulus P. | *h z d*] *d h z* P. | Anguli quoque] Angulique B. 257 supra] super P. | conveniant] conveniatur P. 258 *a h g*] *h a g* P. 259 *g a h*] *a g h* P. 263 *z H* ... sicut[3] *om.* P. 265 autem] ergo P. 266 *h a*[1] *tr.* B. | ergo] autem P.

seipsam sicut quod ex ductu *z H* in seipsam. Quod itaque ex ductu *h z* et
z H in seipsas sicut illud quod ex ductu *h z* in seipsam bis. Quod autem ex
270 ductu *h z* et *z H* in seipsas sicut quod ex ductu *h H* in seipsam. Quod ergo
ex ductu *h H* in seipsam sicut quod ex ductu *h z* in seipsam bis. Atqui *h z*
sicut *g d*. Itaque quod ex ductu *h H* in seipsam sicut quod ex ductu *g d* in
seipsam bis. Ostensum autem est quia quod ex ductu *h a* in seipsam sicut
quod ex ductu *a g* in seipsam bis. Quod itaque ex ductu *a h* et *h H* in
275 seipsas sicut quod ex ductu *a g* et *g d* in seipsas bis. Quod autem ex ductu
a h et *h H* in seipsas sicut quod ex ductu *a H* in seipsam. Quoniam
angulus *a h H* rectus. Itaque quod ex ductu *a H* in seipsam sicut quod ex
ductu *a g* et *g d* in seipsas bis. Quod autem ex ductu *a H* in seipsam sicut
quod ex ductu *a d* et *d H* in seipsas. Quod itaque ex ductu *a d* et *d H* in
280 seipsas sicut quod ex ductu *a g* et *g d* in seipsas bis. Atqui *d H* sicut *d b*.
Manifestum igitur est quia illud quod ex ductu *a d* et *d b* in seipsas
duplum ei quod ex ductu *g d* in seipsam et *a g* in seipsam. Et hoc est quod
propositum est.

<II.11> Nunc demonstrandum est quomodo dividi queat linea assig-
285 nata in duas partes ut quod ex ductu totius linee in unam partium sicut
illud quod erit ex ductu alterius partis in seipsam.

Exempli gratia: Sit linea assignata linea *a b* quam cum voluerimus in
duas partes dividere ut quod fuerit ex ductu totius linee in aliquam
partium sicut quod ex ductu alterius partis in seipsam. Supra lineam *a b*
290 superficies quadrata *a d* describatur lineaque *a g* in duo media supra *h*
dividatur. Iungaturque *h* cum *b*. Extrahaturque linea *g a* usque ad *z* sitque
h z sicut *b h*, deinde supra lineam *a z* superficies quadrata designetur
sitque *z t*. Iungaturque *t* cum *k*. Dico quia linea *a b* sic in duas partes
divisa est supra *t* ut cum duxerimus lineam in unam earum et est *b t* fiet
295 sicut ductus *a t* in seipsam.

Rationis causa: Si enim linea *a g* in duo media supra *h* dividatur
addaturque ei linea *a z* in longitudinem, illud quod ex ductu *g z* in *z a* et
a h in seipsam sicut quod ex ductu *h z* in seipsam. Est autem *z h* sicut
h b. Quod itaque ex ductu *g z* in *z a* ductuque *a h* in seipsam sicut quod

268-269 Quod ... seipsas *in marg.* B. 268 et *om.* P. 271-273 Atqui ... bis *om.* P. 272 Itaque quod *tr.* B. 275 seipsas[1]] seipsam P. 276 *a H*] *a g* et *g d* P. 277 Itaque quod *tr.* B 278 seipsas] seipsam B. | Quod autem] Quodque B. 279-280 *a d*[2] ... ductu *om.* P. 281 Manfestum igitur est] Patet igitur B. 282 ductu] ducta P. | et *a g* in seipsam *om.* P. 282-283 Et ... est *om.* B. 282 *post* quod *add.* P demonstrare intendimus. 284 est *om.* B. 287 *Exempli gratia om.* BOP. | Sit] Sed P. | linea[2] *om.* B. 289 Supra] super P. 290-291 in ... *g a om.* P. 292 *b h*] *b d* P. | supra] super P. 296 supra] super P. 297 *a z*] *a t* B. | longitudinem] longitudine P. 298 *a h*] *d h* P.

300 ex ductu *h b* in seipsam. Quod autem ex ductu *h b* in seipsam est sicut quod ex ductu *a h* et *a b* in seipsas; quia angulus *h a b* rectus. Quod ergo ex ductu *h a* et *a b* in seipsas sicut quod ex ductu *g z* in *z a* et *a h* in

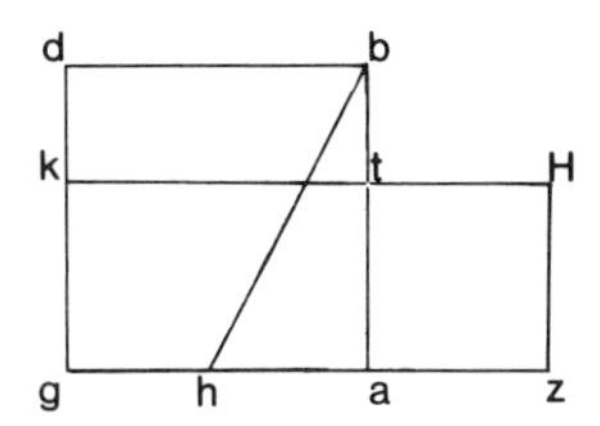

seipsam. Quod autem ex ductu *a h* in seipsam commune reiciatur. Quod itaque ex ductu *g z* in *z a* sicut quod ex ductu *a b* in seipsam. Quod autem 305 ex ductu *g z* in *z a* est superficies *z k*. Quia *a z* sicut *z H*. Quodque ex ductu *a b* in seipsam sicut superficies *a d*. Quare *a d* sicut *z k*. Reiciatur autem ex eis superficies *a k* communis. Relinquitur itaque superficies *z t* sicut superficies *t d*. Superficies vero *t d* ex ductu *b d* in *b t*. Atqui *b d* sicut *a b*. Sicque facta est *a b* in *b t* superficies *t d*. Atqui *t d* sicut *z t*. 310 Quare ex ductu *a b* in *b t* est superficies *z t*. Atqui *z t* facta est ex ductu *t a* in seipsam. Ostensum itaque est quia illud quod ex ductu *a b* in *b t* sicut quod ex ductu *a t* in seipsam. Manifestum igitur est quia sic divisa linea *a b* in duas partes ut quod fuerit ex ductu totius linee in unam earum, scilicet, *b t* sicut quod fuerit ex ductu *a t* in seipsam. Et hoc est quod 315 demonstrare proposuimus.

<II.12> Omnis trianguli obtusianguli. Si de angulo eius obtuso quodlibet eius latus usque ad casum perpendicularis protrahatur, illud quod ex ductu lateris angulum obtusum respicientis in seipsum creabitur maius erit illo quod ex ductu duorum reliquorum laterum in seipsa duplo 320 eius quod ex ductu lateris protracti in id quod additum est.

Exempli gratia: Sit angulus obtusus *a b g* trianguli assignati. Sit latus *g b* usque ad *d* protractum. Sit perpendicularis de puncto *a* usque ad *d* directa linea *a d*. Dico quia quod ex ductu *a g* in seipsam maius eo quod ex ductu *a b* et *b g* in seipsas duplo eius quod ex ductu *g b* in *b d*.

325 *Rationis causa*: Si enim linea *g d* in duas partes sit divisa supra *b*, illud quod ex ductu *g d* in seipsam sicut illud quod ex ductu *d b* et *b g* in

300 Quod ... est *om.* P. | est *om.* B. 301 et *om.* P. 303 Quod[1] ... seipsam *om.* P. 304 *z a*] *a* P. 305 *z k*] *z a k* P. 312 est *om.* B. 313 ut *om.* B. | unam] una P. 314-315 Et ... proposuimus *om.* B. 318 creabitur] fiet B; extrahatur P. 319 erit *om.* B. | duorum ... laterum] reliquorum laterum duorum B. | seipsa] seipsam OP. 320 protracti *om.* B. 321 *Exempli gratia om.* OP. | obtusus] obtuso P. 322 protractum] punctum B. 323 directa] directam B. 325 sit *om.* B. | supra] super P.

seipsas et ex ductu *b g* in *b d* bis. Sit itaque quod ex ductu *a d* in seipsam commune. Quod ergo ex ductu *g d* et *d a* in seipsas coniunctas sicut illud quod ex ductu *g b* et *b d* et *d a* singularim in seipsas et ductu *g b* in *b d*

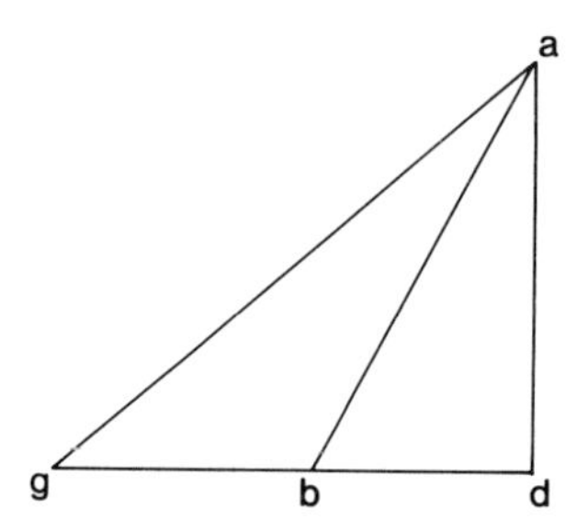

330 bis. Quod autem ex ductu *g d* et *d a* singularim in seipsas sicut quod ex ductu *a g* in seipsam. Quare quod ex ductu *a g* in seipsam sicut quod ex ductu *a d* et *g b* et *b d* in seipsas et *g b* in *b d* bis. Atqui quod ex ductu *b d* et *d a* in seipsas sicut quod ex ductu *a b* in seipsam. Quod itaque ex ductu *a g* in seipsam sicut quod ex ductu *a b* et *b g* in seipsas et ductu *g b* in *d b*
335 bis. Illud igitur quod ex ductu *a g* in seipsam maius eo quod ex ductu *a b* et *b g* in seipsas duplo eius quod ex ductu *b g* in *b d*. Et hoc est quod demonstrare proposuimus.

<II.13> Omnis trianguli acutanguli illud quod ex ductu lateris angulum acutum respicientis in seipsum minus eo quod ex ductu reliquorum
340 laterum amborum in seipsa duplo eius quod ex ductu lateris supra quod perpendicularis eorum cadit in illud quod est inter casum perpendicularis et angulum acutum.

Exempli gratia: Sit angulus trianguli *a b g* acutus supra quem *b* extrahaturque de puncto *a* alhamud ad lineam *b g* sitque *a d*. Dico quia quod
345 ex ductu *a g* in seipsum minus est eo quod ex ductu *a b* et *b g* in seipsa duplo eius quod ex ductu *g b* in *b d*.

Rationis causa: Cum enim linea *b g* in duas partes supra punctum *d* divisa sit, illud quod ex ductu *b g* et *b d* in seipsa sicut illud quod ex ductu *g b* in *b d* bis et [ex] ductu *d g* in seipsum. Ponatur itaque quod erit ex
350 ductu *a d* in seipsum commune. Quod itaque ex ductu *g b* et *b d* et *a d* singulorum in seipsa sicut illud quod ex ductu *g b* in *b d* bis et *g d* et *d a*

329 *post* seipsas *add.* B ductas. 330 *post d a add.* P sicut. | seipsas] seipsa OP. 331 quod[1]] quia P. 332 in[2]] et B. 333 seipsas] seipsam OP. | *post a b add.* P et *b g*. 334 seipsas] ipsas P. | *d b tr.* OP. 335 ex[2] *om.* BP. 336 seipsas] seipsam O. 336-337 Et ... proposuimus *om.* B. 342 angulum acutum *tr.* B. 343 *Exempli gratia om.* OP. | supra] super B. 344 alhamud] perpendicularis P. 345 *post a b add.* B coniunctorum. | *b g tr.* B. | seipsa] seipsam B. 348 seipsa] seipsam P. 351 *b d*] *b* P.

in seipsas. Quod autem ex ductu *b d* et *d a* singulorum in seipsa sicut quod ex ductu *a b* in seipsam. Quoniam angulus *a d b* rectus. Quare quod ex ductu *a b* et *b g* in seipsas sicut quod ex ductu *g b* in *b d* bis et *d a* et

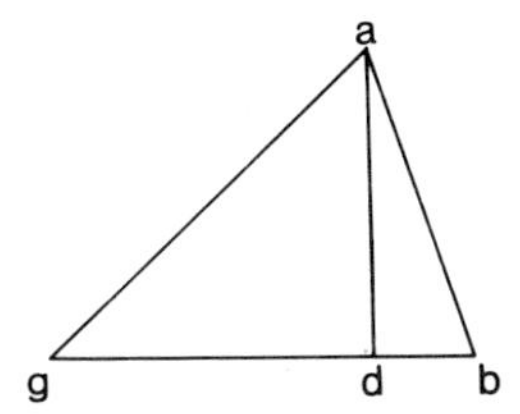

355 *d g* in seipsas. Quod autem ex ductu *a d* et *d g* in seipsas sicut quod ex ductu *a g* in seipsam. Quoniam angulus *a d g* rectus. Quod ergo ex ductu *a b* et *b g* in seipsas sicut quod ex ductu *a g* in seipsam et *g b* in *b d* bis. Quod igitur ex ductu *a g* in seipsam minus eo quod ex ductu *a b* et *b g* in seipsas duplo eius quod ex ductu *g b* in *b d* bis. Et hoc est quod
360 demonstrare proposuimus.

<II.14> Nunc demonstrandum est quomodo superficies quadrata equalis superficiei trianguli assignati fieri queat.

Exempli gratia: Sit triangulus assignatus *a b g* cui cum equalem superficiem quadratam facere voluerimus, superficiem equidistantium laterum
365 rectangulam faciemus triangulo *a b g* equalem sitque *d H*. Si itaque fuerit *d h* sicut *h H*, facta est superficies quadrata equalis triangulo *a b g* sicut voluimus. Quod si ita non fuerit, sit *d h* longius *h H*. Extrahaturque linea *d h* directe usque ad punctum *t*. Sitque *h t* sicut *h H*. Dividatur itaque linea *d t* in duo media supra punctum *k*. Designeturque supra lineam *d t*
370 semicirculus supra quem *d l t* protrahaturque linea *H h* directe ad punctum *l*. Iungaturque *l* cum *k*. Sed linea *d t* iam divisa est in duo media supra punctum *k* atque etiam in duas partes inequales supra punctum *h*. Quod ergo ex ductu *d h* in *t h* et ductu *h k* in seipsam sicut quod ex ductu *k t* in seipsam. Atqui *k t* sicut *k l*. Quod itaque ex *d h* in *h t* et ductu *h k*
375 in seipsam sicut illud quod ex ductu *k l* in seipsam. Quod vero ex ductu *k l* in seipsam sicut quod ex ductu *k h* et *h l* in seipsas. Quoniam angulus *k h l* rectus. Quare quod ex ductu *d h* in *h t* et ductu *h k* in seipsam sicut illud quod ex ductu *k h* et *h l* in seipsas. Quod autem ex ductu *k h* in seipsam commune abiciatur. Quare quod ex ductu *d h* in *h t* sicut quod ex

353 *a b om.* B. | seipsam] semetipsam P. 354 *g b*] *a b* P. 355-356 *a d* ... ductu[1] *om.* B. 357 in[3]] et P. 359-360 Et ... proposuimus *om.* B. 363 *Exempli gratia om.* BOP. | assignatus] assignata P. 365 rectangulam] rectangulum P. | *d H*] *d b* P. 378 seipsas] seipsam P.

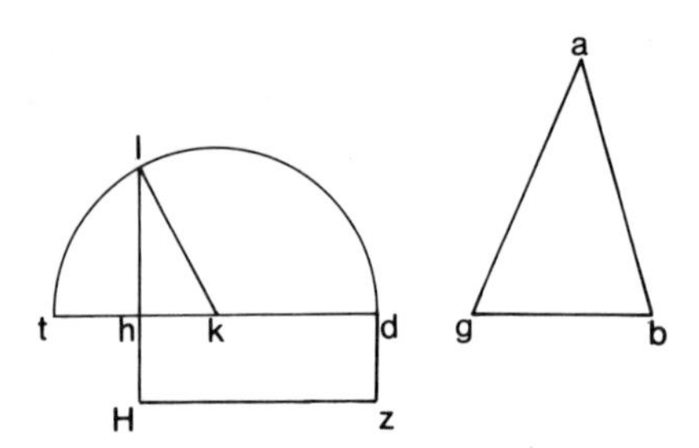

380 ductu *h l* in seipsam. Quod autem ex ductu *d h* in *h t* est superficies *d H*. Quia *h t* sicut *h H*. Quod itaque ex ductu *h l* in seipsam sicut superficies *d H*. Sed *d H* sicut triangulus *a b g*. Quod ergo ex ductu *h l* in seipsam sicut triangulus. Manifestum igitur est quia triangulus *a b g* sicut superficies quadrata que est ex ductu *h l* in seipsam. Et hoc est quod in hac 385 figura demonstrare intendimus.

383 Manifestum igitur est] Patet igitur B. | quia] quoniam B. 384 est[1] *om.* B. | *post* seipsam *add.* B Explicit liber secundus. 384-385 Et ... intendimus *om.* B.

< Liber III >

Liber tertius incipit xxxv propositiones continens.

< Definitiones >

< i > Omnium circulorum quorum diametri equales sunt, ipsos circulos equales esse necesse est eorumque linee a centris usque in circumferentias ducte non minus equales.

< ii > Cum linea aliqua circulum extrinsecus non incidendo contigerit, dicitur illa circulum contingens.

< iii > Cum circuli se invicem non incidendo contigerint, contingentes vocantur.

< iv > Cum in circulo lineis ad circumferentiam tendentibus perpendiculares a centro ad eas exeuntes fuerint equales, remotionem earum a centro equalem esse.

< v > Earum etiam que a centro remotiores sunt perpendiculares esse longiores.

< vi > Linea recta portionem circuli continens corda nominatur.

< vii > Pars vero linee circumferentie arcus nuncupatur.

< viii > Angulus autem portionis dicitur, qui a corda et arcu continetur.

< ix > Cum a quolibet puncto arcus due linee ad duas extremitates corde exierint ut sit eis corda basis, angulus qui iuxta punctum est ab illis duabus lineis contentus supra arcum compositus dicetur.

< x > Figura incisiva dicta est quam due linee de centro producte ad lineam circumferentie continent.

< xi > Eritque angulus ab eis contentus supra centrum circuli cadens.

2 Liber ... continens] Incipit tercius B; Geometrice demonstrationis Euclidiz liber tertius P. 4 equales sunt] supra P. 6 circumferentias] circumferias OP. 9 contigerint] contigerit P. 9-10 contingentes vocantur] dicuntur contingentes B. 11 in *om.* O. | circumferentiam] circumferiam OP. 11-12 perpendiculares] perpendicularis OP. 13 equalem esse *tr.* B. 16 nominatur] vocatur B. 17 circumferentie] circumferie OP. 18 dicitur *om.* BP. | qui a] quia P. 20 a *om.* P. 24 est *om.* B. 25 circumferentie] circumferie OP.

<xii> In circulorum portionibus si fuerint anguli supra arcus illorum compositi equales, erunt portiones ille similes. Si autem fuerint portiones similes, erunt anguli supra arcus illorum compositi equales.

<xiii> Arcus circulorum cum fuerint anguli supra illos compositi equales, erunt arcus similes. Cum etiam fuerint arcus similes, erunt anguli supra eos compositi equales.

<III.1> Nunc demonstrandum est quomodo circuli assignati centrum reperiri queat.

Exempli gratia: Sit circulus *a b*. Fiat itaque in eo linea quolibet modo cadens cuius summitates circumferentiam utrobique tangant. Sitque *g d*. Eaque in duo media supra punctum *h* dividatur. Producaturque de puncto *h* linea supra angulum rectum sitque linea *h a* etiam usque ad *b* producta dividaturque *a b* in duo media supra punctum *H*. Dico quia *H* circuli centrum esse necesse est.

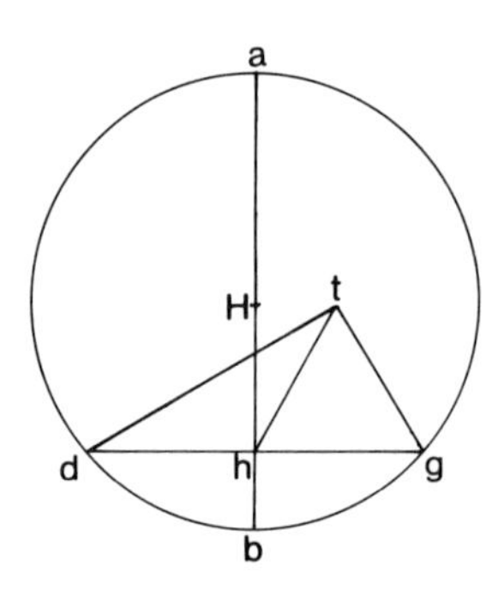

Rationis causa: Aliter enim esse impossibile est. Quod si fuerit possibile punctum *t* sit centrum esse. Iungaturque *t* cum *g* et *h* et *d*. Erat autem *g h* sicut *h d*. Sit vero *h t* communis. Quare *g h* et *h t* sicut *d h* et *h t*. Atqui basis *g t* sicut basis *t d*. Angulus ergo *g h t* sicut *d h t*. Cum vero linea linee supervenerit fuerintque duo anguli utrobique equales, rectos esse necesse est. Anguli itaque *g h t* et *d h t* recti. Quoniam ergo anguli *d h t* et *d h a* recti equales, maior minori. Quod contrarium est impossibile. Non est itaque *t* centrum circuli *a b* sed neque alius nisi punctus *H*. Est igitur *H* centrum circuli *a b*.

28 compositi] oppositi B. | ille *bis* P. 29 erunt] aerunt P. 36 *Exempli gratia om.* BOP. 37 circumferentiam] circumferiam OP. 42 *Rationis causa om.* BOP. 43 Erat] erit P. | *g h*] *d h* B. 44 Sit] si P. | *g h*] *g t* B. 45 *t d*] *t g* P. 46 linee *om.* P. 48 Quod ... impossibile *om.* B. 49 itaque *om.* B. | circuli *om.* B. | sed] sic OP.

Unde datur intelligi quia nulle due linee infra circulum supra angulos rectos sese per media secant nisi ille que per centrum transierint. Et hoc est quod demonstrare proposuimus.

<III.2> Si supra circuli circumferentiam duo puncta fuerint assignata,
55 lineam illorum coniunctivam per circulum transire necesse est.

Exempli gratia: Sint duo puncta supra circulum *a b* assignata *g* et *d*. Dico quia lineam punctorum *g* et *d* coniunctivam infra circulum cadere necesse est.

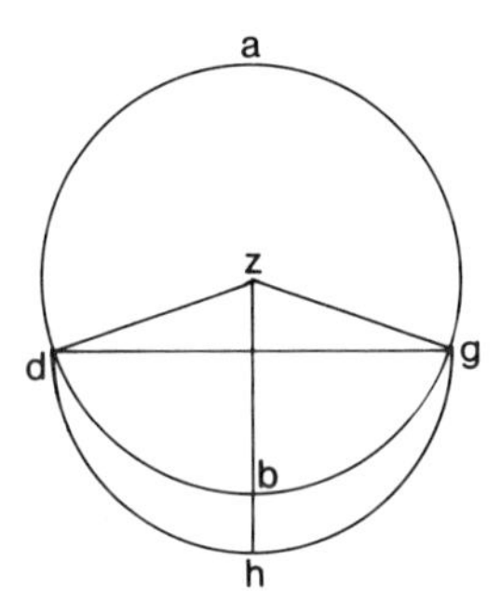

Rationis causa: Quia aliter esse impossibile est. Quod si est possibile, sit
60 extrinseca *g h d*. Sitque circuli centrum *z*. Iungatur itaque *z* cum *g* et *d*. Extrahaturque de puncto *z* linea ad arcum *g h d* quolibet casu sitque *z b* protracta usque ad *h*. Erit ergo *g z* sicut *z d*. Angulus itaque *z g h* sicut angulus *z d h*. Atqui angulus *b h d* angulo *z g h* maior. Est enim extrinsecus trianguli *z g h*. Sed *z g h* sicut *z d h*. Latus enim *z g* sicut
65 latus *z d*. Quare angulus *b h d* angulo *z d h* maior. Maiorem autem trianguli angulum a longiori latere respici. Erit itaque latus *z d* latere *z h* longius. Sed *z d* sicut *z b*. Itaque *z b* longius *z h* brevior longiore. Quod contrarium est impossibile. Sic ergo ostensum quia linea que *g* et *d* coniungit extra circulum vel supra circumferentiam cadere impossibile
70 est. Infra circulum igitur necesse est. Et hoc est quod demonstrare proposuimus.

51 due] duo P. | infra *om.* B. | angulos] angulum P. 52-53 Et ... proposuimus *om.* B. 54 Si] Sisi B. | circumferentiam] circumferiam OP. 56 *Exempli gratia om.* OP. 57 et *om.* P. 59 *Rationis causa om.* BOP. | esse *om.* B. | impossibile est *tr.* B. 60 *g h d*] *g d h* P. 60-63 Sitque ... *z d h om.* P. 60 Iungatur] Iungaturque B. 63 *b h d*] *b d h* P. 64 extrinsecus ... *z g h*[1]] trianguli *z g h* extrinsecus B. | *z g h* sicut *om.* P. | enim *z g*] *a z* P. 67 longius[2]] longior P. 68 contrarium est *om.* B. | ergo ostensum] patet B. | *post* ostensum *add.* P est. 69 vel *om.* P. | circumferentiam] circumferiam OP. 70-71 Et ... proposuimus *om.* B. | proposuimus] intendimus P.

<III.3> Si infra circulum linea ceciderit supra centrum non transiens et a centro linea exeat predictam in duo media dividens, supra angulum rectum eam dividere necesse est. Et si diviserit eam super angulum
75 rectum, in duo media dividere necesse est.

Exempli gratia: Sit circuli *a b* linea *g d* supra centrum non transiens sitque circuli diametros *a b*. Dico quia linea *a b* si diviserit lineam *g d* in duo media supra angulum rectum dividere necesse est. Et econverso. Primoque in duo media dividat. Dico quia supra angulum rectum dividere
80 necesse est.

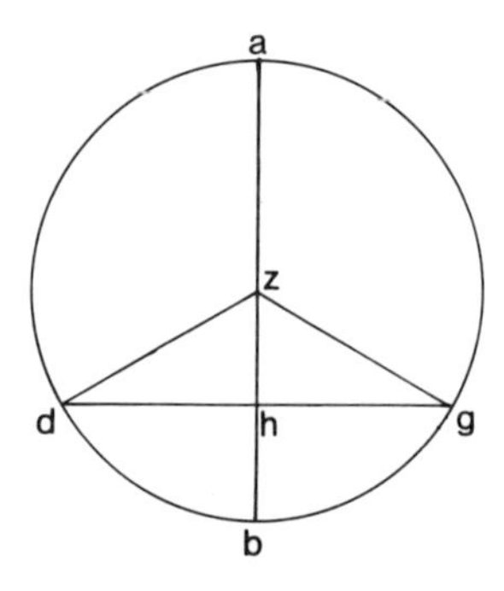

Rationis causa: Sit enim centrum circuli *z* iungaturque *z* cum *g* et *d*, erit itaque *g h* sicut *h d* et *h z* communis. Linee itaque *g h z* sicut linee *d h z* unaqueque sicut respiciens se. Basis autem *g z* sicut basis *z d*. Angulus ergo *g h z* sicut angulus *d h z*. Cum vero linea supra lineam ceciderit
85 fuerintque duo anguli utrobique equales, rectos esse necesse est. Quapropter duo anguli *g h z* et *d h z* recti. Divisit igitur linea *a b* lineam *g d* supra angulum rectum.

Item linea *a b* lineam *g d* supra angulum rectum dividat. Dico itaque quia eam in duo media dividit.

90 *Rationis causa*: Si enim *g z* sicut *z d* fuerit, erit angulus *z g d* sicut angulus *z d g*. Atqui *g h z* et *d h z* recti anguli. Duorum itaque triangulorum *g h z* et *h z d* duo anguli unius scilicet *z g h* et *g h z* duobus angulis alterius *z d h* et *d h z* quisque se respiciens equales. Latus autem duos angulos equales respiciens commune estque *z h*. Duo ergo
95 latera reliqua equalia scilicet *g h* sicut *h d*. Linea igitur *a b* lineam *g d* in duo media dividit. Et hoc est quod demonstrare proposuimus.

72 infra] intra B. | non] ut P. 74-75 Et ... est *om.* BP. 76 circuli] circulus P. 77 sitque] sit P. | diviserit] divisit B. 79-80 Primoque ... est *om.* B. 81 *z*[1] *om.* P. | et *om.* P. 82 itaque[2]] ita B. | *g h z*] *g d z* P. 84 vero] ergo B. 85 equales] equalis P. 86 *ante g h z add.* P utrobique equales. | *g h z*] *g z h* P. 90 erit *om.* B. 91 et *om.* P. | recti] recte P. | recti anguli *tr.* B. 92 et[1] *om.* P. 95 *h d*] *h b* P. 96 dividit] divisit B. | Et ... proposuimus *om.* B. | proposuimus] intendimus P.

<III.4> Si infra circulum due linee se diviserint et supra centrum non ceciderint, per inequalia dividi necesse est.

Exempli gratia: Sit circulus $a\ b$. Sint due linee $g\ d$ et $h\ z$ supra centrum
100 non transeuntes supra punctum H se dividentes. Dico quia utraque earum in duo inequalia dividi necesse est.

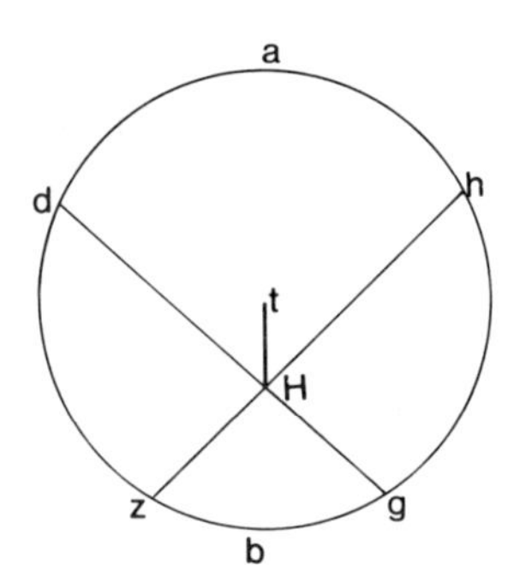

Rationis causa: Aliter enim esse est impossibile. Quod si est possibile, sit unaqueque in duo media divisa supra punctum H. Sitque centrum circuli t iungaturque t cum H. Producta itaque est de centro circuli linea
105 usque ad H lineam $g\ d$ in duo media dividens supra punctum H et supra angulum rectum. Angulus ergo $d\ H\ t$ rectus. Itemque linea $t\ H$ extra centrum lineam $h\ z$ in duo media divisit supraque angulum rectum. Angulus ergo $z\ H\ t$ rectus. Itaque $d\ H\ t$ sicut $z\ H\ t$. Minor maiori equalis. Quod contrarium est impossibile. Ostensum igitur est quia duas lineas $g\ d$
110 et $h\ z$ in duo inequalia dividi necesse est. Et hoc est quod demonstrare proposuimus.

<III.5> Si circulus circulum diviserit, centra eorum diversa esse necesse est.

Exempli gratia: Sint duo circuli $a\ b$ et $g\ d$ se invicem dividentes supra
115 punctum a et g. Dico quia centra eorum diversa esse necesse est.

Rationis causa: Eadem enim esse impossibile est. Quod si possibile, sit centrum eorum h. Iungaturque a cum h. Exeatque de puncto h linea ad arcum $a\ d\ g$ quolibet casu sitque linea $h\ d$. Quoniam itaque punctus h

99 *Exempli gratia om.* P. | $g\ d$] $g\ d\ z$ P. 101 inequalia] equalia B. | dividi necesse est] dividitur B. 102 *Rationis causa om.* BOP. | esse est *om.* B. 104 est *om.* B. 106-107 extra centrum *tr.* P. 107 $h\ z$] h et z P. | supraque] superque P. 109 contrarium *om.* B; quidem P. | igitur est *tr.* B. 110 $h\ z$] $b\ t$ P. | inequalia] equa B; equalia P. 110-111 Et ... proposuimus *om.* B. 111 proposuimus] intendimus P. 112 diviserit] divisit B. 112-113 necesse est *tr.* B. 116 *Rationis causa om.* BOP. | est *om.* O. | *ante* sit *add.* B est. 117 Exeatque] Exeat B.

centrum circuli *a b g* erit *a h* sicut *h z*. Atqui *h d* longior *a h*. Quoniam
120 vero punctus *h* centrum circuli *a d g* erit *a h* sicut *h d*. Erat autem ea

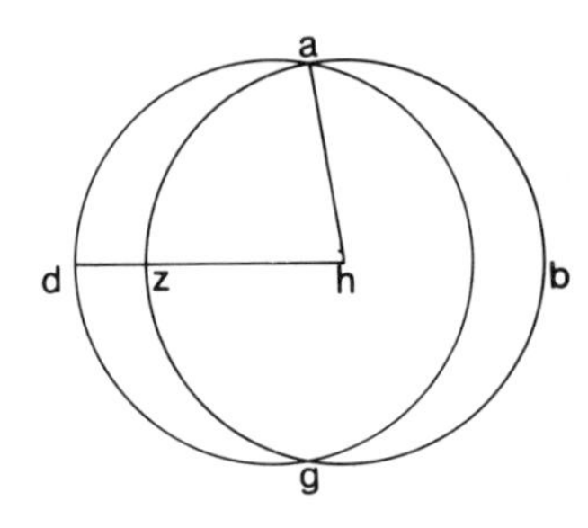

longior. Impossibile igitur est supradictorum circulorum unum esse centrum. Et hoc est quod demonstrare proposuimus.

<III.6> Si fuerint aliqui duo circuli contingentes, centra eorum non esse eadem necesse est.
125 *Exempli gratia*: Sint duo circuli contingentes supra punctum *a*. Dico quia centra eorum non eadem esse necesse est.

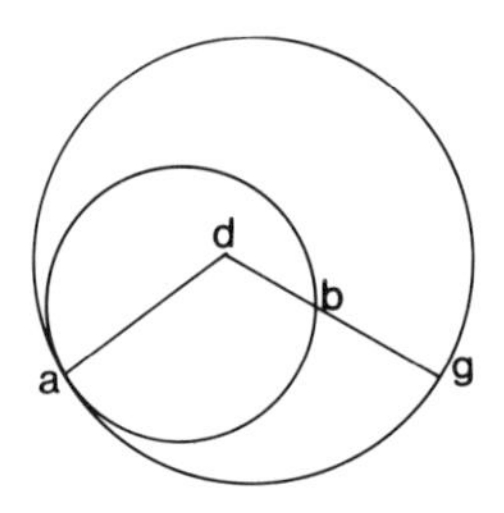

Rationis causa: Quia enim eadem esse impossibile est. Quod si possibile est, sit eorum centrum *d*. Iungaturque *a* cum *d* producaturque de puncto *d* linea ad circulum *b a* quolibet casu sitque *d b*. Quoniam ergo punctus *d*
130 centrum circuli *a b*, erit *a d* sicut *d b*. Quoniam vero punctus *d* centrum circuli *a g*, erit *a d* sicut *d g*. Quare *d b* linee *d g* equalis, longior breviori. Quod contrarium impossibile. Manifestum igitur est quia omnium circulorum contingentium centra non eadem esse necesse est. Et hoc est quod demonstrare proposuimus.

120 *a h*] *a g h* P. | sicut *h d om.* B. | Erat] Erit P. 121 *ante* Impossibile *add.* B Et | unum] idem B. 122 Et ... proposuimus *om.* B. 127 *Rationis causa om.* BOP. | Quia enim] Nam B; etenim P. | esse *om.* B. | est *om.* B. 128 est *om.* P. 131 *d g*[1]] *d b* P. | breviori] breviorum B. 132 contrarium *om.* B. | *ante* impossibile *add.* P est. | Manifestum igitur est] Patet ergo B. | quia] quoniam P. 132-133 omnium ... contingentium] contingentium circulorum B. 133-134 Et ... proposuimus *om.* B.

135 <III.7> Si supra diametrum circuli punctus alius a centro assignatus
fuerit a quo linee usque ad circumferentiam extracte fuerint, erit linea
supra centrum transiens omnium longissima lineaque diametro addita
omnium brevissima, que vero linee supra centrum transeunti propinquiores reliquis longiores et que ei remotiores reliquis breviores dueque linee
140 que ex utroque latere brevissime linee sunt equales.

Exempli gratia: Sit circulus *a b*, sit diametros *d g*, sit punctus ex centro
h, sint linee ad circumferentiam producte *h z* et *h H* et *h a*. Dico quia
omnium longissima est linea *g h* supra centrum transiens earumque
brevissima diametro superaddita scilicet *h d* lineeque alie prout a centri
145 linea fuerint remote. Unde *h z* longior *h H* atque *h H* longior *h a* dueque
linee utrobique ex latere *h d* equales.

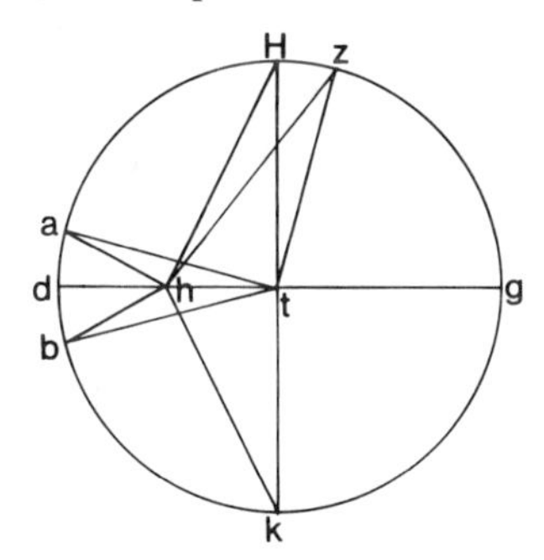

Rationis causa: Si enim circuli centrum *t* fuerit iungaturque cum *z* et *H*
et *a*. Omnis autem trianguli duo latera coniuncta reliquo latere longiora,
erunt *z t* et *t h* longiora *h z*. Atqui *z t* sicut *t g*. Erit itaque *g h* longior *h z*.
150 Atqui *z t* sicut *t H*. Sitque *t h* communis. Due itaque linee *z t* et *t h* sicut
due linee *H t* et *t h* unaqueque sicut respiciens se. Angulus autem *z t h*
angulo *H t h* maior. Basis ergo *z h* basi *H h* longior. Eademque ratione
H h longior *a h*. Itemque *a h* et *h t* coniuncte *a t* longiores. Atqui *a t*
sicut *t d*. Erunt itaque *a h* et *h t* coniuncte *t d* longiores. Est autem *t h*
155 communis. Relinquitur ergo *a h* longior *h d*. Linea igitur *h g* per centrum
transiens omnium longissima lineaque *h d* ei addita omnium brevissima.
Cetere vero linee *h g* propinquiores remotioribus longiores. Sicque *z h*
longior *h H* et *h H* longior *a h*. Due vero linee utrobique ex lateribus linee
h d brevissime equales.

135 Si *om.* OP. 136 a ... fuerint *in marg.* B. | circumferentiam] circumferiam OP. 139 ei] eis OP. 140 linee *om.* B. 141 *d g tr.* B | ex centro] centros BOP. 142 circumferentiam] circumferiam OP. 144 lineeque] linee P. | a *om.* P. 145 fuerint remote] fuit remota P. | *h a om.* B. 147-148 *H* et *a*] *x* P. 149 *z* t^1] *z* P. | *h* z^2 *om.* P. 151 linee *om.* B. | unaqueque] unamquamque P. 152 *H t h*] *H t* P. 153 *a* h^2] *k h* P. 154 *a h*] *a b* P. 155 *h g*] *h d* P. 156 *post* longissima *add.* P transiens. 157 *ante h g add.* O linee.

160 *Rationis causa*: Sit enim supra lineam *t d* punctumque *t* angulus angulo *a t h* equalis sitque angulus *h t b*. Exeatque de puncto *h* linea usque ad *b*. Erit *a t* sicut *t b*. Sit autem *t h* communis. Due ergo linee *a t* et *t h* sicut due linee *b t* et *t h* unaqueque sicut respiciens se. Angulus autem *a t h* sicut angulus *h t b*. Basis itaque *a h* sicut basis *h b*.

165 Dico autem quia non erit aliqua linea infra circuli ambitum a puncto *h* ad circumferentiam extracta equalis *a h* nisi linea *h b*.

Est enim impossibile. Quod si est possibile, sit linea *h k*. Iungaturque *t* cum *k* eritque *a t* sicut *t k*. Sit autem *t h* communis. Sicque due linee *a t* et *t h* sicut due linee *k t* et *t h* unaqueque sicut respiciens se. Atqui basis 170 *a h* sicut alkaida *h k*. Angulus itaque *a t h* sicut angulus *k t h*. Sed *a t h* sicut *b t h*. Itaque *k t h* equalis *b t h*, maior minori. Quod contrarium est impossibile. Ostensum itaque est quia impossibile est a puncto *h* lineam equalem *a h* extrahere preter *b h*. Linee igitur *a h* et *h b* que sunt utrobique linee *h d* brevissime equales. Et hoc est quod demonstrare 175 proposuimus.

<III.8> Si extra circulum puncto assignato ab eo usque ad circumferentiam linee circulum incidentes extrahantur, erit linea per centrum transiens omnium longissima. Que vero linee centri propinquiores remotioribus longiores. Linearum vero extrinsecus circumferentie appli- 180 catarum illa que inter punctum assignatum et circuli diametrum minima eique propinquiores remotioribus breviores. Dueque linee ex duabus partibus linee brevissime equales.

Exempli gratia: Sit circulus *a b*, sit punctus extra circulum assignatus *g*. Sint linee ab illo puncto usque ad circulum *a b* extracte *g d* et *g h* et *g z* et 185 *g a* quarum una *g d* supra centrum transiens omnium longissima. Extrinseca vero inter punctum et diametrum omnium brevissima, reliquarum vero linearum infra circulum meantium linea diametro propinquior ceteris longior. Unde linea *g h* linea *g z* et *g z g a* longior. Linearum vero que extrinsecus circumferentie applicantur omnium 190 minima linea *g H* intra punctum *g* et circuli diametrum collocata. Reliquarum vero que brevissime propinquiores remotioribus breviores.

161 equalis] equales P. 163 unaqueque] unamquamque P. 165 *h*] *a* B. 166 circumferentiam] circumferiam OP. 168 *k om.* P. | Sicque] Si que P. 170 alkaida] basis OP. 171 est *om.* B. 174-175 Et ... proposuimus *om.* B. 176-177 circumferentiam] circumferiam OP. 177 circulum *om.* P. 178 Que] Quia P. | linee *om.* P. 179 circumferentie] circumferie OP. 179-180 circumferentie applicatarum *tr.* B. 182 equales] equalis P. 183 sit[2]] sicut P. 184 *ante* usque *add.* P *d*. 188 Unde] Una P. | longior[2] *om.* P. 189 *post* que *add.* P eis. | circumferentie] circumferie OP.

Erit itaque *g k* brevior *g l* et *g l g t*. Due vero linee brevissime circumiacentes equales.

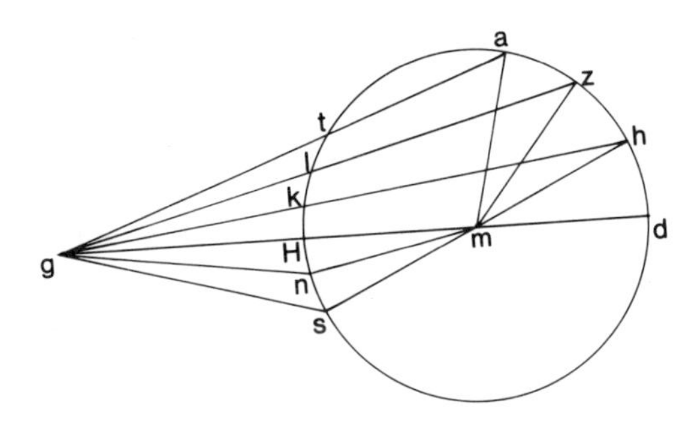

Rationis causa: Centrum enim circuli *m* a quo ad puncta *h* et *z* et *a* et *t*
195 et *l* et *k* linee *m h* et *m z* et *m a* et *m t* et *m l* et *m k* extracte. Atqui due linee *m h* et *m g* coniuncte linea *g h* longiores. Sed *m h* sicut *m d*. Quare *g d* longior *g h*. At vero *m h* sicut *m z*. Sit autem *m g* communis. Due itaque linee *m h* et *m g* sicut due linee *m z* et *m g* unaqueque sicut respiciens se. Angulus autem *h m g* angulo *z m g* maior. Basis ergo *h g*
200 basi *z g* longior. Eodemque modo *z g* longior *a g*. Itemque *m k* et *k g* iuncte linea *m g* longiores, sed *m k* sicut *m H*. Relinquitur itaque *k g* longior *H g* et *H g* brevior *k g*. In triangulo autem *l m g* super latus eius *m g* facte sunt due linee *m k* et *k g*. Quare *m l* et *l g* longiores *m k* et *k g*. Sed *m k* sicut *m l*. Relinquitur itaque *l g* longior *k g*. Linearum itaque per
205 circulum transeuntium longissima *g d* supra centrum means. Extrinsecarum vero minima que inter punctum et diametrum *g H*. Omnes vero alie linee extrinsece centro propinquiores remotioribus longiores: *g h* longior *g z* et *g z* longior *g a*. Linee vero extrinsece propinquiores linee *g H* remotioribus breviores: *k g* brevior *l g* et *l g* brevior *g t*.
210 Dico itaque quia due linee ex utraque parte *g H* brevissime equales.

Rationis causa: Fiat enim supra lineam *m g* supra punctum *m* angulus angulo *k m g* equalis. Sitque *n m g* extrahaturque de puncto *m* linea usque ad *n* linea *m n*. Erit itaque *m k* sicut *m n*. Sit autem *m g* commune. Due ergo linee *m k* et *m g* sicut due linee *m n* et *m g* unaqueque sicut

192 *g k*] *g h* B. | linee] que P. 194 et[3] *om.* P. 196 linea] linee P. | *post m d add.* P longior. 197 *m g*] *m h* P. 198 unaqueque] unamquamque P. 200 *z g*[1]] *z d* P. 201 iuncte] coniuncte B. 202 et *om.* P. | *l m g*] *l m* cum P. 204 *k g*] *k m* P. 206 que] quod P. 207 extrinsece] intrinsece B. 210 brevissime] breviores P. 213 *m k* sicut *m n*] *m k* et *m g* sicut due linee *m n* et *m g* P. 214 *post m g*[1] *add.* P sicut due linee. Sit autem *m g* commune. Due ergo linee *m k* et *m g* sicut due linee *m n* et *m g*. | unaqueque] unamquamque P.

215 respiciens se. Angulus autem *k m g* sicut angulus *g m n*. Basis itaque *k g* sicut basis *g n*. Dico itaque quia impossibile est de puncto *g* alias lineas extrahi equales lineis *k g* et *n g* preter ipsas.

Quod si possibile fuerit, extrahatur alia unicuique earum equalis sitque *g s*. Extrahaturque de puncto *m* linea usque ad *s*. Sitque *k m* sicut *m s*. Sit 220 autem *m g* communis. Quare due linee *m k* et *m g* sicut due linee *m s* et *m g* unaqueque sicut respiciens se. At vero basis *k g* basi *g s* equalis. Angulus ergo *k m g* sicut angulus *g m s*. Erat autem *k m g* equalis angulo *g m n*. Angulus itaque *g m n* angulo *g m s* minor maiori equalis. Quod contrarium est impossibile. Patet ergo quia impossibile est aliam 225 lineam de puncto *g* extrahi equalem lineis *k g* et *n g* preter ipsas. Et hoc est quod demonstrare proposuimus.

<III.9> Si puncto in circulo assignato linee plures ab eo usque ad circumferentiam extracte fuerint equales, punctum illum centrum circuli esse necesse est.

230 *Exempli gratia*: Sit punctus in circulo *a b* assignatus *g*. Extrahanturque ab eo usque ad circumferentiam linee plures *g d* et *g b* et *g h*. Sintque equales. Dico quia *g* centrum circuli esse necesse est.

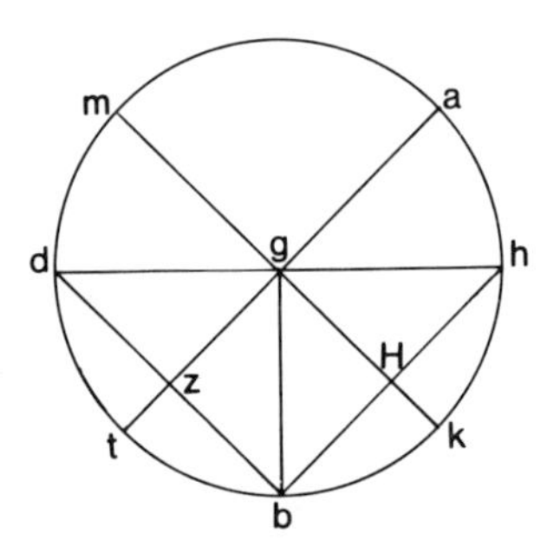

Rationis causa: Si enim iungatur *d* cum *b* et *b* cum *h* dividanturque due linee in duo media *d b* et *b h* supra puncta duo *H* et *z*. Iungaturque *z* cum 235 *g* et *H* cum *g* protrahanturque *g z* et *g H* in duas partes diversas usque ad circumferentiam, erit *d z* sicut *z b* et *z g* communis. Due itaque linee *d z* et *z g* sicut due linee *g z* et *z b* unaqueque sicut respiciens se. Basis autem

219-220 Sit ... *m s om.* B. 220 Quare] quarum P. 221-223 *g s* ... angulo *om.* P. 223 minor maiori] maior minori P. 224 contrarium est *om.* B. | est[2] *om.* B. 225-226 Et ... proposuimus *om.* B. 227-228 circumferentiam] circumferiam OP. 228-229 circuli esse *tr.* B. 231 circumferentiam] circumferiam OP. | Sintque] Suntque P. 233 *h*] *i* P. 234 duo media *tr.* B. 236 circumferentiam] circumferiam OP. 237 linee *om.* P. | unaqueque] unamquamque P.

g d sicut alkaida *g b*. Angulus ergo *d z g* sicut angulus *b z g*. Cum autem linea supra lineam ceciderit fuerintque anguli utrobique equales, rectos
240 esse necesse est. Duo itaque anguli *d z g* et *b z g* recti. Sicque cadet linea *a t* in circulo *a b* dividetque *d b* in duo media supra duos angulos rectos. Erit itaque centrum circuli supra lineam *a t*. Itemque circuli centrum supra lineam *k m* factum est eritque divisio illa duabus lineis *t a* et *k m* communis. Supra eandem igitur centrum circuli esse necesse est. Estque
245 punctus *g*. Et hoc est quod demonstrare proposuimus.

<III.10> Si circulus circulum dividat, in duobus locis tantum dividi necesse est.

In pluribus enim impossibile. Quod si est possibile, circulus *a b* circulum *g d* in pluribus locis dividat supra punctum *h* et *z* et *H* et *t*.
250 Iungaturque *h* cum *z* et *z* cum *H* dividanturque due linee *h z* et *z H* in duo media supra puncta duo *k* et *l*. Extrahanturque de lineis *h z* et *z H* de duobus punctis *k* et *l* due linee supra angulos rectos *k d* et *a l* usque ad *b* et *g*. Linea itaque *a b* diametros circuli *a b* lineam *z H* in duo media dividens supra angulos rectos. Eritque centrum circuli *a b* supra lineam
255 *a b*. Item linea *g d* diametros circuli *g d* lineam *z h* in duo media dividit supra duos angulos rectos. Centrum itaque circuli *d g* supra lineam *d g*.

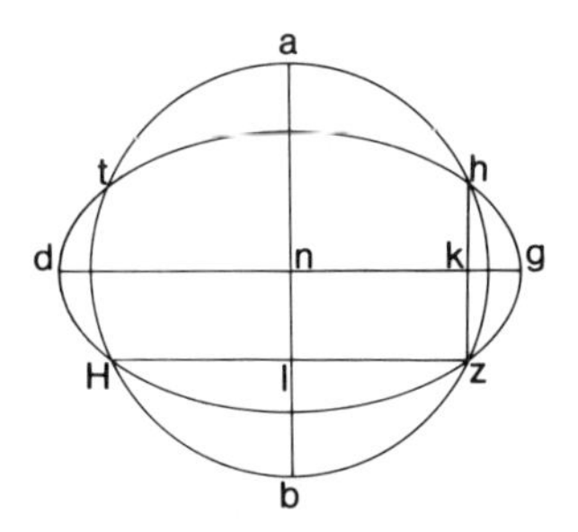

Ostensum itaque est quia centrum circuli *a b* supra lineam *a b* est. Eritque duorum circulorum centrum supra lineam *a b*. Unde fit ut duorum circulorum centrum supra lineam *g d* supra punctum in quo due ille linee
260 invicem dividunt cadat. Estque *n*. Duorum itaque circulorum se invicem

238 alkaida] basis OP. | ergo *om.* P. 239 lineam] linea P. 240 *b z g* recti] *b d z* rectus P. 241 *ante a b add.* P supra lineam 242 centrum[2] *om.* P. 244 Supra] Super P. | centrum circuli *tr.* B. 245 Et ... proposuimus *om.* B. 248 est *om.* P. 249-250 *h* ... linee *om.* P. 250 *h z*] *b z* P. 251 puncta duo *tr.*B. | *z H*] *z* et *H* P. 252 *k*] *r* B. | *k d*] *r d* B. 254 Eritque] Erit itaque P. 255 Item linea] inter lineam P. 257 est[1] *om.* B. | supra] super P. | est[2] *om.* OP. | Eritque] Erit itaque B. 258 *ante* supra *add.* P *g*. 259-260 centrum ... circulorum *om.* P. 260 dividunt] dividuntur B.

dividentium centrum idem esse continget. Quod est impossibile. Si igitur circulus circulum diviserit, in duobus tantum locis dividi necesse est. Et hoc est quod demonstrare proposuimus.

<III.11> Si circulus circulum contigerit lineaque per centra eorum
265 transierit, ad punctum eorum coniunctivum pervenire necesse est.

Exempli gratia: Sint circuli se contingentes *a b* et *a g* supra punctum *a*. Sit circuli *a b* centrum *h*, centrum vero circuli *a g* sit *z*. Dico quia linea transiens supra *h* et *z* ad punctum *a* pertingere necesse est.

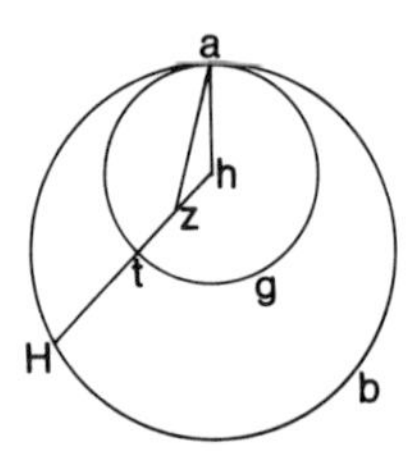

Rationis causa: Aliter enim esse est impossibile. Quod si est possibile,
270 linea transiens supra centra *h* et *z* ad duo puncta *t* et *H* pertingat. Iungaturque *a* cum *z* et *h* eritque *a z* et *z h* longius *h a*. Sed *a z* sicut *z t*. Circuli enim *a g* centrum *z*. Quare *h t* longior *h a*. Sed *h a* sicut *h H*. Est enim *h* centrum circuli *a b*. Quare *h t* longior *h H*. Quod contrarium est impossibile. Manifestum igitur est quia linea que *h* et *z* super ea transiens
275 coniungit sicut *h H* non producitur aliumque locum a puncto *a* incidere impossibile quem duorum circulorum coniunctivum esse diximus. Et hoc est quod demonstrare intendimus.

<III.12> Si circulum circulus sive extrinsecus sive intrinsecus contigerit, in uno tantum loco contingi necesse est.
280 In pluribus enim est impossibile. Quod si possibile est, circulus *a b* circulum *g d* intrinsecus diversis locis contingat supra duo puncta *g* et *d* sitque circuli *a b* centrum *h* circulique *g d* centrum *z*. Linea itaque que *h*

262-263 Et ... proposuimus *om.* B. 264 contigerit] dividat P. | lineaque] linea B; linea que P. | centra] centrum P. 267 Sit[1]] Sint P. | z] *t* P. 269 *Rationis causa om.* BOP. 270 et[1] *om.* P. | et[2] *om.* P. 272-273 *h a*[1] ... longior *om.* B. 273 contrarium est *om.* B. 274 est *om.* B. 275 coniungit] contingit P. | *ante* non *add.* P sicut. 276 esse diximus *tr.* B. 276-277 Et ... intendimus *om.* B. 278 extrinsecus sive intrinsecus] intrinsecus sive extrinsecus B. | sive intrinsecus *om.* P. 278-279 contigerit] tetigerit B. 279 *post* est *add.* P esse. 280 *ante* est[1] *add.* P *H*. | est[2] *om.* BP. 281 intrinsecus ... contingat] contingat intrinsecus diversis locis B. 282 circulique] circuli P.

cum *z* coniungit usque ad circumferentiam producta contactum circulorum pertinget. Iungatur itaque *h* cum *z* producaturque linea ad
285 duos circulorum contactus *g* et *d*. Erat autem circuli *a b* centrum *h*, linea itaque *g h* sicut *h d*. Quare *g h* longior *z d*. Erit itaque *g z* multo longior *z d*. Item circuli *g d* erat centrum *z*. Linea itaque *g z* sicut *z d*. Erat autem *g z* longior *z d*. Quod contrarium est impossibile. Circulum igitur *g d* a circulo *a b* in uno tantum loco contingi necesse est.

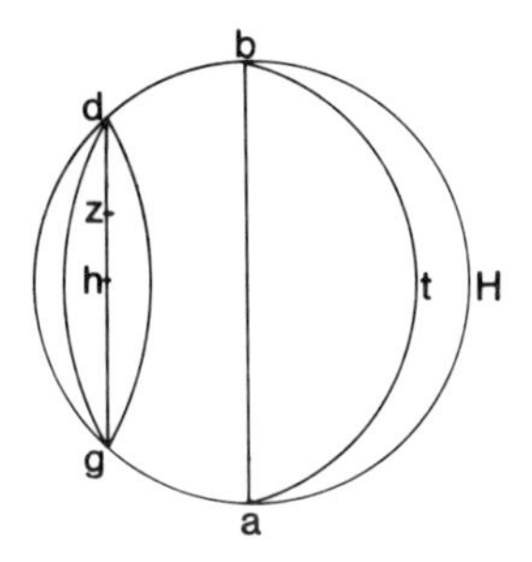

290 Sed etiam extrinsecus. Sintque circuli *t H* et *a b*. Linea itaque *a* cum *b* coniungens infra circulum *a b* cadet extra circulum *H t*. Quod contrarium est impossibile. Omnium enim duorum punctorum supra arcum circuli cadentium lineam eorum coniunctivam infra circulum cadere necesse est. Si igitur circulum circulus sive intrinsecus sive extrinsecus contingerit,
295 uno tantum loco contingi necesse est. Et hoc est quod demonstrare proposuimus.

<III.13> Si linee infra circulum ceciderint fuerintque ille linee equales, a centro equaliter distare. Si etiam equaliter a centro destiterint, equales esse necesse est.

300 *Exempli gratia*: Sint in circulo *a b* due linee equales *g d* et *h z*. Dico quia distantie earum a centro equales.

Rationis causa: Extrahantur enim a centro *H* due perpendiculares duabus lineis *d g* et *h z* sintque *H t* et *H k* iungaturque *H* cum *g* et *h* et *d* et *z*. Erat itaque *g d* sicut *h z*. Est autem *H g* sicut *h H*. Quare due linee

283 coniungit] contingit P. | circumferentiam] circumferiam OP. | producta] productam P. 284 pertinget] pertingere O. | Iungatur] iungaturque P. | *ante* cum *add.* P et. 285 Erat] Erit P. 286 *g z*] cum *z* P. 287-288 Item ... *z d om.* B. 287 erat[1] *om.* P. | Erat[2]] Erant P. 288 contrarium *om.* B. | est *om.* P. 289 tantum] tamen P. 290 etiam] et P. 291 coniungens] contingens P. | contrarium *om.* B. 292 punctorum] puncto P. 293 coniunctivam] coniunctiva P. 295 tantum] tamen P. 295-296 Et ... proposuimus *om.* B. 297 *post* linee[1] *add.* P recte. | circulum *om.* P. | ceciderint] ceciderit P. 298 destiterint] disteterit P.

305 *d g* et *g H* sicut due linee *z h* et *h H* unaqueque sicut respiciens se. Basis quoque *d H* sicut basis *z H*. Angulus ergo *t g H* sicut angulus *k h H*. Atqui *g t H* rectus *H k h* recto equalis. Duorum itaque triangulorum qui sunt *g H t* et *h k H* duo anguli unius duobus angulis alterius unusquisque se respicienti equales. Latera autem *g H* et *H h* duos angulos respicientia

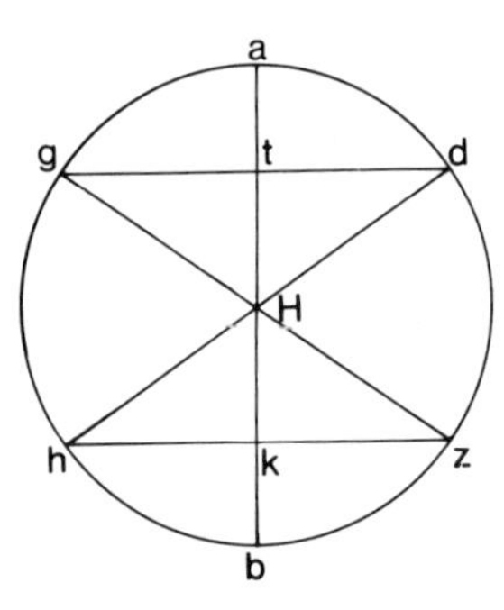

310 equalia. Quapropter duo unius reliqua latera reliquis duobus alterius unumquodque se respicienti equalia. Angulusque reliquus sicut reliquus angulus. Quare *H t* sicut *H k*. Distant itaque *g d* et *h z* a centro equaliter. Omnium enim linearum quarum perpendiculares a centro ad eas procedentes sunt equales earum distantias a centro equales esse.

315 Item si linearum *g d* et *h z* distantie a centro equales fuerint, dico quia ipsas equales esse necesse est.

Rationis causa: Si enim a centro circuli *a b* linea *H t* extrahatur usque ad lineam *g d* que supra centrum non transit, erit eius divisio in duo media supra angulum rectum et *g t* sicut *t d*. Quare *g d* sicut *g t* bis.
320 Atque eodem modo *z h* dupla *h k*. Atqui *g H* sicut *H h*. Quod itaque ex ductu *g H* in seipsam sicut quod ex ductu *h H* in seipsam. Sed quod ex ductu *g H* in seipsam sicut quod ex ductu *g t* et *t H* in seipsas. Quia angulus *g t H* rectus. Quodque ex ductu *h H* in seipsam sicut quod ex ductu *h k* et *k H* in seipsas. Quod itaque ex ductu *t H* et *g t* in seipsas sicut
325 quod ex ductu *h k* et *k H* in seipsas. Quod autem ex ductu *t H* in seipsam est sicut quod ex ductu *k H* in seipsam. Relinquitur itaque quod ex ductu *g t* in seipsam sicut quod ex ductu *h k* in seipsam. Quare *g t* sicut *h k*. Erat autem *d g* dupla *g t* et *h z* dupla *h k*. Quorum autem media equalia sunt, ipsa tota equalia esse necesse est. Et hoc est quod demonstrare
330 proposuimus.

305 *g H*] *d H* P. 306 ergo] quoque B. 308 *g H t*] *d h t* P. 313 eas] eis P. 315 distantie] distantia P. 318 divisio] dič P. 319 *g* t^1] *t d* P. | *g* t^2] *d g* P. 322 *post* ductu^2 *add.* P *h H* in seipsam. Sed quod ex ductu *g H* in semetipsam sicut quod ex ductu. | Quia] Quare P. 326 est *om.* BP. 328 Erat] Erit P. | *d g*] *g d* B. 329 sunt] et B. 329-330 equalia ... proposuimus *om.* B.

<III.14> Si infra circulum plures linee ceciderint, diametron circuli omnium longissimam eique propinquiores remotioribus longiores esse necesse est.

Exempli gratia: Sit circulus *a b*, sit diametros *g d*, sint alie linee *h z* et
335 *H t* sitque *h z* diametro propinquior *H t*. Dico quia diametros *g d* omnium longissima et *h z* longior *H t*.

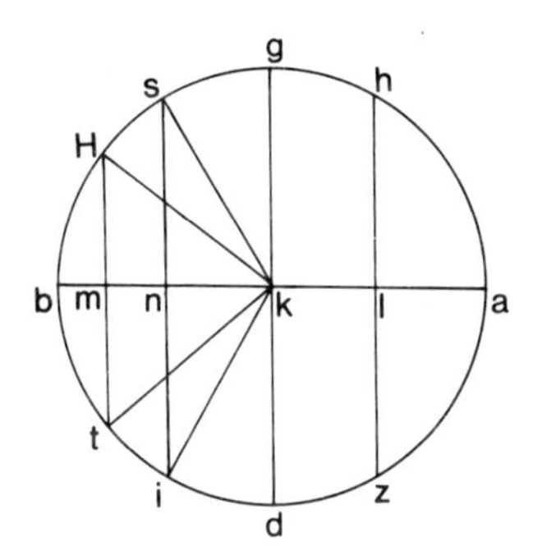

Rationis causa: Si enim a circuli centro *k* due alhamude producantur ad lineam *h z* et *H t* sintque *k l* et *k m*. Erat autem *z h* propinquior centro *H t*, erit *m k* longior *l k*. Abscindatur itaque de *k m* sicut *k l* sitque *k n*
340 fiatque supra punctum *n* linea equidistans linee *H t* sitque *s i*. Itaque linearum *h z* et *s i* distantia a centro equalis. Erunt itaque equales. Atqui *k s* et *k i* longiores *s i*. Atqui *s k* sicut *k g* et *k i* sicut *k d*. Sic ergo *d g* longior *s i*. Atqui *s i* sicut *h z*. Sic ergo *g d* longior *h z*. Atqui *s k* sicut *k t* atque *k i* sicut *k H*. Dueque linee *s k* et *k i* sicut due linee *H k* et *k t*
345 unaqueque sicut respiciens se. Angulus autem *s k i* maior angulo *H k t*. Basis ergo *s i* basi *H t* longior. Atqui *s i* sicut *h z*. Itaque *h z* longior *H t*. Omnium igitur linearum infra circulum *a b* cadentium diametros *g d* longissima atque ei propinquior *h z* remotiori *H t* longior. Et hoc est quod demonstrare intendimus.

331 diametron] diametrus P. 332 longissimam] longissima P. 334 sint] sit P. 337 circuli] c P. | alhamude] bases OP. 338 *h z*] *h c* P. 339 Abscindatur] Abscidatur P. | itaque *om.* B. 340 fiatque] fiat B. | *post* supra *add.* B centrum. 341 equalis] equaliter P. 342 Sic] Sint P. 344 atque] atqui B. | *k i*[1]] *d i* P. 346 Itaque] Atque P. 348-349 Et ... intendimus *om.* B.

350 <III.15> Si a summitate diametri cuiuslibet circuli linea supra angulum rectum extracta fuerit, extra circulum cadere necesse est et inter ipsam et circulum aliam lineam incidere impossibile est. Angulum autem ab illa et circumferentia contentum omnium acutorum angulorum minimum esse, angulum vero intrinsecum a diametro et circumferentia contentum 355 omnium acutorum angulorum maximum esse necesse est.

Exempli gratia: Sit circulus *a b*, sit eius diametros *g d*. Dico quia lineam que a summitate *g d* a puncto *d* si supra angulum rectum producta fuerit extra circulum cadere necesse est.

Aliter enim esse impossibile est. Quod si est possibile, infra circulum 360 cadat sitque *d a*. Sit autem circuli centrum *h* iungaturque *a* cum *h*, erit itaque linea *a h* sicut *h d*. Quare angulus *h a d* sicut angulus *h d a*. Atqui angulus *h d a* rectus. Angulus itaque *h a d* rectus. Triangulus ergo *h a d* duorum angulorum rectangulus. Quod contrarium est impossibile. Ostensum ergo est quia lineam *z* de extremitate linee *g d* a puncto *d* supra 365 angulum rectum productam extra circulum cadere necesse est sicut *d z*.

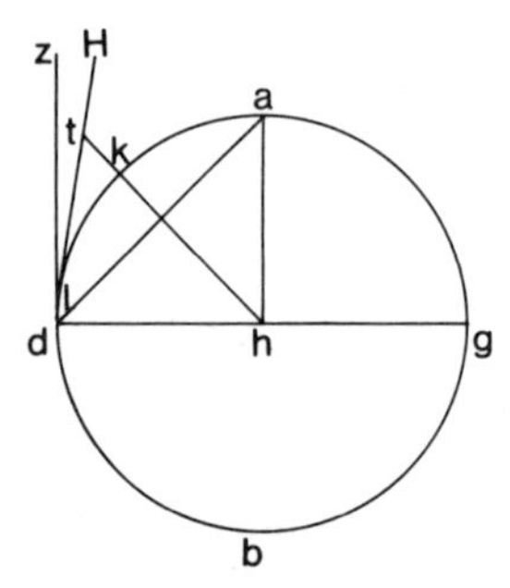

Itemque dico quia inter ipsam et arcum *g a d* aliam lineam cadere impossibile.

Quod si est possibile, sit intercidens linea *d H* exeatque a puncto *h* perpendicularis *h t* usque ad lineam *d H* eritque angulus *h t d* rectus. 370 Atque *h d t* recto minor. Angulus itaque *h t d* angulo *h d t* maior. Maiorem vero trianguli angulum longius latus respicit. Erit itaque *h d* longior *h t*. Sed *h d* sicut *h k*. Erit itaque *h k* longior *h t*. Quod contrarium est impossibile. Ostensum ergo est quia inter lineam *d z* et arcum *g a d* aliam lineam cadere impossibile est.

350 supra] super P. 351 extracta] extra facta P. 352 lineam incidere *tr.* B. | est *om.* B. 353 circumferentia] circumferia OP. 354 circumferentia] circumferia OP. 357 *d om.* P. 358 fuerit] fuerint P. 359 est[1] *om.* B. 360 cadat] cadit P. 361 Quare] Quartus P. | *post* angulus[2] *add.* P itaque. | *h d a*] *h a d* P. 362 itaque] ergo B. 363 contrarium est *om.* B. 364 de] *d z* P. 367 *post* impossibile *add.* P est. 370 *h t d*] *h d t* P. | *h d t*[2]] *h t d* P. 371 itaque] ita B. 373 contrarium est *om.* B. | *d z* et] *d* et *z* P.

375 Item dico quia angulum intrinsecum *k l h* a linea diametri et circumferentia contentum omnium acutorum angulorum maximum esse necesse est angulumque extrinsecus supra quem *H* omnium angulorum acutorum minimum.

Quia si fuerit angulus acutus angulo intrinseco maior et extrinseco 380 minor, erit quod supradiximus impossibile ut inter lineam *z d* et arcum *g a d* lineam aliam cadere sit possibile. Angulum igitur semicirculi *a d g* intrinsecum *k l h* omnium acutorum angulorum maximum, extrinsecum vero supra quem *H* omnium acutorum minimum.

Unde etiam manifestum est quia linea que a summitate diametri 385 cuiuslibet circuli supra angulum rectum extracta fuerit, circulum contingens erit. Et hoc est quod demonstrare intendimus.

<III.16> Nunc demonstrandum est quomodo a puncto assignato ad circulum assignatum linea circulum contingens extrahatur.

Exempli gratia: Sit itaque punctus assignatus punctus *a* sitque circulus 390 assignatus *b g*. Cum itaque voluimus lineam contingentem facere, a puncto *d* centro circuli *b g* lineam *d z* ad punctum *a* extrahemus poneturque supra centrum circuli occupando spacium quod est inter *d* et *a* circulo *a H* extrahaturque de *z* puncto linee *d a* supra angulum rectum linea *z H* iungaturque *d* cum *H* linea *d t H* et *t* cum *a*. Dico itaque quia 395 iam de puncto *a* linea circulum *b g* contingens extracta est estque *a t*.

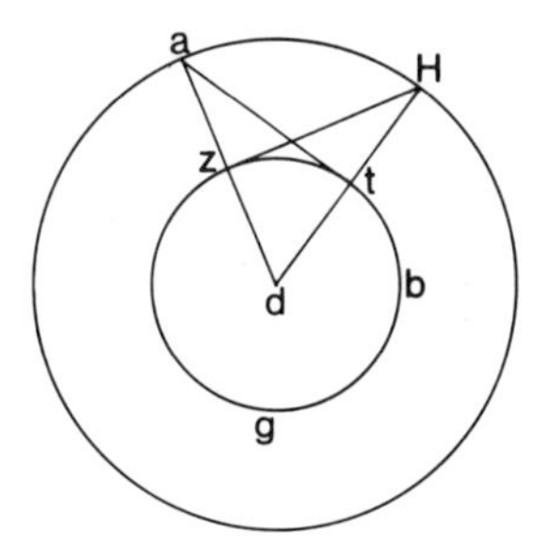

Rationis causa: Si enim *d H* sicut *d a* fuerit et *d z* sicut *d t* dueque linee *d H* et *d z* sicut due linee *a d* et *d t* unaqueque sicut respiciens se, erit

375 Item] Itemque B. | angulum *om.* B. | a *om.* OP. 376 circumferentia] circumferia OP. 377-378 angulorum acutorum *tr.* B. 379 Quia] Quod B. | *ante* angulo *add.* B recto. 380 erit quod] eritque ut P. 381 aliam *om.* B. | possibile] impossibile P. 383 supra] super B. 384 etiam *om.* B. | est *om.* B. 385 supra] super B. | fuerit] fuerint P. 386 Et ... intendimus *om.* B. 387 *post* quomodo *add.* B est. 389 *Exempli gratia om.* BOP. 390 voluimus] voluerimus B. 391 *d z*] *d z a* BO; *d* et *a* et P. 392 et *om.* P. 393 *a H*] *a b* P. 396 *d H*] *H* ad *H* P. | *post* et *add.* P *d a* fuerit. | linee *om.* P.

angulus a lineis *d H* et *d z* contentus et lineis *a d* et *d t* unus estque angulus *d* alkaidaque *H z* sicut alkaida *a t*. Triangulusque *z d H* sicut
400 triangulus *d t a*. Angulusque reliquus sicut reliquus angulus quos latera equalia respiciunt. Angulusque *d z H* sicut angulus *d t a*. Suntque ambo recti. Linea autem *d t* diametros. Omnis autem linea que a summitate diametri supra angulum rectum exierit circulum contingens est. Manifestum est igitur quia linea *a t* contingens est circulum *b g*. Et hoc
405 est quod demonstrare proposuimus.

<III.17> Si circulum linea contigerit et a contactu usque ad centrum linea extrahatur, lineam extractam contingenti perpendicularem esse necesse est.

Exempli gratia: Sit circulum *a b* linea *g d* contingens supra punctum *b*
410 sitque centrum *h*. Iungaturque *b* cum *h*. Dico quia *b h* linee *g d* perpendicularem esse necesse est.

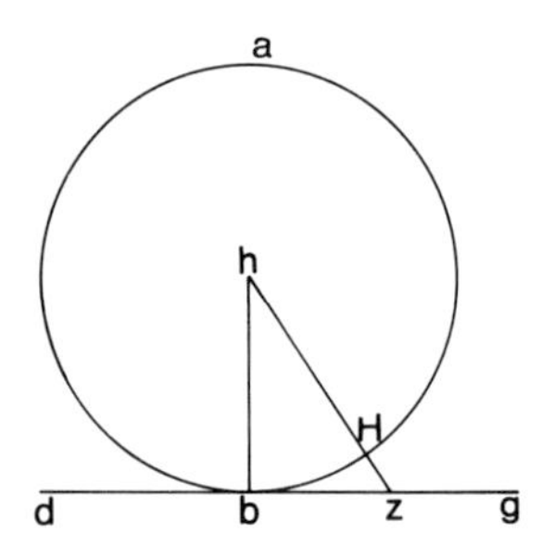

Rationis causa: Quia aliter esse impossibile est. Quod si est possibile, extrahatur de puncto *h* alhamud supra lineam *g d* sitque *h z*. Angulus itaque *h z b* rectus. Angulusque *h b z* acutus. Angulus ergo *h z b* angulo
415 *h b z* maior. Angulum vero maiorem latus longius respicit. Erit itaque *h b* longius *h z*. Sed *h b* sicut *h H*. Erit itaque *h H* longius *h z*. Quod contrarium impossibile. Non erit itaque *h z* alhamud linee *g d* neque alia linearum a puncto *h* extractarum nisi linea *h b*. Et hoc est quod demonstrare intendimus.

398 et[2] *om*. B. 399 alkaidaque] basisque O; basis P. | alkaida] basis OP. 400 *d t a*] *t d a* BP. | quos] quo P. 402 recti] recto P. 403 circulum] rectum angulum B. 404 est[2] *om*. B. 404-405 Et ... proposuimus *om*. B. 406 contigerit] contingit P. 409-410 contingens ... *g d om*. P. 412 *Rationis causa om*. BOP. | esse *om*. P. | est[1] *om*. B. | Quod si est possibile *om*. P. 413 extrahatur] Extra P. | alhamud] basis OP. | *h z*] *h t* P. 414 rectus] rectos P. | angulo] angulus P. 415 longius] maius B. 416 Sed ... *h z*[2] *om*. P. 417 contrarium *om*. B. | *ante* impossibile *add*. P est. | alhamud] basis OP. 418-419 Et ... intendimus *om*. B.

420 <III.18> Si circulum linea contigerit et a contactu infra circulum supra angulum rectum linea exierit, in ea centrum reperiri necesse est.

Exempli gratia: Sit linea *g d* circulum *a b* supra punctum *b* contingens extrahaturque de puncto *b* linea *a b* supra angulum rectum. Dico quia in ea centrum esse necesse est.

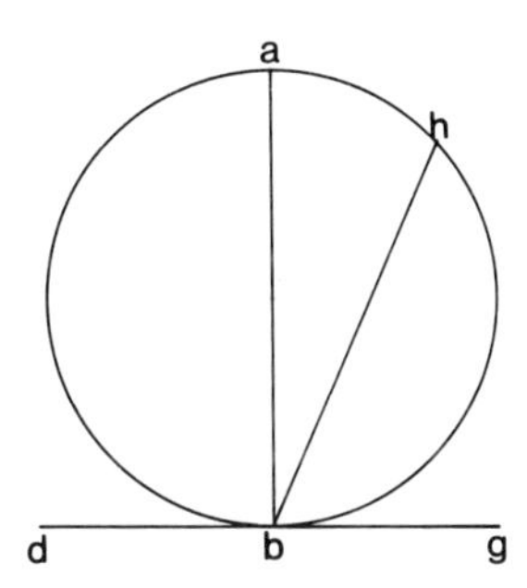

425 *Rationis causa*: Quia aliter esse impossibile est. Quod si est possibile, in linea *b h* sit centrum esse. Angulus itaque *h b d* rectus. Atqui *d b a* rectus. Angulus itaque *h b d* angulo *d b a* maior minori equalis. Quod contrarium impossibile. Non est ergo circuli *a b* centrum *h* neque alias nisi in *a b*. Erit igitur circuli centrum supra lineam *a b*. Et hoc est quod 430 demonstrare intendimus.

<III.19> Si infra circulum angulus supra centrum ceciderit angulusque eandem basim habens circumferentiam contigerit, erit inferior superiore duplus.

Exempli gratia: Sit supra centrum circuli *a b g* angulus *b d g*, supra 435 circumferentiam vero angulus *b a g*. Basisque communis arcus idem *b g*. Dico quia angulus *b d g* angulo *b a g* duplus.

Rationis causa: Iungatur enim *a* cum *d* protrahaturque linea *a d* usque ad *h*. Erit itaque angulus *g d h* angulo *d a g* duplus. Angulus enim *d a g* sicut *d g a*. Linea namque *g d* sicut linea *d a*. Omnis autem trianguli

420 supra] super P. 423 extrahaturque] extrahatur P. 425 *Rationis causa om.* BOP. | esse *om.* B. | est[1] *om.* BP. 427 *post h b d add.* B rectus. 428 contrarium *om.* B. | *ante* impossibile *add.* P est. 429-430 Et ... intendimus *om.* B. 432 circumferentiam] circumferiam OP. | contigerit] contingit B. 434 circuli *a b g*] ceciderit *t a b g* P. | *b d g om.* P. 435 circumferentiam] circumferiam OP. 436 angulo] angulus P. 439-440 Omnis ... oppositi *in marg.* B. 439 trianguli] triangulus P.

440 angulus extrinsecus sicut duo anguli intrinseci ei oppositi. Angulusque

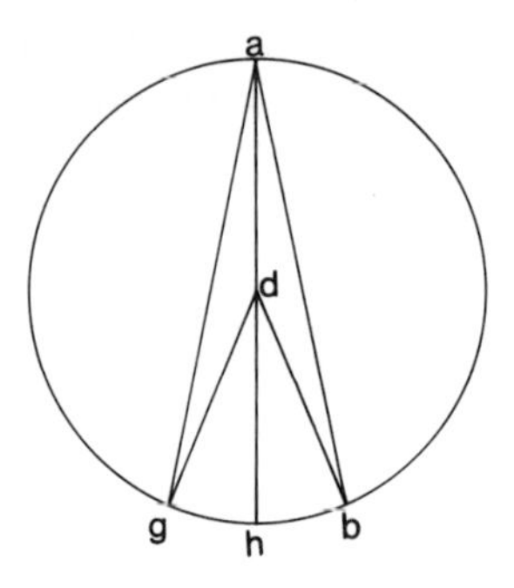

b d h angulo *b a d* duplus. Angulus igitur *b d g* angulo *b a g* duplus. Et hoc est quod demonstrare intendimus.

<III.20> Si fuerint in una circuli portione supra arcum anguli compositi, equales esse necesse est.

445 *Exempli gratia*: Sit circulus *a b* cuius portio sit *g a d*. Sintque anguli *g b d* et *g a d*. Dico itaque quia erunt equales.

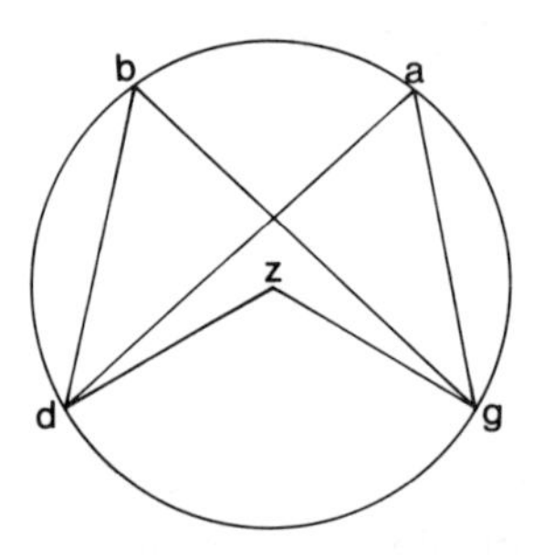

Rationis causa: Si enim circuli centro puncto *z* iungatur *g* cum *z* et *z* cum *d*, angulorum *g z d* supra centrum circuli et *g b d* supra circumferentiam alkaida una estque arcus *g d*. Atqui angulus *g z d* duplus

450 angulo *g b d*. Itemque angulo *g a d* duplus. Erit igitur *g b d* equalis angulo *g a d*. Et hoc est quod demonstrare proposuimus.

440 Angulusque] Angulus itaque B. 441 *b a d*] *b d a* P. 441-442 Et ... intendimus *om.* B. 443 fuerint] fuerit P. 445 *g a d*] *d b a* P. | Sintque] Sitque B. 446 itaque *om.* P. 448-449 circumferentiam] circumferiam OP. 449 alkaida] basis OP. 451 Et ... proposuimus *om.* B.

<III.21> Si infra circulum quattuor latera describantur, omnes duos oppositos angulos duobus rectis angulis equales esse necesse est.

Exempli gratia: Sit circulus *a b g d*. Sint latera quattuor *a b* et *b g* et
455 *g d* et *d a*. Dico quia omnes duos angulos angulorum *a b g d* duobus rectis angulis oppositis equales esse necesse est.

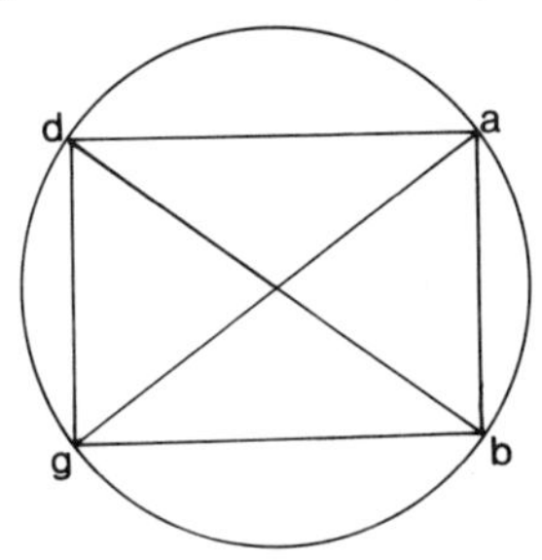

Rationis causa: Si enim iungatur *a* cum *g* et *b* cum *d*. Omnes autem duo anguli in una circuli portione equales, erit angulus *b a g* sicut angulus *b d g*. Item angulus *a d b* sicut angulus *a g b*. Illique qui sunt *a d g* sicut
460 *b a g* et *b g a*. Sitque *g b a* communis. Angulus itaque *a b g* et angulus *a g b* et *g a b* omnes sicut anguli *a d g* et *a b g*. Angulus autem *g b a* et *b a g* et *b g a* sicut duo anguli recti. Anguli itaque *a d g* et *a b g* sicut duo anguli recti. Sic igitur angulos *b a d* et *d g b* duobus rectis angulis esse equales cognosces. Et hoc est quod demonstrare proposuimus.

465 <III.22> Si circuli duas portiones similes supra unam lineam ex eadem parte cadere, inequales impossibile est.

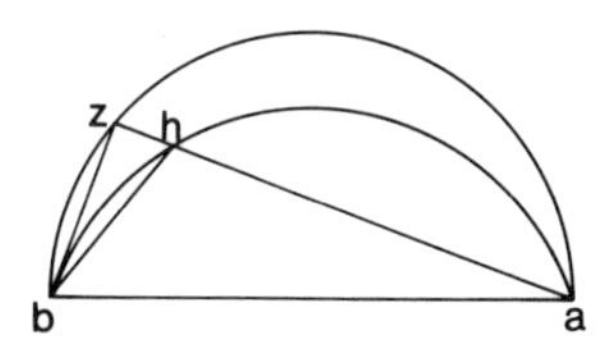

Quod si fuerit possibile, sint due circuli portiones supra unam lineam *a b* sintque *a h b* et *a z b* similes ex eadem parte una altera maior. Sitque *a z b* maior *a h b* signeturque supra arcum *a h b* punctus quocumque
470 casu supra quem *h* iungaturque *a* cum *h* protrahaturque linea *a h* usque ad *z* qui est supra arcum portionis *a z b* iungaturque *h* cum *b* et *z* cum *b*,

453 angulos] angulo B. 456 rectis angulis *tr*. B. 457 cum[1] *om*. P. 460 *g b a*] *b g a* P. | *a b g*] *a b* et *g* P. 461 *g a b*] *g a d* BO. | *post a b g add*. BOP et *g b a*. | *g b a* et *om*. BOP. 462-463 Anguli[2] ... recti *om*. B. 463 rectis angulis *tr*. B. 464 Et ... proposuimus *om*. B. 465 Si *om*. BP. 466 est *om*. B. 467 fuerit] fieri P. | possibile] impossibile P. 468 *a h b*] *a h* P. 471 supra] super B.

erit portio *a h b* portioni *a z b* similis. Angulusque *a h b* sicut angulus *a z b* extrinsecus intrinseco similis. Quod contrarium est impossibile. Si igitur due circuli portiones supra unam lineam ex eadem parte ceciderint, 475 equales esse necesse est. Et hoc est quod demonstrare proposuimus.

<III.23> Si circulorum similes portiones supra lineas equales fuerint, equales esse necesse est.

Exempli gratia: Sint due circulorum similes portiones supra lineas equales *a b* et *a g* supra quas *a b g* et *a d b*. Dico itaque quia portiones 480 equales esse necesse est.

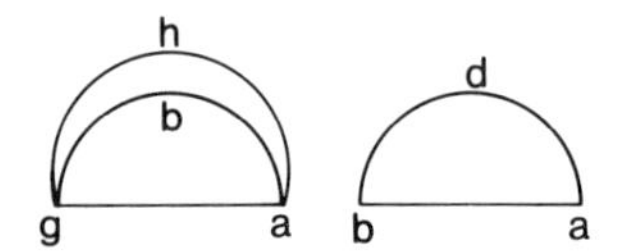

Rationis causa: Si enim posuerimus portionem *a d b* supra portionem *a b g* basimque *a b* supra basim *a g* punctumque *a* supra punctum *a*, cadet punctus *b* supra punctum *g*. Quia *a b* sicut *a g* lineaque arcus *a d b* supra lineam arcus *a b g*. Due enim portiones similes. Quod si ita non 485 fuerit, extra cadere ponatur sicut *a h g*. Erunt itaque supra lineam *a g* due circuli portiones *a b g* et *a h g* equales in unam partem una altera maior. Quod contrarium est impossibile. Erit igitur portio *a d b* sicut portio *a b g*. Et hoc est quod demonstrare proposuimus.

<III.24> Si circuli portionem assignatam quecumque fuerit sive semi- 490 circulus sive semicirculo maior vel minor complere intendimus.

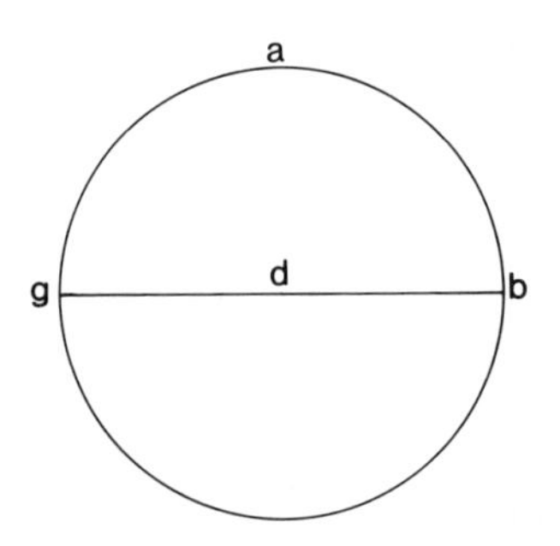

473 contrarium *om.* B. | Si] Sic P. 474 ceciderint] ceciderit P. 475 Et ... proposuimus *om.* B. 476 Si *om.* P. 476-477 fuerint, equales esse *om.* P. 478 similes *om.* P. 479 quia *om.* B. 481 posuerimus] posuimus O. 482 basimque] basisque P. 483 b^1 *om.* P. | *post g add.* P cadet *βb* supra punctum *g*. 484 non] est P. 485 *a h g*] *a b g* P. 486 unam partem] una parte P. 487 contrarium *om.* B. | *a d b*] *a d* B; *a g b* P. 488 Et ... proposuimus *om.* B. 489 Si *om.* P. 490 sive semicirculo *om.* P.

Sitque primo semicirculi portio *a b g* cuius cum voluerimus complere circulum, lineam *b g* in duo media secabimus supra punctum *d* sitque *d* circuli centrum et supra centrum *d* occupabimus spatium *d b* et *d g* sicque primam portionem circuli *a b g* complebimus.

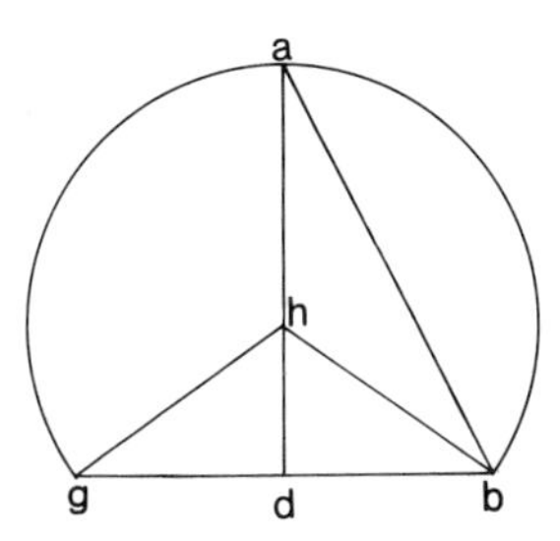

495 Sit item secunda circuli portio semicirculo maior *a b g* quam cum complere voluerimus, lineam *b g* in duo media supra punctum *d* partiemur. Exeatque linea a puncto *d* supra angulum rectum usque ad arcum *b a g* sitque linea *a d*. Iungeturque *b* cum *a*. Erat autem portio *b a g* semicirculo maior. Quare *a d* longior *b d*. Angulus ergo *d b a*
500 angulo *b a d* maior. Fiat itaque supra lineam *a b* supra punctum *b* angulus sicut angulus *b a d*. Extrahaturque inde linea usque ad lineam *a d* supra punctum *h* iungaturque *h* cum *g*. Quoniam itaque *b a h* sicut angulus *a b h*, erit latus *a h* sicut latus *h b* et *b d* sicut *d g*. Sit autem *d h* communis. Duo itaque latera *b d* et *d h* sicut duo latera *d g* et *d h*
505 unumquodque sicut respiciens se. Basis ergo *b h* sicut basis *h g*. Atqui *a h* sicut *h b*. Sicque tria latera *a h* et *h b* et *h g* equalia. Sic igitur supra centrum *h* occupato spatio *a* et *b* et *g* complebitur circulus secunde portionis semicirculo maioris *a b g*.

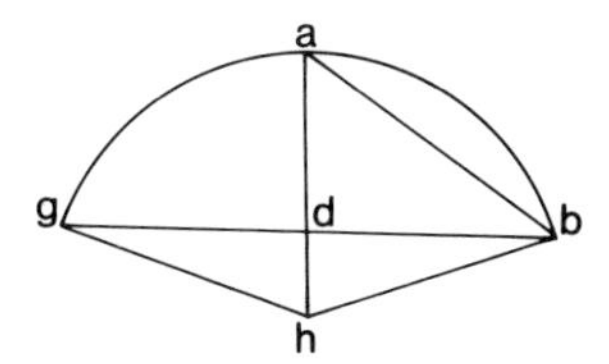

Sit item tertia circuli portio semicirculo minor sitque *a b g* quam cum
510 complere voluerimus, lineam *b g* in duo media supra punctum *d* dividemus. Exeatque a puncto *d* linea supra angulum rectum usque ad arcum *b a g* sitque linea *d a* iungaturque *a* cum *b*. Erat autem portio

491 voluerimus] voluimus O. 492 *b g*] *b* P. 495 secunda] duo P. | cum *om.* BP. 496 lineam] linea P. 498 Erat] Erit P. 500 *b a d*] *b d a* P. 504 sicut ... *d h*[2] *om.* P. | *d g*] *g d* B. 507 et[2] *om.* P. | secunde] que P. 509 cum *om.* BP. 512 linea *om.* P. | Erat] Erit P.

b a g semicirculo minor. Quare *d a* minor *d b*. Angulus ergo *a b d* minor angulo *b a d* fiatque item supra lineam *a b* supra punctum *b* angulus sicut
515 angulus *b a d* sitque *a b h* protrahaturque linea *a d* usque ad lineam *b h* supra punctum *h* iungaturque *h* cum *g*. Quoniam ergo angulus *a b h* sicut *b a h*, erit latus *b h* sicut latus *a h*, latus autem *d b* sicut latus *d g*. Sit autem *d h* commune. Due ergo linee *b d* et *d h* sicut due linee *g d* et *d h* unaqueque sicut respiciens se. Atqui angulus *g d h* sicut angulus *g d h*.
520 Quapropter basis *h b* sicut basis *h g*. Sed et *a h* sicut *h b*. Erunt itaque latera tria *a h* et *h b* et *h g* equalia. Sic igitur supra centrum *h* occupato spatio *a* et *b* et *g* complebitur tertia circuli portio semicirculo minor *a b g* estque circulus *b a g*. Et hoc est quod demonstrare in his figuris intendimus.

525 <III.25> Si infra circulos equales sive supra eorum centra sive supra circumferentias anguli assignentur equales, supra duos arcus similes cadere necesse est.

Exempli gratia: Sint duo circuli equales *a b g* et *d h z*, sint centra eorum *H* et *t*. Sintque supra centra duo anguli equales *b H g* et *h t z*. Dico
530 itaque arcus *b g* sicut arcus *h z*.

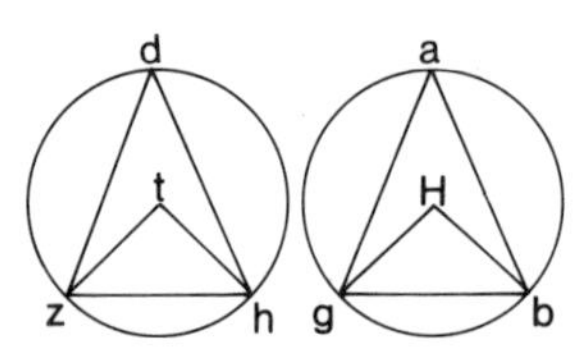

Rationis causa: Si enim supra arcum *b a g* et arcum *h d z* signavero duo puncta *a* et *d* iungaturque *a* cum *b* et cum *g*, et *d* cum *h* et *z*. Cum sint duo circuli equales, erunt linee de centris eorum producte ad circumferentias equales eritque *H b* sicut *t h* et *H g* sicut *t z* dueque linee *b H* et
535 *H g* sicut due linee *h t* et *t z* unaqueque alii equalis. Erat autem *b H g* sicut angulus *h t z*. Basis ergo *b g* basi *h z* equalis. Angulus autem supra centrum duplus angulo supra circumferentiam cum sit alkaida eorum una. Sicque angulus *b H g* angulo *b a g* duplus. Similiterque angulus

513 Quare *d a* minor *om.* P. | *a b d*] *a d b* B. 514 *b a d*] *a b d* P. | supra[1]] super P. 515 ad lineam *om.* P. 516 iungaturque] iungatur P. 517 *b a h*] *b a g* P. 518 *post g d add.* P. et *g*. 520 *h b*[1]] *b h* B. 522 minor] maior P. | *a b g*] *a b* et *g* P. 523-524 Et ... intendimus *om.* B. 525 sive[1] *om.* P. 525-526 circumferentias] circumferias OP. 526 assignentur *om.* P. | supra] in P. 528 sint centra] sit centrum P. 529 duo] dico P. 530 *ante* arcus[1] *add.* B quia. 531 signavero] signato P. 533-534 circumferentias] circumferias OP. 534 eritque] Erit P. 535 equalis] equales P. 536 *post* sicut *add.* P *t H* et *H g*. | *h t z*] *h z t* P. | supra] post P. 537 circumferentiam] circumferiam OP. | alkaida] basis OP. 538 duplus *om.* P.

h t z angulo *h d z* duplus. Atqui angulus *b H g* angulo *h t z* equalis.
540 Angulus ergo *b a g* sicut *h d z*. Portio itaque *b a g* sicut portio *h d z*. Arcusque *b a g* sicut arcus *h d z* duoque anguli equales. Arcusque *b g* sicut arcus *h z*. Manifestum igitur est quoniam si infra circulum anguli equales fuerint assignati, supra duos equales arcus cadere necesse est sive supra centra sive supra circumferentias assignentur. Et hoc est quod
545 demonstrare proposuimus.

< III.26 > Si infra circulos equales portiones assignentur equales, angulos supra illas cadentes sive iuxta centra sive supra duos arcus fuerint equales esse necesse est.

Exempli gratia: Sint duo circuli equales *a b g* et *d h z* sintque supra
550 arcus *b g* et *h z* duo anguli primoque supra centra duo cadant sintque *b t g* et *h H z*. Dico itaque quia esse equales est necesse.

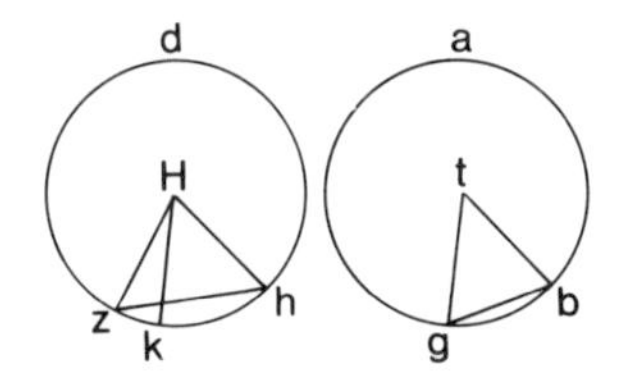

Rationis causa: Aliter enim esse est impossibile. Quod si fuerit possibile, sit *b t g* minor *h H z*, fiat itaque supra lineam *h H* supra punctum *H* angulus sicut angulus *b t g* sitque *h H k*. Si vero infra circulos equales
555 sive supra circulorum centra sive supra circumferentias anguli assignentur equales, supra duos arcus equales cadere necesse est. Erit itaque arcus *b g* sicut arcus *h k*. Sed *b g* sicut *h z*. Itaque *h z* equalis *h k* maior minori. Quod contrarium est impossibile. Non ergo angulus *b t g* angulo *h H z* inequalis, itaque equalis. Eademque ratione si supra duos arcus acsi supra
560 duo essent centra. Et hoc est quod demonstrare intendimus.

539 *h d z*] *h t z* angulo *h d z* P. | *h t z*[2]] *h z t* P. 540 *h d z*[1]] *d h z* P. 541 duoque] Duo itaque P. 542 *h z*] *h t* P. 543 cadere] cedere P. 544 centra sive supra *om.* P. | circumferentias] circumferias OP. 544-545 Et ... proposuimus *om.* B. 546 portiones assignentur equales *om.* P. 547 illas] illos P. 550 anguli] angulo P. | centra] contra P. | centra duo *tr.* B. 551 est necesse *tr.* B. 552 *Rationis causa om.* BOP. | esse *om.* P. 554 sitque] sit P. | *h H k*] *h k H* P. 555 circumferentias] circumferias OP. 556 *post* equales[2] *add.* P supra cadere. | arcus[2] *om.* P. 557 *h k*[1]] *b k* BO. | *h z*[1]] *h t* P. 558 contrarium est *om.* B. 560 Et ... intendimus *om.* B.

<III.27> Si infra circulos equales linee equales arcus inciderint, ipsos arcus equales esse necesse est. Si vero linee incidentes inequales fuerint, arcus inequales esse et a maiori maiorem et a minori minorem.

Exempli gratia: Sint circuli equales *a b g* et *d h z* sintque infra eos due
565 linee equales *b g* et *h z*. Dico itaque quia arcus *b g* equalis arcui *h z* et *b a g* equalis *h d z*.

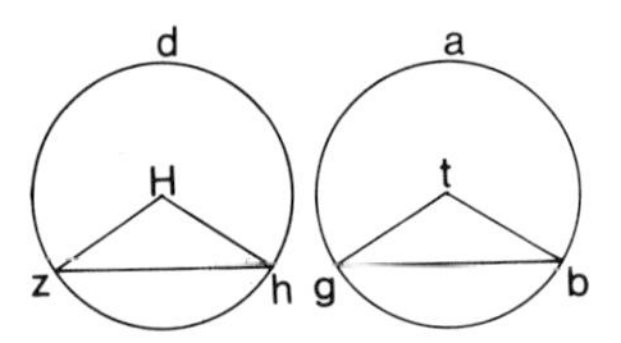

Rationis causa: Sint enim eorum centra *H* et *t*. Iungatur itaque *t* cum *b* et *g*. Iungatur vero *H* cum *h* et *z*, erunt itaque duo anguli equales, linee enim a centris eorum producte usque ad lineas circumferentiarum
570 equales, erit itaque *t b* sicut *H h* et *t g* sicut *H z* dueque linee *b t* et *t g* sicut due linee *h H* et *H z*. Alkaidaque *b g* sicut alkaida *h z*. Angulus itaque *b t g* sicut angulus *h H z*. Si vero infra circulos equales anguli assignentur equales sive supra eorum centra sive supra circumferentias, supra duos arcus equales cadere necesse est. Arcus igitur *b g* sicut arcus
575 *h z*, circulus enim circulo equalis. Arcusque *b a g* reliquus sicut reliquus arcus *h d z*. Et hoc est quod demonstrare intendimus.

<III.28> Si infra duos circulos equales duo arcus equales assignati fuerint, illorum cordas equales esse necesse est.

Exempli gratia: Sint duo circuli *a b g* et *d h z*. Sint ab eis equales arcus

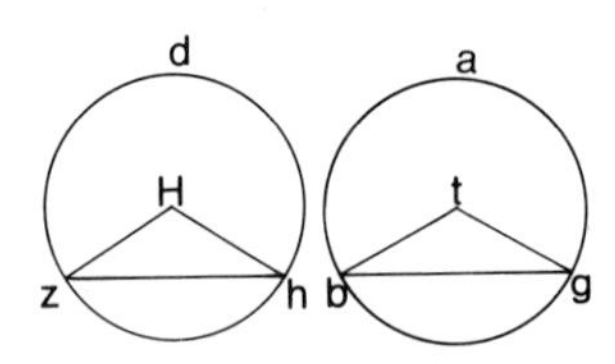

580 incisi *b g* et *h z*. Dico itaque quia duas lineas illos respicientes scilicet *b g* et *h z* equales esse necesse est.

561 equales[2] ... ipsos *om.* P. 562 fuerint] fuerit impossibile P. 563 *ante* arcus *add.* B incisos. | minori *om.* P. 564 equales] inequales B. | *a b g* et *d h z*] arcui *h z* et *b a g* equalis *h d z* P. | sintque] fuitque P. 567 *Rationis causa om.* BOP. | Iungatur itaque] Iungaturque P. 568 duo anguli *bis* B. 569 circumferentiarum] circumferiarum OP. 570 *t b* sicut *H h*] sicut *g b* sicut *H* et *h* P. 571 Alkaidaque] basisque OP. | alkaida] basis OP. 573 circumferentias] circumferias OP. 574 equales *om.* B. 575 enim] *z H* P. 576 *h d z*] *h d* P. | Et ... intendimus *om.* B. 578 fuerint] fuerit P. 580 incisi] inscisi B. | *h z*] *b z* P.

Rationis causa: Circulus enim *a b g* equalis circulo *h d z* quorum centra *t* et *H*. Iungatur autem *t* cum *b* et *g*. Itemque iungatur *H* cum *h* et *z*. Omnium vero equalium circulorum lineas a centris usque ad circum-
585 ferentias productas equales esse necesse est. Erit itaque linea *t b* sicut linea *H h* et linea *t g* sicut *H z* dueque linee *b t* et *t g* sicut due linee *h H* et *H z* unaqueque sicut respiciens se. Basis igitur *b g* sicut basis *h z*. Angulus enim *b t g* sicut *h H z*. Si enim infra circulos equales anguli supra duos arcus equales ceciderint, ipsos angulos equales esse necesse est sive supra
590 centra sive supra circumferentias fuerint assignati. Arcus *b g* sicut arcus *h z* circulusque circulo equalis arcusque *b a g* reliquus sicut reliquus arcus *h d z*. Et hoc est quod demonstrare intendimus.

<III.29> Nunc demonstrandum est quomodo arcus assignatus in duo media dividi queat.
595 *Exempli gratia*: Sit arcus assignatus *b a g* quem cum in duo media dividere voluerimus, linea *b g* in duo media supra punctum *d* dividatur. Deinde a puncto *d* linea supra angulum rectum extrahatur usque ad arcum *b a g* sitque *d a*. Dico itaque quia ita divisus est arcus in duo media supra punctum *a*.

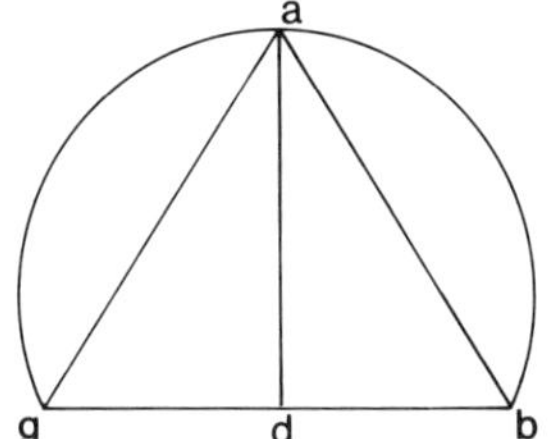

600 *Rationis causa*: Si enim *a* cum *b* iungatur et cum *g*, erit *b d* sicut *d g*. Sitque *d a* communis. Due itaque linee *b d* et *d a* sicut due linee *d a* et *d g* unaqueque sicut respiciens se. Angulus autem *b d a* sicut angulus *g d a*. Basis ergo *a b* sicut basis *a g*. Si vero infra circulos equales linee equales arcus inciderint, ipsos arcus equales esse necesse est. Si vero linee
605 incidentes inequales fuerint, arcus incisos inequales esse et a maiori maiorem et a minori minorem. Erit itaque arcus *a b* sicut arcus *a g*. Est igitur totus arcus *b a g* in duo media divisus supra punctum *a*. Et hoc est quod demonstrare intendimus.

584-585 circumferentias] circumferias OP. 587 sicut[1]] sui P. | *ante* basis[2] *scr. et del.* B arcus equales. 588 *b t g*] *b t* P. 589 arcus *om.* P. | ceciderint] ceciderit P. 590 circumferentias] circumferias OP. 592 *h d z*] *b d z* P. | Et ... intendimus *om.* B. 593 assignatus *om.* P. 595 *Exempli gratia om.* BOP. | quem] quemque P. 598 quia *om.* B. 601 linee[2] *om.* P. 604 inciderint] inciderit P. 604-606 Si ... Erit *om.* P. 606 sicut] si P. 607-608 Et ... intendimus *om.* B.

<III.30> Si rectarum linearum angulus supra arcum compositus in semicirculo fuerit, rectum esse. Si vero in portione semicirculo minore recto maiorem esse, que si in portione semicirculo maiore recto minorem esse necesse est. Itemque in portione semicirculo maiore angulum a corda et arcu contentum recto maiorem esse. In incisione vero semicirculo minore angulum a corda et arcu contentum recto angulo minorem esse necesse est.

Exempli gratia: Sit circulus *a b g d*. Sit circuli diametros *a b*. Exeatque a puncto *a* linea ad arcum semicirculi quolibet casu sitque *a d*. Iungaturque *d* cum *b* et *h*. Dico itaque quia angulum *a d b* in semicirculo rectum esse angulumque *a z d* in portione semicirculo minore recto angulo maiorem esse. Angulumque *d b a* in portione semicirculo maiore recto angulo minorem esse necesse est.

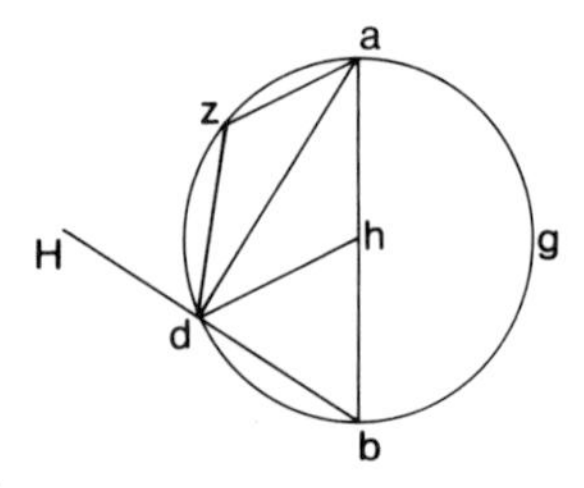

Rationis causa: Signetur enim punctus supra arcum *a d* casu quolibet sitque punctus *z*, centrum autem circuli *h* iungaturque *a* cum *z* et *z* cum *d* et *b* cum *d* et *d* cum *h*. Erat autem *h* centrum circuli *a b g*, erit itaque *h d* sicut *h b* et *a h* sicut *h d*. Angulus itaque *h b d* sicut angulus *h d b* angulique *h b d* et *h d b* duplum angulo *h d b*. Est autem trianguli angulus extrinsecus *a h d* sicut duo anguli *h d b* et *h b d*. Angulus itaque *a h d* angulo *h d b* duplus. Eademque ratione angulus *d h b* angulo *h d a* duplus. Anguli ergo *d h a* et *d h b* angulo *a d b* duplum. Atqui anguli *d h a* et *d h b* sicut duo anguli recti. Angulus igitur *a d b* rectus estque in semicirculo *a z d b*. Angulusque *d b a* recto minor est qui in portione semicirculo maiore *d b g a*. Si vero infra circulum quattuor latera descripta fuerint, angulos sibi oppositos duobus rectis angulis equales esse necesse est. Anguli itaque *d b a* et *d z a* duobus rectis angulis equales.

611 que] quod B. 612 *ante* a *add.* P in corda. 613 contentum recto] contentu rectu P. | maiorem esse] esse necesse est maiorem B. | In *om.* P. | incisione] inscisione B. 614 minore] maiore P. | angulo *om.* B. 621 minorem] maiorem B. 624 Erat] Erit P. | circuli] *d* P. 625 *h d*] *a d* P. | Angulus[1]] Anguli B. 627 *a h d*] *a d h* P. | sicut *om.* P. 628 *post h d b add.* P angulo. 631 est qui] estque BP. 632 *d b g a*] *d b g d* B. | quattuor] quartum P. 633 descripta] scripta P. | angulis *om.* P.

635 Sed *d b a* recto minor. Angulus igitur *d z a* recto maior. Estque in semicirculo minore portione *d z a*.

Item dico angulum in portione semicirculo maiore ab arcu *b d* et corda *d a* contentum *b d a* recto maiorem esse. Angulumque in portione semicirculo minore ab arcu *z d* et corda *d a* contentum *z d a* recto minorem.

640 *Rationis causa*: Si enim producatur *b d* directe usque ad *H*, tunc quia angulus *a d b* rectus angulus, *a d b* a linea *a d* et arcu *d b* contentus recto maior. Et quia angulus *H d a* rectus, angulum ab arcu *z d* et corda *d a* contentum recto minorem esse necesse est. Estque angulus in portione semicirculo minore assignatus. Et hoc est quod demonstrare intendimus.

645 <III.31> Si linea circulum contigerit fueritque alia a contactu in circulum extracta centrum non transiens, duos angulos ex duabus partibus linee extracte supra contactum cadentes duobus angulis in duabus circuli portionibus alternatim cadentibus equales esse necesse est.

Exempli gratia: Sit circulus *a b g*, sit linea contingens *d h* supra
650 punctum *b*, sit linea ab eo extracta *b z* supra centrum non transiens. Dico itaque quia duo anguli qui utrobique linee *b z* qui sunt *z b d* et *z b h* sicut duo anguli in duabus circuli *a b g* portionibus alternatim cadentes *z b d* sicut qui in portione *z a g* angulusque *z b h* sicut qui in portione *z t b*.

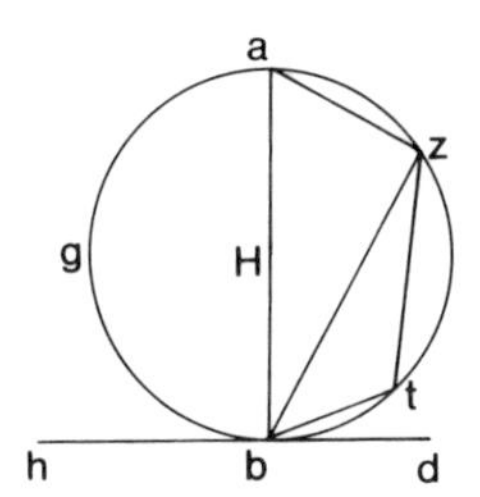

Rationis causa: Si enim supra arcum *z b* punctum *t* quocumque casu
655 signaverimus sitque centrum circuli *H* iungaturque *H* cum *b* protrahaturque usque ad punctum *a* iungaturque *b* cum *t* et *t* cum *z* et *z* cum *a* infra circulum *a b g* quem contingit linea *d b h*, erit linea *a H b* perpendicularis linee *d b h*. Angulus itaque *H b h* rectus. Angulus autem qui in semicirculo cadit rectus *a z b*. Angulus ergo *H b h* rectus equalis angulo

635 *d z a*] *d z d* P. 637 *b d*] *z d* P. 638 *b d a*] *z d a* P. 638-639 maiorem ... minorem *om.* P. 640 *b d*] *b d a* P. 644 assignatus] factus B. | Et ... intendimus *om.* B. 648 circuli *om.* P. | equales *om.* P. 651 *z b h*] *z h b* P. 653 *z t b*] *z g b* P. 655 signaverimus] significaverimus P. 659 *a z b*] *z a b* P.

660 *a z b*. Sit autem angulus *z b a* communis. Erunt itaque anguli *H b h* et *H b z* sicut duo anguli *a z b* et *z b a*. Anguli autem *d b z* et *z b h* sicut duo anguli recti. Sed tres anguli *b a z* et *a z b* et *z b a* sicut duo recti. Sunt ergo sicut duo anguli *d b z* et *z b h*. Anguli vero *H b h* et *z b H* sicut *a z b* et *z b a*. Angulus ergo reliquus *z b d* sicut *z a b*. Estque in
665 portione *a g* alterna. Si vero infra circulum quattuor latera assignata fuerint, omnes duos angulos oppositos duobus rectis angulis equales esse necesse est. Angulus igitur *z t b* et *z a b* sicut duo anguli recti. Atqui *z b d* sicut *z a b*. Reliquus igitur *z t b* sicut *z b h*. Est autem in portione *z t b* alterna. Et hoc est quod demonstrare intendimus.

670 <III.32> Nunc demonstrandum est quomodo supra lineam assignatam circuli portionem faciamus recipientem angulum angulo assignato equalem sive rectus sive maior sive minor sit recto.

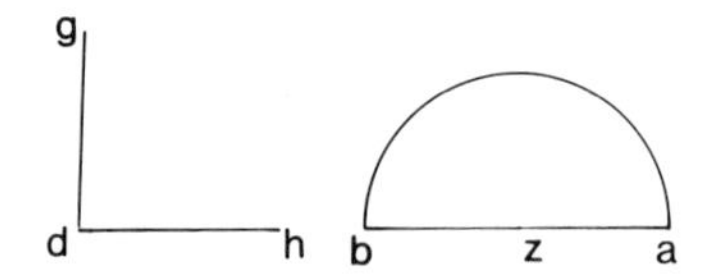

Sit linea assignata *a b* sitque primo angulus assignatus rectus *g d h*. Cum itaque supra lineam *a b* assignatam portionem circuli facere
675 intenderimus recipientem angulum assignato *g d h* equalem, lineam *a b* in duo media supra punctum *z* dividemus. Ponaturque supra centrum *z* spatium *z b* semicirculo *a b* occupando. Sic igitur supra lineam *a b* circuli portionem recipientem angulum angulo assignato equalem *g d h* factam

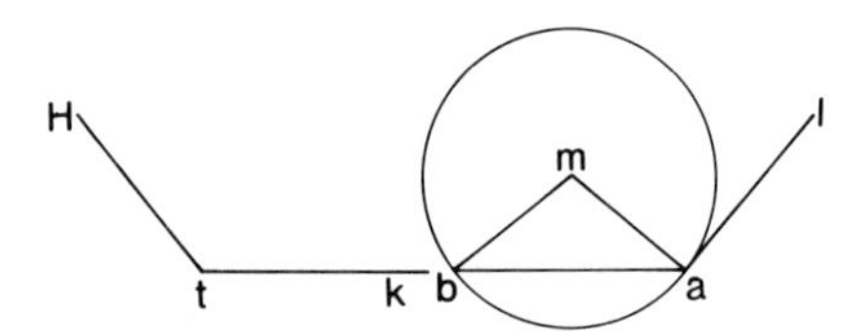

esse dico. Consequenter vero ut sit secundo angulus maior recto
680 assignatus *H t k*, fiat itaque supra lineam secundo assignatam *a b* supra punctum *a* angulus angulo *H t k* secundo assignato equalis sitque *b a l*.

660 *z b a*] *z a b* P. | *post* communis *add.* P Anguli autem *d b z*; *z b h* sicut anguli recti sed tres anguli *b a z*; *z a*. | et *om.* P. 661 et[2] *om.* P. 662 duo[1] *om.* P. | *post* *z b a add.* P *h* sicut *a z b* et *z b a*. Angulus ergo reliquus. 663 *H b h*] *d b z* BOP. | *z b H*] *z b h* OP. 668 sicut *z b h om.* P. 669 Et ... intendimus *om.* B. 674 supra] super B.

Exeatque a linea *a l* a puncto *a* linea *a m* supra angulum rectum fiatque supra lineam *a b* supra punctum *b* angulus *a b m* angulo *b a m* equalis. Quoniam ergo *b a m* sicut angulus *a b m*, erit latus *a m* sicut latus *m b*.
685 Ponatur itaque supra centrum *m* spatium *a* et *b* occupando circulo *a h b* supra puncta cetera transeunte *a* et *b*. Dico itaque quia supra lineam *a b* secundo assignatam circuli portio angulum angulo secundo assignato equalem recipiens facta est.

Rationis causa: Quia enim centro existente *m* anguloque *l a m* recto
690 lineaque *l a* circulum contingente extracta est linea *a b* a contactu circulum incidens, erunt duo anguli utrobique cadentes sicut duo anguli in duabus portionibus alternatim cadentes. Angulus itaque *l a b* sicut ille qui in portione *a b*. Sed angulus *l a b* sicut angulus *H t k*. Est igitur *H t k* sicut ille qui in portione minore *a b*.

695 Postremo sit angulus assignatus recto minor *H s i*. Atque supra lineam *a b* tertio assignatam supra punctum *a* fiat angulus *b a f* assignato equalis extrahaturque de linea *a f* de puncto *a* linea *a c* supra angulum rectum fiatque item supra lineam *a b* supra punctum *b* angulus equalis angulo *b a c* sitque *c b a*. Quoniam ergo angulus *c a b* sicut *c b a*, erit latus *a c*
700 sicut *c b*. Ponatur itaque supra centrum *c* occupeturque spatium *a* et *b* circulo supra cetera puncta transeunte *a* et *b*. Dico itaque quia supra lineam *a b* tertio assignatam circuli portio angulum recipiens angulo *H s i* assignato equalem facta est.

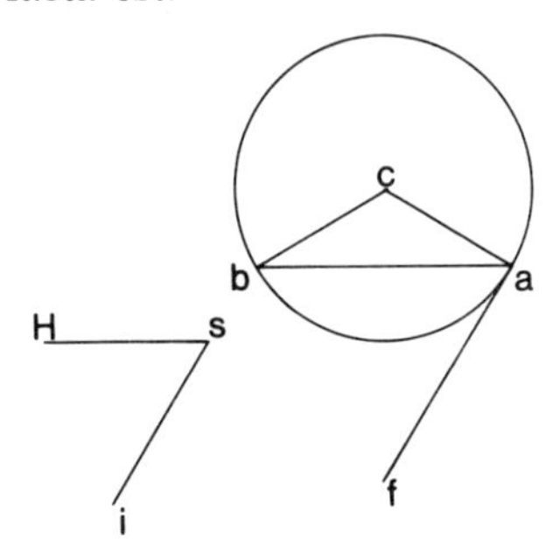

Rationis causa: Si enim *c* centro existente anguloque *c a f* recto
705 lineaque *a f* circulum *a b* contingente linea *a b* circulum incidens a contactu extracta est, erunt duo anguli utrobique sicut duo anguli in duabus circuli portionibus alternatim cadentes. Angulus itaque *f a b* sicut angulus in portione *a b* maiore. Sed qui est *f a b* sicut qui est *H s i*.

682 *a* linea *om.* B. 688 recipiens] respiciens B. 697 extrahaturque] haturque B. | *ante* angulum *add.* P punctum. 699 *b a c*] *b a d* P. | *c b a*[2]] *c a b* P. 700 *b om.* P. 702 *H s i*] *H* P. 703 equalem] equale P. 705 incidens] indidens P. 708-709 Sed ... maiore *om.* P.

Angulus igitur qui est *H s i* sicut qui in portione *a b* maiore. Et hoc est
710 quod demonstrare intendimus.

<III.33> Nunc demonstrandum est quomodo a circulo proposito portionem angulum angulo assignato equalem recipientem dividamus.

Sit circulus propositus *a b g* angulusque assignatus *d h z*. Cum itaque a circulo *a b g* dividere intendimus portionem recipientem angulum angulo
715 *d h z* equalem, supra *g* linea circulum *a b* contingens lineetur sitque *H g t* supra cuius punctum *g* fiat angulus angulo *d h z* assignato equalis sitque *H g a*. Dico itaque quia iam divisa est a circulo *a b g* proposito portio recipiens angulum angulo *d h z* assignato equalem in portione *g a*.

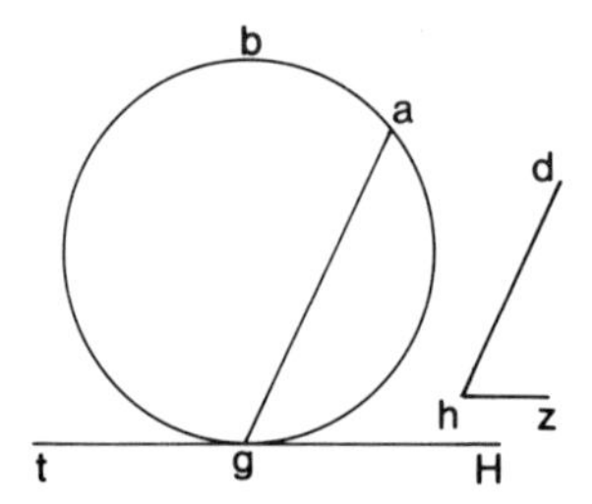

Rationis causa: Si enim circulum *a b g* linea *H g t* contingente
720 producatur a contactu linea *g a* circulum incidens. Duo vero anguli utrobique laterum cadentes duobus angulis in duabus portionibus circuli alternatis equales, erit angulus *H g a* sicut ille qui in portione *g a*. Atqui *a g H* sicut *d h z*. Quare *d h z* sicut qui in portione *g a*. Divisa igitur est a circulo proposito portio *g a* recipiens angulum angulo *d h z* assignato
725 equalem. Et hoc est quod in hac figura demonstrare intendimus.

<III.34> Si infra circulum due linee se inciderint, duarum partium in quas sunt divise erit quod ex ductu unius dividentis in alteram linee unius sicut illud quod ex ductu unius dividentis in alteram linee alterius.

Exempli gratia: Sit circulus primus *a b g d* sintque due linee *a g* et *b d*
730 sese infra circulum secantes supra punctum *h*. Dico itaque quia quod erit ex ductu *b h* in *h d* sicut quod ex ductu *a h* in *h g*. Sitque circuli centrum

709-710 Et ... intendimus *om.* B. 711-712 proposito portionem] proportio proportionem P. 712 angulo] angulus P. 714 recipientem angulum] angulum retinentem B. | angulo *om.* P. 715 sitque] sit P. 716 cuius] circulus P. 717 iam *om.* P. | circulo] centro P. 717-719 proposito ... *a b g om.* P. 720 *post* anguli *add.* B qui. 721 *ante* in *add.* B qui. 722-723 Atqui ... *g a om.* B. 724 proposito portio] proportio proportio P. 725 Et ... intendimus *om.* B. 726 se *om.* P. 727 quas] qua B. | unius[1]] illius P. | unius[2]] illius P. 728 unius *om.* B; illius P. 730 sese] sest P.

h. Manifestum ergo quia *h a* et *h b* et *h g* et *h d* erunt equales. Quod igitur ex ductu *b h* in *h d* sicut quod ex ductu *a h* in *h g*.

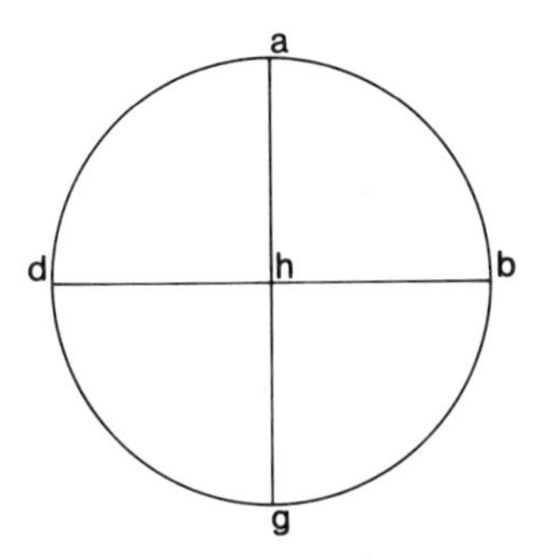

Amplius. Sit circulus *a b g d* secundus, sintque due linee *b d* et *a g* se
735 incidentes supra punctum *h*. Dico itaque quia quod ex ductu *a h* in *h g* sicut quod ex *b h* in *h d* non existente centro circuli *h*. Sed *z* centrum.

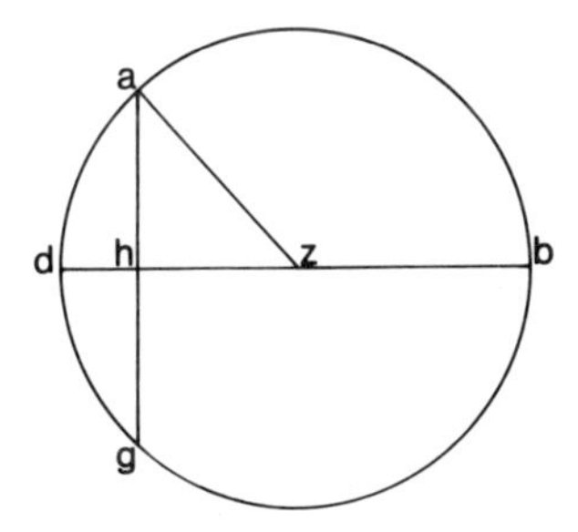

Rationis causa: Si enim *z* iungatur cum *a* incidente *d b* in duo media lineam *a g* non duobus mediis tracteturque primo que in duo media erit *a h* sicut *h g*. Quod itaque ex ductu *a h* in seipsam sicut quod ex ductu
740 *a h* in *h g*. Linea vero *b d* in duo media supra *z* divisa est, per inequalia vero supra *h*. Quod itaque ex ductu *b h* in *h d* et *z h* in seipsam est sicut quod ex ductu *z d* in seipsam. Quod autem ex ductu *z d* in seipsam sicut quod ex ductu *z a* in seipsam. Quod itaque ex ductu *b h* in *h d* et *z h* in seipsam sicut quod ex ductu *z a* in seipsam. Quod autem ex ductu *z a* in
745 seipsam sicut quod ex ductu *a h* et *h z* in seipsas. Quod itaque ex ductu *a h* et *z h* in seipsas sicut quod ex ductu *b h* in *h d* et *z h* in seipsam. Reiciaturque commune quod ex ductu *h z* in seipsam. Relinquitur itaque

732 quia *om.* P. 733 ductu[2] *om.* B. 736 *post* ex *add.* B ductu. | centrum *om.* B. 737 *a*] *d* P. | incidente *bis* B. 739 sicut[2] *om.* P. | ductu[2]] quadrata B. 741 ductu] quadrata B. | in *h d*] *d* et *z h* P. | est *om.* BOP. 742 ductu[1]] quadrata B. | ductu[2]] quadrata B. 743 ductu[1]] quadrata B. | ductu[2]] quadrata B. | in[2]] et B. 744 ductu[1]] quadrata B. | ductu[2] *om.* B. 745 ductu[1] *om.* B. | ductu[2] *om.* B. 746 ductu *om.* B. | in[2]] et B. | seipsam] seipsas P. 747 *ante* commune *add.* OP in. | *post* quod *add.* B fit. | ductu *om.* B.

quod ex ductu *b h* in *h d* sicut quod ex ductu *a h* in seipsam. Quod autem ex ductu *a h* in seipsam sicut quod ex ductu *a h* in *h g*. Sunt etenim
750 equales. Manifestum igitur quia quod ex ductu *a h* in *h g* sicut quod ex ductu *b h* in *h d*.

Amplius. Sit circulus tertius *a b g d* sintque due linee *b d* et *a g* se dividentes supra punctum *h*. Dico itaque quia quod ex ductu *b h* in *h d* sicut quod ex ductu *a h* in *h g* linea *b d* lineam *a g* in duo media non
755 dividente sed in duo inequalia sitque longior *h g* existente circuli centro *z*.

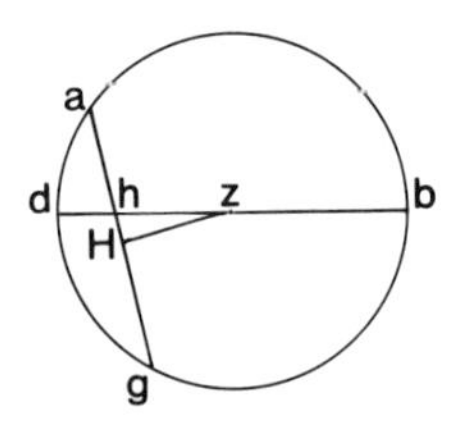

Rationis causa: Si enim de puncto *z* extrahatur perpendicularis supra lineam *a g* sitque *z H* iungaturque *a* cum *z*, producta vero est a centro linea dividens *a g* in duo media, erit *a H* sicut *H g*. Linea itaque *a g* in duo media supra *H* et in duo inequalia supra *h* divisa erit quod ex ductu
760 *a h* in *h g* et *h H* in seipsam sicut quod ex ductu *H a* in seipsam. Sit autem quod ex ductu *H z* in seipsam commune. Quod itaque ex ductu *g h* in *h a* et *z H* et *h H* in seipsas sicut quod ex ductu *z H* et *H a* in seipsas. Quod autem ex ductu *z H* et *H h* in seipsas sicut illud quod ex ductu *z h* in seipsam. Angulus enim *z H h* rectus. Quod autem ex ductu *z H* et *H a*
765 in seipsas sicut quod ex ductu *z a* in seipsam. Quod itaque ex ductu *g h* in *h a* et *h z* in seipsam sicut quod ex ductu *z a* in seipsam. Atqui quod ex ductu *b h* in *h d* et *z h* in seipsam sicut quod ex ductu *z a* in seipsam. Quod igitur ex ductu *b h* in *h d* sicut quod ex ductu *g h* in *h a*. Et hoc est quod in hac figura demontrare intendimus.

748 ductu[1]] quadratura B. | ductu[2]] quadratura B. 749 ductu[1]] quadratura B. | ductu[2]] quadratura B. 750 ductu] quadratura B. 751 ductu] quadratura B. 753 ductu] quadratura B. 754 ductu] quadratura B. | *a h*] *k h* P. | lineam *a g*] linea *a d* P. 755 in *om.* P. 757 *z H*] *H z* B | *a om.* B. | est *om.* P. 758 *post* media *add.* P supra *H*. 759 et *om.* P. | erit] Erat P. | ductu] quadratura B. 760 ductu] quadratura B. 761 ductu[1]] quadratura B. | itaque *om.* P. | ductu[2]] quadratura B. 762 seipsas[1]] seipsam P. | ductu *om.* B. 763 ductu[1] *om.* B. | ductu[2] *om.* B. 764 ductu *om.* B. 765 ductu[1] *om.* B. 765-766 Quod ... seipsam[2] *om.* B. 766 *z a*] *z* et *a* P. 767 ductu[1] *om.* B. | in *h d om.* P. | sicut ... seipsam[2] *in marg.* B. | ductu[2] *om.* B. 768 Quod igitur] quodque B. | ductu[1] *om.* B. | ductu[2] *om.* B. 768-769 Et ... intendimus *om.* B. 769 in hac figura *om.* P.

770 Amplius. Sit circulus quartus *a b g d*. Sint due linee se dividentes *a g* et *b d* supra punctum *h*. Dico itaque quia quod erit ex ductu *b h* in *h d* sicut quod ex ductu *g h* in *h a* existente centro non supra aliquam illarum linearum, sed inter *b* et *h* et *a* supra punctum *z*. Linea vero *b d* lineam *g a* primo in duo media dividat. Linee autem *b d* longior pars *b h*.

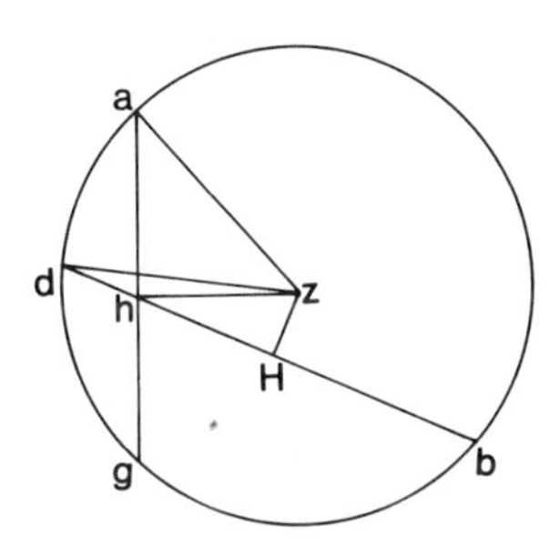

775 *Rationis causa*: Si enim de centro *z* alhamud ad lineam *b h d* extrahatur sitque *z H* iungaturque *z* cum *h* et *d*, erit linea *b d* in duo media supra punctum *H* et in duo inequalia supra *h* divisa. Quod itaque ex ductu *b h* in *h d* et *h H* in seipsam sicut quod ex ductu *H d* in seipsam. Sit autem *z H* alhamud in seipsam communis. Quod itaque ex ductu *b h* in *h d* et *z H* et
780 *H h* in seipsas sicut quod ex ductu *z H* et *H d* in seipsas. Sed quod ex ductu *z H* et *H h* in seipsas sicut quod ex ductu *z h* in seipsam. Quodque ex ductu *z H* et *H d* in seipsas sicut quod ex ductu *z d* in seipsam. Quia angulus *z H h* rectus. Quod itaque ex ductu *b h* in *h d* et *z h* in seipsam sicut quod ex ductu *z d* in seipsam. Sed *z d* sicut *z a*. Quod vero ex ductu
785 *z a* in seipsam sicut quod ex ductu *z h* et *h a* in seipsas. Quia angulus *z h a* rectus. Quod itaque ex ductu *b h* in *h d* et *z h* in seipsam sicut quod ex ductu *z h* et *h a* in seipsas. Reiciaturque quod ex ductu *z h* in seipsam commune, relinquitur itaque quod ex ductu *b h* in *h d* sicut quod ex ductu *a h* in seipsam. Quod vero ex ductu *a h* in seipsam sicut quod ex
790 ductu *a h* in *h g*. Sunt etenim equales. Quod igitur ex ductu *a h* in *h g* sicut quod ex ductu *b h* in *h d*.

770 Amplius *om.* P. 771 ex *om.* P. | ductu *om.* B. 772 ductu *om.* B. | *ante* in *add.* P et. 774 pars *om.* OP. 775 *post causa add.* B in proposita. | alhamud] perpendicularis OP. 776 *h*] *a* BOP. | erit *om.* P. 777 et *om.* B. | inequalia] diversa B. | ductu *om.* B. 778 ductu *om.* B. | *z H*] *H* P. 779 alhamud] perpendicularis OP. | ductu] quadratura B. 780 ductu *om.* B. 781 ductu[1] *om.* B. | et ... *z h om.* P. | ductu[2] *om.* B. | *z h*] *z d* B. 781-782 Quodque ... seipsam *om.* B. 782 seipsas] seipsam P. 783 *z H h*] *z h* P. | ductu] quadratura B. 784 ductu[1] *om.* B. | *z d*[1]] *z* et *d* P. | ductu[2]] quadratura B. 785 ductu *om.* B. | *h a*] *b a* P. 786 ductu *om.* B. 787 ductu[1] *om.* B. | ductu[2] *om.* B. 788 ductu *om.* B. 789 ductu[1] *om.* B. | in[1] ... *a h*[2] *om.* P. | ductu[2] *om.* B. 790 ductu[1] *om.* B. | etenim] enim B. | ductu[2] *om.* B. 791 ductu *om.* B.

Amplius. Sint in circulo *a b g d* quinto due linee *b d* et *a g* se dividentes supra punctum *h*. Dico itaque quia erit quod ex ductu *b h* in *h d* sicut quod ex ductu *a h* in *h g*, linea *b d* non in duo media lineam *a g*
795 sed in duo inequalia dividente. Sitque linee *b d* longior *b h* lineeque *a g* longior *g h* centrumque circuli *z*.

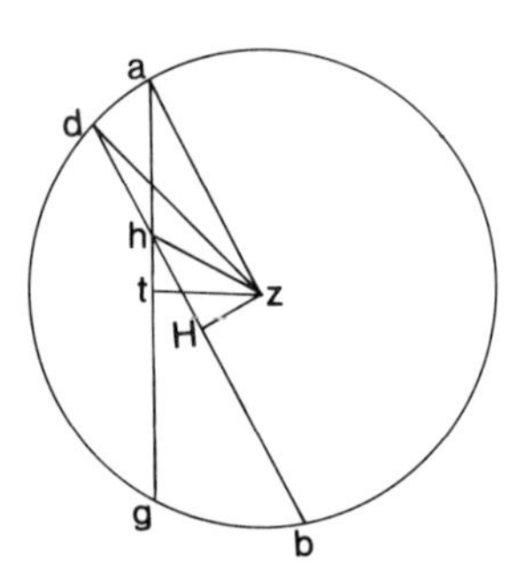

Rationis causa: Si enim a centro *z* due alhamude extrahantur ad lineas *b d* et *a g* sintque *z H* et *z t* iungaturque *z* cum *h* et *d* et *a*. Sicque extracta a centro linea dividente lineam *a g* supra centrum non transeuntem in duo
800 media supra angulum rectum erit *g t* sicut *t a*. Eademque ratione *b H* sicut *H d*. Sed linea *a g* in duo media supra *t* divisa est atque in duo inequalia supra *h*. Quod itaque ex ductu *g h* in *h a* et *t h* in seipsam sicut quod ex ductu *t a* in seipsam sitque quod ex ductu *z t* in seipsam commune. Quod itaque ex ductu *g h* in *h a* et *z t* et *t h* in seipsas sicut
805 quod ex ductu *z t* et *t a* in seipsas. Quod vero ex ductu *z t* et *t h* in seipsas sicut quod ex ductu *z h* in seipsam. Quodque ex ductu *z t* et *t a* in seipsas sicut quod ex ductu *z a* in seipsam. Angulus enim *z t h* rectus. Quod itaque ex ductu *g h* in *h a* et *z h* in seipsam sicut quod ex ductu *z a* in seipsam. Eademque ratione quod ex ductu *b h* in *h d* et *z h* in seipsam
810 sicut quod ex ductu *z a* in seipsam. Reiciatur autem quod ex ductu *z h* in seipsam commune. Relinquitur igitur quod ex ductu *b h* in *h d* sicut quod ex ductu *g h* in *h a*.

793 ductu *om.* B. 794 ex *om.* P. | ductu *om.* BP. | *a h*] *b h* P. | non *om.* P. 795 lineeque] lineaque P. 797 *post causa add.* B in proposita. | alhamude] perpendiculares OP. 798 *z t*] *z* et *t* P. | extracta] extrahata P. 799 transeuntem] transeunte OP. 802 inequalia] diversa B. | ductu *om.* B. 803 ductu[1] *om.* B. | ductu[2] *om.* B. 804 ductu *om.* B. | *g h*] *h g* B. | et *t h*] *z h* P. 805-806 ductu[1] ... ductu[1] *om.* B. 805 *post* seipsas[1] *add.* P commune. | *z t*[2]] *a t* P. 806 Quodque] Quia quod B. | ductu[2] *om.* B. 807 ductu *om.* B. | seipsam] seipsas P. | *z t h*] *z a h* B. 808 ductu[1] *om.* B. | *z h*] *z* P. | ductu[2] *om.* B. 809-810 Eademque ... seipsam *om.* P. 809 ductu *om.* B. | in[1]] et B. 810 sicut ... seipsam *in marg.* B. | ductu[1] *om.* B. | ductu[2] *om.* B. 811 ductu] quadratura B. 812 ductu] quadratura B; *om.* P.

Amplius. Sit circulus *a b g d* sextus sintque due linee *b d* et *a g* se dividentes supra punctum *h*. Centrum vero *z*. Dico itaque quia quod ex
815 ductu *b h* in *h d* sicut quod ex ductu *g h* in *h a*.

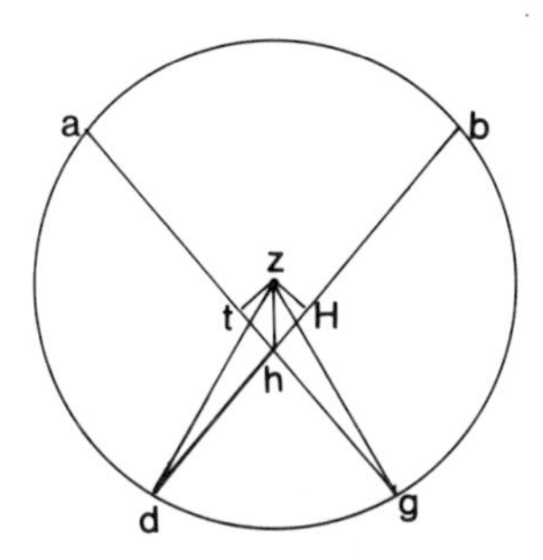

Rationis causa: Si enim a puncto *z* due alhamude extrahantur ad duas lineas *b d* et *g a* sintque *z H* et *z t* iungaturque *z* cum *g* et *h* et *d*. Extracta vero est linea *H z* a centro dividens lineam *d b* non transeuntem supra centrum in duo media supra angulum rectum. Erit *b H* sicut *H d*, linea
820 vero *b d* in duo media supra punctum *H* atque in duo inequalia supra *h* divisa, quod erit ex ductu *b h* in *h d* et *h H* in seipsam sicut quod ex ductu *H d* in seipsam. Sit autem quod ex ductu *z H* in seipsam commune, erit itaque quod ex ductu *b h* in *h d* et *h H* et *z H* in seipsas sicut quod ex ductu *z H* et *H d* in seipsas. Sed quod ex ductu *z H* et *H h* in seipsas sicut
825 quod ex ductu *z h* in seipsam. Quod autem ex ductu *z H* et *H d* in seipsas sicut quod ex ductu *z d* in seipsam. Angulus enim *z H h* rectus. Quod itaque ex ductu *b h* in *h d* et *z h* in seipsam sicut quod ex ductu *z d* in seipsam. Eadem autem ratione quod ex ductu *a h* in *h g* et *z h* in seipsam sicut quod ex ductu *z d* in seipsam. Reiciaturque quod ex ductu *z h* in
830 seipsam commune. Relinquitur igitur quod ex ductu *b h* in *h d* sicut quod ex ductu *a h* in *h g*. Et hoc est quod demonstrare intendimus.

<III.35> Si extra circulum punctus assignatus fuerit a quo due linee ad circulum alia incidens alia contingens extracte fuerint, erit quod ex ductu incidentis in extrinsecam sicut quod ex ductu contingentis in seipsam.

814 *z*] *n* B; *H* OP. 815 ductu[1] *om.* B. | *h d*] *b d* P. | ductu[2] *om.* B. 816 *post causa add.* B in proposita. | due] cum P. | alhamude] perpendiculares OP. | extrahantur *om.* P. 819 *ante* media *add.* P angula. 821 ductu[1] *om.* B. 821-823 *b h* ... ductu *om.* P. 821 ductu[2] *om.* B. 822 ductu *om.* B. 823 ductu *om.* B. | *z H*] *Z* P. 824 ductu[1] *om.* B. | ductu[2] *om.* B. 825 ductu[1] *om.* B. | ductu[2] *om.* B. 826 ductu *om.* B. | *z H h*] *z H* et *h* P. 827 ductu[1]] quadratura B. | ductu[2] *om.* B. 828 ductu] quadratura B. | *z h*] *z* P. 829 sicut ... seipsam *om.* P. | ductu[1] *om.* B. | ductu[2] *om.* B. 830 ductu *om.* B. 831 ductu *om.* B. | Et ... intendimus *om.* B. 833 ductu] quadratura B. 834 ductu] quadratura B.

835 *Exempli gratia*: Sit punctus *d* extra circulum primum *a b g* assignatus. Sint linee alia incidens *d g b*, alia contingens *d a*. Dico itaque quia quod ex ductu *b d* in *d g* sicut quod ex ductu *d a* in seipsam. Primoque supra lineam *b d* punctus *h* punctus circuli primi ponatur sitque circuli centrum.

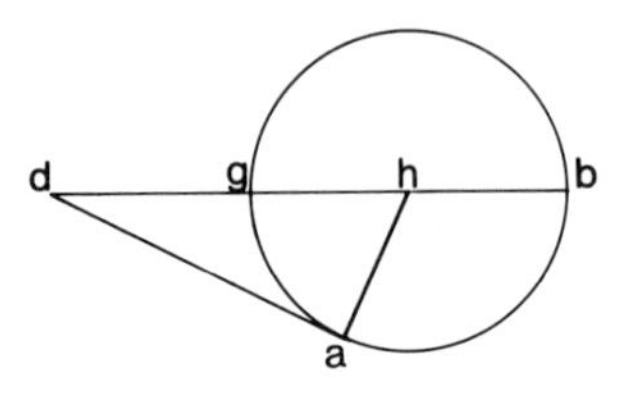

Rationis causa: Si enim iungatur *a* cum *h* sitque *a d* circulum *a b g*
840 contingens sicque a contactu usque ad centrum linea *a h* extracta, erit perpendicularis supra lineam *a d* eritque angulus *h a d* rectus. Quod itaque ex ductu *h d* in seipsam sicut quod ex ductu *h a* et *a d* in seipsas. Linea vero *g b* in duo media divisa supra punctum *h* additaque ei *g d* in longitudinem. Erit quod ex ductu *b d* in *d g* et *g h* in seipsam sicut quod
845 ex ductu *h d* in seipsam. Quod autem ex ductu *h d* in seipsam sicut quod ex ductu *h a* et *a d* in seipsas. Quod itaque ex ductu *b d* in *d g* et *h g* in seipsam sicut quod ex ductu *h a* et *a d* in seipsas. Quod autem ex ductu *h g* in seipsam sicut quod ex ductu *a h* in seipsam. Sunt etenim equales. Relinquitur igitur quod ex ductu *b d* in *d g* sicut quod ex ductu *a d* in
850 seipsam. Et hoc est quod demonstrare intendimus.

Amplius. Sit extra circulum secundum *a b g* punctus *d*. Sint due linee alia incidens *d g b*, alia contingens *d a* de puncto *d* extracte. Dico itaque

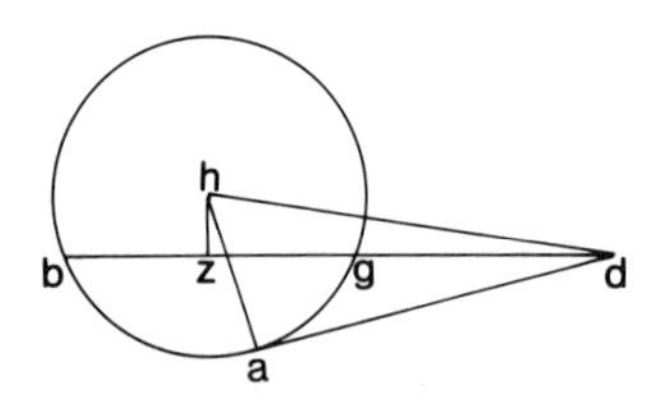

quia quod ex ductu *b d* in *g d* sicut quod ex ductu *a d* in seipsam, centro non supra lineam *b g d* sed tamen super eam existente.

835 extra] ad dextram P. 836 *ante* linee *add.* P due. | quia *om.* B. 837 ductu[1]] quadratura B. | ductu[2] *om.* B. 838 sitque] sintque P. 842 ductu[1] *om.* B. | ductu[2] *om.* B. | *h a*] *h a d* P. 844 longitudinem] longitudine P. | ductu *om.* B. 845 ductu[1] *om.* B. | ductu[2]] quadratura B. 846 ductu[1] *om.* B. | *a d*] *h d* P. | ductu[2] *om.* B. 847 ductu[1] *om.* B. 847-848 et ... *a h om.* P. 847 ductu[2] *om.* B. 848 ductu *om.* B. | etenim] enim B. 849 ductu[1] *om.* B. | ductu[2] *om.* B. 850 Et ... intendimus *om.* B. 852 *d g b*] *a b g* P. | *d om.* P. 853 ductu[1]] quadratura B. | ductu[2]] quadratura B. 854 supra] super P.

855 *Rationis causa*: Si enim a centro *h* perpendicularis ad lineam *b g d* extrahatur linea *h z* iungaturque *h* cum *a* et *g* et *d* lineeturque *a d* circulum *a b g* contingens, sic itaque a contactu linea *a h* usque ad centrum producta erit linea *h a* perpendicularis supra lineam *a d*. Quod itaque ex ductu *h d* in seipsam sicut quod ex ductu *h a* et *a d* in seipsas.
860 Quia angulus *h a d* rectus. Est autem *h z* de centro extracta lineam *b g* in duo media supra angulum rectum non transeuntem per centrum incidens. Erit itaque *b z* sicut *z g*. Linea vero *b g* in duo media divisa supra *z* additaque ei in longitudinem *g d*, erit quod ex ductu *b d* in *g d* et *z g* in seipsam sicut quod ex ductu *z d* in seipsam. Sit autem *z h* in seipsam
865 commune. Quod autem ex ductu *b d* in *d g* et *h z* et *z g* in seipsas sicut quod ex ductu *h z* et *z d* in seipsas. Quod vero ex ductu *h z* et *z d* in seipsas sicut quod ex ductu *h d* in seipsam. Itemque quod ex ductu *h z* et *g z* in seipsas sicut quod ex ductu *h g* in seipsam. Illud itaque quod ex ductu *b d* in *d g* et *h g* in seipsam sicut quod ex ductu *h d* in seipsam.
870 Quod autem ex ductu *h a* et *a d* in seipsas sicut quod ex ductu *h d* in seipsam. Quod itaque ex *b d* in *d g* et *g h* in seipsam sicut quod ex *h a* et *a d* in seipsas. Atqui *h g* sicut *h a*. Relinquitur igitur quod ex *b d* in *d g* sicut quod *d a* in seipsam. Et hoc est quod demonstrare intendimus.

Amplius. Sit extra circulum tertium *a b g* punctus *d*. Sintque due linee
875 a puncto *d* alia incidens *d g b*, alia *d a* contingens ad circulum protracte.

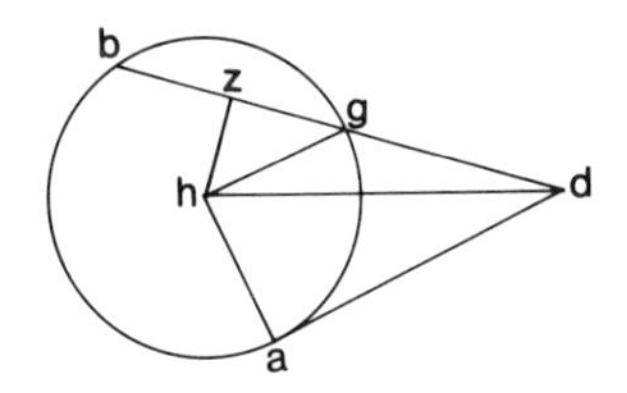

Dico itaque quia quod ex *b d* in *d g* sicut quod ex *a d* in seipsam centro circuli sub linea *d g z b* supra punctum *h* existente.

855 *post causa add.* B in proposita. 856 et[2] *om.* P. 858-859 erit ... seipsas *om.* P. 859 ductu[1]] quadratura B. | ductu[2]] quadratura B. 863 in[1] *om.* B. | longitudinem] longitudine BOP. | erit quod] eritque P. | ductu] quadratura B. | et *om.* P. 864 ductu] quadratura B. | seipsam[3]] ipsam P. 865 autem] itaque B. | ductu] quadratura B. | *z g*] *z* et *g* P. 866 quod[1] *om.* P. | ductu[1] *om.* B. | ductu[2]] quadratura B. | *h z*[2]] *h* et *z* P. | *z d*[2]] *d e* P. 867 ductu[1] *om.* B. 867-868 Itemque ... seipsam *om.* B. 867 *h z*] *h* et *z* P. 868 *h g*] *h d* P. 869 ductu[1]] quadratura B. | *h g*] *h d* P. | ductu[2] *om.* B. 870 ductu[1]] quadratura B. | *a d*] *h d* P. | seipsas] semetipsas B. | ductu[2] *om.* B. 871 seipsam[2]] seipsas P. | *ante h a add.* P ductu. 873 *ante d a add.* B ex quadratura; P ex. | Et ... intendimus *om.* B. 875 *d a*] *b* P. 876 *post* ex[1] *add.* B quadratura. | *post* ex[2] *add.* B quadratura. | *a d*] *a b* P. 876-877 centro ... existente *om.* B.

Rationis causa: Si enim de puncto *h* extracta fuerit perpendicularis supra lineam *b g* sitque *h z* iungaturque *h* cum *a* et *g* et *d*, erit linea *h z* a
880 centro extracta lineam *b g* supra angulum rectum incidens atque *b z* sicut *z g*. Sicque linee *b g* in duo media supra *z* divise linea *g d* in longitudinem addita, erit quod ex *b d* in *d g* et *z g* in seipsam sicut quod ex *z d* in seipsam. Sit autem quod ex *h z* in seipsam commune. Quod itaque ex *b d* in *d g* et *h z* et *z g* in seipsas sicut quod ex *h z* et *z d* in seipsas. Quod vero
885 ex *h z* et *z g* in seipsas sicut quod ex *h g* in seipsam. Quodque ex *h z* et *z d* in seipsas sicut quod ex *h d* in seipsam. Angulus enim *h z d* rectus. Quod itaque ex *b d* in *d g* et *g h* in seipsam sicut quod ex *h d* in seipsam. Quod vero ex *h d* in seipsam sicut quod ex *h a* et *a d* in seipsas. Quia angulus *h a d* rectus. Quod itaque ex *b d* in *d g* et *g h* in seipsam sicut
890 quod ex *h a* et *a d* in seipsas. Quod vero ex *h g* in seipsam sicut quod ex *h a* in seipsam. Relinquitur igitur quod ex *b d* in *d g* sicut quod ex *a d* in seipsam. Et hoc est quod demonstrare intendimus.

878 *post causa add.* B in supra *d* proposita. 879 *h z*[2]] *h a* et P. 880 *post* extracta *add.* P fuerit perpendicularis supra. 881 linee *om.* P. 882 *z g*] *h z g* P. | *post* ex[2] *add.* B quadratura. 883 *post* ex[1] *add.* B quadratura. | *post* ex[2] *add.* B quadratura. 884 et[2] *om.* P. 885 *z g*] *d* P. 885-886 *h g* ... ex *om.* P. 887 itaque] utroque P. | *post* ex[1] *add.* B quadratura. 888 ex[2] *om.* OP. | *post* ex[2] *add.* B quadratura. | *h a*] *h d* P. 889 *h a d*] *h b d* P. | Quod] Quia P. | *post* ex[1] *add.* B quadratura. | *d g*] *g d* B. 890 *post* ex[2] *add.* B quadratura. 891 quod[2] *om.* B. | *post* ex[2] *add.* B quadratura. | *a d*] *H d* P. 892 Et ... intendimus] Explicit liber iii B. *Post hoc add.* B Nota quia in quibusdam libris tres figure prescriptis similes adduntur ad demonstrationem conversionis predicte propositionis que sic habet. Cum fuerit punctus extra circulum a quo due linee ad circulum producantur alia incidens alia circumferentie applicata fueritque quod ex ductu totius linee incidentis in partem extrinsecam sicut quod ex ductu applicate in seipsam erit linea applicata contingens quod per mutationem superiorum argumentationum posse probari satis evidens est.

< Liber IV >

Liber quartus incipit xvi propositiones continens.

<Definitio> Cum figura intra figuram contenta fuerit angulique contente continentis latera tetigerint, exterior quidem respectu interioris continens dicitur.

<IV.1> Nunc demonstrandum est quomodo in circulo assignato lineam linee assignate equalem faciamus non longitudini diametri ipsius circuli.

Exempli gratia: Sit itaque circulus assignatus circulus *a b g*, sit linea assignata *d h*. Cum itaque in circulo *a b g* lineam linee *d h* equalem intendimus facere non longitudini diametri eius, sit *b g* circuli diametros. Quod si ei linea *d h* assignata equalis fuerit, factum est quod intendimus. Si vero minor, sit *d h* sicut *z g* ponaturque supra centrum *g* spaciumque occupetur a puncto *g* usque ad *z* circulo *a z H* iungaturque *a* cum *g*. Dico itaque quia sic facta est in circulo *a b g* linea linee *d h* equalis non longitudini diametri ipsius circuli estque *a g*.

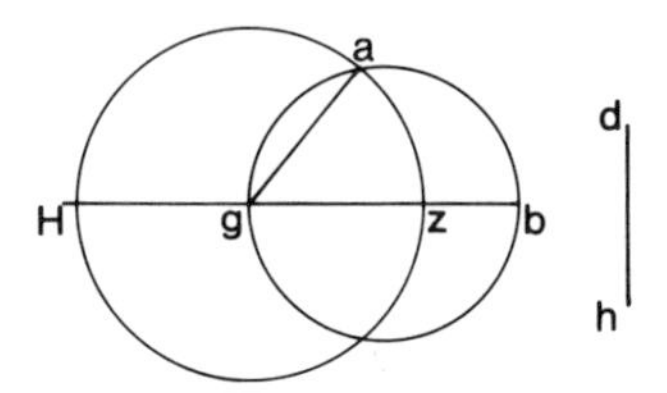

Rationis causa: Si enim *g* centro circuli *a z H* posito *z g* equalis linee *g a* estque *z g* sicut *d h*, erit *d h* sicut *a g*. Sic igitur in circulo *a b g* assignato equalis linee *d h* assignate cecidit scilicet *a g* diametro brevior. Et hoc est quod demonstrare intendimus.

2 Liber ... continens] Incipit liber iiii^{us} B; *om.* P. 3 intra] inter P. 7 longitudini] longitudine P. 8 *Exempli gratia om.* BOP. | circulus^{2} *bis* B; *om.* P. 10 intendimus facere *tr.* B. | longitudini] longitudinem P. | sit] possit B. 11 est *om.* B. 12-13 spaciumque occupetur] occupeturque OP. 13 ad *om.* P. | *post g*^{2} *add.* P et. 15 longitudini] longitudine P. 18 cecidit] ceciderit P. 19 Et ... intendimus *om.* B.

<IV.2> Nunc demonstrandum est quomodo in circulo assignato triangulus cuius anguli angulis trianguli assignati sint equales fieri queat.

Exempli gratia: Sit circulus assignatus circulus *a b g* triangulusque assignatus triangulus *d h z*. Cum itaque in circulo *a b g* triangulum cuius anguli sint angulis trianguli assignati equales facere intendimus, linea circulum contingens supra punctum *a* transeat sitque *H a t* supra cuius contactum fiat angulus equalis angulo trianguli *d h z* sitque *t a g*. Itemque supra punctum *a* angulus alii angulo trianguli *d h z* equalis statuatur sitque *H a b*. Iungaturque *b* cum *g*. Dico itaque quia in circulo *a b g* assignato triangulus cuius anguli angulis trianguli assignati equales factus est.

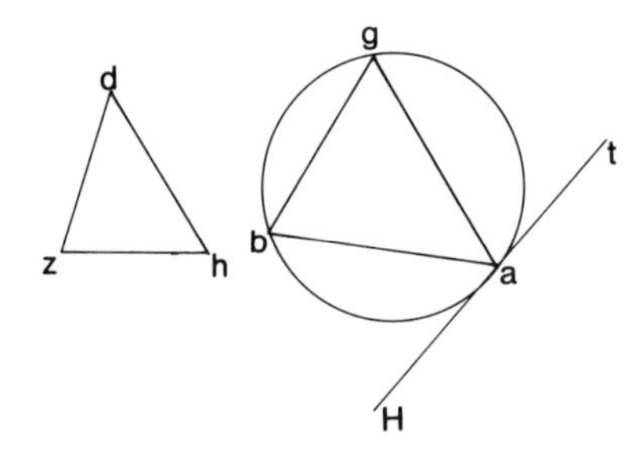

Rationis causa: Si enim linea *H a t* circulum contigerit *a b g*. Extrahanturque a contactu due linee circulum incidentes sintque *a b* et *a g*. Omnes vero duo anguli collaterales cuilibet linee a contactu extracte duobus angulis in duabus circuli portionibus alternatim cadentibus equales, erit angulus *b a H* sicut angulus *a g b* et *g a t* sicut *a b g*. Atqui *t a g* sicut *d z h* et *H a b* sicut *d h z*. Quare *d z h* et *d h z* sicut *a g b* et *a b g*. Sicque totius trianguli tres anguli duobus rectis equales. Relinquitur itaque *h d z* sicut *b a g*, trianguli igitur *d h z* anguli equales angulis trianguli *a b g* in circulo assignato *a b g*. Et hoc est quod demonstrare intendimus.

<IV.3> Nunc demonstrandum est quomodo supra circulum assignatum triangulum continentem cuius anguli angulis trianguli assignati sint equales facere queamus.

20 assignato *om.* P. 21 cuius] circulus P. | sint] sunt BP. 22 *Exempli gratia om.* BOP. | circulus[2] *om.* BP. 23 triangulus *om.* BP. | triangulum] triangulorum P. | cuius] circulus P. 24 intendimus] voluimus P. 27 *ante* trianguli *scr. et del.* B assignato. 29 anguli] angulus P. | assignati *om.* P. | equales] equalis P. 31 contigerit] contigit P. 32 *a b*] *a b g* P. 33 duo *om.* P. 34 duobus angulis *om.* P. 36 *d z h*[1]] de *z h* P. | *d z h* et *d h z*] *d* et *d h* et *h d z* P. 37 *a b g*] *a g b* P. | duobus] duabus P. 39-40 Et ... intendimus *om.* B. 42 continentem] contingentem P.

Exempli gratia: Sit circulus *a b g*, sit triangulus assignatus *d h z*. Cum
45 itaque supra circulum *a b g* triangulum eum continentem facere voluerimus cuius anguli angulis trianguli *d h z* equales. Producetur linea *h z* utrimque usque ad *t* et *k* existente circuli centro *H* lineaque de puncto *H* usque ad circumferentiam quolibet casu producatur. Sitque *H b* fiatque supra lineam *b H* supra punctum *H* angulus angulo *d h t* equalis sitque
50 *b H g* aliique trianguli angulo *d z k* non minus equalis sitque *b H a* lineeque a puncto *a* et *b* et *g* circulum *a b g* contingentes extrahantur sintque *l m* et *m n* et *n l*. Dico itaque quia sic effecimus supra circulum *a b g* triangulum circulum continentem angulorum equalium angulis trianguli *d h z* estque *l m n*.

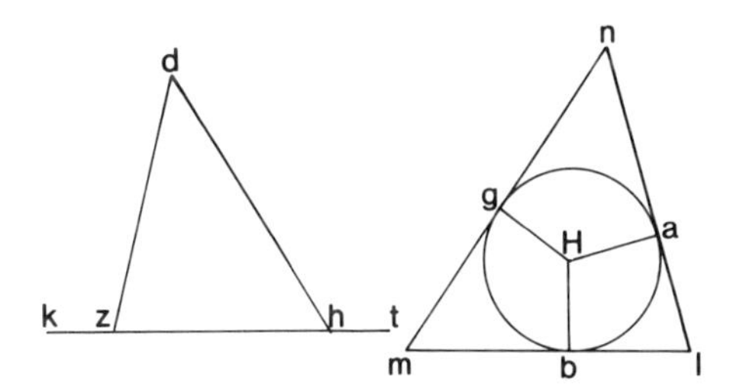

55 *Rationis causa*: Linea enim *l m* contingente circulum *a b g* et a contactu linea usque ad centrum extracta, erit *H b* perpendicularis que supra lineas *l b* et *b m* angulusque *l b H* rectus. Angulus quoque *m b H* non minus rectus. Eodemque modo duo anguli supra *g* cadentes recti aliique duo supra *a* recti. Omnis vero quadrilateri quattuor anguli
60 quattuor angulis rectis equales. Quare quattuor anguli superficiei *a H l b* quattuor angulis rectis equales. Duo itaque anguli *a* et *b* oppositi reliquis oppositis *H* et *l* equales. Atqui *d z k* et *d z h* sicut duo anguli recti. Duo itaque anguli *H* et *l* sibi oppositi duobus *d z k* et *d z h* equales. Angulus autem *d z k* sicut *a H b*. Relinquitur ergo *d z h* sicut ille qui iuxta *l*.
65 Quare duo anguli *d h t* et *d h z* sicut duo oppositi iuxta *H* et *m*. Sed *d h t* sicut ille qui iuxta *H*. Relinquitur ergo qui iuxta *m* sicut *d h z*. Quoniam itaque duo anguli *d h z* et *d z h* sicut duo iuxta *l* et *m*, relinquitur angulus iuxta *d* sicut angulus iuxta *n*. Anguli itaque trianguli *d h z* angulis

44 *Exempli gratia om.* BOP. 46 anguli] angulis P. | Producetur] Producentur P. 46-47 linea *h z om.* P. 47 utrimque] utrique P. 48 circumferentiam] circumferiam OP. 50 angulo] triangulo P. | equalis] equales P. | *post b H a add.* P puncto. 51 extrahantur] extrahanturque P. 52 effecimus] effecamus B; effectimus P. 53 angulorum] angulum P. 55 et *om.* P. 56 que] quod B. 57 *l b H*] *l b k* P. 58 Eodemque] eodem quoque B. 59 quadrilateri] quadrati P. | quattuor anguli *om.* P. 64 *d z h*] *d* et *h* P. 65 *d h t*[2]] de *h t* P. 68 itaque] igitur B.

trianguli *n l m* circulum assignatum *a b g* continentis equales. Et hoc est
70 quod demonstrare intendimus.

<IV.4> Nunc demonstrandum est quomodo in triangulo assignato circulus contentus fieri queat.

Exempli gratia: Sit triangulus assignatus *a b g* in quo cum voluerimus circulum facere, angulum *b* in duo media dividimus linea *b d*. Itemque
75 angulum *g* in duo media linea *g h* ut conveniant supra punctum *z* extrahanturque a puncto *z* perpendiculares lineis *a b* et *b g* et *g a* sintque *z H* et *z d* et *z h*. Ponatur itaque supra centrum *z* complectaturque spatium *d* et *h* et *H* circulo in triangulo *a b g* contento cuius latera circulum contingunt supra punctum *d* et *H* et *h*. Dico itaque quia in
80 triangulo *a b g* circulum contentum effecimus.

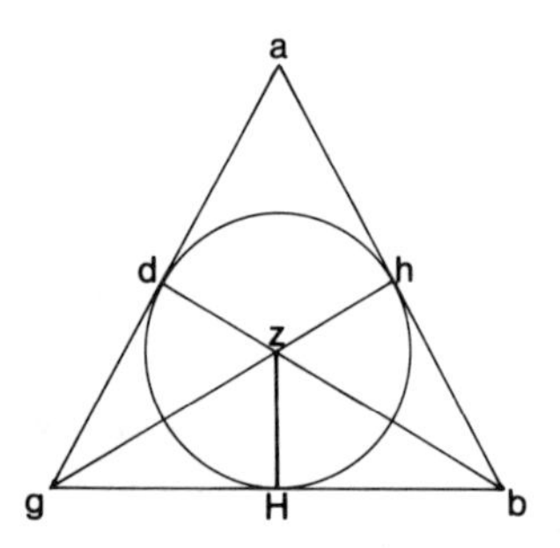

Rationis causa: Angulus enim *d g z* sicut angulus *z g H* et *g d z* rectus equalis angulo *g H z*. Quare duo anguli trianguli *d z g* scilicet *d g z* et *g d z* duobus angulis trianguli *z H g* qui sunt *z g H* et *g H z* unusquisque se respicienti equales. In duobus vero triangulis unum latus duos angulos
85 equales respicit estque *g z*. Duo ergo reliqua unius latera duobus reliquis alterius lateribus equalia unumquodque respicienti se. Atqui *z H* sicut *z d*. Sicque tria latera *d z* et *z H* et *z h* equalia. Angulique qui supra puncta *d* et *H* et *h* recti. Manifestum igitur est quia in triangulo *a b g* assignato circulum contentum *h d H* effecimus. Et hoc est quod demonstrare
90 intendimus.

69 assignatum *om.* P. | continentis] contingentis B; continentes P. 69-70 Et ... intendimus *om.* B. 72 circulus] cuius P. 73 *Exempli gratia om.* BOP. 74 dividimus] dividemus BP. 75 *post* ut *add.* P non. 77 et *z d om.* P. | supra] super B. 78 circulo] circulum P. 79 contingunt] contingere P. | *post* quia *add.* B sic. 80 effecimus] efficimus P. 81 *d g z*] *d z g* B. 83 *z g H*] *t g H* P. 84 vero *om.* P. 85 respicit] recipit P. | *ante* reliqua *scr. et del.* B latera. 86 *z H*] *H* P. | *z d*] *z h* BOP. 87 puncta] punctus P. 88 et[1] *om.* P. | Manifestum igitur est] Patet igitur B. 89-90 Et ... intendimus *om.* B.

<IV.5> Nunc demonstrandum est quomodo supra triangulum assignatum sive rectangulum sive obtusangulum sive acutangulum circulus continens fieri debeat.

Exempli gratia: Sitque primo rectangulus *a b g*. Cum itaque supra eum
95 circulum continentem facere intendimus, latus *a b* in duo media supra *d* dividendum est latusque *b g* in duo media supra *h*. Iungeturque *h* cum *d* poneturque supra centrum *h* complecteturque spatium *a* et *b* et *g* circulo triangulum *a b g* rectangulum continente.

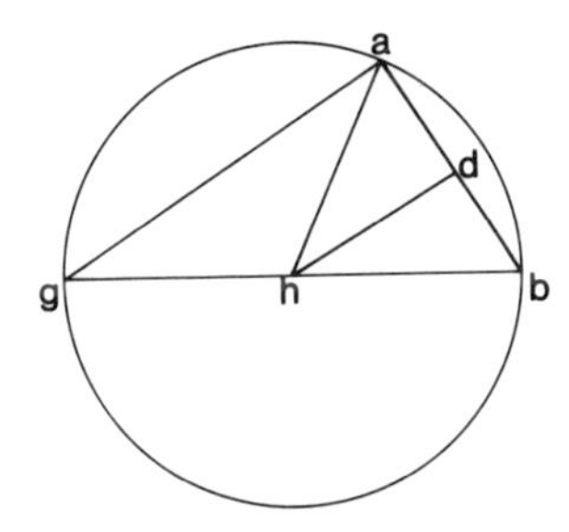

Rationis causa: Si enim linea *a b* in duo media divisa supra *d* atque *b g*
100 in duo media supra *h* iungatur *d* cum *h*, erit *d h* equidistans *a g*. Iam vero eis linea *a b* supervenit. Angulus itaque extrinsecus *b d h* intrinseco recto ei opposito equalis *b a g*. At vero *b a g* rectus atque *b d h* non minus rectus. Atqui *h d a* rectus. Quia *a d* sicut *b d* et *d h* communis dueque linee *a d* et *d h* sicut due linee *b d* et *d h* unaqueque sicut
105 respiciens se. Angulus vero *b d h* sicut angulus *a d h*. Quare et basis *a h* sicut basis *h b*. Atqui *h g* sicut *h b*. Latera itaque tria *a h* et *h b* et *h g* equalia. Patet igitur quia supra triangulum primum *a b g* rectangulum circulum continentem effecimus. Et hoc est quod demonstrare intendimus.

110 Amplius. Sit secundus triangulus obtusangulus *a b g* supra quem cum circulum continentem facere voluerimus, singula latera eius in duo media dividemus scilicet *a b* et *b g* et *a g* supra punctum *d* et *h* et *z* iungeturque *h* cum *d* et *z* cum eodem. Eritque *d h* equidistans *a g* et *d z a b* et *h d* equidistans *a g* supra quas linea *a b* cecidit. Angulus ergo extrinsecus

92 obtusangulum] obtusi anguli B. 94 *Exempli gratia om.* BOP. | supra] super B. 97 complecteturque] complectitur B; complectaturque P. 98 continente] continentem B; contentum .i. P. 99 atque] sitque P. 100 *ante h*[1] *add.* P punctum. | iungatur] iungaturque B. | *a g om.* P. 101 supervenit] supervenerit P. | *b d h*] *b h d* P. 102-103 non minus *om.* B. 103 Atqui] atque B. | *d h*] *b h* P. 107 quia] quid P. | supra] super P. 108 effecimus] efficimus P. 108-109 Et ... intendimus *om.* B. 110 obtusangulus] obtusi anguli B; obtusi angulus O; *om.* P. 113 et *z* cum eodem *om.* P. | equidistans] equidem P. 114 equidistans] equidem P.

115 *b h d* sicut intrinsecus ei oppositus *b a g*. At vero *b a g* obtusus. Quare *b h d* obtusus. Eademque ratione *d z g* obtusus. Extrahantur autem de lineis *a b* et *a g* de punctis *h* et *z* due linee supra duos angulos rectos que

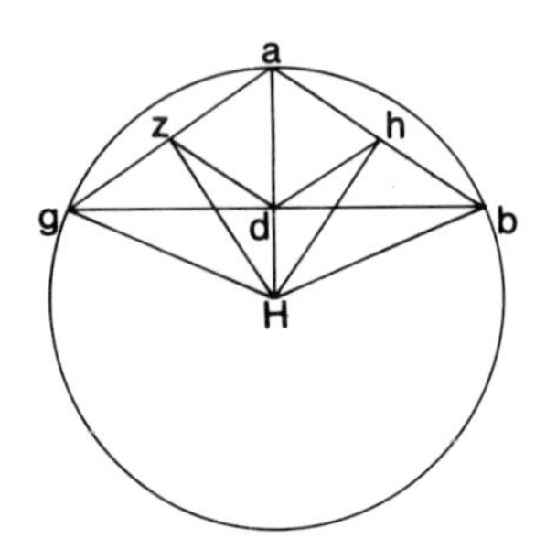

ambe incidentes lineam *b g* supra punctum *H* conveniant sintque *h H* et *z H*. Iungaturque *H* cum *b* et *g* et *a*. Erat autem *a h* sicut *h b*. Sit autem
120 *h H* communis. Due itaque linee *a h* et *h H* sicut due linee *b h* et *h H* unaqueque sicut respiciens se. Angulus autem *b h H* sicut angulus *a h H*. Alkaida ergo *a H* sicut alkaida *b H*. Eademque ratione *a H* sicut *H g*, latera itaque tria *a H* et *b H* et *g H* equalia. Sic itaque supra centrum *H* et spatium *a* et *b* et *g* factus est circulus continens triangulum obtusangulum
125 secundum. Et hoc est quod demonstrare intendimus.

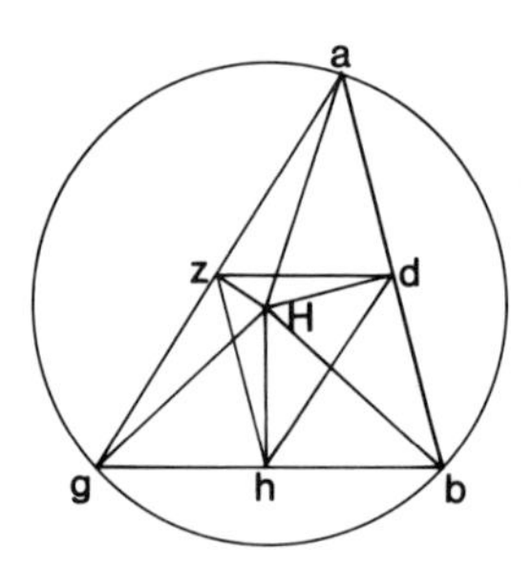

Amplius. Sit tertius triangulus acutangulus *a b g* supra quem cum circulum continentem facere voluerimus, singula eius latera in duo media supra puncta *d* et *h* et *z* dividentur. Iungeturque *d* cum *h* et *z* cum *h* eritque linea *d h* equidistans linee *a g* supra quas linea *b a* cecidit.

115 Quare] eademque P. 116 Extrahantur] Extrahatur P. 118 *post H add.* P *h*. 119 Erat] Erit OP. | *h b*] *h a* P. | Sit] sint P. 120 linee[1]] linea P. | *a h*] *h* P. 122 Alkaida[1]] Basis P. | ergo] quoque B. | alkaida[2]] basis P. | Eademque] Eadem B. 124 est *om.* P. | circulus] cuius P. | obtusangulum] obtusi anguli BO; obtusi angulum P. 125 Et ... intendimus *om.* B. 126 acutangulus] acuti anguli BO; acuti angulus P. 129 equidistans] equidem P.

130 Angulus ergo extrinsecus *b d h* sicut intrinsecus ei oppositus *b a g*. Atqui *b a g* acutangulus. Quare *h d b* acutangulus. Eodemque modo *h z g* acutangulus. Extrahatur autem de linea *a b* de puncto *d* linea supra angulum rectum transiens inter duos angulos *a d z* et *b d h*. Itemque de linea *a g* de puncto *z* linea supra angulum rectum transiens inter duos
135 angulos *a z d* et *g z h* conveniantque supra punctum *H*. Iungaturque *H* cum *a* et *b* et *g*. Erit *a d* sicut *b d* et *d H* communis dueque linee *a d* et *d H* sicut due linee *b d* et *d H* unaqueque sicut respiciens se. Angulusque *b d H* sicut angulus *a d H* alkaidaque *b H* sicut alkaida *a H*. Eodemque modo *a H* sicut *H g*. Latera itaque tria *H a* et *H b* et *H g* equalia. Patet
140 igitur quia supra centrum *H* et spatium *a* et *b* et *g* factus est circulus continens triangulum *a b g* tertio assignatum acutangulum. Et hoc est quod demonstrare intendimus.

<IV.6> Nunc demonstrandum est quomodo in circulo assignato quadratam superficiem describi conveniat.
145 *Exempli gratia*: Sit circulus assignatus *a b g d* in quo cum superficiem quadratam describere intenderimus, duas diametros eius producamus se invicem super angulum rectum incidentes sintque *a g* et *b d*. Iungaturque *a* cum *b* et *d* atque etiam *g* cum *b* et *d*. Dico itaque quia in circulo *a b g d* superficies quadrata facta est.

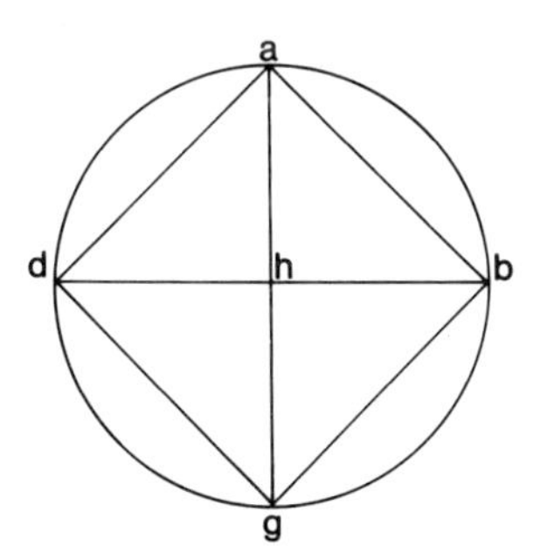

150 *Rationis causa*: Linea enim *b h* linee *h d* equalis. Sit autem *h a* communis, due itaque linee *b h* et *h a* sicut due linee *d h* et *h a*. At vero

131 acutangulus[1]] acuti anguli BO; acuti angulus P. | *h d b*] *d h b* BO. | acutangulus[2]] acuti anguli BO; acuti angulus P. 132 acutangulus] acuti anguli BO; acuti angulus P. | *d*] de P. 134 angulum rectum *tr.* B. 135 *a z d*] *a z a* P. 138 alkaidaque] basisque OP. | alkaida] basis OP. 140 circulus] cuius P. 141 acutangulum] acuti angulum BP. 141-142 Et ... intendimus *om.* B. 144 quadratam superficiem] quadrata superficies P. 145 *Exempli gratia om.* BOP. 146 quadratam] quadrata P. | duas *bis* B; duos P. 147 super] supra BP. 150 *ante h a add.* P *b g*.

angulus *b h a* sicut angulus *d h a*. Basis ergo *a d* sicut alkaida *a b*. Sunt autem *b g* et *g d* sicut *a b* et *a d*. Quadrilaterum ergo *a b g d* equilaterum. Sed etiam rectangulum. Angulum enim rectarum linearum
155 supra arcum in semicirculo rectum esse. Angulorum autem quadrilateri *a b g d* unusquisque in semicirculo supra arcum compositus. Sunt itaque omnes recti. Manifestum igitur est quia in circulo *a b g d* quadrata superficies supradicta ratione facta est equilatera atque rectangula. Et hoc est quod demonstrare intendimus.

160 <IV.7> Nunc demonstrandum est quomodo supra circulum assignatum quadratum continens describi conveniat.

Exempli gratia: Sit circulus assignatus *a b g d* supra quem cum quadratum continens describere intenderimus, duas circuli diametros producendas esse se invicem supra angulos rectos dividentes sintque *a g*
165 et *b d*. Extrahanturque de punctis *a* et *b* et *g* et *d* linee circulum contingentes sintque *z H* et *z t* et *t k* et *k H*. Dico itaque quia supra circulum *a b g d* quadratum continens supra quod *z t k H* factum est.

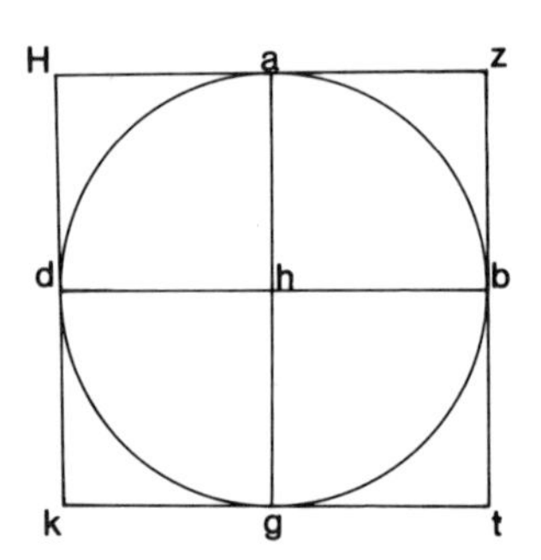

Rationis causa: Linea enim *z H* circulum contingente a contactu linea *a h* usque ad centrum producta est. Erit itaque *a h* linee *z H* perpen-
170 dicularis duoque anguli qui sunt *z a h* et *H a h* recti. Eademque ratione qui supra *b* et *g* et *d* recti. At vero *z a h* et *b h a* sicut duo anguli recti. Linee ergo *b h* et *z a* equidistantes. Quare *b z* et *h a* etiam equidistantes. Superficies ergo *z b a h* equidistantium laterum, latera itaque eius et

152 alkaida] basis OP. 154 rectangulum] rectiangulum B. 155 quadrilateri] quadrati lateri P. 157 igitur est *tr.* B. 158 atque rectangula] et rectiangula B. 158-159 Et ... intendimus *om.* B. 162 *Exempli gratia om.* BOP. | assignatus *om.* P. 164 producendas] producandas B; producendis P. | se invicem *om.* B. 165 linee] lineum P. 166 contingentes] contingentis P. 170 *H a h*] *H k h* P. 171 supra] super B. | et² *om.* P. 172 equidistantes¹] equidem P. | equidistantes²] equidem P.

anguli sibi invicem opposita equalia. Quare *z a* sicut *b h*. Atqui *b h* sicut
175 *g t*. Linea itaque *z a* sicut *g t*. Quare et *a g* sicut *t z*. Sed *a g* sicut *H k*. Superficies ergo *z t k H* equilatera. Sed et rectangula. Linee enim *b h* et *z a* equidistantes supra quas linea *b z* cecidit. Duo itaque anguli intrinseci *h b z* et *a z b* sicut duo anguli recti. Atqui *h b z* rectus. Relinquitur itaque *a z b* rectus. Quare anguli supra quos *t* et *k* et *H* et *z* recti. Superficies
180 itaque *z t k H* equilatera et rectangula quadrata. Sic igitur supra circulum assignatum *a b g d* quadratum continens descriptum est. Et hoc est quod demonstrare intendimus.

<IV.8> Nunc demonstrandum est quomodo in quadrato assignato circulum contentum describi conveniat.

185 *Exempli gratia*: Sit quadratum assignatum *a b g d* in quo cum circulum contentum describere intenderimus, singulas lineas *a d* et *a b* in duo media dividere habemus supra *h* et *z* extrahenturque ab eis due linee supra angulum rectum sintque *h H* et *z t*. Erit itaque *a h* sicut *h d*.

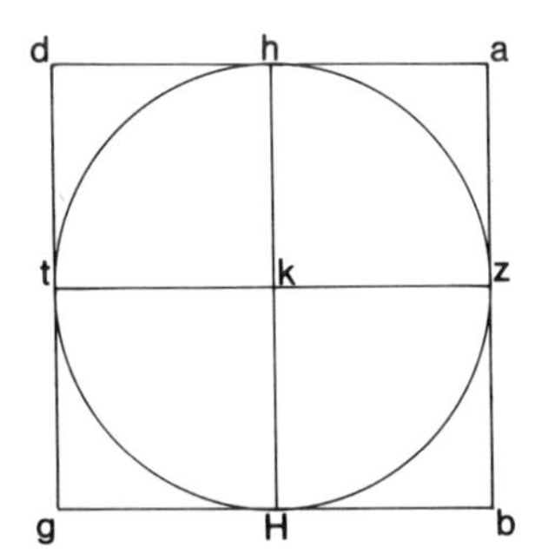

Totaque *a d* dupla *a h*. Similique modo *a b* dupla *a z*. Atqui *a d* sicut
190 *a b*. Quare *a h* equalis *a z*. Atqui *a h* equidistans *z k* atque *a z* equidistans *h k*. Superficies itaque *a z k h* equidistantium laterum. Latera itaque et anguli sibi invicem opposita equalia. Quare *z a* sicut *k h* et *z k* sicut *a h*. Sed *k z* equale *b H*. Quare *b H* sicut *a h* et *h H* sicut *a b* et *a z* sicut *h k*. At vero tota *a b* dupla *a z* et *h H* dupla *h k*. Quare *h k* sicut

174 anguli] angulis P. 174-175 sicut *g t om.* B. 175 *post* Sed *add.* B etiam. 176 *z t k H*] *z t k* BOP. | rectangula] rectiangula B. | Linee] linea P. | et² *om.* P. 177 equidistantes] equidem P. | supra] super B. 178 et *a z b*] *z a* et *b* P. 180 rectangula] rectiangula B. 181-182 Et ... intendimus *om.* B. 183 quadrato] quadratum P. 184-186 describi ... contentum *om.* P. 185 *Exempli gratia om.* BO. | cum *om.* B. 189-190 *a d*² ... Atqui *om.* P. 190 equidistans] equidem P. 190-191 equidistans] equidem P. 191 *a z k h*] *H z k h* B. | equidistantium] equidem P. 193 *a h*¹] *a l* B. | *h H*] *H* P. 194 *h k*¹] *k* P. | tota] totalis B. | *h H*] *h* P.

195 *k H*. Quare *z k* sicut *k t*. Sed *a h* equidistans *k z* supra quas linea *z a* cecidit. Duo itaque anguli intrinseci sicut duo anguli recti. Angulus autem *a z k* rectus. Reliquus ergo angulus *z a h* rectus. Atqui etiam *a h k* non minus rectus. Reliquus itaque *h k z* rectus. Erit itaque superficies *a z k h* equilatera et rectangula. Quare *h k* sicut *k z*. Atqui *k t* et *k H* 200 sicut *k z* et *k h*. Quattuor itaque latera *k h* et *k z* et *k H* et *k t* equalia. Sic igitur supra centrum *k* occupato spatio *z* et *h* et *H* et *t* circulus a quadrato *a b g d* contentus *h z H t* descriptus est. Et hoc est quod demonstrare intendimus.

<IV.9> Nunc demonstrandum est quomodo supra quadratum assigna- 205 tum circulum continentem describi conveniat.

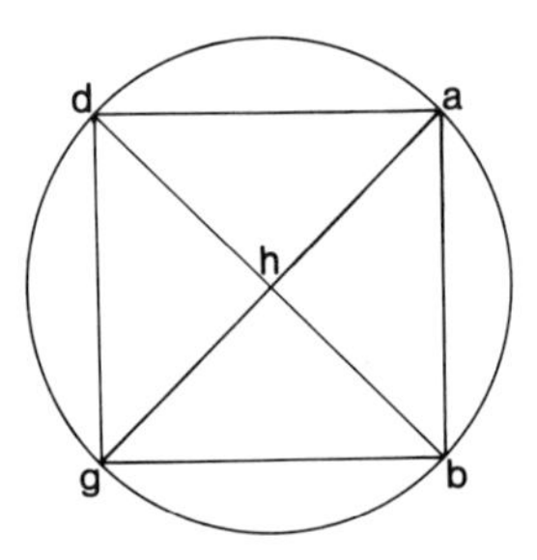

Exempli gratia: Sit quadratum assignatum *a b g d* supra quod cum circulum continentem describere intenderimus, iungetur *a* cum *g* et *b* cum *d*. Eritque *a b* sicut *a d*. Angulusque *b a d* rectus. Sed et duo anguli *d a g* et *b a g* unusquisque anguli recti medium duoque anguli *a b d* et *a d b* 210 unusquisque recti medium. Similiter etiam duo anguli *d g a* et *b g a* unusquisque recti medium. Angulus ergo *a d b* sicut *d a g*. Latus itaque *h a* sicut latus *h d*. Atqui *h g* et *h b* sicut *a h* et *h d*. Quattuor itaque latera *h a* et *h d* et *h b* et *h g* equalia. Sic igitur supra centrum *h* occupato spatio *a* et *b* et *g* et *d* circulus continens quadratum *a b g d* descriptus est. Et hoc 215 est quod demonstrare intendimus.

<IV.10> Nunc demonstrandum est quomodo triangulum duorum equalium laterum fieri conveniat, cuius uterque duorum angulorum supra basim reliquo angulo duplus.

195 equidistans] equidem P. 197 *a h k*] *a b k* P. 198 non minus *om*. B. 199 rectangula] rectiangula B. 200 *k z*[1]] *k h* P. 202-203 Et ... intendimus *om*. B. 204-205 quadratum assignatum *tr*. B. 206 *Exempli gratia om*. BOP. | quod] quem OP. 208 Angulusque] angulus P. 214-215 Et ... intendimus *om*. B. 216 est] intendimus B. | triangulum] trianguli P.

Exempli gratia: Sit linea *a b* dividaturque supra punctum *g* ut quod ex
220 ductu *a b* divise in *b g* sicut quod ex *a g* in seipsam ponaturque supra
centrum *a* occupando spatium *a* et *b* circulo *b d h* infra quem linea a
puncto *b* linee *a g* equalis extrahatur. Sitque *b d* iungaturque *g* cum *d* et *d*
cum *a* fiatque supra triangulum *a g d* circulus *a g d*. Quod itaque ex *a b*
in *b g* sicut quod ex *a g* in seipsam. Atqui *g a* sicut *b d*. Quod ergo ex *a b*
225 in *b g* sicut quod ex *b d* in seipsam. Est autem punctus *b* extra circulum
a g d a quo due linee ad circulum *a g d* producte sunt quarum una
incidens scilicet *b a*, altera contingens *b d*. Quod enim ex *a b* in *b g* sicut
quod ex *b d* in seipsam. Est ergo *b d* contingens circulum *a g d*. Extracta

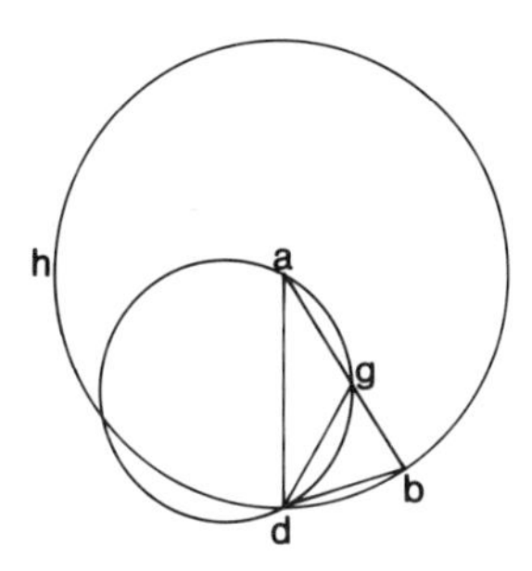

itaque a contactu linea *d g* circulum incidente et non transeunte per
230 centrum, erunt duo anguli qui ei collaterales sunt sicut duo anguli qui in
duabus circuli portionibus alternatim cadentes *g d b* sicut *g a d*. Sit autem
angulus *g d a* communis. Est ergo *b d a* duobus equalis qui sunt *g d a* et
d a g. At vero *g d a* et *d a g* sicut angulus extrinsecus *b g d*. Quare *b g d*
sicut *b d a*. Angulus itaque *d b a* equalis angulo *b g d*. Latus ergo *b d*
235 lateri *g d* equale. Sed *b d* sicut *a g*. Quare *a g* sicut *g d*. Angulus itaque
g a d equalis angulo *g d a*. Atqui *g a d* et *g d a* dupli *g a d*. Angulus
autem extrinsecus scilicet *b g d* sicut duo anguli *g a d* et *g d a*. Est ergo
b g d duplus angulo *d a g*. Atqui *b g d* sicut *a b d* et sicut *a d b*. Uterque
itaque scilicet *b d a* et *d b a* angulo *d a b* duplus. Triangulum igitur
240 duorum equalium laterum supra quem *a b d* hac ratione descripsimus
cuius uterque angulus supra basim *b d* angulo reliquo duplus. Et hoc est
quod demonstrare proposuimus.

219 *Exempli gratia om.* BOP. 220 *post* ex *add.* B quadratura. | ponaturque] ponatur itaque P. 221 et *om.* P. 222 *a g om.* B. | d^2 *om.* P. 223 *a g* d^1] *a b d* P. | *a g* d^2 *a g* P. 224 *b g*] *b d* P. | ex^1 *om.* P. 228 ergo] autem B. | *b d* contingens] punctus *b* extra B. 229 itaque] ita B. | et *om.* OP. 230 ei *om.* P. | sunt *om.* B. | in *om.* B. 231 autem *om.* B. 232 *g d* a^1] *g a d* B. 234 *d b a*] *b d a* BP | *b g d*] *b d g* P. 235 equale] equalis BP. 240 supra] super P. 241 angulo reliquo duplus *om.* P. 241-242 Et ... proposuimus *om.* B.

<IV.11> Nunc demonstrandum est quomodo in circulo assignato equalium laterum et angulorum pentagonum describi conveniat.

Exempli gratia: Sit circulus assignatus *a b g* in quo cum laterum et angulorum equalium pentagonum describere intenderimus, triangulum duorum equalium laterum cuius angulorum supra basim uterque reliquo sit duplus statuemus supra quem *d h z*. Deinde in circulo *a b g* triangulum angulorum equalium angulis trianguli *d h z* componemus. Sitque *a b g* cuius uterque angulus supra basim scilicet *a b g* et *a g b* angulo reliquo *b a g* duplus. Angulusque *b* in duo media dividatur linea *b d*. Angulusque *g* in duo media linea *g h*. Iungaturque *a* cum *h* et *h* cum *b* et *a* cum *d* et *d* cum *g*. Dico itaque quia in circulo *a b g* pentagonus descriptus est laterum equalium et angulorum supra quos *a b g d h*.

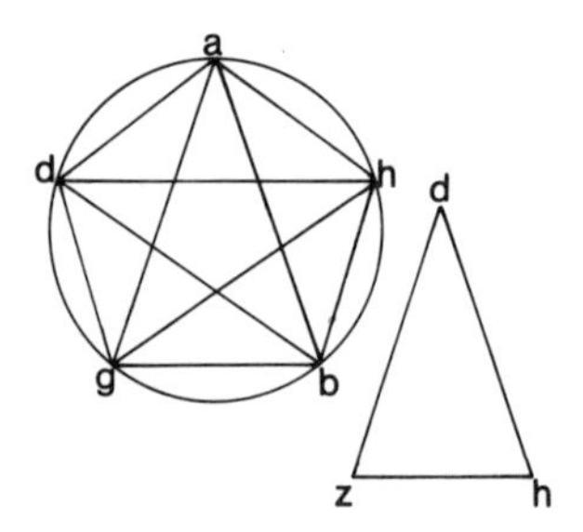

Rationis causa: Uterque enim duorum angulorum *b* et *g* duplus angulo *a*. Uterque vero eorum in duo media divisus. Anguli ergo quinque qui sunt *b a g* et *a g h* et *h g b* et *g b d* et *d b a* equales. Quare et arcus quinque supra quos *a h* et *h b* et *b g* et *g d* et *d a* similes. Pentagonus itaque *a b g d h* laterum equalium. At vero arcus *h b* sicut arcus *g d*. Sit autem *h a d* commune. Erit itaque *b h a d* arcui *h a d g* similis. Angulus vero *b g d* supra arcum *b h a d* cadit angulusque *g b h* supra arcum *h a d g*. Quare *g b h* sicut *b g d*. Quare etiam *g d a* et *d a h* et *a h b* sicut *d g b* et *g b h*. Sic igitur in circulo assignato *a b g* pentagonus laterum et angulorum equalium descriptus est. Et hoc est quod demonstrare intendimus.

245 *Exempli gratia om.* BOP. | *a b g*] *a b g d* P. 247 cuius] et B. | reliquo] reliquus P. 248 *a b g*] *a b g d* P. 250 *a b* g^2] *a b g d* P. 251 angulo] angulus P. | Angulusque *om.* P. 252 linea] dividatur B. 253 pentagonus] pentagemus P. 254 equalium] equalis P. 258 *d a*] *a* P. 259 equalium] equalis P. 260 *h a d*] *a h d* B. | *h a d g*] *h a d* P. 261 angulusque] angulus B. 262 *d a h*] *d z h* P. | *a h b*] *h a b* P. 264-265 Et ... intendimus *om.* B.

<IV.12> Nunc demonstrandum est quomodo supra circulum assignatum quinquangulum laterum et angulorum equalium describi conveniat.

Exempli causa: Sit circulus assignatus *a b g* supra quem cum pentagonum laterum et angulorum equalium describere intenderimus,
270 signentur supra circumferentiam puncta *a* et *b* et *h* et *d* et *g* a quibus linee circulum contingentes extrahentur sintque *H z* et *z t* et *t k* et *k l* et *l H* centro circuli *m*. Iungatur itaque *m* cum *a* et *b* et *z* et *t* et cum reliquis terminis. Sunt autem hec puncta pentagoni que supra posuimus in circulo *a b g* laterum et angulorum equalium. Arcus itaque *b a* sicut arcus *a g*.
275 Angulusque *b m a* sicut *a m g*. Sunt autem extracte a puncto *z* due linee circulum contingentes *z b* et *z a*. Quare *z b* sicut *z a*. Sit autem *z m* commune. Due ergo linee *a z* et *z m* sicut due linee *b z* et *z m* unaqueque sicut respiciens se. Atqui basis *a m* sicut basis *b m*, angulus itaque *a z m* sicut *b z m* triangulusque *a z m* sicut triangulus *b z m*. Duoque anguli
280 reliqui *z a m* et *a m z* sicut duo anguli reliqui qui sunt *z b m* et *z m b* unusquisque sicut respiciens se. Angulus *b m z* sicut *z m a*. Eodemque modo *a m H* sicut *H m g*. Atqui *b m a* duplus *z m a*. Unde et *g m a* duplus *H m a*. Est itaque *b m a* sicut *a m g*. Quoniam *z m a* sicut *a m H*. At vero *m a z* rectus sicut *m a H* rectus. Angulique trianguli
285 *z a m* qui sunt *z m a* et *z a m* sicut duo anguli trianguli *H a m* qui sunt

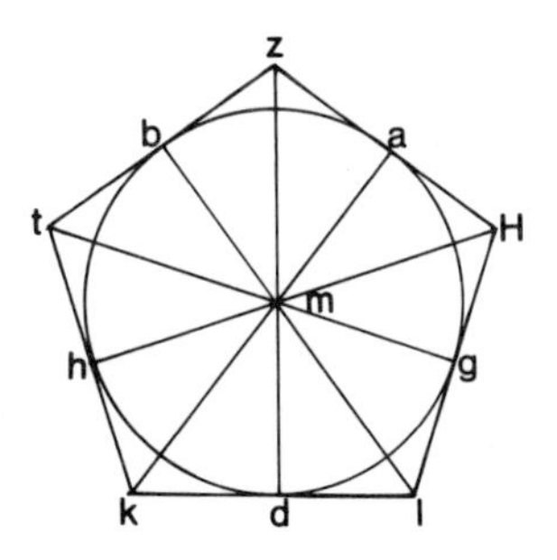

H a m et *a m H*. Latusque commune duobus angulis equalibus supra duos angulos rectos estque *m a*. Reliqua ergo unius trianguli latera duos angulos equales respicientia sicut duo reliqua alterius trianguli latera

267 quinquangulum] quadrangulum B. | equalium] equalis P. 267-269 describi ... equalium *om.* P. 268 *Exempli causa om.* BO. 271 extrahentur] extrahantur P. 272 Iungatur] Iungetur B. 274 equalium] equalis P. | Arcus[1]] Atque P. | *b a*] *l g* P. 277 ergo] quoque B. | linee[1] *bis* P. 279 *a z m*] *b z m* P. 281 Eodemque] Eodem B. 282 *H m g*] *a H m g* P. 283 *post b m a add.* P eodemque modo *a m h* sicut *H m g*. Atqui *b m a*. 285 sicut *om.* P.

unumquodque sicut respiciens se. Latus *z m* sicut latus *m H*. Angulusque *m z a* sicut *m H a*. Atque *z a* sicut *a H*. Tota itaque *z H* dupla *H a*. Similique modo *H l* dupla *H g*. Atqui *H g* sicut *H a*. Quare *z H* sicut *H l*. Similiterque *l k* sicut *k t* et *t z* sicut *z H* et *H l*. Pentagonus itaque *H z k t l* equalium laterum. Sed et angulorum equalium. Angulus enim *m z b* sicut *m z a*. Totusque *b z a* duplus *m z a*. Similiter etiam *a H g* duplus *m H a*. Atqui *m z a* sicut *m H a*. Quare *b z a* sicut *a H g*. Eademque ratione manifestum est quia singuli anguli *g l d* et *d k h* et *h t b* sicut duo anguli *z* et *H*. Pentagonus itaque *z t k l H* laterum et angulorum equalium. Hac igitur ratione supra circulum assignatum pentagonum laterum et angulorum equalium descriptum habemus. Et hoc est quod demonstrare proposuimus.

<IV.13> Nunc demonstrandum est quomodo in pentagono assignato laterum et angulorum equalium circulum contentum describi conveniat.

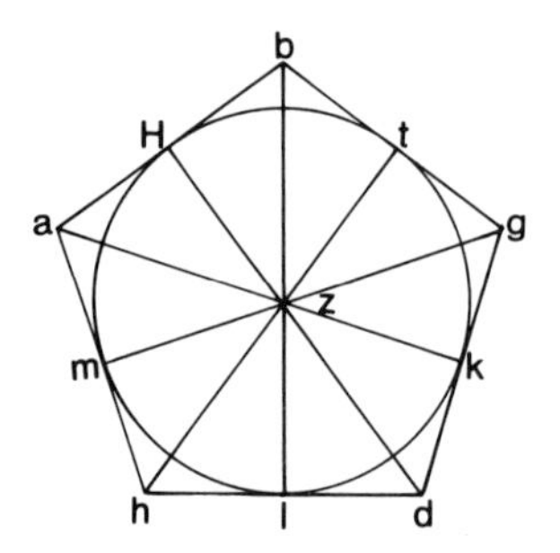

Exempli gratia: Sit pentagonus assignatus *a b g d h* in quo cum circulum contentum describere intenderimus, dividetur angulus *g* in duo media linea *g z*. Angulus etiam *d* in duo media linea *d z* supra *z* convenientibus. Exeantque a puncto *z* perpendiculares lineis *a b* et *g b* et *g d* et *d h* et *h a* sintque *H z* et *t z* et *k z* et *l z* et *m z*. Iungeturque *b* cum *z* et *z* cum *h* et *z* cum *a*. Angulus itaque *t g z* sicut angulus *k g z*. Atqui *g t z* rectus sicut *g k z*. In triangulo ergo *z t g* anguli qui sunt *t g z* et *g t z* sicut anguli trianguli *z k g* qui sunt *k g z* et *g k z* unusquisque sicut respiciens se, scilicet, *t g z* sicut *k g z* et *g t z* sicut *g k z*, duobus autem

289 *z m*] *m H* P. 292 *z H* et *H l*] *t h* P. 293 *H z k t l*] *H z k t b* P. | equalium[1]] equalis P. | equalium[2]] equalis P. 294 *b z a*] *b a z* P. | *post m z a*[2] *add.* P duplus. 296 Eademque] Eadem B. | *g l d*] *m l d* BOP. 297 *post z t k l H add.* P *l*. 299-300 Et ... proposuimus *om.* B. 301 demonstrandum] deinde P. | assignato] assignatio P. 303 *Exempli gratia om.* BOP. | pentagonus] pentus P. 304 duo] quo P. 305 *d z*] *g d z* P. 306 perpendiculares] perpendicularis P. 307 *H z*] *H* P. 309 *z t g*] *z z g* P. 311 *g t z*] *t g z* P.

angulis equalibus unum latus commune eos communiter respiciens estque *g z*. Latera ergo unius trianguli reliqua sicut alterius reliqua latera unumquodque sicut respiciens se scilicet *t z* sicut *k z*. Sed *z m* et *z l* et *z H* sicut
315 *z t* et *z k*, latera itaque quinque *z H* et *z t* et *z k* et *z l* et *z m* equalia. Sicque supra centrum *z* occupato spatio *z H* describatur circulus supra cetera puncta transiens lateraque *a b* et *b g* et *g d* et *d h* et *h a* contingens. Hac igitur ratione manifestum est in pentagono *a b g d h* laterum et angulorum equalium circulum *H t k l m* descriptum esse. Et hoc est
320 quod in hac figura demonstrare intendimus.

<IV.14> Nunc demonstrandum est quomodo supra pentagonum laterum et angulorum equalium assignatum circulum continentem describi conveniat.

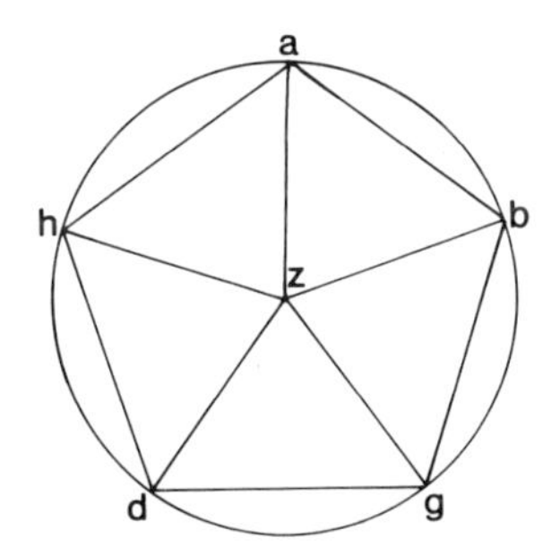

Exempli gratia: Sit pentagonus assignatus *a b g d h* in quo cum
325 circulum continentem describere intenderimus, angulum *b g d* in duo media dividemus linea *g z*. Angulumque *g d h* in duo media linea *d z* convenientibus supra punctum *z*. Iungeturque *z* cum *b* et *a* et *h* eritque *b g* sicut *g d*. Sit autem *g z* communis, due itaque linee *b g* et *g z* sicut due linee *g d* et *g z* unaqueque sicut respiciens se. Angulus autem *b g z*
330 sicut *d g z*. Basis ergo *b z* basi *d z* equalis triangulusque *z b g* sicut triangulus *z d g* duoque anguli reliqui *z b g* et *b z g* sicut duo reliqui anguli *z d g* et *d z g* unusquisque sicut respiciens se latera equalia respicientes *z b g* sicut *z d g*. Atqui *z d g* sicut *z d h*. Quare *g d h* duplus

312 *post* respiciens *add.* P est. 313 ergo] quoque B. 317 cetera] centra P. | contingens] contingentes O. 318 manifestum est] contingit B. 319 equalium] equalis P. 319-320 Et ... intendimus *om.* B. 320 in hac figura *om.* P. 321 demonstrandum] deinde P. 322 equalium] equalis P. | continentem] contingentem B. 323 describi] describere P. 324 *Exempli gratia om.* BOP. 328 *g d*] *b d* P. | *g z*[1]] *d z* B. 330 *d g z*] *g d z* P. 331 *post* anguli *add.* P recti. 333 *ante z d g*[1] *add.* P *g b a* et *z d g* sicut *z b g*. Quare *g b a*.

angulo *z d g*. At vero *g d h* sicut *g b a* et *z d g* sicut *z b g*. Quare *g b a*
335 duplus angulo *z b g*. Quia *a b z* sicut *g b z*. Itemque linea *a b* sicut linea *b g*. Sit autem *b z* communis. Due ergo linee *a b* et *b z* sicut due linee *g b* et *b z* unaqueque sicut respiciens se. Angulus autem *a b z* sicut *g b z*. Quare basis *z a* sicut basis *z g*. Latera ergo quinque *z a* et *z b* et *z g* et *z d* et *z h* equalia. Sic igitur supra centrum *z* occupato spatio *a* circulus
340 pentagonum laterum et angulorum equalium continens descriptus est. Et hoc est quod demonstrare intendimus.

<IV.15> Nunc demonstrandum est quomodo in circulo assignato exagonum laterum et angulorum equalium describi conveniat.

Exempli gratia: Sit circulus assignatus *a b g*. Sit eius diametros *d g*, sit
345 centrum eius punctus *h*. Cum itaque in eo exagonum laterum et angulorum equalium describere intenderimus, ponetur supra centrum *g* occupatoque spatio inter *g* et *h* circulo *h b z a* iungetur *a* cum *h* et *b* cum *h* duabus lineis usque ad *H* et *t* directe productis. Iungatur etiam *a* cum *g* et *g* cum *b* et *b* cum *H* et *H* cum *d* et *d* cum *t* et *t* cum *a*. Dico itaque quia
350 in circulo *a b g d* exagonum laterum et angulorum equalium descripsimus supra quem *a t d H b g*.

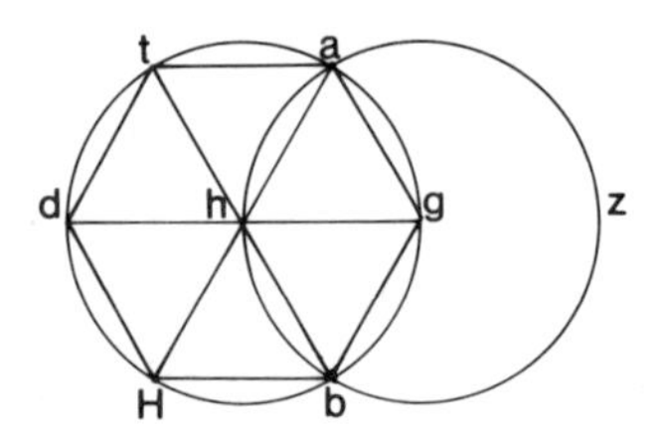

Rationis causa: Circuli enim *a d b g* centro existente *h* fiet *a h* sicut *h g*. Itemque puncto *g* centro circuli *h b z a* fiet *a g* sicut *g h*. Erit itaque triangulus *a h g* laterum et angulorum equalium. Angulus *a h g* due
355 tertie anguli recti. Itemque angulus *g h b* due tertie recti. Totus ergo *a h b* rectus et tertia pars anguli recti. Atqui *t h a* et *a h b* sicut duo anguli recti. Relinquitur itaque angulus *a h t* due tertie recti. At vero *a h t* sicut *b h H*

334 *g b a*[1]] *b g a* B. | *z d g*[2]] *z g d* P. 335 linea[2] *om.* P. 336 *post b z*[1] *add.* P sicut due linee *g b* et *b z*. 337 unaqueque] unumquodque P. 340 pentagonum] punctum P. | equalium] equalis P. 340-341 Et ... intendimus *om.* B. 342 demonstrandum] deinde P. | in circulo] circulus P. 343 exagonum *om.* B. | equalium] equaliter P. 344 *Exempli gratia om.* BOP. | *d g*] *b g* P. | sit[3]] sicut P. 345 *h*] *b* P. 346 equalium] equales P. 348 productis] producas P. 350 angulorum] angulum P. | equalium] equaliter P. 351 *a t d H b g*] *a t d H b H* P. 352 *post causa add.* B in proposita. 354 Angulus] Angulusque BP. | *a h g*[2]] *b a g* P. 357 *ante* recti *add.* B anguli. | *b h H*] *h b H* P.

atque *a h g* sicut *d h H* atque *g h b* sicut *t h d*. Omnes itaque sex anguli supra *h* singuli quorum due tertie anguli recti sunt equales. Itemque sex
360 arcus equales suntque *a t* et *t d* et *d H* et *H b* et *b g* et *g a*. Exagonus itaque *a t d H b g* laterum equalium. Arcus autem *d H* sicut arcus *b g*. Sit autem *d t a g* communis. Totus ergo arcus *d t a g b* sicut totus arcus *g a t d H*. Supra arcum vero *d t a g b* angulus *d H b* cadit. Supraque arcum *g a t d H* angulus *H b g* cadit. Angulus itaque *H b g* sicut angulus
365 *b H d*. Similique modo anguli *d* et *t* et *a* et *g* equales angulis *H* et *b*. Patet itaque quia exagonus laterum et angulorum equalium in circulo *a b g* descriptus est. Itemque supra circulum assignatum exagonum laterum et equalium angulorum atque in exagono assignato laterum et angulorum equalium circulum contentum. Sed et supra exagonum assignatum
370 laterum et angulorum equalium circulum eum continentem facere quemadmodum de pentagono docuimus. Manifestum igitur est quomodo in circulo assignato exagonum laterum et angulorum equalium describi conveniat.

Unde etiam patet quia latus exagoni linee a centro ad circumferentiam
375 equale. Et hoc est quod demonstrare intendimus.

<IV.16> Nunc demonstrandum est quomodo in circulo assignato figuram quindecim angulorum et laterum equalium contentam describi conveniat.

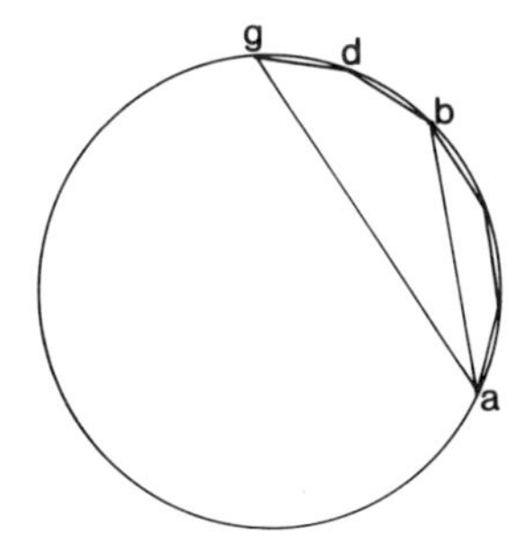

Exempli gratia: Sit circulus assignatus *a b g* in quo cum figuram
380 quindecangulam laterum et equalium angulorum describere intenderi-

358 *t h d*] *t h b* P. 359 anguli recti *tr.* B. 361 *a t d H b g*] *a t d H b h* P. 363-364 Supraque arcum] Supra que arcus P. 365 et[4] *om.* P. 366 itaque] ergo B. | exagonus] exangulus P. | angulorum equalium] angulus equaliter P. 368-370 equalium ... et *om.* P. 368 equalium angulorum *tr.* B. 370 angulorum equalium] angulum equalis P. 372 angulorum equalium] angulum equaliter P. 374 exagoni] exangoni P. 375 equale] equalis BP. | *post* equale *add.* B Corolarium. | Et ... intendimus *om.* B. 376 demonstrandum] deinde P. 377 angulorum ... equalium] equalium laterum et angulorum B. | et laterum equalium] latus et equaliter P. 379 *Exempli gratia om.* BOP.

mus, superficies triangula laterum et angulorum equalium in circulo designetur supra cuius summitates *a* et *g* signa ponantur. Exeatque a puncto *a* latus pentagoni laterum atque angulorum equalium infra portionem *a g* assignatam supra quam *a* et *b*. Cum vero circumferentia in
385 xv partes divisa fuerit, lineam *a g* supra v partes cadere necesse est lineaque *a b* que pentagoni latus est supra tres partes cadet. Relinquunturque due. Itemque arcus *b g* in duo media supra *d* divisus. Iungatur itaque *b* cum *d* et *d* cum *g* eritque arcus *b d* sicut arcus *d g*. Atque corda *b d* sicut corda *d g*. Tota itaque circumferentia circuli in
390 modum arcus *d g* divisa supraque arcus singulos corda posita descripta erit in circulo assignato figura xv laterum et angulorum equalium. Et hoc est quod demonstrare proposuimus. Deinde supra circulum quemlibet assignatum figuram xv angulorum et laterum equalium atque in omni figura quindecangula assignata circulum describi convenit sicut in tractatu
395 pentagoni docuimus.

381 superficies] supra figuram P. | equalium] equalis P. 382 designetur] designatur B. 383 latus] latera P. | laterum ... equalium] linea angulum equaliter P. | atque] et B. 384 circumferentia] circumferentiam P. 385 supra] super P. 387 Itemque] suntque OP. | media *om.* P. 388 *d g tr.* B. 389 Atque] et B. | circumferentia] circumferia P. 390 *d g tr.* B. | supraque] supra quem P. 391 xv] quinque B. | angulorum equalium] angulum equalem P. 391-392 Et[2] ... proposuimus *om.* B. 392 quemlibet *om.* B. 393 equalium] equalis P. 394 assignata] assignatum P.

< Liber V >

Liber quintus xxv propositiones continens.

< Definitiones >

<i> Pars est quantitas quantitatis, minor maioris cum minor maiorem numerat.

<ii> Multiplex est maior minoris cum eum minor numerat.

<iii> Proportio est quantitatum duarum quantecumque fuerint eiusdem generis quantitatum unius ad alteram certitudo.

<iv> Proportionalitas est similitudo proportionum.

<v> Quantitates que dicuntur continuam proportionalitatem habere sunt quarum eque multiplicia aut equa sunt aut eque sibi sine interruptione addunt vel minuunt.

<vi> Quantitates que dicuntur secundum proportionem unam, prima ad secundam et tertia ad quartam, sunt quarum prime et tertie multiplicationes equales multiplicationibus secunde et quarte equalibus quecumque sint multiplicationes fuerint similes vel additione vel diminutione vel equalitate eodem ordine sumpte.

<vii> Quantitates quarum proportio una proportionales nominantur.

<viii> Cum fuerint multiplicationes prime et tertie equales, itemque secunde et quarte multiplicationes equales, addetque multiplicatio prime supra multiplicationem secunde, non addet autem multiplicatio tertie supra multiplicationem quarte: dicetur prima maioris proportionis ad secundam quam tertia ad quartam.

<ix> Est autem proportionalitas ad minus inter tres terminos constituta.

2 *ante* Liber *add.* B Incipit; P Geometrice demonstrationis Euclidiz. | xxv ... continens *om.* P. 4 minor[1] *om.* P. 7 quantitatum] quantitatis OP. | fuerint] fiunt O. 8 quantitatum] quantitatis P. | certitudo] ertitudo P. 11 eque[2]] equa P. 13 *post* dicuntur *add.* P esse. 16 sint] sunt B; fuerint P. 17 additione] additionem P. | diminutione vel equalitate] diminutionem vel equalitatem P. 19 Quantitates] Quantitatum P. | una] prima P. | proportionales] proportionalitates B. 20-21 itemque ... equales *in marg.* P. 21 addetque] adeoque B. 22 prime *om.* B. | supra *om.* P. 27 constituta] constitutam B.

<x> Cum fuerint tres quantitates proportionales, erit proportio prime ad tertiam sicut proportio prime ad secundam repetita.

30 <xi> Quantitatum que sunt in proportione una, precedens ad sequentem et precedens ad sequentem, erit e contrario sicut sequens ad precedentem sic etiam sequens ad precedentem.

<xii> Itemque alternatim sicut precedens ad precedentem sic etiam sequens ad sequentem.

35 <xiii> Coniuncta proportionalitas dicitur quociens sicut precedens cum sequente ad sequentem, sic etiam precedens cum sequente ad sequentem.

<xiv> Disiuncta proportionalitas dicitur augmentorum antecedentium ad consequentia equa proportio.

40 <xv> Eversa proportionalitas dicitur proportio precedentium ad additionem earum supra sequentes.

<xvi> Equa proportionalitas dicitur quantitatibus pluribus propositis aliisque secundum eundem numerum in una proportione applicatis mediorum numero equali remoto extremitatum
45 similis proportio.

<v.1> Cum proposite fuerint quelibet quantitates in quibus aliarum quantitatum multiplicationes secundum eundem numerum eis associatarum fuerintque multiplicationes equales, quod erit in una quantitate ex multiplicatione sue comparis sicut quod in toto ex multiplicatione totius
50 erit.

Exempli gratia: Sint due quantitates $a\ b$ et $g\ d$ in quibus multiplicitates quantitatum duarum aliarum, suntque quantitates h et z, multiplicitatesque equales, quod in $a\ b$ ex multiplicatione sue comparis que est h, sicut quod in $g\ d$ ex multiplicatione comparis que est z. Dico itaque quia quod
55 erit in $a\ b$ ex multiplicatione h sicut quod in $a\ b$, $g\ d$ ex comparatione h et z.

30 sunt in proportione] similes habent proportiones B. 31 et ... sequentem[2] *om.* P. 32 sic etiam *om.* P. 33 Itemque] Item que B. | sic etiam *om.* P. 36 cum sequente[1]] consequentem B; cum consequente P. | sic etiam *om.* P. | cum sequente[2]] consequente BP. 39 equa] equalis P. 40 ad *om.* B. 41 additionem] additione B. | earum] eorum B. | supra] super P. 44 mediorum] medio B. | equali] equalitatis B. | extremitatum] exterminatum BP. 47 secundum] sed P. | eundem numerum *tr.* B. 47-48 associatarum] asociatarum P. 48 in] ex B. | quantitate] qualitate P. 50 erit *om.* B; *superscr.* O. 51-52 multiplicitates ... suntque] multiplicitatis dividuntur aliarum quantitatum. Itemque B. 52 quantitatum] quantitates P. 53 equales *om.* P. 53-54 ex ... $g\ d$ *in marg;* B. 55 comparatione] multiplicatione OP. 55-56 h et z] $h\ z$ et P.

Rationis causa: Dividatur enim *a b* in quanta *h*, sintque *a H* et *H b* dividentia. Dividaturque *g d* in quanta *z*, sintque dividentia *g t* et *t d*. Eritque numerus *a H* et *H b* sicut numerus *g t* et *t d*. Atqui *a H* sicut *h* et

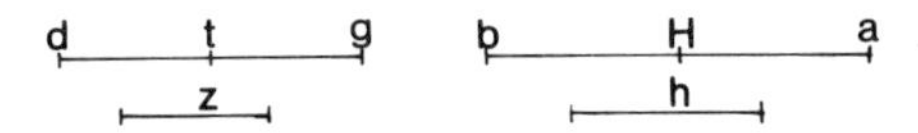

g t sicut *z*. Erunt itaque *a H* et *g t* sicut *h* et *z*. Quare *H b* et *t d* sicut *h* et *z*. Relinquitur ergo quod in *a b* ex multiplicatione *h* sicut quod in *a b*, *g d* ex comparatione *h* et *z*. Et hoc est quod demonstrare intendimus.

<v.2> Cum proposite fuerint alique quantitates quarum quod in prima ex comparatione secunde sicut quod in tertia ex comparatione quarte, et in quinta ex comparatione secunde sicut quod in sexta ex comparatione quarte, erit quod in toto prime et quinte ex comparatione secunde sicut quod in toto tertie et sexte ex comparatione quarte.

Exempli gratia: Sit prima *a b* in qua ex comparatione secunde, que est *g*, sicut quod in tertia, que est *d h*, ex comparatione quarte, que est *z*; et in quinta, scilicet, *b H* ex comparatione secunde, que est *g*, sicut quod in sexta *h t* ex comparatione quarte, scilicet, *z*. Dico itaque quia quod in toto prime et quinte, quod est *a H*, ex comparatione secunde *g* sicut quod in toto tertie et sexte, quod est *d t*, ex comparatione quarte, scilicet, *z*.

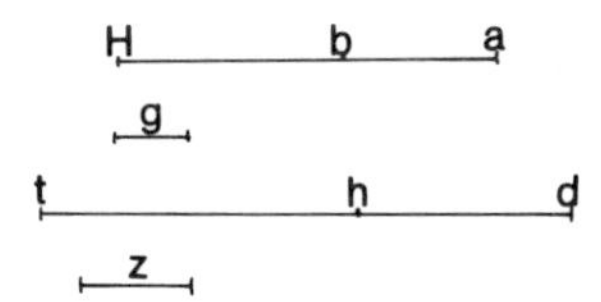

Rationis causa: Si enim quod est in *a b* ex comparatione *g* sicut quod in *d h* ex comparatione *z*. Quodque in *b H* ex comparatione *g* sicut quod in *h t* ex comparatione *z*. Quicquid etiam erit in toto *a H* ex comparatione *g*

57 enim *om.* B. | quanta] quantitate P. 58 quanta] quantitate P. 59 *g t*] *g d t* P. | *h*] *a H* P. 60 *z*[1]] etiam P. | sicut *h*[1] *bis* B. | *h* et *z*[1]] *h z* et P. 62 comparatione] multiplicatione OP. | Et ... intendimus *om.* B. 64 comparatione[1]] multiplicatione OP. | tertia] tria P. | comparatione[2]] multiplicatione OP. 65 quinta] sexta P. | comparatione[1]] multiplicatione OP. | comparatione[2]] multiplicatione OP. 66 comparatione] multiplicatione OP. 67 comparatione] multiplicatione OP. 68 comparatione] multiplicatione OP. 69 tertia] tria P. | comparatione] multiplicatione OP. 70 comparatione] multiplicatione OP. 71 sexta] sexto P. | comparatione] multiplicatione OP. 72 comparatione] multiplicatione OP. | *ante g add.* B scilicet. 73 comparatione] multiplicatione OP. 74 est *om.* P. | comparatione] multiplicatione OP. 75 *d h*] *d g h* P. | comparatione[1]] multiplicatione OP. | comparatione[2]] multiplicatione OP. 75-76 *g* ... comparatione[1] *om.* P. 76 comparatione[1]] multiplicatione OP. | etiam *om.* P. | comparatione[2]] multiplicatione OP.

sicut quod in toto *d t* ex comparatione *z*. Et hoc est quod demonstrare intendimus.

<v.3> Cum fuerit in prima ex comparatione secunde sicut quod in tertia ex comparatione quarte, ad primam vero et tertiam multiplicitates equales accepte fuerint, erit quod in comparatione accepta ad primam ex comparatione secunde sicut quod in comparatione accepta ad tertiam ex comparatione quarte.

Exempli gratia: Sit prima *a* in qua ex comparatione secunde *b* sicut quod in tertia *g* ex comparatione quarte que est *d*, multiplicitasque accepta ad primam *h z*, multiplicitas vero accepta ad tertiam *H t*, multiplicitasque *h z*, que est *a*, multiplicitati *H t*, que est *g*, equalis. Dico itaque quia quod erit in *h z* ex comparatione *b* sicut quod in *H t* ex comparatione *d*.

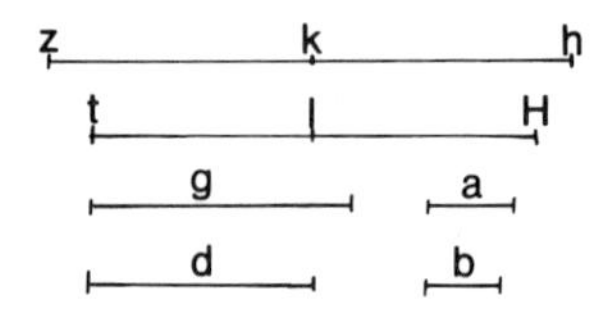

Rationis causa: Dividatur enim *h z* in quanta *a*, sintque dividentia *h k* et *k z*. Itemque dividatur *H t* in quanta *g*, sintque dividentia *H l* et *l t*. Eritque numerus in *h z* ex comparatione *a* qui est *h k* et *k z*, sicut numerus in *H t* ex comparatione *g*. Estque *H l* et *l t*. Quod autem in *a* ex comparatione *b* sicut quod in *g* ex comparatione *d*. At vero *a* sicut *h k*, et *g* sicut *H l*. Quod itaque in *h k* similium *b* sicut quod in *H l* similium *d*. Quare quod in *k z* similium *b* sicut quod in *l t* similium *d*. Sitque prima *h k* in qua quod ex comparatione secunde, scilicet, *b* sicut quod in tertia *H l* ex comparatione quarte que est *d*. Quod vero in quinta *k z* ex comparatione *b* sicut quod in sexta *l t* ex comparatione *d*. Quod itaque in toto prime et quinte, quod est *h z*, ex comparatione *b* sicut quod in toto tertie et sexte, quod est *H t*, ex comparatione *d*. Illud igitur quod in *h z* ex comparatione *b* sicut quod in *H t* ex comparatione *d*. Et hoc est quod demonstrare intendimus.

77 comparatione] multiplicatione OP. | *z om.* P. 77-78 Et ... intendimus *om.* B. 79 comparatione] multiplicatione OP. | sicut *om.* O. 80 comparatione] multiplicatione OP. | ad] et P. | vero] secundo P. 81 quod] que B. | in] ex P. | comparatione] multiplicatione P. 84 *b*] *d* P. 85 *d om.* P. | multiplicitasque] multiplicitas B. 87 *ante a add.* P in. 89 quanta] quantitate P. 89-90 sintque ... *g om.* B. 89 dividentia *om.* P. 90 quanta] quantitate P. 92 *H l*[1]] *H* P. | autem *om.* B. 94 *H l*] *H* linea P. | similium[1]] simul ut P. 97 *H l*] *k l* P. 98 itaque *in marg.* B. 101-102 Et ... intendimus *om.* B.

<v.4> Cum fuerit proportio prime ad secundam sicut tertie ad quartam accepteque fuerint ad primam et tertiam multiplicitates equales, itemque ad secundam et ad quartam alie multiplicitates equales, erunt multiplicitates prime et tertie ad multiplicitates secunde et quarte, cum proportiones supra primam sequuntur altera alteram eodem ordine.

Exempli gratia: Sit prima *a* cuius proportio ad secundam *b* sicut proportio tertie *g* ad quartam *d*. Sumanturque ad *a* et *g* multiplicitates equales *h* et *z*. Itemque ad *b* et *d* alie multiplicitates equales *H* et *t*. Dico quia proportio *h* ad *H* sicut proportio *z* ad *t*.

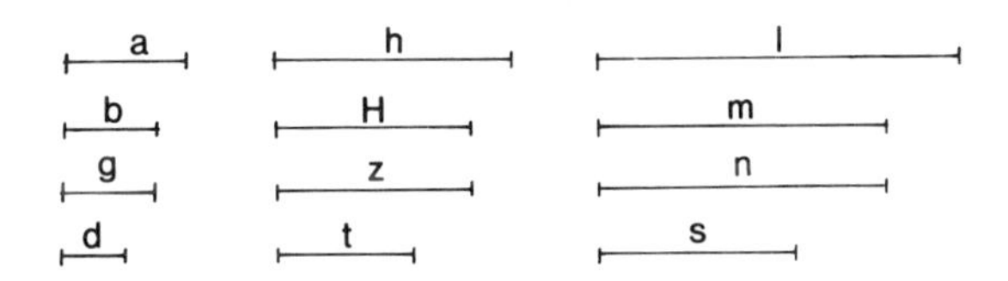

Rationis causa: Sumantur enim ad *h* et *z* multiplicitates equales sintque *l* et *n*. Itemque ad *H* et *t* multiplicitates equales, sintque *m* et *s*. Erat autem proportio *h* ad *a* sicut proportio *z* ad *g*. Atqui *l* et *n* multiplicitates *h* et *z*, erit itaque proportio *l* ad *a* sicut proportio *n* ad *g*. Eodemque modo proportio *m* ad *b* sicut proportio *s* ad *d*. Atqui proportio *a* ad *b* sicut proportio *g* ad *d*. Erant autem ad *a* et *g* multiplicitates equales *l* et *n* atque ad *b* et *d* multiplicitates equales *m* et *s*. Quanta itaque additio *l* supra *m* tanta additio *n* supra *s*. Si vero duo equalia fuerint, erunt et alia duo equalia. Si vero altera minor altera fuerit, erit altera altera minor. Erit igitur proportio *h* ad *H* sicut proportio *z* ad *t*. Et hoc est quod demonstrare intendimus.

<v.5> Si proposite fuerint due quantitates quarum una alterius sit pars, minuaturque de unaquaque earum ipsa pars, erit reliquum reliquo sicut totum toti.

Exempli gratia: Sit *g d* pars *a b*, dueque earum minorationes *a h* et *g z*. Dico quia quod in *h b* reliqua ex comparatione *z d* relique sicut quod in *a b* ex comparatione *g d*.

103 quartam] tertiam P. 105 *post* erunt *add.* B eodem modo. 106 multiplicitates] multiplicitatem P. 107 sequuntur] sequantur P. | eodem ordine *in marg.* B 108 *b*] *d* B. 109 Sumanturque] Sumaturque B. 110-112 *h* ... equales *om.* P. 112 sintque] sitque BOP. 113 sintque] sitque BP; sicut O. 114-115 Atqui ... *g om.* P. 117 Erant] Erat B. | *l* et *n*] *m* P. 118 multiplicitates] multiplicationes O. | Quanta] Quam P. | *l*] linee P. 119 additio] additum P. 121-122 Et ... intendimus *om.* B. 124 unaquaque] prima qua P. 126 pars] partes P. | *a h*] *a b* P.

Rationis causa: Ponatur etenim quod in *a h* ex comparatione *g z* sicut
130 quod in *h b* ex comparatione *g H*. Eritque multiplicitas *a h* ad *g z* sicut
multiplicitas *a b* ad *H z*. Atqui quanta multiplicatio *a h* ad *g z* tanta multi-

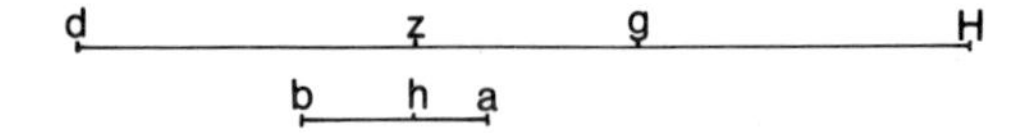

plicatio *a b* ad *g d*. Quare *H z* sicut *d g*. Reiciaturque *g z* communis.
Relinquitur itaque *H g* sicut *z d*. Quanta autem multiplicitas *a h* ad *g z*
tanta multiplicitas *h b* ad *g H*. Atqui *g H* sicut *z d*. Quanta itaque multi-
135 plicitas *a h* ad *g z* tanta multiplicitas *h b* ad *z d*. At vero quanta multiplicatio *a h* ad *g z* tanta multiplicatio *a b* ad *g d*. Quod igitur in reliqua
h b ex comparatione *z d* sicut quod in *a b* ex comparatione *g d*. Et hoc est
quod demonstrare intendimus.

<v.6> Si proposite fuerint due quantitates in quibus duarum aliarum
140 multiplicitates quantitatum equales, dueque minores a duabus maioribus
demantur, unaqueque scilicet a sua multiplice, erit quod in duabus reliquis
ex comparatione duarum minorum unum alteri equale.

Exempli gratia: Sit in *a b* et *g d* multiplicitas *h* et *z* equalis. Quodque in
a b ex comparatione *h* sicut quod in *g d* ex comparatione *z*. Dematurque
145 ex *a b*, *a H* et *g t* ex *g d*, sintque sicut *h* et *z*. Dico quia quod in *H b* et *t d*
reliquas ex comparatione *h* et *z* unum alteri equale.

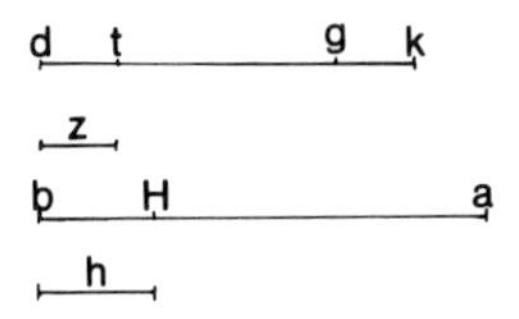

Rationis causa: Sit enim prima *H b* sicut *h*. Dico quia *t d* sicut *z*.
Ponaturque *g k* sicut *z*. Quanta autem multiplicitas *a b* ad *h* tanta multiplicitas *g d* ad *z*. Atqui *h* sicut *b H* atque *z* sicut *g k*. Quanta autem multi-
150 plicitas *a b* ad *h* tanta multiplicitas *k t* ad *z*. Quanta vero multiplicitas *a b*
ad *h* tanta multiplicitas *g d* ad *z*. Quanta itaque multiplicatio *k t* ad *z* tanta

129 quod] quia OP. 130 Eritque] Erit B. 131 quanta] quantitas P. | multiplicatio] multiplicationis P. 131-132 multiplicatio *om.* P. 132 Reiciaturque] reicieturque P. 133 Relinquitur *om.* P. | *a h* ad *g z*] *a z* ad *z* P. 134-135 *g* H^1 ... ad^2 *om.* B. 137 *g d*] *z d* O. 137-138 Et ... intendimus *om.* B. 139 proposite fuerint] fuerint posite B. | quantitates] quantitatis P. 140 multiplicitates quantitatum *tr.* B. | quantitatum] quantitates P. 141 demantur] demanentur P. | sua] sui B. | multiplice] multiplicitate P. | erit quod] eritque P. 142 equale] equali O. 145 sicut *om.* OP. 146 equale] equalis O. 147 $sicut^2$] sed P. 151 ad *h*] et *d h* P. | *ante* z^2 *add.* P *a*.

multiplicitas *g d* ad *z*, quare *k t* sicut *g d*. Reiciatur itaque *g t* commune. Relinquitur igitur *k g* sicut *t d*. Sed *k g* sicut *z*. Erit itaque *t d* sicut *z*. Eodemque modo manifestum est quia si esset in *H b* multiplicitas maior
155 ad *h*, esset item in *t d* sicut illa multiplicitas ad *z*. Quantum igitur quod in *H b* ex comparatione *h* tantum quod in *t d* ex comparatione *z*. Et hoc est quod demonstrare intendimus.

<v.7> Cum quantitates equales ad aliam quantitatem proportionabuntur, erit earum ad illam proportio una. Itemque illius ad illas proportio
160 una.

Exempli gratia: Sint quantitates *a* et *b* equales quantitasque *g* alia. Dico quia proportio *a* et *b* ad *g* sicut proportio altera. Itemque proportio *g* ad unamquamque illarum *a* et *b* sicut proportio ad alteram.

h
d
b a
g
z

Rationis causa: Sumatur enim ad *a* et *b* multiplicitas equalis, sintque *d*
165 et *h*. Sumaturque ad *g* multiplicitas alia quelibet, sitque *z*. Quod itaque in *d* ex comparatione *a* sicut quod in *h* ex comparatione *b*. Atqui *a* equale *b*. Quare *d* equale *h*. Est autem quelibet alia quantitas *z*. Quanta itaque *d* ad *z* tanta *h* ad *z*. Sint autem in eis multiplicitates equales ad *a* et *b*. Est autem *z* multiplicitas ad *g*, estque *g* quantitas alia. Singularium igitur *a* et *b*
170 proportio ad *g* sicut proportio altera.

Item proportio *g* ad *a* et *b* sicut proportio ad alteram. Sitque tedebir idem. Erit ergo *d* equalis *h*. Quanta itaque *z* ad *d* tanta *z* ad *h*. Erat autem *z* multiplicitas ad *g* atque *d* et *h* ad *a* et *b*. Proportio igitur *g* ad singulas *a* et *b* sicut proportio ad alteram. Et hoc est quod demonstrare intendimus.

152 multiplicitas] multiplicatio O. 153 *post* sicut^2 *add.* B *t d* sed *k g* sicut. 154 manifestum] manifestatum P. | esset] essent B. | in *om.* P. 155 multiplicitas] multiplicatio P. | Quantum] Quantitas P. | quod *om.* B. 156 tantum] contenta P. 156-157 Et ... intendimus *om.* B. 159-160 Itemque ... una *om.* B. 160 *post* una *add.* P Item illius ad illas proportio una. 163 unamquamque] unamquamlibet P. | illarum] earum P. 164 multiplicitas] multiplicatio P. 165 multiplicitas] multiplicatio P. 167 Quanta] Si B. | d^2 *om.* P. 168 tanta *om.* B. | ad^2] et *d* P. 169 ad] a B. 171 Item] ad *d* tanta. Itemque P. | ad alteram] altera P. | tedebir] consilium OP. 172 d^1 *om.* P. 173 g^2] *g a* B. 174 Et ... intendimus *om.* B.

175 <v.8> Çum quantitates inequales ad aliam quantitatem proportionate fuerint, maior quidem maiorem, minor vero minorem obtinebit proportionem. Illius vero ad illas erit ad minorem quidem proportio maior, ad maiorem vero minor.

Exempli gratia: Sint quantitates inequales $a\ b$ et g, sitque $a\ b$ maior
180 quantitasque alia d. Dico quia $a\ b$ maior proportio ad d quam g ad d. Atque d maior proportio ad g quam ad $a\ b$.

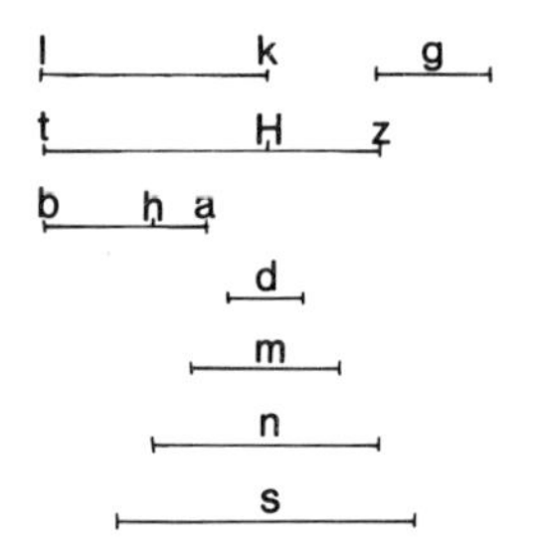

Rationis causa: Sumatur enim $b\ h$ sicut g atque $a\ h$ minor $b\ h$ atque $a\ h$ cum comparata fuerit, maior erit quam d. Sumantur autem ad $a\ h$ et $h\ b$ multiplicitates equales, ad g vero multiplicitas equalis. Sintque $z\ H$ et
185 $H\ t$ et $k\ l$ sitque m dupla multiplicitas d atque n tripla sequaturque unaqueque alteram donec ad primam perveniat multiplicitas itaque ad d maior $k\ l$. Ut autem sit s prima erit comparatio d maior $k\ l$. Quanta autem in $z\ H$ ex comparatione $a\ h$ sicut quod in $z\ t$ ex comparatione $a\ b$. Quodque in $t\ H$ ex comparatione $h\ b$ sicut quod in $k\ l$ ex comparatione g.
190 Quare que in $z\ t$ et $k\ l$ ex multiplicationibus $a\ b$ et g erunt equalia. Itemque quod in $H\ t$ ex comparatione $h\ b$ sicut quod in $k\ l$ ex comparatione g. Atqui $h\ b$ sicut g. Quare $H\ t$ sicut $k\ l$. Atqui s maius $k\ l$. Atque $k\ l$ non minor n. Sed $k\ l$ sicut $H\ t$. Quare $H\ t$ non minor n. Sed $z\ H$ maior d et $z\ t$ maior d et n. Atque s sicut d et n. Itaque $z\ t$ maior s. Atqui $k\ l$ non
195 maior s. Sed $z\ t$ et $k\ l$ comparatio ad $a\ b$ et g equalis. Atque s comparatio d. Est igitur $a\ b$ maior proportio ad d quam g ad d.

Item dico quod d maior proportio ad g quam ad $a\ b$ quia effectus eorum unus. Eritque s maior $k\ l$, sed non maior $z\ t$. Atqui in s comparatio

175 ad aliam quantitatem] aliam ad quantitatem P. | aliam] aliquam B. | proportionate] proportionalitate B. 176 quidem] vero B. 177 maior] maiore P. 179 quantitates inequales] quantitas inequalas P. 181 maior] minor P. | $a\ b$] b B. 183 cum *om.* P. | Sumantur] Sumatur P. | ad] d P. 184 equales] equalis P. | $z\ H$] $H\ z$ B. 185 multiplicitas] comparatio B. | atque] atqui B. | sequaturque] sequanturque P. 186 unaqueque] unumquodque P. 187 Quanta] Quantum BP. 189 $t\ H$] $z\ H$ BOP. | g *om.* B. 191 in[1]] cum P. 195 comparatio[1]] multiplicitas O; multipliciter P. | comparatio[2]] multiplicitas O; multipliciter P. 198 in *om.* O. | comparatio] multiplicitas O; multipliciter P.

d. Atque *k l* et *z t* multiplicitates ad *g* et ad *a b* equales. Proportio igitur *d*
200 ad *g* proportione *a b* maior. Et hoc est quod demonstrare intendimus.

<v.9> Quantitates quarum proportio ad alteram quantitatem una equales. Si etiam proportio ipsius ad illas una, ipse etiam erunt equales.

Exempli gratia: Sint quantitates *a* et *b* quarum proportio ad quantitatem *g* una. Dico quia *a* et *b* erunt equales. Quod si non fuerit, erit una altera
205 maior. Sed non est *a* maior *b*. Quia si maior esset, proportio eius ad *g* maior esset. Non est autem hoc. Sed nec minor est ea. Quia si esset minor, minor esset proportio eius ad *g*. Non est autem hoc. Non igitur *a* maior aut minor *b*, sed equalis.

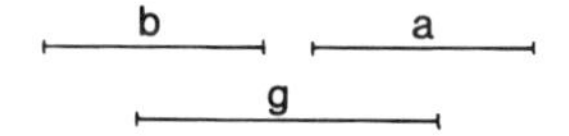

Itemque proportio *g* ad *a* et *b* una. Dico itaque quia *a* equalis *b*.
210 Si enim non equalis, erit maior aut minor. Sed non est maior. Quia si esset maior, esset proportio *g* ad eam minor quam ad *b*. Non est autem hoc. Itemque non est *a* minor *b*. Quia si esset minor, esset proportio *g* ad eam maior. Non est autem hoc. Non est itaque *a* maior aut minor *b*, sed equalis. Et hoc est quod demonstrare intendimus.

215 <v.10> Maioris quantitas proportionis ad quantitatem aliam maior est altera ea. Si vero proportio quantitatis ad eam maior, erit quantitas minor.

Exempli gratia: Sit quantitatis *a* proportio maior ad quantitatem *g* quantitatis *b*. Dico quia *a* maior *b*.

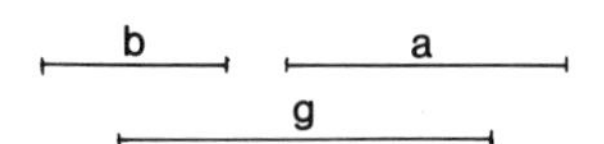

Rationis causa: Si enim maior non fuerit, erit aut equalis aut minor.
220 Non est autem *a* sicut *b*. Quia si hoc esset, esset proportio earum ad *g* una. Non est autem una. Non ergo *a* equalis *b*.

Itemque nec ea minor. Quia si minor esset, esset proportio eius ad *g*

200 *a b*] *b* P. | Et ... intendimus *om.* B. 201 proportio] portio B. 202 equales] equalis P. | Si] sed P. 204 equales] equalis P. 205 *post* maior[1] *add.* P *b*. 206 hoc *om.* P. | *post* Sed *add.* P *h* maior. 207 minor *om.* P. | hoc. Non igitur *om.* P. 209-210 *b*[2] ... equalis *om.* P. 211 *ante g add.* P eius. 211-213 minor ... eam *om.* B. 212 est *om.* P. 213 est[2] *om.* P. | aut minor] a minori P. 214 Et ... intendimus *om.* B. 216 *post* quantitatis *add.* P minor. 217-218 quantitatis] quantitate OP. 218 *b*[1]] *g* P. 219 maior] minor P. 220 Non ... una *om.* P. 222 eius *om.* P.

proportione *b* ad *g* minor. Non est autem hoc. Patet itaque quia non sit *a* sicut *b*, sed nec ea minor. Erit igitur maior.

225 Item sit proportio *g* ad *b* proportione eius ad *a* maior. Dico quia *a* maior *b*.

Quia si non sit maior, erit aut equalis aut minor. Non est autem *a* sicut *b*. Quod si esset, esset proportio *g* ad eas una. Non est autem una. Item nec est ea minor. Quod si esset, esset proportio *g* ad eam maior quam ad *b*. 230 Non est autem maior. Non ergo *a* sicut *b* et non minor ea. Erit igitur maior. Et hoc est quod demonstrare intendimus.

<v.11> Quantitatum proportiones que alicui uni equales, ipsas etiam proportiones sibi invicem equales esse.

Exempli gratia: Sit proportio *a* ad *b* sicut proportio *g* ad *d*, proportio 235 vero *g* ad *d* sicut proportio *h* ad *z*. Dico quia proportio *a* ad *b* sicut proportio *h* ad *z*.

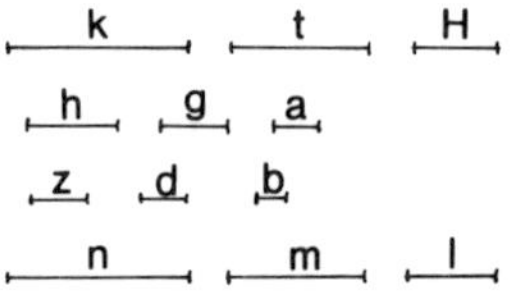

Rationis causa: Sumantur enim ad *a* et *g* et *h* multiplicitates equales et sint *H* et *t* et *k*. Sumantur item ad *b* et *d* et *z* multiplicitates equales sintque *l* et *m* et *n*. Quanta itaque *a* ad *b* tanta *g* ad *d*. Sumpte autem erant ad *a* et *g* 240 multiplicitates equales, scilicet, *H* et *t*. Atque ad *b* et *d* multiplicitates equales, suntque *l* et *m*. Quanta itaque *H* ad *l* tanta *t* ad *m*. Itemque quanta *g* ad *d* tanta *h* ad *z*. Sumpte vero ad *g* et ad *h* multiplicitates equales *t* et *k* atque ad *d* et *z* multiplicitates equales, suntque *m* et *n*. Quanta ergo *t* ad *m* tanta *k* ad *n*. Quanta itaque *H* ad *l* tanta *k* ad *n*. Sunt autem *H* et *k* multi- 245 plicitates equales ad *a* et *h*, et *l* et *n* sunt multiplicitates equales ad *b* et *z*. Quanta igitur *a* ad *b* tanta *h* ad *z*. Et hoc est quod demonstrare proposuimus.

223 *b* ad] *h a* P. 226 maior] minor P. 227 si *om.* P. | aut[1] *om.* B. 228-229 eas ... ad[1] *om.* B. 230 maior *om.* P. 231 Et ... intendimus *om.* B. 232 Quantitatum] Quantum P. 234 proportio[1]] portio B. | proportio[2]] portio B. 234-235 proportio vero *g* ad *d om.* P. 237 *ante a add.* P *g.* | multiplicitates] multiplicitas O; multipliciter P. 238 sint] sit P. | multiplicitates] multipliciter P. 239 *a* ad *b*] ad *a b* B; *om.* P. | tanta *g om.* P. 240 multiplicitates[1]] multiplicationes B; multipliciter P. | equales, scilicet *tr.* P. | multiplicitates[2]] multipliciter P. 241 *l*[1]] linea P. | ad[1]] et P. | *l*[2] *om.* P. 242 *g*[1] *om.* P. | ad[2]] et P. 243 multiplicitates] multipliciter P. | suntque] sintque P. 244 Sunt] sint P. 244-245 multiplicitates] multipliciter P. 245 *a* ... equales[2] *om.* B. 246-247 Et ... proposuimus *om.* B. 247 proposuimus] intendimus P.

<v.12> Cum fuerit proportio prime ad secundam sicut tertie ad quartam, tertie vero ad quartam maior quinta ad sextam, erit proportio
250 prime ad secundam maior quinte ad sextam.

Exempli gratia: Sit proportio *a* ad *b* sicut proportio *g* ad *d* proportioque *g* ad *d* proportione *h* ad *z* maior. Dico itaque quia proportio *a* ad *b* maior proportione *h* ad *z*.

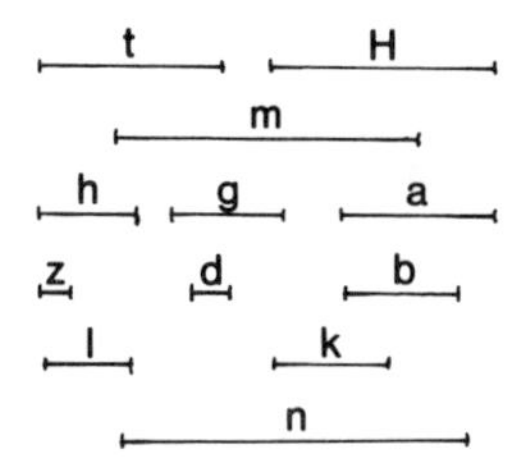

Rationis causa: Quia proportio enim *g* ad *d* maior proportione *h* ad *z*.
255 Sumanturque ad *g* et *h* multiplicitates equales, et ad *d* et *z* alie multiplicitates equales. Addet autem multiplicitas *g* super multiplicitatem *d*. Atqui multiplicitas *h* non addit super multiplicitatem *z*. Multiplicitates vero *g* et *h* equales *H* et *t*, multiplicitates vero *d* et *z* equales *k* et *l*. Additque *H* supra *k*, sed *t* non addit super *l*. Sitque multiplicitas *m* ad *a* sicut multi-
260 plicitas *H* ad *g*. Multiplicitasque *n* ad *b* sicut multiplicitas *k* ad *d*. Quanta autem *a* ad *b* tanta *g* ad *d*. Sumpta vero erant ad *a* et *g* multiplicitates equales que sunt *m* et *H*. Itemque sumpte ad *d* et *b* multiplicitates equales *n* et *k*. Quanta ergo *m* ad *n* tanta *H* ad *k*. Notum autem erat quia *H* addit supra *k*. Atqui *t* non addit supra *l*. Erunt itaque *m* et *t* multiplicitates
265 equales *a* et *h*, et *n* et *l* erunt multiplicitates equales ad *b* et *z*. Maior igitur proportio *a* ad *b* quam *h* ad *z*. Et hoc est quod demonstrare intendimus.

<v.13> Quantitatum quarum proportio ad quantitates alias secundum numerum earum una quotcumque fuerint, erit proportio unius ad unam sicut proportio totius ad totum.

270 *Exempli gratia*: Sit proportio una *a* et *b* et *g* ad *d* et *h* et *z*. Quanta

248 fuerit] fuerint O. | proportio] propositio P. 249 tertie] tertia OP. | quartam] tertiam P. 251 *d*] *b* P. 254 Quia *om.* OP. 255 multiplicitates] multipliciter P. 255-256 multiplicitates] multipliciter P. 256 multiplicitas] multiplicatio P. 257 multiplicitas] multipliciter P. 259 *t om.* OP. | super] supra OP. 260 *H om.* B. | ad[2]] et P. 261 vero] autem OP. | multiplicitates] multipliciter P. 262 multiplicitates] multipliciter P. 263 erat] erit P. 264 *ante* Erunt *add.* P Atqui. | multiplicitates] multipliciter P. 265 *a* ... equales[2] *om.* BP. 266 Et ... intendimus *om.* B. 267 Quantitatum] Quantitates P. 268 numerum *om.* P. | proportio] portio B. 268-269 unius ... proportio *om.* P. 269 proportio] portio B. 270 *Exempli gratia om.* B. | proportio] portio B. | et[1] *om.* P.

scilicet *a* ad *b* tanta *g* ad *d* et tanta etiam *h* ad *z*. Dico quia quanta *a* ad *b* tanta *a* et *g* et *h* ad *b* et *d* et *z*, totum ad totum.

k t H
h g a
z d b
n m l

Rationis causa: Sumantur enim ad *a* et *g* et *h* multiplicitates equales, sintque *H* et *t* et *k*. Sumantur item ad *b* et *d* et *z* multiplicitates equales,
275 sintque *l* et *m* et *n*. Quanta autem *a* ad *b* tanta *g* ad *d*, tantaque *h* ad *z*. Sumpte autem erant ad *a* et *g* et *h* multiplicitates equales *H* et *t* et *k*. Itemque ad *b* et *d* et *z* multiplicitates equales *l* et *m* et *n*. Quanta itaque *H* ad *l* tanta *t* ad *m* et *k* ad *n*. Quanta ergo *H* ad *l* tanta *H* et *t* et *k* ad *l* et *m* et *n*. Atqui multiplicitas *H* ad *a* sicut multiplicitas *H* et *t* et *k* ad *a* et *g* et *h*.
280 Multiplicitasque *l* ad *b* sicut multiplicitas *l* et *m* et *n* ad *b* et *d* et *z*. Quanta igitur *a* ad *b*, tanta *a* et *g* et *h* ad *b* et *d* et *z*. Et hoc est quod demonstrare intendimus.

<v.14> Si fuerint quattuor quantitates proportionales, erit quanta prima ad tertiam tanta secunda ad quartam.
285 *Exempli gratia*: Sint quattuor quantitates proportionales *a* et *b* et *g* et *d*, proportioque *a* ad *b* sicut proportio *g* ad *d*. Dico quia quanta *a* ad *g* tanta *b* ad *d*.

g a
d b

Rationis causa: Sit enim *a* maior quam *g* eritque proportio *a* ad *b* maior proportione *g* ad *b*. Quanta vero *a* ad *b* tanta *g* ad *d*. Quare proportio *g* ad
290 *d* maior proportione *g* ad *b*. Ad quam vero proportio maior, erit quantitas minor. Quare *d* minor *b*. Est igitur *b* maior *d*. Eodemque modo si fuerit *a* sicut *g*, erit *b* sicut *d*. Si vero fuerit *a* minor *g*, erit *b* minor *d*. Et hoc est quod demonstrare intendimus.

271 *b*¹] *d* P. | *h*] *h z* P. | quanta] quantum P. | *a* ad²] ad *a* P. 272 tanta] tantum B. | *post h add.* P et *z*. 273 multiplicitates] multipliciter P. 274 et *k om.* P. 275 autem *om.* P. 276 *a*] *q* B. | multiplicitates] multipliciter P. 277 multiplicitates] multipliciter P. | equales *om.* OP. 278 *l*¹] *b* P. 279 *g*] *g z* P. 281-282 Et ... intendimus *om.* B. 283 erit quanta *tr.* B. 285 *Exempli gratia om.* P. | proportionales] proportiones P. | et³ *om.* P. 286 proportioque] portioque B. | *a* ad *b* sicut proportio *om.* P. | proportio] portio B. 288 proportio] punctus P. 289 ad¹] a P. 290 ad¹] a P. | Ad quam] Atqui P. 291 fuerit *a*] fuerint *i* P. 292 *d*²] *g* B. 292-293 Et ... intendimus *om.* B.

<v.15> Partium quarum multiplicitates equales proportio earum una cum illis eodem ordine sumptis altera sequitur alteram.

Exempli gratia: Sit in *a b* ex comparatione *g* sicut quod in *h d* ex comparatione *z*. Dico itaque quia quanta *a b* ad *d h* tanta *g* ad *z*.

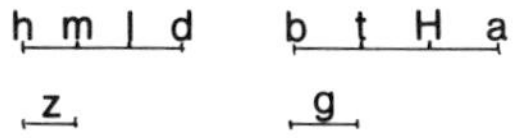

Rationis causa: Quoniam quod in *a b* ex comparatione *g* sicut quod in *d h* ex comparatione *z*, dividatur *a b* secundum quantitatem *g*, sintque dividentia *a H* et *H t* et *t b*. Itemque dividatur *d h* secundum quantitatem *z*, sintque dividentia *d l* et *l m* et *m h*. Quare *a H* et *H t* et *t b* equalia. Atque *d l* et *l m* et *m h* equalia. Numerusque *a H* et *H t* et *t b* sicut numerus *d l* et *l m* et *m h*. Atque quantitas *a H* ad *d l* sicut quantitas *H t* ad *l m* et sicut *t b* ad *m h*. Quantaque precedens ad precedentem, tanta sequens ad sequentem. Quanta autem *a H* ad *d l* tanta *a b* ad *d h*. Atqui *a H* sicut *g* et *d l* sicut *z*. Quanta igitur *a b* ad *d h* tanta *g* ad *z*. Et hoc est quod demonstrare intendimus.

<v.16> Cum fuerint quattuor quantitates proportionales, alternatim proportionales erunt.

Exempli gratia: Sint quattuor quantitates proportionales *a* et *b* et *g* et *d*; quanta *a* ad *b* tanta *g* ad *d*. Dico quia cum alternate fuerint, erit quantitas *a* ad *g* sicut quantitas *b* ad *d*.

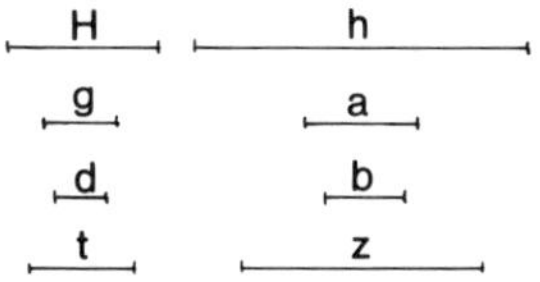

Rationis causa: Sumantur enim ad *a* et *b* multiplicitates equales, sintque *h* et *z*; atque ad *g* et *d* multiplicitates equales, sintque *H* et *t*. Partium vero quarum multiplicitates equales proportio earum sequitur altera alteram. Quanta itaque *a* ad *b* tanta *h* ad *z*. Quantaque *g* ad *d* tanta *H* ad *t*. Atqui quanta *g* ad *d* tanta *h* ad *z*. Quanta itaque *h* ad *z* tanta *H* ad *t*. Quanta ergo *h* ad *H* tanta *z* ad *t*. Atqui *h* et *z* multiplicitates equales ad *a* et *b*. Atque *H*

295 illis] illud B. | sequitur] sequetur P. 298 quod[1]] quidem P. 299 *g*] *t* P. | sintque] sinque P. 300 *a H*] *H* BP. 302 *t b*] *b t* B. | *post t b add.* P equalia. 303 numerus *om.* P. 304 ad[1]] et P. 306 *d l*] *d* et *l* P. 306-307 Et ... intendimus *om.* B. 313 Sumantur] sumatur P. 314 multiplicitates *om.* BP. 315 sequitur] sequatur O. 316 itaque] ita P. 317 Quanta itaque] Quantaque P. | ad[3]] a P. | *t*] *d t* P. 318 *z*[1]] est P. | *h*[2]] *b* P. | et[2] *om.* P.

et *t* multiplicitates equales ad *g* et *d*. Quanta igitur *a* ad *g* tanta *b* ad *d*. Et
320 hoc est quod demonstrare intendimus.

<v.17> Cum fuerint quantitates composite proportionales, erunt eedem proportionales separate.

Exempli gratia: Sint quantitates *a b* et *b h* et *g d* et *z d* coniuncte proportionales, quanta *a b* ad *b h* tanta *g d* ad *d z*. Dico itaque quia cum
325 separate fuerint, erunt proportionales quanta *a h* ad *h b* tanta *g z* ad *z d*.

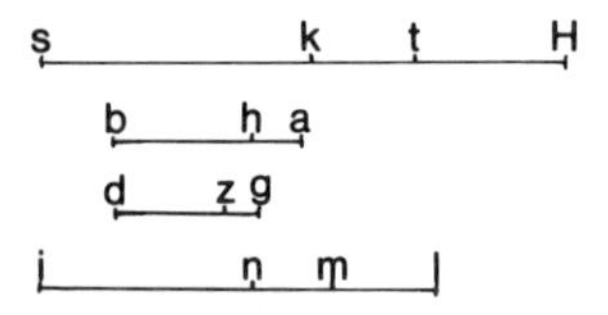

Rationis causa: Sumantur enim ad *a h* et *h b* et *g z* et *z d* multiplicitates equales, sintque *H t* et *t k* et *l m* et *m n*. Quanta multiplicitas *H t* ad *a h* tanta multiplicitas *t k* ad *h b*. Quanta itaque multiplicitas *H t* ad *a h* tanta multiplicitas *H k* ad *a b*. Quantaque multiplicitas *H t* ad *a h* tanta multi-
330 plicitas *l m* ad *g z*. Itemque quanta multiplicitas *l m* ad *g z* tanta multiplicitas *l n* ad *g d*. Notum autem erat quia quanta multiplicitas *l m* ad *g z* tanta multiplicitas *H k* ad *a b*. Quantaque multiplicitas *H k* ad *a b* tanta multiplicitas *l n* ad *g d*. Atqui *H k* et *l n* multiplicitates equales ad *a b* et *g d*. Sumanturque ad *h b* et *z d* alie multiplicitates equales, sintque *k s* et
335 *n i*. Quanta itaque multiplicitas prime *t k* ad secundam *h b* tanta multiplicitas tertie *m n* ad quartam *z d*. Eodemque modo multiplicitas quinte *k s* ad secundam *h b* sicut multiplicitas sexte *n i* ad quartam *z d*. Cum vero primam et quintam *t s* coniunxeris, erit multiplicitas earum ad secundam *h b* sicut multiplicitas tertie et sexte, cum coniuncte fuerint, *m i*
340 ad quartam *z d*. Quanta autem *a b* in *b h* tanta *g d* in *z d*. Sumpte autem erant ad *a b* et *g d* multiplicitates equales *H k* et *l n*, ad *h b* vero et *z d* quelibet alie multiplicitates equales *t s* et *m i*. Quanta itaque *H k* ad *t s* tanta *l n* ad *m i*. Si ergo reiciantur *t k* et *m n* communia, erit *H t* ad *k s*

319 et[2] *om.* P. 319-320 Et ... intendimus *om.* B. 321 eedem] eidem P. 323 *a b*] *a* et *b* P. | *z d*] *d z* P. 327 multiplicitas *om.* B. | *a h*] *i h* P. 328 multiplicitas[1] *om.* B. | *a h*] *h* P. 329 multiplicitas[1] *om.* OP. | *H k*] *H m* P. | *a b*] *i b* P. | multiplicitas[2]] modo P. 329-330 multiplicitas *om.* P. 330 *l m*] *m l m* P. | *g z*[1]] *g* P. 331 quia] quod B. 332 Quantaque] Quanta B. | *H k*[2]] est *k* P. 334 sintque] suntque P. 335 *h b om.* P. 336 quartam] tertiam P. | Eodemque] Eodem P. | multiplicitas *om.* P. 337 *n i*] *H l* P. 341 *post H k add.* P et *l*. | *post* ad[2] *add.* P et. 342 et *om.* P. | *m i*] multiplicitatem *i* P. 343 reiciantur] reiciatur BP.

quanta *l m* ad *n i*. Atqui *H t* et *l m* multiplicitates equales ad *a h* et *g z*. At
345 vero *k s* et *n i* multiplicitates equales ad *h b* et *z d*. Quanta igitur *a h* ad
h b tanta *g z* ad *z d*. Et hoc est quod demonstrare intendimus.

<v.18> Cum fuerint quantitates separate proportionales, eedem composite proportionales erunt.

Exempli gratia: Sint quantitates *a b* et *b g* et *d h* et *h z* separate propor-
350 tionales, quanta *a b* ad *b g* tanta *d h* ad *h z*. Dico quia ipse eedem
composite proportionales erunt, eritque quanta *a g* ad *g b* tanta *d z* ad
z h.

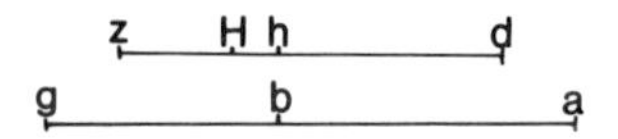

Rationis causa: Quoniam si non fuerit *a g* ad *g b* sicut *d z* ad *z h*, erit
a g ad *g b* sicut *d z* ad maiorem vel minorem *z h*. Quod si possibile fuerit,
355 sit minor *z H*, sitque *a g* ad *g b* quanta *d z* ad *z H*. Cum itaque eas
separaverimus, erit *a b* ad *b g* quanta *d H* ad *H z*. Et *d H* ad *H z* quanta
d h ad *h z*. Cumque alternabitur, erit *d H* ad *d h* quanta *H z* ad *z h*. Atqui
d H maior *d h*. Quare *H z* maior *h z*, minor maiore maior. Quod
contrarium impossibile. Non itaque *a g* ad *g b* quanta *d z* ad minorem
360 *z h*. Eodemque modo nec ad ea maiorem. Quantitas igitur *a g* ad *g b* sicut
quantitas *d z* ad *z h*. Et hoc est quod demonstrare intendimus.

<v.19> Cum fuerint quantitates due ex quibus separate fuerint alie due totumque ad totum quantum separatum ad separatum, erit reliquum ad reliquum quantum totum ad totum.

365 *Exempli gratia*: Sit quantitas *a b* separataque ex ea *a h*, sitque *g d*

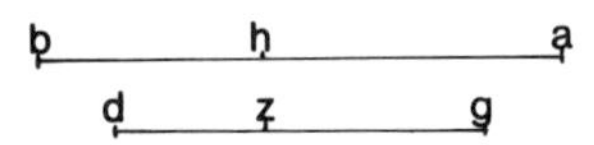

quantitas ex qua separata *g z*. Sitque *a b* ad *g d* sicut quantitas *a h* ad *g z*.
Dico itaque quia *h b* ad *d z* sicut *a b* ad *g d*.

344 *n i*] *i* P. | equales *om.* B. 345 *n i*] *h i* P. | *a h om.* P. 346 Et ... intendimus *om.* B. 349 *h z*] *d z* B. 350 *a b* ad] *a d* P. 351 eritque] erit P. | *post* quanta *add.* P quia. | *d z*] ad *z* P. 352 *post z h add.* P Erit *a g*. 356 separaverimus] suparaverimus P. | *d H*[1]] *g H* P. 357 *d h*[1]] *g h* P. | *d h*[2]] *d H* P. 358 *H z*] *h z* P. | maior[3]] maiore P. 359 contrarium *om.* B. | *post* contrarium *add.* P est. 360 *g b*] *b g* B. 361 Et ... intendimus *om.* B. 363 quantum] quantam P. | separatum[1]] separatim P. | separatum[2]] separationem P. | reliquum] reliquus P. 367 itaque *om.* OP.

Rationis causa: Si enim *a b* ad *g d* sicut quantitas *a h* ad *g z*. Cumque convertetur, erit *a b* ad *a h* sicut quantitas *d g* in *g z*. Cum separate fuerint, erit *h b* ad *a h* quanta *d z* ad *z g*. Conversimque erit *b h* ad *z d* quanta *a h* ad *g z*. Erat autem *a h* ad *g z* quanta *a b* ad *g d*. Quare *b h* ad *d z* quanta *a b* ad *g d*. Quoniam *a h* ad *g z* quanta *a b* ad *g d*. Reliqua igitur quantitas *h b* ad *z d* reliquam sicut tota *a b* ad totam *g d*. Et hoc est quod demonstrare intendimus.

<v.20> Cum fuerint tres quantitates alieque secundum earum numerum quarum quelibet due secundum proportionem duarum a tribus primis acceptarum fuerintque prime in proportione equalitatis, si fuerit prima maior tertia erit secunda maior quarta. Si vero equales, erunt et equales. Quod si minor, erit et minor.

Exempli gratia: Sint tres quantitates *a* et *b* et *g*, sintque alie tres quarum due quelibet secundum proportionem duarum trium primarum *d* et *h* et *z*. Quantitas *a* ad *b* sicut quantitas *d* ad *h* quantitasque *b* ad *g* sicut quantitas *h* ad *z*, sitque *a* maior *g*. Dico itaque quia *d* maius *z*.

Rationis causa: Si enim *a* maior *g* quantitasque *b* altera, erit *a* maior proportio ad *b* quam *g* ad *b*. Sed *a* ad *b* quanta *d* ad *h*. At vero *g* ad *b* quanta *z* ad *h*. Quare *d* maior proportio ad *h* quam *z* ad *h*. Cuius autem proportio maior, ipsum maius. Est igitur *d* maior *z*. Eodemque modo manifestum est quia *a* si esset equalis *g*, esset *d* equalis *z*. Si vero minor, et minor. Et hoc est quod demonstrare intendimus.

<v.21> Cum fuerint tres quantitates alieque secundum numerum earum proposite quarum quelibet due secundum proportionem duarum a tribus primis acceptarum differens vero proportio in quantitatibus precedentis et sequentis, si fuerit prima in proportione equalitatis maior secunda, erit tertia maior quarta; si autem equalis, erit equalis; si autem minor, erit et minor.

369 convertetur] converteretur P. | *d g* in] *d h m* P. 370 Conversimque] conversitaque P. 371 Erat] Erit P. 372 Reliqua] reliquum O. 373 quantitas] quantum B. | reliquam] reliquum BO; reliqua P. 373-374 Et ... intendimus *om.* B. 376 proportionem] portionem P. 377 proportione] portione P. 378-379 et equales *om.* B. 382 *d* ... quantitas[3] *om.* B. 384 maior[1]] minor P. 388 minor] maior P. 389 Et ... intendimus *om.* B. 394 autem[2]] etiam BP.

Exempli gratia: Sint tres quantitates *a* et *b* et *g*, sint tres alie quarum quelibet due duabus trium primarum secundum proportionem supra quas *d*; *h*; *z* proportioque differens in quantitatibus precedentis et sequentis; quantitasque *a* ad *b* sicut *h* ad *z*, quantitasque *b* ad *g* sicut *d* ad *h*. Sitque *a*
400 maior *g*. Dico quia *d* maior *z*.

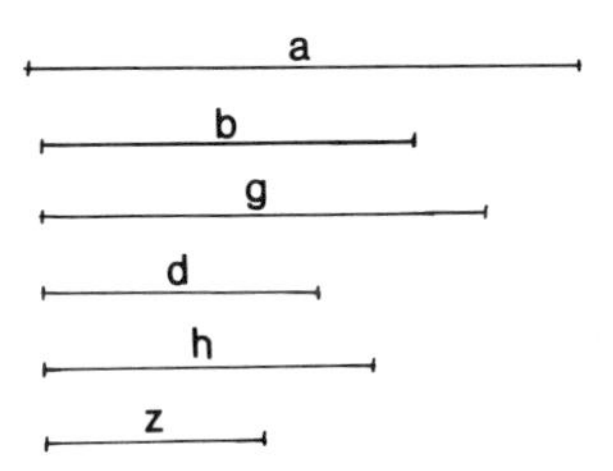

Rationis causa: Quoniam *a* maior *g*, quantitasque *b* quantitas altera, erit *a* proportio maior ad *b* quam proportio *g* ad *b*. Atqui *a* ad *b* quanta *h* ad *z*. At vero *g* ad *b* quanta *h* ad *d*. Quare *h* maior proportio ad *z* quam *h* ad *d*. Ad quod autem proportio maior, ipsum minus. Erit igitur *z* minor *d* atque
405 *d* maior *z*. Eodemque modo si fuerit *a* sicut *g*, erit *d* sicut *z*. Si vero minor, erit et minor. Et hoc est quod demonstrare intendimus.

<v.22> Cum proposite fuerint tres quantitates alieque secundum earum numerum quarum quelibet due secundum proportionem duarum ex tribus primis si fuerint in proportione equalitatis secundum proportionem
410 equales erunt.

Exempli gratia: Sint tres quantitates *a* et *b* et *g*, sintque tres alie quarum quelibet due secundum proportionem duarum ex tribus primis *d* et *h* et *z*. Quanta *a* ad *b* tanta *d* ad *h*. Quantaque *b* ad *g* tanta *h* ad *z*. Dico quia in proportione equali erunt *a* ad *g* et *d* ad *z*.

415 *Rationis causa*: Sumantur enim ad *a* et *d* multiplicitates equales, sintque *H* et *t*. Sumanturque ad *b* et *h* alie multiplicitates equales quelibet, sintque *k* et *l*. Erat autem quanta *a* ad *b* tanta *d* ad *h*. Sumpte vero ad *a* et *d* multiplicitates equales *H* et *t*. Sumpteque ad *b* et *h* alie multiplicitates equales *k* et *l*. Quanta itaque *H* ad *k* tanta *t* ad *l*. Itemque quanta *b* ad *g* tanta *h* ad *z*.
420 Sumpte autem ad *b* et *h* multiplicitates equales *k* et *l*. Sumanturque ad *g* et *z* multiplicitates equales *m* et *n*. Quanta itaque *k* ad *m* tanta *l* ad *n*. At vero

396 tres alie *om.* B. 401 erit] erat B. 403-404 proportio ... autem] ad *b* quam proportio *g* ad *b*. Atqui *a* ad *b* quanta *h* P. 406 Et ... intendimus *om.* B. 414 equali] equales P. 415 multiplicitates] multum P. 416 Sumanturque] sumantur P. | alie multiplicitates] multum P. 417-418 multiplicitates] multum P. 418 multiplicitates] multum P. 419 Itemque] Item P. 420 multiplicitates] multum P. | *g om.* P. 421 multiplicitates] multum P.

quanta H ad k tanta t ad l. Quanta itaque H ad m tanta t ad n. Sunt autem H et t multiplicitates ad a et d atque m et n alie multiplicitates ad g et z.

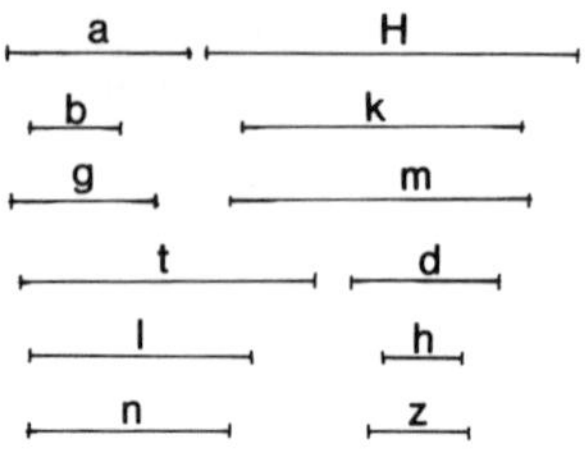

Quanta igitur a ad g tanta d ad z. Et hoc est quod demonstrare intendimus.

425 <v.23> Cum proposite fuerint tres quantitates alieque secundum earum numerum quarum quelibet due secundum proportionem duarum ex tribus primis differens vero proportio in quantitatibus precedentis et sequentis, si fuerint in proportione equalitatis secundum proportionem equales erunt.

430 *Exempli gratia*: Sint tres quantitates a et b et g tresque alie quarum quelibet due secundum proportionem duarum ex tribus primis d et h et z, proportioque differens in quantitatibus secundum antecedens et consequens. Quanta a ad b tanta h ad z, quantaque b ad g tanta d ad h. Dico quia in proportione equales erunt quanta a ad g tanta d ad z.

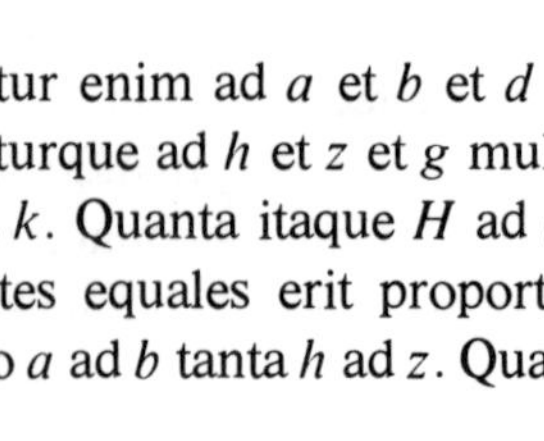

435 *Rationis causa*: Sumantur enim ad a et b et d multiplicitates equales, sintque H et t et l. Sumanturque ad h et z et g multiplicitates alie quelibet equales, sintque m et n et k. Quanta itaque H ad a tanta t ad b. Partium vero quarum multiplicitates equales erit proportio una. Quare a ad b quanta H ad t. Quanta vero a ad b tanta h ad z. Quare h ad z quanta H ad t.

422 *n*] *h* P. 423 multiplicitates[1]] multum P. | multiplicitates[2]] multum P. 424 Et ... intendimus *om.* B. 425 secundum *om.* B. 427 *ante* precedentis *add.* B cum. 433 *a* ad] ad *a* P. 435 multiplicitates] multum P. 436 *post* ad *add.* P *g* tanta *d* ad *z*. | multiplicitates] multum P. 438 multiplicitates] multum P. 439 *t*[1]] *z* B.

440 Itemque multiplicitas m ad h sicut multiplicitas n ad z. Quanta itaque m ad n tanta h ad z. Quanta autem H ad t tanta h ad z. Itemque quanta H in t tanta m in n. Item quanta b ad g tanta d ad h. Sumpte autem erant ad b et d multiplicitates equales t et l. Sumpteque ad g et h multiplicitates alie equales quelibet k et m. Quanta itaque t ad k tanta l ad m. Quanta autem H
445 ad t tanta m ad n. Quanta ergo H ad k tanta l ad n. Sunt autem H et l ad a et d multiplicitates equales. Atque k et n alie equales multiplicitates ad g et z. Dicuntur autem quantitates equales secundum proportionem unam, prima ad secundam et tertia ad quartam, cum fuerit multiplicatio prime et tertie equalis multiplicationibus secunde et quarte equalibus, aut additione
450 una, aut diminutione una, aut equalitate una. Quanta igitur a ad g tanta d ad z. Et hoc est quod demonstrare intendimus.

⟨v.24⟩ Cum proposita fuerit proportio prime ad secundam sicut proportio tertie ad quartam, proportioque quinte ad secundam sicut sexte ad quartam, erit proportio prime et quinte coniunctarum ad secundam
455 sicut proportio tertie et sexte coniunctarum ad quartam.

Exempli gratia: Sit prima $b\ a$. Sit proportio eius ad secundam g sicut proportio tertie $d\ h$ ad quartam z. Proportio vero quinte $b\ H$ ad secundam g sicut proportio sexte $h\ t$ ad quartam z. Dico quia proportio prime et quinte coniunctarum $a\ H$ ad secundam g sicut proportio tertie et sexte
460 coniunctarum $d\ t$ ad quartam z.

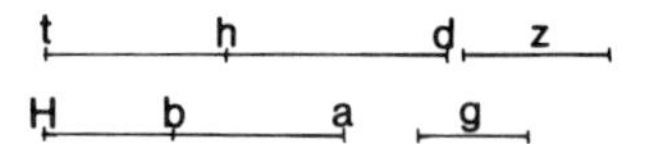

Rationis causa: Quantitas enim $a\ b$ ad g sicut quantitas $d\ h$ ad z. Quantitas vero g ad $b\ H$ sicut quantitas z ad $h\ t$. Erit itaque in proportione equalitatis $a\ b$ ad $b\ H$ sicut quantitas $d\ h$ ad $h\ t$. Cum itaque coniuncta erunt, erit quantitas $a\ H$ ad $H\ b$ sicut quantitas $d\ t$ ad $h\ t$. Atqui quantitas
465 $H\ b$ ad g sicut quantitas $h\ t$ ad z. Erunt ergo equalia. Quantitas igitur $a\ H$ ad g sicut quantitas $d\ t$ ad z. Et hoc est quod demonstrare intendimus.

441 *post t*[1] *add.* P tanta *h* ad *t*. | Itemque] itaque B. 442 tanta[1]] hc̄ B. | *n*] *h* P. | ad[1]] in B. | ad[2]] in P. 443 multiplicitates[1]] multum P. | Sumpteque] sumpte quia P. | *g*] *d* B. 446 multiplicitates[1]] multum P. | multiplicitates[2]] multum P. 447 Dicuntur] ducuntur P. | proportionem unam *tr*. B. 449 equalis] equales B. 450 aut[2] *om*. B. 451 Et ... intendimus *om*. B. 453 quinte] prime P. 454 erit] erunt BO. | proportio] proportiones B. 456 Sit[1]] sicut P. | *g om*. P. 457 quartam] quartum P. | *b H*] *b d* BOP. 463 equalitatis] equalitas P. 464 quantitas[2] *om*. OP. 466 Et ... intendimus *om*. B.

<v.25> Cum proposite fuerint quattuor quantitates proportionales fueritque prima maior et altera minor, erunt prima et altera coniuncte duabus reliquis maior.

470 *Exempli gratia*: Sint quattuor quantitates proportionales *a b* et *g d* et *h* et *z*. Quantitasque *a b* ad *g d* sicut quantitas *h* ad *z*. Quantitasque *a b* maior. Minor vero *z*. Dico quia *a b* et *z* coniuncte maiores *g d* et *h* coniunctis.

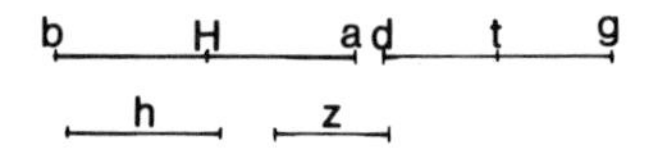

Rationis causa: Sumatur enim ex *a b* sicut *h*, sitque *a H*. Sumaturque 475 ex *g d* sicut *z*, sitque *g t*. Quantitas autem *a b* ad *g d* sicut quantitas *h* ad *z*. Atqui *h* sicut *a H* atque *z* sicut *g t*. Quantitas itaque *a b* ad *g d* sicut *a H* ad *g t*. Erit itaque *H b* maior reliqua *t d*. Sintque *a H* et *t g* communia. Atqui *a b* et *g t* maior *a H* et *g d*. Atqui *g t* sicut *z* atque *a H* sicut *h*. Erunt igitur *a b* et *z* coniuncte maius *g d* et *h*. Et hoc est quod 480 demonstrare intendimus.

468 erunt] erit P. 471 et *om.* B. | Quantitasque[2]] quantitatesque P. 476 *a H*[1]] *a h* P. | *z*] *h* P. 479-480 Et ... intendimus *om.* B.

< Liber VI >

Liber sextus incipit

< Definitiones >

<i> Superficies similes sunt quarum anguli unius angulis alterius
5 equales lateraque angulos illos continentia equales proportionalia.

<ii> Superficies mutekefie sunt inter latera quarum incontinua proportionalitas retransitive reperitur.

<VI.1> Superficies et equidistantium laterum et triangulorum cum fuerint eorum processus unus, erit quantitas unius ad alterutrum sicut
10 quantitas unius basis ad alteram.

Exempli gratia: Sint duo trianguli secundum unam quantitatem surgentes *a b g* et *a g d* dueque superficies laterum equidistantium secundum duorum triangulorum processum *h g* et *g z*. Dico quia sicut quantitas basis *b g* ad alkaidam *g d* sicut quantitas trianguli *a b g* ad trian-
15 gulum *a g d*, sicque superficies *h g* laterum equidistantium ad *g z* superficiem equidistantium laterum.

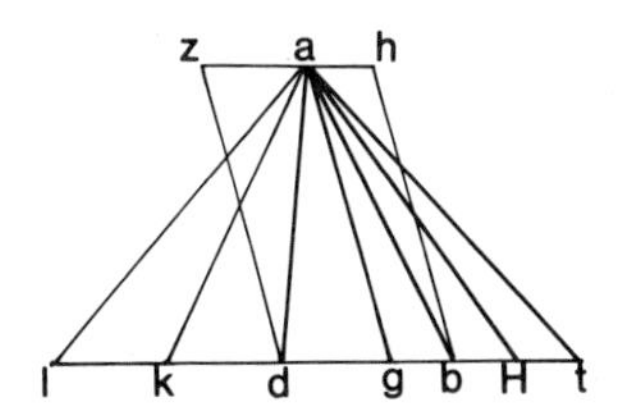

Rationis causa: Producatur enim linea *b d* utrobique separanturque ab ea quotlibet similia linee *b g*. Sintque *b H* et *H t*. Item separentur ab ea totidem similia *g d* sintque *d k* et *k l*. Iungaturque *a* cum *t* et *H* et *l* et *k*.

2 Liber ... incipit] Incipit liber sextus B; Incipit liber sextus geometrice demonstrationis P. 4 sunt *om.* OP. 6 mutekefie] multekefie similes B. 7 retransitive] intransitive P. 8 et[1] *om.* P. 9 alterutrum] alteram P. 14 alkaidam] basim OP. 15 sicque] sic etiam BP. 17 Producatur] Producitur P. 18 separentur] separantur OP.

20 Sumpte autem erant *t H* et *H b* et *b g* equales triangulique *a t H* et *a H b* et *a b g* equales. Quanta itaque multiplicatio alkaide *t g* ad basim *b g* tanta multiplicatio trianguli *a t g* ad triangulum *a b g*. Similiterque quanta multiplicatio alkaide *g l* ad basim *g d* tanta multiplicatio trianguli *a g l* ad triangulum *a g d*. Quantumque addit alkaida *g t* supra alkaidam *g l* 25 tantum addit triangulus *a g t* supra triangulum *a g l*. Quod si fuerit equalis, erit equalis. Si vero minus, erit et minus eodem quanto. Quattuor itaque quantitatibus positis que sunt bases *b g* et *g d* triangulique *a b g* et *a g d*. Sumptaque in alkaidam *b g* et in triangulum *a b g* multiplicatione equali estque alkaida *t g* et triangulus *a t g*. Sumpta etiam in alkaidam *g d* 30 et in triangulum *a g d* multiplicatione altera equali estque alkaida *g l* et triangulus *a g l*. Patet quia quantum addit alkaida *t g* supra alkaidam *g l* tantum addit triangulus *a t g* supra triangulum *a g l*. Quod si fuerit equalis, erit equalis. Si vero minor, erit eodem quanto minor. Quanta igitur basis *b g* ad basim *g d* tantus triangulus *a b g* ad triangulum *a g d*. 35 Tanta etiam superficies *h g* equidistantium laterum ad superficiem *g z* equidistantium laterum. Et hoc est quod demonstrare intendimus.

<VI.2> Si a trianguli latere aliquo linea usque ad aliud latus duo illa latera incidens producta reliquo trianguli lateri fuerit equidistans, erit duorum laterum secundum unam proportionem incisiva. Si vero duorum 40 laterum secundum unam proportionem fuerit incisiva, erit etiam reliquo trianguli lateri equidistans.

Exempli gratia: Sit triangulus *a b g*. Sit linea a latere *a b* ad latus *a g* producta lateri *b g* equidistans sitque *d h*. Dico quia linea *d h* duorum laterum est incisiva *a b* et *a g* secundum proportionem unam quanta 45 scilicet *b d* ad *d a* tanta *g h* ad *h a*.

Rationis causa: Iungatur enim *d* cum *g* et *h* cum *b* eritque triangulus *b d h* sicut triangulus *g d h*. Sunt etenim supra unam alkaidam *d h* atque inter duas lineas equidistantes *d h* et *b g*, erunt itaque equales. Quare eorum proportio ad unum eadem, triangulus itaque *b d h* ad triangulum 50 *a d h* sicut triangulus *g d h* ad triangulum *a d h*. Quantus autem

21 alkaide] basis OP. 22 *a t g*] ad *t g* B. 23 alkaide] basis OP. | *g l*] *s l* P. | *g d*] *g b* B; *s d* P. 24 alkaida] basis OP. | alkaidam] basis OP. 28 alkaidam] basis OP. 29 alkaida] basis OP. | alkaidam] basim OP. 30 multiplicatione altera] multiplicationem alteram P. | alkaida] basis OP. 31 Patet] Patetque B. | alkaida] basis OP. | alkaidam *om.* OP. 32 tantum] tanta P. 33 minor[1]] maior B. | minor[2]] maior B. 34 *b g*] *b s* P. 36 equidistantium laterum *tr.* B. | Et ... intendimus *om.* B. 37 *post* aliud *add.* B anguli. | *ante* duo *add.* B producitur. 38 lateri] latere B. | fuerit] fuit B. 39 incisiva] inscisiva B. 40 fuerit] fuit B. | incisiva] inscisiva B. 43 *b g* equidistans *tr.* B. | *d h*[2]] *d b* P. 45 ad[1]] Atqui OP. 47 sicut triangulus *g d h om.* P. | alkaidam] basim OP. 49 eorum] earum BP. 50 *post a d h*[2] *add.* P ad triangulum *d a*.

triangulus *b d h* ad triangulum *a d h* tanta *b d* ad *d a*. Quantusque triangulus *g d h* ad triangulum *d a h* tanta *g h* ad *h a*. Quanta igitur *b d* ad *d a* tanta *g h* ad *h a*.

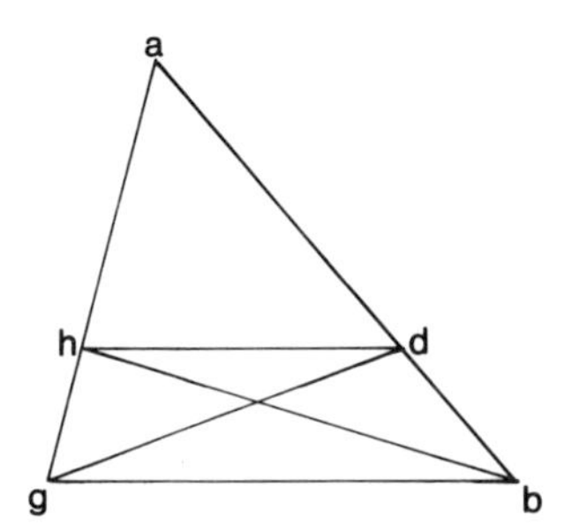

Ponatur item quanta *b d* ad *d a* tanta *g h* ad *h a*. Dico itaque quia *d h*
55 linee *b g* equidistans.

Sit itaque eorum tedebir unum. Quanta ergo *b d* ad *d a* tanta *g h* ad *h a*. Quanta vero *b d* ad *d a* tantus triangulus *b d h* ad triangulum *a d h*. Quantaque *g h* ad *h a* tantus triangulus *g d h* ad triangulum *d h a*. Triangulus autem *b d h* sicut triangulus *g d h* suntque supra alkaidam
60 *d h*. Erit igitur linea *d h* linee *b g* equidistans. Et hoc est quod demonstrare intendimus.

<VI.3> Si a trianguli aliquo angulo linea usque ad basim producta angulum in duo media dividat, erit proportio duarum partium basis unius ad alteram sicut proportio duorum reliquorum laterum trianguli unius ad
65 alterum. Si etiam fuerit proportio duarum partium basis unius ad alteram sicut proportio duorum reliquorum laterum trianguli unius ad alterum, erit linea anguli in duo media divisa.

Exempli gratia: Sit triangulus *a b g*. Exeatque ab angulo *b a g* linea ad alkaidam *b g* angulum in duo media dividens sitque *a d*. Dico quia quanta
70 *b d* ad *d g* tanta *b a* ad *a g*.

Rationis causa: Exeat enim a puncto *g* linea equidistans linee *a d* sitque linea *g h*. Producatur item linea *b a* usque supra lineam *g h* supra punctum *h* extra triangulum eritque linea *a d* linee *h g* equidistans.

56 ergo] circulo P. | *g h*] *g d* B. 57 *b d h*] *i d h* P. 59 alkaidam] basim OP. 60 linee] linea P. 60-61 Et ... intendimus *om.* B. 63 dividat] dividit P. | *ante* erit *add.* P punctus. 64 duorum] duarum P. | unius] unus P. 65 alterum] alteram P. 66 duorum reliquorum] duarum reliquarum P. | alterum] alteram P. 67 divisa] divisiva O. 68 *ante* linea *add.* P in. 69 alkaidam] basim OP. | quia *om.* P. 70 *b a*] *b d* P. | *a g*] *d g* tanta *b* ad *a g* P. 72 *g h*[1]] *h* P. 73 *h g*] *h d* P.

Cecidit autem supra eas linea *b h*, angulus itaque extrinsecus *b a d* sicut
75 intrinsecus ei oppositus *a h g*. Itemque linea *a d* linee *h g* equidistans. Cecidit autem supra eas linea *a g*. Duo itaque anguli coalterni *d a g* et *h g a* equales. Atqui angulus *b a d* sicut *d a g*. Quare angulus *a h g* sicut *a g h*. Latus ergo *a g* sicut latus *a h*. At vero a latere trianguli *b g h* uno producta est linea lateri *g h* equidistans estque *d a*. Quanta itaque *b d* ad
80 *d g* tanta *a b* ad *a h*. Atqui *a h* sicut *a g*. Quanta igitur *b d* ad *d g* tanta *a b* ad *a g*.

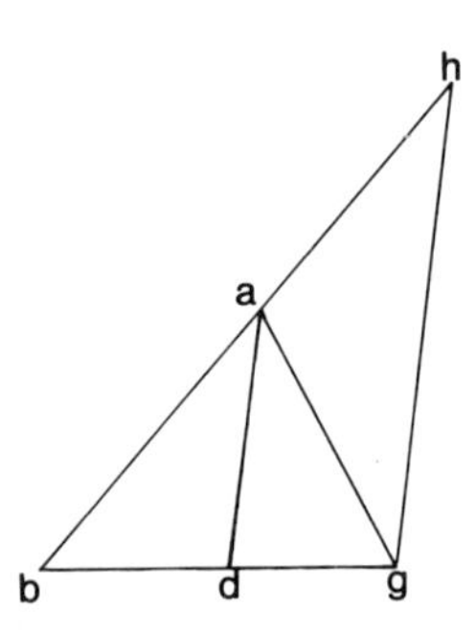

Item ponatur quanta *b d* ad *d g* tanta *a b* ad *a g*. Iungaturque *a* cum *d*. Dico quia angulus *b a d* sicut angulus *d a g*.

Sitque eorum tedebir unum. Quanta itaque *b d* ad *d g* tanta *b a* ad *a h*.
85 Quantaque *b d* ad *d g* tanta *b a* ad *a g*. Atque linea *a b* linearum *a g* et *a h* similitudo una. Atqui *a g* sicut *a h*. Angulus itaque *a g h* sicut *a h g*. Atqui *a h g* sicut *b a d*. Est igitur *b a d* sicut *d a g*. Et hoc est quod demonstrare intendimus.

<VI.4> Omnium duorum triangulorum quorum anguli unius angulis
90 alterius equales, erunt latera angulos illos equales respicientia proportionalia.

Exempli gratia: Sint duo trianguli *a b g* et *g d h*. Sitque angulus *a b g* sicut angulus *d g h* atque *b a g* sicut *g d h* et *b g a* sicut *g h d*. Dico itaque quia latera duorum triangulorum angulos respicientia equales
95 proportionalia. Quanta scilicet *b a* in *g d* tanta *b g* in *g h* tantaque etiam *a g* in *d h*.

74 *b h*] *d h* P. | *b a d*] *d* P. 75 ei] eis P. | oppositus] oppositum P. | *a d*] ad *a d* P. | *h g*] *h d* P. 76 supra] super P. | Duo] Duoque B; Dico P. 77 Quare] Quarum P. 78 *a h*] *a t h* P. | *b g h* *om.* O. | uno] una P. 84 itaque *om.* P. 86 *a g h*] *a b g* P. 87-88 Et ... intendimus *om.* B. 92 *a b g*[1]] *a b* P. 93 *b g a*] *g a* P. 94 itaque *om.* B. 95 scilicet] secundis P.

Rationis causa: Producantur enim due linee *b a* et *h d* supra punctum *z*
cadentes. Angulus autem *a b g* sicut angulus *d g h* dueque linee *z b* et *d g*
equidistantes. Itemque angulus *a g b* sicut *d h g*. Linee vero *a g* et *h z*
100 equidistantes. Superficies itaque *a g d z* equidistantium laterum. Atqui

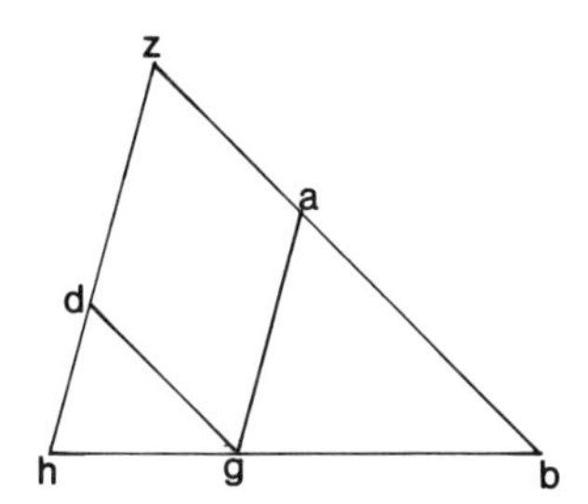

a g sicut *d z* et *g d* sicut *a z*. A latere vero trianguli *b h z* producta est
linea lateri *h z* equidistans estque *a g*. Quanta itaque *b a* ad *a z* tanta *b g*
ad *g h*. Atqui *a z* sicut *g d*. Quanta itaque *b a* ad *g d* tanta *b g* ad *g h*.
Itemque a latere trianguli *b h z* iam producta est linea equidistans lateri
105 *b z* estque *g d*. Quanta itaque *z d* ad *d h* tanta *b g* ad *g h*. Atqui *d z* sicut
a g. Quanta itaque *a g* ad *d h* tanta *b g* ad *g h*. Quanta vero *b g* ad *g h*
tanta *a b* ad *d g*, quanta igitur *a b* ad *d g* tanta *a g* ad *h d* tantaque *b g* ad
g h. Et hoc est quod demonstrare intendimus.

<VI.5> Omnium duorum triangulorum laterum quorum proportio
110 omnium se respicientium una, erunt anguli illis lateribus proportionalibus
contenti equales.

Exempli gratia: Sint duo trianguli *a b g* et *d h z*. Sitque proportio unius
lateris eorum ad latus alterius uniuscuiusque se respicientis equalis.
Quanta scilicet *a b* ad *d h* tanta *a g* ad *d z* tantaque *b g* ad *h z*. Dico quia
115 anguli trianguli *a b g* angulis trianguli *d h z* equales suntque *b a g* sicut
h d z atque *a g b* sicut *d z h* atque *g b a* sicut *z h d*.

Rationis causa: Statuatur enim supra lineam *h z* supra punctum *h*
angulus sicut angulus *a b g* sitque *z h H*. Itemque supra lineam *h z* supra
punctum *z* angulus sicut angulus *a g b* sitque *h z H*. Relinquitur itaque
120 *h H z* sicut *b a g*. Angulique trianguli *a b g* angulis trianguli *h H z*
equales. Quanta itaque *b g* ad *h z* tanta *a b* ad *h H*. Erat autem quanta *b g*

97 *post b a add.* P in *g d* tanta *b g* in *g h* tantaque etiam *a g* in *d h*. 98 linee *om.* P. 99 equidistantes] equidem P. | Linee vero] linearum P. 100 equidistantium laterum] equidem latera P. 102 equidistans] equidem P. 102-103 Quanta ... *g d*[1] *om.* P. 104 iam] in a P. | equidistans] equidem P. 106 Quanta itaque] quantaque B. | ad[3]] a P. 107 tanta *a g* ad *h d* *om.* P. 108 Et ... intendimus *om.* B. 110 erunt] erit P. 113 uniuscuiusque] uniuscuius P. | respicientis] respicientes P. | equalis] equales P. 114 scilicet] secundis P. | *a b* ad *d h*] *a b g* angulis trianguli *d h z* P. 116 *z h d*] *h z d* P. 119 angulus[1] *om.* BOP. | itaque *om.* P.

ad *h z* tanta *a b* ad *d h*. Quanta itaque *a b* ad *d h* tanta eadem ad *h H*. Quare *d h* sicut *h H*. Eodemque modo *z d* sicut *z H* et *d h* sicut *h H*. Atque *h z* communis, due itaque linee *d h* et *h z* sicut due linee *h H* et *h z*

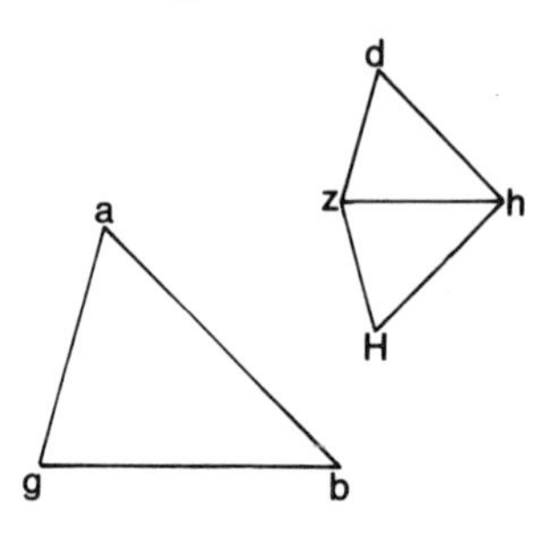

125 unaqueque sicut respiciens se. Alkaidaque *z d* sicut alkaida *z H*. Angulusque *d h z* sicut angulus *H h z*. Sicque ostensum quia *d z h* sicut *H z h*. Angulus autem *H h z* sicut angulus *a b g*. Atque *H z h* sicut *a g b*. Quare *d h z* sicut *a b g* atque *d z h* sicut *a g b*. Relinquitur itaque *h d z* sicut *b a g*. Anguli igitur trianguli *a b g* angulis trianguli *d h z*
130 equales. Et hoc est quod demonstrare intendimus.

<VI.6> Omnium duorum triangulorum quorum angulus unius angulo alterius equalis lateraque illos equales angulos continentia proportionalia, erunt anguli trianguli illius angulis alterius trianguli equales.

Exempli gratia: Sit angulus trianguli *a b g* supra quem *a* sicut angulus
135 trianguli *d h z* supra quem *d* lateraque angulos continentia proportionalia. Quanta scilicet *a b* ad *d h* tanta *a g* ad *d z*. Dico quia anguli trianguli *a b g* angulis trianguli *d h z* equales.

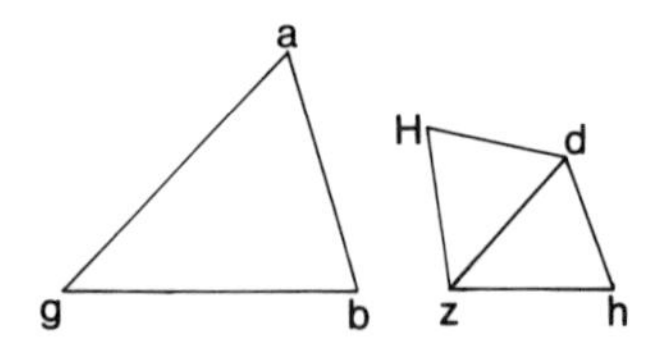

Rationis causa: Statuatur enim supra lineam *d z* supra punctum *d* sicut angulus *a* sitque *z d H*. Statuatur item supra lineam *d z* supra punctum *z*
140 sicut angulus *g* sitque *d z H*. Relinquitur itaque angulus *b* sicut angulus

122 *post* ad[2] *add.* P *h H*. Erat autem quanta *b g* ad *h z* tanta *a b* ad. | *post h H add.* P erat autem quanta *b g* ad *h z* tanta *a b* ad *d h*. Quanta ita *a b* ad *d h* tanta eadem ad *h H*. 125 Alkaidaque] Basisque OP. | alkaida] basis OP. 126 *post* ostensum *add.* P est. 126-127 sicut *H z h om.* P. 130 Et ... intendimus *om.* B. 131 angulus] angulis P. 132 angulos] angulis P. 136 scilicet] singulis P. | ad[2]] a P. 137 *d h z*] *b h z* P. 139 *a*] *H a* P.

H. Anguli itaque trianguli $a b g$ angulis trianguli $d z H$ equales. Quanta ergo $a g$ ad $d z$ tanta $a b$ ad $d H$. Erat autem quanta $a g$ ad $d z$ tanta $a b$ ad $d h$. Quantitas ergo $a b$ ad $d H$ et ad $d h$ proportione una. Quare $d h$ sicut $d H$. Atque $d z$ communis. Due itaque linee $d h$ et $d z$ sicut due linee
145 $z d$ et $d H$ unaqueque sicut respiciens se. Angulus autem $H d z$ sicut $h d z$. Basis ergo $h z$ sicut basis $z H$ triangulusque $d h z$ sicut triangulus $d z H$. Angulique reliqui sicut reliqui anguli se respicientes lateraque trianguli $z h d$ sicut latera $d z H$. Angulusque h sicut angulus H. Atqui angulus $H z d$ sicut angulus g atque angulus H sicut angulus b. Angulus
150 itaque $d z h$ sicut angulus g angulusque h sicut angulus b. Atqui angulus d sicut angulus a. Erunt igitur anguli trianguli $a b g$ angulis trianguli $d h z$ equales. Et hoc est quod demonstrare intendimus.

<VI.7> Omnium duorum triangulorum quorum angulus unius sicut angulus alterius unique reliquorum angulorum lateribus proportionalibus
155 contenti fuerintque utrique anguli reliqui triangulorum angulo recto maiores aut minores, erunt anguli unius trianguli angulis alterius equales.

Exempli gratia: Sint duo trianguli $a b g$ et $d h z$ quorum angulus unius sicut angulus alterius sintque duo anguli a et d lateraque angulos b et h continentia proportionalia. Quanta scilicet $a b$ ad $h d$ tanta $b g$ ad $h z$
160 singulique duorum angulorum g et z maiores aut minores angulo recto. Dico quia anguli trianguli $a b g$ angulis trianguli $d h z$ equales.

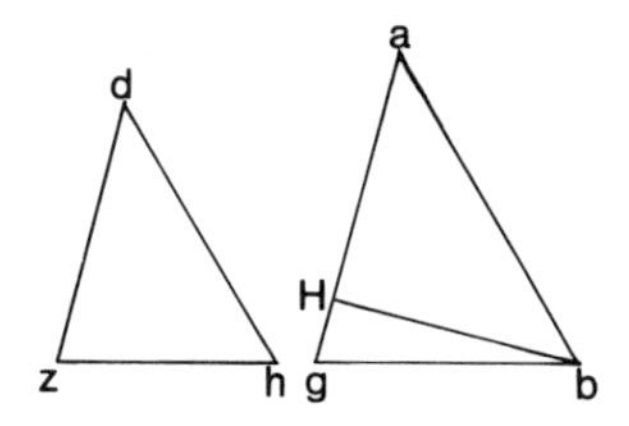

Rationis causa: Ponatur autem primo unumquemque eorum angulo recto non minorem esse. Dico quia angulus b sicut angulus h.

Aliter enim esse est impossibile. Quod si fuerit possibile, sit unus eorum
165 altero maior sitque angulus b angulo h maior, fiat itaque supra lineam $a b$ supra punctum b angulus sicut angulus h sitque angulus $a b H$. Angulus autem a sicut angulus d. Relinquitur itaque angulus H sicut angulus z.

142 $a g^1$ ... $a b^1$ *om.* P. 149 $H z d$] $d z H$ B. 152 Et ... intendimus *om.* B. 153 duorum *om.* B. 154 unique] unumque P. 157 $d h z$] $d z$ P. 159 $b g$] $h b g$ P. 162 *Rationis causa om.* BOP. | unumquemque] unumquodque BP. 166 angulus[1] *om.* BOP. 167 a] $H a$ P.

Angulique trianguli *a b H* angulis trianguli *d h z* equales. Quanta itaque
a b ad *d h* tanta *b H* ad *h z*. Quanta vero *a b* ad *d h* tanta *b g* ad *h z*.
170 Proportio igitur *b H* et *b g* ad *h z* una. Quare *b H* sicut *b g*. Angulus ergo
H sicut angulus *g*. Angulus vero *g* angulo recto non minor, angulus itaque
H angulo recto non minor. Anguli itaque trianguli *b H g* qui sunt *H* et *g*
duobus rectis angulis non minores. Quod contrarium impossibile.
Angulus igitur *b* angulo *h* non maior. Sed nec dissimili modo manifestum
175 est quoniam minor non est. At vero angulus *a* sicut angulus *d*.
Relinquiturque angulus *g* sicut angulus *z*. Anguli igitur trianguli *a b g*
angulis trianguli *d h z* equales.

Amplius. Sit uterque duorum angulorum *g* et *z* angulo recto minor.
Dico quia angulus *b* sicut angulus *h*.
180 *Rationis causa*: Sitque eorum tedebir unum. Atque *b H* sicut *b g*.
Angulusque *g* sicut angulus *H*. Atqui angulus *g* angulo recto minor.
Angulus ergo *H* etiam recto minor. Angulusque *H* alter recto maior. Est
autem sicut angulus *z*. Erit itaque angulus *z* angulo recto maior. Erat
autem minor. Quod contrarium impossibile. Angulus itaque *b* equalis
185 angulo *h*. Atqui angulus *a* sicut angulus *d*. Relinquitur itaque angulus *g*
sicut angulus *z*. Anguli igitur trianguli *a b g* angulis trianguli *d h z*
equales. Et hoc est quod demonstrare intendimus.

<VI.8> Omnis trianguli rectanguli a cuius angulo recto perpendicularis
ad basim extracta fuerit, erunt duo trianguli ex duabus partibus perpen-
190 dicularis maiori triangulo et sibi invicem similes.

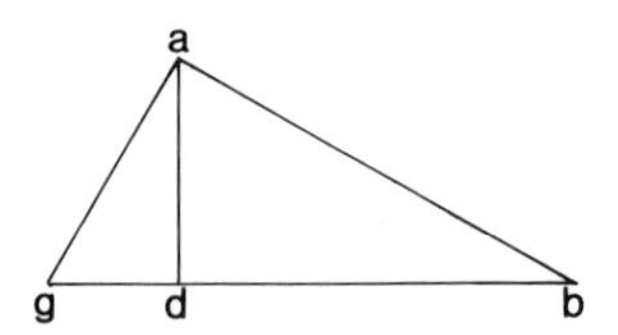

Exempli gratia: Sit triangulus *a b g* cuius rectus angulus *a* a quo ad
basim *b g* perpendicularis exeat. Sitque *a d*. Dico quia duo trianguli *a b d*
et *a d g* triangulo *a b g* similes, uterque etiam eorum similis alteri.

168 angulis trianguli] angulus triangulus P. 169 *a b*[1]] *a* P. 170 igitur] quoque B. | *b H*[1]] *b z* P. | ad] et P. 172 *H*[1] *om.* P. | Anguli] Angulus P. 173 contrarium *om.* B. | *post* contrarium *add.* P est. 175 minor] maior P. 176 angulus[1]] angulo P. 177 *d h z*] *b h z* P. 178 *ante* minor *add.* B non. 180 *Rationis causa om.* BOP. 181 *g*[1]] *d* P. 184 contrarium *om.* B. | *post* contrarium *add.* P est. 187 Et ... intendimus *om.* B. 189 ad basim] a basi B. | duabus] duobus P. 192 duo *om.* B. 193 triangulo *a b g om.* P.

Rationis causa: Si enim angulus *a* rectus equalis unicuique duorum
195 angulorum *d* et *b* communis duobus triangulis *a b g* et *a b d*. Relinquitur angulus *b a d* sicut angulus *g*. Anguli itaque trianguli *a b g* angulis trianguli *a b d* equales. Quanta autem *b g* trianguli maioris ad *b a* trianguli minoris tanta *a b* trianguli maioris ad *b d* trianguli minoris. Tantaque *a g* trianguli maioris ad *a d* trianguli minoris. Latera etenim
200 angulos equales duorum triangulorum respicientia proportionalia. Triangulus itaque *a b g* et *a b d* similes. Eodemque modo triangulus *a d g* triangulusque *a b g* similes.

Dico item quia triangulus *a b d* similis triangulo *a d g*.

Rationis causa: Quoniam enim angulus *a* rectus estque sicut alter
205 angulus *d*. Angulusque *b* sicut angulus *d a g* angulusque *b a d* sicut angulus *g*, erunt anguli trianguli *a b d* angulis trianguli *a d g* equales. Quanta autem *a g* ad *a b* tanta *g d* ad *d a* tantaque *a d* ad *d b*. Trianguli igitur *a b d* et *a d g* sibi invicem similes, assimilanturque triangulo *a b g*.

Unde etiam manifestum est quia omnis trianguli rectanguli a cuius
210 angulo recto perpendicularis ad basim exierit, erit perpendicularis proportio ad dividentia basis, unicuique etiam lateri ad totam basim atque ad dividentia singularia. Et hoc est quod demonstrare intendimus.

<VI.9> Nunc demonstrandum est quomodo inveniri queat linea cui sit proportio ad duas lineas assignatas inter eas.

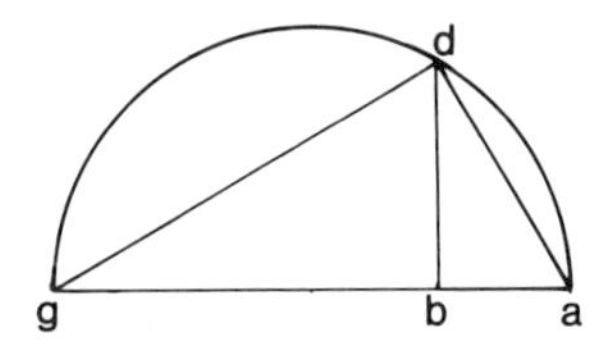

215 *Exempli gratia*: Sint due linee assignate *a b* et *b g*. Cum itaque intenderimus lineam invenire eis proportionalem inter eas, due ille linee directe sint sibi coniuncte statueturque supra *a g* semicirculus supra quem *a d g*. Extraheturque de linea *a g* de puncto *b* linea supra angulum rectum sitque *b d*. Iungaturque *a* cum *d* et *d* cum *g*. Eritque semicirculi angulus rectus

194 angulus *om.* P. | unicuique] unicui P. 195 angulorum *om.* P. 198 maioris] maior B. 200 duorum triangulorum respicientia] respicientia duorum triangulorum B. 203 *a d g om.* P. 205 *post d a g add.* P equalis. 206 *g*] de P. 208 et] igitur P. | assimilanturque] Assimilenturque P. 209 etiam] quia O. 210 erit *om.* P. | perpendicularis[2]] perpendiculari O. 212 singularia] singuli P. | Et ... intendimus *om.* B. 214 assignatas] assignas P. 215 *Exempli gratia om.* BOP. | *b g*] *h g* P. 215-216 intenderimus lineam *tr.* B 216 ille *om.* P. 217 coniuncte] invicem B. | supra[1]] super P. 219 semicirculi] semicirculus P.

220 *a d g*. Extracta vero ab illo perpendicularis *d b* ad alkaidam trianguli *a d g* estque alkaida *a g*, linee autem *a b* et *b g* basim dividentes. Inventa igitur est inter eas linea eis proportionalis estque *b d*. Et hoc est quod demonstrare intendimus.

<VI.10> Nunc demonstrandum est quomodo inveniatur linea tertia cui
225 sit ad duas lineas assignatas proportio.

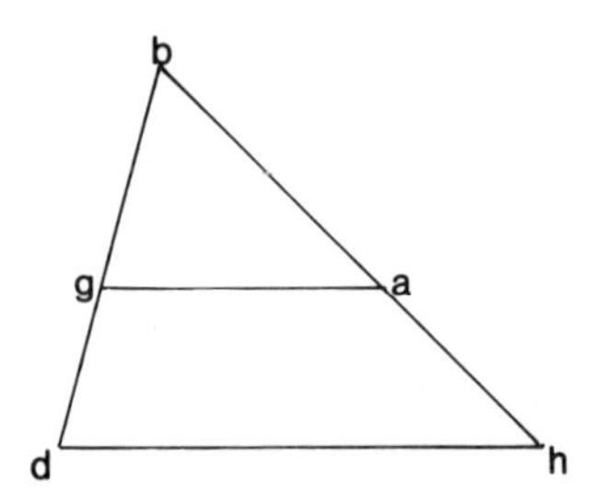

Sint due linee assignate *a b* et *b g*. Cum itaque lineam tertiam cui ad eas proportio sit reperire intenderimus, iungetur *a* cum *g* producenturque due linee *a b* et *b g* ad *h* et *d* eritque *a h* sicut *b g*. Extraheturque a puncto *h* linea linee *a g* equidistans sitque *h d*. Sicque extracta est a latere trianguli
230 *b h d* quod est *b h* linea equidistans reliquo eiusdem lateri *h d* estque linea *a g*. Quanta itaque *b a* ad *a h* tanta *b g* ad *g d*. Atque *a h* sicut *b g*. Quanta itaque *a b* ad *b g* tanta *b g* ad *g d*. Sic igitur inventa est linea tertia cui ad lineas *a b* et *b g* assignatas proportio. Et hoc est quod demonstrare intendimus.

235 <VI.11> Nunc demonstrandum est quomodo a linea assignata quamlibet partem separare possimus.

Sit itaque pars tertia lineaque assignata linea *a b*. Cum itaque ab ea partem tertiam separare intenderimus, extrahetur a puncto *a* alia linea sitque *a g* contineaturque angulum ab *a g* et *a b*. Separenturque ex *a g*
240 tres partes equales *a d* et *d h* et *h g* iungaturque *b* cum *g*. Extrahaturque a linea *a g* a puncto *d* linea linee *b g* equidistans sitque *d z*. A latere vero

220 alkaidam] basim OP. 221 alkaida] basis OP. 222 eas linea eis] lineas B. 222-223 Et ... intendimus *om.* B. 224 cui] an B; cuius P. 227 iungetur] iungeatur B. 228 Extraheturque] Extrahetur B; extrahaturque P. 229 linea] linee B. | equidistans] equidistat O. 231 *a h*[1]] *d a h* P. | Atque *a h* sicut *b g om.* P. 232 *g d*] *g b* P. 233-234 Et ... intendimus *om.* B. 236 quamlibet] quelibet P. | partem separare possimus] parte separate posuimus P. 237 linea *om.* OP. 238 tertiam *om.* P. 239 ab] a BOP. | ex] ab B. 240 *d h*] *b* et *h* P. | Extrahaturque] Extraheturque O. | a *om.* P. 241 equidistans] equidem P.

trianguli *a b g* iam extracta est linea linee *b g* equidistans estque *d z*. Quanta itaque *g d* ad *d a* tanta *b z* ad *z a*. Atqui *g d* dupla *d a*. Quare *b z*

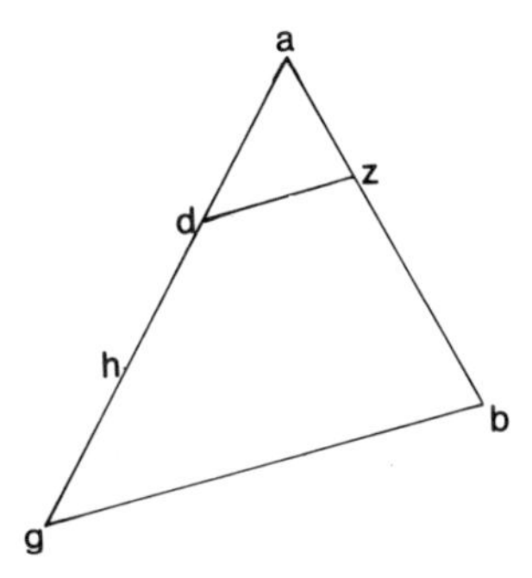

dupla *z a* totaque *b a* tripla ad *z a* et *z a* tertia pars linee *a b*. Separata
245 igitur est a linea *a b* pars quam intendimus estque tertia. Et hoc est quod demonstrare proposuimus.

<VI.12> Nunc demonstrandum est quomodo linea assignata indivisa sicut linea alia in partes divisa dividi queat.

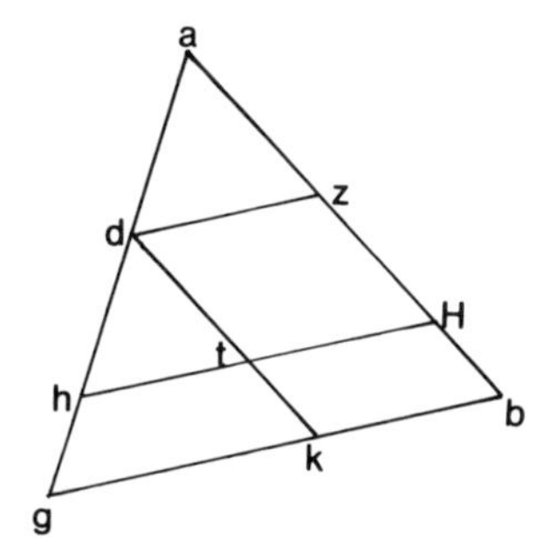

Exempli gratia: Sint due linee assignate *a b* et *a g* sitque indivisa *a b*,
250 divisa vero *a g* supra duo puncta *d* et *h*. Cum itaque lineam *a b* secundum divisionem *a g* dividere in partes intenderimus, iungetur *b* cum *g*. Extrahanturque a duobus punctis *d* et *h* due linee linee *b g* equidistantes sintque *d z* et *h H*. Extrahaturque a puncto *d* linea linee *a b* equidistans sitque *d k*. Superficies itaque *z t* et *H k* laterum equidistantium. Sed *z H*
255 sicut *d t* et *H b* sicut *t k*. Extracta itaque est a latere trianguli *d k g* linea

242 iam] latera P. | equidistans] equidem P. 244 *a b om.* P. 245 a *om.* B. | estque] est B; est quod P. 245-246 Et ... proposuimus *om.* B. 246 proposuimus] intendimus P. 249 *Exempli gratia om.* BOP. | linee *om.* B. 250 lineam] linea P. 252 linee[1] *om.* P. 253 Extrahaturque] Extraheturque B.

lateri $k\ g$ equidistans estque $t\ h$. Quanta itaque $g\ h$ ad $h\ d$ tanta $k\ t$ ad $t\ d$. Erat autem $k\ t$ sicut $H\ b$ et $t\ d$ sicut $H\ z$. Quanta itaque $g\ h$ ad $h\ d$ tanta $b\ H$ ad $H\ z$. Itemque a latere trianguli $H\ a\ h$ extracta est linea linee $h\ H$ equidistans estque $d\ z$. Quanta itaque $h\ d$ ad $d\ a$ tanta $H\ z$ ad $z\ a$. Erat
260 autem quanta $g\ h$ ad $h\ d$ tanta $b\ H$ ad $H\ z$. Linea igitur $a\ b$ divisa est sicut linea $a\ g$. Et hoc est quod demonstrare intendimus.

<VI.13> Si due superficies equidistantium laterum quarum angulus unius sicut angulus alterius fuerint equales, erunt latera angulos equales continentia mutekefia. Si etiam fuerint latera angulos equales continentia
265 mutekefia, erunt due superficies equales.

Exempli gratia: Sint superficies $a\ g$ et $g\ z$ laterum equidistantium angulusque unius sicut angulus alterius sintque supra quos g. Sitque linea $g\ b$ linee $g\ h$ coniuncta secundum rectitudinem dueque superficies equales. Dico quia latera equales angulos continentia mutekefia. Quanta
270 scilicet $b\ g$ in $g\ h$ tanta $H\ g$ in $g\ d$.

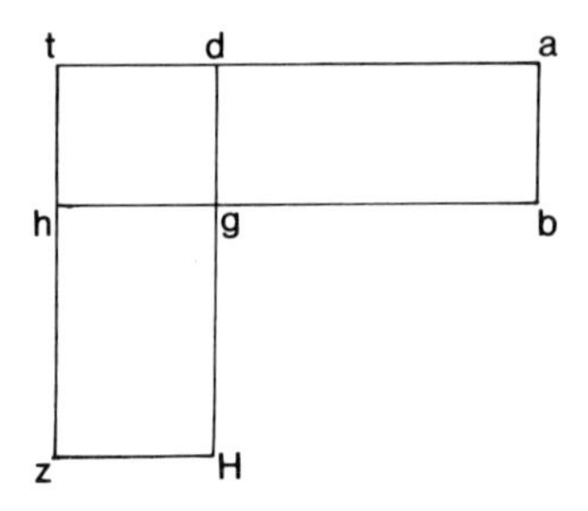

Rationis causa: Compleatur enim superficies $d\ h$ eritque $a\ g$ sicut $g\ z$. Equalium vero proportio ad unum una. Quanta itaque $g\ z$ ad $d\ h$ tanta $a\ g$ ad $d\ h$. Quanta vero $a\ g$ ad $d\ h$ tanta $b\ g$ ad $g\ h$. Quanta autem $g\ z$ ad $d\ h$ tanta $H\ g$ ad $g\ d$. Quanta igitur $b\ g$ ad $g\ h$ tanta $H\ g$ ad $g\ d$.

275 Item sit quanta $b\ g$ ad $g\ h$ tanta $H\ g$ ad $g\ d$. Dico quia superficies $a\ g$ et $g\ z$ equales.

Rationis causa: Quanta enim $b\ g$ ad $g\ h$ tanta $H\ g$ ad $g\ d$ tantaque $g\ z$ ad $d\ h$. Sed $a\ g$ et $g\ z$ ad $d\ h$ proportione unum. Sunt igitur equales. Et hoc est quod demonstrare intendimus.

256 estque] est P. | $k\ t$] $k\ d$ P. 257 et *om.* P. 259 Quanta itaque] Quantaque B. 261 Et ... intendimus *om.* B. 264 mutekefia] emutekefiha B; proportionalia O. 265 mutekefia] elmutekefelia B; proportionalia O. 268 $g\ b$ *om.* B. | $g\ h$] $b\ h$ B. 269 mutekefia] mutekefilia B; proportionalia O. 273 $d\ h^2$] $h\ k$ P. 274 *post* ad[1] *add.* P $d\ h$ tanta $H\ g$ ad. | $g\ d^1$] g B. 275-277 Dico ... $g\ d$ *om.* B. 275 *ante* quia *add.* P itaque. 278 unum] una P. 278-279 Et ... intendimus *om.* B.

280 <VI.14> Si duo trianguli quorum angulus unius angulo alterius equalis fuerint equales, erunt latera equales illos angulos continentia mutekefia. Si etiam fuerint latera illos equales angulos continentia mutekefia, erunt duo illi trianguli equales.

Exempli gratia: Sint duo trianguli *a b g* et *g d h* equales angulusque 285 unus unius sicut angulus alter alterius sintque supra quos *g*. Dico quia latera illos equales angulos continentia mutekefia. Quanta scilicet *b g* ad *g d* tanta *h g* ad *g a*.

Rationis causa: Iungatur enim *a* cum *d*. Atqui triangulus *a b g* sicut triangulus *d h g*, proportio vero equalium ad unum una. Quantus itaque 290 triangulus *a b g* ad triangulum *a g d* tantus triangulus *g d h* ad triangulum *a g d*. Quantus vero triangulus *a b g* ad triangulum *a g d* tanta *b g* ad *g d*. Quantusque triangulus *g d h* ad triangulum *g d a* tanta *h g* ad *g a*. Quanta igitur *b g* ad *g d* tanta *h g* ad *g a*. Item sit quanta *b g* ad *g d* tanta *h g* ad *g a*. Dico quia duo trianguli *a b g* et *g d h* equales.

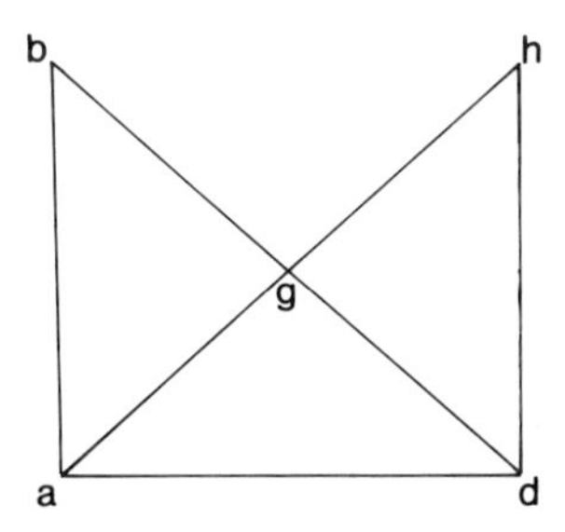

295 *Rationis causa*: Quanta enim *b g* ad *g d* tanta *h g* ad *g a*. Quantaque *b g* ad *g d* tantus triangulus *a b g* ad triangulum *a g d*. Quantaque *h g* ad *g a* tantus triangulus *g d h* ad triangulum *a g d*. Quantus ergo triangulus *a b g* ad triangulum *a g d* tantus triangulus *g d h* ad triangulum *a g d*. Trianguli igitur *a b g* et *g d h* ad triangulum *a g d* proportione unum 300 equales. Et hoc est quod demonstrare intendimus.

<VI.15> Cum proposite fuerint quattuor linee proportionales, erit quod ex ductu prime in ultimam sicut quod ex ductu duarum reliquarum unius

280 angulus] anguli P. 281 *ante* erunt *add.* P latera equales. | mutekefia] mutekfiha B; proportionalia O; proportionalia mutekefia P. 282 illos] illis P. | equales angulos *tr.* B. | mutekefia] mutekfiha B; proportionalia O; proportionalia mutekefia P. 285 quos *om.* OP. 286 mutekefia] elmutekefiba B; proportionalia O. 288 *d*] *b* P. 289 *d h g*] *b h g* P. 290 *g d h*] *g d b* P. 296 *a b g*] *a d g* B. | *a g d*] *a b d* P. | Quantaque] Quanta P. 297 *a g d*] *a g b* P. | *ante* ergo *add.* P est. 299 Trianguli igitur] triangulique P. 300 Et ... intendimus *om.* B. 302-303 reliquarum ... ductu *om.* P.

in alteram. Si etiam quod ex ductu prime linee in ultimam sicut quod ex ductu duarum reliquarum unius in alteram, erunt quattuor ille linee
305 proportionales.

Exempli gratia: Sint quattuor linee inter quas proportio sintque *a b* et *g d* et *h* et *z*. Quanta scilicet *b a* ad *g d* tanta *h* ad *z*. Dico quia quod ex ductu *a b* in *z* sicut quod ex ductu *g d* in *h*.

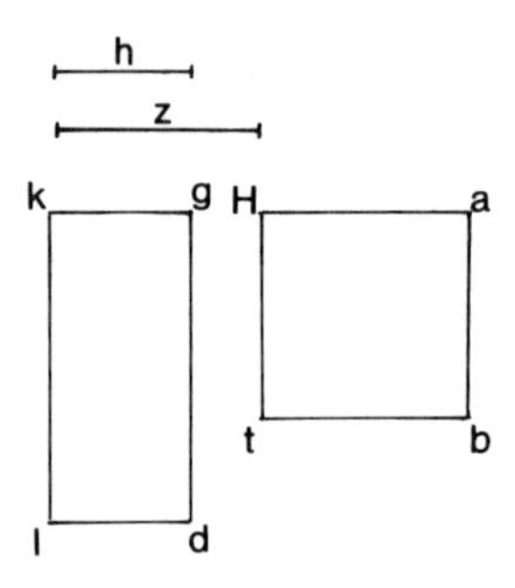

Rationis causa: Extrahantur enim de duobus punctis *a* et *g* de duabus
310 lineis *a b* et *g d* due linee supra duos angulos rectos sintque *a H* et *g k* ponaturque *g k* sicut *h* atque *a H* sicut *z* complebiturque superficies *a t* et *g l*. Quanta autem *a b* ad *g d* tanta *h* ad *z*. Atqui *h* sicut *g k* atque *z* sicut *a H*. Quanta itaque *a b* ad *g d* tanta *g k* ad *a H*. Latera ergo superficiei *a t* et *g l* duos angulos equales continentia mutekefia. Erit itaque *a t* sicut *g l*.
315 Atqui *a t* ex ductu *a b* in *z* facta est. Quia *a H* sicut *z*. At vero *g l* ex ductu *g d* in *h* facta est. Quia *g k* sicut *h*. Quod igitur ex ductu *a b* in *z* sicut quod ex ductu *g d* in *h*.

Item sit illud quod ex ductu *a b* in *z* sicut quod ex ductu *g d* in *h*. Dico quia quanta *a b* in *g d* tanta *h* in *z*.
320 Sitque eorum tedebir unum. Quod autem ex ductu *a b* in *z* sicut quod ex ductu *d g* in *h*. Atqui *z* sicut *a H* atque *h* sicut *g k*. Quod itaque ex ductu *b a* in *a H* sicut quod ex ductu *g d* in *g k*. Quod vero ex ductu *b a* in *a H* est superficies *a t*. Quodque ex ductu *d g* in *g k* superficies *g l*, latera vero *a t* et *g l* angulos equales continentia mutekefia. Quanta itaque
325 *a b* ad *g d* tanta *g k* ad a *H*. Atqui *g k* sicut *h* et *a H* sicut *z*. Quanta igitur *a b* ad *g d* tanta *h* ad *z*. Et hoc est quod demonstrare intendimus.

303 linee *om.* P. 304 *post* alteram *add.* P si etiam quod ex ductu prime linee in ultimam sicut quod ex ductu duarum reliquarum unius in alteram. 307 et[2] *om.* B. 313 Quanta itaque] Quantaque B. 314 mutekefia] elmutekefiha B; proportionalia OP. 318 *a b* ... ductu[2] *om.* P. 319 in[1]] etiam P. 320 *z*] *a H* P. 321 *z*] *h* BP. | *h*[2]] *k* P. | *g k*] *g h* P. 323 *d g*] *g* P. 324 mutekefia] elmutekefiha B; proportionalia O; proportionalia mutekefia P. 326 Et ... intendimus *om.* B.

<VI.16> Cum proposite fuerint tres linee proportionales, erit illud quod ex ductu prime in ultimam sicut quod ex ductu secunde in seipsam. Si etiam quod ex ductu prime linee in ultimam sicut quod ex ductu relique in 330 seipsam, erunt ille linee proportionales.

Exempli gratia: Sint linee *a* et *b* et *g* proportionales. Quanta scilicet *a* ad *b* tanta *b* ad *g*. Dico quia quod ex ductu *a* in *g* sicut quod ex ductu *b* in seipsam.

Rationis causa: Sit enim *d* sicut *b*. Quanta autem *a* ad *b* tanta *b* ad *g*. 335 Atqui *b* sicut *d*. Quanta itaque *a* ad *b* tanta *d* ad *g*. Quod itaque ex ductu *a* in *g* sicut quod ex ductu *b* in *d*. Estque sicut *b* in seipsam. Quoniam *b* sicut *d*. Quod ergo ex ductu *a* in *g* sicut quod ex ductu *b* in seipsam.

Item sit quod ex ductu *a* in *g* sicut quod ex ductu *b* in seipsam. Dico quia quanta *a* ad *b* tanta *b* ad *g*. Earum enim respectus unus.

a

b

g

d

340 *Rationis causa*: Quod enim ex ductu *a* in *g* sicut quod ex ductu *b* in seipsam. Quod vero ex ductu *b* in seipsam sicut quod ex ductu *b* in *d*. Est enim *b* sicut *d*. Quod vero ex ductu *a* in *g* sicut quod ex ductu *b* in *d*. Quanta itaque *a* ad *b* tanta *d* ad *g*. Atqui *d* sicut *b*. Quanta igitur *a* ad *b* tanta *b* ad *g*. Et hoc est quod demonstrare intendimus.

345 <VI.17> Omnium duorum triangulorum similium erit proportio unius ad alterum sicut proportio unius lateris proportionalis ad proportionale latus se respiciens duplicata.

Exempli gratia: Sint duo trianguli similes *a b g* et *d h z*. Dico quia proportio trianguli *a b g* ad triangulum *d h z* sicut proportio lateris *b g* ad 350 latus *h z* duplicata.

Rationis causa: Producatur enim lateribus *b g* et *h z* latus tertium cui ad ea proportio sitque *b H* iungaturque *a* cum *H*. Quanta itaque *b g* ad *h z*

335 *d* ad *g*] *g* ad *d* P. | Quod] Quanta B. 338 ex[2] *om.* B. 339 ad[1]] in OP. | *b* ad] in *b* P. | ad[2]] in OP. | Earum ... unus *om.* B. | Earum] Eorum P. 340 *post causa add.* B Maneat superior dispositio. 341 *ante* sicut *add.* P est. 342 ex ductu[2] *om.* P. 344 Et ... intendimus *om.* B. 346 alterum] alteram P. 347 respiciens] respicientes P. | duplicata] deplicata B; duplam P. 349 *a b g*] *a b* cum B. 350 duplicata] repetita P. 351 Producatur enim] producaturque P. | *h z*] *h t* P. 352 ea] eo P. | *b H*] *h H* P. | *h z*] *h t* P.

tanta *h z* ad *b H*. Quanta autem *b g* ad *h z* tanta *a b* ad *d h*. Quanta itaque *a b* ad *d h* tanta *h z* ad *b H*. Quare triangulorum *a b H* et *d h z* latera
355 equales angulos continentia mutekefia, trianguli itaque *a b H* et *d h z* equales. Quanta autem *b g* ad *h z* tanta *h z* ad *b H*. Proportio itaque linee *b g* ad *b H* sicut proportio linee *b g* ad *h z* duplicata. Multiplicatio itaque proportionis *b g* in *b H* sicut multiplicatio proportionis in *h z* duplicata.

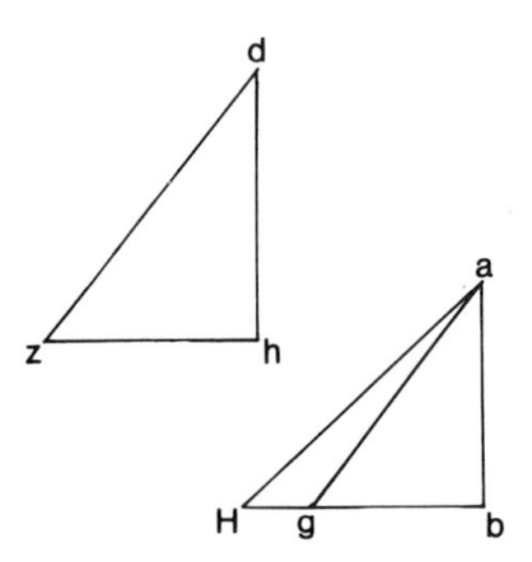

Quanta autem *b g* ad *b H* tantus triangulus *a b g* ad triangulum *a b H*.
360 Proportio itaque trianguli *a b g* ad triangulum *a b H* sicut proportio *b g* ad *h z* duplicata. Triangulus vero *a b H* sicut triangulus *d h z*, proportio igitur trianguli *a b g* ad triangulum *d h z* sicut proportio *b g* ad *h z* duplicata.

Manifestum etiam ex hoc est quia omnium trium linearum propor-
365 tionalium quanta prima ad tertiam tanta superficies supra primam ad superficiem que erit supra secundam cum fuerit ei similis et secundum esse suum. Et hoc est quod demonstrare intendimus.

<VI.18> Superficierum multorum angulorum similium erit in triangulos similes divisio numerusque dividentium unius sicut numerus
370 dividentium alterius proportioque unius sicut proportio alterius proportioque superficiei multorum angulorum ad superficiem multorum angulorum sicut proportio unius lateris proportionalis ad latus proportionale se respiciens duplicata.

353 *b H*] *h H* P. | *h z*[2]] *h t* P. 354 *b H*] *d H* P. | *a b H*] *a b g* P. | *d h z*] *d h t* P. 355 mutekefia] elmutekefiha B; proportionalia O. 356-357 Proportio ... duplicata *om.* OP. 358 multiplicatio] multiplicationis B. | proportionis[2] *om.* P. | duplicata] repetita P. 361 duplicata] repetita P. | Triangulus[1]] triangulo P. 365 supra] tanta P. 366 que] quod P. 367 Et ... intendimus *om.* B. 368 multorum angulorum similium] similium multorum angulorum B. 371-372 ad ... angulorum *om.* B. 373 duplicata] repetita P.

Exempli gratia: Sint due superficies multorum angulorum supra unam
375 quarum *a b g d h*, supra alteram vero *z H t k l*. Dico quia in similes
dividentur triangulos numerusque dividentium unius sicut numerus
dividentium alterius proportioque unius sicut proportio alterius proportioque superficiei *a b g d h* multorum angulorum ad superficiem *z H t k l*
multorum angulorum sicut proportio lateris *a b* ad latus *z H* respiciens se
380 duplicata.

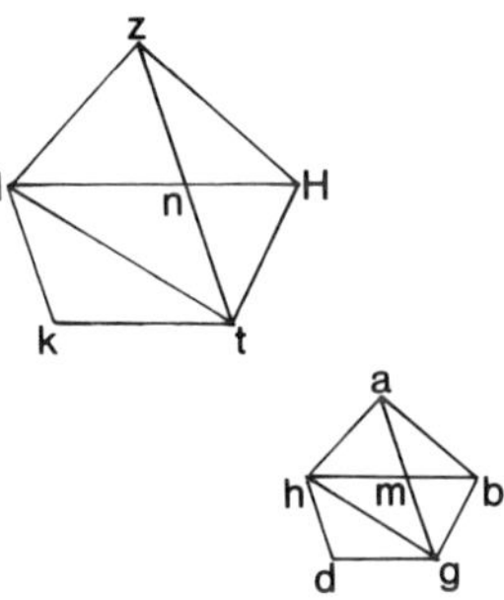

Rationis causa: Iungatur enim *b* cum *h* et *h* cum *g* et *H* cum *l* et *l* cum *t*,
erit superficies *a b g d h* sicut superficies *z H t k l*. Angulusque *b a h* sicut
angulus *H z l*. Quantaque *a b* ad *z H* tanta *a h* ad *z l*. Angulique trianguli
a b h angulis trianguli *H z l* equales. Angulusque *a b h* sicut angulus
385 *z H l*. Angulusque *a b g* sicut angulus *z H t*. Relinquitur itaque angulus
h b g sicut angulus *l H t*. Quanta itaque *a b* ad *z H* tanta *b g* ad *H t*.
Quantaque *a b* ad *z H* tanta *b h* ad *H l*. Quanta itaque *b g* ad *t H* tanta *b h*
ad *H l*. Angulus autem *g b h* sicut *t H l*. Anguli ergo trianguli *g b h*
angulis trianguli *t H l* equales. Angulusque *b g h* sicut angulus *H t l*.
390 Totusque *b g d* sicut totus *H t k*. Relinquitur itaque *h g d* sicut *l t k*.
Angulusque *d* sicut angulus *k*. Relinquitur itaque *g h d* sicut *t l k*. Anguli
ergo trianguli *g d h* angulis trianguli *t l k* equales. Divisi igitur sunt in
superficie *a b g d h* et in superficie *z H t k l* trianguli similes omnesque
trianguli unius superficiei similes triangulis alterius se respicientibus
395 numerusque eorum sicut numerus aliorum proportioque eorum sicut
proportio aliorum.

Proportio item superficiei multorum angulorum in superficiem alteram
multorum angulorum sicut proportio lateris unius proportionalis in latus
proportionale se respiciens duplicata.

379 *ante* lateris *add.* P alterius | *z H*] *t H* P. 380 duplicata] repetita P.
383 *H z l*] *z H l* B. 386 *ante* ad[1] *add.* P et. 388 *H l*] *l* P. | ergo] quoque B.
389 angulus *om.* P. 390 *h g d*] *b g d* P. 391 Angulusque] Angulus P. 392 *ante*
Divisi *add.* P equales. 393 superficie[1]] superficiem P. 394 *ante* similes *add.* P
equales. 397 Proportio] Post P. 397-398 in ... angulorum *om.* P. 399 duplicata]
mutecene B; repetita P.

400 *Rationis causa*: Iungatur enim *a* cum *g* et *z* cum *t* eritque superficies *a b*
g d h similis superficiei *z H t k l* angulusque *a b g* sicut *z H t*. Quanta
autem *a b* ad *z H* tanta *b g* ad *H t*. Anguli ergo trianguli *a b g* angulis
trianguli *z H t* equales. Angulusque *b a m* sicut *H z n*. Atqui *a b m* sicut
z H n. Relinquitur itaque angulus *a m b* sicut *z n H*. Anguli itaque
405 trianguli *a b m* angulis trianguli *z H n* equales. Quanta itaque *m b* ad *H n*
tanta *a m* ad *z n*. Atqui quanta *b m* ad *H n* tanta *m g* ad *n t*. Quanta
itaque *a m* ad *z n* tanta *m g* ad *n t*. Deinde si alternetur, erit quanta *a m*
ad *m g* tanta *z n* ad *n t*. Quanta autem *a m* ad *m g* tantus triangulus *a b m*
ad triangulum *b m g* tantusque triangulus *a h m* ad triangulum *h m g*.
410 Quanta itaque *a m* ad *m g* tantus totus triangulus *a b h* ad totum
triangulum *b g h*. Quantaque *z n* ad *n t* tantus triangulus *z H n* ad
triangulum *H n t* tantusque triangulus *z l n* ad triangulum *l t n* tantusque
totus triangulus *z H l* ad totum triangulum *H t l*. Quare quantus
triangulus *a b h* ad triangulum *b g h* tantus triangulus *z H l* ad
415 triangulum *H t l*. Atque alternatim erit quantus triangulus *b a h* ad
triangulum *H z l* tantus triangulus *b g h* ad triangulum *H l t*. Eodemque
modo quantus triangulus *b g h* ad triangulum *H t l* tantus triangulus
h g d ad triangulum *l t k*. Quantus autem triangulus *b g h* ad triangulum
H t l tantus triangulus *a b h* ad triangulum *z H l*. Quantus ergo
420 triangulus *a b h* ad triangulum *z H l* tantus triangulus *b g h* ad
triangulum *H t l* tantusque triangulus *h g d* ad triangulum *l t k*.
Quantaque una precedens in comitantem tante omnes precedentes in
omnes comitantes. Quantus itaque triangulus *a b h* ad triangulum *z H l*
tanta tota superficies *a b g d h* multorum angulorum ad totam superficiem
425 *z H t k l* multorum angulorum. Atqui proportio trianguli *a b h* ad
triangulum *z H l* sicut proportio lateris *a b* ad latus *z H* duplicata.
Proportio igitur superficiei *a b g d h* ad superficiem *z H t k l* sicut
proportio lateris *a b* ad latus *z H* duplicata. Et hoc est quod demonstrare
intendimus.

430 <VI.19> Nunc demonstrandum est quomodo supra lineam assignatam
superficiem similem superficiei assignate fieri conveniat.
Exempli gratia: Sit linea assignata linea *a b* superficiesque assignata

400 eritque] Erit B. 401 superficiei] superficies P. | *z H t*] *t z H* P. 402 *a b*] ad *b* P. | Anguli] Trianguli P. 403 *H z n*] *H t m H* P. 405 trianguli[2] *om*. P. | *m b*] *b m* B. 406 *n t*] *m t* P. 407 *z n*] *z h* P. | *n t*] *m t* P. 408 triangulus] angulus B.
418 *h g d*] *a b h d g* P. 421 *l t k*] *l k t* B. 422 una *om*. P. | *ante* comitantem *add*. P unam. 424 *post* angulorum *add*. P Atqui proportio trianguli. 426 *z H l*] *z H b* B. | duplicata] mutecene B; repetita P. 428 duplicata] mutecene B; repetita P. 428-429 Et ... intendimus *om*. B. 432 *Exempli gratia om*. BOP.

H h. Cum itaque supra lineam *a b* superficiem superficiei assignate similem facere intenderimus, iungetur *z* cum *d*, deinde supra lineam *a b*
435 supra punctum *b* angulum angulo *d h z* similem statuemus sitque *a b t*. Atque supra lineam *a b* supra punctum *a* angulum similem angulo *z d h*

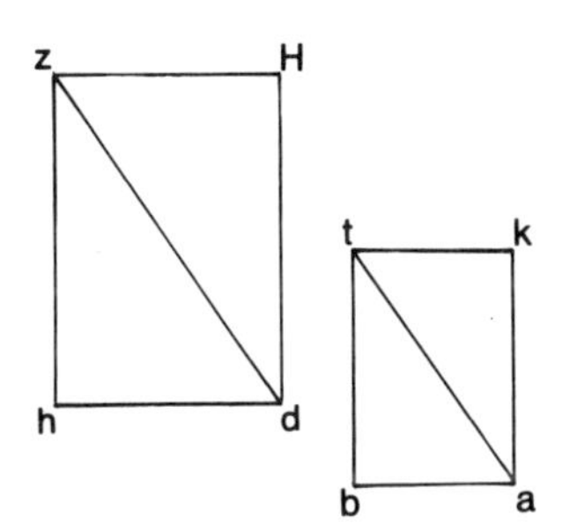

sitque *b a t*. Relinquitur itaque angulus *a t b* sicut angulus *d z h*. Anguli ergo trianguli *a b t* angulis trianguli *d h z* equales. Quanta itaque *t a* ad *d z* tanta *t b* ad *z h* tantaque *a b* ad *d h*. Item supra lineam *t a* supra
440 punctum *t* angulus angulo similis *d z H* statuetur sitque *a t k* atque etiam supra lineam *t a* supra punctum *a* angulus similis angulo *z d H* sitque *t a k*. Relinquitur itaque angulus *t k a* angulo *z H d* similis. Anguli itaque trianguli *t a k* angulis trianguli *d H z* equales. Quanta itaque *t a* ad *d z* tanta *k t* ad *H z* tantaque *a k* ad *d H*. Atqui quanta *t a* ad *d z* tanta *t b*
445 ad *z h* quantaque *a b* ad *d h* tanta *a k* ad *d H*. Quantaque *t k* ad *z H* tanta *t b* ad *h z*. Angulus itaque *a b t* sicut angulus *d h z*. Atque *a t k* sicut *d z H*. Totusque *b t k* sicut totus *h z H*. Quare totus *k a b* sicut totus *h d H* angulusque *k* sicut angulus *H* angulusque *b* sicut angulus *h*. Anguli ergo superficiei *a t* angulis superficiei *h H* equales lateraque illos angulos
450 equales continentia proportionalia. Superficies ergo *a t* superficiei *h H* similis. Sic igitur facta est supra lineam *a b* assignatam superficies superficiei *h H* assignate similis, et est superficies *a t*. Et hoc est quod demonstrare intendimus.

< VI.20 > Cum fuerint alique superficies alicui uni similes, erunt etiam
455 sibi invicem similes.

433 supra] super B. 435 angulo *d h z* similem] similem angulo *d h z* B. | similem] simile P. 439 Item] Itemque P. 440 angulo similis *tr.* B. | *d z H*] *z d H* BP. | statuetur] statueturque P. 442 *z H d*] *z d H* B. 443 *d H z*] *d H t* B. 444 *post d H add.* P tantaque *a k* ad *d H*. 445 Quantaque[2]] Quanta P. 451 Sic] Si P. | est *om.* P. 452-453 Et ... intendimus *om.* B. 454 erunt] esse B.

Exempli gratia: Sint due superficies *a g* et *H k* superficiei *d z* similes. Dico quia due superficies *a g* et *H k* similes inter se.

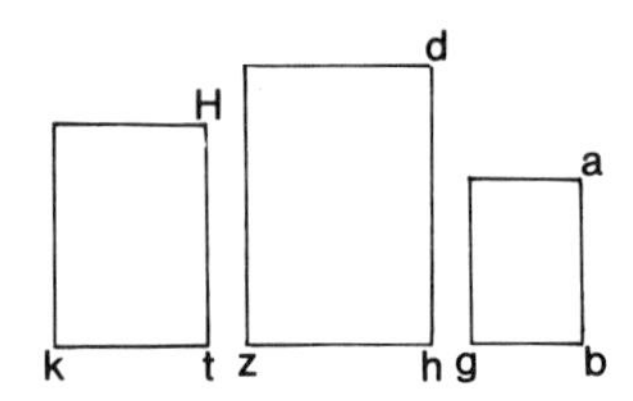

Rationis causa: Superficie etenim *a g* simili superficiei *d h z* erit angulus *b* sicut angulus *h* quantaque *a b* ad *d h* tanta *b g* ad *h z*. Item *H k*
460 simili *d z* erit angulus *t* sicut angulus *h*. Quantaque *d h* ad *H t* tanta *h z* ad *t k*. Angulusque *h* sicut angulus *b*. Erat autem quanta *a b* ad *d h* tanta *b g* ad *h z*. Angulusque *b* sicut angulus *t*. Quanta itaque *a b* ad *H t* tanta *b g* ad *t k*. Due igitur superficies *a g* et *H k* inter se similes. Et hoc est quod demonstrare intendimus.

465 <VI.21> Cum fuerint linee quotlibet proportionales, erunt superficies supra eas surgentes proportionales. Si etiam fuerint superficies supra lineas proportionales, erunt et linee ipse proportionales.

Exempli gratia: Sint quattuor linee proportionales *a b* et *g d* et *h z* et *H t*. Quanta scilicet *a b* ad *g d* tanta *h z* ad *H t* fiantque supra duas lineas
470 *a b* et *g d* due superficies similes sintque *a k b* et *g l d*. Supraque duas lineas *h z* et *H t* due superficies alie similes sintque *h m z* et *H t n*. Dico quia quanta superficies *a k b* in superficiem *g l d* tanta superficies *h m z* ad superficiem *H t n*.

Rationis causa: Fiat enim linea tertia cui sit proportio ad duas lineas *a b*
475 et *g d*. Sitque *s*. Fiatque item linea tertia cui sit proportio ad duas lineas *h z* et *H t*. Sitque *i*. Existentibus itaque duabus lineis *a b* et *g d* lineaque tertia cui ad eas proportio scilicet *s*, erit quanta *a b* ad *s* tanta *a k b* ad *g l d*. Quantaque *h z* ad *i* tanta *h m z* ad *H n t*. Quanta autem *a b* ad *g d* tanta *h z* ad *H t*. Quanta vero *a b* ad *g d* tanta *g d* ad *s*. Quantaque *h z* ad *H t*
480 tanta *H t* ad *i*. Quantaque *a b* ad *s* tanta *a k b* ad *g l d*. Quantaque *h z* ad *i*

459 quantaque] quanta B. 461 angulus] angulusque P. 463 Due] Dico P. 463-464 Et ... intendimus *om.* B. 467 linee *om.* OP. 470 *a b*] *a* et *b* P. 471 lineas *om.* P. | *H t n*] *H n t* BP. 472 superficiem] superficie P. 473 *H t n*] *H n* BOP. 474 *ante* linea *add.* P ille. | cui] cum P. 475 item] vicem P. | cui] cum P. 478 Quantaque] quanta quoque BP. | *H n t*] *h H n t* P. | autem] *a g* B. 479 Quantaque] Quanta P. 480 Quantaque[2]] Quanta P.

tanta *h m z* ad *H n t*. Quanta igitur *a k b* ad *g l d* tanta superficies *h m z* ad *H n t*. Item. Ponatur quanta *a k b* ad *g l d* tanta *h m z* ad *H n t*. Dico quia quanta *a b* ad *g d* tanta *h z* ad *H t*.

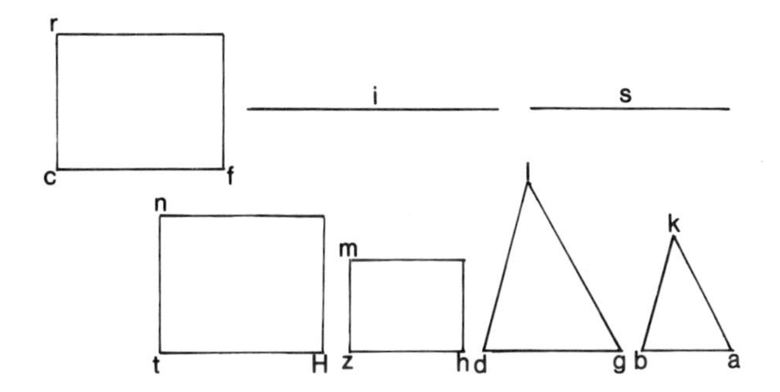

Rationis causa: Sit enim quanta *a b* ad *g d* tanta *h z* ad *f c* fiatque supra
485 lineam *f c* superficies superficiei *H n t* similis et secundum esse eius sitque *f c r*. Quanta ergo *a b* ad *g d* tanta *h z* ad *f c*. Quanta itaque *a k b* ad *g l d* tanta *h m z* ad *f c r*. Erat autem quanta *a k b* ad *g l d* tanta *h m z* ad *H n t*. Quanta itaque *h m z* ad *H n t* tanta *h m z* ad *f c r*. Quare *h m z* proportio ad *H n t* et ad *f c r* una. Atqui *H n t* sicut *f c r* proportioque *f c*
490 sicut proportio *H t*. Quare *f c* sicut *H t*. Quanta autem *a b* ad *g d* tanta *h z* ad *f c*. Quanta igitur *a b* ad *g d* tanta *h z* ad *H t*. Et hoc est quod demonstrare intendimus.

<VI.22> Superficies equidistantium laterum que sunt supra diametrum superficiei equidistantium laterum maiori superficiei similes singuleque
495 earum invicem similes.

Exempli gratia: Sit superficies laterum equidistantium *a g*, sit diametros *b d* supra quam due superficies laterum equidistantium *h t* et *H z*. Dico quia superficies *h t* et *H z* similes superficiei *a g*, unaqueque etiam similis alteri.

500 *Rationis causa*: Sit enim triangulus *b g d* a cuius latere sit producta linea equidistans lateri *b g* sitque *H k*. Quanta itaque *b k* ad *k d* tanta *g H* ad *H d*. Item sit triangulus *a b d* a cuius latere producatur linea equidistans lateri *a b* sitque *z k*. Quanta itaque *b k* ad *k d* tanta *a z* ad *z d*. Erat autem quanta *b k* ad *k d* tanta *g H* ad *H d*. Quanta itaque *a z* ad *z d*

481 *post g l d add.* P Quanta *h z* ad *i* tanta *h m z*. 483-484 *H t* ... ad² *om.* P. 487 ad²] a P. 490 *f c*] *H t* P. | *ante H t² add.* P proportio. 491 *f c*] *s c* P. 491-492 Et ... intendimus *om.* P. 493 supra] super B. 494 similes] simile B. | *post* similes *add.* P esse. 497 quam] quem P. | *ante h t add.* P laterum. 500 enim *om.* P. 501 ad] in B.

505 tanta *g H* ad *H d*. Cumque ordinatim sequitur eorum unum alterum, erit quanta *a d* ad *d z* tanta *g d* ad *d H*. Lateraque angulum *d* continentia proportionalia. Atque *z H* similis *a g*. Eodem modo *h t* similis *a g*. Dico

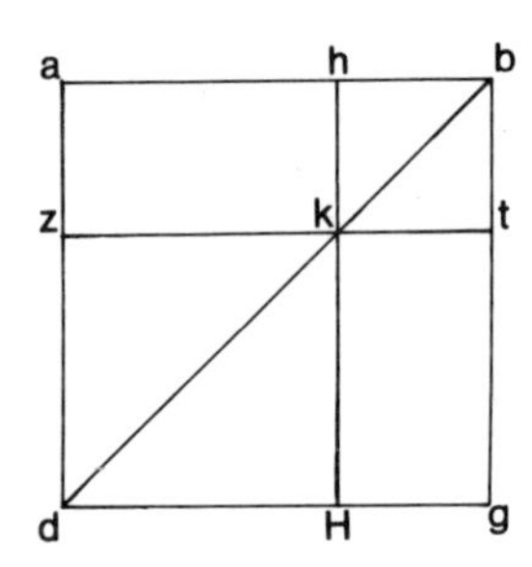

itaque quia *z H* et *h t* similes, unaqueque enim earum *a g* similis. Similium vero alicui uni unumquodque simile alteri. Erit igitur *z H*
510 similis *h t*. Et hoc est quod demonstrare intendimus.

<VI.23> Cum divisa fuerit a superficie equidistantium laterum superficies laterum equidistantium maiori superficiei ab ea divise similis et supra esse suum, erit supra diametrum maioris superficiei.

Exempli gratia: Sit superficies *h H* equidistantium laterum a superficie
515 *a g* divisa similis *b a g*. Dico quia superficies *h H* supra diametrum superficiei *a g*, estque diametros *d b*, incidere necesse est.

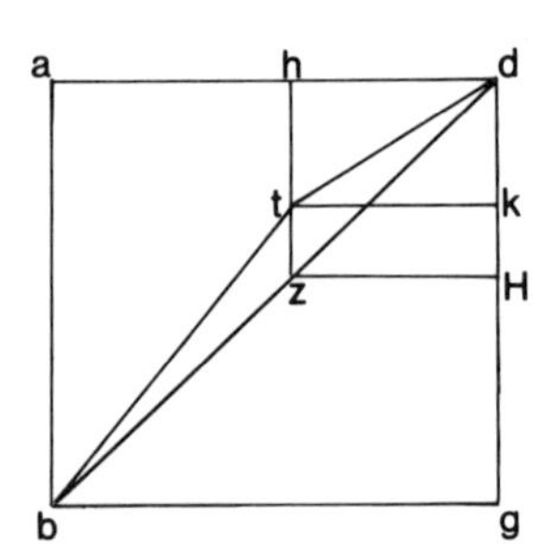

Rationis causa: Aliter enim esse est impossibile. Quod si fuerit possibile incidat supra lineam *d t b* producaturque de puncto *t* linea linee *b g* equidistans. Sitque *t k*. Eritque superficies *h k* supra diametron superficiei *a g*.

505 sequitur] sequatur P. 506 *g d*] *d g* B. | angulum] angulorum P. 507 Eodem] Eodemque P. 509 alicui *om.* P. 510 Et ... intendimus *om.* B. 511 fuerit] fuerint B. 512 similis] similes B. 513 supra[1]] super B. 515 supra] super B. | diametrum] diametron P. 516 *post* incidere *add.* BO est. 517 *Rationis causa om.* BOP. | esse *om.* B. 518 *t om.* P. | linee *om.* B. 518-519 equidistans] equidem P. 519 diametron] diametrum O.

520 Quantaque *a d* ad *d h* tanta *g d* ad *d k*. Erat autem quanta *a d* ad *d h* tanta *g d* ad *d H*. Quoniam superficies *a g* superficiei *h H* similis. Quantaque *g d* ad *d H* tanta *g d* ad *d k*. Itaque *g d* proportio ad *d H* et *d k* una. Quod contrarium impossibile. Non igitur *d t b* diametros superficiei *a g*. Eodemque modo patet quia impossibile est supra aliam lineam esse 525 superficiem *h H* preter diametron *a g* supra quam *d z b*. Erit igitur superficies *h H* supra diametron superficiei *a g*. Et hoc est quod demonstrare intendimus.

<VI.24> Superficies laterum equidistantium quarum anguli unius angulis alterius equales, erit proportio superficiei unius ad superficiem 530 alteram ea que facta est de proportione laterum earum.

Exempli gratia: Sint superficies due *a g* et *g z* laterum equidistantium angulique unius angulis alterius equales. Dico quia superficiei proportio *a g* ad *g z* est que facta est ex proportione laterum earum.

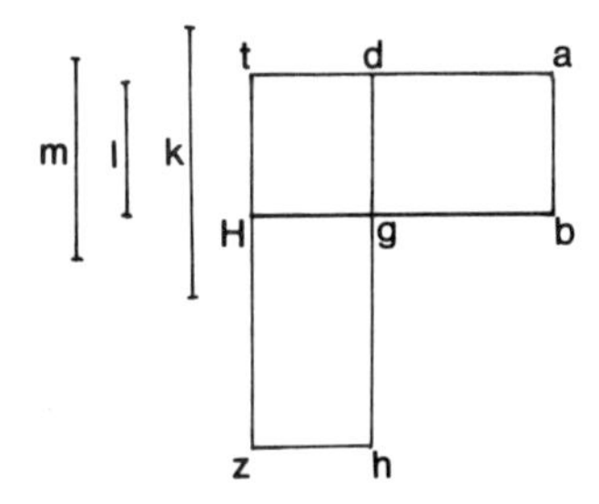

Rationis causa: Compleatur enim superficies *g t*. Ponanturque supra 535 eam tres linee *k*; *l*; *m*. Sitque quanta *b g* ad *g H* tanta *k* ad *l*. Quantaque *d g* ad *g h* tanta *l* ad *m*. Proportioque *b g* ad *g H* duplicata cum proportione *d g* ad *g h*, sicut etiam proportio *k* ad *l* duplicata cum proportione *l* ad *m*. Atqui proportio *k* ad *l* duplicata cum proportione *l* ad *m* est proportio *k* ad *m*. Quare proportio *k* ad *m* est proportio *b g* ad *g H* 540 duplicata cum proportione *d g* ad *g h*. Quanta autem *b g* ad *g H* tanta *a g* ad *g t*. Quantaque *b g* ad *g H* tanta *k* ad *l*. Quanta itaque *k* ad *l* tanta *a g* ad

520 ad *d h*[1]] in *l d h* B. | ad[2]] in B. | ad[3]] in B. 521 ad] in B. 521-527 ad ... intendimus *om.* P. 521 Quoniam] Quare B. | *h H*] *k H* B. 522 ad[1]] in B. | ad[2]] in B. | ad[3]] in B. 523 contrarium *om.* B. 524 Eodemque] Eodem B. 525 *a g*] *s H g* B. 526-527 Et ... intendimus *om.* B. 530 earum] eorum P. 531 superficies due *tr.* B. 532 quia] et P. | superficiei proportio *tr.* B. 533 ad] a P. | earum] illarum P. 535 *k*[2]] *k t* P. | Quantaque] Quanta B. 536 ad[2]] in B. | duplicata] mutecene B; repetita P. 537 sicut] sic O. | duplicata] mutecene B; repetita P. 538 *l* ad *m*] *l m* ad *k l* P. 538-541 Atqui ... *l*[1] *om.* P. 541 *a g*] *a d* O.

g t. Item. Quanta *d g* ad *g h* tanta *l* ad *m* quantaque *l* ad *m* tanta *g t* ad *g z*.
Erat autem quanta *k* ad *l* tanta *a g* ad *g t* proportioque *k* ad *m* est que facta
est ex proportione laterum earum. Sic igitur proportio *a g* ad *g z* est
545 proportio que facta est ex proportione laterum earum. Et hoc est quod
demonstrare intendimus.

<VI.25> Nunc demonstrandum est quomodo fiat superficies superficiei
assignate similis alterique assignate equalis.

Exempli gratia: Sit superficies assignata cui similis facienda est *a b g*
550 superficiesque cui facienda est equalis superficies *d*. Cum itaque superficiem superficiei *a b g* similem facere intenderimus equalem superficiei
d, adiungetur linee *b g* superficies superficiei *a b g* equalis sitque *h g*.
Adiungetur etiam linee *g z* superficies superficiei *d* equalis sitque *z H*,
producaturque in hoc quod est inter duas lineas *b g* et *g H* linea eis
555 proportionalis sitque *t k*, fiatque supra lineam *t k* superficies superficiei
a b g similis sitque *t k l*. Dico quia sic facta est superficies superficiei
a b g similis atque superficiei *d* equalis estque *t k l*.

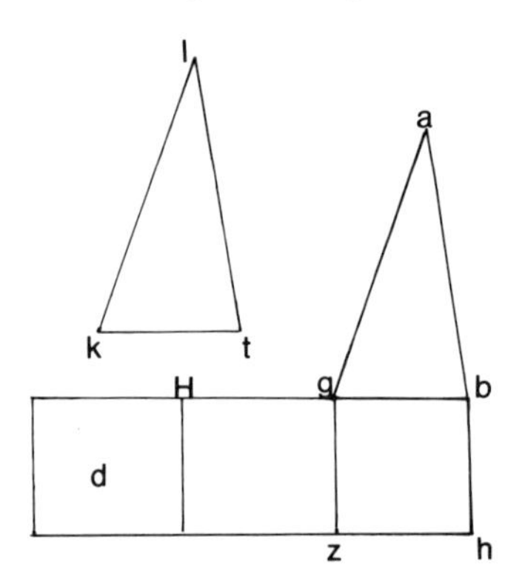

Rationis causa: Quia ad duas lineas *b g* et *g H* linea proportionalis facta
est estque linea *t k*. Quanta erit *b g* ad *g H* tanta *a b g* ad *t k l*. Quanta
560 autem *b g* ad *g H* tanta *h g* ad *z H*. Quanta itaque *a b g* ad *t k l* tanta *h g*
ad *z H*. Atque e converso. Quanta *a b g* ad *h g* tanta *t k l* ad *z H*. Atqui
a b g sicut *h g*. Quare *t k l* sicut *z H*. Atqui *z H* sicut *d*. Quare *t k l* sicut
d. Erit igitur similis *a b g*. Et hoc est quod demonstrare intendimus.

543 Erat] Erit P. 544 ad] est B. 545-546 Et ... intendimus *om.* B.
549 *Exempli gratia om.* BOP. 554 producaturque] produceturque B. 555 supra]
super B. 556-557 sitque ... similis *om.* B. 557 similis] similem P. 559 est *om.* B.
| ad[1]] in B. | *post g H add.* P ad. | ad[2]] in B. 560 autem] enim O. | ad[1]] in B. | *h g*[1]]
b g P. | ad[2]] in B. | *z H*] *a H* P. | ad[3]] in B. 561 ad[1]] in B. | ad[2]] in B. | ad[3]] in B.
563 Et ... intendimus *om.* B.

<VI.26> Superficierum laterum equidistantium linee assignate adiunc-
565 tarum addentium a complexione linee assignate superficiem equidistantium laterum superficiei medietati linee assignate coniuncte similis
fueritque superficies addita supra diametron superficiei coniuncte
medietati linee erit omnium harum superficierum maior superficies
medietati linee coniuncta.

570 *Exempli gratia*: Sit linea assignata linea *a b* dividaturque in duo media
supra punctum *g* fiatque supra lineam *b g* superficies laterum equidistantium supra quam *g z* compleaturque superficies *g h*. Dico quia superficierum laterum equidistantium coniunctarum linee *a b* que addunt a
complexione assignate linee similis *g z* supraque esse suum erit earum
575 maior superficies *a m*.

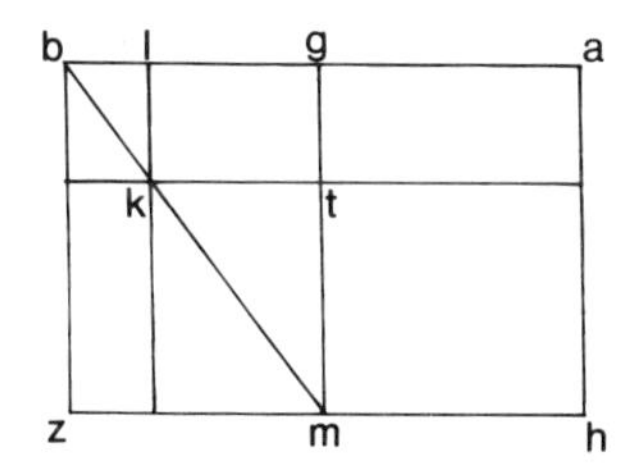

Rationis causa: Iungatur etenim linee *a b* superficies altera laterum
equidistantium sitque *a k* estque addita a complexione linee similis superficies *g z* estque *k b* supraque esse superficiei *a m*. Dico quia *a m* maior
a k et *k b* sicut *g z* estque supra diametrum *b k m*. Compleanturque linee
580 figure. Atqui linea *a g* sicut linea *g b* atque *a g* sicut *h m* et *g b* sicut *m z*
et *h m* sicut *m z*. Superficiesque *h t* sicut superficies *t z*. Atqui *h t* maior
k z et *k z* sicut *t l*. Itaque *h t* maior *t l* et *a t* communis. Tota igitur *a m*
tota *a k* maior. Et hoc est quod demonstrare intendimus.

<VI.27> Nunc demonstrandum est quomodo linee assignate superficies
585 adiungatur laterum equidistantium superficiei assignate tribus lineis
contente equalis addens linea perfecta superficiem laterum equidistantium

564 Superficierum] superficies P. 565 linee assignate superficiem] superficiem linee assignate B. 565-566 equidistantium laterum] equilateram B. 566 medietati] mediatis P. | similis] simile P. 567 supra] super B. | diametron] diametrum P. | *post* coniuncte *add.* P simile. 568 medietati] medietate B. 571-572 *post* equidistantium *add.* P laterum. 572 *g h*] *g d* P. 573 *a b om.* P. | que] qua B. 574 complexione] contemplatione P. 578 *k b*] *k l* B. | quia *om.* B. 580 linea[1]] linee P. 583 Et ... intendimus *om.* B. 585 adiungatur] adiungantur P. 586 *ante* linea *add.* P ad.

alteri superficiei assignate similem nec surget superficies equalis coniuncta linee maiori superficie equidistantium laterum supra medietatem linee.

Exempli gratia: Ponatur linea assignata linea *a b* superficiesque cui 590 invenienda est alia equalis et coniuncta linee superficies *g* nec erit maior superficie equidistantium laterum que supra mediam lineam surgit sitque superficies assignata altera laterum equidistantium superficiei addite similis sitque superficies *d z*. Cum itaque intenderimus coniungere linee *a b* superficiem laterum equidistantium equalem superficiei *g* addens 595 perfecte linee superficies similis superficiei *d z*, dividetur linea *a b* in duo media supra *H* fietque supra *H b* superficies similis *d z* sitque *H k* complebiturque superficies *a t*. Si itaque fuerit superficies *a t* equalis superficiei *g*, factum est quod intendimus, facta etenim est supra *a b* superficies *a t* equidistantium laterum superficiei *g* equalis addens perfecte 600 linee superficiem *k H* similem *d z*.

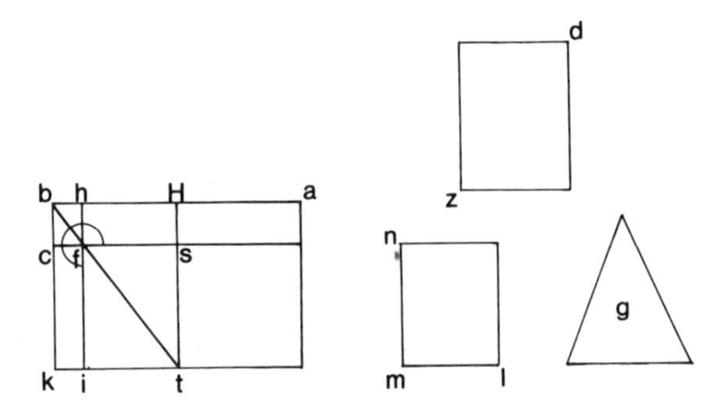

Sit autem *a t* maior *g*. Quodque addit supra *g* simile *d z*. Sitque quod addit supra illam superficies *n l*. Superficiesque *n l* simile *H k* estque secundum esse suum. Proportio itaque *t H* sicut proportio *n m* proportioque *t k* sicut proportio *l m*. Atqui *H t* longior *n m* et *t k* longior 605 *m l*, sitque *m n* sicut *t s* et *m l* sicut *t i* complebiturque superficies *s i*. Estque *s i* supra diametrum *H k* diametrosque *t b*. Complebiturque figura. Atqui *H k* sicut *a t* et *a t* sicut *g* et *n l*. Quare *H k* sicut *g* et *n l*. Atqui *n l* sicut *s i*. Quare *H k* sicut *g* et *s i*. Reiciaturque *s i* communis.

587 similem] simile P. 588 maiori] maior P. | *ante* supra *add.* OP surgente. 589 *Exempli gratia om.* BOP. 590-591 equalis ... laterum *om.* P. 591 laterum *om.* B. | mediam lineam *tr.* B. 592 superficiei] superficies P. | addite] addita O. 593 sitque *om.* B. 594 *a b* ... equalem *om.* P. | addens] minorabiturque O; additurque P. 599 *ante* perfecte *add.* B a. 600 superficiem] superficie B. 601 quod *om.* B. 602 superficies] superficiem P. | simile] similem B. 603 *ante* secundum *add.* P supra. 605 sitque] sintque P. | *m n*] *s m h* P. | *t s*] *d s* B. | *ante* superficies *add.* P figura. 606 *s i om.* P. 608 et *s i*] *s* et *i* P.

Relinquitur itaque superficies *g* assignata sicut elalem supra quam *s H b k*
610 *i*. Atqui *f k* sicut *f H*. Sitque *f b* communis. Tota ergo *H c* sicut tota *k h*. Sed *H c* sicut *a s* et *a H* sicut *H b* et *a s* sicut *h k*. Sitque *H f* communis. Tota itaque *a f* sicut elalem supra quam *s h b k i f*. Sed elalem sicut *g*. Quare *a f* sicut *g*. Est igitur coniuncta linee *a b* superficies laterum equidistantium *f* equalis superficiei *g* addens a complexione linee superficiem
615 *h c* similem superficiei *d z*. Et hoc est quod demonstrare intendimus.

<VI.28> Nunc demonstrandum est quomodo linee assignate superficies laterum equidistantium superficiei assignate equalis adiungenda sit addens supra complexionem linee assignate superficiem laterum equidistantium superficiei assignate laterum equidistantium similem.

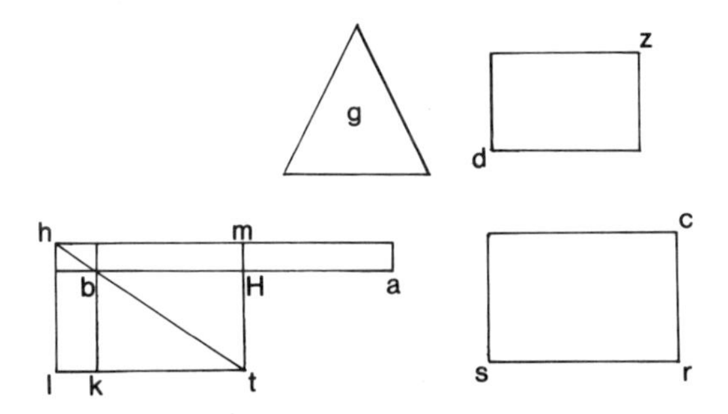

620 *Exempli gratia*: Sit linea assignata *a b* superficiesque cuius equalis linee assignate coniungenda est triangulus *g* superficiesque altera assignata laterum equidistantium cuius similis a complexione linee assignate addenda *d z*. Cum itaque linee *a b* superficiem laterum equidistantium adiungere voluerimus superficiei *g* equalem atque supra complexionem
625 linee assignate superficiem addentem similem superficiei *d z*, dividetur linea *a b* in duo media supra punctum *H* fietque supra lineam *H b* similis superficiei *d z* sitque superficies *H k*. Ponaturque superficies *c s* sicut superficies *H k* et *g* similisque superficiei *d z*. Proportio itaque *c r* sicut proportio *H t* proportioque *r s* sicut proportio *t k*. Atqui *c r* maior *H t* et

609 quam] quem P. 610 *k h*] *k k* B; *k g h* P. 612 *ante* elalem[1] *add.* B tota. | quam *om.* P. 614 *ante* addens *add.* B et. | a] ad P. | complexione] completione P. 615 *d z*] *b z* P. | Et ... intendimus *om.* B. 619 laterum] latera P. | similem] similiter P.
620 *Exempli gratia om.* BOP. 621 superficiesque] superficies B. 622 a *om.* BP. | complexione] completioni BP. 623 *post* addenda *add.* P est. 624 equalem] equalis P. 625 addentem] dantem P. 626 fietque] fiet P. | *H b*] *H d* P. | *ante* similis *add.* P communis. 627 superficiei *om.* P. | superficies[1] *om.* P. 627-628 *c s* sicut superficies *om.* B. 628 superficiei] superficies P.

630 *r s* longior *t k* sitque *t m* sicut *r c* et *t l* sicut *r s* compleaturque superficies *l m*. Eritque *H k* supra diametron superficiei *m l* estque diametros *t h* compleanturque linee figure.

Eritque *c s* sicut *H k* et *g*. Atqui *c s* sicut *m l* et *m l* sicut *H k* et *g* separeturque *H k* communis. Relinquitur itaque superficies *g* sicut *H m h*
635 *l k b* elalem. Atqui *a H* sicut *H b* et *a m* sicut *m b* et *m b* sicut *b l*. Sitque *h H* communis. Tota itaque *a h* sicut *H m h l k* elalem. Atqui elalem sicut *g*. Quare *a h* sicut *g*. Sic igitur linee *a b* superficies laterum equidistantium adiuncta est superficiei *g* equalis addensque supra linee assignate complexionem superficiem *b h* similem superficiei *d z* estque superficies
640 *a h*. Et hoc est quod demonstrare intendimus.

<VI.29> Nunc demonstrandum est quomodo lineam assignatam supra proportionem continentem medium atque duas extremitates dividamus.

Exempli gratia: Sit linea assignata *a b* quam cum dividere intenderimus supra proportionem medium habentem atque duas extremitates, fiat supra
645 lineam *a b* superficies quadrata sitque *a d*, iungaturque linee *a g* superficies equidistantium laterum sicut superficies *a d* addita supra perfectam lineam superficie *z H* sitque superficies *z t*. Sitque *z H* superficiei *a d* atque *z t* sicut *a d*. Reiciaturque *a t* communis. Relinquitur itaque *z H* sicut *H d*, superficierum vero laterum equidistantium quarum angulus
650 unius angulo alterius equalis latera angulos equales continentia mutekefia.

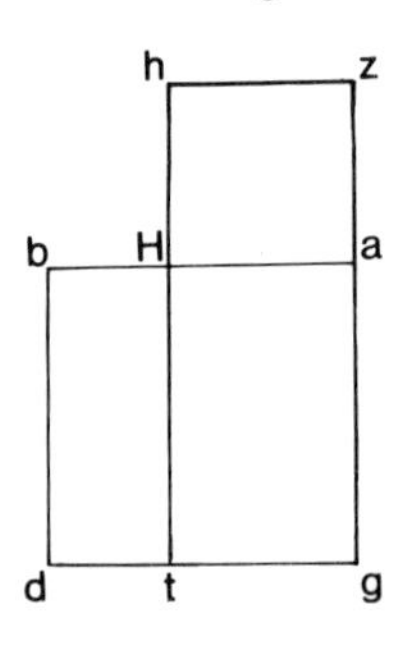

Quanta itaque *t H* ad *H h* tanta *a H* ad *H b*. Sed *t H* sicut *a b* et *H h* sicut *a H*. Quanta itaque *a b* ad *a H* tanta *a H* ad *H b*. Divisa est igitur linea

631 superficiei *om.* P. | estque diametros] diametrosque OP. 632 compleanturque] compleaturque B. 634-635 *H m h l k b*] *H m l k b* P. 636 Atqui elalem *om.* P. 639 estque] est quia P. 640 Et ... intendimus *om.* B. 641 *post* Nunc *add.* P deinde. 642 duas] duos P. 643 *Exempli gratia om.* BOP. | cum *om.* P. 645 iungaturque] iungatur B. 645-646 superficies] superficiesque P. 647 Sitque[2]] eritque OP. | superficiei *a d*] sicut proportio *H d* O; sicut proportio *a d* P. 648 atque] atqui B. 650 equalis] equales P. | mutekefia] mutekefiha B.

a b supra proportionem continentem medium et duas extremitates supra punctum *H* estque maior dividens *a H*. Et hoc est quod demonstrare
655 intendimus.

< VI.30 > Cum fuerint duo trianguli iuxta angulum unum constituti quorum duo latera illum angulum continentia aliis eorum de lateribus equidistantia proportioque lateris unius trianguli ad latus alterius sibi equidistans sicut proportio alterius lateris eiusdem ad alterum alterius
660 latus sibi equidistans, erunt illi duo trianguli supra lineam unam rectam constituti.

Exempli gratia: Sint duo trianguli *a b g* et *b d h* iuxta angulum unum constituti estque *g b h* latusque *a g* equidistans lateri *b h* et *b g* equidistans lateri *h d*. Proportioque *a g* ad *b h* sicut proportio *b g* ad *d h*. Dico
665 itaque quia duo trianguli supra lineam unam rectam constituti sunt, estque linea *a b d*.

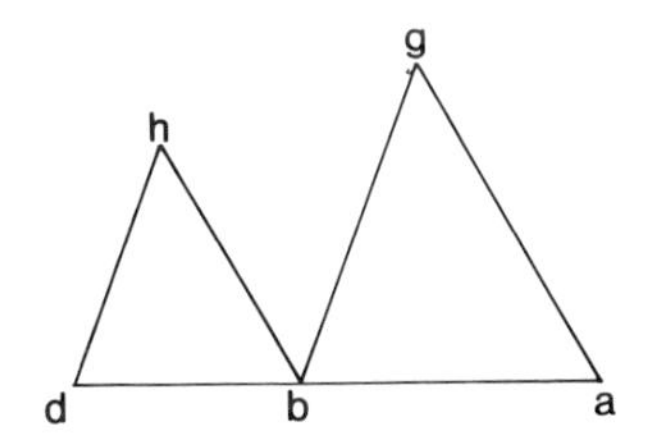

Rationis causa: Linea enim *a g* linee *b h* equidistans, cecidit autem supra eam linea *b g*. Facti itaque sunt duo anguli coalterni equales qui sunt *g* atque *g b h*. Item linea *b g* linee *d h* equidistans, cecidit autem
670 supra eas linea *b h*, duo ergo anguli *g b h* et *b h d* equales. Atqui *g b h* sicut angulus *g*. Quare angulus *g* sicut angulus *h*. Quanta autem *a g* ad *b h* tanta *b g* ad *d h* lateraque angulos *g* et *h* continentia equalia atque proportionalia. Duorum itaque triangulorum *a b g* et *b d h* anguli equales. Angulus *b a g* sicut angulus *d b h* angulusque *g b a* sicut *h d b*
675 atque angulus *g* sicut angulus *h*. Atqui angulus *g* sicut angulus *g b h* angulusque *a* sicut *h b d*. Sitque angulus *a b g* communis. Anguli itaque

654 punctum] punctus P. 654-655 Et ... intendimus *om.* B. 656 angulum unum] unius anguli P. 657 eorum de] eorumdem BP. 658-659 lateris ... proportio *in marg.* B. 660 trianguli] illi B. 661 constituti] constitute P. 662 *Exempli gratia om.* P. 664 *h d*] *h b* P. | sicut ... *d h om.* P. 665 rectam] recti P. 667 *ante* cecidit *add.* B *b h*. 668 eam linea] lineam P. 670 equales] equalis P. 671 *h*] *g h* P. 674 *g b a*] *g a b* P. | *ante* sicut[2] *add.* P communis. 676 Anguli] Dupli P.

tres a et g et $g\ b\ a$ sicut tres anguli $g\ b\ a$ et $g\ b\ h$ et $h\ b\ d$. Atqui anguli a et g et angulus $g\ b\ a$ omnes sicut duo anguli recti. Anguli itaque $g\ b\ a$ et $g\ b\ h$ et $h\ b\ d$ sicut duo anguli recti. Sicque producte sunt a linea $b\ g$ et
680 puncto b due linee in duas partes diversas suntque $b\ a$ et $b\ d$ duoque anguli utrobique linee $b\ g$ scilicet $a\ b\ g$ et $g\ b\ d$ equales duobus angulis rectis. Linee igitur $a\ b$ et $b\ d$ directe coniuncte una linea recta. Et hoc est quod demonstrare intendimus.

<VI.31> Omnis trianguli rectanguli superficies lateris angulum rectum
685 respicientis sicut due superficies duorum laterum angulos rectos continentium cum fuerint mutesebiha.

Exempli gratia: Sit triangulus rectangulus $a\ b\ g$ sitque angulus a rectus. Dico quia superficies lateri $b\ g$ adiacens sicut due superficies duobus lateribus $b\ a$ et $a\ g$ adiacentes que sunt similes et secundum esse suum.

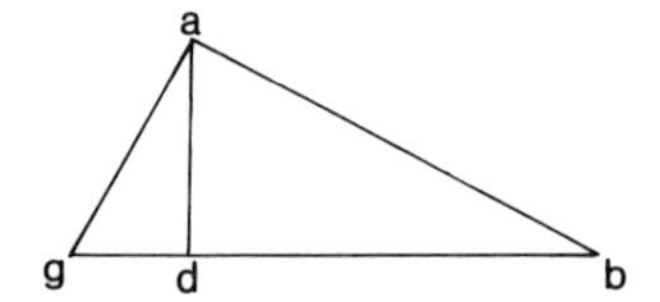

690 *Rationis causa*: Exeat enim ex a perpendicularis $a\ d$ eritque triangulus $a\ b\ g$ triangulo $a\ b\ d$ similis. Quantaque $b\ g$ ad $b\ a$ tanta $b\ a$ ad $b\ d$. Quantaque $b\ g$ ad $b\ d$ tantus triangulus qui est supra $b\ g$ ad triangulum qui est supra $a\ b$ ei similem in esse et in lineis. Eodemque modo quanta $b\ g$ ad $g\ d$ tantum eius simile supra $b\ g$ ad simile supra $a\ g$, simile dico in
695 esse et lineis. Quantaque $b\ g$ ad $b\ d$ et ad $d\ g$ tantum simile supra $b\ g$ ad duo similia que supra $b\ a$ et $a\ g$, similia dico in lineis et essentia. Atque $b\ g$ sicut $b\ d$ et $d\ g$. Quod igitur supra $b\ g$ simile sicut duo que supra $a\ b$ et $a\ g$ similia in lineis et essentia. Et hoc est quod demonstrare intendimus.

<VI.32> Cum fuerint anguli in circulis equalibus constituti, erit
700 proportio anguli unius ad angulum alterius sicut proportio arcuum qui supra eos sive anguli supra centrum sive supra circumferentiam.

677 *post* $h\ b\ d$ *add.* P communis. 678 omnes] omnis P. 679 $g\ b\ h$] $g\ b\ a\ h$ P. 682-683 Et ... intendimus *om.* B. 684 rectanguli] rectianguli B. 686 mutesebiha] similes OP. 687 rectangulus] rectiangulus B; rectus P. 688 duobus *om.* P. 689 $b\ a$] b et a P. 690 ex a] de $b\ a$ B. 691 Quantaque] Quanta itaque BP. 693 ei similem in esse] m s P. | Eodemque] Eodem B. 695 esse] s P. | *ante* lineis *add.* P in. 696 $b\ a$ et $a\ g$] $a\ g\ b\ a$ P. | *ante* essentia *add.* P in. 697 igitur] si P. 698 Et ... intendimus *om.* B. 699 fuerint] fuerit P. | constituti] constituta P. 700 arcuum] arcui O. 701 eos ... supra[2]] $a\ b$ et $a\ g$ similia in lineis et essentia P.

Exempli gratia: Sint duo circuli *a b g* et *d h z* equales supra quorum centrum duo anguli suntque *b H g* et *h t z*. Item supra duas lineas duos angulos continentes angulus *a* et angulus *d*. Dico quia proportio arcus *b g*
705 ad arcum *h z* sicut proportio anguli *b H g* ad angulum *h t z* et sicut proportio anguli *a* ad angulum *d*.

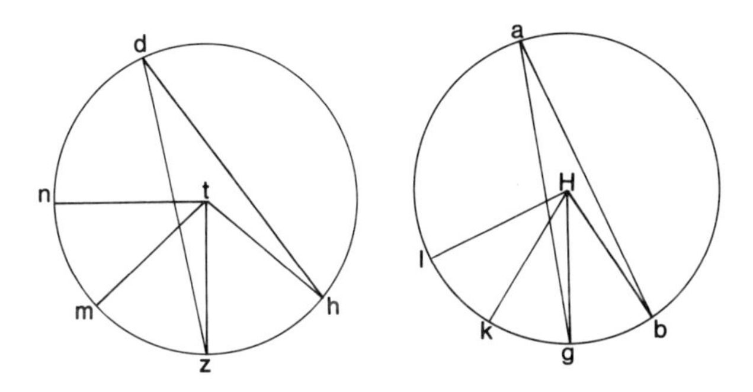

Rationis causa: Separetur enim a circulo *a b g* sicut arcus *b g* quolibet casu sitque *g k* et *k l*. Item a circulo *d h z* sicut arcus *h z* quolibet casu sitque *z m* et *m n*. Iungaturque *H* cum *k* et *l*. Atque *t* cum *m* et *n* eruntque
710 arcus *b g* et *g k* et *k l* equales angulique *b H g* et *g H k* et *k H l* item equales. Quanta itaque multiplicatio arcus *b l* ad arcum *b g* tanta multiplicatio anguli *b H l* ad angulum *b H g*. Quare quanta multiplicatio arcus *h n* ad arcum *h z* tanta multiplicatio anguli *h t n* ad angulum *h t z*. Quantumque addit arcus *b l* supra arcum *h n* tantum addit angulus *b H l*
715 supra angulum *h t n*. Quod si fuerint equalia, erunt et equalia. Si vero minora, ipsa et secundum eandem quantitatem minora erunt. Sunt ergo quattuor quantitates arcus *b g* et arcus *h z* et angulus *b H g* atque *h t z*. Patet autem quia multiplicatio arcus *b g* et multiplicatio anguli *b H g* sunt arcus *b l* et angulus *b H l*. Itemque manifestum est quia multiplicatio
720 arcus *h z* atque anguli *h t z* sunt arcus *h n* et angulus *h t n*. Patens ergo est quia si addiderint, addent et alia. Si vero equalia fuerint, erunt et equalia. Si etiam minora, et minora. Quantus itaque arcus *b g* ad arcum *h z* tantus angulus *b H g* ad angulum *h t z*. Medietas autem anguli *b H g* angulus *a* medietasque anguli *h t z* angulus *d*. Quantus igitur arcus *b g* ad
725 arcum *h z* tantus angulus *b H g* ad *h t z* tantusque angulus *a* ad angulum *d*. Et hoc est quod demonstrare intendimus.

707 *a b g*] *a b g d* P. 708 casu[2]] causa P. 709 *H*] *k* P. | *k*] *H* P. 714 *b l*] *h l* P. 716 minora[1]] maiora P. | eandem *om.* P. | Sunt] Sed P. 717 *h t z*] *H z t* P. 720 sunt] supra P. | Patens] Patet P. 721 est *om.* P. 726 *d om.* P. | Et ... intendimus *om.* B.

Liber septimus

<Definitiones>

<i> Unitas est qua dicitur omnis res una.

<ii> Numerus est multitudo ex unitatibus composita.

<iii> Par numerus est qui in duo equa dividitur.

<iv> Impar numerus est qui in duo equa dividi non potest additque supra parem unitatem.

<v> Numerus pariter par est cuius omnium parium eum numerantium vices pares.

<vi> Numerus pariter impar est cuius parium eum numerantium vices impares.

<vii> Numerus impariter impar est cuius omnium imparium eum numerantium vices impares.

<viii> Numerus primus est ille qui unitate sola numeratur.

<ix> Numerus compositus dicitur qui numero alio numeratur.

<x> Numeri incommunicantes quorum uterque ad alterum primus sunt illi qui nullum habent communem numerum se numerantem preter solam unitatem.

<xi> Numeri communicantes sunt quos alius numerus numerat quam unitas neuterque ad alterum primus. Numeri qui ad invicem compositi dicuntur sunt quos alius numerus eis communis numerat.

<xii> Numerus ductus in alium numerum est qui totiens ducitur quotiens in ducente unitas.

<xiii> Numerus quadratus est qui ex ductu numeri in se ipsum producitur quem duo numeri equales continent.

<xiv> Numerus cubicus est qui ex ductu numeri bis in se ipsum producitur a tribus numeris equalibus contentus.

<xv> Numerus superficialis est qui a duobus numeris continetur.

1 Liber septimus] Liber vii^{us} B; Incipit liber sextus P. 4 composita] collecta P. 7 parem] partem B. 8 parium] partium P. 9 pares] impares B. 10-11 Numerus ... impares *om.* B. 12 eum] enim B. 15 numeratur] numeratus P. 17-18 se ... unitatem] preter unitatem se numerantem B. 21 compositi dicuntur *tr.* B. 27 Numerus] Numerusque P. 29 superficialis] elmusita B.

30 <xvi> Numerus solidus est qui a tribus numeris continetur.

<xvii> Numerus perfectus est qui omnibus suis partibus quibus numeratur equalis est.

<xviii> Numeri proportionales sunt quorum quod ex multiplicationibus secundi in primo fuerit sicut quod ex multiplica-
35 tionibus quarti in tertio quodque in primo ex secundo altero sicut quod in tertio ex quarto altero.

<xix> Numeri superficiales et solidi similes sunt quorum latera proportionalia.

<VII.1> Omnium duorum numerorum inequalium si detrahatur a
40 maiore minor donec minus minore supersit, deinde ex minore ipsum reliquum donec minus eo relinquatur. Itemque a reliquo primo reliquum secundum donec minus eo supersit atque in huiuscemodi continua detractione nullus fuerit reliquus qui ante se relictum numeret usque ad unitatem, erit illorum numerorum uterque ad alterum primus.

45 *Exempli gratia*: Sint duo numeri *a b* et *g d* inequales separeturque a maiore minor donec eo minus supersit, separeturque a minore reliquus donec eo minus relinquatur, deinde secundum reliquum a primo reliquo detrahatur non intercidente numero reliquo qui ante se relictum numeret usque ad unitatem, dico itaque quia uterque duorum illorum numerorum
50 *a b* et *g d* ad alterum primus.

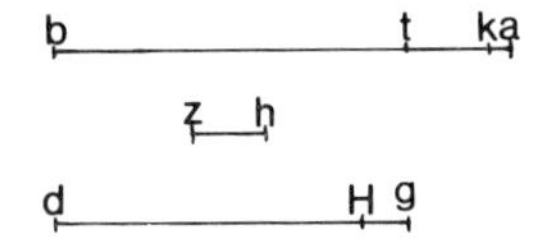

Rationis causa: Aliter enim esse est impossibile. Quod si fuerit possibile, non sit eorum uterque ad alterum primus numeretque eos numerus alius sitque *h z*. Cum itaque *g d* numerum *t b* numeraverit, relinquetur eo minor sitque *t a*. Cum vero *t a* numerum *H d* numeraverit, erit reliquus
55 eo minor sitque *H g*. Cum vero *g H* numeraverit *k t*, relinquetur eo minor. Sitque unitas estque *k a*. Atqui *h z* numerat *g d* et *g d* numerat

31 quibus] qui P. 33 Numeri proportionales] Numerus proportionalis P. | quod] qui B; quidem P. 34 primo] principio P. | fuerit *om.* O. | quod] qui B. 35 tertio quodque] tertioque P. 36 in tertio] merito P. 37 superficiales et solidi similes] mustahein muthinetein mutesebihein B. 44 uterque *om.* P. 48 non *om.* P. | intercidente] intercedente P. 51 *Rationis causa om.* BOP. | *ante* fuerit *add.* P non. 52 alterum] alterutrum B. 53 relinquetur] relinquatur O. 54 *t a*[1]] *h z* P. | *H d*] *d H* B. 55 relinquetur] relinquatur O. 55-56 eo minor *tr.* B. 56 estque] quia P. | *k a*] *a* P. | *g d*[1]] *z d* OP.

t b. Quare *h z* numerat *t b* cumque numerat totam *b a*, numerat etiam *a t*.
Item *h z* numerat *a t* et *a t* numerat *H d*. Quare *h z* numerat *H d*.
Cumque numerat totam *g d*, numerat *g H*. Item *h z* numerat *g H*. Atque
60 *g H* numerat *k t*. Quare *h z* numerat *k t*. Totam etiam *a t*. Relinquitur
itaque unitas estque *a k*. Numerat itaque eam *h z* et est numerus. Quod
contrarium est impossibile. Non ergo *a b* et *g d* ab alio numero
numerantur. Erit ergo uterque ad alterum primus. Et hoc est quod
demonstrare intendimus.

65 <VII.2> Nunc demonstrandum est quomodo inveniri queat maximus
numerus communis duos numeros assignatos inequales numerans
quorum neuter ad alterum primus.

Exempli gratia: Sint duo numeri assignati inequales quorum neuter ad
alterum primus *a b* et *g d*. Cum itaque numerum maximum communiter
70 ambos numerantem invenire intenderimus, si fuerit *g d* numerans *a b* et
seipsum, ipse est numerus maximus communis ambos illos numerans.
Quod si fuerit *g d* non numerans *a b* et numerans seipsum, erit, cum a
maiori minorem et etiam a minori reliquum separaveris sicut supradictum
est, necessario superesse numerum unitate maiorem numerantem ante se
75 relictum. Quia si non superfuerit numerus numerans relictum ante se, erit
uterque eorum ad alterum primus. Non est autem ita. Cum ergo numerat

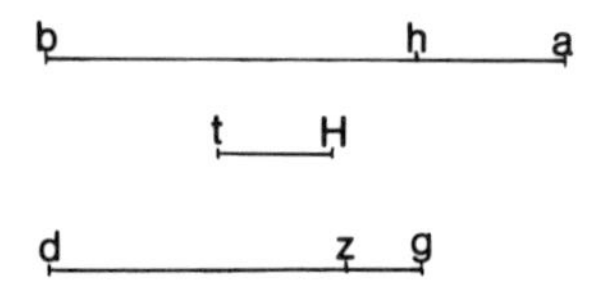

g d numerum *b h*, supererit minus *g d* estque *h a*. Atqui *h a* cum
numerat *d z*, supererit eo minor estque *z g*. Quare *z g* numeret *a h* et *a h*
numerat *z d*. Quare *g z* numerat *z d* et se ipsum totumque etiam *g d*.
80 Itemque *g z* numerat *g d*. Atqui *g d* numerat *h b*. Quare *g z* numerat *h b*
et *a h* numeratque ipse etiam totum *a b* et numerat *g d*. Itaque *g z*
numerat *a b* et numerat *g d*. Est ergo *g z* numerus maximus communis.

57 *post t b*[2] *add.* P Quare *h z t b*. 58 numerat[1]] numeret P. | *a t* et *a t* numerat *om.* P. | *ante H d*[1] *add.* P *t b* quare *h z t b*. Cumque numerat totam *b a* numerat etiam *a t*. 60 *k t*[1]] *t k* B. 61 estque *a k*] *g H* P. 63-64 Et ... intendimus *om.* B. 66 *post* communis *add.* B continens. 68 *Exempli gratia om.* BOP. 71 *post* numerans *add.* P illud. 72 a *om.* P. 73 maiori minorem] minori maiorem B. | *post* et *add.* B hoc. | separaveris] separans P. 74 *ante* necessario *add.* O est. 75 Quia] Quod P. 76 eorum *om.* B. 77 *h a*[2]] *b a* P. 78 *z g*[1]] *g z* B. | *z g*[2]] *g z* B. 79 Quare ... *z d*[2] *om.* P. | totumque] totamque O. 81 etiam *om.* B.

Rationis causa: Quod si *g z* non est numerus maximus communis numerans *a b* et *g d*, erit alius numerus maior *g z* qui eos numeret. Quod
85 si est possibile, sit *H t* numerans *g d*. Atqui *g d* numerat *h b*, itaque *H t* numerat *h b* totumque etiam *b a*. Quare et ipse numerat *a h*. Item *H t* numerat *h a* et *h a* numerat *d z*. Itaque *H t* numerat *d z* totumque etiam *g d*. Quare et ipse numerat *g z* maior minorem. Quod contrarium est impossibile. Non itaque numerat *a b* et *g d* numerus maior *g z*. Est igitur
90 *g z* maximus numerus qui numeret *a b* et *g d*.

Unde etiam manifestum est quia omnis numerus duos numeros numerans numerat maximum ambos numerantem. Et hoc est quod demonstrare intendimus.

<VII.3> Nunc demonstrandum est quomodo reperiri queat maximus
95 numerus communis tres numeros assignatos inequales numerans quorum nullus ad alium primus.

Exempli gratia: Sint numeri inequales assignati quorum nullus ad alterum primus *a b* et *g d* et *h z*. Cum itaque intenderimus reperire numerum maximum communiter eos numerantem, sumetur numerus
100 maximus communis duobus illorum scilicet *a b* et *g d* eos numerans sitque *H t*. Numerat itaque *H t h z* aut non numerat eum. Sitque primum ut eum numeret, numerat autem *a b* et *g d*. Dico itaque quia *H t* maximus est numerantium communiter *a b* et *g d* et *h z*.

Quod si fuerit *H t* non maximus communis numerans *a b* et *g d* et *h z*,
105 erit alius numerus eos numerans maior *H t*. Quod si fuerit possibile, sit *k l*. Numerat itaque *k l* numeros *a b* et *g d* et *h z*. Quare *k l* numerat *a b* et *g d*, numerat ergo numerum maximum communem eos numerantem *H t*. Numerabit itaque maior minorem. Quod contrarium est impossibile. Non ergo numerat *a b* et *g d* et *h z* numerus maior *H t*.

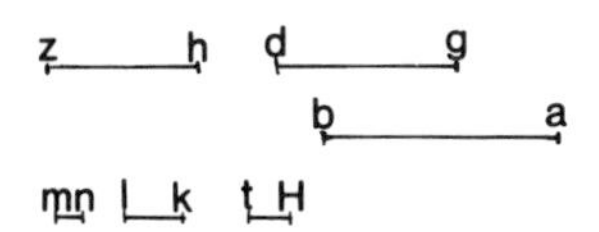

110 Item non numeret *H t h z*. Sumatur itaque in *h z* et *H t* numerus maximus communis qui eos numeret sitque *k l*. Numerat itaque *k l H t* et

83 *Rationis causa om.* BOP. 85 est *om.* P. | *H t*[2]] *H* P. 87 *h a* et *h a* numerat *om.* P. 88 contrarium est *om.* B. 92-93 Et ... intendimus *om.* B. 96 alium] alterum P. 97 *Exempli gratia om.* BLOP. 101 Numerat[1]] Numeratque P. 102 ut eum *tr.* L. 106 *k l*[1] *om.* P. | et[2] *om.* P. 107 communem] communiter P. 108 *ante H t add.* P scilicet. | contrarium est *om.* B. 109 Non ergo numerat] Numerat non ergo B. 110 numeret] numerat L. | itaque] itemque P.

H t a b et *g d*, itaque *k l* numerat *a b* et *g d* et *h z* estque maximus numerus communis omnes illos numerans.

Quod si non fuerit, et numeret eos numerus alter maior eo sitque *m n*.
115 Numerat itaque *a b* et *g d* et *h z*. Itemque *a b* et *g d*. Quare et maiorem numerum eos numerantem *H t*. Numerat itaque *H t* et *h z* maioremque numerum communem eos numerantem *k l*, numerat ergo maior minorem. Quod contrarium impossibile. Non itaque numerat eos numerus maior *k l*. Est igitur *k l* numerus maximus numerans *a b* et *g d*
120 et *h z*. Et hoc est quod demonstrare intendimus.

<VII.4> Omnium duorum inequalium numerorum erit minor alterius aut pars aut partes.

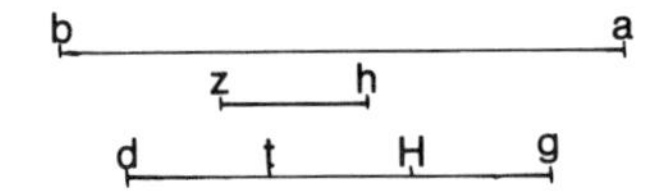

Exempli gratia: Sint duo numeri inequales *a b* et *g d* quorum minor *g d*. Dico itaque quia *g d* in *a b* aut pars aut partes.
125 *Rationis causa*: Si enim *g d* numeraverit *a b*, erit eius pars. Si vero non numeraverit, erit *a b* et *g d* ad alterutrum esse aut non esse primum. Quod si fuerit alter ad alterum primus, cum *g d* in unitates explicabitur, erit unaqueque pars eius pars *a b* totiusque *g d* partes *a b*. Si vero *g d* et *a b* neuter ad alterum primus, sit numeris *a b* et *g d* numerus alius maximus
130 communis sitque *h z*. Dividatur itaque *g d* secundum *h z*. Sintque dividentia *g H* et *H t* et *t d*. Atqui *h z* numerat *a b*, est ergo *h z* pars *a b*. At vero *h z* unicuique scilicet *g H* et *H t* et *t d* equalis. Quare unusquisque eorum *g H* et *H t* et *t d* pars *a b*. Est itaque *g d* partes *a b*. Omnium igitur duorum numerorum inequalium minor maioris aut pars aut partes. Et hoc
135 est quod demonstrare proposuimus.

113 numerans] numeratis P. 114 et *om.* BL. | numeret] numeretque P. | alter] alius P. 116 maioremque] maiorem quam B. 118 minorem] maiorem P. | contrarium *om.* B. | *post* contrarium *add.* P est. 119 numerus[1] ... maximus] maior numerus maximus communis P. | *post* maximus *add.* L communis. 120 et *h z om.* P. | Et ... intendimus *om.* B. 121 inequalium numerorum *tr.* B. 123 *Exempli gratia om.* L. | *a b*] *a* P. 124 quia *om.* L. 126 ad] aut B. | alterutrum] altñtem P. | aut] autem P. 127 ad *om.* P. | *ante* erit *add.* P *a b*. 128 totiusque] totusque LP. 129 *ante* ad *add.* L primus. | primus] primis P. | numeris] numerus P. 130 secundum] sicut O. 131 *post t d add.* L equalis. Quare unusquisque eorum *g H* et *t H* et *d t*. | est *om.* OP. | *post* pars *add.* P est. 133 *post* pars *add.* P est. | Est *om.* P. 133-134 Omnium ... partes *om.* L. 134 minor] maior P. | maioris] minoris P. 134-135 Et ... proposuimus *om.* B. 135 demonstrare *om.* L. | proposuimus] intendimus LP.

<VII.5> Si fuerint duo numeri quorum unus pars alterius itemque alii duo quorum unus alterius pars quota pars primi erunt duo minores in duobus maioribus pars eadem.

Exempli gratia: Sit numerus *a b* pars numeri *g d* sitque alter *h z* pars
140 numeri *H t* quota *a b* pars numeri *g d*. Dico quia *a b* et *h z* eadem pars *g d* et *H t* que fuerit *a b* in *g d*.

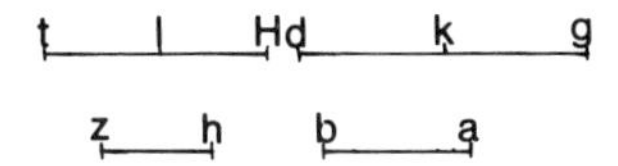

Rationis causa: Quoniam que pars *a b* in *g d* eadem *h z* in *H t*, erunt quot in *g d* equalium *a b* tot in *H t* equalium *h z*. Dividatur itaque *g d* secundum *a b* sintque dividentia *g k* et *k d* dividaturque *H t* secundum
145 *h z* sintque dividentia *H l* et *l t*. Numerus autem *g k* et *k d* sicut numerus *H l* et *l t*, et *g k* sicut *a b* et *H l* sicut *h z*. Itaque *g k* et *H l* sicut *a b* et *h z*. Quare etiam *k d* et *l t* sicut *a b* et *h z*. Quod itaque in *g d* ex multiplicatione *a b* sicut quod in *H t* ex multiplicatione *h z* et multiplicatio *g d* ad *a b* sicut multiplicatio *g d* et *H t* ad *a b* et *h z*. Est igitur que pars *ab* in
150 *g d* pars eadem *a b* et *h z* in *g d* et *H t*. Et hoc est quod demonstrare intendimus.

<VII.6> Si fuerint duo numeri quorum unus partes sit alterius itemque duo alii quorum unus partes alterius sicut secundus partes primi, erunt duo minores duorum maiorum partes sicut minor maioris.
155 *Exempli gratia*: Sit numerus *a b* partes numeri *g d* sitque alius numerus

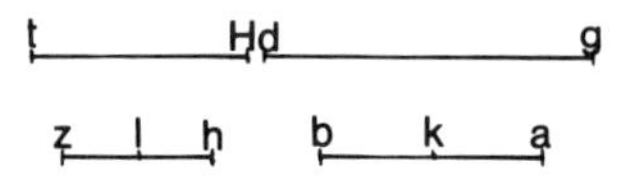

h z partes alterius numeri *H t* sicut *a b* partes numeri *g d*. Dico quia *a b* et *h z* partes *g d* et *H t* sicut *a b* partes *g d*.

137 quota] quanta P. | pars[2]] par P. | duo[2]] ambo OP. 138 eadem] eodem P. 139 *Exempli gratia om.* L. 141 fuerit] fuit BL. 142 Quoniam que] Quemquam P. | que pars] eque pars que L. 144 sintque] secundum L. 144-145 dividentia ... sintque *om.* L. 145 *post* numerus[2] *add.* P autem. 148 *a b*] *e a b* P. | in] ia P. | *h z* et multiplicatio *om.* P. 149 *g d om.* B. | *post g d add.* L ad *a b* sicut multiplicatio *g d*. 150-151 Et ... intendimus *om.* B. 153 secundus] secundum B. 154 maioris] minoris P. 155 *Exempli gratia om.* L. 156 numeri[2] *om.* L. 157 partes[2] *om.* L.

Rationis causa: Quoniam enim partes *a b* ex *g d* sunt partes *h z* ex *H t*
erit quantum quod in *b a* ex partibus *g d* tantum quod in *z h* ex partibus
160 *H t* dividaturque *a b* partibus *g d*. Sintque *a k* et *k b*. Item dividatur *h z*
partibus *H t*. Sintque *h l* et *l z* numerusque *a k* et *k b* sicut numerus *h l* et
l z. Atque que pars *a k* numeri *g d* eadem est *h l* numeri *H t*. Cum itaque
coacervaveris, *a k* et *h l* erunt ex *g d* et *H t* sicut *a k* pars ex *g d*. Quare
etiam cum coacervaveris, *k b* et *l z* erunt ex *g d* et *H t* sicut *k b* pars ex
165 *g d*. Cum igitur coacervaveris, *b a* et *h z* erunt ex *g d* et *H t* eedem partes
que *a b* ex *g d*. Et hoc est quod demonstrare intendimus.

<VII.7> Si fuerint duo numeri quorum unus pars sit alterius
separeturque ab utroque eorum pars illa, erit reliquum in reliquo illa pars
que totum in toto.
170 *Exempli gratia*: Sit numerus *a b* pars numeri *g d* dueque eorum
minorationes *a h* et *g z*. Dico quia reliquum quod est *h b* in alio reliquo
quod est *d z* pars eadem que tota *a b* in tota *g d*.

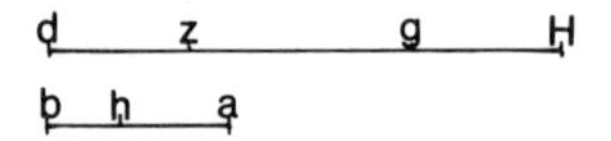

Rationis causa: Sit enim *a h* pars *g z* sicut *h b* pars *g H*. Atqui pars illa
que est *a h* in *g z* est *h b* pars in *H g*. Quare pars *a h* in *g z* est pars *a b* in
175 *H z*. Atqui pars *a h* in *g z* ea pars que erat *a b* in *g d*. Quare pars *a b* in
H z est pars *a b* in *g d*. Quare *a b* in *H z* et in *g d* est pars una
separaturque *g z* communis. Relinquitur itaque *H g* sicut *z d*. Est autem
pars *a h* in *g z* sicut pars *h b* in *H g*. Atqui *H g* sicut *d z*. Quare *a h* in *g z*
pars que *h b* in *z d*. Atqui pars *a h* in *g z* sicut pars *a b* in *g d*. Quare pars
180 *h b* in *z d* sicut *a b* in *g d*. Relinquitur igitur *h b* in *z d* sicut pars que erat
a b in *g d*. Et hoc est quod demonstrare intendimus.

<VII.8> Si fuerint duo numeri quorum unus partes alterius
detrahanturque utrique illorum partes ille, erit reliquum ex reliquo eedem
partes que totum ex toto.

159 quantum quod] quantaque P. | *b a*] *a b* B. 160 *g d*] *b g* P. 162 *post* eadem *add.* P pars. | est *om.* B. | *h l*] *h* P. 163 erunt] erit L. | *a k*[2]] *H k* L. | *g d*[2]] *t d* P. 164 erunt] erit L. | pars *om.* L. 165 erunt] erit L. 166 Et ... intendimus *om.* B. | demonstrare *om.* L. 167 unus] unius P. 170 *Exempli gratia om.* L. | dueque] duoque P. 171 *a h* et *g z*] *a b* et *g d* P. | quia] quod B. | quod *om.* B. | *h b*] *a b* L. 173 *g H*] *g z* P. | pars[3]] par P. 174 est[1] *om.* B. 175 *a h*] *a* L. 177 separaturque] separeturque L. 178 *h b*] *b h* B. | *a h* in *g z*[2]] pars *a h* est ea L. 179 *ante* pars[1] *add.* B ea. | in[2] *om.* P. 180 *z d*[1]] *z t d* P. | *h b*[2]] *b h* B. 181 *g d*] *t d* P. | Et ... intendimus *om.* B. | demonstrare *om.* L. 183 utrique *om.* B; uterque P. | reliquum] reliquus P.

185 *Exempli gratia*: Sit numerus *a b* partes numeri *g d* duoque ab eis separata *a h* et *g z*. Dico itaque quia reliquum *h b* ex reliquo *z d* est partes que fuit totum *a b* ex toto *g d*.

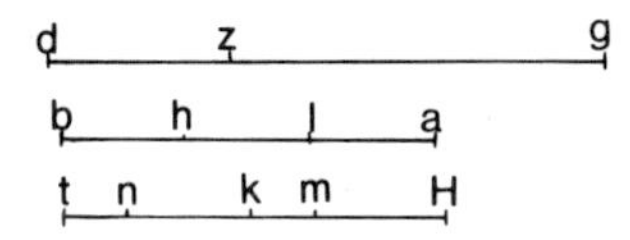

Rationis causa: Sit enim *H t* sicut *a b* partesque *H t* in *g d* partes *a h* in *g z*. Dividaturque *H t* in partes *g d* sintque *H k* et *k t*. Dividaturque *a h* in
190 partes *g z* sintque *a l* et *l h*. Numerus itaque *H k* et *k t* sicut numerus *a l* et *l h* parsque *H k* in *g d* est pars *a l* in *g z* et *d g* maior *g z* et *H k* maior *a l* sitque *H m* sicut *a l* et pars *H t* in *g d* est pars *H m* in *g z*. Relinquitur itaque *m k* in *z d* reliquo sicut pars *H k* in *g d*. Item pars *k t* in *g d* est pars *l h* in *g z*. Atqui *d g* maior *g z*. Quare *k t* maior *l h* ponaturque *k n*
195 sicut *l h*. Pars itaque *k t* in *g d* est pars *k n* in *g z*. Relinquitur itaque *n t* in *d z* reliquo sicut pars *k t* in toto *g d*. Cum itaque coacervaveris, *m k* et *n t* que fuerint in *z d* sicut *H t* in toto *g d* et *m k* et *n t* sicut *h b* et *H t* sicut *a b*. Relinquitur igitur *h b* in *z d* reliquo partes que fuerint totum *a b* in toto *g d*. Et hoc est quod demonstrare intendimus.

200 <VII.9> Si fuerint duo numeri quorum alter pars alterius duoque alii quorum unus eadem pars alterius, erit alternatim que primus in tertio pars aut partes secundus in quarto.

Exempli gratia: Sit numerus *a b* pars numeri *g d* sitque numerus *h z* eadem pars numeri *H t*. Dico quia permutatim erit pars aut partes que *a b*
205 in *h z* eadem pars aut partes *g d* in *H t*.

185 *Exempli gratia om.* L. | numeri] aū P. 186 separata] separate P. 187 fuit] fuerit P. 188 *H t*[1]] *t* L. 189 *ante a h add.* P *H t* in partes *g d* sintque *H k* et *k t*. Dividaturque. 190 *post l h add.* L parsque *H k* ex *g d* est pars *a l* ex *g z*. | sicut] sit P. 191 in[1]] ex BL. | in[2]] ex BL. 192 in[1]] ex BL. | *g d*] *d g* B. | *H m*[2]] *s H m* P. | in[2]] ex BL. 193 in[1]] ex BL. | in[2]] ex BL. | in[3]] ex BL. 194 in] ex BL. | *d g*] *g d* B. | *k n*] *k h* P. 195 *l h*] *H h* L. | *g d*] *g b* P. | *k n*] *k h* P. 196 *d z*] *z d* B. | *post m k add.* L *m*. 197 fuerint] fuere BLP. 198 *post a b*[1] *add.* L et *h t*. | reliquo] relinquo L. | fuerint] fuere BLP. 199 Et ... intendimus *om.* B. | intendimus] proposuimus L. 201 que] quem P. 203 *Exempli gratia om.* L. | *g d*] *g b* P. 204 eadem] eandem P.

Rationis causa: Quoniam enim pars *a b* in *g d* est pars *h z* in *H t*, multiplicatio in *g d* ex *a b* sicut multiplicatio in *H t* ex *h z*. Dividatur itaque *g d* secundum *a b* sintque *g k* et *k d*, dividaturque *H t* secundum *h z* sintque dividentia *H l* et *l t*. Eritque *g k* equalis *k d* et *H l* equalis *l t*.
210 Numerusque *g k* et *k d* equalis numero *H l* et *l t* parsque ex primo que est *g k* in *H l* est pars aut partes que est *k d* in *l t*. Pars itaque ex primo que est *g k* in *H l* est pars aut partes que est *g d* in *H t*. Atqui *g k* sicut *a b* et *H l* sicut *h z*. Pars igitur aut partes que est *a b* in *h z* est pars aut partes que est *g d* in *H t*. Et hoc est quod demonstrare intendimus.

215 <VII.10> Si fuerint duo numeri quorum unus partes alterius duoque alii quorum unus eedem partes numeri alterius, erit alternatim pars aut partes que primus in tertio eadem pars aut partes secundus in quarto.

Exempli gratia: Sint numeri *a b* partes numerus *g d*. Sintque alterius numeri *h z* eedem partes *H t*. Dico quia, cum permutabitur, erit que pars
220 aut partes *a b* in *h z* eadem pars aut partes *g d* in *H t*.

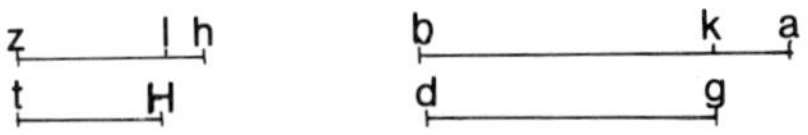

Rationis causa: Sint enim partes que sunt *a b* in *g d* eedem eis que *h z* in *H t*, multiplicatioque que est in *a b* ex partibus *g d* sicut multiplicatio que in *h z* ex partibus *H t*. Dividaturque *a b* in partes *g d* exeantque *a k* et *k b*. Dividaturque *h z* in partes *H t* exeantque *h l* et *l z*. Eruntque *a k* et
225 *k b* duo equalia et *h l* et *l z* item duo equalia. Numerusque *a k* et *k b* sicut numerus *h l* et *l z*. Parsque aut partes *a k* in *h l* est pars aut partes *a b* in *h z*. Parsque *a k* in *g d* est pars *h l* in *H t*. Cumque convertetur, erit que pars aut partes *a k* in *h l* pars aut partes *g d* in *H t*. Patet autem quia pars aut partes que *a k* in *h l* est pars aut partes que *a b* in *h z*. Est igitur que
230 *a b* in *h z* pars aut partes *g d* in *H t*. Et hoc est quod demonstrare intendimus.

207 *h z*] *h t* P. | *post h z add.* L Sintque dividentia *H l* et *l t* eritque *g k* equalis *g d*. 208 itaque *bis* B. | *a b*] *h b* L. 210 Numerusque] Numerus L. 212 partes] pars P. 214 Et ... intendimus *om.* B. 215 quorum *om.* P. 215-218 partes ... *a b om.* P. 217 *post* secundus *add.* L a. 218 *Exempli gratia om.* L. | numeri] numerus O. | numerus] numeri L; numeri alterius P. 219 *post* Dico *add.* P erit alternatim pars aut partes que primus in tertio eadem pars aut partes numerus in quarto. Exempli gratia: Sit numerus *a b* partes numeri alterius *g d* sitque alterius numeri *h z* eedem partes *H t*. Dico. | cum *om.* P. | permutabitur] commutabitur P. | erit que] eritque P. 221 partes] pars P. 223 *a k om.* B. 224 Eruntque] eritque LP. 225 *ante* duo[1] *add.* L in. | et[1] ... equalia[2] *om.* B. | item] inter L; sunt P. 226 aut[1]] a P. | aut[2]] a P. 228 aut[1]] a P. | aut[2]] a P. | quia] que P. 229 est[1] *om.* B. 230-231 Et ... intendimus *om.* B. 230 quod *om.* L. 231 intendimus] proposuimus L.

<VII.11> Si a duobus numeris duo numeri secundum suas proportiones detracti fuerint, erit proportio reliqui ad reliquum sicut proportio totius ad totum.

235 *Exempli gratia*: Sint a duobus numeris *a b* et *g d* duo numeri separati *h a* et *z g* secundum proportionem *a b* et *g d*. Dico itaque quia *h b* reliquum ad reliquum *z d* sicut totum *a b* ad totum *g d*.

Rationis causa: Quia *a b* ad *g d* sicut *h a* ad *g z*, erit que pars aut partes *a b* in *g d* pars aut partes *h a* in *z g*. Relinquiturque *h b* in *d z* pars aut
240 partes que tota *a b* in tota *g d*. Quanta igitur *h b* ad *z d* tanta *a b* ad *g d*. Et hoc est quod demonstrare intendimus.

<VII.12> Si fuerint numeri quotlibet proportionales, erit quantum unum precedens ad sequens tantum omnes precedentes ad omnes sequentes.

245 *Exempli gratia*: Sint numeri *a b* et *g d* et *h z* et *H t* proportionales, quanta scilicet *a b* ad *g d* tanta *h z* ad *H t*. Dico itaque quia quanta *a b* ad *g d* tanta *a b* et *h z* ad *g d* et *H t*.

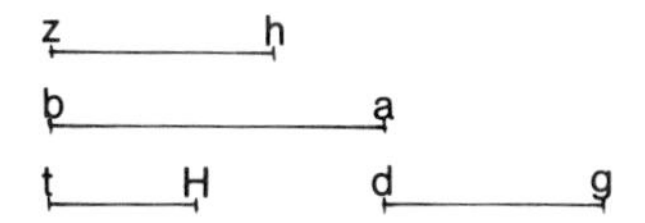

Rationis causa: Quia enim quanta *a b* ad *g d* tanta *h z* ad *H t*, erit que pars aut partes *a b* in *g d* eadem pars aut partes *h z* in *H t*. Cumque
250 coacervaveris *a b* et *h z* et coacervaveris *g d* et *H t*, erit pars aut partes que *a b* in *g d*. Quanta igitur *a b* ad *g d* tanta *a b* et *h z* ad *g d* et *H t*. Et hoc est quod demonstrare intendimus.

233 detracti] detracturi P. 235 *Exempli gratia om.* L. 236 quia *om.* B. | *post h b add.* L *z d* sicut totum. 238 erit que] eritque LP. | aut] a P. | partes] partibus P. 239 aut[1]] a P. | Relinquiturque] Relinquitur quia P. | *d z*] *b z* P. | aut[2]] a P. 240 que *om.* L. | tota[2]] toto LP. 240-241 Et ... intendimus *om.* B. 242 quotlibet] quelibet P. 243 *ante* precedens *add.* L sequens. | sequens] consequens L; precedens P. 245 *Exempli gratia om.* L. | et[2] *om.* L. | *H t*] *k t* P. 246 scilicet *om.* B. | *h z*] *b z* P. | ad[3]] a L. 247 tanta] tantum L. | *a b*] *a h* P. 248 erit que] eritque L. 249 aut[1]] a P. | *g d*] *g* P. | aut[2]] a P. | *ante h z add.* L que. | *h z om.* P. 250 *ante* coacervaveris[2] *add.* P coacervaveris *a b* et *h z* et. | aut] a P. 251 ad[1]] in O. 251-252 Et ... intendimus *om.* B.

<VII.13> Si fuerint numeri proportionales, cum alternabitur erunt etiam proportionales.

255 *Exempli gratia*: Sint numeri *a b* et *g d* et *h z* et *H t* proportionales. Proportio *a b* ad *g d* sicut proportio *h z* ad *H t*. Dico quia alternatim erit proportio *a b* ad *h z* sicut proportio *g d* ad *H t*.

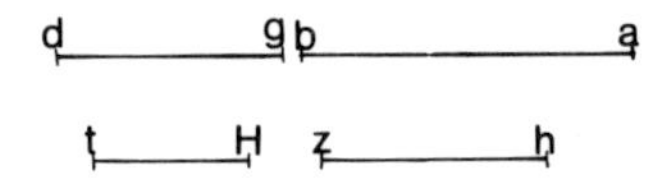

Rationis causa: Si enim *a b* ad *g d* sicut *h z* ad *H t*, erit que pars aut partes *a b* in *g d* eadem pars aut partes *h z* in *H t*. Cumque alternabitur, 260 erit que pars aut partes *a b* in *h z* eadem pars aut partes *g d* in *H t*. Quanta igitur *a b* ad *h z* tanta *g d* ad *H t*. Et hoc est quod demonstrare intendimus.

<VII.14> Si fuerint numeri quotlibet aliique numeri secundum eorum numerum omnesque duo eorum secundum proportionem quorumlibet 265 duorum primorum numerorum, erunt in proportione equalitatis.

Exempli gratia: Sint numeri *a b* et *g d* et *h z* aliique numeri secundum eorum numerum quorum omnes duo secundum proportionem *a b* et *g d* et *h z* sintque *H t* et *k l* et *m n*. Quanta *a b* ad *g d* tanta *H t* ad *k l*. Quantaque *g d* ad *h z* tanta *k l* ad *m n*. Dico quia in proportione 270 equalitatis erunt quanta *a b* ad *h z* tanta *H t* ad *m n*.

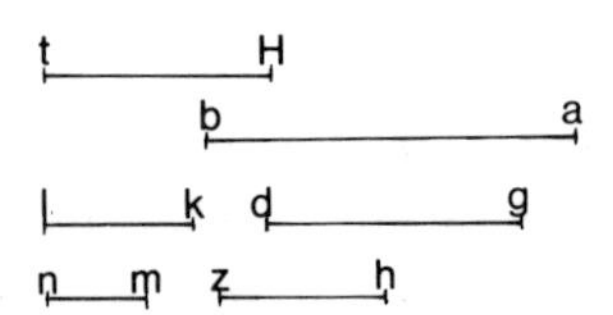

Rationis causa: Quoniam quanta *a b* ad *g d* tanta *H t* ad *k l*, erit alternatim quanta *a b* ad *H t* tanta *g d* ad *k l*. Item. Quanta *g d* ad *h z* tanta *k l* ad *m n*. Cumque alternabitur, erit quanta *g d* ad *k l* tanta *h z* ad *m n*. Patet itaque quia quanta *g d* ad *k l* tanta *a b* ad *H t*. Quantaque *a b*

255 *Exempli gratia om.* L. 256 *H t*] *t* L. | quia *om.* P. | alternatim] cum convertentur L. 257 *h z om.* L. 258 erit que] eritque LP. 259 *ante a b add.* L que. | *ante* eadem *add.* B et. | aut] a P. 260 que *om.* L. | aut[2]] a P. 261-262 Et ... intendimus *om.* B. 263 quotlibet] quelibet P. 263-264 eorum numerum *tr.* B. 264 quorumlibet] quotlibet O. 265 primorum] primarum P. | erunt] erit P. 266 *Exempli gratia om.* L. 267 *g d*] *g* P. 270 erunt] erit OP. 271 Quoniam quanta *tr.* P. 272 ad[3]] in L. 273 *post k l*[2] *add.* L Item quanta *g d* in *h z*.

ad *H t* tanta *h z* ad *m n*. Cum igitur alternabitur quanta *a b* ad *h z* tanta *H t* ad *m n*. Et hoc est quod demonstrare intendimus.

<VII.15> Cum unitas aliquem numerum numeraverit eo numero quo alter alterum numerat, erit alternatim ut quotiens numerat unitas tertium totiens numeret secundus quartum.

Exempli gratia: Sit unitas numerans numerum *a b* numerusque *g d* numerum *h z* quotiens numerat unitas numerum *a b*. Dico itaque quia, cum alternabitur, erit ut quotiens numerat unitas numerum *g d* totiens numeret *a b h z*.

z l k hb t H a

d g

Rationis causa: Quoniam quot unitates in *a b* tot similia *g d* in *h z*. Dividatur *a b* in unitates que in eo continentur sintque *a H* et *H t* et *t b*. Dividaturque *h z* secundum *g d* exeantque *h k* et *k l* et *l z* numerusque unitatum que sunt *a H* et *H t* et *t b* equalis numero *h k* et *k l* et *l z*. Unitatesque *a H* et *H t* et *t b* equales itemque *h k* et *k l* et *l z* equales. Quanta itaque est unitas *a H* ex numero *h k* tanta unitas *t H* ad numerum *k l*. Quantaque unitas que est *H t* ex numero *k l* tanta unitas que est *t b* ad numerum *l z*. Erit itaque quanta una unitas precedens ad sequentem tantam omnes precedentes ad omnes sequentes. Quanta itaque unitas *a H* ad *h k* tanta *a b* ad *h z*. Atqui *a H* pars numeri *h k*. Quare *a b* eadem pars numeri *h z*. Atqui unitas, que est *a H*, equalis unitati. Numerusque *h k* equalis numero *g d*. Quotiens igitur numerat unitas *g d* totiens numerat *a b h z*. Et hoc est quod demonstrare intendimus.

<VII.16> Si fuerint duo numeri quorum uterque ducatur in alterum, erunt illi, qui ex eorum ductu producentur, equales.

Exempli gratia: Sint numeri *a b* et *g d*. Sitque *h z* ex ductu *a b* in *g d* productus. Ex ductu vero *g d* in *a b* productus *H t*. Dico quia *h z* equalis *H t*.

275 Cum] Cumque L. 276 Et ... intendimus *om.* B. 278 numerat[1]] numerant P. 279 quartum *om.* P. 280 *Exempli gratia om.* L. 281 *ante* itaque *add.* B quia. 282 numerat] numeret P. | numerum *om.* BL. | *g d om.* L; *a b g d* P. 284 quot] quam P. | tot] t P. | *ante g d add.* L in. 285 unitates] minutates P. 286 *ante* Dividaturque *add.* L equales numero. | *l z*] *l t* P. 287 equalis] equales L. 288 *ante* Unitatesque *add.* L numerusque unitatum. | Unitatesque] Unitates P. | *a H*] *a* P. | et *l z*] *z* P. 292 tantam] tantum BLP. 293 numeri *om.* P. 294 Atqui] Atquive L. 296 Et ... intendimus *om.* B. 299 *Exempli gratia om.* L. 300 vero *om.* L.

Rationis causa: Quoniam *a b* ductus in *g d* producit *h z*, et *g d* numerat *h z* numero unitatum que sunt in *a b*. Numeratque unitas *a b* erit quotiens unitas in eo totiens eam numerare totiensque *g d* numerabit *h z*.

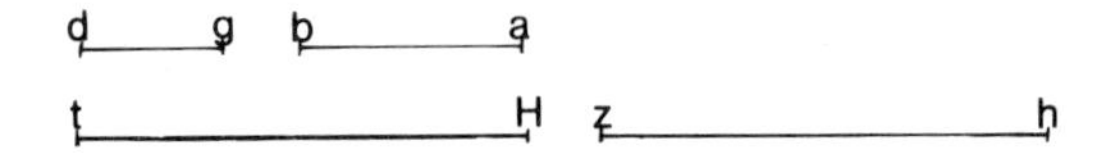

305 Cumque alternabitur, quotiens unitas numerabit *g d* totiens numerabit *a b h z*. Quanta itaque unitas ad *g d* tanta *a b* ad *h z*. Eodemque modo quanta unitas ad *g d* tanta *a b* ad *H t*. Quare numeri *a b* quantitas proportioque ad *H t* et *h z* una. Est igitur *H t* sicut *h z*. Et hoc est quod demonstrare intendimus.

310 <VII.17> Cum ductus fuerit numerus in duos numeros, erit productum ex uno eorum ad productum ex altero quantus unus ducentium ad alterum.

Exempli gratia: Sit numerus *a b* ductus in duos numeros *g d* et *h z* factusque sit ex ductu *g d* numerus *H t* atque ex ductu *h z* factus *k l*. Dico 315 quia quantum *g d* ad *h z* tantum *H t* ad *k l*.

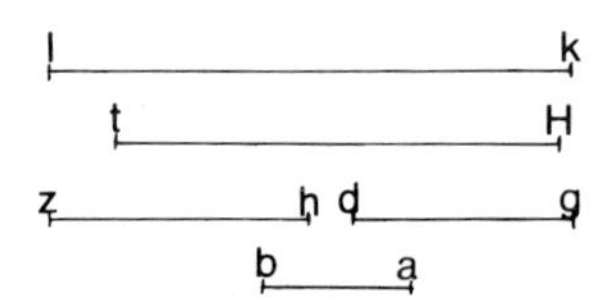

Rationis causa: Quoniam *a b* ductus in *h z* producit *k l*, numerat autem *h z* eundem *k l* quotiensque unitas in *a b* totiens numerat *a b* quotiens autem numerat unitas *a b* totiens numerat *h z k l*. Quotiens itaque unitas in *a b* totiens *h z* in *k l*. Quare quanta unitas ad *a b* tanta *g d* ad *H t*. Erat 320 autem quotiens unitas in *a b* totiens *h z* in *k l*. Cum igitur alternabitur, erit quantum *g d* ad *h z* tantum *H t* ad *k l*. Et hoc est quod demonstrare intendimus.

302 *Rationis causa om.* B. | producit] producet P. | *h z*, et *g d*] *H t z* et *g z b* P. 303 unitatum] unitatem P. | erit] Eritque L. 304 *g d*] *g z* B. 305 *g d*] *h z g d* P. 308-309 Et ... intendimus *om.* B. 310 erit *om.* L. | productum] productus P. 313 *Exempli gratia om.* L. 314 sit *om.* OP. | *g d*] *h z g d* P. | numerus *om.* L. 315 quantum] quantus OP. 316 producit] productus P. 318 *ante* unitas[1] *add.* P a. 319 tanta] tantum BLP. | Erat] Erit P. 321 quantum] quanta P. 321-322 Et ... intendimus *om.* B.

<VII.18> Cum ducti fuerint duo numeri in numerum unum, erit proportio producti unius ad productum alterum sicut proportio unius duorum ductorum ad alterum.

Exempli gratia: Sint duo numeri *a b* et *g d* ducti in numerum *h z* ductuque *a b* in numerum *h z* fiat *H t*, ductu vero *g d* in *h z* fiat *k l*. Dico itaque quia que proportio *a b* ad *g d* eadem proportio *H t* ad *k l*.

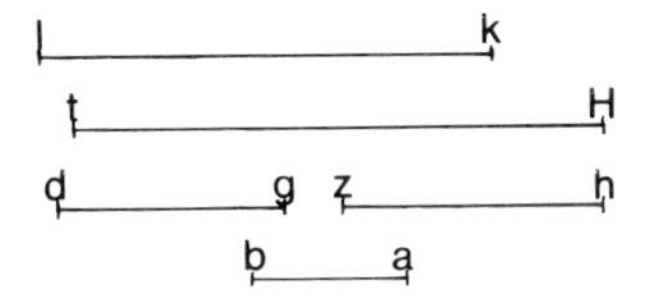

Rationis causa: Quoniam ductus *a b* in *h z* fecit *H t*, ductus etiam *h z* in *a b* fecit *H t*. Item. Quoniam ductus *g d* in *h z* fecit *k l*, ductus etiam *h z* in *g d* fecit *k l*. Itaque ex ductu *h z* in *a b* et *g d* erit *H t* et *k l*. Quanta igitur *a b* ad *g d* tanta *H t* ad *k l*. Et hoc est quod demonstrare intendimus.

<VII.19> Si fuerint quattuor numeri proportionales, erit quod ex ductu primi in quartum sicut quod ex ductu secundi in tertium. Si autem quod ex ductu primi in quartum sicut quod ex ductu secundi in tertium, erunt illi numeri proportionales.

Exempli gratia: Sint quattuor numeri proportionales *a b* et *g d* et *h z* et *H t*, quantus *a b* ad *g d* tantus *h z* ad *H t*. Ductuque *a b* in *H t* fiat *k l*. Ex ductu vero *g d* in *h z* fiat *m n*. Dico quia *m n* equalis *k l*.

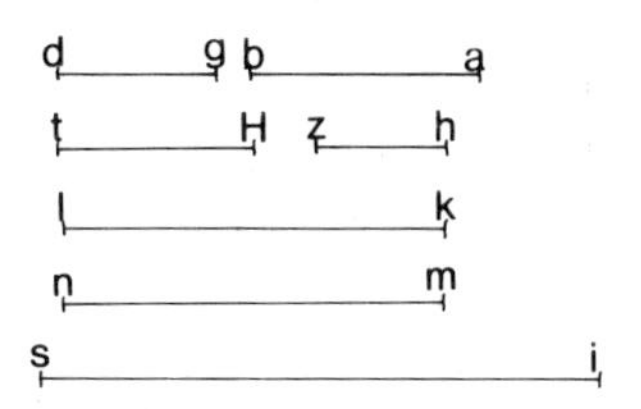

Rationis causa: Sit enim quod ex ductu *a b* in *h z s i*. Atqui ex ductu eius in *H t* facta est *k l*. Erit itaque quantus *h z* ad *H t* tantus *s i* ad *k l*. Quantus etiam *h z* ad *H t* tantus *a b* ad *g d*. Quantus itaque *a b* ad *g d*

324 proportio[1] *om.* P. | unius[1]] unus P. | unius[2]] unus P. 325 ductorum] ductuorum P. | ad alterum *om.* P. 326 *Exempli gratia om.* L. | ducti] ductu P. 327 numerum *om.* B. 328 que *om.* B. 329 *ante* in *add.* P ad. 332-333 Et ... intendimus *om.* B. 334 quattuor numeri *tr.* B. 338 *Exempli gratia om.* L. 340 ductu] ductus P. 343 etiam] autem BLP. | ad[1] ... *a b*[2]] Itaque *a b* ad *h t* tantus *a b g*. Quantus autem *h z* P. | *post g d*[2] *add.* L Quantus itaque *a b* ad *g d*.

tantus *s i* ad *k l*. Item ex ductu *a b* in *h z* facta est *s i*. Atqui ex ductu *g d*
345 in *h z* facta est *m n*. Quantus itaque *a b* ad *g d* tanta *s i* ad *m n*. Patet itaque quia quantus *a b* ad *g d* tanta *s i* ad *k l*. Quantus itaque *s i* ad *k l* et ad *m n* pariter proportioque eius ad eos una. Est igitur *m n* sicut *k l*.

Item dico quia *m n* qui factus est ex ductu *g d* in *h z* si est equalis *k l* qui factus est ex ductu *a b* in *H t* erit proportio *a b* in *g d* sicut proportio
350 *h z* in *H t*.

Rationis causa: Sit enim eorum tedebir unum. Quoniam ergo *a b* ductus in *h z* fecit *s i* ductusque in *H t* fecit *k l*, quantus *h z* ad *H t* tantus *s i* ad *k l*. Est autem *k l* sicut *m n*. Quantus itaque *h z* ad *H t* tanta *s i* ad *m n*. Item *a b* ductus in *h z* fecit *s i*. Atqui *g d* ductus in *h z* fecit *m n*.
355 Quantus itaque *a b* ad *g d* tanta *s i* ad *m n*. Patet itaque quia quantus *s i* ad *m n* tantus *h z* ad *H t*. Quanta autem *a b* ad *g d* tantus *h z* ad *H t*. Cum igitur fuerint quattuor numeri proportionales, erit quod ex ductu primi in quartum sicut quod ex ductu secundi in tertium et e converso: si quod ex ductu primi in quartum sicut quod ex ductu secundi in tertium, erunt
360 proportionales. Et hoc est quod demonstrare intendimus.

<VII.20> Numeri secundum quamlibet proportionem minimi numerant numeros qui sunt secundum proportionem suam minor minorem et maior maiorem equaliter.

Exempli gratia: Sint *a b* et *g d* minimi numeri secundum suam
365 proportionem et *h z* et *H t* secundum proportionem *a b* et *g d*. Dico quia quotiens numerat *a b h z* totiens numerat *g d H t*. Non est enim *a b* partes *h z*.

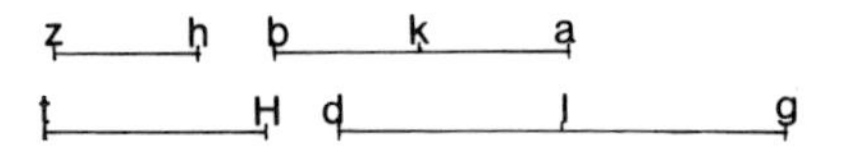

Rationis causa: Quod si est possibile, sit partes eius eritque *g d* in *H t* sicut partes *a b* in *h z*. Dividaturque *a b* in partes *h z*. Sintque *a k* et *k b*.
370 Item dividatur *g d* in partes *H t* sintque *g l* et *l d*. Eritque numerus *a k* et

344 tantus] tanta L. | *ante k l add.* L *m n*. | ex[1] *om.* BO. | ex[2] *om.* BO. | ductu[2]] ductus L. 348 ductu *om.* L. | si *om.* OP. 350 *h z*] *h t* P. 354 *m n*[1]] *m h* P. 354-355 Item ... *m n om.* L. 354 ductus in[1]] ducturi P. | *h z*[1]] *h t* P. 357 erit *om.* P. 358 si] sicut P. 360 Et ... intendimus *om.* B. 363 maiorem] minorem P. 364 *Exempli gratia om.* L. 365 *h z*] *h t* P. | *ante a b add.* P et *h*. | *ante* quia *add.* BL itaque. 366 *h z*] *h t* P. | est *om.* B. | *post a b*[2] *add.* P partes *a b*. 368 *Rationis causa om.* BLOP. | partes] pars P. | eritque] eruntque L. 370 Eritque] Erit que P.

k b numero *g l* et *l d* equalis. Atqui *a k* sicut *k b* et *g l* sicut *l d*. Numerusque numero equalis. Quantus itaque *a k* ad *g l* tantus *a b* ad *g d*. Quare *a k* et *g l* secundum proportionem *a b* et *g d* suntque eis minores. Quod contrarium impossibile. Erant enim *a b* et *g d* numeri minimi 375 secundum suam proportionem. Non itaque *a b* partes *h z* sed pars. Atqui *g d* ex *H t* sicut pars *a b* ex *h z*. Quotiens igitur *a b* numerat *h z* totiens numerat *g d H t*. Et hoc est quod demonstrare intendimus.

<VII.21> Cum fuerint numeri secundum suam proportionem minimi, erit unusquisque ad alterum primus.

380 *Exempli gratia*: Sint duo numeri *a b* et *g d* numerorum secundum suam proportionem minimi. Dico itaque quia uterque eorum ad alterum primus.

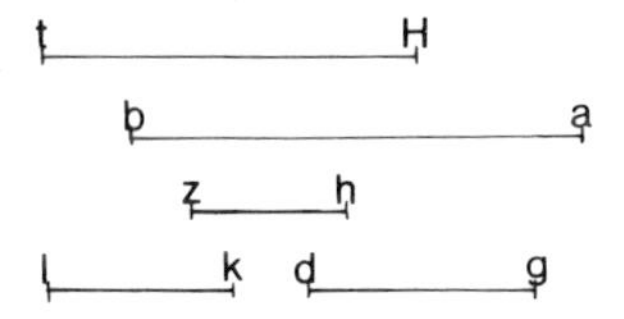

Rationis causa: Quod si non fuerit, numeret eos alius numerus sitque *h z*. Sintque tot unitates in *H t* quotiens *h z* numerat *a b*. Quotiensque *h z* 385 numerat *g d* tot unitates in *k l*. Atqui *h z* totiens numerat *a b* quot unitates in *H t*. Quare ex ductu *h z* in *H t* producitur *a b*. Atqui *h z* totiens numerat *g d* quot unitates sunt in *k l*. Quare *h z* ductus in *k l* producit *g d*. Quoniam ergo *h z* ductu in duos numeros qui sunt *H t* et *k l* producuntur ex eis duo numeri *a b* et *g d*, erit quantus *H t* ad *k l* tantus 390 *a b* ad *g d*. Quare proportio *H t* et *k l* sicut proportio *a b* et *g d*. Eruntque minores eis. Quod contrarium impossibile. Erant enim *a b* et *g d* numeri secundum proportionem suam minimi. Non itaque numerat *a b* et *g d* numerus alius. Uterque igitur eorum ad alterum primus. Et hoc est quod demonstrare intendimus.

371 et *g l om.* P. 372 numero] nec P. 374 contrarium *om.* BL. | *ante* impossibile *add.* LP est. | enim] autem B. 375 *h z*] *h t* P. 376 numerat] numeraverit P. 377 Et ... intendimus *om.* B. 380 *Exempli gratia om.* L. | *g d*] *b d* P. | numerorum *om.* P. 381 quia] quod O. | eorum *om.* P. 383 *Rationis causa om.* BLOP. 384 tot] tantum P. | *ante h z*[2] *add.* L in. | *a b om.* P. | Quotiensque] Quotiens BP. 385 *a b*] *g d* L. | quot] quotiens L; quantum P. 386 *ante* in[1] *add.* L sunt. | producitur] producetur P. 387 quot] quantum P. | sunt] sicut P. 388 ductu] ducto BLP. 389 producuntur] producentur P. | eis] eius P. | duo] secundo P. 391 *post* contrarium *add.* P est. | Erant] Erunt P. | numeri] numerorum BL. 392 proportionem suam *tr.* B. | minimi] minorem P. 393 igitur] enim B; *om.* P | eorum *om.* P. 393-394 Et ... intendimus *om.* B.

395 <VII.22> Numeri quorum uterque ad alterum primus, sunt secundum suam proportionem minimi.

Exempli gratia: Sint duo numeri *a b* et *g d* quorum uterque ad alterum primus. Dico itaque quia sunt minimi secundum suam proportionem.

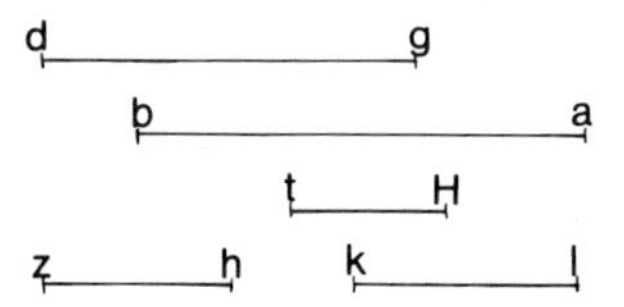

Rationis causa: Quod si non erit, sint duo numeri alii minores eis 400 secundum proportionem eorum sintque *h z* et *H t*. Quotiens itaque numerat *h z* numerum *a b* totiens numerat *H t g d*. Sitque ut quotiens *h z* numerat *a b* tot sint unitates in *k l*. Numerat ergo totiens *H t g d* quot sunt unitates in *k l*. Quare *k l* totiens numerat *a b* quot unitates sunt in *h z*. Item *H t* totiens numerat *g d* quot unitates sunt in *k l*. Quare *k l* 405 totiens numerat *g d* quot unitates sunt in *H t*. Itaque *k l* numerat *a b* et *g d* quorum uterque ad alterum primus. Quod contrarium impossibile. Non itaque duo numeri minores numeris *a b* et *g d* secundum eorum proportionem. Sunt igitur *a b* et *g d* numeri minimi secundum suam proportionem. Et hoc est quod demonstrare intendimus.

410 <VII.23> Omnium duorum numerorum, quorum uterque ad alterum primus, erit ille qui unum eorum numerabit ad alterum eorum primus.

Exempli gratia: Sint duo numeri *a b* et *g d* quorum uterque ad alterum

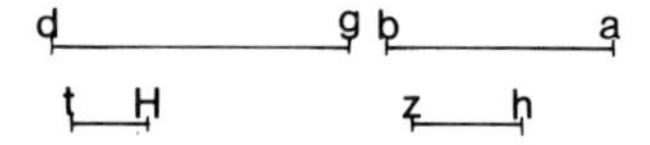

primus numerusque *h z* numeret unum eorum scilicet *a b*. Dico itaque quia *h z* et *g d* uterque ad alterum primus.

395 Numeri] Numerorum B. | uterque] unusquisque LOP. 396 *post* proportionem *add.* O suam. 397 *Exempli gratia om.* L. 398 sunt] sicut P. | *post* minimi *add.* BL numeri. | suam proportionem *tr.* B. 399 *Rationis causa om.* BLOP. 400 sintque] sitque BL. 401 numerat[1]] numeravit P. 402 *k l*] *b k* P. | *ante H t add.* P a. 402-403 quot sunt unitates] que sumitates P. 403 Quare *k l om.* P. 406 contrarium *om.* B. | *post* contrarium *add.* P est. 409 Et ... intendimus *om.* B. 411 eorum[1]] illorum B. | eorum[2]] illorum B. 412 *Exempli gratia om.* L. 413 numerusque] numerus P. 414 uterque] ulterque P.

415 *Rationis causa*: Quod si non fuerit, numeret eos alius numerus sitque *H t*. Numerat itaque *H t h z*. Atqui *h z* numerat *a b*. Quare *H t* numerat *a b* numeratque etiam *g d*, quorum erat uterque ad alterum primus. Quod contrarium impossibile. Non itaque numerat *h z* et *g d* alius numerus. Erit igitur numerorum *h z* et *g d* uterque ad alterum primus. Et hoc est 420 quod demonstrare intendimus.

<VII.24> Si fuerint duo numeri ad alium primi, erit qui fiet ex ductu unius in alterum ad eundem alium primus.

Exempli gratia: Sint duo numeri *a b* et *g d* primi ad numerum *h z*. Sitque *H t* ex ductu *a b* in *g d* productus. Dico quia *H t* et *h z* uterque ad 425 alterum primi.

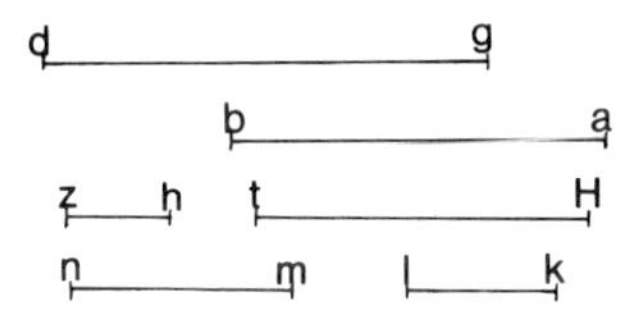

Rationis causa: Quod si non fuerit, numeret eos alius numerus sitque *k l*. Quotiensque numerat *k l H t* tot in *m n* sint unitates. Cum ergo ductus fuerit *k l* in *m n*, producetur inde *H t*. Ex ductu autem *a b* in *g d* idem *H t* productus est. Ex ductu vero *k l* in *m n* sicut coacervatum ex 430 *a b* in *g d*. Proportio itaque *k l* ad *a b* sicut proportio *g d* ad *m n*. Atqui *a b* et *h z* uterque ad alterum primus. Numerat autem *k l* numerum *h z*. Quare *a b* et *k l* uterque ad alterum primus. Sunt autem omnes duo primi secundum suam proportionem minimi, duo vero minimi secundum proportionem suam numerant duos numeros qui secundum suam 435 proportionem equaliter minor minorem et maior maiorem. Numerat itaque *k l g d*. Atqui *k l* numerat *h z*. Numerat itaque *k l g d* et *h z*

415 *Rationis causa om.* BLOP. | alius numerus *tr.* B. | *post* alius *add.* L numeret eos alius. 417 numeratque] numeretque P. | erat] erit P. 418 contrarium *om.* B. | *post* contrarium *add.* P est. 419-420 Et ... intendimus *om.* B. 421 ad] *a b* et *g d* B. | alium] aliud P. | qui] quique P. 422 alium] alterum B. 423 *Exempli gratia om.* L. | *ante* duo *add.* P vero. | numeri *om.* P. | primi] et primum P. 424 *ante H t*[1] *add.* L *a b*. 426 *Rationis causa om.* BLOP. | alius numerus *tr.* B. 427 Quotiensque] quociens P. | sint] sunt P. | ergo] gradus P. 428 ductus *om.* P. 428-429 producetur ... *m n om.* B. 430 *post g d*[1] *add.* L quia eque sunt producta latera sunt mutua; O [quia equa sunt producta latera sunt mutua]; P Quia *g* equa sunt producta latera sunt mutua. 431 et] ad L. | *h z*[1]] *h* P. 432 *ante* primi *add.* P numeri. 434-435 suam proportionem *tr.* B. 435 Numerat] Numerant B. 436 Atqui ... *k l g d*[2] *om.* P.

quorum uterque ad alterum primus. Quod contrarium impossibile. Non itaque numerat *h z* et *H t* numerus alius. Erit igitur uterque eorum ad alterum primus. Et hoc est quod demonstrare intendimus.

440 <VII.25> Si fuerint duo numeri contra se primi, erit numerus qui ex ductu alicuius eorum in seipsum producetur ad alterum primus.

Exempli gratia: Sint numeri *a b* et *g d* uterque ad alterum primi. Fitque ex ductu *a b* in seipsum *h z*. Dico itaque quia *h z* et *g d* uterque ad alterum primi.

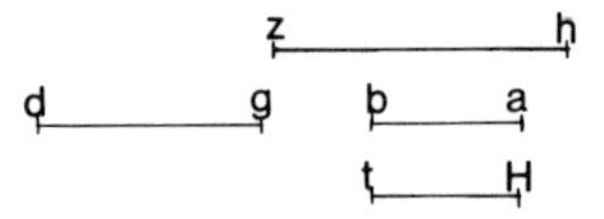

445 *Rationis causa*: Sit enim *H t* sicut *a b*. Atqui *a b* et *g d* uterque ad alterum primus. Quare *H t* et *g d* uterque ad alterum primus. Itaque *a b* et *H t* ad *g d* primi. Est autem *h z* ex ductu *a b* in *H t* productus, erunt igitur *h z* et *g d* uterque ad alterum primi. Et hoc est quod demonstrare intendimus.

450 <VII.26> Si fuerint duo numeri uterque ad duos alios primi, erunt qui ex ductu duorum primorum unius in alterum et qui ex ductu duorum aliorum unius in alterum producetur contra se primi.

Exempli gratia: Sint duo numeri *a b* et *g d* uterque ad utrumque

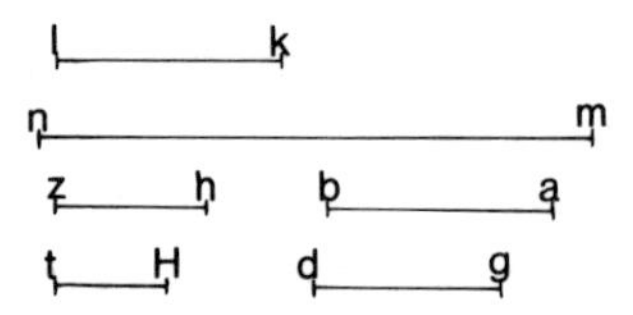

duorum numerorum *h z* et *H t* primi. Sitque *k l* ex *a b* in *g d* atque ex *h z* 455 in *H t* productus *m n*. Dico itaque quia *k l* et *m n* contra se primi.

437 contrarium *om.* B. | *post* contrarium *add.* P est. 438 numerat] numerant P. 439 Et ... intendimus *om.* B. 441 alicuius] alterius P. | producetur] producentur P. | alterum] alium P. 442 *Exempli gratia om.* L. | alterum] altum P. | primi] primus O. | Fitque] Sitque L. 443 itaque *om.* P. 447 erunt] erit L. 448-449 Et ... intendimus *om.* B. 450 *ante* fuerint *add.* B propositi. | erunt] erit L. 451 *ante* duorum[1] *add.* L numerus. | duorum primorum] priorum duorum B. | unius] unus P. | in] ad LOP. 452 *post* alterum *add.* P et qui ex ductu duorum aliorum unius in alterum. 453 *Exempli gratia om.* L. | utrumque] utrum P. 455 *m n*[1]] *m h* P.

Rationis causa: Quoniam enim uterque *a b* et *g d* ad *h z* primus productusque ex *a b* in *g d k l*. Erit itaque *k l* et *h z* uterque ad alterum primus. Quare *k l* et *H t* uterque etiam ad alterum primus. Quare *h z* et *H t* ad *k l* primi. Erat autem ex *h z* in *H t* productus *m n*. Erunt igitur *k l*
460 et *m n* uterque ad alterum primus. Et hoc est quod demonstrare intendimus.

<VII.27> Cum propositi fuerint duo numeri uterque ad alterum primi ducaturque uterque eorum in seipsum, erunt qui ex eis producentur uterque ad alterum primi. Itemque si in hos principia ipsa ducantur, erunt
465 quoque ex eis producti ad invicem primi, eodemque modo infinite omnium in se ductorum extremitates.

Exempli gratia: Sint duo numeri *a b* et *g d* quorum uterque ad alterum primus ducaturque *a b* in seipsum fiatque *h z* ducaturque item *g d* in seipsum fiatque *H t*. Itemque *a b* ducatur in *h z* fiatque *k l* et *g d* ducatur
470 in *H t* fiatque *m n*. Dico itaque quia uterque *h z* et *H t* ad alterum primus. Itemque *k l* et *m n* uterque etiam ad alterum primus.

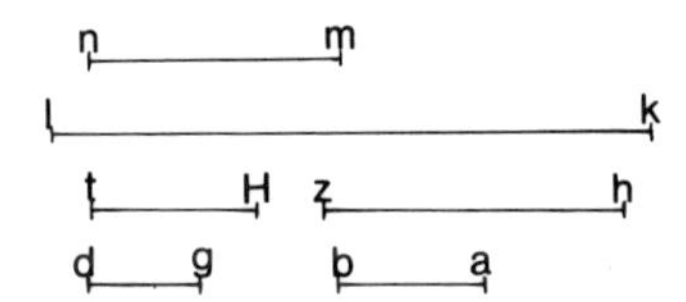

Rationis causa: Quoniam *a b* et *g d* uterque ad alterum primus atque *a b* in seipsum ducto factus est *h z*, erit *h z* et *g d* uterque ad alterum primus. Item quoniam *h z* et *g d* uterque ad alterum primus, erat autem
475 ex ductu *g d* in seipsum factus *H t*. Erunt ergo *h z* et *H t* uterque eorum ad alterum primi. Itemque *a b* et *g d* uterque ad alterum primi. Atque *h z* et *H t* ad invicem primi. Quare uterque *a b* et *h z* ad *H t* primus. Itaque *a b* et *h z* inveniuntur ad *g d* et *H t* uterque ad utrumque primi. Atqui *a b*

457 Erit itaque *k l* *om.* P. 458-459 uterque ... *H t*[1] *om.* L. 458 *ante* primus[2] *add.* P Erit itaque *k l* et *h z* uterque ad alterum primus. Quare *k l* et *H t* uterque etiam ad t alterum. | Quare[2]] quarum P. | *h z* et] *h* et *z* P. 459 *m n* *om.* L. | Erunt] Erit L. 460 primus] primi L. 460-461 Et ... intendimus *om.* B. 463 erunt] erit L. | qui] que P. | ex *om.* P. 464 Itemque] Idemque L; Item P. 465 eodemque] eodem L. 467 *Exempli gratia* *om.* L. 468 ducaturque[1]] ducatur P. 469 ducatur[2]] ducaturque B. 471 *m n*] *l m n* L. | ad alterum primus] primus ad alterum B. 473 *h z*[1]] *b h* P. | erit] eritque B; erat P. 474 Item] Itemque BL. | *g d*] *z g* P. 475 Erunt] Erit LP. | *h z* et] *h* et *z* P. 476 primi[1]] primus P. | et] ad L. 477 *h z*] *h* P. | primus] primi B.

ductus in $h\ z$ facit $k\ l$. Atque $g\ d$ ductus in $H\ t$ facit $m\ n$. Quare $k\ l$ et $m\ n$
480 uterque ad alterum primi. Patet igitur quia $h\ z$ et $H\ t$ ad invicem primi. Atque $k\ l$ et $m\ n$ contra se primi. Eodemque modo infinite omnium in se ductorum extremitates. Et hoc est quod demonstrare intendimus.

<VII.28> Cum fuerint duo numeri uterque ad alterum primi, erit ex eis coacervatus ad utrumque eorum primus. Si autem fuerit ex eis numerus
485 coacervatus ad utrumque primus, erunt et ipsi ad invicem primi.

Exempli gratia: Sint duo numeri $a\ b$ et $b\ g$ uterque ad alterum primi. Dico itaque quia ex eis coacervatus, sitque $a\ g$, ad $a\ b$ et ad $b\ g$ primus.

Rationis causa: Quod si non fuerit, sint $a\ g$ et $g\ b$ neuter ad alterum primi. Quod si est possibile, numeret $d\ h$ $a\ g$ et $g\ b$, erit itaque numerans
490 $a\ b$ et $b\ g$ quorum uterque ad alterum primus. Quod contrarium impossibile. Non itaque numerat $a\ g$ et $g\ b$ numerus alius. Quare uterque eorum ad alterum primus. Eodem modo patet quia $a\ g$ et $a\ b$ uterque ad alterum primus. Est igitur $a\ g$ primus ad utrumque $a\ b$ et $b\ g$.

Item sit $a\ g$ primus ad utrumque $a\ b$ et $b\ g$. Dico itaque quia $a\ b$ et $b\ g$
495 uterque ad alterum primus.

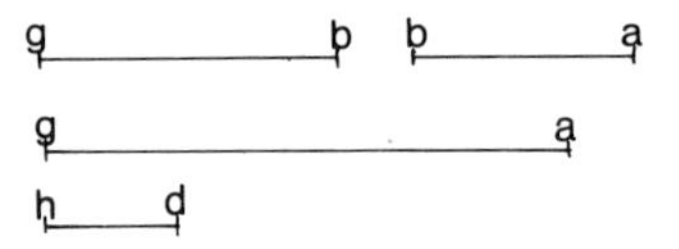

Rationis causa: Quod si non fuerit, numeret eos $d\ h$ si est possibile. Atqui $d\ h$ numerat $a\ b$ et $b\ g$ totumque etiam $a\ g$. Quare $d\ h$ numerat $a\ g$ et $g\ b$ quorum uterque ad alterum primus. Quod est impossibile. Non itaque numerat $a\ b$ et $b\ g$ numerus alius. Uterque igitur eorum ad alterum
500 primus. Et hoc est quod demonstrare intendimus.

479 $k\ l^1$] $h\ l$ L; $r\ l$ P. | $k\ l^2$] $R\ l$ P. 481 $k\ l$] $R\ l$ P. 482 Et ... intendimus *om.* B. 483 *ante* fuerint *add.* BL propositi. | duo numeri *tr.* B. | uterque] utrique P. 484 coacervatus] coalternatus P. | autem] enim P. | ex eis numerus] numerus ex eis B. 485 coacervatus] coalternate P. | erunt *om.* B. 486 *Exempli gratia om.* L. | *ante* $a\ b$ *add.* L ad invicem. 487 coacervatus] coacervatur L; coalternatus P. | $a\ b$] $d\ b$ P. 488 *Rationis causa om.* BLOP. | non *om.* P. 489 est *om.* L. | possibile] impossibile P. 490 contrarium *om.* B. | *post* contrarium *add.* P est. 492 Eodem] Eodemque L. | quia] quod L. | uterque *om.* BL. 493 *post* Est *add.* P ē. 496 *Rationis causa om.* BLOP. 497 $d\ h^1$] $g\ h$ P. | etiam] in P. | $a\ g^2$] $a\ h$ P. 498 *ante* est *add.* P si. | est *om.* B. 500 Et ... intendimus *om.* B.

<VII.29> Omnis numerus compositus ab aliquo primo numeratur.

Exempli gratia: Sit numerus *a b* compositus. Dico itaque quia a primo aliquo numeratur.

Rationis causa: Si enim numerus *a b* compositus, numerat eum 505 numerus alius sitque *g d*. Quod si fuerit *g d* numerus primus, erit quod intendimus. Si vero compositus, numerabit eum numerus alius sitque *h z*. Numerat itaque *h z g d* et *g d* numerat *a b*. Quare *h z* numerat *a b*. Quod si fuerit *h z* primus, factum est quod intendimus. Si vero compositus, numerat eum numerus alius. Eodemque modo fiat donec perveniatur ad 510 numerum primum qui numeret priorem se numeretque *a b*. Quod si non repperitur numerus primus qui priorem numeret atque *a b*, erit ut numerent eos numeri innumerabiles in quibus quisque posterior priore minor quod est impossibile in numero. Necesse est igitur perveniri ad numerum primum qui numeret priorem se numeretque *a b*. Et hoc est 515 quod demonstrare intendimus.

<VII.30> Omnis numerus aut primus est aut a primo numeratus.

Exempli gratia: Sit numerus *a b*. Dico itaque quia aut primus est aut a primo numeratus.

Quod si est primus, erit quod intendimus. Si vero compositus est, 520 numerabit eum numerus primus. Omnis igitur numerus aut primus aut a primo numeratus. Et hoc est quod demonstrare intendimus.

<VII.31> Omnis numerus primus ad omnem numerum quem non numerat primus.

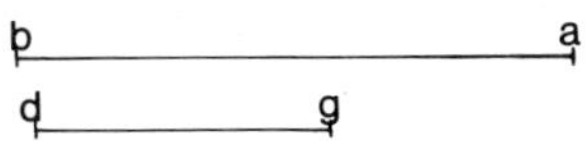

Exempli gratia: Sit numerus *a b* primus non numerans numerum *g d*. 525 Dico itaque quia numerus *a b* et *g d* uterque ad alterum primus.

502 *Exempli gratia om.* L. 504 Si] Sit B. | numerus *a b tr.* B. 505 Quod si fuerit *g d om.* P. | *post* si *add.* B non. 506 intendimus] intenderimus L. 507 et] sed B; set L. 508 *ante* fuerit *add.* B non. | intendimus] intenderimus L. | *post* compositus *add.* BP numerat. 510 *post* primum *add.* L donec perveniatur ad numerum primum. | numeretque] numeret P. 511 *ante* primus *add.* L alius. 514-515 Et ... intendimus *om.* B. 517 *Exempli gratia om.* L. | aut[1] *om.* B. | est *om.* P. 519 est[1] *om.* L. | intendimus] intenderimus L. | est[2] *om.* BLP. 521 primo] numero P. | Et ... intendimus *om.* B. 524 *Exempli gratia om.* L. 525 *post* primus *add.* P Item quoniam *h z*; *z g* uterque ad alterum primus. Erat autem.

Rationis causa: Quod si non fuerit, numerabit eos numerus donec numeret *a b* qui erat primus quod est impossibile. Non itaque numerat *a b* et *g d* numerus alius. Erit igitur uterque ad alterum primus. Et hoc est quod demonstrare intendimus.

530 <vii.32> Si fuerint duo numeri quorum utriusque in alterum ductu numerus productus ab aliquo primo numeratus fuerit, erit ille numerans primus unum illorum duorum numerans.

Exempli gratia: Sint duo numeri *a b* et *g d* quorum altrinseco ductu fiat numerus *h z* sitque primus numerans *h z* numerus *H t*. Dico itaque quia
535 *H t* unum duorum in se ductorum numerabit *a b* aut *g d*.

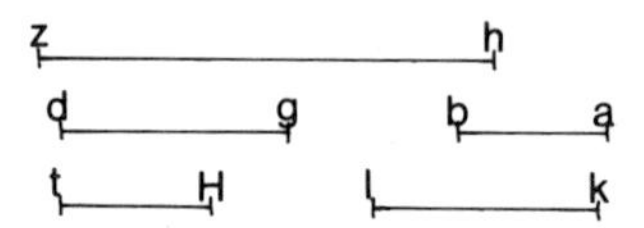

Rationis causa: Sit enim *H t* non numerans *a b*, dico itaque quia numerat *g d*. Est enim *H t* primus non numerans *a b*. Uterque ergo eorum ad alterum primus. Quotiens autem *H t* numerat *h z* tot sint in *k l* unitates. Ducto itaque *H t* in *k l* producetur *h z*. Erat autem ex *a b* in *g d*
540 productus *h z*. Quoniam ergo productum ex *a b* in *g d* sicut productum ex ductu *H t* in *k l*, erit proportio *H t* ad *a b* sicut proportio *g d* ad *k l*. Atqui uterque *H t* et *a b* ad alterum primus, duo autem primi secundum suam proportionem minimi. Qui vero secundum suam proportionem minimi numeros secundum suam proportionem numerant minor
545 minorem et maior maiorem equaliter. Numerabit itaque *H t g d*. Eodemque modo si *H t* sit non numerans *g d*, numerabit *a b*. Erit igitur *H t* unum ductorum numerans. Et hoc est quod demonstrare intendimus.

<vii.33> Nunc demonstrandum est quomodo inveniri queant numeri secundum proportionem numerorum assignatorum minimi.
550 Sint numeri assignati *a b* et *g d* et *h z*. Cum itaque intenderimus invenire numeros secundum proportionem *a b* et *g d* et *h z* minimos, si

526 *Rationis causa om.* BLOP. 528-529 Et ... intendimus *om.* B. 530 alterum] altero P. | *post* alterum *add.* L primus. 533 *Exempli gratia om.* L. | quorum *om.* P. 534 *post H t add.* P unum duorum. 535 aut] a P. 537 non *om.* P. 538 tot] tanta P. | sint] sunt P. 539 Ducto] duo P. | producetur] producentur P. 544 numerant] numerat OP. 546 *a b*] aut P. 547 *post* numerans *add.* BL *a b* aut *g d*; *add.* P *a b a b g d* | Et ... intendimus *om.* B.

fuerint $a\ b$ et $g\ d$ et $h\ z$ ad invicem primi, erunt ipsi secundum suam proportionem minimi. Quod si non fuerint, sumatur maximus numerus

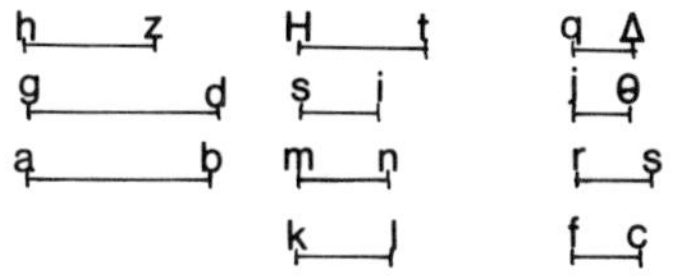

communis eos numerans. Sitque $H\ t$ sitque ut quotiens unumquemque
555 eorum numerat tot sint unitates in $k\ l$ et $m\ n$ et $s\ i$. Quare $k\ l$ et $m\ n$ et $s\ i$ numerant $a\ b$ et $g\ d$ et $h\ z$ numero unitatum $H\ t$. Atqui $k\ l$ et $m\ n$ et $s\ i$ secundum proportionem $a\ b$ et $g\ d$ et $h\ z$. Dico itaque quia sunt secundum proportionem eorum minimi. Quod si non fuerint, sint alii minores secundum proportionem $a\ b$ et $g\ d$ et $h\ z$. Sintque $f\ c$ et $r\ s$ et $j\ \theta$.
560 Sitque ut quotiens $f\ c$ numerat $a\ b$ totiens $r\ s$ et $j\ \theta$ numerent $g\ d$ et $h\ z$. Quotiensque $f\ c$ numerat $a\ b$ tot unitates sint in $q\ \Delta$. Quare $r\ s$ et $j\ \theta$ totiens numerant $g\ d$ et $h\ z$ quot sunt unitates in $q\ \Delta$. Atqui $f\ c$ totiens numerat $a\ b$ quot unitates in $q\ \Delta$. Quare $q\ \Delta$ totiens numerat $a\ b$ quot unitates in $f\ c$. Eodemque modo $q\ \Delta$ totiens numerat $g\ d$ et $h\ z$ quot
565 unitates in $r\ s$ et $j\ \theta$. Quare $q\ \Delta$ numerat $a\ b$ et $g\ d$ et $h\ z$. Numerat autem $q\ \Delta$ $a\ b$ numero unitatum $f\ c$. Ductu itaque $q\ \Delta$ in $f\ c$ producetur $a\ b$ ductuque $H\ t$ in $k\ l$ producetur idem. Ductus itaque $q\ \Delta$ in $f\ c$ sicut ductus $H\ t$ in $k\ l$. Quapropter quanta proportio $q\ \Delta$ ad $H\ t$ tanta $k\ l$ ad $f\ c$. Atqui $k\ l$ maior $f\ c$. Quare $q\ \Delta$ maior $H\ t$ numeratque $a\ b$ et $g\ d$ et $h\ z$. Quod est
570 impossibile. Erat enim $H\ t$ numerus maximus numerantium $a\ b$ et $g\ d$ et $h\ z$. Non ergo inveniuntur numeri minores $k\ l$ et $m\ n$ et $s\ i$ secundum proportionem $a\ b$ et $g\ d$ et $h\ z$. Sunt igitur $k\ l$ et $m\ n$ et $s\ i$ secundum proportionem $a\ b$ et $g\ d$ et $h\ z$ minimi. Et hoc est quod demonstrare intendimus.

552 *post* $h\ z$ *add.* P Cum itaque intendimus invenire numeros secundum proportionem. 552-554 ad ... numerans *om.* P. 553 fuerint] fuerit BL. 554 unumquemque] unumquodque P. 555 *ante* numerat *add.* P una eorum. | *ante* tot *add.* L tociens. | tot] tantum P. | *post* sint *add.* O tot. | *ante* $k\ l^2$ *add.* L unusquisque. 556 numero unitatum] vero unitatem P. | Atqui] atque B. 557 sunt *om.* P. 558 fuerint] fuerit L. | sint] sunt ut P. 559-560 $r\ s$ ... $j\ \theta$] $r\ g$ et t P. 561 tot] tota P. | unitates] unitas P. | unitates sint *tr.* B. | in *om.* B. | $q\ \Delta$] $q\ a$ LP. | $r\ s$] $s\ r$ B. | $j\ \theta$ *om.* P. 562 quot] qui P. | $q\ \Delta$] $q\ a$ LP. 563 quot[1]] que P. | *ante* in *add.* L sunt. | $q\ \Delta^1$] $q\ a$ P. | $q\ \Delta^2$] $q\ a$ P. | quot[2]] quam P. 564 $q\ \Delta$] $q\ a$ P. | quot] quam P. 565 $r\ s$] s B. | $j\ \theta$] t P. | $q\ \Delta$] $q\ a$ P. 566 $q\ \Delta^1$] $q\ a$ P. | *ante* Ductu *add.* L a. | Ductu itaque *tr.* B. | $q\ \Delta^2$] $q\ a$ P. 567 $q\ \Delta$] $q\ a$ P. 568 $q\ \Delta$] $q\ a$ P. 569 $q\ \Delta$] $q\ a$ P. 570 enim] autem B. 571 inveniuntur] invenientur L. 572 $a\ b$ et $g\ d$] et $g\ d\ a\ b$ B. | et $s\ i$ *om.* P. 573-574 Et ... intendimus *om.* B.

575 <VII.34> Nunc demonstrandum est quomodo reperiri queat numerus minimus a duobus numeris assignatis numeratus.

Exempli gratia: Sint duo numeri *a b* et *g d*. Cum itaque numerum minimum ab eis numeratum reperire intenderimus, si eorum minor numeraverit maiorem numeratque maior seipsum, erit ipse maior 580 numerorum ab utroque numeratorum minimus.

Quod si minor eorum maiorem non numerat, *a b* et *g d* uterque ad alterum aut erunt aut non erunt primi. Sintque primum uterque ad alterum primi. Ducatur itaque *a b* in *g d* fiatque *h z*. Atque *g d* in *a b* fietque *h z*. Quare *a b* et *g d* numerant *h z*. Dico itaque quia ipse est 585 minimus omnium quos numerant *a b* et *g d*.

Rationis causa: Quod si non fuerit, numerent ipsi eo minorem. Sitque *H t*. Quotiens itaque *a b* numerat *H t* tot sint in *k l* unitates. Quotiens vero *g d* numerat *H t* tot sint in *m n* unitates. Quare *a b* ducto in *k l* fiat *H t* ducaturque *g d* in *m n* fietque *H t*. Erit itaque productum ex *a b* in *k l* 590 sicut productum ex *g d* in *m n*. Quanta ergo proportio *a b* ad *g d* tanta *m n* ad *k l*. Erant autem *a b* et *g d* contra se primi. Atqui numeri ad invicem primi secundum suam proportionem minimi. Numeri vero secundum suam proportionem minimi numeros secundum suam proportionem numerant equaliter minor minorem et maior maiorem. Numerat 595 ergo *a b m n*. Ductu autem *g d* in *a b* et in *m n* fit *h z* et *H t*. Quanta itaque *a b* ad *m n* tanta *h z* ad *H t*. Atqui *a b* numerat *m n*. Quare *h z* numerat *H t* maior minorem. Quod est impossibile. Non itaque numerant *a b* et *g d* numerum minorem *h z*. Est igitur *h z* omnium minimus quos numerant *a b* et *g d*.

600 Item non sint contra se primi. Sint itaque duo numeri secundum proportionem *a b* et *g d* minimi *m n* et *k l*. Quanta ergo *a b* ad *g d* tanta *m n* ad *k l*. Ducatur autem *a b* in *k l* fiatque *h z*. Quare ex ductu *g d* in *m n* fiat *h z*. Itaque *a b* et *g d* numerant *h z*. Dico itaque quia *h z* est minimus omnium quos numerant *a b* et *g d*.

577 *Exempli gratia om.* BLOP. 578 *post* numeratum *add.* L ab eis. 579 numeraverit] numeravit P. | numeratque] numeretque BL. | numeratque maior] tercium et que P. 580 utroque] utrorumque P. 581 minor] maior P. | numerat] numeret B. 584 numerant] numerat BL. 584-585 est minimus *tr.* B. 585 numerant] numerat B. 586 *Rationis causa om.* BLOP. | fuerit] fuerint L. | numerent] numerus erit P. | minorem] minor P. 587 itaque] ita B. 588 ducto] ductu P. 590 ex] in B. 591 Erant] Erunt P. 592-593 Numeri ... minimi *om.* L. 594 numerant] numerat L. | et *om.* L. 595 Ductu] ductum L. 597 numerant] numerat L. 598-600 numerum ... duo *om.* P. 598 *ante h z² add.* B et. 600 *post* secundum *add.* OP suam. 602 *post k l¹ add.* L Quanta ergo *k l a b* ad *g d* tanta *m n* ad *k l*. 603 fiat] fiet BLP. | *ante h z¹ add.* P et. 603-604 est minimus *tr.* B.

605 Quod si non fuerit, numerent numerum minorem *h z* sitque *H t*. Quotiens itaque numerat *a b H t* tot sint in *s i* unitates. Quotiens autem *g d* numerat *H t* tot sint in *f c* unitates. Ducatur autem *a b* in *s i* fiatque *H t*. Atque *g d* ducatur in *f c* fiatque *H t*. Itaque productum ex *a b* in *s i*

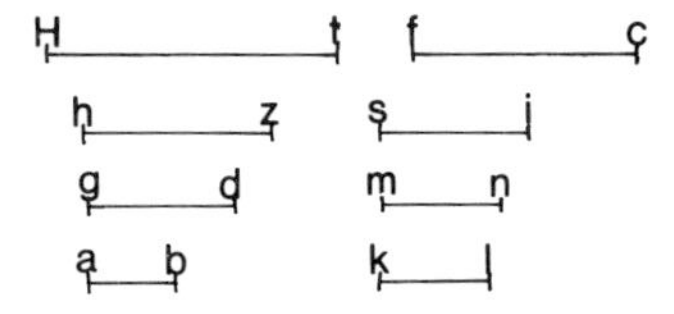

sicut productum ex *g d* in *f c*. Quanta itaque proportio *a b* ad *g d* tanta *f c*
610 ad *s i* quantaque *a b* ad *g d* tanta *m n* ad *k l*. Quanta ergo *m n* ad *k l* tanta *f c* ad *s i*. Atqui *m n* et *k l* sunt numeri secundum suam proportionem minimi. Numeri vero secundum suam proportionem minimi secundum suam proportionem numeros equaliter numerant minor minorem et maior maiorem. Itaque *m n* numerat *f c*. Atqui *g d* ductus in *m n* et in *f c*
615 facit *h z* et *H t*. Quantus itaque *m n* ad *f c* tantus *h z* ad *H t*. Numerat autem *m n f c*. Quare *h z* numerat *H t*, maior minorem. Quod est impossibile. Non itaque numerant *a b* et *g d* numerum minorem *h z*. Est igitur *h z* quos numerant *a b* et *g d* numerorum minimus. Et hoc est quod demonstrare intendimus.

620 <VII.35> Cum propositi fuerint duo numeri numerantes numerum aliquem, erit minimus numeratorum ab eis eundem numeratum numerans.

Exempli gratia: Sint duo numeri *a b* et *g d* numerantes numerum *h z* numerantes etiam numerum minimum sitque *H t*. Dico itaque quia *H t*
625 numerat etiam *h z*.

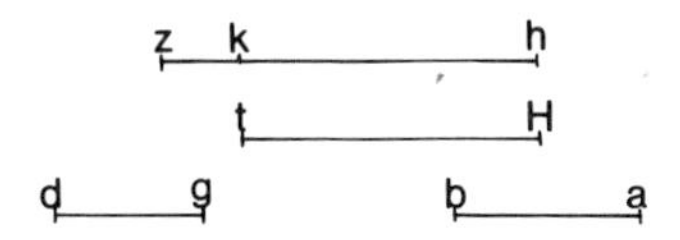

Rationis causa: Quod si non fuerit, sit ut *H t* numeret *z k*. Relinquiturque *k h*. Atqui *a b* et *g d* numerant *H t*. Atque *H t* numerat *z k*. Quare *a b* et *g d* numerant *z k*. Numerant autem totam *z h*. Numerant itaque

605 numerent] numerant P. 608 fiatque] fietque BLP. | *ante* in[2] *add.* L ad *g d*. 609 ad] in L; *om.* P. 614 numerat] numerant B. | in[1] *om.* P. 616 est *om.* B. 618 numerant] numerat O. 618-619 Et ... intendimus *om.* B. 623 *Exempli gratia om.* L. 626 *Rationis causa om.* BLOP. | sit] si B. 628 totam] totum P.

h k minorem *H t*. Quod est impossibile. Erat enim *H t* numeratorum
630 minimus. Erunt igitur *a b* et *g d* cum *H t* numerantes *h z*. Et hoc est quod demonstrare intendimus.

<VII.36> Nunc demonstrandum est quomodo reperiri queat numerus minimus a tribus numeris assignatis numeratus.

Exempli gratia: Sint tres numeri assignati *a b* et *g d* et *h z*. Cum ergo
635 numerum ab eis numeratorum minimum reperire intenderimus, inveniatur minimus numerorum quos duo illorum, sintque *a b* et *g d*, numerant sitque *H t*. Aut ergo *h z* numerat *H t* aut non numerat. Quod si numerat, numerabant autem eum *a b* et *g d*. Quare *a b* et *g d* et *h z* numerant *H t*. Dico itaque quia ipse est ab eis numeratorum minimus.

640 *Rationis causa*: Quod si non fuerit, numeretur ab eis numerus eo minor sitque *k l*. Atqui *a b* et *g d* et *h z* numerant *k l*. Quare *a b* et *g d* numerant *k l*. Numerus itaque minimus quem numerant *a b* et *g d* numerabit *k l*. Numerus autem minimus quem numerant *a b* et *g d* est numerus *H t*. Quare *H t* numerat *k l* maior minorem. Quod est
645 impossibile. Non itaque numerant *a b* et *g d* et *h z* numerum minorem *H t*. Est igitur *H t* numerus minimus numeratus ab *a b* et *g d* et *h z*.

Item. Si non numeret *h z* numerum *H t*. Inveniatur minimus numerorum quos numerant *h z* et *H t* sitque *k l*. Numerat itaque *H t k l*. Atqui *a b* et *g d* numerant *H t*. Itaque *a b* et *g d* numerant *k l*. Atqui *h z*
650 numerat *k l*. Quare *a b* et *g d* et *h z* numerant *k l*. Dico itaque quia ipse est ab eis numeratorum minimus.

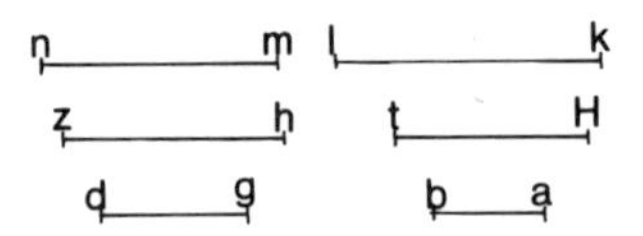

Rationis causa: Quod si non fuerit, sit alius eo minor sitque *m n*. Numerant itaque *a b* et *g d* numerum *m n*. Numerus ergo minimus quem numerant *a b* et *g d* item numerat *m n*. Estque *H t*. Itaque *H t* et *h z*

629 Erat] erit P. 630 Erunt] erit BLP. 630-631 Et ... intendimus *om*. B. 634 *Exempli gratia om*. BLOP. 635 numeratorum] numerorum B. 636 sintque] sitque L. 637 sitque] sicutque P. | aut[2]] et B. 638 numerabant] numerabunt P. | numerant] numerat L. 639 ipse] ipsa P. | est *om*. B. 640 *Rationis causa om*. BLOP. | *ante* eo *add*. L ab. 641-642 Quare ... *k l om*. B. 643 Numerus autem minimus] Numerusque minor L. | numerant] numerat B. 646 ab *om*. P. 647 numeret] numerat BLP. 648 *ante* numerorum *add*. P numerus. 649 Atqui[1]] Atque BL. 650 *post k l*[2] *add*. L Quare *a b* et *g d*. 651 minimus] maximus B. 652 *Rationis causa om*. BLOP. 654 numerat] numerant P.

655 numerant *m n*. Minimus ergo numerorum quos numerant *h z* et *H t* item numerat *m n* estque *k l*. Quare *k l* numerat *m n* maior minorem. Quod est impossibile. Non itaque numerant *a b* et *g d* et *h z* numerum minorem *k l*. Est igitur *k l* minimus numerorum quos numerant *a b* et *g d* et *h z*. Et hoc est quod demonstrare intendimus.

660 <VII.37> Cum numerus numerum numeraverit, erit in numerato pars denominata a numero numerante.

Exempli gratia: Sit numeratus *a b* numeretque eum *g d*. Dico itaque quia in *a b* pars denominata a numero *g d*.

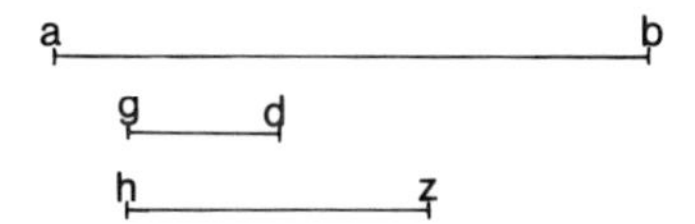

Rationis causa: Sit enim ut quotiens *g d* numerat *a b* tot unitates in *h z*.
665 Cumque permutabitur, quotiens unitas numerat *g d* totiens numerat *h z* numerum *a b*. Quota itaque pars unitas in *g d* tota pars *h z* in *a b*. Atqui unitas pars denominata ex *g d*. Quare *h z* in *a b* pars denominata ex *g d*. Est igitur in *a b* pars denominata ex *g d*. Et hoc est quod demonstrare intendimus.

670 <VII.38> Cum fuerit numerus in quo quecumque pars, numerabit eum numerus ad illam partem dictus.

Exempli gratia: Sit numerus *a b* in quo *g d* pars quelibet. Dico itaque quia numerum *a b* numerus numerat denominatus ad partem *g d*.

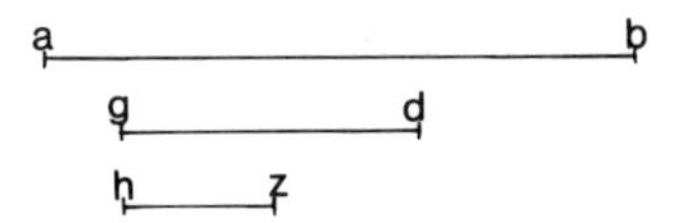

Rationis causa: Sit enim que pars *g d* in *a b* eadem unitas in *h z* atque
675 *h z* dicta ad *g d*. Que ergo pars unitas in *h z* ea pars *g d* in *a b*. Quotiens

655 *H t*] *H* L. 656 numerat[1]] numerant BP. | estque] est quod L. | numerat[2]] numerant P. 658 minimus] communis P. | quos] quorum L. | *post g d add.* P et *b g*. 659 Et ... intendimus *om.* B. 660 numerato pars] numerata parum L. 662 *Exempli gratia om.* L. 663 in] numerum L. | pars] parum L. | a numero] in P. 664 ut] in P. | tot] tantum P. 665 *post* totiens *add.* L unitas. 666 pars[1]] parum L. 667 pars[1]] parum L. | pars[2]] parum L. 668 pars] parum L. 668-669 Et ... intendimus *om.* B. 670 quo quecumque] quocumque P. 671 dictus] ductus LOP. 672 *Exempli gratia om.* L. 673 denominatus] denumeratus P. 674 Sit] Sitque P. 674-675 atque *h z om.* P. 675 dicta] ducta P.

itaque numerat unitas *h z* totiens numerat *g d a b*. Atqui unitas totiens numerat *g d* quot sunt in eo unitates. Quare *h z* totiens numerat *a b* quot sunt unitates in *g d*. Atqui *h z* numerus denominatus ad partem *g d*. Numerat igitur numerum *a b* numerus denominatus ad partem *g d*. Et hoc est quod demonstrare intendimus.

<VII.39> Nunc demonstrandum est quomodo reperiri queat minimus numerus partes assignatas continens.

Exempli gratia: Sint partes assignate *a b* et *g d* et *h z*. Cum itaque minimum numerorum eas continentium reperire intenderimus, sumantur numeri denominati a partibus *a b* et *g d* et *h z* sintque *H t* et *k l* et *m n*. Sitque numerus minimus quem numerant *H t* et *k l* et *m n* numerus *s i*. Numerant ergo *s i* numeri *H t* et *k l* et *m n*. Quare in *s i* sunt partes denominate ad *H t* et *k l* et *m n*. Sunt autem partes denominate ad *H t* et *k l* et *m n* numeri *a b* et *g d* et *h z*. Quare in *s i* partes *a b* et *g d* et *h z*. Dico itaque quia *s i* est quantitas minima in qua iste sunt partes.

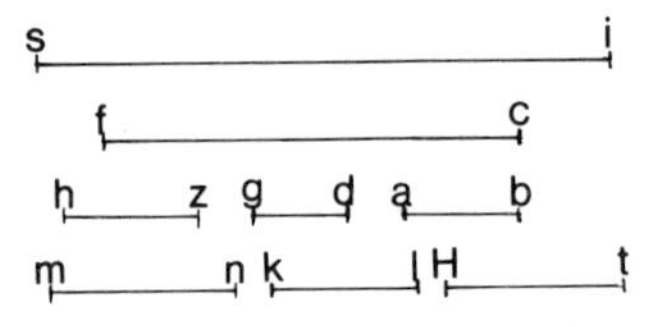

Rationis causa: Quod si non fuerit, sit alius numerus minor *s i* in quo partes *a b* et *g d* et *h z* sitque *f c*. Numerant itaque *f c* numeri denominati ad partes *a b* et *g d* et *h z*. Numerique denominati ad partes *a b* et *g d* et *h z* sunt *H t* et *k l* et *m n*. Itaque *f c* numerabunt *H t* et *k l* et *m n*. Estque minor *s i*. Quod est impossibile, quia *s i* numerus minimus numeratorum ab *H t* et *k l* et *m n*. Non est itaque numerus in quo sint partes *a b* et *g d* et *h z* minor *s i*. Erit igitur *s i* numerus minimus continens partes *a b* et *g d* et *h z*. Et hoc est quod demonstrare intendimus.

677 quot[1]] que P. | quot[2]] que P. 679-680 Et ... intendimus *om.* B. 681-682 minimus numerus *tr.* B. 683 *Exempli gratia om.* BLOP. 684 sumantur] sumatur B. 685 *post h z add.* L Cum itaque minimum numerorum. 686 quem *om.* P. 687 Numerant] Numerat L. 688 Sunt] Sint B. 691 *Rationis causa om.* BLOP. | fuerit] fuerint P. 692 *f c*[1]] *s c* P. | Numerant] Numerabitur L. | Numerant itaque *f c om.* P. 694 sunt] sicut P. | *f c*] *s c* P. 695 est *om.* B. 696 ab] *a b* P. 697 minor] minimi P. 698 Et ... intendimus *om.* B.

Liber VIII

<VIII.1> Si fuerint numeri secundum unam proportionem continuati duoque extremi contra se primi, erunt ipsi numeri secundum suam proportionem minimi.

Exempli gratia: Sint numeri propositi *a* et *b* et *g* et *d* alter ad alterum secundum unam proportionem comitantes duoque extremi uterque ad alterum primi suntque *a* et *d*. Dico itaque quia *a* et *b* et *g* et *d* secundum suam proportionem numeri minimi.

d g b a
t H z h

Rationis causa: Quod si non fuerit, erunt alii secundum suam proportionem minores sintque *h* et *z* et *H* et *t* si est possibile. Atqui *a* et *b* et *g* et *d* in proportione una suntque proportionales numeris *h* et *z* et *H* et *t*. Numerusque *a* et *b* et *g* et *d* equalis numero *h* et *z* et *H* et *t*. Quanta itaque *a* ad *d* tanta *h* ad *t*. Atqui *a* et *d* uterque ad alterum primi. Primi vero secundum suam proportionem minimi numerantque numeros qui secundum suam proportionem sunt primus primum et alter alterum. Numerat itaque *a h* maior minorem. Quod est contrarium. Non ergo minores numeri quam *a* et *b* et *g* et *d* secundum suam proportionem. Erunt ergo *a* et *b* et *g* et *d* secundum suam proportionem numeri minimi. Et hoc est quod demonstrare intendimus.

<VIII.2> Nunc demonstrandum est quomodo minimi reperiantur numeri se continuatim secundum proportionem assignatam sequentes.

1 Liber VIII *om.* LP. | *post* VIII *add.* B xxv propositiones continens. 5 *Exempli gratia om.* L. | propositi] proportionati P. | et[1] *om.* OP. | et[3]] ij L; *om.* OP. | ad *om.* LOP. | alterum] alterius P. 6 *ante* unam *add.* L suam. | comitantes] comidantes L. 7 et[2] *om.* LP. | et[4]] ij L. 8 numeri minimi *tr.* B. 9 *Rationis causa om.* BLOP. | fuerit] fuerint LP. 10 et[3] *om.* P. | et[6] *om.* L. 11 in proportione una] secundum unam proportionem L. | suntque] sintque BP. 12 et[6] *om.* LP. 14 numerantque] numeratque L. | qui] quod P. 15 alter alterum *tr.* L. | *post* alterum *add.* BL equaliter. 16 Numerat] Numerant O. | Numerat itaque] Numerantque P. | est contrarium] contra est impossibile P. 17 et[1] *om.* L. 18 Erunt] Erint B. | et[3] *om.* P. 19 Et ... intendimus *om.* B. 20 demonstrandum] demonstratum B. 21 *ante* proportionem *add.* L suam.

Exempli gratia: Sit proportio in numeris minimis assignata secundum proportionem *a* ad *b*. Cum itaque minimos numeros secundum proportionem *a* ad *b* continuos reperire intenderimus eruntque numeri
25 quattuor, ducenda erit *a* in seipsam fiatque *g*. Itemque ducatur *a* in *b* fiatque *d*. Atque etiam *b* in seipsam fiatque *h*. Atque *a* in *g* et in *d* et in *h* fiantque *z* et *H* et *t* ducaturque *b* in *h* fiatque *k*. Dico itaque quia sic reperti sunt quattuor numeri minimi secundum proportionem *a* ad *b* suntque *z* et *H* et *t* et *k*.

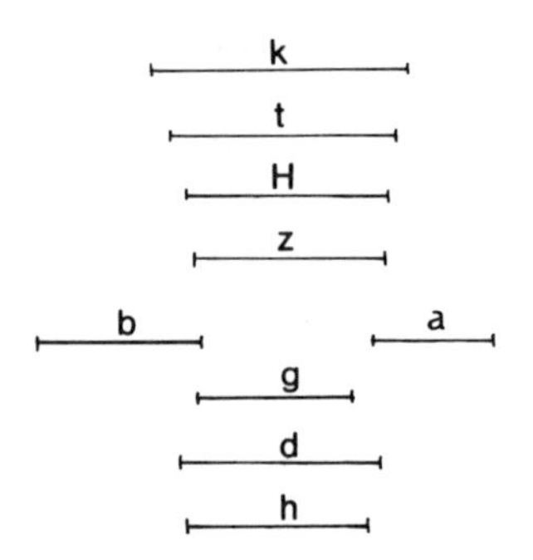

30 *Rationis causa*: Ducatur enim *a* in seipsum fiatque *g* ducaturque in *b* fiatque *d*, ducto itaque *a* in seipsum et in *b* producti sunt *g* et *d*. Quare quanta proportio *a* ad *b* tanta *g* ad *d*. Itemque ducatur *b* in *a* fiatque *d* ducaturque in seipsum fiatque *h*. Quanta itaque *a* ad *b* tanta *d* ad *h*. Quanta vero *a* ad *b* tanta *g* ad *d*. Quanta itaque *g* ad *d* tanta *d* ad *h*. Quare *g* et *d* et
35 *h* se comitantur secundum proportionem *a* ad *b*. Itemque ducatur *a* in *g* fiatque *z* ducaturque in *d* fiatque *H*, ducto itaque *a* in duos numeros *g* et *d* fuerint *z* et *H*. Quanta itaque *g* ad *d* tanta *z* ad *H*. Quantaque *g* ad *d* tanta *a* ad *b*. Quanta ergo *a* ad *b* tanta *z* ad *H*. Item ducatur *a* in *d* fiatque *H* ducaturque in *h* fiatque *t*. Quanta itaque *d* ad *h* tanta *H* ad *t*. Quanta vero *d*
40 ad *h* tanta *a* ad *b*. Quantaque *a* ad *b* tanta *z* ad *H*. Quanta vero *z* ad *H* tanta *H* ad *t*. Quare *z* et *H* et *t* secundum proportionem *a* ad *b* se continuatim sequuntur. Item ducantur *a* et *b* in *h* fiantque *t* et *k*. Quanta itaque *a* ad *b* tanta *t* ad *k*. Quanta vero *a* ad *b* tanta *z* ad *H*. Quanta vero *H* ad *t* tanta *z* ad

22 *Exempli gratia om.* BLOP. | numeris minimis *tr.* LP. 23-24 Cum ... *b om.* L. 24 intenderimus *om.* L. 25 erit] erunt L. | seipsam] semet ipsam B. 25-26 *g* ... fiatque[1] *om.* L. 25 Itemque] Item B. | ducatur] ducetur LO; producetur P. 27 fiantque] fiatque P. | *k*] *h* P. 32 proportio] productus P. 33 *a* ad *b*] *g* ad *d b* P. 34 vero] numerus P. | *g* et *d*] *d* et *g* L. 35 *post* secundum *add.* OP suam. 36 fiatque[1]] fietque BLP. | in[1] *om.* L. | fiatque[2]] fietque P. 37 fuerint] fiunt BL. | *z* et] et *z* P. 38 ergo] g P. 39-40 Quanta[2] ... *b*[1] *om.* B. | *d*[2] ... vero *om.* P. 41 *z* et *tr.* P. 42 fiantque] fiatque L; fiant P. 43 *ante t*[1] *scr. et del.* L *k*.

H. Quanta itaque *z* ad *H* tanta *H* ad *t* tantaque *t* ad *k*. Quare *z* et *H* et *t* et *k*
45 secundum unam proportionem se comitantur et est proportio *a* ad *b*. Suntque numeri quattuor. Dico itaque quia sunt secundum proportionem *a* ad *b* numeri minimi.

Rationis causa: Quoniam *a* et *b* uterque ad alterum primi ductoque *a* in seipsum fit *g* ductoque in *g* fit *z* ductoque *b* in seipsum fit *h* ductoque in *h*
50 fit *k*. Erunt itaque producti et *g* et *h* inter se et *k* et *z* uterque ad alterum primi. Cum vero propositi fuerint numeri continua se proportionalitate sequentes quorum duo extremi contra se primi, erunt ipsi secundum suam proportionem minimi. Sunt igitur *z* et *H* et *t* et *k* secundum proportionem *a* ad *b* assignatam minimi numeri.

55 Unde manifestum est quia si fuerint numeri tres secundum proportionem minimi continua se proportionalitate sequentes, erunt duo extremi quadrati. Quod si fuerint quattuor, erunt extremi cubici. Et hoc est quod demonstrare intendimus.

< VIII.3 > Si fuerint numeri quotlibet secundum proportionem secundum
60 quam sunt minimi continuati, erunt duo extremi ad se vicissim primi.

Exempli gratia: Sint numeri *a* et *b* et *g* et *d* secundum proportionem continui, atque secundum suam proportionem minimi. Dico itaque quia duo extremi, qui sunt *a* et *d*, uterque ad alterum primi.

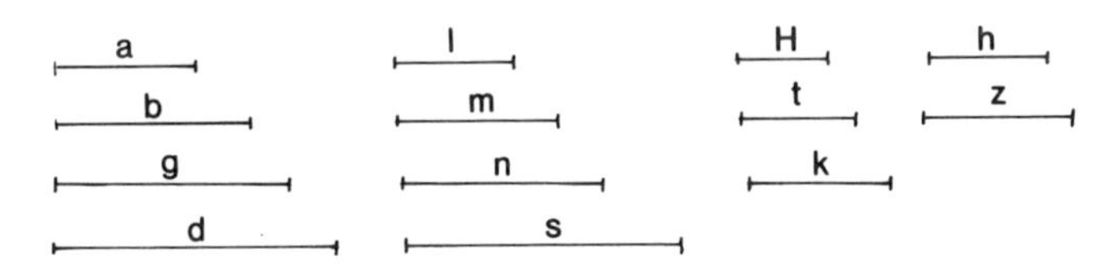

Rationis causa: Sumantur enim duo numeri secundum proportionem *a*
65 et *b* et *g* et *d* minimi sintque *h* et *z*. Sumanturque item tres numeri *H* et *t* et *k*. Itidemque quattuor alii proportionalitate continua donec ad numerum *a* et *b* et *g* et *d* pertingant sintque *l* et *m* et *n* et *s* sintque secundum proportionem *a* et *b* et *g* et *d*. Atqui *a* et *b* et *g* et *d* sunt secundum proportionem suam numeri minimi. Itemque *l* et *m* et *n* et *s* sunt secundum
70 suam proportionem minimi sicut *a* et *b* et *g* et *d*. Erunt itaque *l* et *m* et *n* et

44 *z* et *tr.* P. | et[3]] *z* P. 46 Suntque] Sintque L. | quattuor] uni P. 49 *g*[1]] *g d* P. | ductoque[1]] ducto P. | *b om.* P. 50 et[1] *om.* L. 51 vero] ergo L. 54 minimi numeri *tr.* BL. 55 *post* Unde *add.* L eciam. 57 *ante* fuerint *add.* B non. 57-58 Et ... intendimus *om.* B. 59 *ante* fuerint *add.* B propositi. 61 *Exempli gratia om.* L. | et[3] *om.* L. 62 suam] illam BL. 63 duo extremi *tr.* B. 66 alii *om.* P. 67 pertingant] contingant P. 68 Atqui ... sunt] pertingant sintque *l* et *m* et *n* et *s* sintque P. 69 numeri minimi *tr.* L. 70 suam *om.* B.

s atque *a* et *b* et *g* et *d* unusquisque equalis alteri. Erit itaque *l* sicut *a* et *s* sicut *d*. Sunt autem *h* et *z* secundum proportionem eorum minimi, atque uterque ad alterum primus. Ducto autem *h* in seipsum fit *H* ductoque in *H* fit *l*, ducto autem *z* in seipsum fit *k* ductoque in *k* fit *s*. Itaque *H* et *k* et *l* et *s* omnes contra se primi atque *l* equale *a* et *s* equale *d*. Erunt igitur *a* et *d* uterque ad alterum primi. Et hoc est quod demonstrare intendimus.

<VIII.4> Nunc demonstrandum est quomodo reperiri queat similitudo proportionis assignate in minimis numerorum secundum ipsam proportionem continuorum.

Exempli gratia: Sit proportio assignata in minimis numeris proportio *a* ad *b* et *g* ad *d* et *h* ad *z*. Cum itaque numeros continuatim sequentes minimos reperire secundum proportionem *a* ad *b* et *g* ad *d* et *h* ad *z* intenderimus, producetur numerus minimus quem numerent *b* et *g* sitque *t*. Quotiensque *b* numerat *t* totiens *a* numeret *H*. Quotiens vero *g* numerat *t* totiens *d* numeret *k*. Atqui *h* numerat aut non numerat *k*. Utque numeret quotiens *h* numerat *k* totiens *z* numeret *l*. Quotiens autem *a* numerat *H* totiens *b* numerat *t*. Quantus ergo *a* ad *b* tantus *H* ad *t*. Item quotiens *g* numerat *t* totiens *d* numerat *k*. Quantus ergo *g* ad *d* tantus *t* ad *k*. Itemque quotiens *h* numerat *k* totiens *z* numerat *l*. Quantus ergo *h* ad *z* tantus *k* ad *l*. Patet itaque quia quantus *a* ad *b* tantus *H* ad *t*. Quantusque *g* ad *d* tantus *t* ad *k*. Quantus vero *k* ad *l* tantus *h* ad *z*. Quare *H* et *t* et *k* et *l* secundum proportionem *a* et *b* et *g* et *d* et *h* et *z* se continuatim sequuntur. Dico itaque quia secundum illam proportionem sunt numeri minimi.

Rationis causa: Quod si non fuerint, erunt numeri alii eis minores secundum proportionem *a* et *b*, et *g* et *d*, et *h* et *z* sintque *m* et *n* et *s* et *j*. Quantus itaque *a* ad *b* tantus *m* ad *n*. Atqui *a* et *b* secundum proportionem suam minimi. Minimi vero numeri secundum proportionem numeros secundum suam proportionem numerant primi primos equaliter et comitans comitantem se. Numerat itaque *b* *n* nec minus *g* *n*. Itaque *b* et *g* uterque *n*. Minimus ergo ab eis numeratus numerat *n*. Quare *t* numerat *n*

71 *ante a*[1] *add.* P et. 72 *h* et *z om.* OP. 73 primus] primi BLOP. 74 *k*[1]] *H* B. | *k*[2]] *H* B. | *s*] *l* ducto autem *z* in seipsum fit *k* ducto in *k* fit *l* B. | *ante* Itaque *add.* O erunt. 75 equale[2]] equalis BOP. 76 Et ... intendimus *om.* B. 80 *Exempli gratia om.* BLOP. | assignata] assignate P. | proportio[2] *om.* OP. 81 *h om.* P. | numeros] se B. | continuatim sequentes] se comitantes L. 82 reperire secundum proportionem] secundum proportionem reperire L. 84 *a*] *d* P. 85 numeret[2] *om.* L. 87 numerat] numeret L. 88 *d* numerat *tr.* BL. | numerat[2]] numeret P. 92 proportionem] propositionem P. 92-95 se ... *z om.* L. 93 quia *om.* OP. 94 *Rationis causa om.* BOP. | fuerint] fuerit LOP. 95 *s*] *n* O. | *j*] *h* P 96 *post b*[2] *add.* LOP numeri. 96-97 proportionem suam *tr.* BL. 97 suam *om.* P.

maior minorem. Quod est impossibile. Non sunt ergo *m* et *n* et *s* et *j* minores numeris *H* et *t* et *k* et *l* secundum proportionem *a* et *b* et *g* et *d* et *h* et *z*. Numeri itaque secundum proportionem minimi *H* et *t* et *k* et *l* secundum proportionem *a* et *b*, et *g* et *d*, et *h* et *z*.

105 Item non numeret *h k*. Sumatur itaque minimus numerorum quos numerant *h* et *k* sitque *s*. Quotiens itaque *k* numerat *s* totiens *t* numeret *n* et *H m*. Quotiensque *h* numerat *s* totiens *z* numeret *j*. Quotiens itaque *H* numerat *m* totiens *t* numerat *n*. Quantusque *H* ad *t* tantus *a* ad *b*. Quantus ergo *a* ad *b* tantus *m* ad *n*. Eademque ratione quantus *g* ad *d* tantus *n* ad *s*. 110 Item quotiens *h* numerat *s* totiens *z* numeret *j*. Quantus itaque *h* ad *z* tantus *s* ad *j*. Erat autem quantus *a* ad *b* tantus *m* ad *n*. Quantusque *g* ad *d* tantus *n* ad *s*. Quantusque *h* ad *z* tantus *s* ad *j*. Atqui *m* et *n* et *s* et *j* secundum proportionem *a* ad *b* et *g* ad *d* et *h* ad *z* comitantur se. Dico itaque quia secundum illam proportionem sunt numeri minimi.

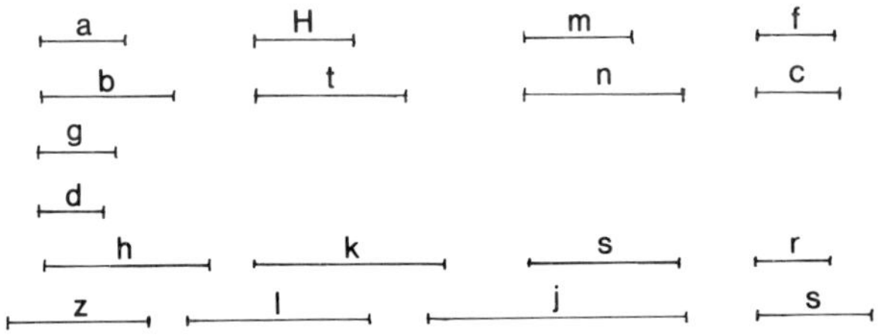

115 *Rationis causa*: Quod si non fuerint, sint eis minores alii secundum predictam proportionem *f* et *c* et *r* et *s*. Quantum itaque *a* ad *b* tantus *f* ad *c*. Atque *a* et *b* uterque ad alterum primi suntque secundum suam proportionem minimi. Minimi vero secundum proportionem numeri numerant numeros primus primum et comitans comitantem se secundum 120 proportionem equaliter. Itaque *b* numerat *c*. Ideoque *g* numerat *c* atque *h r*. Atque etiam *b* et *g* numerant *c*. Minimus itaque numerus quem numerant *b* et *g* item numerat *c* estque *t*. Itaque *t* numerat *c*. Quantus ergo *t* ad *c* tantum *k* ad *r* quantusque *H* ad *t* tantus *f* ad *c*. Quantusque *t* ad *k* tantus *c* ad *r*. Atqui *t* numerat *c* et *k* numerat *r*. Atqui *h* numerat *r*. Itaque

101 est *om.* B. | Non sunt] Numerus L. | et^{3} *om.* L. 103 *l*] s B. 104 *post z add.* P Numeri itaque. 105 Item] Itemque B. | numerorum] numerus P. 106 numerat] numeret P. | numeret] numerat O. 107 numeret] numerat O. | *j*] *l* L. 109 *n*^{1}] *h* L. | ad^{3}] et B. 110 *h* numerat *tr.* BL. 112 *s* ad *j*] *s j* ad *a b* P. 113 ad^{3} *om.* P. 114 quia] quod B. | sunt *om.* OP. 115 *Rationis causa om.* BLOP. | fuerint] fuerit LOP. | alii] aliis L; aliam P. 116 *c*] *e* L. | Quantum] Quanta B; Quantus L. 119 et *om.* L. 120 *b*] *h* P. | Ideoque ... *c*^{2} *om.* P. 121 *h r*] *b r* P. 122 numerant] numerat BLOP. | item] idem BL. | estque *t om.* B. 123 tantum] tantus L. | *t*^{3}] *r* P. 124 *r*^{3} *om.* L.

k et *h* numerant *r*. Numerus ergo minimus ab eis numeratus item numerat *r* estque *s* maior minorem. Quod est impossibile. Non itaque erunt numeri minores numeris *m* et *n* et *s* et *j* secundum proportionem *a* ad *b* et *g* ad *d* et *h* ad *z*. Erunt igitur *m* et *n* et *s* et *j* sese comitantes numeri minimi secundum proportionem predictam. Et hoc est quod demonstrare intendimus.

<VIII.5> Omnis numeri compositi proportionati ad numerum compositum, erit proportio ad eum ex proportione laterum eorum.

Exempli gratia: Sint duo numeri *a* et *b* compositi duoque latera *a* numerus *g* et numerus *d* duoque latera *b* numerus *h* et numerus *z*. Sumantur itaque tres numeri minimi secundum proportionem *g* ad *h* proportionemque *d* ad *z* sintque *H* et *t* et *k*. Quantus itaque *g* ad *h* tantus *H* ad *t*. Quantus vero *d* ad *z* tantus *t* ad *k*. Est itaque proportio *H* ad *k* ea que est facta ex proportione laterum. Dico itaque quia proportio *H* ad *k* est proportio *a* ad *b*.

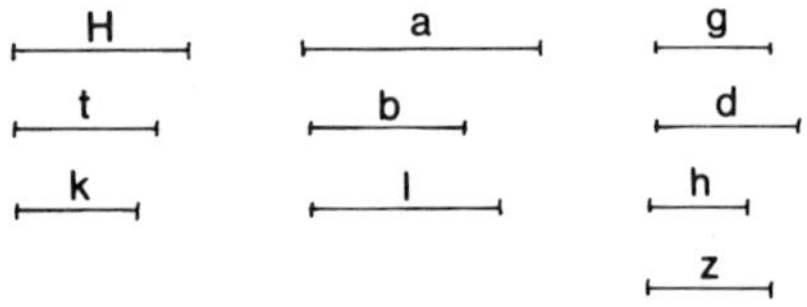

Rationis causa: Ducto enim *d* in *h* fiat *l*, ducto vero in *g* fiat *a*. Numerus itaque *d* in duos numeros ductus in *g* et *h* facit *a* et *l*. Quantus itaque *g* ad *h* tantus *a* ad *l*. Atqui quantus *g* ad *h* tantus *H* ad *t*. Quantus ergo *H* ad *t* tantus *a* ad *l*. Amplius ducto *h* in *d* fit *l* ductoque in *z* fit *b*. Quantus itaque *d* ad *z* tantus *l* ad *b*. Quantusque *d* ad *z* tantus *t* ad *k*. Quantus ergo *t* ad *k* tantus *l* ad *b*. Erat autem quantus *H* ad *t* tantus *a* ad *l*. Quantus ergo *H* ad *k* tantus *a* ad *b* equaliter. Erat autem *H* ad *k* proportio ea que ex proportione laterum. Quare *a* ad *b* proportio composita ex proportione laterum. Et hoc est quod demonstrare intendimus.

125 *h*] *r* BLO. | item] idem L; *om.* P. 126 estque] est quod L. | *ante* Quod *add.* OP numerans. | est *om.* B. | itaque erunt *tr.* BL. 127 numeris] numerans P. 128 et[3] *om.* P. 129-130 Et ... intendimus *om.* B. 131 Omnis] Omnes P. 133 *Exempli gratia* *om.* L. 135 proportionem] proportionemque P. 136 *z om.* P. 140 *Rationis causa* *om.* BLOP. 141 in duos numeros ductus] ductus in duos numeros L. 143 *a om.* B.
145 Erat] Erit P. | *a*] *j* P. 146 Erat] Erit P. | autem *om.* B. | *post* que *add.* L in *a*.
147-148 Et ... intendimus *om.* B.

<VIII.6> Cum fuerint numeri propositi secundum unam proportionem quamlibet uni post alios se sequentes neque numeraverit primus secundum, nullus eorum numerabit ultimum.

Exempli gratia: Sint numeri *a* et *b* et *g* et *d* et *h* sese secundum unam proportionem continuatim sequentes. Sitque primus *a* non numerans secundum qui est *b*. Dico itaque quia nullus eorum numerabit ultimum. Suntque sequentes se *g* et *d* et *h*. Patet autem quia nullus eorum numerat sequentem se quoniam *a* non numerat *b*. Dico itaque quia *g* non numerat *h*.

Rationis causa: Sumantur enim minimi numeri qui sint secundum proportionem *g* et *d* et *h* sese sequentes sintque *z* et *H* et *t* duo quorum extremi *z* et *t* uterque ad alterum primi. Atqui *z* et *H* et *t* secundum proportionem *g* et *d* et *h*. Numerusque horum secundum numerum illorum suntque in proportione equalitatis. Quantus itaque *z* ad *t* tantus *g* ad *h*. Atqui *z* non numerat *t*. Quare *g* non numerat *h*. Manifestum igitur est quia non est eorum numerus ultimum numerans. Et hoc est quod demonstrare intendimus.

<VIII.7> Cum propositi fuerint numeri quotlibet secundum unam continuam proportionem se sequentes numeretque primus ultimum, ipse item numerabit secundum.

Exempli gratia: Sint numeri *a* et *b* et *g* et *d* secundum proportionem unam continui numeretque *a d*. Dico itaque quia item numerabit *b*.

Rationis causa: Quia si non numeraverit *a b*, non numerabit unquam

149 fuerint numeri propositi] propositi fuerint numeri BL. 149-150 proportionem quamlibet *tr.* B. 150 uni ... sequentes] se comitantes L. | numeraverit] numeravit B; numeraverint P. 152 *Exempli gratia om.* L. 152-153 sese ... sequentes] se sequentes continuatim secundum unam proportionem B. 153 Sitque] sit B. | non *om.* L. 155 autem] itaque L. 156 sequentem] sequentes P. | quoniam] ipsum P. | *b*] *h* P. 156-157 Dico ... *h om.* P. 158 sint] sunt BP. 159 et[1] *om.* P. | sequentes] comitantes L. | *H*] *h* L. 160 *H*] *h* L. | et[3] *om.* P. 162 *t*] *d* L. 163 est *om.* BL. 163-164 quia non est *om.* P. 164-165 Et ... intendimus *om.* B. 166 numeri quotlibet *tr.* L. | unam] numerum P. 167 se sequentes] sese comitantes L. 169 *Exempli gratia om.* L. 169-170 proportionem unam *tr.* B. 170 continui *om.* B. | numerabit] numerabis L. 171 *Rationis causa om.* BLOP. | numeraverit] numerabit L. | *ante a b add.* P unusquisque. | non[2] *om.* P. | unquam] unumquodque L; unusquis P.

eorum alterum. Erit igitur ut si numeret *a* *d* numerabit etiam *b*. Et hoc est quod demonstrare intendimus.

<VIII.8> Si inter duos numeros numeri ceciderint secundum proportionem unam se continuatim sequentes, cadent totidem numeri inter omnes duos numeros eadem proportione relativos.

Exempli gratia: Sint duo numeri *a* et *b* cadantque inter eos alii duo *g* et *d* secundum unam proportionem eos comitantes sitque proportio *a* ad *b* sicut proportio *h* ad *z*. Dico itaque quia numeri cadentes inter *a* et *b* suntque *g* et *d* non dissimiliter cadent inter *h* et *z* et ad eos proportionaliter se habentes.

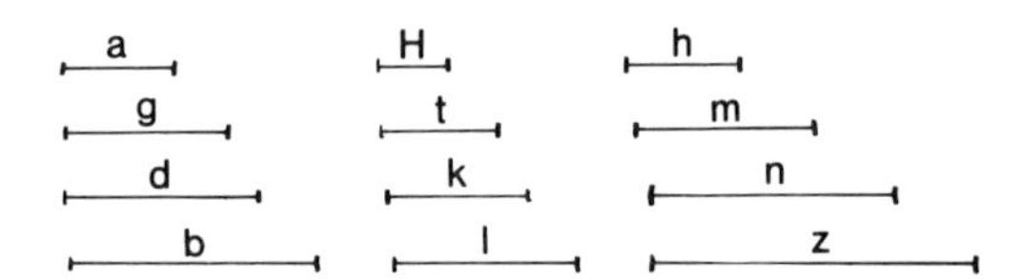

Rationis causa: Sumantur enim numeri secundum proportionem suam minimi similes numeris *a* et *g* et *d* et *b* sintque *H* et *t* et *k* et *l* duoque extremi *H* et *l* uterque ad alterum primi. Sunt autem *H* et *t* et *k* et *l* proportionales numeris *a* et *g* et *d* et *b*. Numerusque *H* et *t* et *k* et *l* equalis numero *a* et *g* et *d* et *b*. Quantus itaque *H* ad *l* tantus *a* ad *b*. Quantusque *a* ad *b* tantus *h* ad *z*. Quantus itaque *H* ad *l* tantus *h* ad *z*. Est autem uterque *H* et *l* ad alterum primus. Sunt autem primi secundum suam proportionem minimi. Minimi vero secundum suam proportionem numeros secundum suam proportionem equaliter numerant primi primos aliique alios. Quotiens itaque *H* numerat *h* totiens *l* numerat *z*. Quotiensque *H* numerat *h* sit ut totiens numerant *t* et *k* *m* et *n*. Atque omnes *H* et *t* et *k* et *l*

172 numerabit] numeret L. 172-173 Et ... intendimus *om.* B. 174-175 proportionem unam *tr.* l. 175 *ante* se *add.* L uni post alios. 177 *Exempli gratia om.* L. 178 eos *om.* P. 180 et[3] *om.* BL. 184 *H*[1]] *h* L. | primi] primum P. | Sunt] Sint L. 185 *ante a add.* P et. | et[4] *om.* L. 187 Quantus ... *z*[2] *om.* L. 188 et *l* ad] ad *l* tantus *h* ad *z* P. 188-189 suam proportionem *tr.* P. 189 minimi[1]] minimam P. | suam proportionem *tr.* P. 190 equaliter numerant *tr.* L. 191 numerat[1]] numerant OP. | numerat[1] ... *H*[2] *om.* B. 192 numerat] numeri aut P. | numerant] numeret BP; numerent L. | *k* *m*] *k* et *m* BP. | omnes *om.* B.

alios omnes equaliter numerant *h* et *m* et *n* et *z*. Sunt ergo *H* et *t* et *k* et *l* proportionales numeris *h* et *m* et *n* et *z*. Atqui *H* et *t* et *k* et *l* proportionales
195 numeris *a* et *g* et *d* et *b*. Itaque *a* et *g* et *d* et *b* proportionales *h* et *m* et *n* et *z*. Numeri igitur cadentes inter *a* et *b* et *g* et *d* eodem modo cadent inter *h* et *z* proportionales numerorum *m* et *n*. Et hoc est quod demonstrare intendimus.

<VIII.9> Si fuerint duo numeri uterque ad alterum primi ceciderintque
200 inter eos numeri proportionaliter eos comitantes, cadent totidem inter utrumque illorum numerorum atque unitatem numerorum eos proportionaliter comitantium.

Exempli gratia: Sint duo numeri *a* et *b* vicissim ad se primi sintque duo intercidentes *g* et *d* proportionaliter eos comitantes. Dico itaque quia
205 totidem numeri cadunt inter *a* et unitatem totidemque inter *b* et unitatem numerorum eos proportionaliter comitantium.

a l H 1
g m t h
d n k z
b s

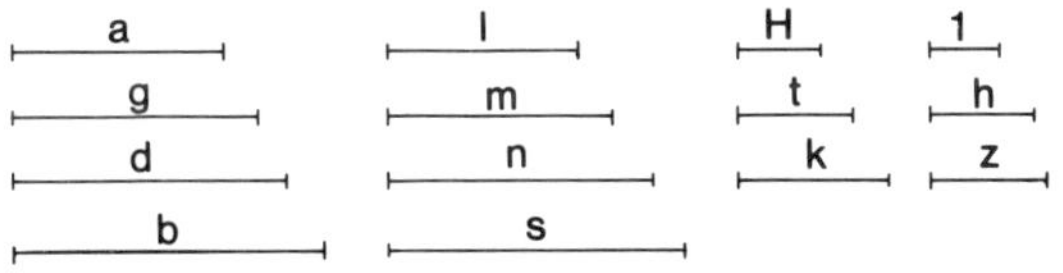

Rationis causa: Sumantur enim numeri minimi secundum proportionem *a* et *g* et *d* et *b*, duo *h* et *z*, tres etiam alii *H* et *t* et *k*. Eodemque modo se comitantes sumantur donec fit numerus eorum equalis numero *a*
210 et *g* et *d* et *b* eruntque secundum illam proportionem numeri minimi sintque *l* et *m* et *n* et *s* sicut *a* et *g* et *d* et *b*. Atqui *h* in seipsum ducto fit *H*. Itaque *h* numerat *H* quotiens in eo unitas. Numerat autem unitas *h* quotiens in eo unitas. Quotiens itaque numerat unitas *h* totiens numerat *h H*. Quotiensque unitas in *h* totiens *h* in *H*. Item ducto *h* in *H* fit *l*. Itaque
215 *H* numerat *l* quotiens unitas in *h*. Numeratque unitas *h* quotiens in eo est. Quotiens itaque unitas numerat *h* totiens *H l*. Quantaque unitas in *h* tanta *H* in *l*. Erat autem quanta unitas in *h* tanta *h* in *H*. Quota ergo *h* in *H* tota

193 numerant] numeret BP; numerent L. | et *z*] *z t* P. | *z*] *t* L. 194 *post m add.* P et *H* et *m*. 195 *post a*[1] *add.* P et *b*. 196 et[2] *om.* B. 197-198 Et ... intendimus *om.* B. 199 *ante* fuerint *add.* B propositi. 200 *post* totidem *add.* L intercidentes. 201 illorum] duorum L. 203 *Exempli gratia om.* L. 204 intercidentes] incidentes B. | *ante g add.* P et. | *ante* eos *add.* L se. | eos] omnes P. 205 cadunt] cadent LP. 208 duo] dico B. 210 illam proportionem] illorum L. 211 *n*] *k* P. 212-213 Numerat[2] ... unitas[1] *om.* L. 213 numerat unitas *tr.* P. 214 Quotiensque] Quotiens P. 214-215 Itaque *H* numerat *l om.* P. 215 Numeratque] numerat B. 216-218 Quantaque ... *a om.* L. 217 Quota] Quanta P. | tota] totam P.

H in *l*. Atque *l* equalis *a*. Quanta itaque unitas in *h* tanta *h* in *H* tantaque *H* in *a*. Eodemque modo quota unitas in *z* tota *z* in *k* totaque *k* in *b*. Numerus igitur inter *a* et *b* cadens *g* et *d* eodem modo cadit inter *a* et *b* et unum quemlibet numerorum eos proportionaliter comitantium. Et hoc est quod demonstrare intendimus.

<VIII.10> Cum propositi fuerint duo numeri ceciderintque inter unumquemque eorum et unitatem numeri eis proportionaliter continui quotcumque ceciderint inter unumquemque eorum et unitatem numerorum eis proportionaliter continui totidem cadent inter duos numeros proportionaliter eis se comitantes.

Exempli gratia: Sint duo numeri *a* et *b*, cecideritque inter unumquemque eorum et unum numerorum eis proportionaliter se comitantium scilicet *l* sintque *g* et *d*, et *h* et *z*. Dico itaque quia quantum quod cecidit inter unumquemque *a* et *b* et *l* numerorum proportionaliter eis se comitantium scilicet *g* et *d* et *h* et *z*, eodem modo cadet inter *a* et *b*.

Rationis causa: Quanta enim unitas *l* in *g* tanta *g* in *d* quantumque numerat unitas *g* tantum numerat *g d*. Numerat autem unitas *g* quotiens in eo est. Itaque et *g* numerat *d* quotiens unitas in *g*. Ductu itaque *g* in seipsum facit *d*. Item. Quanta unitas in *g* tanta *d* in *a*. Quotiensque numerat *l* unitas *g* totiens *d* numerat *a*. Numerat autem unitas *g* quotiens est in eo. Itaque *d* numerat *a* quotiens unitas in *g*. Ducto autem *g* in *d* fit *a*.

Eodemque modo *h* ducto in seipsum fit *z*, ducto autem *h* in *z* fit *b*. Item ducto *g* in *h* fit *H*, ducto vero in *H* et *z* fit *t* et *k*. Idem etiam patet in predictis quoniam *d* et *H* et *z*, et *a* et *t* et *k* et *b* proportionaliter alter alterum comitatur. Estque proportio *g* in *h*. Suntque numeri quattuor.

218 tanta *h* in *H om.* P. 219 quota] quotiens P. 220 igitur] itaque L. | cadit] cadat P. | et^{3}] vel B. 221 unum] numeri P. | proportionaliter comitantium *tr.* L 221-222 Et ... intendimus *om.* B. 225 quotcumque *om.* L; quantumcumque OP. | ceciderint] ceciderit LP. 225-226 numerorum] numeri P. 226 continui] continuorum P. | cadent] cadet P. 228 *Exempli gratia om.* L. 230 sintque] sint OP. | et^{3} *om.* P. | cecidit] ceciderit L. 231 se *om.* P. 233 Quanta] Quantum L. | *l*] *d* P. | tanta] tota P. 234 unitas^{1} ... numerat^{2} *om.* L. 235 *post* est *add.* P Itaque in eo est. | Ductu] ductum BLP. | itaque^{2}] totaque L. 238 est in eo] in eo est BL. | *g* in *d*] *g d* in *g* L. 239 in^{2} *om.* P. 240-241 patet in predictis] in predictis patet BL. 241 alter *om.* L. 242 comitatur] comitantur L. | proportio *om.* P.

Quot igitur sunt qui cadunt inter unumquemque *a* et *b* et unitatem que est *l* numerorum proportionaliter se comitantium scilicet *g* et *d*, et *h* et *z* 245 totidem cadunt inter *a* et *b* numerorum proportionaliter se comitantium scilicet *t* et *k*. Et hoc est quod demonstrare intendimus.

<VIII.11> Numerorum quadratorum proportio unius ad alterum est proportio laterum ad latera duplicata, numerorum vero cubicorum proportio unius ad alterum est proportio laterum ad latera triplicata.

250 *Exempli gratia*: Sint duo numeri *a* et *b* quadrati numerique *g* et *d* cubici duoque latera *h* et *z*. Dico itaque quia proportio *a* ad *b* est proportio *h* ad *z* duplicata. Atque proportio *g* ad *d* est proportio *h* ad *z* triplicata.

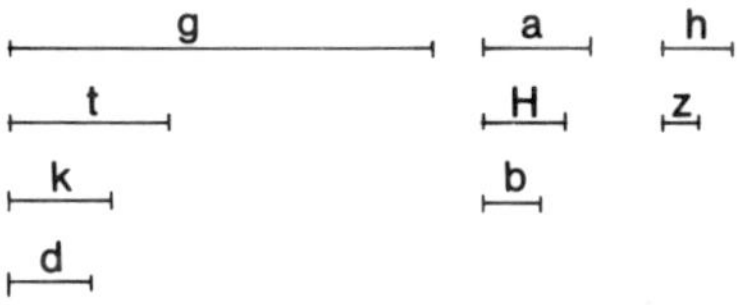

Rationis causa: Quia enim *a* et *b* quadrati et *g* et *d* cubici duoque latera numeri *h* et *z* ductoque *h* in seipsum fit *a* ductoque in *a* fit *g*. Atque *z* in 255 seipsum fit *b* ductoque in *b* fit *d*. Item ducto *h* in *z* fit *H* ductoque in *H* et *b* fit *t* et *k*. Patet autem ex supradictis quia *a* et *H* et *b*, et *g* et *t* et *k* et *d* uni post alios proportionaliter se comitantur secundum proportionem *h* in *z*. Atque *g* et *t* et *k* et *d* comitantur se proportioque eorum quanta *h* ad *z*. Quia quantus *a* ad *H* tantus *H* ad *b* proportioque eius proportio *h* ad *z* 260 duplicata. Item quantus *g* ad *t* tantus *t* ad *k* tantusque *k* ad *d* proportioque *g* ad *d* est proportio ad *t* triplicata. Quantusque *g* in *t* tantus *h* in *z* proportioque *g* in *d* est proportio *h* in *z* triplicata proportioque *a* in *b* est proportio *h* in *z* duplicata. Proportio igitur *g* in *d* est proportio *h* in *z* triplicata. Et hoc est quod demonstrare intendimus.

245 cadunt] cadent L. | numerorum *om*. P. | proportionaliter se *tr*. L. 246 Et ... intendimus *om*. B. 248 duplicata O *superscr*. repetita; repetita P. 248-249 numerorum ... triplicata *om*. L. 248 vero *om*. B. 249 triplicata] duplicata O *et superscr*. triplicata. 250 *Exempli gratia om*. L. | numerique] Nisique P. 252 duplicata O *superscr*. repetita; repetita P. | *z om*. P. | triplicata] duplicata O *et superscr*. triplicata | *post* triplicata *add*. L dupli. 253 Quia] Quanta P. 254 numeri] cubici L. | seipsum] seipsis L. 255 ducto ... H^1 *om*. L. | in^3 *om*. B. 256 t^2] *c* P. | k^2] *r* B. 257 *post* alios *add*. L se. 257-258 secundum ... comitantur *in marg*. B. 258 et^3 *om*. P. 259 Quia ... *z om*. B. | H^2] *a* OP. | proportio] proportioque eius P. 260 *d*] *b* OP. 261 g^1 *om*. O. | *d*] *b* O. | t^1] θ L. | Quantusque] Quantumque BLP. | tantus] tantum BLP. 262 proportio] post P. 263 duplicata] muthetene biltekerir B; mutenebiltekerir L. | *g* in *d*] *g d* et *d* L. 264 triplicata] muthene biltekerir B; mutene-biltekerir L; duplicata OP. | Et ... intendimus *om*. B.

265 <VIII.12> Si fuerint numeri quotlibet proportionaliter se comitantes
ducaturque unusquisque eorum in seipsum, erunt ex eis producti proportionaliter se comitantes. Quod si item numeri primi in eos qui eorum in se ductu producti sunt reducantur, erit ut qui inde producentur proportionaliter se comitantur nec abest hoc idem in omnibus extremitatibus
270 hoc modo productis.

Exempli gratia: Sint numeri propositi *a* et *b* et *g* proportionaliter se comitantes quantus *a* ad *b* tantus *b* ad *g*, sintque ex ductu eorum in seipsos: ex *a* quidem *d* et ex *b* *h* et ex *g* *z*. Deinde ducatur *a* in *d* fiatque *H* atque ex *b* in *h* fiat *t*. Atque ex *g* in *z* fiat *k*. Dico itaque quia *d* et *h* et *z* pro-
275 portionaliter se comitantur. Itemque *H* et *t* et *k* proportionaliter se comitantur.

Rationis causa: Ducto etenim *a* in *b* fiat *l*, ducto vero in *l* et *h* fiat *n* et *s*. Atqui *b* ducto in *g* fiat *m* ductoque in *m* et *z* fiat *j* et *f*. Ducto autem *a* in seipsum factus est *d*, ducto vero in *b* fit *l*, ducto itaque *a* in duos numeros
280 *a* et *b* fiunt *d* et *l*. Quantus itaque *a* ad *b* tantus *d* ad *l*. Item ducto *b* in *a* factus est *l*, ducto vero in seipsum fit *h*. Quantus itaque *a* ad *b* tantus *l* ad *h*. Erat autem quantus *a* ad *b* tantus *d* ad *l* quantusque *d* ad *l* tantus *l* ad *h*. Sunt itaque *d* et *l* et *h* proportionaliter se comitantes secundum proportionem *a* ad *b*. Proportio vero *a* ad *b* sicut proportio *b* ad *g*. Quare *d* et *l*
285 et *h* secundum proportionem *b* ad *g* se comitantes. Item. Ducto *b* in seipsum fit *h*. Ducto vero in *g* fit *m*. Quantus itaque *b* ad *g* tantus *h* ad *m*.

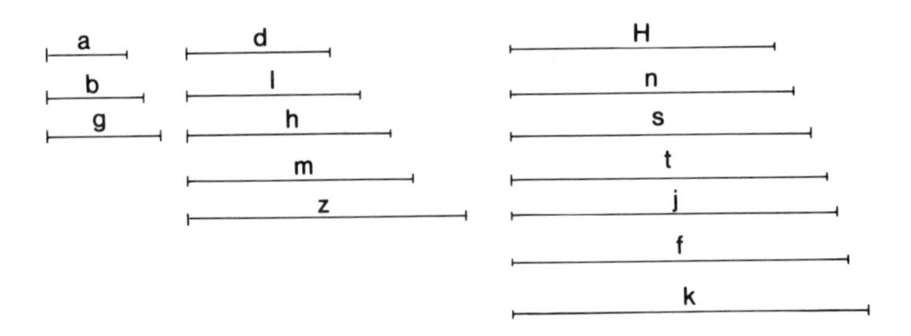

Ductu vero *g* in *b* fit *m* ductuque *g* in seipsum fit *z*. Quantus itaque *b* ad *g* tantus *m* ad *z*. Quantus vero *b* ad *g* tantus *h* ad *m* tantusque etiam *m* ad *z*.

265 quotlibet proportionaliter *tr*. L. | *post* comitantes *add*. P quod si item ut primi. 266 ducaturque] ducanturque BL. 267 se comitantes *tr*. P. 268 ductu] ducta L. | erit] erunt L. 269 comitantur] comitentur BLP. 270 productis] producti P. 271 *Exempli gratia om*. L. 273 seipsos] semet ipsos B; seipsum O. 275-276 Itemque ... comitantur *om*. L. 277 etenim] enim L; itaque P. 278 *z om*. P. | *a om*. P. 279 itaque] vero L. 280 Item ducto *tr*. P. 284 vero] numerus P. | *a* ad² *tr*. P. 288 *ante m*² *add*. P ad.

Sunt ergo h et m et z comitantes se secundum proportionem b ad g. Itaque
290 d et l et h et m et z comitantes se secundum proportionem b ad g. Numerusque d et l et h sicut numerus h et m et z. Quantus itaque d ad h tantus h ad z. Item. Ductu a in d fit H ductuque eius in l fit n. Quantus itaque d ad l tantus H ad n. Quantusque d ad l tantus a ad b, quantus itaque a ad b tantus H ad n. Eodemque modo quantus a ad b tantus n ad s.
295 Quantus autem a ad b tantus H ad n. Quantus itaque H ad n tantus n ad s. Ductu vero a et b in h fit s et t. Quantum itaque a in b tantum s in t. Quantumque a in b tantum H in n tantumque n in s. Quantus itaque H ad n tantus n ad s tantusque s ad t. Itaque H et n et s et t comitantes se secundum proportionem a ad b. Eodemque modo t et j et f et k comitantes
300 se secundum proportionem b ad g. Quantus itaque a ad b tantus b ad g. Atqui t et j et f et k comitantes se secundum proportionem a ad b. Atqui H et n et s et t secundum proportionem a ad b. Quare H et n et s et t et j et f et k comitantes se secundum proportionem a ad b. Numerusque H et n et s et t sicut numerus t et j et f et k. Quantus ergo H ad t tantus t ad k.
305 Manifestum est autem quia quantus d ad h tantus h ad z. Sunt igitur d et h et z, itemque H et t et k comitantes se proportionaliter. Et hoc est quod demonstrare intendimus.

<VIII.13> Si fuerint duo numeri quadrati quorum alter alterum numeret, erunt latera latera numerantia. Si vero latera latera numera-
310 verint, quadratus quadratum numerabit.

Exempli gratia: Sint duo numeri a et b quadrati lateraque eorum g et d. Utque a numeret b, dico itaque quia g numerabit d.

Rationis causa: Sint enim duo numeri a et b quadrati lateraque eorum g et d ducaturque g in seipsum fiatque a ductuque d in seipsum fiat b, ductu
315 vero g in d fiat h. Ductu itaque g in seipsum factus est a, ductu vero eius in d factus est h. Numerus ergo g ductus in duos numeros in g et in d facit a et h. Quantus itaque a ad h tantus g ad d. Item ductu d in g fit h ductuque eius in seipsum fit b. Quantus ergo g ad d tantus h ad b. Atqui quantus g ad d tantus a ad h. Quantus itaque a ad h tantus h ad b. Quare a et h et b
320 comitantes se secundum proportionem g ad d. Sunt itaque tres numeri

289 se secundum *tr.* P. 289-290 Itaque ... g *om.* L. 291 sicut] sit P. 292 tantus h ad z *om.* P. | Ductu] ducti P. | a in d] a b in P. | ductuque] ductu B. 296 Quantum] Quantus OP. 297 Quantumque] Quantus itaque P. 298 se *om.* B. 300 *ante* Quantus *add.* L Atqui. 302 et[3] *om.* L. | et[6] *om.* L. 305 est *om.* B. 306-307 Et ... intendimus *om.* B. 311 *Exempli gratia om.* L. | d] b P. 312 Utque] Uterque B. 313 duo ... b] a et b duo numeri L. 314 g] d L. 314-315 ductu vero] Ductuque L. 315 ductu[2]] ducto P. 319 h[1]] b P. | Quantus] Quantum B. | tantus[2]] tantum P.

quorum primus *a* alium numerat estque *b*. Quare et secundum estque *h*. Quantus autem *a* ad *h* tantus *g* ad *d*. Numerat igitur *g d*.

Item ut *g* numeret *d*. Dico itaque quia *a* numerat *b*.

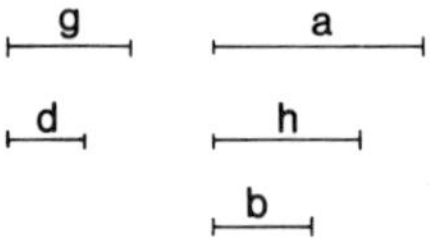

g a
d h
b

Rationis causa: Sitque tedebir eorum unum. Patet itaque quia *a* et *h* et *b*
325 comitantur se secundum proportionem *g* ad *d*, quantusque *g* ad *d* tantus *a* ad *h*. Numerat autem *g d*, numerabit ergo *a h*. Cum vero fuerint numeri se proportionaliter comitantes numeraveritque primus secundum, numerabit item ipse alium. Numerat igitur *a b*. Et hoc est quod demonstrare intendimus.

330 <VIII.14> Si cubus cubum numeraverit, erunt latera latera numerantia. Si etiam latera eorum latera numeraverint, erit cubus cubum numerans.

Exempli gratia: Sint duo numeri *a* et *b*, sintque eorum latera *g* et *d*. Utque *a* numeret *b*, dico itaque quia *g* numerabit *d*.

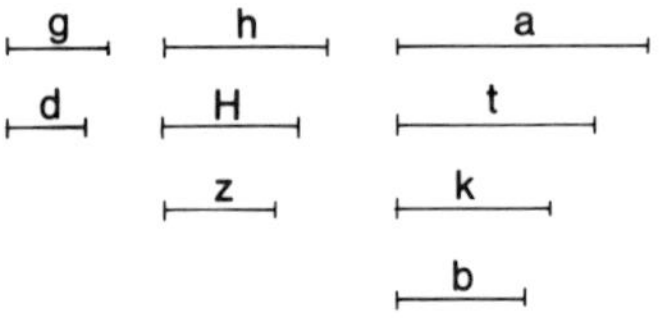

g h a
d H t
z k
b

Rationis causa: Ductu etenim *g* in seipsum fiat *h* ductuque eius in *h* fiat
335 *a*, ductu vero *d* in seipsum fiat *z* ductuque eius in *z* fiat *b*. Item ductu *g* in *d* fit *H* ductuque eius in *H* et *z* fiunt *t* et *k*. Ductu itaque *g* in seipsum factus est *h* ductuque eius in *d* factus est *H*. Numerus itaque *g* ductus in duos numeros *g* et *d* facit *h* et *H*. Quantus itaque *g* ad *d* tantus *h* ad *H*. Item ductu *d* in seipsum fit *z* ductuque eius in *g* fit *H*. Quantus itaque *g* ad *d*
340 tantus *H* ad *z*. Quantus vero *g* ad *d* tantus *h* ad *H*. Quantusque *h* ad *H*

321 *a om.* P. 324 *Rationis causa om.* BLOP. | unum] unus P. 325 quantusque] quantus O. 326 autem] a B. | vero *om.* P. 328 Numerat] numera B. | *a b*] *a* et *b* P. 328-329 Et ... intendimus *om.* B. 330 cubus cubum] cubicus cubicum LP. 331 cubus cubum] cubicus cubicum L; cibest cibum P. 332 *Exempli gratia om.* L. | eorum *om.* P. 333 *b*] *d* L. 335 *post* vero *add.* P duo. 336 eius] g P. | et[1] *om.* P. | fiunt] fit P. 338 *H*[2]] *z H* P. 339 Quantus O *corr. ex* Quanta. 340 *h*[1] *om.* P.

tantus H ad z. Itaque h et H et z comitantur se secundum proportionem g
ad d. Item ductu g in h factus est a ductuque eius in H factus est t. Quantus
itaque h ad H tantus a ad t. Quantus vero h ad H tantus g ad d. Quantus
itaque g ad d tantus a ad t. Eodemque quantus t ad k tantus g ad d
345 quantusque g ad d tantus a ad t. Quantus itaque a ad t tantus t ad k. Itaque
a et t et k comitantur se secundum proportionem g ad d. Atqui g et d ducti
in z faciunt k et b. Quantus itaque g ad d tantus k ad b. Quantus autem g ad
d tantus a ad t, tantusque t ad k. Quantus itaque a ad t tantus t ad k
tantusque k ad b. Sunt ergo a et t et k et b comitantes se secundum pro-
350 portionem g ad d primusque a alium numerans estque b numerans etiam
secundum estque t. Quare quantus a ad t tantus g ad d, numerat autem a t.
Numerat igitur g d.

Item ut sit g numerans d, dico itaque quia a numerat b.

Rationis causa: Sitque tedebir eorum unum. Patet itaque quia a et t et k
355 et b comitantur se secundum proportionem g ad d. Quantus ergo g ad d
tantus a ad t. Numerat autem g d. Numerat itaque a t. Atqui a et t et k et b
comitantes se secundum proportionem g ad d. Numerat igitur a b. Et hoc
est quod demonstrare intendimus.

<VIII.15> Si fuerit quadratum non numerans quadratum, erunt latera
360 latera non numerantia. Si vero latera latera non numerantia, erit
quadratum non numerans quadratum.

Exempli gratia: Sint duo numeri a et b quadrati. Sintque eorum latera g
et d neque numeret a b. Dico itaque quia g non numerat d.

g a
d b

Rationis causa: Quod si fuerit possibile, sit ut numeret g d. Numerat
365 ergo a b. Atqui non numerat a b. Non igitur g numerat d.

Item sit ut g non numeret d, dico itaque quia a non numerat b.

Quod si fuerit possibile, numeret a b. Numerat itaque g d. Atqui g non
numerat d. Non igitur a numerat b.

341 Itaque ... z *om.* P. 342 ad d *om.* L. 342-343 a ... g *in marg.* B. 343 a *om.* P. | Quantus vero] Quantusque B. | *ante* H^2 *add.* P z. 344-345 g[1] ... itaque[1] *om.* L. 344 ad[1]] a P. | *post* Eodemque *add.* BP modo. 345 quantusque] quantumque BP. 346 ducti] ductu LP. 347 in *om.* L. 350 *post* b *add.* P alium. 354 *Rationis causa om.* BLOP. 355 proportionem g ad d] g ad d proportionem L. 357-358 Et ... intendimus *om.* B. 361 numerans quadratum *tr.* L. 362 *Exempli gratia om.* L. | a et b quadrati] quadrati a et b L. 363 et *om.* P. | quia *om.* B. 364 *Rationis causa om.* BLOP. | ut *om.* P. 365 g *om.* L. 366 a *om.* P.

Eodemque modo: Si cubus cubum non numeraverit, nec latera latera.
370 Si vero latera latera non numeraverint, nec cubus cubum. Et hoc est quod demonstrare intendimus.

<VIII.16> Si fuerint duo numeri superficiales similes, cadet inter eos numerus eis proportionalis. Eritque proportio unius numeri ad alterum sibi similem sicut proportio laterum ad latera se respicientia duplicata.
375 *Exempli gratia*: Sint numeri *a* et *b* superficiales similes lateraque *a* numerus *g* et numerus *d* lateraque *b* numerus *h* et numerus *z*. Dico itaque quia cadit inter *a* et *b* numerus cui ad ipsos proportio, et proportio *a* in *b* erit proportio laterum ad latera se respicientia repetita.

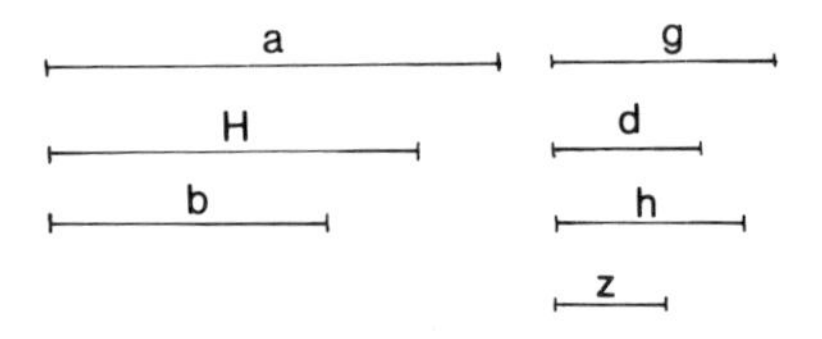

Rationis causa: Numeri enim *a* et *b* superficiales similes lateraque *a*
380 sunt *g* et *d* lateraque *b h* et *z*. Proportio ergo quanta *g* ad *h* tanta *d* ad *z*. Atqui *d* ducto in *h* fiat *H*, ducto vero in *g* fiat *a*. Numerus itaque *d* in duos numeros *g* et *h* ductus facit *a* et *H*. Quantus itaque *g* ad *h* tantus *a* ad *H*. Quantus autem *g* ad *h* tantus *d* ad *z*. Quantus itaque *d* ad *z* tantus *a* ad *H*. Item ductu *h* in *d* factus est *H* ductuque eius in *z* fit *b*. Quantus itaque *d* ad
385 *z* tantus *H* ad *b*. Quantus autem *d* ad *z* tantus *a* ad *H*. Quantus itaque *a* ad *H* tantus *H* ad *b*. Itaque *a* et *H* et *b* comitantur se secundum proportionem unam. Sic igitur cecidit inter *a* et *b* numerus eis proportionalis estque *H*.
Dico itaque quia proportio *a* ad *b* est proportio laterum ad latera se respicientia repetita.
390 Quantus enim *a* ad *H* tanta *H* ad *b*, proportio ergo *a* ad *b* est proportio *a* ad *H* repetita. Proportio autem laterum ad latera est proportio *a* ad *H*. Proportio igitur *a* ad *b* est proportio laterum ad latera repetita. Et hoc est quod demonstrare intendimus.

369 cubus cubum] cubicus cubicum L; cubitus cubitum P. 370 numeraverint] numeraverit B. | cubus cubum] cubicus cubicum L; cubitus cubitum P. 370-371 Et ... intendimus *om.* B. 372 *ante* fuerint *add.* B propositi. 373 unius numeri *tr.* B. | ad] in L. 375 *Exempli gratia om.* L. 378 proportio *om.* L. | ad] in L. | repetita] muthena B. 380 sunt] a s t B. | Proportio ergo] proportioque P. 381 ducto²] ductu P. 382 *h*¹] *d* P. 383 *d*¹] *g* L. 383-385 tantus² ... *z*¹ *om.* B. 384 *post* in¹ *add.* P ductu. 385 *a*¹] *H* P. 386 *b*²] *h* LO. 387 unam] suam P. | Sic] Si P. | igitur cecidit *tr.* L. | *ante* inter *add.* L numerus. 390 tanta] tantus L. 392-393 Et ... intendimus *om.* B.

<VIII.17> Cum ceciderit inter duos numeros numerus eis pro-
395 portionalis, erunt illi duo numeri superficiales et similes.

Exempli gratia: Sit numerus *g* inter duos numeros *a* et *b* cadens secundum proportionem unam. Dico itaque quia duo numeri *a* et *b* superficiales et similes.

Rationis causa: Sumantur enim numeri minimi secundum pro-
400 portionem *a* et *g* et *b* sintque *d* et *h*. Quantus *a* ad *g* tantus *d* ad *h*. Atqui *d* et *h* numeri minimi secundum proportionem *a* et *g* et *b*. Minimi vero secundum proportionem numeri numerant numeros eis proportionales equaliter primi primos atque alii alios. Numerat itaque *d a* quotiens *h* numerat *g*. Quotiens autem *d* numerat *a* totiens sit unitas in *z*. Quare *h*
405 numerat *g* quotiens unitas in *z*. Numerat autem *d a* quotiens unitas in *z*, ductu vero *d* in *z* fit *a*. Quare *a* superficialis lateraque eius *z* et *d*. Item quantus *g* ad *b* tantus *d* ad *h*, sunt autem *d* et *h* numeri minimi secundum eorum proportionem. Numeri vero minimi secundum proportionem suam numerant numeros secundum suam proportionem primi primos
410 atque alii alios equaliter. Quotiens itaque *h* numerat *b* totiens *d* numerat *g*.

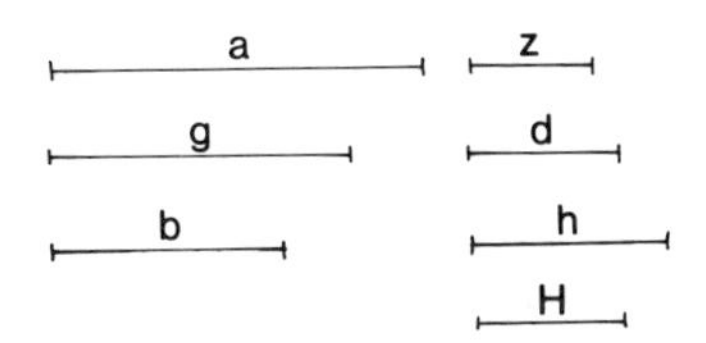

Quotiens autem numerat *h b* totiens sit unitas in *H*. Numerat itaque *d g* quotiens unitas in *H*. Numerat autem *h b* quotiens unitas in *H*. Ducto ergo *h* in *H* fiat *b*. Quare *b* superficialis lateraque eius *H* et *h*. Numerat autem *d g* quotiens unitas in *H*. Ductu ergo eius in *H* fit *g*. Eodemque modo
415 ductu *z* in *h* fit *g*. Erit itaque quod ex *h* in *z* sicut quod ex *d* in *H*, proportio ergo quanta *z* ad *H* tanta *d* ad *h*. Atqui *d* et *z* latera *a* atque *h* et *H* latera *b*. Erunt igitur *a* et *b* superficiales similes, latera enim eorum proportionalia. Et hoc est quod demonstrare intendimus.

394 eis] ei LOP. 395 duo *om.* P. 396 *Exempli gratia om.* L. 399-400 secundum ... *b*] proportionales *a* et *g* et *b* B. 400 sintque] sint BL. | *d*[3]] *g* P. 401 Minimi vero] Minimus O. 403 Numerat] Numerant O. 404 *a*] *h* L. | in *om.* B. 404-405 Quare ... *z*[1] *om.* P. 406 lateraque] latera L. 407 *b*] *d* P. 408 eorum proportionem *tr.* L. 410 atque *om.* B; atqui L. 412 Numerat ... *H*[2] *om.* P. 412-414 Ducto ... *H*[2] *om.* B. 413 *H*[1]] *a H* P. | fiat] fiet LOP. | *H* et *h*] *h* et *H* P. 414 *d g*] *g d* L. 416 *z*[1]] *e* B. 417 *ante* latera *add.* L quoniam. | latera ... proportionalia *om.* P. | enim eorum] et dicuntur B. 418 Et ... intendimus *om.* B.

<VIII.18> Si fuerint duo numeri solidi similes, cadunt inter eos duo
420 numeri secundum unam proportionem eritque proportio numeri ad numerum similis proportio laterum ad latera se respicientia triplicata.

Exempli gratia: Sint duo numeri *a* et *b* solidi similes lateraque *a* sint *g* et *d* et *h* lateraque *b z* et *H* et *t*. Dico itaque quia cadunt duo numeri secundum unam proportionem inter numeros *a* et *b* proportioque *a* ad *b*
425 erit proportio laterum ad latera se respicientia triplicata.

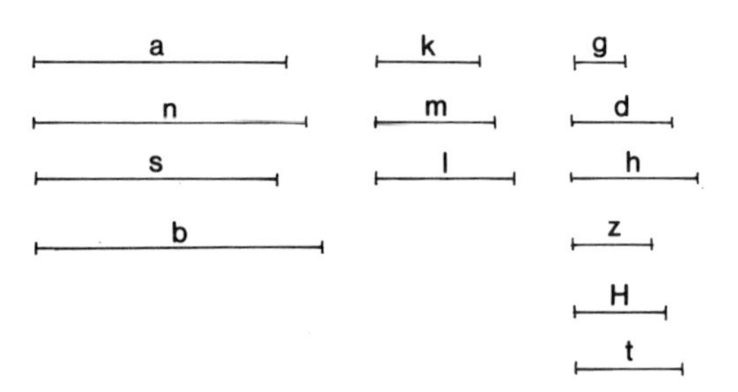

Rationis causa: Sint enim *a* et *b* solidi similes lateraque *a g* et *d* et *h* lateraque *b z* et *H* et *t*. Proportio ergo quanta *g* ad *z* tanta *d* ad *H* tantaque *h* ad *t*. Ductu autem *g* in *d* fiat *k*, ductu vero *z* in *H* fiat *l*. Sunt ergo *k* et *l* superficiales et similes. Latera enim eorum proportionalia. Atqui *k* et *l*
430 superficiales et similes. Cadet itaque inter eos numerus proportionalis sitque *m*. Atqui ductu *h* et *t* in *m* fiat *n* et *s*, productus ergo ex *g* in *d* estque *k* ductus in *h* producit *a*. Ideoque *h* in *k* facit *a*. Atqui *h* ductus in *m* producit *n*. Quantus itaque *k* ad *m* tantus *a* ad *n*. Quantusque *k* ad *m* tantus *l* postremus in *m* antecedentem. Quantusque *m* ad *l* tantus *g* ad *z*
435 tantusque *d* ad *H* tantusque *h* ad *t*. Quantusque *g* ad *z* tantus *d* ad *H* tantusque *h* ad *t* estque quantum latera ad latera. Eodemque modo *a* in *n*. Ductu vero *h* et *t* in *m* fit *n* et *s*. Quantus itaque *h* ad *t* tantus *n* ad *s* quantusque *h* ad *t* tantus *g* ad *z* tantusque *d* ad *H* tantusque *h* ad *t* estque quantum latera in latera. Atqui quanta proportio laterum ad latera tanta *a*
440 ad *n*. Quantaque *a* ad *n* tanta *n* ad *s*. Atqui ductu *t* in *l* fit *b*, ductu vero eius

419 cadunt] cadent BL. 421 similis] simile B; *superscr.* O sicut; sicut P. | similis proportio *tr.* L. | triplicata] mutenethabiltekerir L; O *superscr.* repetendo. 422 *Exempli gratia om.* L. 423 et[1] *om.* B. | cadunt] cadent L. 424 *ante* numeros *add.* L duos. | *ante a*[1] *add.* P et. 425 proportio] proportioque P. 426 enim] numeri B. | similes *om.* L. | et *h om.* B; *h* P. 427 et[2] *om.* P. | Proportio] proportioque P. | *z* tanta *d* ad *H bis* L. | tantaque] tantus B. 429-430 Latera ... similes *om.* B. 431 *h*] *b* P. | estque] est quia P. 432 *h*[1]] *g h* P. | in *m om.* B; *m* P. 433 *post n*[1] *add.* B Quantus itaque *r* ad *m* producit *H*. 434 tantus[1]] tantusque L. | postremus] postremum BOP. 435 *post t add.* L Quantus. 436 quantum] quantus B. | Eodemque] Eodem P. 437 *h*[2] ... *s*[2] *om.* B. 440 Quantaque ... *n*[2] *om.* P.

in *m* fit *s*. Quantus itaque *m* ad *l* tantus *s* ad *b*. Quantusque *m* ad *l* tanta latera ad latera. Quantus ergo *s* ad *b* tanta latera ad latera. Quanta itaque latera ad latera tantus *a* ad *n* tantusque *n* ad *s*. Quantus itaque *a* ad *n* tantus *n* ad *s* tantusque *s* ad *b*. Itaque *a* et *n* et *s* et *b* secundum proportionem se
445 comitantia latera ad latera. Sic itaque ceciderunt duo numeri inter *a* et *b* secundum unam proportionem suntque *n* et *s*. Dico itaque quia proportio *a* ad *b* est proportio laterum ad latera se respicientia triplicata. Atqui *a* ad *n* sicut *n* ad *s* et sicut *s* ad *b* proportioque *a* ad *b* proportio *a* ad *n* triplicata. Quantus autem *a* ad *n* tanta latera ad latera. Proportio igitur *a* ad *b*
450 proportio laterum ad latera se respicientia triplicata. Et hoc est quod demonstrare intendimus.

<VIII.19> Cum ceciderint duo numeri inter duos numeros secundum proportionem unam, erunt duo numeri solidi similes.

Exempli gratia: Sint numeri *a* et *b* inter quos duo numeri *g* et *d*
455 secundum proportionem unam. Dico itaque quia *a* et *b* solidi et similes.

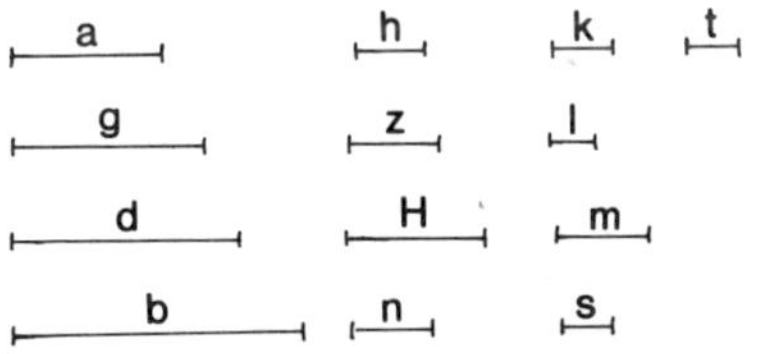

a h k t
g z l
d H m
b n s

Rationis causa: Sumantur enim tres numeri minimi secundum proportionem *a* et *g* et *d* et *b*. Sintque *h* et *z* et *H* dueque extremitates *h* et *H* utraque ad alteram prima atque inter *h* et *H* numerus secundum proportionem. Quare *h* et *H* similes superficiales. Atqui latera eorum *k* et *l*
460 lateraque *H* sint *m* et *n*. Atque *h* et *H* superficiales similes lateraque eorum proportionalia. Quantus itaque *k* ad *m* tantus *l* ad *n*. Atqui *h* et *z* et *H* secundum proportionem *a* et *g* et *d*. Quantus itaque *h* ad *z* tantus *a* ad *g*. Quantusque *z* ad *H* tantus *g* ad *d*. Omniaque *h* et *z* et *H* sicut omnia *a* et *g* et *d*. Quantusque *h* ad *H* tantus *a* ad *d*. Uterque etiam *h* et *H* ad alterum
465 primus. Sunt autem primi secundum suam proportionem numeri minimi.

441 Quantusque] Quantus B. 442 Quanta] Quantus P. | itaque] vero BLP. 445 Sic] Si P. | itaque] ita L. | ceciderunt] cecidunt O; ceciderint P. 447 *ante* triplicata *add.* L muthel. 447-448 Atqui ... triplicata *om.* P. 449 *ante a*[1] *add.* L latera ad latera. | tanta] tantum B. 450-451 Et ... intendimus *om.* B. 452 duo numeri *om.* B. 453 *post* numeri *add.* P inter duos. 454 *Exempli gratia om.* L. | *ante* numeri[1] *add.* B duo. 455 et[2] *om.* BLP. 456 numeri minimi *tr.* P. 458 utraque] uterque LP. 458-459 utraque ... *H om.* B. 459 et[2] *om.* P. 460 Atque] Atqui BL. | superficiales similes *tr.* P. 461 *post* tantus *add.* L itaque. 464 et[1] *om.* P. | Quantusque] Quantus itaque B. | *H*[1]] *z* P. | *d*[2] *om.* B. | *h*[2]] *b* P. 465 primus] primi B. | suam proportionem *tr.* P. | numeri *om.* P.

Minimi vero secundum suam proportionem numeri numerant numeros proportionales equaliter primi primos et alii alios. Quotiens itaque h numerat a totiens H numerat d, quotiens vero h numerat a totiens unitas in t. Quare H numerat d quotiens unitas in t. Atqui ducto H in t fit d. Numerat vero h a quotiens unitas in t. Ductu ergo h in t fit a, sit autem h ex ductu k in l. Quod itaque fit ex ductu k in l ductu in t producit a. Est ergo a solidus lateraque eius k et l et t. Item h et z et H equalia numero g et d et b. Quantus itaque h ad H tantus g ad b. Atqui h et H uterque ad alterum primus. Sunt autem primi secundum suam proportionem minimi. Minimi vero secundum proportionem numeri numeros sibi proportionales equaliter numerant primi primos et alii alios. Quotiens itaque h numerat g totiens H numerat b quotiensque H numerat b totiens unitas in s. Quare h numerat g quotiens unitas in s et H numerat b quotiens unitas in s. Ductu ergo H in s fit b, fit autem H ex ductu m in n. Quare quod ex ductu m in n ductum in s facit b solidum, latera cuius m et n et s, ductu autem t in H fit d, ductu vero s in H fit b. Quantus itaque t ad s tantus d ad b. Quantusque d ad b tantus h ad z tantus etiam z ad H. Atqui quantus z ad H tantus k ad m tantusque l ad n. Quantus itaque t ad s tantus k ad m tantusque l ad n estque quanta latera ad latera. Atqui latera a sunt k et l et t lateraque b sunt m et n et s. Sunt ergo a et b solidi et similes. Quoniam latera eorum proportionalia. Et hoc est quod demonstrare intendimus.

<VIII.20> Si fuerint tres numeri proportionaliter se comitantes fueritque primus quadratus, erit etiam tertius quadratus.

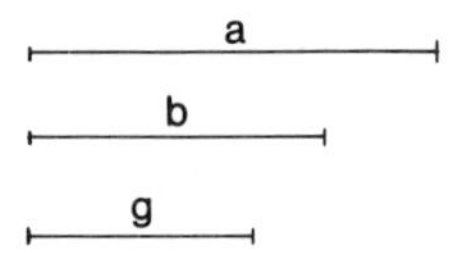

Exempli gratia: Sint tres numeri proportionaliter se comitantes a et b et g. Utque sit a quadratus. Dico itaque quia erit et g quadratus.

466 suam *om.* OP. 468 a^{1}] H P. | H *om.* B. | *ante* unitas *add.* L est. 469 H^{1}] k P. | ducto H *tr.* BL. 471 ductu^{3}] ductum LO. 473 d et b] b et d B. 475 *ante* proportionem *add.* L suam. 477 quotiensque ... b^{2} *om.* L. 478 numerat^{2}] numerant B. 479 H^{1} *om.* P. 480 ductum] ductu P. 481 fit^{1} *om.* B. 482 Quantusque d ad b *om.* P. | *post* z^{1} *add.* P et. | tantus] tantusque L. 484 estque] est quia P. 485 et^{6} *om.* L. 486-487 Et ... intendimus *om.* B. 488 comitantes] comitates P. 489 erit *bis* L. 490 *Exempli gratia om.* L. 491 et] etiam BLO.

Rationis causa: Quantus enim *a* ad *b* tantus *b* ad *g*. Quare inter *a* et *g* numerus eis proportionalis estque *b*. Sunt ergo *a* et *g* superficiales similes. Atqui et *a* quadratus, erit igitur *g* quadratus. Et hoc est quod demonstrare
495 intendimus.

<VIII.21> Si fuerint quattuor numeri proportionaliter se comitantes fueritque primus cubicus, erit etiam quartus cubicus.

Exempli gratia: Sint quattuor numeri proportionaliter se comitantes *a* et *b* et *g* et *d*. Sitque *a* cubicus. Dico itaque quia *d* cubicus.

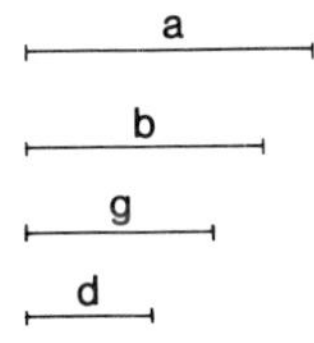

500 *Rationis causa*: Quantus *a* ad *b* tantus *b* ad *g* tantusque *g* ad *d*. Sunt ergo inter *a* et *d* duo numeri proportionales suntque *b* et *g*. Quare *a* et *d* solidi et similes. Atqui *a* cubicus. Erit igitur *d* cubicus. Et hoc est quod demonstrare intendimus.

<VIII.22> Si fuerint duo numeri quorum proportio sicut proportio
505 quadrati ad quadratum fueritque unus eorum quadratus, erit et alter quadratus.

Exempli gratia: Sit proportio *a* ad *b* sicut proportio numeri quadrati *g* ad quadratum *d* atque *a* quadratus. Dico itaque quia *b* quadratus.

a g
b d

Rationis causa: Sunt etenim *g* et *d* quadrati suntque superficiales similes
510 caditque inter eos numerus proportionalis. Quantus autem *g* ad *d* tantus *a* ad *b*. Cadit itaque inter *a* et *b* numerus eis proportionalis. Sunt ergo

493 similes *bis* O. 494 et[1] *om.* BL. | erit ... quadratus[2] *om.* P. 494-495 Et ... intendimus *om.* B. 497 fueritque] fuerintque P. 498 *Exempli gratia om.* L. | proportionaliter *om.* B. 498-499 *a* ... *d*[1]] *a b g d* B. 499 itaque *om.* BP. 500 *Rationis causa om.* P. | Quantus] Quantusque BL. | tantusque] tantus B. | Sunt] Sint P. 501 suntque] que L. | et[4] *om.* L. 502 igitur] itaque P. | *d*] *g* L. 502-503 Et ... intendimus *om.* B. 504 *post* numeri *add.* L cubici. 505 fueritque] fuerintque P. | erit et] eritque L. 507 *Exempli gratia om.* L. 508 quadratum *d*] numerum quadratum *b* P. | *Cum verbis* Dico itaque quia *b* quadratus *hic finitur* OP. 510 *post* numerus *add.* L superficialis. 510-511 Quantus ... proportionalis *om.* B.

superficiales et similes. Atqui *a* quadratus, erit igitur et *b* quadratus. Et hoc est quod demonstrare intendimus.

<VIII.23> Si fuerint duo numeri quorum proportio sicut proportio cubi
515 ad cubum fueritque unus eorum cubicus, erit alter cubicus.

Exempli gratia: Sit proportio numeri *a* ad numerum *b* sicut proportio numeri cubi *g* ad cubum *d* atque *a* cubicus. Dico itaque quia *b* cubicus.

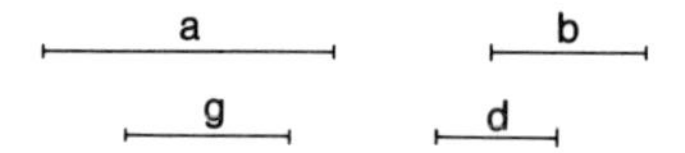

Rationis causa: Sunt enim *g* et *d* solidi et similes, cadunt ergo inter eos duo numeri eis proportionales. Quantus autem *g* ad *d* tantus *a* ad *b*. Quare
520 inter *a* et *b* duo numeri eis proportionales cadunt. Atqui *a* numerus cubicus, est igitur et *b* cubicus. Et hoc est quod demonstrare intendimus.

<VIII.24> Numerorum superficialium similium proportio sicut proportio quadrati ad quadratum.

Exempli gratia: Sint duo numeri *a* et *b* superficiales similes. Dico itaque
525 quia proportio *a* ad *b* sicut proportio quadrati ad quadratum.

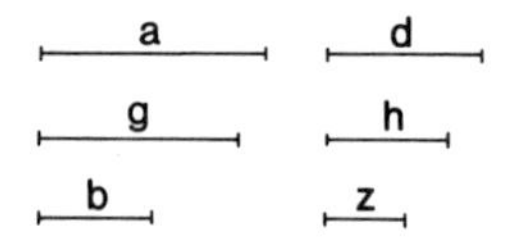

Rationis causa: Sunt enim *a* et *b* superficiales similes. Cadit itaque inter eos numerus eis proportionalis sitque *g*. Sumantur itaque tres numeri secundum proportionem *a* et *g* et *b* minimi sintque *d* et *h* et *z*. Quare duo extremi *d* et *z* quadrati numerusque *d* et *h* et *z* equalis numero *a* et *g* et *b*.
530 Quantus itaque *d* ad *z* tantus *a* ad *b*, proportio igitur *a* ad *b* sicut proportio quadrati *d* ad quadratum *z*. Et hoc est quod demonstrare intendimus.

512-513 Et ... intendimus *om.* B. 514-515 proportio cubi ad cubum] cubi ad cubum proportio L. 515 erit] eritque L. 516 *Exempli gratia om.* L. 517 cubi] cubici L. | *d*] qui est *d* L. | quia *om.* B. 518 et² *om.* L. | ergo *om.* B. 520 eis *om.* B. 521 est¹ ... intendimus *om.* B. 522 similium *om.* B. 524 *Exempli gratia om.* L. 527 eis *om.* B. 530 *a*¹ *om.* B. 531 Et ... intendimus *om.* B.

<VIII.25> Numerorum solidorum similium proportio sicut proportio numeri cubici ad alium numerum cubicum.

Exempli gratia: Sint duo numeri a et b solidi et similes. Dico itaque quia proportio a ad b sicut proportio cubi ad cubum.

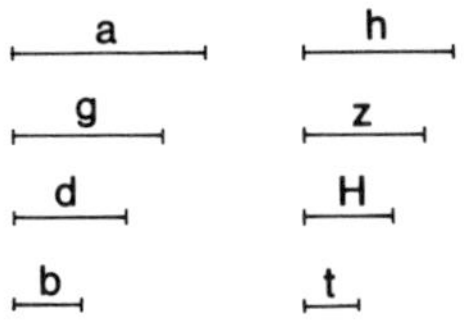

Rationis causa: Sunt enim duo numeri a et b solidi similes, cadunt ergo inter eos duo numeri eis proportionales sintque g et d. Sumantur itaque quattuor numeri secundum proportionem a et g et d et b minimi sintque h et z et H et t, sunt ergo duo extremi h et t solidi numerusque h et z et H et t sicut numerus a et g et d et b. Quantus itaque h ad t tantus a ad b. Est igitur proportio a ad b sicut proportio cubi h ad cubum t. Et hoc est quod demonstrare intendimus.

534 *Exempli gratia om.* L. 537 g et d] duo g d L. 538 minimi *om.* B. 538-539 h et z et H et t] h z H t B. 540 Quantus] Quantum L. | Est] Erit L. 541-542 Et ... intendimus *om.* B.

Book IX and

Book X, Propositions 1-35 are not extant.

< Liber X >

<x.36> Linea binomia non dividitur nisi in suas lineas ex quibus coniuncta est et in duo nomina tantum.

Exempli gratia: Sit linea $a b$ binomia divisa in lineas ex quibus coniuncta est in duo nomina supra g. Dico quia $a b$ non dividitur in duas lineas alias in termino linearum suarum.

b d g a

Rationis causa: Si enim non est hoc impossibile. Sit possibile vero dividatur supra d atqui $a g$ et $g b$ in potentia tantum rationales communicantes, superficies ergo $a g$ in $g b$ medialis, duplum eius mediale. Eodemque modo superficies $a d$ in $d b$ medialis, duplumque eius mediale. Atqui quadratum $a b$ eq̇uale quadratis $a g$ et $g b$ et duplo superficiei $b g$ in $g a$ coniunctis. Eodemque modo quadratum $a b$ equale quadratis $a d$ et $d b$ et duplo superficiei $b d$ in $d a$ coniunctis. Quadratum ergo $a g$ et $g b$ et duplum superficiei $b g$ in $g a$ equalia quadratis $a d$ et $d b$ et duplo superficiei $b d$ in $d a$. Quare differentia que est inter duo quadrata $a d$ et $d b$ et quadrata $a g$ et $g b$ est sicut differentia que est inter duplum superficiei $a g$ in $g b$ et duplum superficiei $b d$ in $d a$. Differentia autem que inter duo quadrata $a d$ et $d b$ et duo quadrata $b g$ et $g a$ rationalis, omnia enim illa rationalia. Differentia itaque que inter duplum superficiei $a g$ in $g b$ et duplum superficiei $b d$ in $d a$ rationalis. Quod est impossibile, unaqueque enim earum medialis. Non itaque dividitur binomium nisi in lineas ex quibus coniuncta est atque tantummodo in duo nomina sua. Et hoc est quod demonstrare intendimus.

<x.37> Linea bis medialis prima non dividitur nisi in mediales tantum.

Exempli gratia: Sit linea $a b$ bis medialis prima divisa atqu̇e medium eius supra g. Dico itaque quia $a b$ non dividatur in duo medialia alia secundum terminum suorum mediatorum.

Potest non quia hoc impossibile. Si vero possibile fuerit, dividatur secundum hoc supra d. Manifestum est ergo, quia differentia inter duo quadrata $a d$ et $d b$ et duo quadrata $a g$ et $g b$ sicut differentia que inter duplum superficiei $a g$ in $g b$ et duplum superficiei $a d$ in $d b$. Differentiaque que inter duplum superficiei $a g$ in $g b$ et duplum superficiei $b d$ in $d a$ rationalis, utraque et enim illa rationalia. Differentia

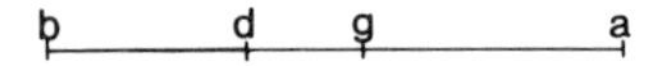

itaque que inter quadrata duo $a d$ et $d b$ et quadrata $b g$ et $g a$ rationalis. Quod est impossibile, unumquodque etenim illorum mediale. Non igitur dividatur bis medialis prima nisi in duo sua medialia. Et hoc est quod demonstrare intendimus.

<x.38> Linea bis medialis secunda non nisi in sua duo medialia dividitur tantum.

Exempli gratia: Sit linea $a b$ bis medialis secunda in medialia divisa supra punctum g. Dico itaque quia $a b$ non dividitur nisi in duo sua medialia secundum terminum suorum mediatorum.

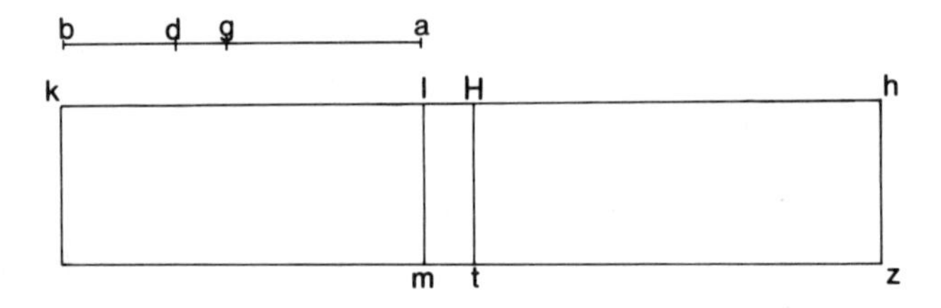

Rationis causa: Est enim impossibile. Quod si fuerit possibile, dividatur supra d. Sitque linea $h z$ rationalis atque $z H$ equalis quadratis $a g$ et $g b$ coniunctis atque $t k$ equalis duplo superficiei $a g$ in $g b$, tota ergo $z k$ equalis quadrato $a b$. Et etiam separetur superficies $z l$ equalis quadratis $a d$ et $d b$ coniunctis, relinquitur itaque duplum superficiei $a d$ in $d b$ equalis superficiei $m k$. Quadratum autem $a g$ et $g b$ coniuncta sunt mediale duplumque superficiei $b g$ in $g a$ mediale. Superficies ergo $t h$ et $t k$ ambe mediales, sunt autem adiuncte linee $h z$ rationali. Quare $H k$ et $h H$ rationales potentia atque $h z$ incommensurabile ab eis in longitudine atque $a g$ incommensurabile linee $g b$ in longitudine. Proportio autem $a g$ ad $g b$ sicut proportio quadrati ex $a g$ ad superficiem $a g$ in $b g$. Quadratum ergo ex $a g$ incommensurabile superficiei $a g$ in $g b$ atqui quadrata $a g$ et $g b$ coniuncta communicant quadrato $a g$. Duplum vero superficiei $b g$ in $g a$ communicat superficie $a g$ in $g b$, quadrata ergo $a g$ et $g b$ coniuncta sunt incommensurabilia duplo superficiei $b g$ in $g a$. Constant autem equales superficiebus $h t$ et $t k$ quare $h t$ incommensurabilis superficiei $t k$ atque $h H$ incommensurabilis linee $H k$ in longitudine.

60 Itaque *h H* et *H k* potentia tantum rationales communicantes. Erit igitur *h k* binomium divisaque secundum sua duo nomina supra *H*. Eodemque modo manifestum est quia dividitur etiam supra *l*, binomium itaque dividatur supra alias duas lineas in sua nomina. Quod est impossibile. Non igitur dividitur bis medialis secunda nisi in sua duo nomina. Et hoc est
65 quod demonstrare intendimus.

<x.39> Linea maior non nisi in duas lineas ex quibus coniuncta est dividitur.

Exempli gratia: Sit linea maior *a b* in suas lineas supra *g* divisa. Dico itaque quia *a b* non supra non *g* dividitur in duas lineas alias in termino
70 suarum linearum.

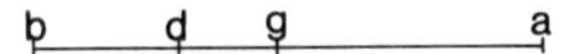

Rationis causa: Patet etiam esse impossibile. Quod possibile fuerit, dividatur supra *d*. Sicque manifestum erit quia differentia inter duo quadrata *a d* et *d b* coniuncta supra duo quadrata *b g* et *g a* coniuncta est differentia que inter duplum superficiei *a g* in *g b* et duplum superficiei
75 *b d* in *d a*. Differentia que inter quadrata *a d* et *d b* coniuncta et duo quadrata *b g* et *g a* coniuncta est rationalis, unumquodque enim eorum rationale, differentia itaque que inter duplum superficiei *a g* in *g b* et duplum superficiei *b d* in *d a* rationalis. Quod est impossibile, unumquodque etenim eorum mediale. Non igitur dividitur linea maior
80 nisi in lineas duas ex quibus coniuncta est. Et hoc est quod demonstrare intendimus.

<x.40> Linea supra rationale et mediale potens non nisi in suas duas lineas tantum dividitur.

Exempli gratia: Sit linea *a b* potens supra rationale et mediale sitque in
85 lineas suas supra *g* divisa. Dico itaque quia *a b* non supra non *g* in duas alias lineas in termino suarum linearum dividitur.

Rationis causa: Est enim impossibile. Quod si possibile fuerit, dividatur supra *d*. Sicque patet quia differentia inter duo quadrata *a d* et *d b*

coniuncta et duo quadrata *b g* et *g a* coniuncta sicut differentia que est
90 inter duplum superficiei *a g* in *g b* et duplum superficiei *b d* in *d a*.

79 mediale] rationalis D.

Differentia autem que est inter duo quadrata *a d* et *d b* coniuncta et duo quadrata *b g* et *g a* coniuncta mediatum, unumquodque enim illorum mediatum. Differentia itaque que est inter duplum superficiei *a g* in *g b* et duplum superficiei *b d* in *d a* mediatum. Quod est impossibile, unum-
95 quodque enim illorum rationale. Non igitur dividitur linea potens supra rationale et mediale nisi in suas tantum lineas. Et hoc est quod demonstrare intendimus.

<x.41> Linea potens supra duo mediata non dividitur in duas alias lineas in termino suarum linearum ex quibus coniuncta est nisi in suas
100 lineas tantum.

Exempli gratia: Sit linea *a b* potens supra duo mediata sitque divisa in suas lineas ex quibus est coniuncta supra punctum *g*. Dico itaque quia *a b* non dividitur in duas lineas alias in termino suarum linearum suntque *a g* et *g b*.

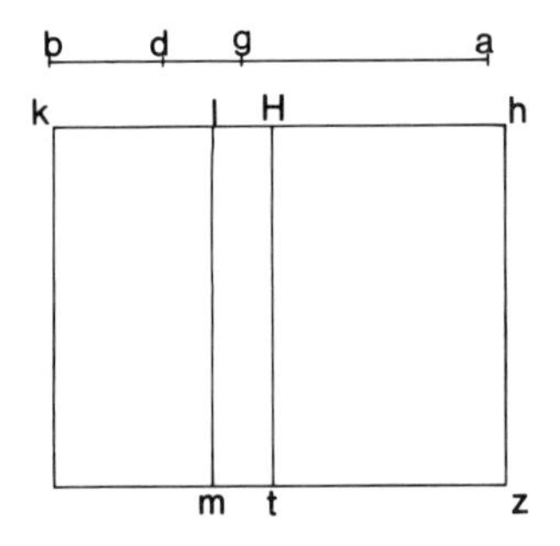

105 *Rationis causa*: Si enim non est impossibile quod dico sicque *a b* dividatur supra *d*. Sit ergo linea *h z* rationalis superficiesque *z H* sicut duo quadrata *a g* et *g b* coniuncta, superficies vero *t k* equalis duplo superficiei *a g* in *g b*, tota itaque *z k* sicut quadratum *a b*. Itemque sit superficies *z l* equalis duobus quadratis *a d* et *d b* coniunctis, relinquitur ergo
110 duplum superficiei *a d* in *d b* equalis superficiei *m k*. Quadrata autem *a g* et *g b* coniuncta sunt mediatum, at vero duplum *b g* in *g a* medium. Erant autem eis equales superficies *z H* et *t k*. Quare *h t* et *t k* mediata suntque adiuncte ad *h z* rationalem. Quare utraque *h H* et *H k* rationales in potentia et seiuncte linee *h z* in longitudine. Sunt autem quadrata *a g* et
115 *g b* coniuncta incommensurabilia duplo superficiei *b g* in *g d*. Quare *h t* incommensurabilis superficiei *t k* et *h H* incommensurabilis linee *H k* in longitudine. Sunt ergo potentia tantum rationales communicantes. Quare *h k* binomium iam divisum est iuxta sua nomina supra *H*. Eodemque modo manifestum est quia item divisa est secundum sua nomina supra *l*.
120 Binomium itaque divisum in duas lineas preter lineas suas in termino

earum. Quod est impossibile. Linea igitur potens supra duo mediata non dividitur in duas alias lineas inter lineas suas in termino earum, sed dividitur in suas lineas tantum. Et hoc est quod demonstrare intendimus.

<Definitiones>

125 <i> Cum fuerit linea binomia fueritque dividens longior potentior supra dividentem minorem augmento quadrati lateris communicantis longiori in longitudine fueritque longior dividens communicans posite linee rationali in longitudine vocabitur binomium primum.

130 <ii> Quod si fuerit dividens minor communicans linee rationali posite in longitudine dicetur binomium secundum.

<iii> Quod si fuerit utraque dividentium incommensurabilis linee rationali posite in longitudine appellabitur binomium tertium.

<iv> Item si fuerit dividens longior potens supra minorem augmento 135 quadrati cuius latus incommensurabile longiori in longitudine fuerit longior communicans linee rationali posite in longitudine nuncupabitur binomium quartum.

<v> Quod si fuerit dividens minor communicans linee rationali posite in longitudine appellabitur binomium quintum.

140 <vi> Quod si fuerit utraque dividentium incommensurabilis linee rationali assignate in longitudine vocabitur binomium sextum. Et hoc est quod demonstrare intendimus.

<x.42> Nunc demonstrandum est quomodo reperiatur binomium primum.

145 Adiungentur due linee rationales communicantes in longitudine a et $b\ g$ duoque numeri quadrati $d\ h$ et $d\ z$ nec sit $z\ h$ quadratus. Sitque proportio $d\ h$ ad $h\ z$ sicut proportio quadrati $b\ g$ ad quadratum $g\ n$. Dico itaque quia $b\ n$ binomium primum.

Rationis causa: Quia enim proportio numeri $d\ h$ ad $h\ z$ non sicut 150 proportio numeri quadrati ad numerum quadratum quare proportio quadrati <ex $b\ g$ ad quadratum $g\ n$>, erit $b\ g$ incommensurabilis $g\ n$ in longitudine, communicata est ei in potentia. Quare $b\ g$ et $g\ n$ in potentia tantum rationales communicantes. Quare $b\ n$ binomium.

Et est proportio $d\ h$ ad $h\ z$ sicut proportio quadrati ex $b\ g$ ad 155 quadratum $g\ n$ atque $d\ h$ addit supra $h\ z$. Quare quadratum $b\ g$ addit supra quadratum $g\ n$. Sitque additio sua supra illud quadratum linea t.

131 secundum] secundo D.

Cum itaque mutabitur, erit proportio $d\ h$ ad $d\ z$ sicut proportio quadrati $b\ g$ ad quadratum linee t. Proportio autem $h\ d$ ad $d\ z$ proportio numeri

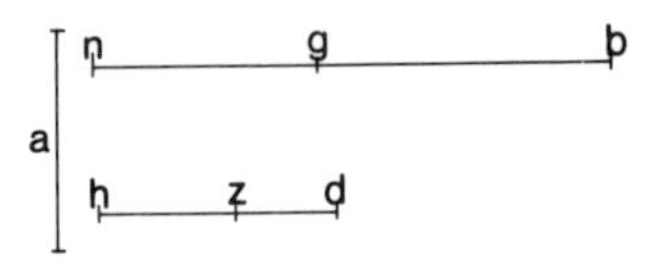

quadrati ad numerum quadratum. Quare proportio quadrati $b\ g$ ad
160 quadratum t est proportio numeri quadrati ad numerum quadratum. Quare $b\ g$ communicat linee t in longitudine. Linea itaque $b\ g$ potens est supra $g\ n$ augmento quadrati cuius latus communicat linee $b\ g$ in longitudine. Est autem $b\ g$ dividens longior estque communicans linee assignate rationali in longitudine. Erit igitur $b\ n$ binomium primum. Et
165 hoc est quod demonstrare intendimus.

<x.43> Nunc demonstrandum est quomodo reperiatur binomium secundum.

Assignentur due linee rationales communicantes in longitudine a et $b\ g$ duoque numeri quadrati $h\ d$ et $d\ z$, et $z\ h$ non quadratus. Numerus autem
170 $z\ h$ non sit quadratus, sitque proportio $d\ h$ ad $h\ z$ sicut proportio quadrati ex $n\ b$ ad quadratum ex $b\ g$. Est ergo patens quod superius manifestavimus quia $g\ n$ binomium.

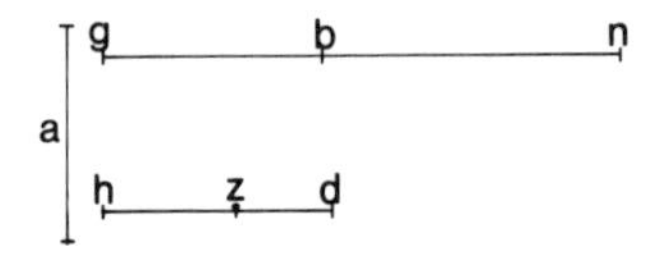

Atque $n\ b$ potens supra $b\ g$ augmento quadrati cuius latus communicans linee $n\ b$ in longitudine. Autem $b\ g$ dividens minor communicans
175 linee a rationali assignate, erit igitur $g\ n$ binomium secundum. Et hoc est quod demonstrare intendimus.

<x.44> Nunc demonstrandum est quomodo binomium tertium repperiatur.

Sit linea rationalis a duoque numeri quadrati $g\ b$ et $b\ d$ nec sit $d\ g$
180 quadratus. Sitque item numerus alius h. Nec sit proportio numeri h ad unum ex $g\ b$ et $g\ d$ sicut proportio numeri quadrati ad numerum quadratum. Sit autem proportio numeri $b\ g$ ad h sicut proportio quadrati ex $z\ n$ ad quadratum ex a. Proportio vero numeri h ad $d\ g$ sicut proportio quadrati ex a ad quadratum ex $n\ t$ proportioque numeri $b\ g$ ad $g\ d$ sicut
185 proportio quadrati ex $z\ n$ ad quadratum $n\ t$. Dico itaque quia $z\ t$ binomium tertium.

Rationis causa: Proportio enim numeri *b g* ad *h* sicut proportio quadrati ex *z n* ad quadratum ex *a*, proportio autem numeri *b g* ad *h* non est proportio numeri quadrati ad quadratum numerum. Quare nec

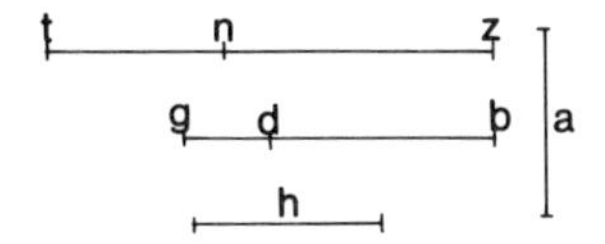

190 proportio quadrati *z n* ad quadratum *a* sicut proportio numeri quadrati ad numerum quadratum. Linea ergo *z n* incommensurabilis linee *a* in longitudine. Communicansque ei in potentia atque *a* numerus. Quare *z n* rationalis in potentia. Eodemque modo patens est quia *n t* rationalis in potentia incommensurabilis est linee *a* in longitudine. Proportio autem 195 *b g* ad *g d* non sicut proportio numeri quadrati ad numerum quadratum. Quare non proportio quadrati ex *z n* ad quadratum ex *n t* est proportio numeri quadrati ad numerum quadratum. Quare *z n* incommensurabilis *n t* in longitudine communicansque ei in potentia. Itaque *z n* et *n t* in potentia tantum rationales communicantes. Quare *z t* binomium.

200 Patet autem ut superius dictum est quia *z n* potens supra *n t* augmento quadrati cuius latus communicat linee *z n* in longitudine atque utraque *z n* et *n t* incommensurabilis linee *a* rationali assignate in longitudine. Erit igitur *z t* binomium tertium. Et hoc est quod demonstrare intendimus.

<x.45> Nunc repperiendum est binomium quartum.

205 Assignentur due linee rationales communicantes in longitudine *a* et *b g* duoque numeri *d z* et *z h*. Sitque proportio *d h* ad utramque *d z* et *z h* non sicut proportio numeri quadrati ad numerum quadratum. Sitque proportio *d h* ad *h z* sicut proportio quadrati *b g* in quadratum *g n*.

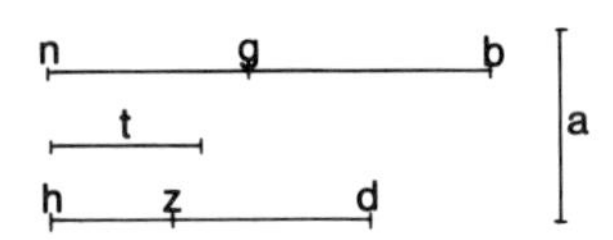

Patet autem sicut prius ostensum est quia *b n* binomium. Eritque 210 additio quadrati *b g* supra quadratum *g n* sitque quadratum linee *t*. Proportioque *d h* ad *z d* sicut proportio quadrati *b g* ad quadratum ex *t*. Proportio autem numeri *h d* ad *d z* non proportio quadrati numeri ad numerum quadratum. Quare nec proportio quadrati ex *b g* ad quadratum ex *t* proportio numeri quadrati ad numerum quadratum. Latus ergo *b g* 215 incommensurabile lateri *t* in longitudine atqui *b g* potens super *g n*

quadrato linee *t*. Quare *b g* potens est super *g n* augmento quadrati cuius latus incommensurabile linee *b g* in longitudine estque dividens longior. Erat autem *b g* communicans linee *a* assignate rationali in longitudine. Erit igitur *b n* binomium quartum. Et hoc est quod demonstrare 220 intendimus.

<x.46> Nunc investigandum est binomium quintum.

Assignentur itaque due linee rationales communicantes in longitudine *a* et *b g* duoque numeri *d z* et *z h*. Sitque proportio numeri *d h* ad *d z* et ad *z h* non proportio numeri quadrati ad numerum quadratum. Sit autem 225 proportio numeri *d h* ad *h z* sicut proportio quadrati ex *n g* ad quadratum ex *b g*.

Patet itaque quia *b n* binomium.

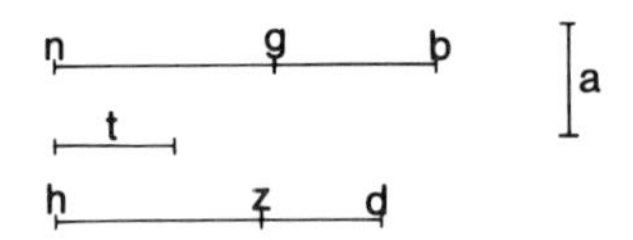

Et quia *n g* potens super *b g* augmento quadrati cuius latus incommensurabile linee *n g* in longitudine. Est autem *b g* dividens minor 230 et communicans linee *a* rationali assignate in longitudine. Est igitur *b n* binomium quintum. Et hoc est quod demonstrare intendimus.

<x.47> Nunc investigandum est binomium sextum.

Assignetur linea rationalis *a* duoque numeri *d z* et *z h* sitque proportio numeri *d h* ad *d z* et ad *z h* non proportio numeri quadrati ad numerum 235 quadratum. Itemque assignetur numerus alius *t* nec sit proportio numeri *t* ad numerum ex *d h* et *h z* sicut proportio numeri quadrati ad numerum quadratum. Sit autem proportio numeri *d h* ad *t* sicut proportio quadrati ex *b g* ad quadratum ex *a*. Proportio vero numeri *t* ad *z h* sicut proportio quadrati ex *a* ad quadratum ex *g n*.

240 Patet itaque sicut in binomio tertio quia *b n* binomium.

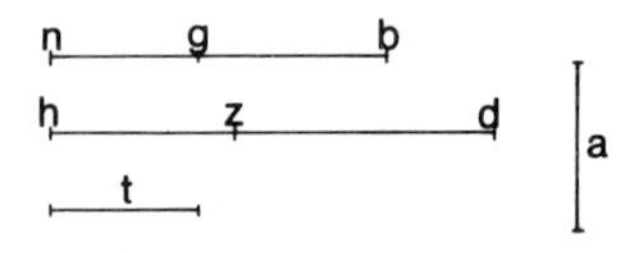

Atque *b g* potens supra *g n* augmento quadrati cuius latus incommensurabile linee *b g* in longitudine atque utraque *b g* et *g n* incommensurabilis linee *a* rationali assignate in longitudine. Erit igitur *b n* binomium sextum. Et hoc est quod demonstrare intendimus.

245 <x.48> Omnis superficies, quam binomium primum et linea rationalis contineant, erit linea potens supra hanc superficiem binomia.

Exempli gratia: Sit superficies *b g* contenta linea rationali sitque *a b* atque binomio primo sitque *a g*. Dico itaque quia linea potens supra superficiem *b g* est binomium.

250 *Rationis causa*: Dividatur enim *a g* binomia in dividentia sua secundum duo nomina sua supra *d* dividaturque *d g* in duo media super *h*. Sitque quadratum ex *h d* equalis superficiei *a z* in *z d*. Producantur a punctis *z* et *d* et *b* linee equidistantes linee *a b* sintque *z n* et *d t* et *h k*.

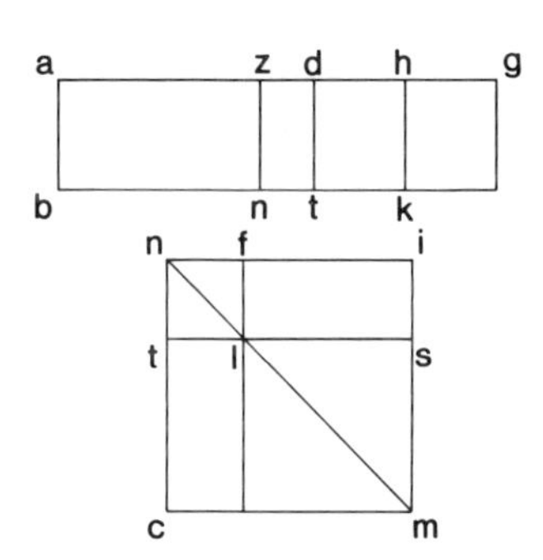

Sitque quadratum *l m* sicut *a n* et quadratum *l n* sicut superficies *n d*.
255 Sintque diametri eorum coniuncte *m l n*. Compleaturque quadratum *m n* simile quadrato *m l*. Proportio itaque linee *m s* ad *s i* sicut proportio linee *s l* ad lineam *l t*. Proportio autem linee *s l* ad lineam *l t* sicut proportio linee *f i* ad *f n*. Proportio itaque *m s* ad *s i* sicut proportio *i f* ad *f n*. Atqui proportio *m s* ad *s i* sicut proportio superficiei *m l* ad superficiem *l i*;
260 proportio *i f* ad *f n* sicut proportio *i l* ad *l n*. Quare inter *m l* atque *l n* superficies secundum proportionem unam estque *i l*. Erat autem superficies *a z* in *z d* equalis quadrato ex *d h*. Proportio ergo linee *a z* ad *h d* sicut proportio linee *d h* ad *d z*. Proportio autem linee *a z* ad *d h* sicut proportio superficiei *a n* ad *t h*. Proportio vero linee *h d* ad *d z* sicut
265 proportio *h t* ad *t z*. Proportio itaque *a n* ad *t h* sicut proportio *h t* ad *t z*. Quare inter *a n* et *d n* superficies secundum proportionem unam estque *t h*. Erat autem inter *m l* et *l n* superficies secundum proportionem unam estque *i l* atque *a n* et *n d* erant *m l* et *l n* atque *t h* equalis *i l*. Atque *l c* equalis *k g* et *i l* equalis *l c* et *k g* equalis *k d* totaque *b g* equalis *m n*
270 atqui *m n* quadratum ex *i n*. Quare *b g* sicut quadratum ex *i n*, linea *i n* potens supra totam *b g*. Atqui *a z* communicat *z d* in longitudine. Quare *a d* communicat utrique *a z* et *z d*. Atqui *a d* rationalis communicatque linee *a b* in longitudine. Utraque *a z* et *z d* rationalis eritque communicans linee *a b* in longitudine. Atque utraque superficies *a n* et

275 *n d* rationalis. Erant autem equales duobus quadratis *m l* et *l n*. Quare *m l* et *l n* ambe rationales. Suntque quadrata ex *i f* et *f n*. Linee ergo *i f* et *f n* potentia rationales communicantes atqui *a d* incommunicabilis *d g* in longitudine. At vero *a d* communicat *a z* atque *g d* communicat *d h*. Quare *h d* incommunicabilis *a z* et *h t* incommunicabilis *a n*. Atqui *h t* 280 sicut *i l* et *a n* sicut *l m*. Quare *i l* incommunicabilis *l m* atque *i f* incommunicabilis linee *f n* in longitudine. Sunt itaque in potentia tantum rationales communicantes. Est igitur *i n* binomium. Estque potens supra superficiem *b g*. Et hoc est quod demonstrare intendimus.

<x.49> Omnis superficies, quam contineant binomium secundum et 285 linea rationalis, erit linea potens supra ipsam superficiem bismediatum primum.

Exempli gratia: Sit superficies *b g* contenta linea rationali sitque *a b* binomioque secundo sitque *a g*. Dico itaque quia linea potens supra *b g* erit bismediatum primum.

290 *Rationis causa*: Maneant enim precedentia sicque manifestum est quia *i n* potens supra *b g* atque *a z* communicat *z d* in longitudine. Quare *a d* communicat utrique *a z* et *z d* atqui *a d* rationalis in potentia incommunicabilisque linee *a b* in longitudine. Quare utraque *a z* et *z d* rationalis in potentia et incommunicabilis linee *a b* in longitudine.

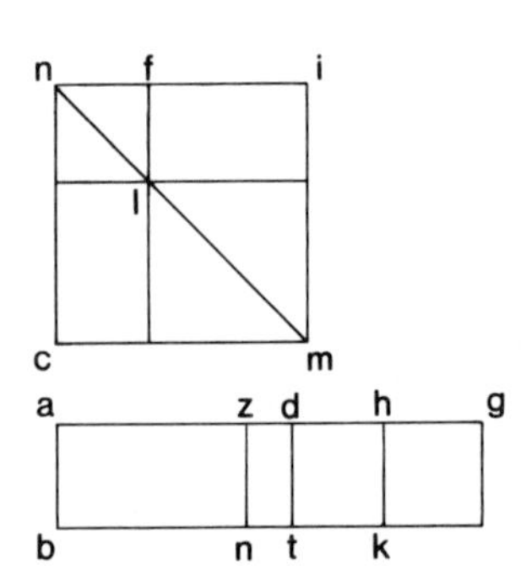

295 Utraque ergo superficierum *a n* et *n d* mediatum. Sunt autem equales superficiebus quadratis *m l* et *l n*. Quare *m l* et *l n* mediata suntque quadrata ex *i f* et *f n*. Quadrata itaque ex *i f* et *f n* mediata communicant. Manifestum est ergo quia *i f* incommunicat linee *f n* in longitudine. Et etiam *d h* communicat linee *h g* in longitudine. Quare *g d* communicat 300 linee *d h* in longitudine atqui *d g* rationalis communicansque linee *a b* in longitudine. Quare *t h* rationalis, est autem equalis superficiei *i l*. Quare *i l* rationalis estque superficies ex *i f* in *f n*. Itaque linee *i f* et *f n* mediate et in

potentia tantum communicantes superficiem rationalem continentes. Erit igitur *i n* bismediatum primum et est potens super superficiem *b g*. Et hoc 305 est quod demonstrare intendimus.

<x.50> Omnis superficies binomia tertia et linea rationali contenta linea supra eam potens erit bis medialis secundum.

Exempli gratia: Sit superficies *b g* contenta linea rationali *a b* binomioque tertio *a g*. Dico itaque quia linea potens supra superficiem 310 *b g* est bismediatum secundum.

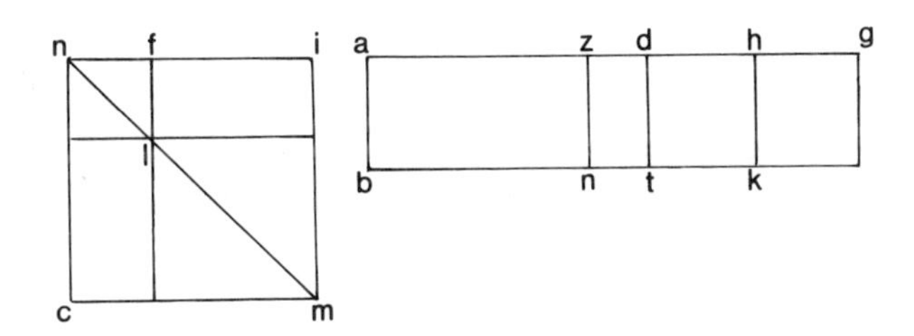

Rationis causa: Maneant enim supradicta eritque palam quia *i n* potens supra superficiem *b g*. Quoniamque *i f* et *f n* mediata et in potentia tantum communicant atqui *d h* communicat *h g* in longitudine. Quare *g d* communicat linee *d h* in longitudine. Atqui *g d* rationalis in potentia 315 incommunicabilis linee *a b* in longitudine. Quare *d h* rationalis in potentia incommunicabilisque *a b* in longitudine. Est ergo *t h* mediatum. Superficies autem *t h* equalis est superficiei *i l*. Quare *i l* mediatum estque superficies lineis *i f* et *f n* contenta. Erant autem *i f* et *f n* mediata et in potentia tantum communicantes continentia medialem. Erit igitur *i n* 320 bismediale secundum potensque supra superficiem *b g*. Et hoc est quod demonstrare intendimus.

<x.51> Omnis superficies binomio quarto et linea rationali contenta erit linea potens supra hanc superficiem maior.

Exempli gratia: Sit superficies *b g* linea rationali contenta *a b* et 325 binomio quarto *a g*. Dico itaque quia linea potens supra superficiem *b g* est maior.

Rationis causa: Maneant etenim precedentia eritque *a g* binomium quartum. Atque *a z* incommunicabilis linee *z d* in longitudine atque *a n* incommunicabilis *n d* et *l m* incommunicabilis *l n*. Sunt autem *l m* et *l n* 330 quadrata ex *i f* et *f n*. Quare quadratum ex *i f* incommunicabile quadrato

322 contenta] contente D.

ex *f n* atque *i f* et *f n* potentia incommunicabiles. Sicque patet quia *i f* et *f n* mediatum continent estque superficies *i f* in *f n*. Atqui *d a* rationalis et

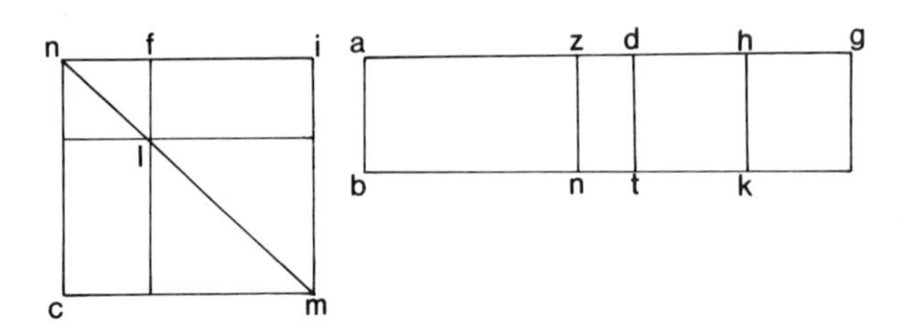

communicans linee *a b* in longitudine. Quare *b d* rationalis. Atqui *b d* sicut quadrata *m l* et *l n*. Quare quadrata *m l* et *l n* coniuncta rationale.
335 Quadrata itaque ex *i f* et *f n* coniuncta rationale. Atqui *i f* et *f n* potentia incommunicabiles continentes mediatum atque quadrata earum coniuncta rationale. Erit igitur *i n* maior potensque supra superficiem *b g*. Et hoc est quod demonstrare intendimus.

<x.52> Omnis superficies binomio quinto et linea rationali contenta
340 erit linea potens supra ipsam superficiem potens etiam supra rationale et mediatum.

Exempli gratia: Sit superficies *b g* contenta linea rationali *a b* et binomio quinto *a g*. Dico itaque quia linea potens supra superficiem *b g* erit etiam potens supra rationale et mediatum.

345 *Rationis causa*: Manentibus enim precedentibus patet quia *i n* potens supra *b g*. Et quoniam *i f* et *f n* potentia incommunicabiles, superficies ergo *i f* in *f n* rationalis. Item *d a* rationalis in potentia incommunicabilisque *a b* in longitudine. Quare *b d* mediatum, est autem equalis duobus quadratis ex *i f* et *f n* coniunctis. Quadrata ergo ex *i f* et *f n*
350 coniuncta mediatum. Quare *i f* et *f n* potentia incommunicabiles continentes superficiem rationalem quadrataque eorum coniuncta media-

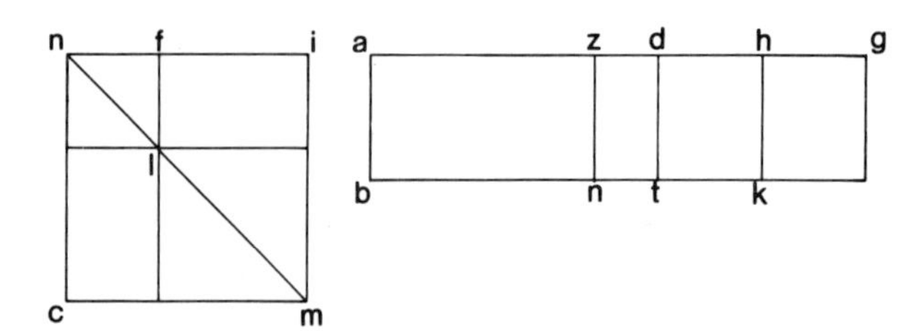

tum. Erit igitur *i n* potens supra rationale et mediatum. Erat quoque potens supra superficiem *b g*. Et hoc est quod demonstrare intendimus.

<x.53> Omnis superficies binomio sexto et linea rationali contenta erit
355 linea potens supra ipsam superficiem etiam potens supra duo mediata.

Exempli gratia: Sit superficies *b g* contenta linea rationali *a b* et binomio sexto *a g*. Dico itaque quia linea potens supra superficiem *b g* potest etiam supra duo mediata.

Rationis causa: Manentibus enim supradictis patet quia *i n* potens est
360 supra superficiem *b g*. Suntque *i f* et *f n* in potentia incommunicabilia mediatum continentes. Quadrataque eorum coniuncta mediatum. Atqui *a d* incommunicabilis linee *d g* in longitudine. Quare *a t* incommunicabilis superficiei *t g*. Atqui *a t* equalis duobus quadratis ex *i f* et *f n* coniunctis. At vero *t g* equalis duplo superficiei *i f* in *f n*. Quadrata ergo
365 ex *i f* et *f n* coniuncta incommunicabilia duplo superficiei *i f* in *f n*. Atque

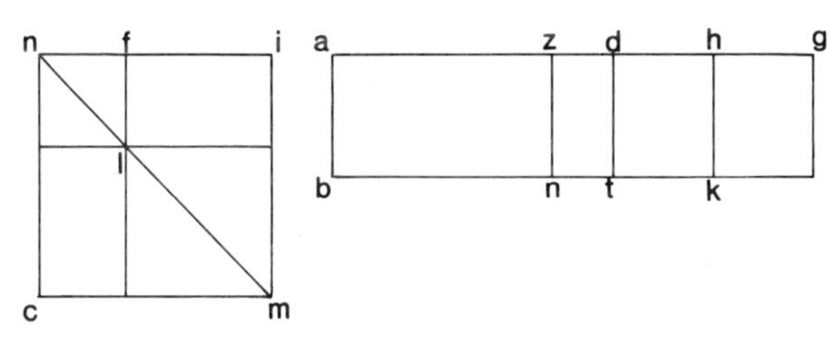

i f et *f n* potentia incommunicabilia continentesque mediatum quadrataque earum coniuncta mediatum incommunicabileque duplo superficiei unius in alteram. Erit igitur *i n* supra duo mediata. Estque potens supra superficiem *b g*. Et hoc est quod demonstrare intendimus.

370 <x.54> Cum adiuncta fuerit linee rationali superficies equalis quadrato linee binomie, erit latus eius secundum binomium primum.

Exempli gratia: Sit linea *a b* binomia lineaque *g d* rationalis. Sitque adiuncta linee *g d* superficies *d h* equalis quadrato *a b* estque latus eius secundum *g h*. Dico itaque quia *g h* binomium primum.

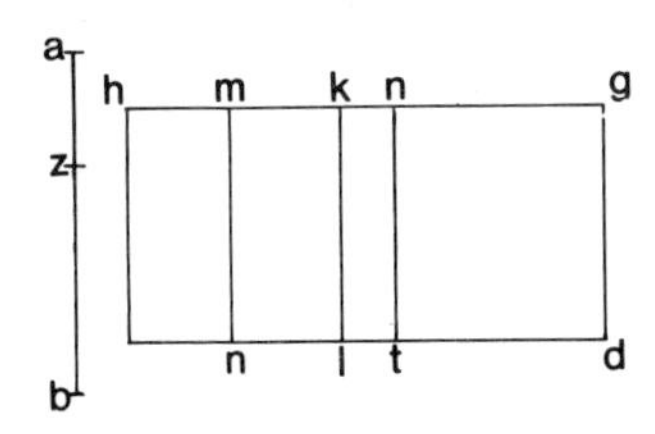

375 *Rationis causa*: Dividatur enim *a b* secundum nomina sua supra *z*. Sit autem superficies *d n* equalis quadrato ex *a z* superficiesque *t k* equalis quadrato ex *z b* duplumque superficiei *a z* in *z b* sicut superficies *l h*.

364 *post f n add.* D duplicata.

Dividaturque *k h* in duo mediata super *m* producaturque linea *m n*. Superficies ergo *a z* in *z b* sicut superficies *l m*. Quadrata autem *a z* et *z b*
380 coniuncta rationale suntque sicut *d k*. Quare *d k* rationalis, est autem adiuncta linee *g d* rationali. Quare *g k* rationalis communicansque linee *g d* in longitudine. Item superficies *a z* in *z b* medialis, duplum ergo eius mediale. Erat autem equalis superficiei *l h*. Quare *l h* mediale. Atqui *k l* rationalis. Quapropter *k h* rationalis in potentia et incommunicans linee
385 *g d* in longitudine. Quadrata autem *a z* et *z b* coniuncta incommunicabilia sunt duplo superficiei ex *a z* in *z b* suntque item maius eo. Quare *g l* incommunicabilis superficiei *l h*. Linea ergo *g k* incommunicabilis linee *k h* in longitudine. Linee itaque *g k* et *k h* in potentia tantum rationales communicantes. Quare *g h* binomium.

390 Atqui *g k* maior quam *k h*. Quadratum autem ex *a z* communicat quadrato ex *z b*. Quare *g t* communicat *t k* et *g n* communicat *n k* in longitudine. Proportio autem quadrati ex *a z* ad superficiem *a z* in *z b* ut est proportio superficiei *a z* in *z b* ad quadratum ex *z b*. Quadratum autem *a z* sicut *g t*, superficies vero *a z* in *z b* sicut *k n*, quadratum vero
395 *z b* sicut *t k*. Proportio ergo *g t* ad *l m* sicut proportio *l m* ad *l n*. Proportio autem *g t* ad *l m* sicut proportio *g n* ad *k m*, proportio vero *m l* ad *l n* sicut proportio *m k* ad *k n*. Proportio itaque *g n* ad *k m* sicut proportio *m k* ad *k n*. Superficies ergo *g n* et *n k* sicut quadratum ex *k m*. Atqui *g k* et *k h* due linee inequales estque adiuncta ad *k g* superficies
400 equalis quarte quadrati ex *k h* deestque ei superficies quadrata. Erat autem *g n* communicans linee *n k* in longitudine. Quare *g k* potens supra *k h* augmento quadrati cuius latus communicat linee *g k* in longitudine. Erat autem *g k* communicans linee *g d* in longitudine. Erit igitur *g h* binomium primum. Et hoc est quod demonstrare intendimus.

405 <x.55> Cum adiuncta fuerit linee rationali superficies equalis quadrato linee bis mediate prime, erit latus eius secundum binomium secundum.

Exempli gratia: Sit linea *a b* bis mediatum primum et linea *g d* rationalis. Sitque ei adiuncta superficies *d h* equalis quadrato ex *a b* cuius latus secundum *g h*. Dico itaque quia *g h* binomium secundum.

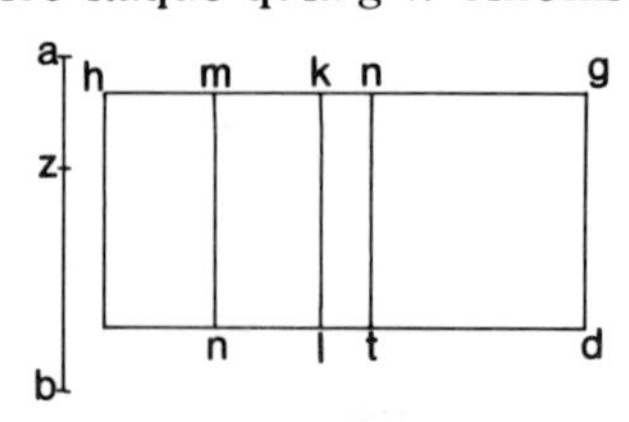

410 *Rationis causa*: Manentibus enim predictis erit quadrata ex *a z* et *z b* coniuncta mediatum et *d k* mediatum, *g d* vero rationale. Quare *g k*

potentia rationalis incommunicabilisque $g\ d$ in longitudine. Item superficies $a\ z$ in $z\ b$ rationalis duplumque eius rationale estque sicut $l\ h$. Quare $l\ h$ rationalis. Atqui $g\ d$ rationale. Quare $k\ h$ rationalis communicansque
415 $g\ d$ in longitudine. Sicque manifestum est quia $g\ k$ et $k\ h$ incommunicabilis in longitudine atqui $g\ k$ et $k\ h$ in potentia rationales communicantes. Est ergo $g\ h$ binomium.

Manifestum est autem quia $g\ k$ potens supra $k\ h$ augmento quadrati cuius latus communicat linee $g\ k$ in longitudine. Erat autem $k\ h$
420 communicans $g\ d$ in longitudine. Est igitur $g\ h$ binomium secundum. Et hoc est quod demonstrare intendimus.

<x.56> Cum adiuncta fuerit linee rationali superficies equalis quadrato linee bis mediate secunde, erit latus eius secundum binomium tertium.

Exempli gratia: Sit linea $a\ b$ bis mediata secunda lineaque $g\ d$
425 rationalis. Sitque adiuncta linee $g\ d$ superficies $d\ h$ equalis quadrato linee $a\ b$ fiatque latus eius secundum $g\ h$. Dico itaque quia $g\ h$ binomium tertium.

Rationis causa: Manentibus enim premissis patet quia utraque $k\ g$ et $k\ h$ rationalis in potentia et incommunicabilis linee $g\ d$ in longitudine.
430 Atqui $a\ z$ incommunicabilis linee $z\ b$ in longitudine quadrataque ex $a\ z$ et $z\ b$ coniuncta incommunicabilia sunt duplo superficiei $b\ z$ in $z\ a$. Atque $g\ l$ incommunicabilis $l\ h$. Quare $g\ k$ incommunicabilis linee $k\ h$ in longitudine. Atqui $g\ k$ et $k\ h$ potentia tantum rationales communicantes. Quare $g\ h$ binomium.

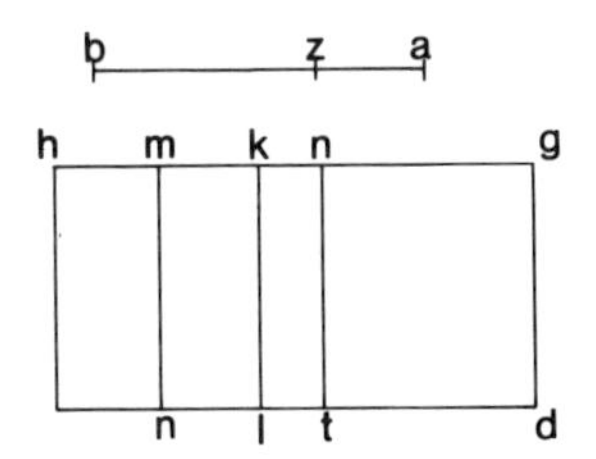

435 Patet quoque quia $g\ k$ potentior $k\ h$ augmento quadrati cuius latus communicat $g\ k$ in longitudine. Erat autem utraque $k\ g$ et $k\ h$ incommunicabilis linee $g\ d$ in longitudine. Est igitur $g\ h$ binomium tertium. Et hoc est quod demonstrare intendimus.

<x.57> Cum adiuncta fuerit linee rationali superficies equalis quadrato
440 linee maioris, erit latus eius secundum binomium quartum.

Exempli gratia: Sit linea maior $a\ b$ et linea $g\ d$ rationalis. Sitque adiuncta linee $g\ d$ superficies $d\ h$ equalis quadrato $a\ b$ latusque eius secundum $g\ h$. Dico itaque quia $g\ h$ binomium quartum.

Rationis causa: Maneant enim premissa. Quadrata itaque ex $a\ z$ et $z\ b$
445 coniuncta rationale atque $d\ k$ rationalis atqui $g\ d$ rationalis. Quare $g\ k$ rationalis communicans $g\ d$ in longitudine. Sicque manifestum est quia $g\ h$ binomium.

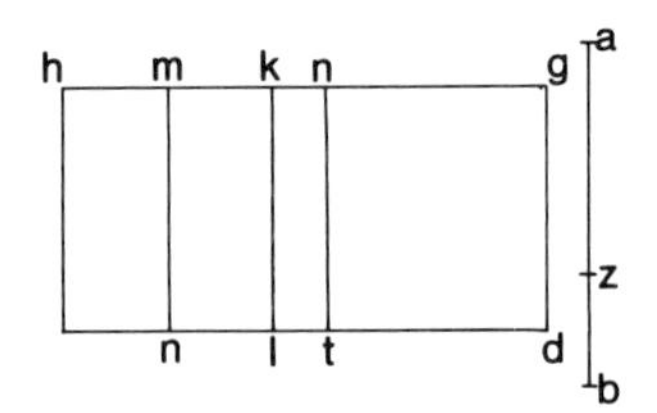

Atqui quadratum ex $a\ z$ incommunicabile quadrato ex $z\ b$ et $g\ t$ incommunicabilis superficiei $t\ k$ et $g\ n$ incommunicabilis linee $n\ k$ in
450 longitudine. Superficies autem $g\ n$ in $n\ k$ sicut quadratum $k\ m$. Quare $g\ k$ potens supra $k\ h$ augmento quadrati incommunicabilis $g\ k$ in longitudine. Erat autem $k\ g$ communicans linee $g\ d$ in longitudine. Est igitur $g\ h$ binomium quartum. Et hoc est quod demonstrare intendimus.

<x.58> Cum adiuncta fuerit linee rationali superficies equalis quadrato
455 linee potentis supra rationale et mediatum, erit latus eius secundum binomium quintum.

Exempli gratia: Sit linea $a\ b$ potens supra rationale et mediatum lineaque $g\ d$ rationalis. Adiungaturque ad $g\ d$ superficies $d\ h$ equalis quadrato $a\ b$ fiatque latus eius secundum $g\ h$. Dico itaque quia $g\ h$
460 binomium quintum.

Rationis causa: Manentibus enim precedentibus patet quia $g\ h$ binomium. Et quia $g\ k$ potens supra $k\ h$ augmento quadrati incommuni-

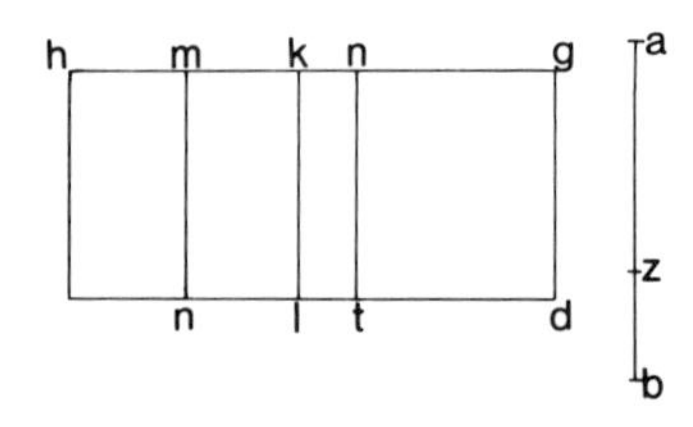

cabilis $g\ k$ in longitudine atque $k\ h$ communicat $g\ d$ in longitudine. Erit igitur $g\ h$ binomium quintum. Et hoc est quod demonstrare intendimus.

465 <x.59> Cum adiuncta fuit linee rationali superficies equalis quadrato linee potentis supra duo mediata, erit latus eius secundum binomium sextum.

Exempli gratia: Sit linea *a b* potens supra duo mediata lineaque *d g* rationalis. Adiungaturque linee *g d* superficies *d h* equalis quadrato *a b*
470 fiatque latus secundum *g h*. Dico itaque quia *g h* binomium sextum.

Rationis causa: Manentibus enim supradictis erit quadrata ex *a z* et *z b* coniuncta mediata duplumque superficiei *a z* in *z b* mediatum. Utraque etiam *g l* et *l h* mediata, adiuncta linee *g d* rationali linee quod *g k* et *k h* potentia tantum rationales incommunicabilesque linee *g d* in longitudine.
475 Sicque patet *g h* binomium.

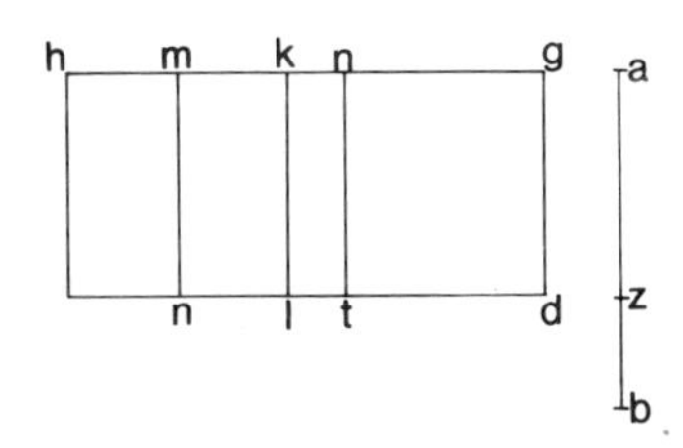

Atqui *g k* potens supra *k h* augmento quadrati cuius latus incommunicabile linee *g k* in longitudine. Utraque autem *g k* et *k h* incommunicabilis linee *g d* rationali assignate in longitudine. Erit igitur *g h* binomium sextum. Et hoc est quod demonstrare intendimus.

480 <x.60> Omnis linea linee binomie communicans erit binomia secundum ordinem eius et terminum.

Exempli gratia: Sit linea *a b* binomia lineaque *g d* communicans *a b*. Dico itaque quia *g d* binomia in ordine *a b* suoque termino.

Rationis causa: Dividatur enim *a b* secundum nomina sua supra *h*
485 sitque proportio *a b* ad *g d* sicut proportio *a h* ad *g z*. Relinquitur ergo proportio *h b* ad *z d* duorum reliquorum sicut proportio *a b* ad *g d*. Erat autem *a b* communicans linee *g d*, singula itaque ex *a h* et *h b* communicant singulis *g z* et *z d*. Atque *a h* et *h b* potentia tantum rationales communicantes. Quare *g z* et *z d* potentia tantum rationales
490 communicantes. Linea igitur *g d* binomium.

Proportio autem *a h* ad *g z* sicut proportio *h b* ad *d z*. Cumque mutabitur, erit proportio *a h* ad *h b* sicut proportio *g z* ad *z d*. Quod si fuerit *a h* potens supra *h b* augmento quadrati linee communicantis *a h* in

473 mediata, adiuncta] mediatum adiunctum D.

longitudine, erit $g\ z$ potens supra $z\ d$ augmento quadrati cuius latus
495 communicat linee $g\ z$ in longitudine. Deinde si fuerit $a\ h$ communicans

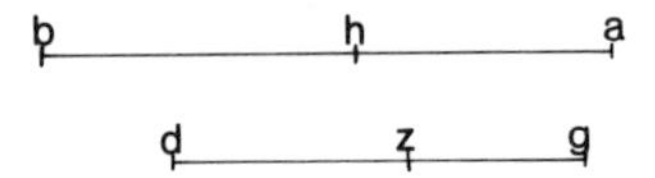

linee rationali posite in longitudine, erit $g\ z$ communicans linee rationali posite in longitudine. Eritque utraque $a\ b$ et $g\ d$ binomium primum. Quod si fuerit $h\ b$ communicans linee rationali posite in longitudine, erit $z\ d$ communicans linee rationali posite in longitudine. Eritque unaqueque
500 $a\ b$ et $g\ d$ binomium secundum. Quod si fuerit unaqueque $a\ h$ et $h\ b$ incommunicabile linee rationali posite in longitudine, erit unaqueque $g\ z$ et $z\ d$ incommunicabilis linee rationali posite in longitudine. Eritque utraque $a\ b$ et $g\ d$ binomium tertium. Itemque si fuerit $a\ h$ potens supra $h\ b$ augmento quadrati incommunicabilis $a\ h$ in longitudine, erit $g\ z$
505 potens supra $z\ d$ augmento quadrati incommunicabilis $g\ z$ in longitudine. Sicque patet quia utraque $a\ b$ et $g\ d$ binomium aut quartum aut quintum aut sextum. Erit igitur $g\ d$ binomium secundum ordinem $a\ b$ et eius terminum. Et hoc est quod demonstrare intendimus.

<x.61> Omnis linea communicans linee bis mediate ipsa erit bis
510 mediata in ordine et in termino eius.

Exempli gratia: Sit linea $a\ b$ bismediata lineaque $g\ d$ communicans $a\ b$. Dico itaque quia $g\ d$ bismediatum in ordine $a\ b$ eiusque termino.

Rationis causa: Dividatur enim $a\ b$ in sua mediata supra h sitque proportio $a\ b$ ad $g\ d$ sicut proportio $a\ h$ ad $g\ z$. Relinquitur itaque
515 proportio $h\ b$ ad $z\ d$ reliquorum sicut proportio $a\ b$ ad $g\ d$. Atqui $a\ b$ communicans linee $g\ d$. Quare utraque $a\ h$ et $h\ b$ communicans utrique $g\ z$ et $z\ d$. Atqui $a\ h$ et $h\ b$ mediata potentia tantum communicantes. Quare $g\ z$ et $z\ d$ mediata in potentia tantum communicantes. Quare linea $g\ d$ bismediata.

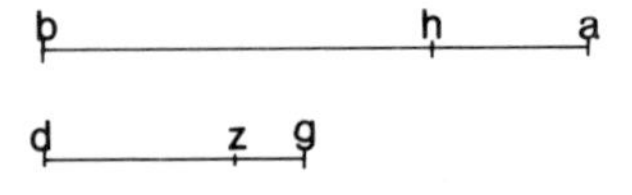

520 Proportioque $a\ h$ ad $g\ z$ sicut proportio $h\ b$ ad $z\ d$. Cumque mutabitur, erit proportio $a\ h$ ad $h\ b$ sicut proportio $g\ z$ ad $z\ d$. Atqui proportio $a\ h$ ad $h\ b$ sicut proportio quadrati $a\ h$ ad superficiem $a\ h$ in $h\ b$. Proportio vero

519 bismediata] bismediatum D.

$g z$ ad $z d$ sicut proportio quadrati $z g$ ad superficiem $g z$ in $z d$. Proportio itaque quadrati $h a$ ad superficiem $a h$ in $h b$ sicut proportio quadrati $g z$ ad superficiem $g z$ in $z d$ quadratumque $a h$ communicat quadrato ex $g z$, superficies ergo $a h$ in $h b$ communicat superficiei $g z$ in $z d$. Quod si fuerit superficies $a h$ in $h b$ rationalis, erit superficies $g z$ in $z d$ rationalis. Atque utraque $a b$ et $g d$ bismediatum primum. Si vero fuerit superficies $a h$ in $h b$ mediata, erit superficies $g z$ in $z d$ mediata. Atque utraque $a b$ et $g d$ bismediatum secundum. Erit igitur $g d$ bismediatum secundum ordinem et terminum linee $a b$. Et hoc est quod demonstrare intendimus.

<x.62> Omnis linea communicans linee maiori erit item maior.

Exempli gratia: Sit linea maior a lineaque b communicans linee a. Dico itaque quia b item linea maior.

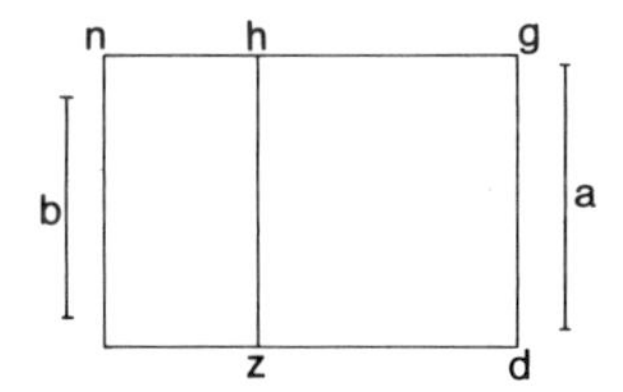

Rationis causa: Sit enim linea $g d$ rationalis posita. Adiungaturque ad $g d$ superficies $d h$ equalis quadrato ex a superficiesque $z n$ equalis quadrato ex b. Linea itaque a maior atqui $g d$ rationalis. At vero $d h$ equalis quadrato ex a. Quare $g h$ binomium quartum. Atqui a communicans b, quadratum ergo ex a communicans quadrato ex b. Erant autem $g z$ et $z n$ equalia duobus quadratis ex a et b. Quare $g z$ communicans $z n$ et $g h$ communicans $h n$. Atqui $g h$ binomium quartum. Quare $h n$ etiam binomium quartum. Atqui $h z$ rationalis. Linea itaque potens supra superficiem $z n$ maior. Est quod linea b est, igitur linea b maior. Et hoc est quod demonstrare intendimus.

<x.63> Omnis linea communicans linee potenti supra rationale et mediatum item erit supra rationale et mediatum potens.

Exempli gratia: Sit linea a potens supra rationale et mediatum lineaque b communicans linee a. Dico itaque quia linea b potest item supra rationale et mediatum.

Rationis causa: Linea enim a potens supra rationale et mediatum et $g d$ rationalis. Atque $d h$ sicut quadratum ex a. Itaque $g h$ binomium quintum, communicat autem linee $h n$. Quare $h n$ binomium quintum.

Atqui *z h* rationalis, linea ergo potens supra *z n* est linea potens supra

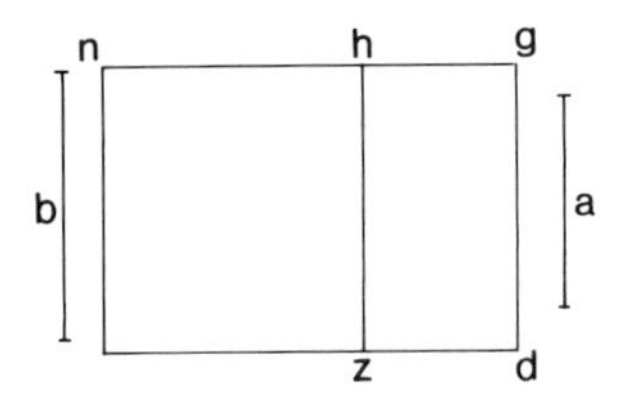

rationale et mediatum estque *b*. Erit igitur linea *b* potens supra rationale et
555 mediatum. Et hoc est quod demonstrare intendimus.

<x.64> Omnis linea communicans linee potenti supra duo mediata erit item potens supra duo mediata.

Exempli gratia: Sit linea *a* potens supra duo mediata lineaque *b* communicat linee *a*. Dico itaque quia *b* potens supra duo mediata.

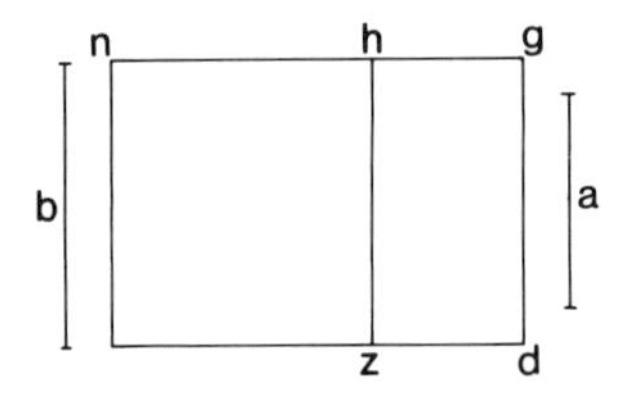

560 *Rationis causa*: Sit enim tedebir idem. Patet itaque quia *g h* binomium sextum. Est autem communicans linee *h n*. Quare *h n* binomium sextum. Atqui *z h* rationalis, linea igitur potens supra *z n* potest etiam supra duo mediata. Et hoc est quod demonstrare intendimus.

<x.65> Cum coniuncte fuerint due superficies quarum una rationalis
565 altera mediata, erit linea potens supra superficiem totam una quatuor linearum surdarum aut binomia aut bismedia prima sive maior sive potens supra rationale et mediatum.

Exempli gratia: Sit superficies *a* rationalis, superficies vero *b* mediata. Dico itaque quia superficies *a b* cum coniuncte fuerint linea potens supra
570 totam superficiem erit una quatuor linearum surdarum aut binomium aut bismediatum primum aut maior aut potens supra rationale et mediatum.

Rationis causa: Sit enim linea *g d* rationalis superficiesque *d h* sicut *a*, superficies vero *z n* sicut *b* atque *a* rationalis. Quare *d h* rationalis estque adiuncta ad *g d* rationalem. Quare *g h* rationalis communicansque linee
575 *g d* in longitudine. Itemque *b* mediatum estque sicut *z n*. Quare *z n* mediatum. Est autem adiuncta ad *g d* rationalem. Quare *h n* rationalis in

potentia et incommunicabilis linee *g d* in longitudine. Atqui *a* rationalis et *b* mediatum. Quare *a* incommunicabilis *b* et *g z* incommunicabilis *z h* atque *g h* incommunicabilis linee *h n* in longitudine. Item *g h* et *h n* in

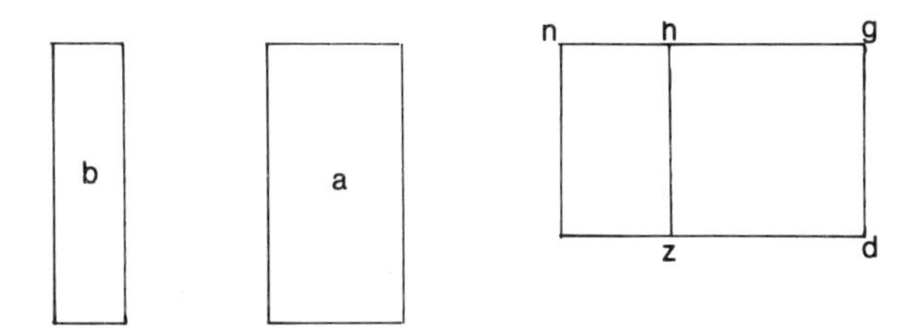

580 potentia tantum rationales communicantes. Linea ergo *g n* binomia. Atqui *g h* potens supra *h n* augmento quadrati cuius latus communicans linee *g h* in longitudine aut incommunicabilis ei. Quod si fuerit *g h* potens supra *h n* augmento quadrati cuius latus sibi communicat in longitudine fueritque *g h* communicans *g d* rationali posite, erit *g n* binomium 585 primum. Atqui *g d* rationalis, linea ergo potens supra superficiem *d n* binomia. Quod si fuerit *g h* potens supra *h n* augmento quadrati lateris incommunicabilis ei in longitudine fueritque *h g* communicans *g d* in longitudine, erit *g n* binomium quartum. Atqui *g d* rationalis, linea itaque potens supra *d n* maior. Item si fuerit *h n* potens supra *h g* augmento 590 quadrati cuius latus communicat linee *h n* in longitudine fueritque *h g* communicans in longitudine *g d*, erit *g n* binomium secundum. Atqui *g d* rationalis, linea ergo potens supra *d n* bismediatum primum.

Quod si fuerit *h n* potens supra *h g* augmento quadrati lateris incommunicabilis ei in longitudine fueritque *h g* communicans *g d* in 595 longitudine, erit *g n* binomium quintum. Atque *g d* rationalis, linea itaque potens supra *d n* potest etiam supra rationale et mediatum. Atqui *d n* equalis *a b*. Cum igitur coniuncte fuerint *a* et *b*, erit linea potens supra superficiem totam una quatuor linearum surdarum aut binomium aut bismediatum primum aut maius aut potens supra rationale et mediatum. 600 Et hoc est quod demonstrare intendimus.

<x.66> Cum coniuncte fuerint due superficies incommensurabiles mediate, erit linea potens supra totam superficiem una duarum linearum surdarum aut bismediatum secundum aut potens supra duo mediata.

Exempli gratia: Sit utraque superficies *a* et *b* mediate sitque *a* incom- 605 municabilis *b*. Dico itaque quia *a* et *b* cum coniungentur erit linea supra ambas potens una duarum linearum surdarum aut bismediatum aut potens supra duo mediata.

Rationis causa: Sit enim linea *g d* rationalis maneantque precedentia, utraque ergo *a* et *b* mediata. Quare utraque *g z* et *z n* mediatum suntque
610 adiuncte *g d* rationalem. Quare utraque *g h* et *h n* rationales in potentia et

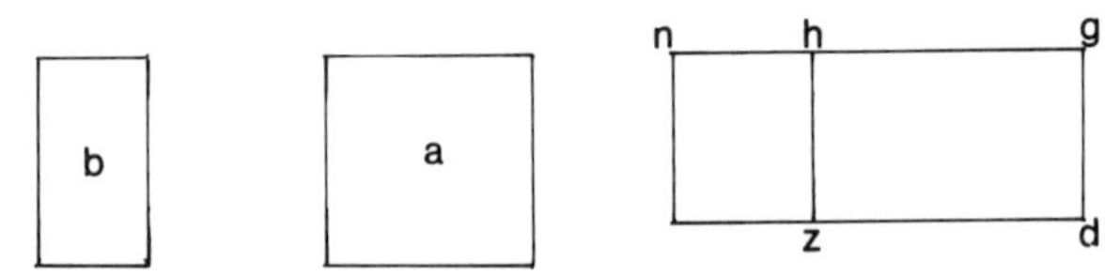

incommunicabilis linee *g d* in longitudine. Atqui *a* incommunicabilis *b*. Quare *g z* incommunicabilis *z n*. Itaque *g h* incommunicabilis *h n* in longitudine. Sunt autem in potentia rationales. Quare *g h* et *h n* potentia tantum rationales communicantes. Linea itaque *g n* binomium. Atqui *g h*
615 potens supra *h n* augmento quadrati lateris communicans ei in longitudine aut incommunicabilis ei. Quod si fuerit *g h* potens supra *h n* augmento quadrati linee communicantis sibi in longitudine fueritque utraque *g h* et *h n* incommunicabilis linee *g d* in longitudine eritque *g n* binomium tertium. Atqui *g d* rationalis. Linea ergo potens supra *d n* bismediatum
620 secundum. Si vero fuerit *g h* potens supra *h n* augmento quadrati lateris incommunicabilis ei in longitudine et utraque *g h* et *h n* incommunicabilis *g d* in longitudine, erit *g n* binomium sextum. Et *g d* rationalis. Linea ergo potens supra *d n* potest etiam supra duo mediata. Item *h n* si fuerit potens supra *h g* augmento quadrati lateris communicantis ei in
625 longitudine aut incommunicabilis ei, erit linea potens supra *d n* una duarum linearum surdarum aut bis mediatum secundum aut potens supra duo mediata. Atqui *d n* equalis superficiei *a b*. Cum igitur *a* et *b* coniungentur, erit linea potens supra superficiem totam una duarum linearum surdarum aut bismediatum secundum aut potens supra duo
630 mediata. Et hoc est quod demonstrare intendimus.

<x.67> Cum proposita fuerit linea binomia cetereque surde eam sequentes, non erit earum aliqua in termino linee medie nec erit earum aliqua in termino alterius nec in ordine.

Rationis causa: Quadratum etenim medie cum adiuncta fuerit super-
635 ficies equalis ei linee rationali, fit latus eius secundum rationale in potentia. Quadratum vero binomie cum adiuncta fuerit superficies equalis ei linee rationali, fit latus eius secundum binomium primum. Eodemque modo surde binomium sequentes. Cum adiuncte fuerint superficies equales quadratis earum lineis rationalibus, fit latus secundum singularum
640 superficierum earum, sicut demonstratum est in precedentibus, repugnans

640 *post* repugnans *add.* D quadrato.

lateri eius quod est equale ei et repugnans unum alteri sicut surdarum una alteri repugnat. Linea igitur binomia atque surde sequentes eam non erit in termino medie nec altera erit in termino alterius. Et hoc est quod demonstrare intendimus.

645 <x.68> Cum subtracta fuerit linea de linea fuerintque ambe in potentia tantum communicantes, erit linea reliqua surda diceturque residuum.

Exempli gratia: Sit linea *b g* separata a linea *a b* sintque *a b* et *b g* potentia tantum rationales communicantes. Dico itaque quia linea *a g* reliqua surda diceturque residuum.

650 *Rationis causa*: Quoniam enim *a b* et *b g* potentia tantum rationales communicantes, erit superficies *a b* in *b g* mediatum duplumque eius mediatum. Quadrata autem ex *a b* et *b g* coniuncta rationale et incommunicabile duplo superficiei *a b* in *b g*. Atque separatim quadrata *a b* et *b g* coniuncta incommunicans quadrato *g a*. Quadrata autem *a b* et *b g* 655 coniuncta rationale. Quadratum igitur *g a* surdum atque *a g* surda diceturque residuum. Et hoc est quod demonstrare intendimus.

<x.69> Cum linea a linea subtracta fuerit fuerintque mediata et in potentia tantum communicantes continentesque superficiem rationalem, erit linea reliqua surda diceturque residuum mediatum primum.

660 *Exempli gratia*: Sit linea *b g* separata a linea *a b* atque *a b* et *b g* mediata et potentia tantum communicantes superficiesque *a b* in *b g* rationalis. Dico itaque quia *g a* reliqua surda estque residuum mediatum primum.

Rationis causa: Sint enim duo quadrata ex *a b* et *b g* coniuncta 665 mediatum duplumque superficiei *a b* in *b g* rationalis. Quadrata ergo ex *a b* et *b g* coniuncta incommunicans duplo superficiei *a b* in *b g*. Cumque

dividantur, erit quadratum ex *g a* incommunicans duplo superficiei *a b* in *b g* rationali. Quare quadratum *a g* surdum. Est igitur *a g* surda diceturque residuum mediatum primum. Et hoc est quod demonstrare 670 intendimus.

649 residuum] solidum D. 657 subtracta] subextracta D.

<x.70> Cum linea a linea separabitur fuerintque mediate, in potentia tantum communicantes continentesque superficiem mediatum, erit linea reliqua surda diceturque residuum mediatum secundum.

Exempli gratia: Sit linea *b g* separata a linea *a b*, et *a b* et *b g* mediata,
675 in potentia tantum communicantes, et *a b* in *b g* mediatum. Dico itaque quia *a g* reliquum surdum estque residuum mediatum secundum.

Rationis causa: Sit enim linea *d h* <rationalis>, superficies *h z* equalis quadratis *a b* et *b g* coniunctis sitque latus superficiei *h z* secundum *d z*. Separeturque ex superficie *z h* superficies *t z* equalis duplo *a b* in *b g*.

680 Relinquitur itaque superficies *h n* equalis quadrato ex *a g*. Atqui quadrata *a b* et *b g* coniuncta sunt mediatum, duplum vero superficiei *a b* in *b g* mediatum. Erat autem *h z* equalis duobus quadratis ex *a b* et *b g* coniunctis. At vero *t z* equalis duplo superficiei *a b* in *b g*. Utraque itaque *h z* et *t z* mediata. Sunt autem adiuncta ad lineam *d h* rationalem. Quare
685 utraque *d z* et *z n* rationalis in potentia et incommunicans *d h* in longitudine. Atqui *a b* incommunicabilis *b g* in longitudine. Proportio autem *a b* ad *b g* sicut proportio quadrati ex *a b* ad superficiem *a b* in *b g*. Quadrata autem *a b* et *b g* coniuncta communicans quadrato *a b*, duplum vero *a b* in *b g* communicans superficiei *a b* in *b g*. Quare quadrata *a b* et
690 *b g* coniuncta incommunicans duplo superficiei *a b* in *b g*. Quare *h z* incommunicans superficiei *t z*, et *d z* incommunicans *z n* in longitudine. Sunt autem potentia rationales. Linee ergo *d z* et *z n* potentia tantum rationales communicantes. Quare *n d* surda. Atqui *d h* rationalis. Quare *h n* surda. Linea ergo potens supra eam surda estque *a g*. Est igitur *a g*
695 surda vocaturque residuum mediatum secundum. Et hoc est quod demonstrare intendimus.

<x.71> Cum separabitur linea a linea fuerintque in potentia incommunicabiles continentesque <superficiem> mediatum quadrataque earum coniuncta rationalia, erit linea reliqua surda et vocabitur minor.

672 continentesque superficiem] que *et superscr.* D continentesque superficiem.

700 *Exempli gratia*: Sit linea *b g* separata a linea *a b* sintque *a b* et *b g* potentia tantum incommunicabiles quadrataque ex *a b* et *b g* coniuncta rationale, superficies vero *a b* in *b g* mediatum. Dico itaque quia linea *a g*

reliqua surda diceturque minor.

Rationis causa: Sunt enim duo quadrata *a b* et *b g* coniuncta rationale, 705 duplum vero *a b* in *b g* mediatum. Quare quadrata *a b* et *b g* coniuncta sunt incommunicabile duplo superficiei *a b* in *b g*. Cumque permutabitur, erunt quadrata *a b* et *b g* coniuncta incommunicans quadrato ex *a g*. Erant autem quadrata ex *a b* et *b g* coniuncta rationale. Quare quadratum ex *a g* surdum. Est igitur *a g* surda et vocabitur minus. Et hoc est quod 710 demonstrare intendimus.

<x.72> Cum linea a linea separabitur fuerintque in potentia incommunicabiles et continentes superficiem rationalem quadrataque earum coniuncta mediatum, erit linea reliqua surda diceturque iuncta cum rationali faciens totum mediatum.

715 *Exempli gratia*: Sit linea *b g* separata a linea *a b* sintque *a b* et *b g* potentia incommunicantes, superficies autem *a b* in *b g* rationalis, quadrata vero ex *a b* et *b g* coniunctum mediatum. Dico itaque quia *a g* reliquum surdum eritque cum iungetur cum rationali ut fiat totum mediatum.

720 *Rationis causa*: Sunt enim duo quadrata *a b* et *b g* coniuncta mediatum, duplum vero superficiei *a b* in *b g* rationale, quadrata ergo *a b* et *b g* coniuncta incommunicans duplo superficiei *a b* in *b g*. Cumque dividantur, erit quadratum *a g* incommunicans duplo *a b* in *b g*. Duplum autem superficiei *a b* in *b g* rationale, est igitur quadratum *a g* surdum 725 atque *a g* surda. Diceturque iuncta cum rationali faciens totum mediatum. Et hoc est quod demonstrare intendimus.

<x.73> Cum linea a linea separabitur fuerintque in potentia incommunicabiles et continentes mediatum quadrataque earum coniuncta mediatum et incommunicans duplo superficiei alterius earum in alteram,

711-712 incommunicabiles] incommunicabilis D. 725 iuncta cum rationali faciens] residuum eritque D.

730 erit reliqua linea surda. Diceturque coniuncta cum mediata fietque totum mediatum.

Exempli gratia: Sit linea *b g* separata a linea *a b* sintque *a b* et *b g* potentia incommunicantes eritque *a b* in *b g* mediatum. Quadrata autem *a b* et *b g* coniuncta mediata et incommunicans duplo superficiei *a b* in 735 *b g*. Dico itaque quia linea *a g* reliqua surda estque cum coniungetur mediato ut fiat totum mediatum.

Rationis causa: Sit enim linea *d h* rationalis adiungaturque *d h* superficies *h z* equalis duobus quadratis *a b* et *b g* coniunctis. Separeturque ab *h z* superficies *z t* equalis duplo *a b* in *b g*. Relinquitur ergo *h n* equalis 740 quadrato *a g*. Et *a g* potens supra *h n*. Erant autem quadrata *a b* et *b g* coniuncta mediatum atque duplum superficiei *a b* in *b g* mediatum.

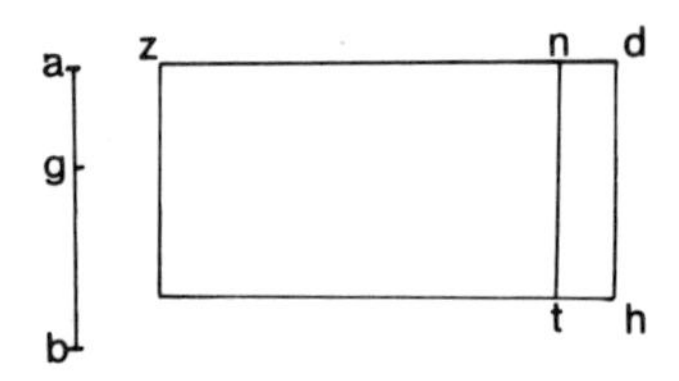

Superficies autem *h z* equalis quadrato ex *a b* et *b g*, superficies vero *t z* equalis duplo *a b* in *b g*, superficies ergo *h z* et *t z* mediate. Sunt autem adiuncte ad lineam *d h* rationalem. Linee itaque *d z* et *z n* potentia 745 rationales et incommunicantes linee *d h* in longitudine. Erit autem quadrata ex *a b* et *b g* coniuncta incommunicans duplo superficiei *a b* in *b g*. Quare superficies *h z* incommunicabilis superficiei *z t*. Linea itaque *z d* incommunicans linee *z n* in longitudine. Erant autem rationales in potentia. Itaque *z d* et *z n* potentia tantum rationales communicantes. 750 Quare *d n* surda atqui *d h* rationalis, superficies ergo *h n* surda. Lineaque supra eam potens surda estque *a g*. Erit igitur *a g* surda, dicta residua cum mediato <coniuncta> fitque totum mediatum. Et hoc est quod demonstrare intendimus.

<x.74> Nulla linea cum linea differenti coniungitur nisi una tantum 755 donec fiant ambe in termino earum ante separationem.

Exempli gratia: Sit linea residua *a b* coniungaturque cum linea *b g* sintque *a g* et *g b* in termino sui ante separationem. Dico itaque quia non coniungetur cum linea *a b* linea alia in termino *a g* et *g b*.

Rationis causa: Est enim impossibile. Si vero possibile fuerit, sit 760 coniuncta ei linea *b d*. Quare additio duorum quadratorum ex *a g* et *g b* coniunctorum supra duplum superficiei *a g* in *g b* sicut additio duorum quadratorum *a d* et *d b* coniunctorum supra duplum superficiei *a d* in *d b*. Cumque alternabitur, erit augmentum quadratorum *a g* et *g b* coniunctorum supra quadrata *a d* et *d b* coniuncta sicut additio dupli *a g*

g d b a

765 in *g b* supra duplum *a d* in *d b*. Estque additio quadratorum *a g* et *g b* coniunctorum supra duo quadrata *a d* et *d b* coniuncta rationale, unumquodque enim illorum rationale. Augmentum ergo dupli *a g* in *g b* supra duplum *a d* in *d b* erit rationale. Quod est impossibile. Unumquodque enim illorum mediatum. Non igitur coniungitur cum linea residua nisi 770 linea una tantum donec fiant in termino earum ante separationem. Et hoc est quod demonstrare intendimus.

<x.75> Nulla linea coniungitur cum residuo mediato primo nisi una linea tantum donec fiant in termino earum ante separationem.

Exempli gratia: Sit residuum mediatum primum linea *a b* et 775 coniungatur linea *b g* sintque *a g* et *g b* in termino eorum ante separationem. Dico itaque quia non coniungatur cum linea *a b* linea alia in termino *a g* et *g b*.

g d b a

Rationis causa: Patet enim hoc esse impossibile. Si vero possibile fuerit, coniungatur *b d*. Itaque patet quia augmentum duorum quadratorum *a g* 780 et *g b* coniunctorum supra duo quadrata *a d* et *d b* coniuncta sicut augmentum dupli *a g* in *g b* supra duplum *a d* in *d b*. Augmentum autem dupli *a g* in *g b* supra duplum *a d* in *d b* rationale. Utrumque enim eorum rationale. Quare augmentum duorum quadratorum *a g* et *g b* coniunctorum supra duo quadrata *a d* et *d b* coniuncta erit rationale. 785 Quod est impossibile. Unumquodque enim eorum mediatum. Non igitur coniungitur cum residuo mediato primo nisi linea una tantum donec fit in termino earum. Et hoc est quod demonstrare intendimus.

<x.76> Nulla linea cum residuo mediato secundo coniungitur nisi una tantum donec in termino earum fiant.

790 *Exempli gratia*: Sit residuum mediatum secundum linea *a b*, coniungatur linea *b g* sintque *a g* et *g b* in termino eorum ante separationem. Dico itaque quia non coniungitur cum linea *a b* linea alia in termino *a g* et *g b*.

Rationis causa: Patet enim hoc esse impossibile. Quia si est possibile, coniungatur ei *b d*. Sitque linea *h z* rationalis iungaturque ei superficies

795 *z n* equalis duobus quadratis *a g* et *g b* coniunctis abscidaturque ab ea *n k* equalis duplo superficiei *a g* in *g b*. Relinquitur itaque *z t* equalis quadrato *a b*. Quare *a b* potens supra *z t*. Item sit *z l* equalis duobus quadratis *a d* et *d b* coniunctis atqui *z t* equalis quadrato *a b*. Relinquitur ergo *k l* equalis duplo superficiei *a d* in *d b*. Duo autem quadrata ex *a g* et 800 *g b* coniuncta mediatum, duplum vero superficiei *a g* in *g b* mediatum.

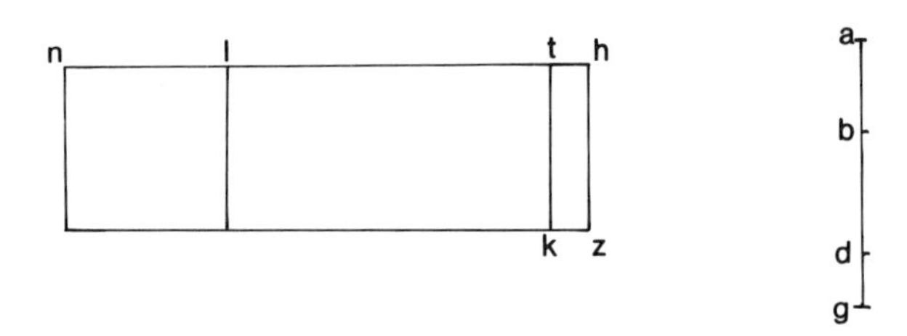

Atqui *z n* sicut duo quadrata *a g* et *g b* coniuncta et *k n* equalis duplo superficiei *a g* in *g b*. Utraque itaque *z n* et *k n* mediatum. Atqui *h z* rationalis. Linee ergo *h n* et *t n* rationales in potentia et incommunicabiles linee in longitudine. Quare quadrata *a g* et *g b* coniuncta incommunicans 805 duplo superficiei *a g* in *g b*. Atqui *a g* incommunicans linee *g b* in longitudine. Quapropter *z n* incommunicans *k n* et *h n* incommunicans *n t* in longitudine. Itaque *h n* et *t n* potentia tantum rationales communicantes. Quare *h t* residuum. Est autem coniuncta ei linea *t n*. Eodemque modo patet quia eidem *h t* neque communicat linea *t l*. 810 Iunguntur ergo cum residuo *h t* due linee in termino suo. Quod est impossibile. Non igitur coniungitur cum residuo mediato secundo nisi una linea tantum donec in termino earum fiant. Et hoc est quod demonstrare intendimus.

<x.77> Nulla linea cum minori coniungitur nisi una linea tantum 815 donec in termino earum fiant.

Exempli gratia: Sit linea minor *a b* cui coniungatur linea *b g*, erit cui refertur. Sintque *a g* et *g b* in termino earum. Dico itaque quia non iungitur cum linea *a b* linea alia in termino *a g* et *b g*.

Rationis causa: Est enim impossibile. Si vero possibile fuerit, 820 coniungitur ei linea *b d*. Sicque patebit quia augmentum duorum

820 quia] *t k* D.

quadratorum *a g* et *g b* coniunctorum supra duo quadrata *a d* et *d b*
coniuncta sicut augmentum dupli *a g* in *g b* supra duplum *a d* in *d b*.
Augmentum autem duorum quadratorum *a g* et *g b* coniunctorum supra
duo quadrata *a d* et *d b* coniuncta rationale. Quoniam utrumque ex eis
825 rationale. Augmentumque dupli *a g* in *g b* supra duplum *a d* in *d b* idhe
muntak erit rationale. Quod est contrarium. Unumquodque enim eorum
mediatum. Non igitur coniungitur cum linea minori nisi una linea tantum
donec in termino earum fiant. Et hoc est quod demonstrare intendimus.

<x.78> Nulla linea coniungitur linee iuncte cum rationali unde fit
830 totum mediatum nisi una linea tantum donec in termino earum fiant.
Exempli gratia: Sit iuncta cum rationali unde fit totum mediatum linea
a b cui coniungatur linea *b g*. Atque *a g* et *b g* in termino earum. Dico
itaque quia non coniungitur linee *a b* linea alia in termino *a g* et *g b*.

g d b a

Rationis causa: Patet enim hoc esse impossibile. Si vero possibile fuerit,
835 iungatur ei *b d*. Sicque palam erit quia augmentum duorum quadratorum
a g et *g b* coniunctorum supra duo quadrata *a d* et *d b* coniuncta sicut
augmentum dupli *a g* in *g b* supra duplum *a d* in *d b*. Augmentum autem
dupli *a g* in *g b* supra duplum *a d* in *d b* rationale. Unumquodque enim
eorum rationale. Augmentum ergo duorum quadratorum *a g* et *g b*
840 coniunctorum supra duo quadrata *a d* et *d b* coniuncta etiam rationale.
Quod est impossibile. Utrumque enim eorum mediatum. Non igitur
iungitur linee iuncte rationali unde totum mediatum nisi una linea tantum
donec in termino earum fiant. Et hoc est quod demonstrare intendimus.

<x.79> Nulla linea linee iuncte mediato unde totum mediatum coniun-
845 gitur nisi linea una tantum donec in termino earum fiant ante separationem.
Exempli gratia: Sit linea cum mediato iuncta unde totum mediatum *a b*
cui coniungatur linea *b g*. Atque *a g* et *g b* in termino earum. Dico itaque
quia cum linea *a b* non coniungatur linea alia in termino *a g* et *g b*.
850 *Rationis causa*: Patet enim hoc esse impossibile. Si enim possibile
fuerit, iungatur ei *b d*. Sit ergo linea *h z* rationalis. Adiungatur autem ei
superficies *z n* equalis duobus quadratis *a g* et *g b* iunctis. Subtrahatur
vero superficies *k n* equalis duplo superficiei *a g* in *g b*. Relinquitur ergo

825-826 idhe muntak = aiḍan munṭaq = etiam rationale.

z t equalis quadrato ex *a b*. Item sit *z l* equalis duobus quadratis *a d* et *d b*
855 coniunctis. Quadratum autem *a b* est equale superficiei *z t*. Relinquitur itaque *k l* equalis duplo superficiei *a d* in *d b*. Residuo ergo *h t* iungantur

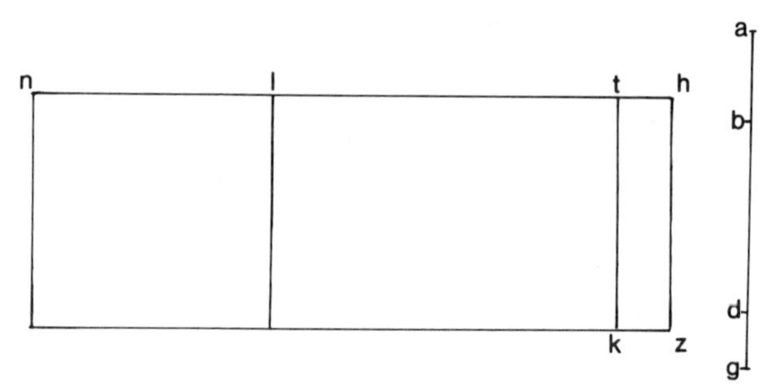

due linee *t n* et *t l* in termino uno. Quod est impossibile. Non ergo iungitur linee iuncte cum mediato unde totum mediatum nisi linea una tantum donec in termino earum fiant ante separationem. Et hoc est quod
860 demonstrare intendimus.

<Definitiones>

<i> Cum ponentur due linee una rationalis, altera residua, iungeturque residue linea unde totum potens supra iunctam augmento quadrati lateris communicantis toti in longitudine fueritque totum
865 communicans rationali posite in longitudine, dicetur residuum primum.

<ii> Si vero fuerit linea iuncta communicans posite in longitudine, dicetur residuum secundum.

<iii> Si vero fuerit utraque earum incommunicabilis rationali posite in
870 longitudine, dicetur residuum tertium.

<iv> Cum vero fuerit totum potens supra iunctam augmento quadrati cuius latus incommunicans toti in longitudine fueritque totum communicans rationali posite in longitudine, dicetur residuum quartum.

875 <v> Si vero fuerit linea adiuncta communicans rationali posite in longitudine, dicetur residuum quintum.

<vi> Si vero fuerit utraque earum incommunicabilis rationali posite in longitudine, dicetur residuum sextum. Et hoc est quod demonstrare intendimus.

880 <x.80> Nunc investigandum est residuum primum.

Sint itaque due linee rationales communicantes in longitudine *a* et *b g* duoque numeri quadrati *h d* et *d z* atque *z h* non quadratus. Proportio

tamen numeri *d h* ad numerum *h z* sicut proportio quadrati ex *b g* ad quadratum ex *g n*. Proportio autem *d h* ad *h z* non est proportio quadrati
885 numeri ad numerum quadratum. Proportio igitur quadrati *b g* ad

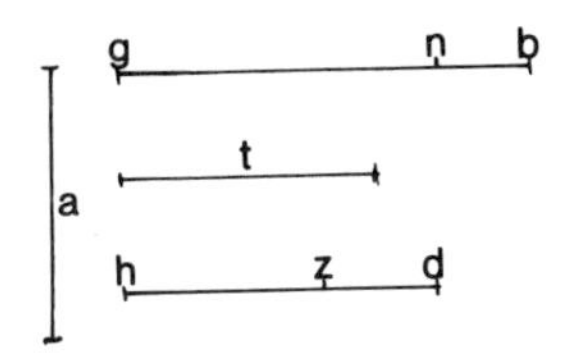

quadratum *g n* non est proportio numeri quadrati ad numerum quadratum. Quare *b g* incommunicabilis *g n* in longitudine. Proportio autem quadrati ex *b g* ad quadratum ex *g n* proportio numeri ad numerum. Quare *b g* communicans linee *g n* in potentia. Erat autem *b g*
890 rationalis in longitudine, linea ergo *g n* potentia rationalis. Atqui *b g* in longitudine incommunicans linee *g n*. Itaque *b g* et *g n* in potentia tantum rationales communicantes. Quapropter *b n* residuum. Est autem coniuncta ei *g n*. Patet ergo, ut supradictum est ... binomii, quia *b g* potens supra *g n* quadrato lateris communicantis ei in longitudine. Atqui *b g*
895 communicat rationali posite in longitudine. Erit igitur *b n* residuum primum. Et hoc est quod demonstrare intendimus.

<x.81> Nunc demonstrandum est quomodo reperiatur residuum secundum.

Sint itaque due linee rationales communicantes in longitudine *a* et *g b*
900 duoque numeri quadrati *d h* et *d z* atque *h z* non quadratus. Sitque proportio numeri *d h* ad numerum *h z* sicut proportio quadrati *b g* ad quadratum ex *g n*. Sicque patet quia *b n* residuum.

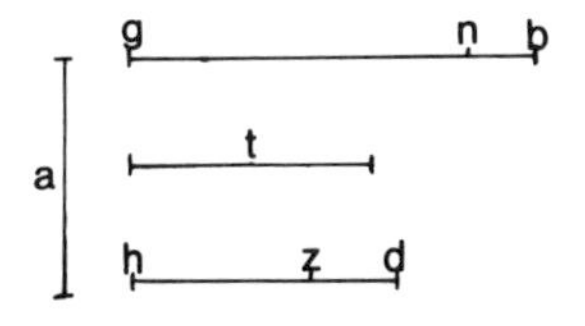

Quoniamque *b g* potens supra *g n* quadrato lateris communicantis ei in longitudine atque *g n* communicans linee *a* in longitudine, erit igitur *b n*
905 residuum secundum. Et hoc est quod demonstrare intendimus.

890 rationalis[2]] irrationalis D.

<x.82> Demonstrandum est quomodo reperiatur residuum tertium.

Sit linea a rationalis duoque numeri quadrati h d et d z atque h z non quadratus. Sitque numerus alius t ut sit proportio numeri t ad numerum ex d h et h z proportio numeri quadrati ad numerum quadratum. Sit 910 autem proportio d h ad t sicut proportio quadrati b g ad quadratum a. Proportio vero numeri t ad numerum z h sicut proportio quadrati a ad quadratum g n. Sicque patens est quia b n residuum.

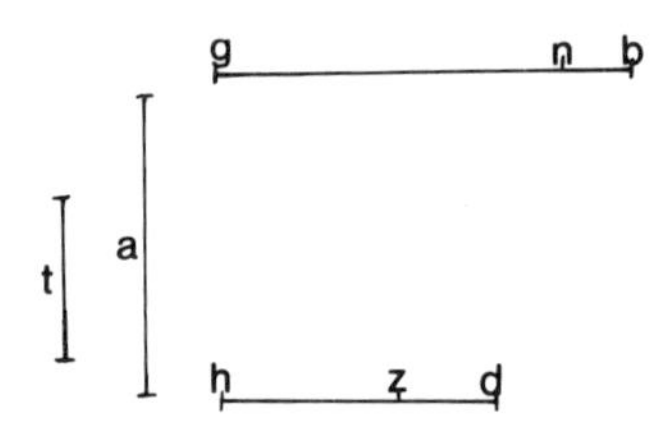

Atqui b g potens supra g n quadrato alterius ei communicantis in longitudine, utraque etiam b g et g n incommunicabilis linee a rationali 915 posite in longitudine. Erit igitur b n residuum tertium. Et hoc est quod demonstrare intendimus.

<x.83> Investigandum est residuum quartum.

Sint itaque due linee rationales communicantes in longitudine a et b g duoque numeri d z et h z nec sit proportio numeri d h ad aliquem ex d z 920 et z h proportio numeri quadrati ad numerum quadratum. Sit autem proportio numeri d h ad h z sicut proportio quadrati ex b g ad quadratum ex g n. Sicque patet ut superius dictum est quia b n residuum.

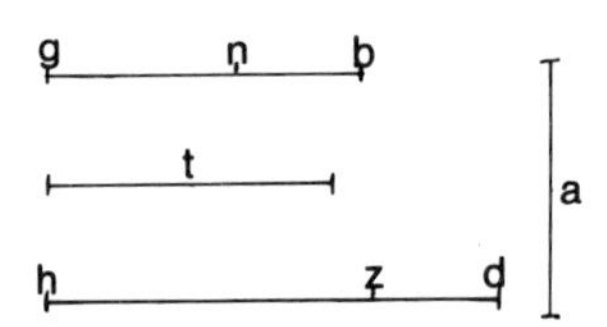

Et b g supra g n potens quadrato lateris incommunicantis ei in longitudine. Atqui b g communicans linee a rationali posite in 925 longitudine. Erit igitur b n residuum quartum. Et hoc est quod demonstrare intendimus.

<x.84> Investigandum est residuum quintum.

Sint itaque due linee rationales longitudine communicantes a et g n duoque numeri d z et z h nec sit proportio numeri d h ad aliquem ex d z

930 et $z\ h$ sicut proportio numeri quadrati ad numerum quadratum. Sit autem proportio numeri $d\ h$ ad $h\ z$ sicut proportio quadrati $b\ g$ ad quadratum

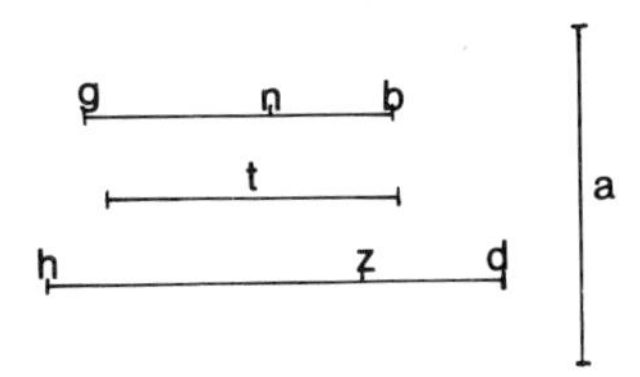

$g\ n$. Sic igitur patet quia $b\ n$ residuum quintum. Et hoc est quod demonstrare intendimus.

<x.85> Nunc demonstrandum est quomodo reperiatur residuum
935 sextum.

Sit itaque linea a rationalis duoque numeri $z\ h$ et $z\ d$ nec sit proportio numeri $h\ d$ ad numerum ex $d\ z$ et $z\ h$ sicut proportio numeri quadrati ad numerum quadratum. Ponaturque alius numerus t nec sit eius proportio ad aliquem ex $d\ h$ et $h\ z$ sicut proportio numeri quadrati ad numerum
940 quadratum. Sit autem proportio numeri $d\ h$ ad numerum t sicut proportio quadrati $b\ g$ ad quadratum ex a. Proportio vero numeri t ad $h\ z$ sicut proportio quadrati linee a ad quadratum $g\ n$. Proportio numeri $d\ h$ ad numerum $h\ z$ sicut proportio quadrati ex $b\ g$ ad quadratum $g\ n$. Quare $b\ n$ residuum.

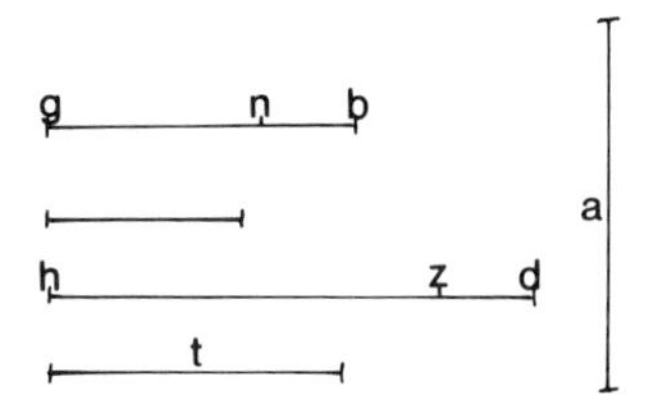

945 Atqui $b\ g$ supra $g\ n$ potens quadrato lateris incommunicabilis ei in longitudine, utraque etiam $b\ g$ et $g\ n$ incommunicans linee a rationali posite in longitudine. Erit igitur $b\ n$ residuum sextum. Et hoc est quod demonstrare intendimus.

<x.86> Omnis linea potens supra superficiem linea rationali et residuo
950 primo contentam erit residuum.

Exempli gratia: Sit superficies $b\ g$ linea rationali contenta $a\ b$ et residuo primo $a\ g$. Dico itaque quia linea potens supra superficiem $b\ g$ residuum.

950 contentam] cumtentam D.

Rationis causa: Iungatur enim linee *a g* linea *g d* sintque *a g* et *g d* in
termino uno ante separationem. Compleaturque superficies *b d*. Dividatur
955 autem linea *g d* in duo media super *h* adiungaturque linee *a d* superficies

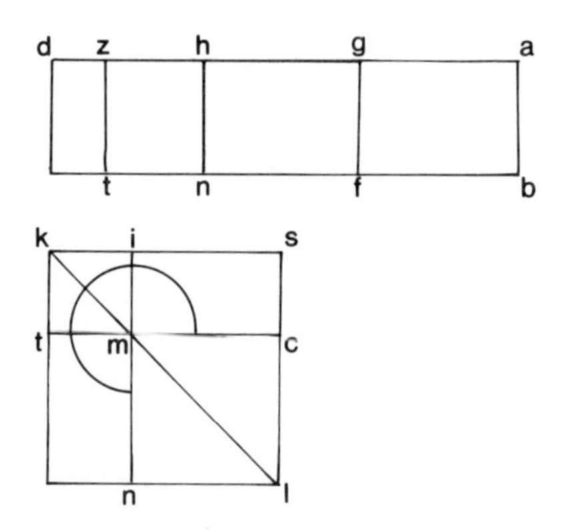

equalis quadrato ex *h d* sitque *a z* in *z d* deeritque linee *a d* quadratum.
Linea ergo *a z* communicat linee *z d* in longitudine. Producantur autem
ex *h z* due linee equidistantes linee *a b* sintque *h n* et *z t*. Fiatque
quadratum equale superficiei *b z* sitque *k l*. Separeturque ab eo *k m*
960 equalis superficiei *t d* super diametrum *k l* compleanturque linee figure.
Superficies autem *a z* in *z d* equalis quadrato ex *h d*. Proportio ergo *a z*
ad *h d* sicut proportio *h d* ad *z d*. Proportio itaque *b z* ad *d n* sicut
proportio *d n* ad *d t*. Quare inter *b z* et *t d* superficies secundum
proportionem unam estque *d n*. Manifestum est autem quia inter *k l* et
965 *k m* superficies secundum proportionem unam estque *k n*. Erant autem
superficies *b z* et *t d* equales superficiebus *k l* et *k m*. Quare *d n* equalis
k n. Atqui *d f* duplum superficiei *d n*, at vero *k n* <equalis *d n*> et sic
<*d f*> duplum *k n*. Superficies ergo *f d* equalis superficiebus *k c* et *k n*
coniunctis. Erat autem quadratum *k m* equale superficiei *t d*. Relinquitur
970 itaque *f z* equalis *s t n* alie idest gnomoni. Erat vero *b z* equalis quadrato
k l. Superficies ergo *b g* est equalis quadrato *l m*. Erat autem quadratum
ex *s i* equale quadrato *l m*. Erit itaque quadratum ex *s i* equale superficiei
b g. Quapropter *s i* supra *b g* potens. Atqui *a z* communicans in
longitudine linee *z d*. Quare *a d* utrique *a z* et *z d* in longitudine
975 communicans. Atqui *a d* rationalis quippe communicans linee *a b* in
longitudine. Utraque ergo superficierum *b z* et *t d* rationalis. Erant autem
equales duobus quadratis *k l* et *k m*. Atqui *k l* et *k m* sunt quadrata ex *k s*
et *k i*. Linee ergo *k s* et *k i* potentia rationales communicantes. Atqui *a d*
longitudine incommunicabilis linee *d g*. At vero *a d* communicans linee
980 *d z*, linea autem *g d* communicat linee *d h*. Quare *d h* incommunicans est
linee *d z* in longitudine. Superficies itaque *d n* incommunicans superficiei

t d. Sunt autem *d n* et *t d* equales superficiebus *k m* et *t s*. Quare *k m* et *t s* sunt incommensurabiles. Linee ergo *k s* et *k i* incommunicantes in longitudine. Sunt itaque potentia rationales communicantes. Erit igitur *s i*
985 residuum potens supra superficiem *b g*. Et hoc est quod demonstrare intendimus.

<x.87> Omnis superficies linea rationali et residuo secundo contenta erit linea supra eam potens residuum mediatum primum.

Exempli gratia: Sit superficies *b g* linea rationali *a b* et *a g* residuo
990 secundo contenta. Dico itaque quia linea potens supra superficiem *b g* residuum mediatum primum.

Rationis causa: Manentibus enim supradictis patebit quia *s i* supra *b g* potens et quia *a d* communicat utrique *a z* et *z d* in longitudine atqui *a d* incommunicabilis linee *a b* in longitudine. Singule itaque *b z* et *t d*
995 mediate suntque communicantes et equales quadratis *k l* et *k m*. Quare *k l* et *k m* mediata. Quadrata itaque ex *k s* et *k i* mediata communicantia.

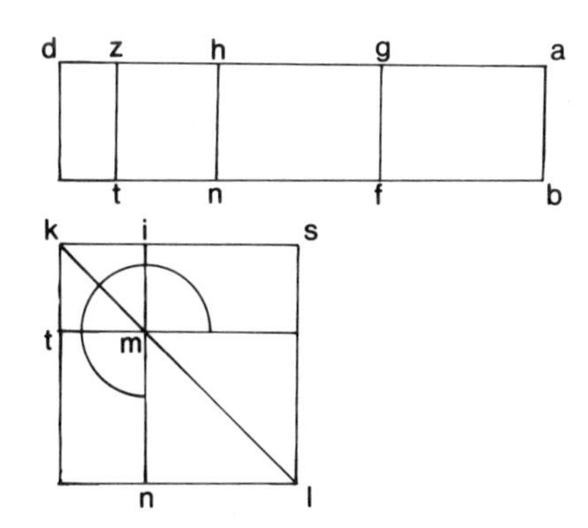

Sicque palam est quia *k s* incommunicans est linee *k i* in longitudine. Quare *k s* et *k i* mediata potentiaque tantum communicantes. Item *g d* communicat linee *d h* in longitudine atqui *g d* rationalis et communicans
1000 linee *a b* in longitudine. Quare *d n* rationalis estque equalis superficiei *k n*. Superficies ergo *k s* in *k i* rationalis. Erit igitur *s i* residuum mediatum primum potens supra superficiem *b g*. Et hoc est quod demonstrare intendimus.

<x.88> Omnis superficies linea rationali et residuo tertio contenta erit
1005 linea supra eam potens residuum medium secundum.

Exempli gratia: Sit superficies *b g* linea rationali *a b* et residuo tertio *a g* contenta. Dico itaque quia linea supra *b g* potens residuum mediatum secundum.

Rationis causa: Manentibus enim supradictis patet quia *s i* supra *b g*
1010 potens. Linee itaque *a z* et *z d* potentia rationales incommunicantesque linee *a b* in longitudine. Superficies igitur *d n* mediata atqui *d n* equalis

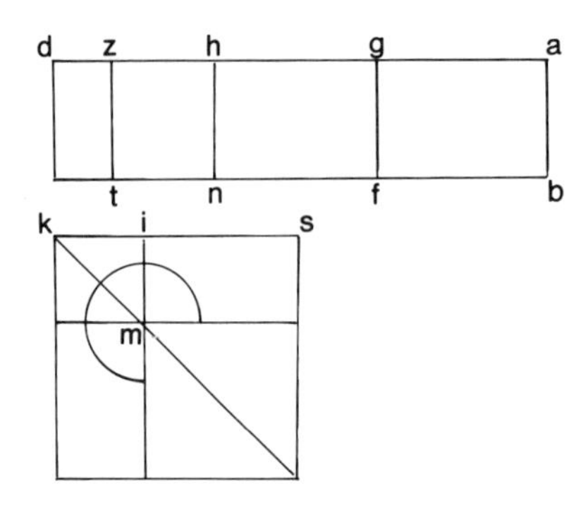

superficiei *k s* in *k i*. Quare superficies *k s* in *k i* mediata. Erit igitur *s i* residuum mediatum secundum potensque supra superficiem *b g*. Et hoc est quod demonstrare intendimus.

1015 <x.89> Omnis superficies linea rationali et residuo quarto contenta erit linea supra eam potens minor.

Sit superficies *b g* linea rationali *a b* et residuo quarto *a g* contenta. Dico itaque quia linea potens supra *b g* minor.

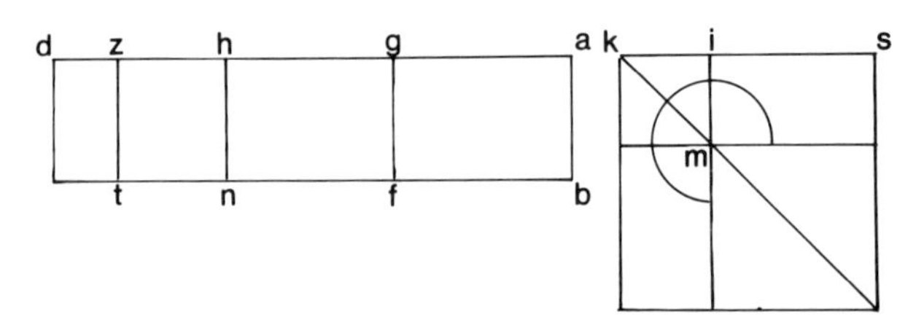

Rationis causa: Manentibus enim precedentibus patet quia *s i* supra *b g*
1020 potens. Atque *a g* residuum quartum atqui *a z* incommunicans linee *z d* in longitudine. Quare *b z* incommunicans superficiei *t d*. Sunt autem duo equalia quadratorum ex *k s* et *k i*. Quadratum ergo ex *k s* incommunicans quadrato ex *k i*. Linee itaque *k s* et *k i* potentia incommunicabiles. Atqui *g d* communicans linee *d h* in longitudine. Est autem *g d* potentia
1025 rationalis incommunicansque linee *a b* in longitudine. Quare *d h* rationalis potentia incommunicansque linee *a b* in longitudine. Superficies ergo *d n* mediata. Est autem *d n* equalis superficiei *k s* in *k i*. Super-

1010 *a z* et *z d*] *k s* et *k i* D. 1013 *b g*] *b d* D.

ficies ergo $k s$ in $k i$ mediata. Atqui $a d$ rationalis communicansque linee $a b$ in longitudine. Superficies ergo $b d$ rationalis equalis duobus quadratis
1030 ex $k s$ et $k i$ coniunctis. Quadrata itaque ex $k s$ et $k i$ rationale. Erit igitur $s i$ linea minor potens supra $b g$. Et hoc est quod demonstrare intendimus.

<x.90> Omnis superficies linea rationali et residuo quinto contenta linea supra eam potens iuncta cum rationali facit totum mediatum.

Exempli gratia: Sit superficies $b g$ contenta $a b$ linea rationali et $a g$
1035 linea residua quinta. Dico itaque quia linea potens supra $b g$ coniuncta rationali facit totum mediatum.

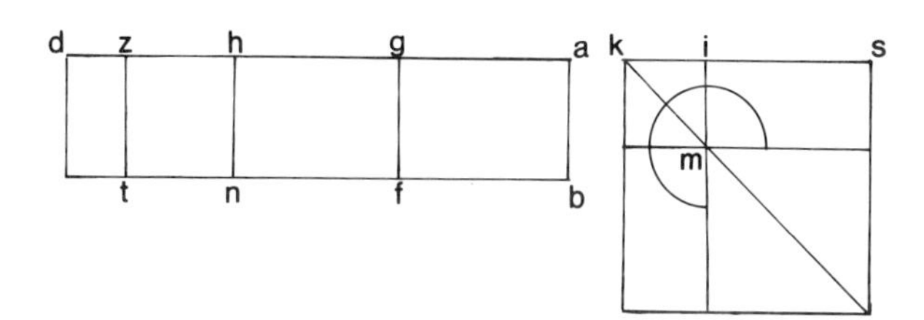

Rationis causa: Manentibus enim precedentibus patet quia $s i$ supra $b g$ potens et quia $k s$ et $k i$ potentia incommunicantes. At vero $g d$ communicans linee $d h$ in longitudine atqui $g d$ rationalis communicans-
1040 que linee $a b$ in longitudine. Quare $d h$ rationalis communicansque linee $a b$ in longitudine. Superficies ergo $d n$ rationalis. Est autem equalis superficiei $k s$ in $k i$. Quare superficies $k s$ in $k i$ rationalis. Item $a d$ potentia rationalis incommunicansque linee $a b$ in longitudine. Quare $b d$ mediata. Est autem equalis duobus quadratis $k s$ et $k i$ coniunctis.
1045 Quadrata itaque $k s$ et $k i$ coniuncta mediata. Erit igitur $s i$ rationali faciens totum mediatum estque potens supra $b g$. Et hoc est quod demonstrare intendimus.

<x.91> Omnis superficies linea rationali et residuo sexto contenta erit linea supra eam potens cum mediato iuncta faciens totum mediatum.
1050 *Exempli gratia*: Sit superficies $b g$ linea rationali $a b$ contenta et residuo sexto $g a$. Dico itaque quia linea potens supra $b g$ iuncta cum mediato facit totum mediatum.

Rationis causa: Manentibus enim supradictis patet quia $s i$ potens supra $b g$ et quia $k s$ et $k i$ in potentia incommunicantes et quia duo quadrata
1055 $k s$ et $k i$ coniuncta sunt mediata et quia duplum superficiei $k s$ in $k i$ mediatum. Atqui $a d$ <incommunicans $d g$> in longitudine. Quare $b d$ incommunicans superficiei $d f$. Atqui $b d$ equalis duobus quadratis ex $k s$

et *k i* coniunctis. At vero *f d* equalis duplo superficiei *k s* in *k i*. Quare quadrata *k s* et *k i* coniuncta incommunicabilia duplo *k s* in *k i*. Iuncta

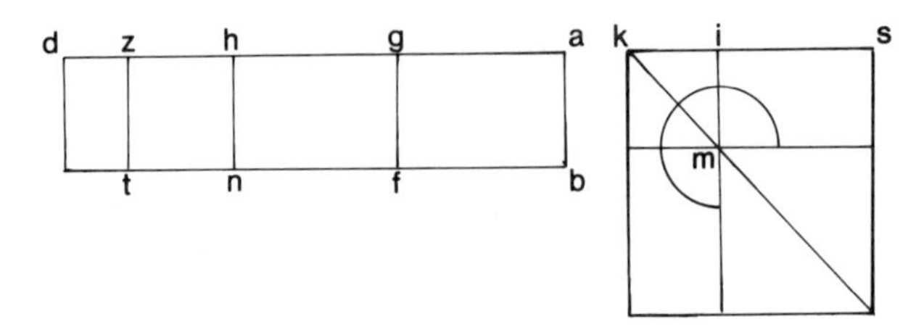

1060 igitur *s i* cum mediato facit totum mediatum estque potens supra *b g*. Et hoc est quod demonstrare intendimus.

<x.92> Cum adiuncta fuerit ad lineam rationalem superficies equalis quadrato residui, erit latus eius secundum residuum primum.

Exempli gratia: Sit linea *a b* residuum lineaque *g d* rationalis adiun-
1065 gaturque superficies *d h* equalis quadrato ex *a b* ad lineam *g d* sicut latus eius secundum *g h*. Dico itaque quia *g h* residuum primum.

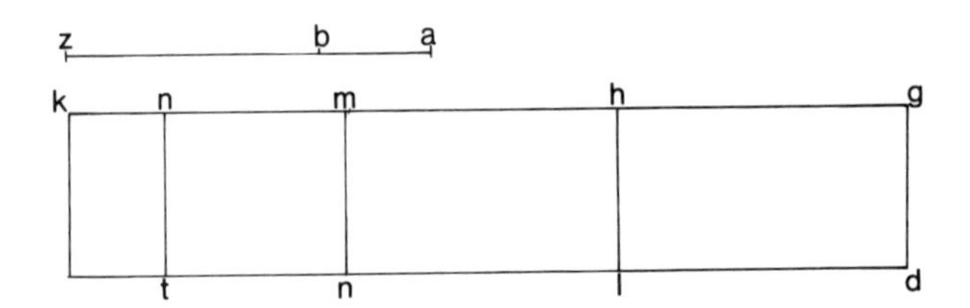

Rationis causa: Iungatur enim *b z* linee *a b* fiantque *a z* et *z b* in termino eorum ante separationem. Sit autem quadratum ex *a z* equale superficiei *d n* quadratumque ex *b z* equale superficiei *k t*. Erat autem
1070 quadratum ex *a b* equale superficiei *d h*, relinquitur ergo duplum superficiei *a z* in *z b* equale superficiei *k l*. Dividatur ergo *k h* in duo media super *m* producaturque linea *m n* equidistans linee *g d*. Superficies itaque *a z* in *z b* equalis cum utroque *l m* et *k n*. Quadrata autem ex *a z* et *z b* coniuncta rationale atque equale superficiei *k d*. Quare *k d* rationale.
1075 Linea autem *g d* rationalis, linea ergo *k g* rationalis communicatque linee *g d* in longitudine. Item superficies *a z* in *z b* mediatum duplumque eius mediatum. Erat autem equale superficiei *l k*. Quare *k l* mediata. Atqui *g d* rationalis. Quare *k h* rationalis potentia incommunicabilisque linee *g d* in longitudine. Quadrata autem ex *a z* et *z b* coniuncta rationale, duplum
1080 vero superficiei *a z* in *z b* mediatum. Quadrata ergo ex *a z* et *z b* incommunicabilia duplo superficiei *a z* in *z b*. Quadrata vero ex *a z* et *z b*

coniuncta sunt equalia superficiei *k d*. Duplum autem superficiei *a z* in *z b* equale superficiei *k l*. Superficies ergo *k d* incommunicans superficiei *k l*. Linea itaque *k g* incommunicans linee *k h* in longitudine suntque
1085 potentia tantum rationales communicantes. Quapropter *g h* residuum.

Proportio autem quadrati ex *a z* ad superficiem *a z* in *z b* sicut proportio linee *a z* ad lineam *z b*. Proportio vero linee *a z* ad lineam *z b* sicut proportio superficiei *a z* in *z b* ad quadratum ex *z b*. Proportio ergo quadrati ex *a z* ad *a z* in *z b* sicut proportio *a z* in *z b* ad quadratum ex
1090 *b z*. <Quadratum ex *a z*> equale superficiei *d n*, superficies autem *a z* in *z b* equalis superficiei *k n*, quadratum vero ex *b z* equale *t k*. Proportio itaque superficiei *d n* ad *k n* sicut proportio superficiei *k n* ad *t k*. Proportio ergo linee *g n* ad *k m* sicut proportio linee *k m* ad *k n*. Quare superficies *g n* in *k n* equalis quadrato ex *k m*. Item quadratum *a z*
1095 communicat quadrato *z b*, superficies ergo *d n* communicat superficiei *t k*. Quare linea *g n* communicat linee *k n* in longitudine. Quarta autem quadrati ex *k h* equalis superficiei *g n* in *n k*. Linea ergo *k g* potens supra *k h* augmento quadrati lateris communicantis ei in longitudine. Atqui *k g* communicat linee *g d* posite rationali in longitudine. Erit igitur *g h*
1100 residuum primum. Et hoc est quod demonstrare intendimus.

<x.93> Cum adiuncta fuerit superficies equalis quadrato residui mediati primi ad lineam rationalem, erit latus eius secundum residuum secundum.

Exempli gratia: Sit linea *a b* residuum mediatum primum, linea vero
1105 *g d* rationalis. Adiungatur autem ad *g d* superficies *d h* equalis quadrato ex *a b* latusque eius secundum *g h*. Dico itaque quia *g h* residuum secundum.

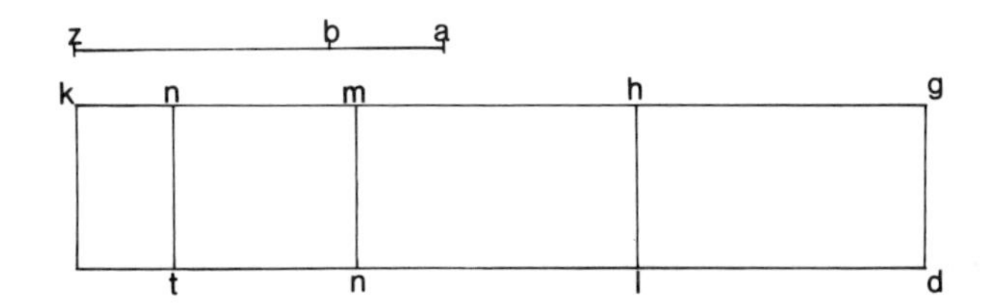

Rationis causa: Manentibus enim supradictis quadrata ex *a z* et *z b* coniuncta mediata erunt equale superficiei *k d*. Quare *k d* mediata atqui
1110 *g d* rationalis. Quapropter linea *k g* potentia rationalis incommunicabilisque linee *g d* in longitudine. Item superficies *a z* in *z b* rationalis, duplum

1082 equalia superficiei] equales superficiebus D.

etiam eius rationalis. Est autem equalis superficiei *k l*. Quare *k l* rationalis. Atqui *g d* rationalis. Quare *k h* rationalis communicansque linee *g d* in longitudine. Sicque patet quia *k g* et *k h* potentia tantum
1115 rationales communicantes atque *k g* potens supra *k h* augmento quadrati lateris communicantis ei in longitudine atqui *k h* communicat linee *g d* posite rationali in longitudine. Erit igitur *g h* residuum secundum. Et hoc est quod demonstrare intendimus.

<x.94> Superficies equalis quadrato residui mediati secundi cum
1120 adiuncta fuerit ad lineam rationalem, erit latus eius secundum residuum tertium.

Exempli gratia: Sit linea *a b* residuum medium secundum lineaque *g d* rationalis. Adiungatur autem ad *g d* superficies *d h* equalis quadrato ex *a b* latusque eius secundum *g h*. Dico itaque quia *g h* residuum tertium.

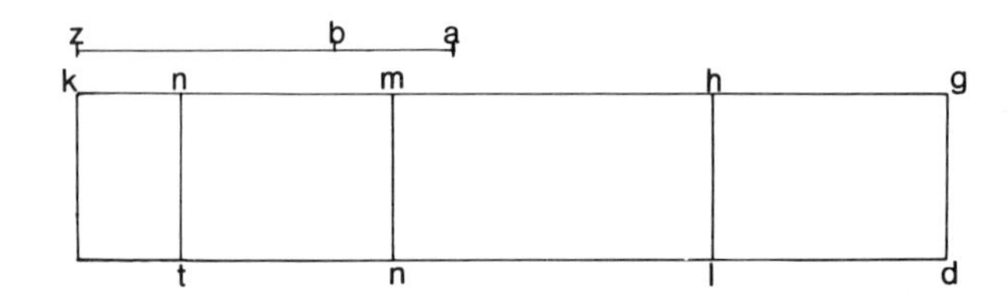

1125 *Rationis causa*: Manentibus enim predictis erunt quadrata *a z* et *z b* coniuncta mediata duplumque *a z* in *z b* mediatum. Quadrata autem ex *a z* et *z b* coniuncta equale superficiei *k d*. Duplum vero superficiei *a z* in *z b* equale superficiei *k l*. Quare utraque *k l* et *k d* mediata atqui *g d* rationalis. Linee ergo *k g* et *k h* rationales in potentia incommunicantes-
1130 que *g d* in longitudine. Atqui *a z* in longitudine incommunicabilis linee *z b*, quadratum ergo ex *a z* incommunicabile superficiei *a z* in *z b*. Communicant quadrata quadrato ex *a z* superficiesque *a z* in *z b* communicans duplo suo. Quare quadrata *a z* et *z b* coniuncta incommunicans duplo *a z* in *z b*. Superficies ergo *k d* incommunicabilis superficiei
1135 *k l*. Linea itaque *k g* incommunicabilis linee *k h* in longitudine suntque potentia tantum rationales communicantes. Quare *g h* residuum. Patet autem quia *k g* potens supra *k h* quadrato lateris communicantis ei in longitudine, utraque vero *k g* et *k h* incommunicabilis linee *g d* posite rationali in longitudine. Erit igitur *g h* residuum tertium. Et hoc est quod
1140 demonstrare intendimus.

1119 mediati *bis* D.

<x.95> Cum adiuncta fuerit linee rationali superficies equalis quadrato linee minoris, erit latus eius secundum residuum quartum.

Exempli gratia: Sit linea minor *a b* lineaque *g d* rationalis. Sitque adiuncta ad *g d* superficies *d h* equalis quadrato *a b* latusque eius
1145 secundum *g h*. Dico itaque quia *g h* residuum quartum.

Rationis causa: Manentibus enim precedentibus erunt quadrata *a z* et *z b* coniuncta rationale equale superficiei *k d*. Quare *k d* rationale. Atqui *g d* rationalis et <*k g*> communicans linee *g d* in longitudine. Item superficies *a z* in *z b* mediatum duplumque eius mediatum estque equale
1150 *k l* mediatum. Atqui *g d* rationalis. Quare *k h* rationalis in potentia et incommunicans linee *g d* in longitudine. Sicque patet quia *k g* et *k h* potentia tantum rationales communicantes. Linea ergo *g h* residuum.

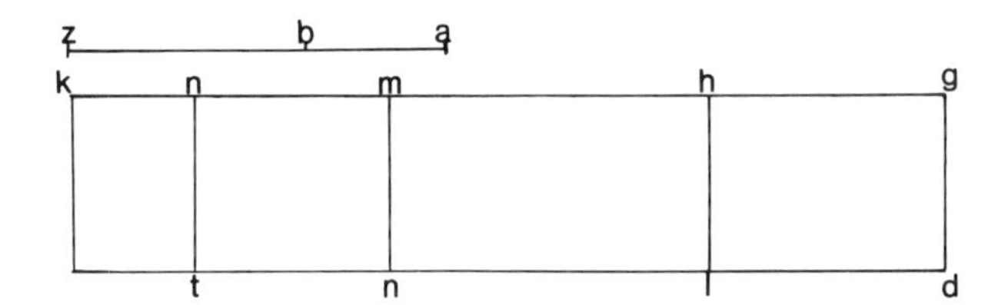

Quadratum autem *a z* incommunicans quadrato ex *z b*. Atqui quadratum ex *a z* equale superficiei *d n*. Quadratum vero ex *z b* super-
1155 ficiei *t k*. Superficies ergo *d n* et *k t* incommunicantes. Quare *d n* incommunicans *k t*. Linee itaque *g n* et *k n* incommunicabiles, *g n* incommunicans *k n* in longitudine. Superficies autem *g n* in *k n* equalis quadrato ex *k m*. At vero *k g* potens supra *k h* quadrati lateris incommunicantis ei in longitudine et *k g* communicans linee *g d* posite
1160 rationali in longitudine. Est igitur *g h* residuum quartum. Et hoc est quod demonstrare intendimus.

<x.96> Cum adiuncta fuerit ad lineam rationalem superficies equalis quadrato iuncte rationali unde totum mediatum, erit latus eius secundum residuum quintum.

1165 *Exempli gratia*: Sit linea coniuncta rationali faciens totum mediatum *a b* lineaque *g d* rationalis. Adiungaturque ad *g d* superficies *d h* equalis quadrato *a b* latusque eius secundum *g h*. Dico itaque quia *g h* est residuum quintum.

Rationis causa: Manentibus enim precedentibus patet quia *g h*
1170 residuum et quia *k g* potens supra *k h* quadrato lateris incommunicantis

1143 minor] maior D. 1159 communicans] incommunicans D.

ei in longitudine et *k h* communicans linee *g d* rationali posite in

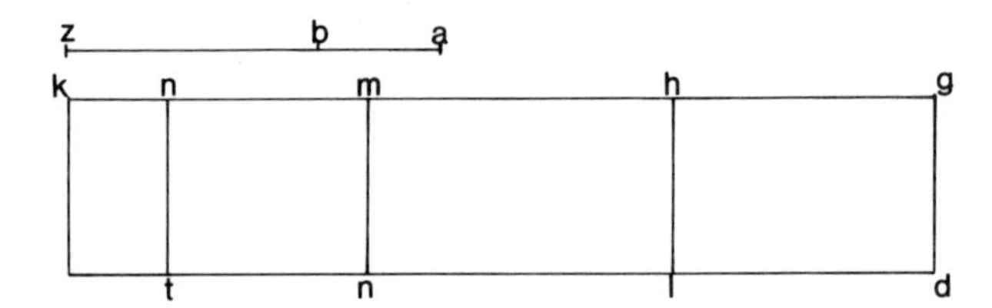

longitudine. Erit igitur *g h* residuum quintum. Et hoc est quod demonstrare intendimus.

<x.97> Cum adiuncta fuerit linee rationali superficies equalis quadrato
1175 linee iuncte cum mediato facientis totum medium, erit latus eius secundum residuum sextum.

Exempli gratia: Sit linea *a b* iuncta cum mediato faciens totum mediatum lineaque *g d* rationalis. Adiungaturque ei superficies *d h* equalis quadrato ex *a b* et latus eius secundum *g h*. Dico itaque quia *g h*
1180 residuum sextum.

Rationis causa: Manentibus enim supradictis erunt quadrata ex *a z* et *z b* coniuncta mediata duplumque superficiei *a z* in *z b* mediatum et sunt equalia superficiebus *k d* et *k l*. Quare *k d* et *k l* mediata. Atqui *g d* rationalis. Erit itaque utraque *k g* et *k h* rationalis in potentia et
1185 incommunicabilis linee *g d* in longitudine. Sicque manifestum est quia *g h* residuum.

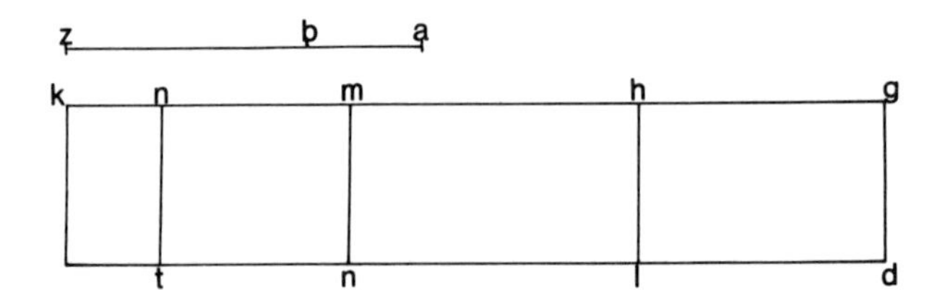

Et *k g* supra *k h* potens augmento quadrati lateris incommunicantis *k g* in longitudine et utraque *k g* et *k h* incommunicans linee *g d* rationali posite in longitudine. Erit igitur *g h* residuum sextum. Et hoc est quod
1190 demonstrare intendimus.

<x.98> Omnis linea linee residue communicans erit ipsa in termino et ordine eius residua.

Exempli gratia: Sit linea *a b* residua lineaque *g d* communicans *a b*. Dico itaque quia *g d* residuum in termino et ordine *a b*.

1195 *Rationis causa*: Iungatur enim *b h* linee *a b* sintque *a h* et *h b* in termino eorum ante separationem. Sitque proportio *a b* ad *g d* sicut proportio *b h* ad *d z* sitque proportio *a b* ad *g d* sicut proportio *a h* ad *g z*.

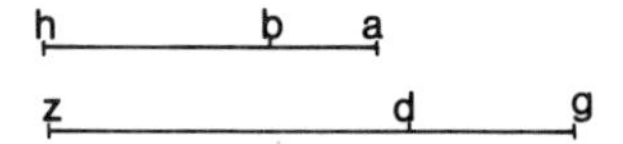

Erat autem *a b* communicans linee *g d*. Quare utraque *a h* et *h b* communicans utrique *g z* et *z d*. Atqui *a h* et *h b* potentia tantum 1200 rationales communicantes. Quare *g z* et *z d* potentia tantum rationales communicantes. Linea ergo *g d* residuum. Proportio autem *a h* ad *g z* sicut proportio *h b* ad *d z*. Cumque alternabitur, erit proportio *a h* ad *h b* sicut proportio *g z* ad *z d*. Quare si fuerit *a h* potens supra *h b* augmento quadrati lateris communicantis *a h* in longitudine, erit *g z* potens supra 1205 *z d* augmento quadrati lateris communicantis ei in longitudine. Quod si fuerit *a h* communicans linee rationali posite, erit *g z* communicans linee rationali posite in longitudine. Eritque utraque *a b* et *g d* residuum primum. Quod si fuerit *h b* communicans linee rationali posite in longitudine, erit utraque *a b* et *g d* residuum secundum. Quod si fuerit 1210 utraque *a h* et *h b* incommunicans linee rationali posite in longitudine, erit utraque *g z* et *z d* incommunicans linee rationali posite in longitudine eritque utraque *a b* et *g d* residuum tertium. Item si fuerit *a h* potens supra *h b* augmento quadrati lateris incommunicabilis *a h* in longitudine, erit *g z* potens *z d* augmento quadrati lateris incommunicantis *g z* in 1215 longitudine. Sicque manifestum est quia utraque *a b* et *g d* est residuum quartum vel quintum vel sextum. Est igitur *g d* in termino et ordine *a b* residuum. Et hoc est quod demonstrare intendimus.

<x.99> Omnis linea communicans residuo mediato ipsa est in termino et ordine eius residuum mediatum.

1220 *Exempli gratia*: Sit linea *a b* residuum medium et *g d* ei communicans. Dico itaque quia *g d* in termino et ordine *a b* mediatum residuum.

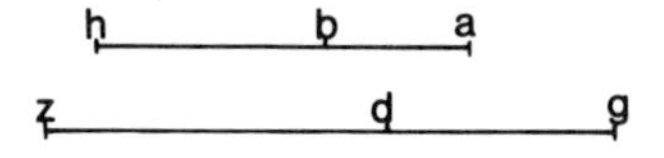

Rationis causa: Iungatur enim *b h* linee *a b* sintque *a h* et *h b* in termino earum ante separationem. Sitque proportio *a b* ad *g d* sicut proportio *h b* ad *d z* eritque proportio *a b* ad *g d* sicut proportio *a h* ad

1198 et] ad D. 1207 et] ad D. 1214 incommunicantis] communicantis D.

1225 *g z*. Atqui *a b* communicans linee *g d*. Quare utraque *a h* et *h b*
communicans utrique *g z* et *z d*. Linee autem *a h* et *h b* mediate et
potentia tantum communicantes. Quare *g z* et *z d* mediate et potentia
tantum communicantes. Erit igitur *g d* residuum mediatum. Proportio
autem *a h* ad *g z* sicut proportio *h b* ad *d z*. Atque alternatim proportio
1230 *a h* ad *h b* sicut proportio *g z* ad *z d*. Proportio ergo quadrati ex *a h* ad
superficiem *a h* in *h b* sicut proportio quadrati ex *g z* ad superficiem *g z*
in *z d*. Atque alternatim proportio quadrati ex *a h* ad quadratum ex *g z*
sicut proportio superficiei *a h* in *h b* ad superficiem *g z* in *z d*. Quadratum
autem ex *a h* communicans quadrato ex *g z*. Superficies ergo *a h* in *h b*
1235 communicans superficiei *g z* in *z d*. Quare si fuerit superficies *a h* in *h b*
rationalis, erit superficies *g z* in *z d* rationalis eritque utraque *a b* et *g d*
residuum mediatum primum. Quod si fuerit superficies *a h* in *h b*
mediata, erit superficies *g z* in *z d* mediata eritque utraque *a b* et *g d*
residuum mediatum secundum. Erit igitur *g d* residuum mediatum in
1240 termino *a b* et ordine eius. Et hoc est quod demonstrare intendimus.

<x.100> Omnis linea linee minori communicans erit item in termino et
ordine eius minor.

Exempli gratia: Sit linea minor *a* lineaque *b* communicans ei. Dico
itaque quia *b* minor ordine et termino *a*.

1245 *Rationis causa*: Ponatur enim linea *g d* rationalis. Sit autem superficies
d h equalis quadrato ex *a*, superficies vero *z n* equalis quadrato ex *b*.

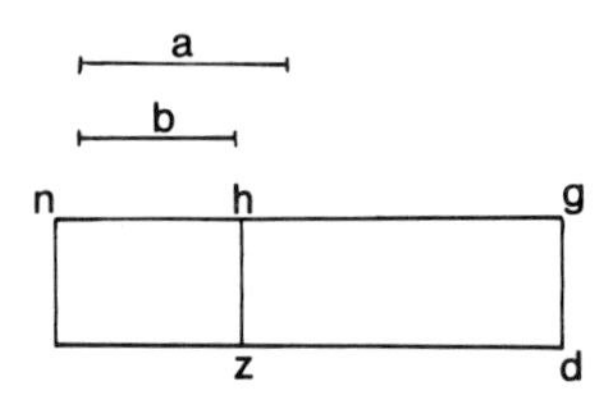

Atqui *a* linea minor. At vero *g d* rationalis, quadratum autem ex *a* equale
superficiei *d h*. Quare *g h* residuum quartum. Atqui *a* communicat *b*,
quadratum ergo ex *a* communicat quadrato ex *b*. Quare *d h* communicat
1250 *z n* et *g h* communicans *h n* in longitudine. Atqui *g h* residuum quartum.
Quare *h n* item residuum quartum. Atqui *h z* rationalis. Linea igitur
potens supra *z n* est que *b* minor. Et hoc est quod demonstrare
intendimus.

1225 et] ad D.

<x.101> Omnis linea linee iuncte rationali unde totum mediatum
1255 communicans erit item iuncta rationali faciens totum mediatum.

Exempli gratia: Sit iuncta rationali faciensque totum mediatum linea *a* lineaque *b* communicans *a*. Dico itaque quia *b* iuncta rationali facit totum mediatum.

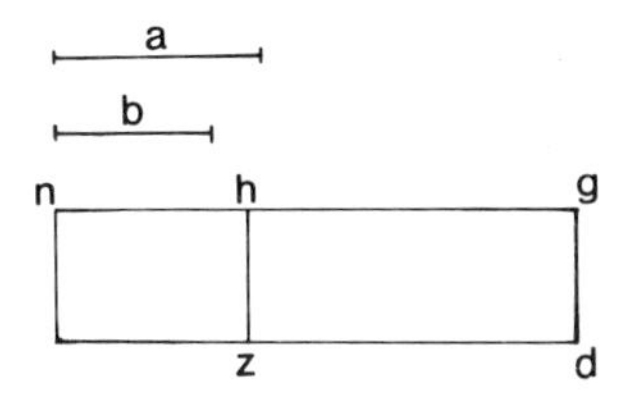

Rationis causa: Manentibus enim precedentibus patet quia *g h*
1260 residuum quintum communicansque *h n*. Quare *h n* residuum quintum. Atqui *h z* rationalis. At vero *b* potens supra *z n*, erit igitur *b* iuncta rationali faciens totum mediatum. Et hoc est quod demonstrare intendimus.

<x.102> Omnis linea communicans linee iuncte cum mediato unde fit
1265 totum mediatum erit item iuncta cum medio faciens totum mediatum.

Exempli gratia: Sit iuncta mediato linea *a* faciens totum mediatum lineaque *b* communicans *a*. Dico quia *b* iuncta cum mediato faciens totum mediatum.

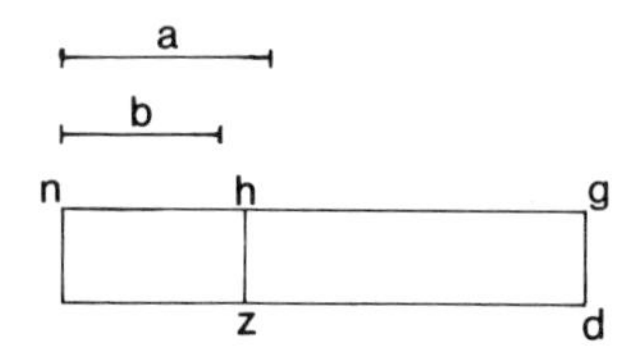

Rationis causa: Manentibus enim precedentibus patet quia *g h*
1270 residuum sextum communicansque linee *h n*. Quare *h n* residuum sextum. Atqui *h z* rationale. At vero *b* potens supra *z n*. Erit igitur *b* iuncta cum mediato faciens totum mediatum. Et hoc est quod demonstrare intendimus.

<x.103> Cum superabitur a rationali superficie superficies mediatum,
1275 erit linea supra ipsam reliquam superficiem potens una duarum linearum surdarum aut residua aut minor.

1274 a D *corr. ex* aut.

Exempli gratia: Sit separata a superficie rationali *a b* superficies mediata sitque *b*. Dico itaque quia linea supra reliquam superficiem potens aut residuum aut minus.

1280 *Rationis causa*: Ponatur enim linea *g d* rationalis. Sit autem *h d* equalis superficiei *a b*. Separetur autem de superficie *h d* equalis superficiei *b* sitque *h n*. Relinquitur ergo *d z* equalis superficiei *a*. Atqui *a* et *b* coniuncta rationale. Quare *d h* rationalis. Quare *g h* item rationalis communicansque linee *g d* in longitudine. Itemque *b* mediatum et equale 1285 superficiei *h n*. Quare *h n* mediatum. Atqui *g d* rationalis. Quare *z h* potentia rationalis incommunicansque linee *g d* in longitudine. Atqui *d h* rationalis et *h n* mediatum. Quapropter *d h* incommunicabilis superficiei *h n* et *g h* incommunicans linee *h z* in longitudine. Sunt itaque potentia tantum rationales communicantes. Linea ergo *g z* residuum.

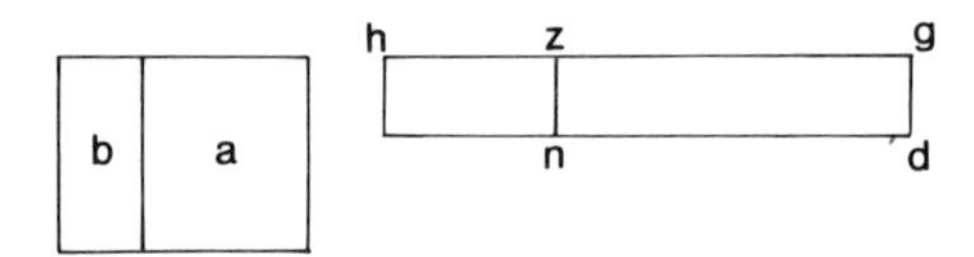

1290 Atqui *g h* potens supra *h z* quadrato lateris communicantis ei in longitudine aut ab ea incommunicabilis. Quod si fuerit *g h* potens supra *h z* quadrato lateris communicantis ei in longitudine, *g h* vero communicans *g d* in longitudine, erit *g z* residuum primum. Sed *g d* rationalis. Linea ergo supra superficiem *d z* potens residuum. Sin autem 1295 fuerit *g h* supra *h z* potens quadrato lateris incommunicantis ei in longitudine, erit *g z* residuum quartum. Atqui *g d* rationalis. Linea itaque potens supra *d z* minor. Atqui *d z* equalis *a*. Erit igitur linea potens supra superficiem *a* aut residua aut minor. Et hoc est quod demonstrare intendimus.

1300 <x.104> Cum separabitur superficies rationalis a superficie mediata, erit linea supra reliquam superficiem potens una duarum linearum surdarum aut residuum mediatum primum aut cum rationali iuncta totum faciens mediatum.

Exempli gratia: Sit superficies *b* rationalis separata ex *a b* mediata. Dico 1305 itaque quia linea potens supra superficiem *a* reliquam erit aut residuum mediatum primum aut iuncta cum rationali faciens totum mediatum.

1295 *ante* fuerit *scr. et del.* D superficies | incommunicantis] communicantis D.
1297 minor] maior D.

Rationis causa: Sit enim consilium eorum unum. Patet itaque quia *g z* residuum et quia *z h* communicat linee *g d* in longitudine. Atqui *g h* supra *h z* potens quadrato lateris communicantis ei in longitudine aut

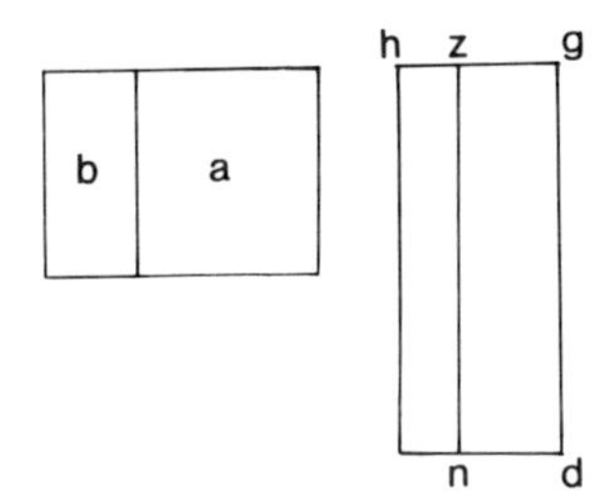

1310 incommunicabilis ab eo. Quod si fuerit *g h* supra *h z* potens quadrato lateris communicantis ei in longitudine atque *z h* communicans linee *g d* in longitudine, erit *g z* residuum secundum. Atqui *g d* rationalis. Linea ergo supra *d z* potens residuum mediatum primum. Si vero fuerit *g h* potens supra *h z* quadrato lateris incommunicabilis ei in longitudine, erit
1315 *g z* residuum quintum. Atqui *g d* rationalis. Linea ergo supra superficiem potens *d z* iuncta cum rationali faciens totum mediatum. Atqui *d z* equalis superficiei *a*. Erit igitur linea potens supra superficiem *a* aut residuum mediatum primum aut rationali iuncta faciens totum mediatum. Et hoc est quod demonstrare intendimus.

1320 <x.105> Cum separabitur superficies medialis a superficie mediali fueritque reliqua toti incommensurabilis, erit linea potens supra reliquam superficiem una duarum linearum surdarum aut residuum mediatum secundum aut iuncta cum mediato faciens totum mediatum.

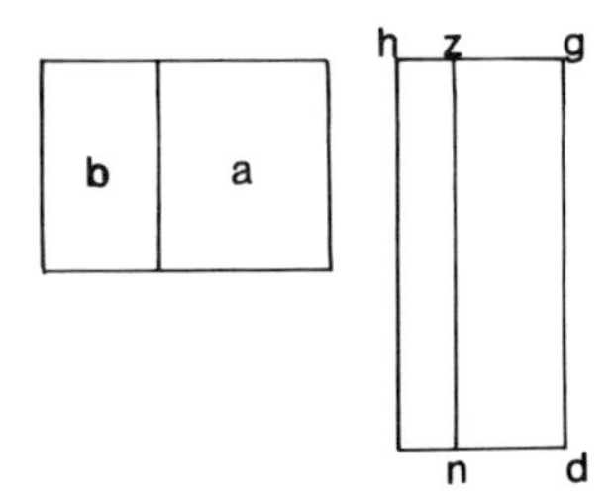

Rationis causa: Sit enim consilium eorum unum. Sicque patens est quia
1325 *g z* residuum. Atque *g h* et *h z* utraque incommunicans linee *g d* in longitudine. Atqui linea *g h* potens supra *h z* quadrato lateris communicantis ei in longitudine vel incommunicabilis ab ea. Sicque patet quia *g z* residuum tertium vel sextum. Quod si fuerit tertium, linea ergo potens

supra superficiem *d z* residuum mediatum secundum. Si vero sextum
1330 linea ergo potens supra superficiem *d z* iuncta cum mediato faciens totum mediatum. Atqui *d z* equalis superficiei *a*. Linea ergo potens supra superficiem *a* reliquam aut residuum mediatum secundum aut mediato iuncta faciens totum mediatum. Et hoc est quod demonstrare intendimus.

<x.106> Linea residua lineeque surde eam sequentes non erit ex eis
1335 linea in termino et ordine alterius.

Rationis causa: Quadratum etenim residui cum adiungatur superficies equalis ei ad lineam rationalem, fit latus eius secundum residuum primum. Sicque surde que secuntur eum cum adiuncte fuerint superficies equales quadratis earum lineis rationalibus, fiet latus secundum unius-
1340 cuiusque superficierum earum sicut diximus in superioribus. Repugnabuntque lateri superficiei equalis quadrato illi et unumquodque alteri sicut surdarum unaqueque conversatur alteri. Sic igitur residuum non erit in termino surdarum sequentium nec earum altera in termino alterius.

Dico itaque quia residuum non erit in termino binomiorum nec in
1345 ordine.

Exempli gratia: Sit residua linea *a*. Dico itaque quia *a* non erit binomium.

Rationis causa: Est enim impossibile. Sit *a* binomium ponaturque linea *b g* rationalis. Adiungatur ad lineam *b g* superficies *d g* equalis quadrato *a*
1350 fiatque latus eius secundum *b d* atqui *a* residuum. Quare *b d* residuum primum. Iungatur ergo *d h* linee *b d* sintque *b h* et *h d* in termino earum ante separationem. Quare *b h* et *h d* potentia tantum rationales communicantes. Atqui *h b* communicans linee *b g* in longitudine. Item *a* binomium atqui *g d* equale quadrato ex *a*. At vero *b g* rationale. Quare
1355 *b d* binomium primum. Dividatur ergo secundum nomina sua super punctum *z*. Quare *b z* et *z d* potentia tantum rationales communicantes. Atqui *b z* communicans linee *b g* in longitudine. At vero *b g*

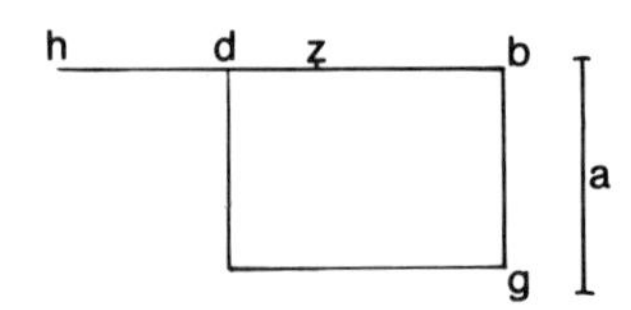

communicans *b h* in longitudine. Quare *h b* communicans linee *b z* in longitudine. Cumque separaverimus, erit *h z* communicans linee *b z* in

1336 *ante* etenim *scr. et del.* D itaque. | residui] residuum D. 1341 lateri] lateris D. 1353 *b g*] *b d* D.

longitudine. Atqui *b z* rationalis atque incommunicans linee *z d* in longitudine. At vero *d z* rationale in potentia. Itaque *h z* et *z d* potentia tantum rationales communicantes. Linea ergo *d h* residuum. Quod est impossibile. Erat enim rationale in potentia. Non erit igitur *a* binomium nec in eius termino. Et hoc est quod demonstrare intendimus.

<x.107> Linee residue <et> linearum surdarum, que post eam sunt, non erit ex eis linea in termino binomie nec in termino vel ordine linearum surdarum que binomium sequuntur.

Rationis causa: Quadrato enim super quod residuum potest et quadratis surdarum que sequuntur eam cum adiuncte fuerint superficies equales eis ad lineas rationales, fiet latus secundum uniuscuiusque superficiei residuum. Quadrato autem super quod binomium potens est et quadratis surdarum que ipsum sequuntur cum adiuncte fuerint superficies equales ei ad lineas rationales, fit latus secundum uniuscuiusque illarum superficierum binomium, sicut diximus in superioribus. Residui igitur et que post ipsum sunt non erit ex eis in termino vel ordine binomii surdarumve ipsum sequentium.

Estque possibile esse linearum mediarum surdas multas et innumerabiles nec est ex eis linea in termino eius quod erat ante se nec in suo ordine.

Exempli gratia: Sit linea *a b* media et linea *g* rationalis. Sitque superficies *g* in *a b* equalis quadrato ex *b d*. Atqui superficies *g* in *a b* surdum mediatum. Quadratum ergo ex *b d* surdum et *b d* surdum. Dico itaque quia *a b* quod antecedit non est in simili termino et ordine eius.

Rationis causa: Quia quadratum *b d* equatur superficiei *g* in *a b* et *g* rationalis et *a b* mediatum et omnis earum linea cum proportionabitur in potentia et adiungetur superficies equalis quadrato eius ad *g* rationalem, fit latus eius secundum mediatum. Atqui *b d* surdum quodque ante eam est non est in simili termino eius.

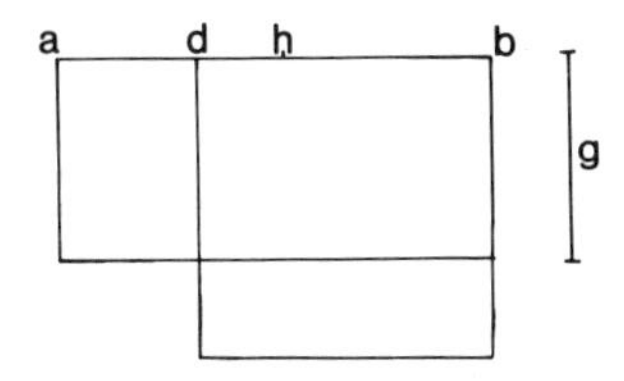

Item sit superficies *g* in *b d* surdum equale quadrato *d h*. Quadratumque *d h* surdum et *d h* surdum. Dico quia non est linea ex surdis que sunt ante *d h* in simili termino eius.

1384 et[2]] erit D. 1385 eius] earum D.

Rationis causa: Quia quadratum supra quod potens *d h* cum adiuncta fuerit superficies equalis ei ad lineam *g* rationalem, fit latus eius secundum *h d*. Quare *d h* surdum. Nec est linea ex surdis mediatis que sunt ante eam in termino *d h* et ordine eius. Eodemque modo lineabuntur linee multe et 1395 innumerabiles nec erit ex eis linea sicut terminus anterioris nec in suo ordine. Et hoc est quod demonstrare intendimus.

< Liber XI >

< Definitiones >

< i > Corpus est cui est longitudo, latitudo et altitudo. Cuius extremitates superficies.

< ii > Linea erecta supra superficiem est quando lineis in superficie extensis ipsamque lineam tangentibus fient anguli linea erecta lineisque supra superficiem extensis contenti omnes recti eritque hec linea supra superficiem perpendicularis.

< iii > Superficies erecta supra superficiem est cum fuerint due perpendiculares que exeunt a linea que est differentia communis supra quam una superficies aliam incidit ex unoquoque puncto eius ad duas superficies angulum rectum continentes.

< iv > Superficies equidistantes sunt que in quamlibet partem protracte non convenient etsi in infinita protrahantur.

< v > Figure corporee equales similes sunt in quarum uno corpore numerus superficierum sicut in alio fueritque unaqueque superficies unius similis et quantitate equalis superficiei alterius corporis se respicienti et secundum suam creationem.

< vi > Figure corporee similes sunt que similibus superficiebus continentur secundum creationem unam et numerum unum.

< vii > Figura corporea servata est quam tres superficies equidistantium laterum dueque superficies triangule continent.

< viii > Spera est cum semicirculo sumpto linea diametri fixa circumducetur arcus circumferie mediati donec ad locum suum redeat eritque arcus transitus spera. Sicque corporis rotundi atque spere circulique centrum unum.

< ix > Figura corporea pyramis est quam continent superficies ab una superficie ad unum punctum oppositum erecte.

< x > Figura rotunda pyramis solida est transitus trianguli rectanguli fixo uno suorum laterum angulum rectum continente trianguli que circumducti ad locum unde cepit reditus. Quod si fuerit

25 mediati] mediatas D.

latus fixum lateri circumducto equale, erit figura rectangula. Si vero longior, erit acuti angula. Quod si brevior, anguli obtusi erit. Axis autem figure latus fixum basisque sue circulus estque hec figura columpne rotunde pyramis.

<xi> Figura corporea rotunda, cuius bases duo circuli plani extremitatesque eius spissitudini equales, est superficiei equidistantium laterum rectangule transitus latere rectum angulum continente firmato superficieque circumducta donec ad locum unde cepit redeat. Diceturque hec figura columpna rotunda.

<xii> Angulus corporeus est quem continent anguli plani plures quam duo non existentes super unam superficiem angulique sibi continentes in uno puncto coniuncti.

<xiii> Figure corporee rotunde quarum extremitates crassitudini equales pyramidesque similes sunt quarum proportiones axium ad diametros suarum basium equales: Proportio scilicet axis unius figure ad diametrum sue basis sicut proportio axis alterius figure ad basis sue diametrum.

<XI.1> Linee recte non est pars in plano iacens et pars in altum surgens.

Quod si fuerit, sit linee $a\ b\ g$ pars sitque $a\ b$ in plano posita sitque pars alia $b\ g$ in altum surgens. Producaturque ex linea $a\ b$ linea. Sitque $b\ d$.

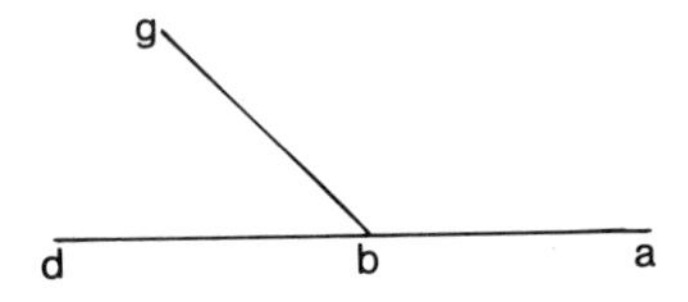

Quare $a\ b\ g$ et $a\ b\ d$ linea. Linea itaque $a\ b$ duabus lineis coniuncta $b\ g$ et $b\ d$ secundum rectitudinem. Quod est impossibile. Non igitur pars linee in superficie et pars in altitudine. Et hoc est quod demonstrare intendimus.

<XI.2> Omnes due linee quarum una incidit in alteram <sunt> in una superficie omnisque triangulus in superficie una.

Sit incidens lineam $a\ b$ linea $g\ d$ super punctum h. Dico itaque quia linee $a\ b$ et $g\ d$ in superficie una. Assignentur enim duo puncta super lineas duas $d\ h$ et $h\ b$. Sintque z et n. Dico itaque quia triangulus $z\ h\ n$ in superficie una.

Quod si fuerit pars trianguli $h\ z\ n$ in superficie et pars in altitudine, erit pars linearum $z\ h$ et $h\ n$ in superficie et pars in altitudine. Quod est

47 scilicet] secundum D. 48 sue] seu D. 53 $a\ b$] $a\ d$ D.

impossibile. Erit itaque triangulus *z h n* in superficie una. Atque super-
65 ficies in qua triangulus *z h n* in ea.

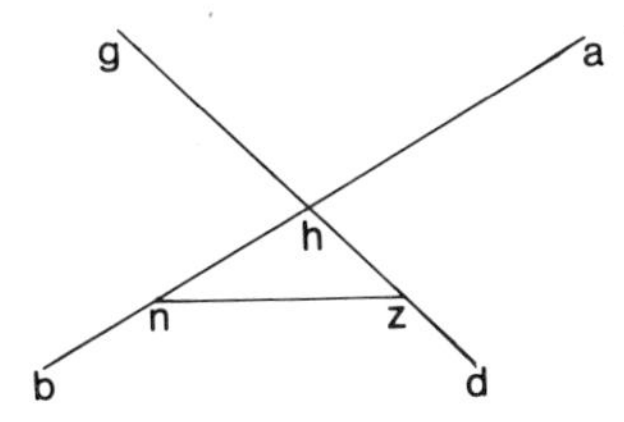

Item due linee *z h* et *h n* atque superficies in qua triangulus *z h n* in ea. Quare linee *a b* et *g d* in superficie una. Cum igitur lineam linea incidit, erunt in superficie una omnisque triangulus in superficie una. Et hoc est quod demonstrare intendimus.

70 <XI.3> Omnium duarum superficierum, quarum altera alteram incidit, erit incisio earum communis linea.

Exempli gratia: Sint superficies *a b g d* et *h z n t* quarum utraque alteram incidat. Atque *k l* incisio earum communis. Dico itaque quia *k l* linea.

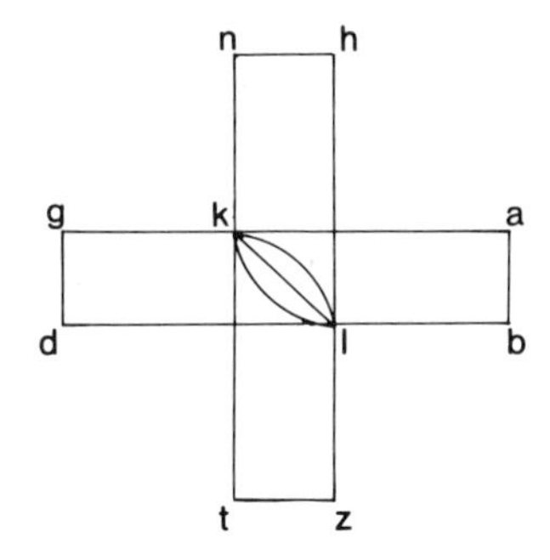

75 Si vero fuerit possibile quod non sit linea, iungatur punctus *l* et punctus *k* cum linea super superficiem *a b g d* sitque *k m l*. Lineeturque super superficiem *h z n t* linea sitque linea *k n l*. Atqui *k m l* linea et *k n l* linea. Quare linee *k m l* et *k n l* contingentes extremitatesque earum una. Quod est impossibile. Erit igitur *k l* linea. Et hoc est quod demonstrare
80 intendimus.

<XI.4> Cum linea supra incisionem duarum linearum, quarum una incidat alteram, secundum angulum rectum erecta fuerit, erit ipsa supra earum superficiem perpendicularis.

Exempli gratia: Sit linea *a b* erecta supra incisionem duarum linearum
85 scilicet *d g*, *h z* ... secundum angulum rectum. Dico itaque quia linea *a b* erecta est supra superficiem *g d h z* secundum angulum rectum.

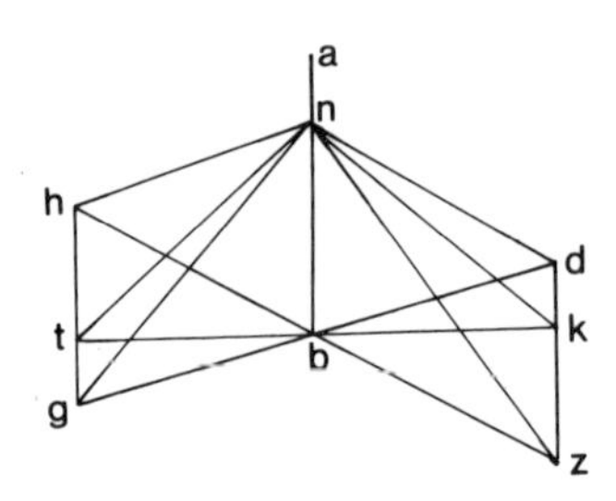

Sint enim ... equales *h b* et *b z* et *d b* et *b g*. Iungaturque *h* cum *g* et *d* cum *z*. Signeturque punctus super lineam *a b* sitque *n*. Iungaturque *n* cum *h* et cum *d* et cum *z* et cum *g*. Producaturque a puncto *b* linea super super-
90 ficiem *g d h z* sitque *t k* iungaturque *n* cum *t* et cum *k*. ... latus *h b* equale lateri *b z* et *g b* equale *b d*. Sunt ergo *h g* et *d z* equidistantes. Atqui *g b* equalis *b d* et *b n* super *g d* secundum duos angulos rectos. Quare *g n* equalis *n d*. Item *b h* equalis *b z* et *b n* super *h z* secundum duos angulos rectos. Quare *h n* equalis *n z*. Atqui lateri *g n* equale *n d* atque *h g* equalis
95 *d z*. Linee ergo *n g* et *g h* equales lineis *n d* et *d z* unaqueque se respicienti. Atqui basis *h n* equalis basi *n z*. Angulus itaque *n g h* equalis angulo *n d z*. Linee autem *t g* et *d k* sunt equidistantes et erunt producte *t k* et *g d*. Atqui *g b* equalis *b d* et *g n* equalis *n d* et *t g* sicut *d k*. Linee ergo *n g* et *g t* equales lineis *n d* et *d k* unaqueque se respicienti. Angulus
100 autem *n g t* equalis angulo *n d k*. Basis ergo *n t* basi *n k* equalis. < Atqui *g b* equalis *b d* et *t g* sicut *d k*, angulus autem *b g t* angulo *b d k* equalis. > Latus itaque *t b* equale *b k*. Sitque *b n* communis. Quare linee *t b* et *b n* equales *k b* et *b n* unaqueque se respicienti basisque *t n* basi *n k* equalis. Angulus ergo *n b t* angulo *n b k* equalis. Cum vero linea super
105 lineam surgit fueruntque duo anguli linee collaterales equales, erunt ipsi recti. Duorum itaque angulorum *n b t* et *n b k* uterque rectus. Quare *n b* super *k t* iuxta duos angulos rectos. Sicque manifestum quia omnis linea producta ex *b* super superficiem duarum linearum *g d* et *z h* producet angulum rectum ex *n b*. Erit igitur *n b* perpendicularis super superficiem
110 *g d h z*. Et hoc est quod demonstrare intendimus.

100 ergo] vero D.

<XI.5> Cum erigetur linea supra incisionem communem tribus lineis sese continentibus continens cum unaquaque earum angulum rectum, erunt linee ille tres in una superficie.

Exempli gratia: Sit linea *a b* erecta super incisionem communem tribus
115 lineis sese continentibus. Sintque *b g* et *b d* et *b h* atque *a b* continens cum unaquaque earum angulum rectum. Dico itaque quia sunt in una superficie.

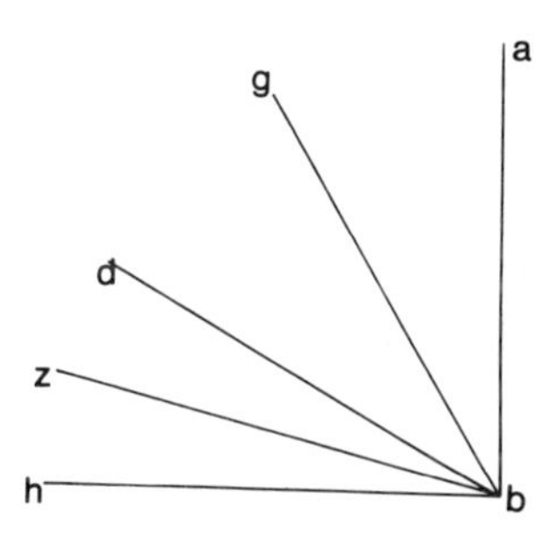

Aliter enim esse impossibile est. Quod si fuerit, sit *b d* in altitudine. Unde si producatur superficies ex *a b* et *b d*, erit differentia linee
120 communis in superficiem *g b* et *b h* utque fiat sit *b z*. Eritque angulus *a b z* rectus. Atque *a b d* rectus atque *a b* et *b d* super superficiem unam. Angulus ergo *a b z* equalis angulo *a b d* maior minori. Quod est impossibile. Erunt igitur *b g* et *b d* et *b h* super superficiem unam. Et hoc est quod demonstrare intendimus.

125 <XI.6> Cum fuerint due linee erecte supra superficiem supra duos angulos rectos, erunt ille equidistantes.

Exempli gratia: Sint due linee *a b* et *g d* erecte supra superficiem constitute supra duos angulos rectos. Dico quia *a b* et *g d* equidistantes.

Rationis causa: Iungatur enim punctus *b* cum puncto *d* linea *b d*
130 constituta supra superficiem. Exeatque de linea *b d* de puncto *d* linea supra angulum rectum supra superficiem sitque *d h*. Quare *h d* cum *d g* secundum angulum rectum. Separate sunt due linee equales *z b* et *d n*. Iungaturque *z* cum *d* et cum *n*. Atqui *z b* equalis *d n* et *b d* communis. Due itaque linee *z b* et *b d* equales duabus lineis *n d* et *b d* unaqueque se
135 respicienti. Angulus autem *z b d* rectus equalis angulo *n d b*. Basis itaque *z d* basi *b n* atqui *d n* equalis *z b*. Quare *z d* et *d n* equales lineis *b z* et *b n* unaqueque se respicienti. Basis autem earum *z n*. Angulus ergo *z d n* equalis angulo *z b n*. Angulus vero *z b n* rectus. Quare *z d n* rectus. Linea itaque *h d* erecta supra incisionem trium linearum continentium (et

140 est differentia communis) supra angulos rectos suntque linee *b d* et *d z* et *d g*. Sunt ergo in superficie una. Quare *a b* et *g d* in superficie una.

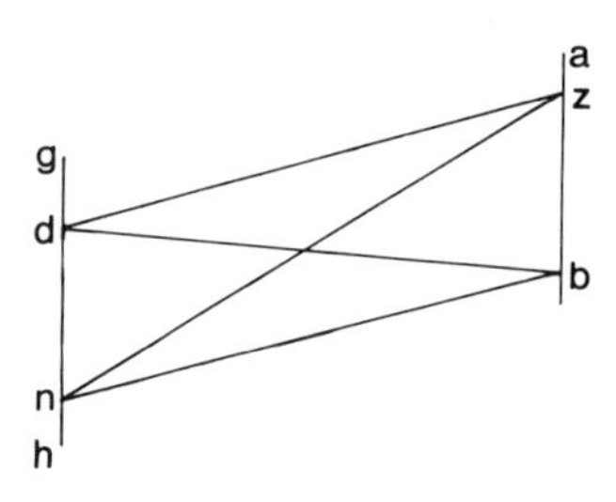

Cecidit autem supra eas linea *b d* et facti sunt duo anguli intrinseci sicut duo anguli recti qui sunt *a b d* et *g d b*. Sunt igitur *a b* et *g d* equidistantes. Et hoc est quod demonstrare intendimus.

145 <XI.7> Cum fuerint due linee equidistantes punctusque signatus in utraque earum quomodocumque cadat, linea duo illa puncta coniungens cadet in superficie in quam cadunt ille due linee equidistantes.

Exempli gratia: Sint due linee *a b* et *g d* equidistantes ... sintque *z* et *h* ... quia linea que coniungit *h* cum *z* ... in superficie *a b* et *g d*....

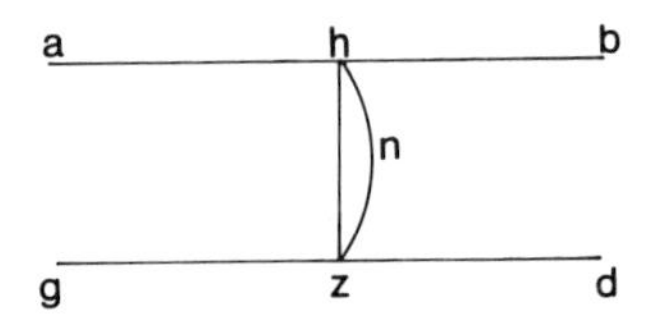

150 Quia non est possibile, sit ... superficies alta in qua *h n z* et superficies in qua due linee equidistantes incidentes differentiaque earum communis linea *h z* ... linee *h n z* et *h z* continent superficiem et sunt recte. Quod est impossibile. Linea ergo coniungens duo puncta *h* et *z* cadet cum lineis equidistantibus *a b* et *g d* in superficie una. Estque linea *h z*. Et hoc est 155 quod demonstrare intendimus.

<XI.8> Cum fuerint due linee equidistantes fueritque una earum supra superficiem secundum angulum rectum, erit altera perpendicularis supra eandem superficiem.

Exempli gratia: Sint due linee *a b* et *g d* equidistantes sitque *a b* 160 perpendicularis supra superficiem assignatam. Dico itaque quia *g d* supra eandem superficiem secundum angulum rectum.

Rationis causa: Iungatur enim *b* cum *d* linea in superficie assignata. Sitque linea *b d* exeatque de linea *b d* de puncto *d* in superficiem

assignatam linea secundum angulum rectum sitque linea *d h*. Dividamque
165 duas lineas equales *z b* et *d n*. Coniungaturque *z* cum *d* et *b* cum *n* ...
equale lateri *d n* sitque *b d* communis. Linee itaque *z b* et *b d* equales

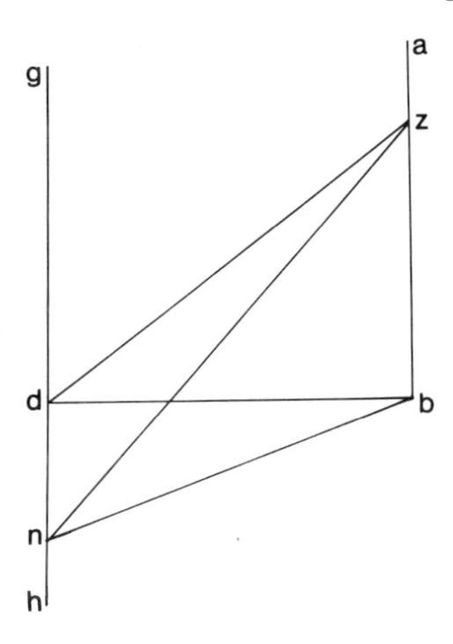

duabus lineis *n d* et *d b* unaqueque se respicienti. Angulusque *z b d*
rectus equalis angulo *n d b*. Quare basis *z d* equalis basi *b n*. Atqui *d n*
equalis *z b* linee, ergo *z d* et *d n* equales lineis *n b* et *b z* unaqueque se
170 respicienti. Basis vero earum una estque *z n*. Angulus itaque *z d n* equalis
angulo *z b n*. Angulus autem *z b n* rectus. Quare *z d n* rectus. Linea
itaque *n d* erecta supra communem terminum duarum linearum
contingentium supra angulum rectum. Suntque *b d* et *d z*. Quare *n d*
supra superficiem *b d*; *d z* secundum angulum rectum. Quare *n d* supra
175 *d g* secundum angulum rectum. Itemque *g d* supra *b d* secundum
angulum rectum. Quare *g d* supra *b d* <et> supra *d n* secundum
angulum rectum. Est ergo supra superficiem *b d n* secundum angulum
rectum. Est igitur *g d* supra superficiem assignatam perpendicularis. Et
hoc est quod demonstrare intendimus.

180 <XI.9> Linee equidistantes uni linee nec in superficie una sunt ad
invicem equidistantes.

Sint linee *g d* et *h z* equidistantes linee *a b* nec <*a b*, *g d* et *h z* in
superficie una. Dico itaque quia> linee *g d* et *h z* sunt equidistantes.

Rationis causa: Signetur enim in linea *a b* punctus quomodocumque sit
185 sitque *n*. Exeatque ab eo linea secundum duos angulos rectos supra superficiem *g d a b* sitque *n t*. Item producatur de puncto *n* de linea *a b* supra
superficiem *a b h z* linea secundum duos angulos rectos sitque *n k*. Linea
itaque *a b* surgit supra communem terminum duarum linearum *t n* et *n k*
contingentium se supra angulos rectos. Quare *a b* surgit supra superficiem

190 *t n k* secundum angulos rectos. Est ergo *g d* supra superficiem *t n k* secundum angulum rectum. Eodemque modo *h z* supra superficiem *t n k*

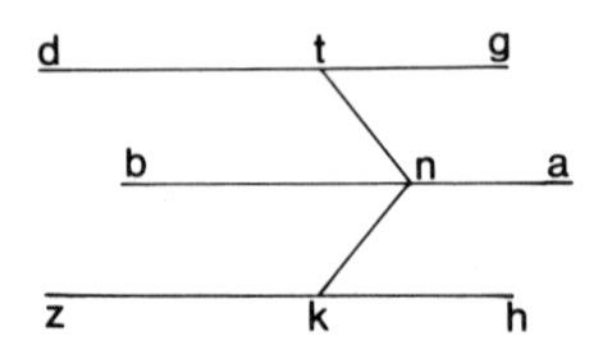

secundum angulum rectum. Sint ergo *g d* et *h z* equidistantes. Et hoc est quod demonstrare intendimus.

<XI.10> Cum fuerint due linee contingentes aliis duabus contingenti-
195 bus opposite nec in superficie una, erunt duo anguli quorum unus duabus primis, alter duabus aliis continetur equales.

Exempli gratia: Sint due linee *a b* et *b g* contingentes duabus lineis *d h* et *h z* contingentibus opposite non in superficie una. Dico itaque quia angulus *a b g* equalis angulo *d h z*.

200 Separentur enim linee equales *a b* et *b g* atque *d h* et *h z*. Iunganturque *a* cum *d* et *b* cum *h* et *g* cum *z* et *a* cum *g* et *d* cum *z*. Atqui *b a* et *h d* equales equidistantes. Quare *b h* et *a d* equales equidistantes. Atqui *b h* et *g z* equales equidistantes. Quare *a d* et *g z* equales equidistantes. Atqui *a* iunctum cum *g* et *d* cum *z*. Quare *a g* et *d z* sunt equidistantes equales.

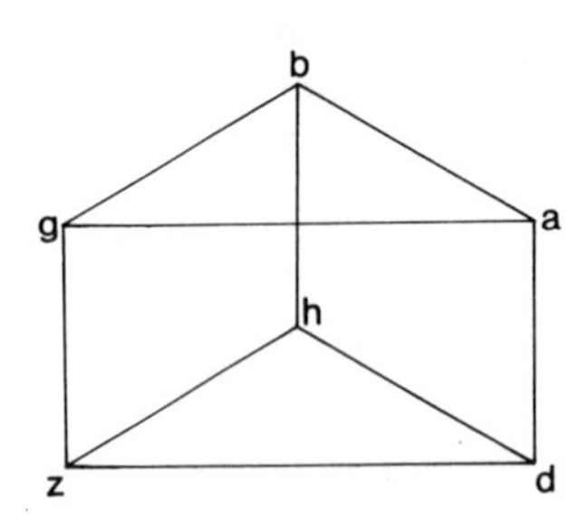

205 Latus autem *b a* equale lateri *h d* latusque *b g* lateri *h z*. Duo ergo *a b* et *b g* equalia duobus *d h* et *h z* utrumque respicienti se. At vero basis *a g* equalis basi *d z*. Angulus igitur *a b g* equalis angulo *d h z*. Et hoc est quod demonstrare intendimus.

<XI.11> Nunc demonstrandum est quomodo protrahatur a puncto
210 assignato in aere ad superficiem assignatam linea que sit perpendicularis supra superficiem assignatam.

Sit punctus assignatus punctus a. Cum itaque voluerimus extrahere ab a cum linea perpendiculari supra superficiem assignatam, ... in superficie assignata lineam rectam quomodocumque cadat sitque $b g$. Producaturque de puncto d ad lineam $b g$ linea perpendicularis secundum duos angulos rectos sitque $a d$. Producaturque de linea $b g$ de puncto d in superficie assignata linea secundum duos angulos rectos sitque $d h$. Exeatque de puncto a ad lineam $d h$ item perpendicularis secundum duos angulos rectos sitque $a z$. Dico itaque quia $a z$ est perpendicularis supra superficiem assignatam.

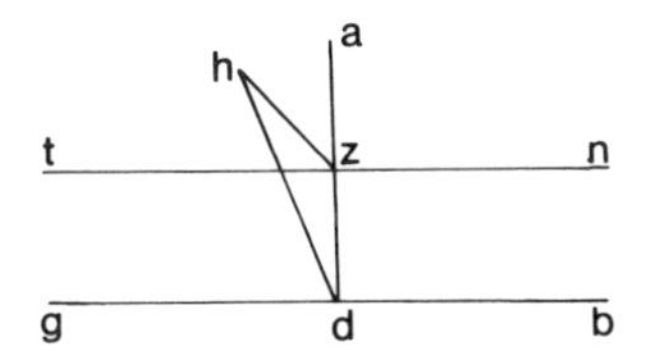

Rationis causa: Producatur enim ex z linea equidistans linee $b g$ in superficie assignata sitque $n t$. Quare $b g$ erecta est supra differentiam duarum linearum $z d$ et $d a$ communem secundum angulum rectum. Quare $b g$ supra superficiem $d z$ et $d a$ secundum angulum rectum. Sed $b g$ linee $n t$ equidistans est. Quare $n t$ supra superficiem $z d$ et $d a$ secundum angulos rectos. Atqui $a z$ supra $n t$ secundum duos angulos rectos. Atque $a z$ supra $h d$ secundum duos angulos rectos. Quare $a z$ supra superficiem $h d$; $n t$ secundum angulos rectos. Atqui $h d$; $n t$ superficies assignata. Extracta igitur est de puncto a linea perpendicularis supra superficiem assignatam estque $a z$. Et hoc est quod demonstrare intendimus.

<XI.12> Nunc demonstrandum est quomodo erigatur supra punctum assignatum in ea supra superficiem assignatam linea secundum angulum rectum.

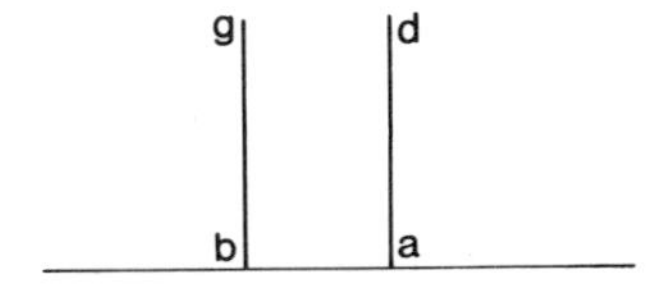

Sit itaque punctus assignatus in superficie assignata punctus a. Cumque intendimus erigere lineam supra punctum a secundum angulum rectum supra superficiem assignatam, signetur punctus quolibet casu sitque

punctus *b*. Exeatque ab eo perpendicularis ad superficiem assignatam sitque *b g*. Cadatque supra punctum *g*. Exeatque de puncto *a* linea
240 equidistans linee *g b* sitque *a d*. Quare *a d* supra superficiem assignatam secundum angulum rectum. Erecta est igitur supra punctum *a* supra superficiem assignatam linea secundum angulum rectum estque *a d*. Et hoc est quod demonstrare intendimus.

<XI.13> Non surgent due linee supra punctum unum supra super-
245 ficiem unam secundum angulum rectum.

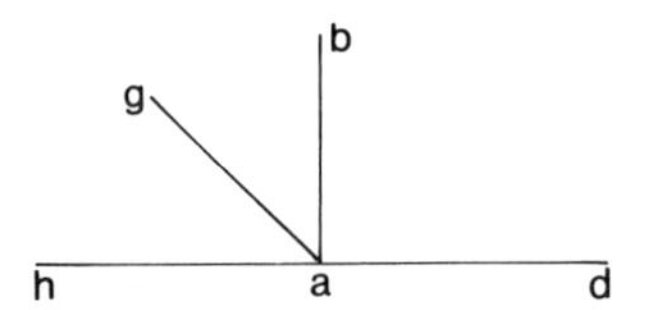

Est enim impossibile. Quod si possibile fuerit, surgant supra punctum *a* in superficie assignata due linee secundum angulum rectum sintque *a b* et *a g*. Exeatque superficies ex *a b* et *a g*. Eritque ei communis terminus cum superficie assignata. Sitque communis terminus linea *d h*. Angulus
250 ergo *b a h* rectus, angulus vero *g a h* rectus. Angulus itaque *b a h* equalis angulo *g a h*, maior minori. Quod est impossibile. Non igitur supra punctum unum supra superficiem unam surgent due linee supra angulum rectum. Et hoc est quod demonstrare intendimus.

<XI.14> Cum fuerit linea una supra duas superficies assignata
255 secundum angulos rectos, superficies illa si producatur in partes non coniungetur.

Exempli gratia: Sit linea *a b* erecta supra duas superficies *g d* et *z h*

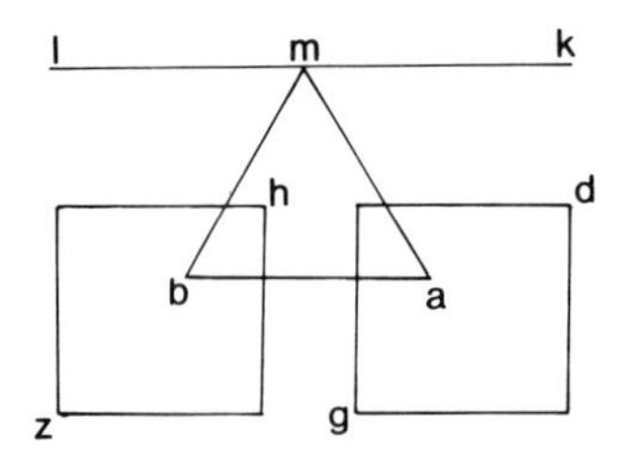

secundum angulum rectum. Dico itaque quia superficies *g d* et *z h*, cum producte fuerint in partes, non coniungentur.

241 Erecta] Siacuta D.

260 Est enim impossibile. Quia si possibile fuerit sic ut conveniant fiatque conventus earum communis terminus sitque *k l*. Signetur ergo supra *k l* punctus quolibet casu sitque *m*. Iungaturque *a* cum *m* et *b* cum *m*. Atqui *k l* in superficie *g d*. Punctus ergo qui in ea est in superficie *g d*. Eodemque modo etiam in superficie *h z*. Si ergo linea erecta supra super-
265 ficiem fuerit ad omnes lineas contingentes supra angulum rectum, erunt duo anguli trianguli *a b m* recti. Quod est impossibile. Superficies igitur *g d* et *h z*, cum producte fuerint, non convenient. Et hoc est quod demonstrare intendimus.

<XI.15> Cum fuerint due linee contingentes equidistantes duabus lineis
270 contingentibus non in superficie una, superficies ab illis lineis contente cum producte fuerint non convenient.

Exempli gratia: Sint due linee *a b* et *b g* contingentes equidistantes duabus lineis *d h* et *h z* contingentibus et non in superficie una. Dico itaque quia superficies *a b* et *b g* equidistans superficiei *d h*; *h z*.
275 *Rationis causa*: Producatur enim ex *b* ad superficiem *d h*; *h z* perpendicularis sitque *b n* cadatque supra superficiem *d h* et *h z* super punctum *n*. Producatur ex *n* linea equidistans *d h* sitque linea *n t* in superficie *d h*; *h z*. Item producatur ex *n* linea equidistans *h z* sitque *n k* in superficie *d h*; *h z*. Atque utraque *b a* et *n t* equidistans linee *h d*. Equi-
280 distantes autem uni linee et non in superficie una, erit *a b* equidistans *n t*.

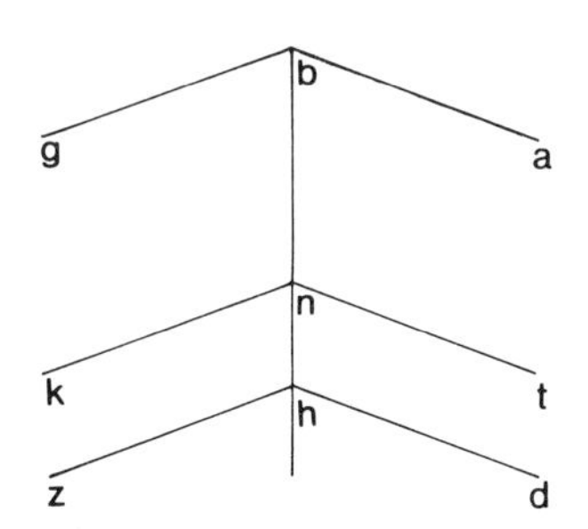

Item utraque *b g* et *n k* equidistans *h z*, equidistantes autem uni linee nec in superficie una sunt inter se equidistantes. Quare *g b* equidistans *n k* et *n t* equidistans *b a*. Caditque supra eas linea *b n*. Anguli ergo duo intrinseci equales duobus rectis. Angulus autem *b n t* rectus. Quare *a b n*
285 rectus. Eodemque modo *g b n* rectus. Atque linea *b n* constituta supra communem differentiam duarum linearum *a b* et *g b* contingentium

280 *a b*] altera D. 282 *g b*] *a b* D.

secundum angulum rectum. Quare *b n* supra superficiem *a b* et *b g* secundum angulum rectum. Itemque *n b* supra superficiem *d h*; *h z* erecta erit secundum angulum rectum. Cum vero fuerit linea una supra
290 duas superficies secundum angulum rectum, ille due superficies cum producte fuerint non convenient. Est igitur superficies *a b*; *b g* equidistans superficiei *d h*; *h z*. Et hoc est quod demonstrare intendimus.

<XI.16> Cum incidet una superficies duas superficies equidistantes, erunt earum incisiones communes equidistantes.
295 *Exempli gratia*: Sit superficies *a b g d* et *h z n t* quas incidat superficies *k l m n* incisioque earum communis *k m* et *l n*. Dico itaque quia *k m* equidistat *l n*.

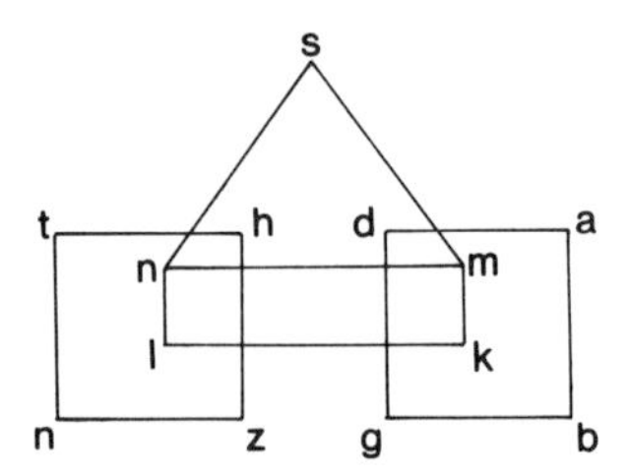

Aliter enim esse impossibile est. Quod si fuerit possibile, sit ut conveniant supra *s*. Atqui *k s* in superficie *a b g d*, at vero *l s* in super-
300 ficie *h z n t*. Est autem in linea que est differentia communis superficierum *a b g d* et *h z n t* punctus *s*. Itaque *a b g d* et *h z n t* cum producte fuerint convenient. Quod est impossibile. Erit igitur *k m* equidistans *l n*. Et hoc est quod demonstrare intendimus.

<XI.17> Cum incise fuerint superficies equidistantes duabus lineis,
305 erunt secundum proportionem unam.

Sint incise superficies equidistantes supra unam quarum *h z n t*, altera *k l m n*, alia *s i f c* duabus lineis *a b* et *g d* supra *a* et *r* et *b* et *g* et *s* et *d*. Dico itaque quia quanta *a r* ad *r b* tanta *g s* ad *s d*.

Rationis causa: Iungatur enim punctus *g* cum puncto *b* linea *g b*
310 cadatque supra superficiem *k l m n* super punctum *i*. Iungaturque *a* cum *g* et *r* cum *i* atque *i* cum *s* et *b* cum *d*. Due itaque superficies equidistantes *h z n t* et *k l m n*, incidit eas superficies *a b g*. Sunt ergo incisiones earum communes equidistantes. Quare *a g* equidistans *r i*. Item super-

312 *a b g*] *a d b g* D.

ficies *k l m n* et superficies *i s f c*, incidit eas superficies *g b d i*. Et
315 incisiones ergo earum communes equidistantes. Quare *i s* equidistans *b d*.

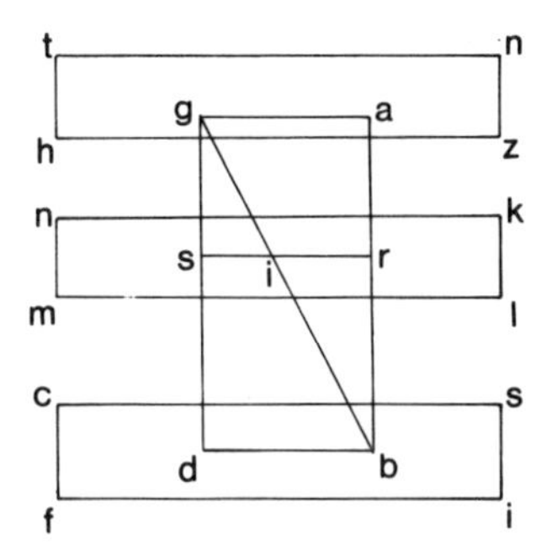

Quanta ergo *a r* ad *r b* tanta *g i* ad *i b*. Item quanta *g i* ad *i b* tanta *g s* ad *s d*. Est igitur *a r* ad *r b* sicut *g s* ad *s d*. Et hoc est quod demonstrare intendimus.

<XI.18> Cum fuerit linea supra superficiem secundum angulum
320 rectum, omnes superficies supra eam producte erunt supra superficiem assignatam secundum angulum rectum.

Exempli gratia: Sit linea *a b* supra superficiem assignatam secundum angulum rectum. Dico itaque quia omnes superficies producte supra lineam *a b* erunt supra superficiem assignatam secundum angulum
325 rectum.

Rationis causa: Producatur enim ex *a b* superficies quolibet casu fiatque in superficie assignata differentia intransitive linee communis sitque *g d*. Signeturque punctus supra *g d* quolibet casu sitque *h*.

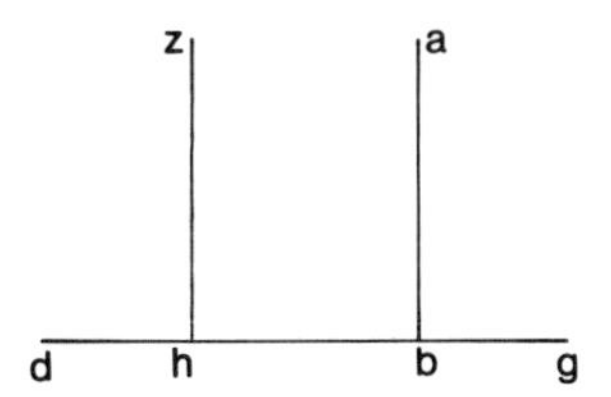

Exeatque inde linea secundum duos angulos rectos sitque *h z* in superficie
330 *a b g d*. Angulus itaque ex *a b* et *b d* rectus quique ex *z h* et *h b* continetur rectus. Cum ergo cecidit supra duas lineas *a b* et *z h* linea *g d*, facti sunt duo anguli intrinseci sicut duo anguli recti. Suntque qui ex *a b* et *b d* et qui ex *z h* et *h b*. Est igitur *a b* equidistans *z h*. Est autem *a b* supra

316 *g i*[1]] *s i* D. | *g i*[2]] *s i* D.

superficiem assignatam secundum angulum rectum. Quare *z h* etiam
335 supra superficiem assignatam secundum angulum rectum. Eodemque modo ostendemus quia omnes linee producte a linea *g d* supra duos angulos rectos in superficie *a b g d* erunt supra superficiem assignatam <secundum angulum rectum>. Et hoc est quod demonstrare intendimus.

340 <XI.19> Cum fuerint due superficies se invicem secantes erecte supra superficiem assignatam secundum angulum rectum, erit incisio earum communis supra illam superficiem secundum angulum rectum.

Exempli gratia: Sint due superficies quarum una incidat alteram superficies *a b g d* et *h z n t* sintque supra superficiem assignatam secundum
345 angulum rectum incisioque communis *k l*. Dico itaque quia *k l* supra superficiem assignatam secundum angulum rectum.

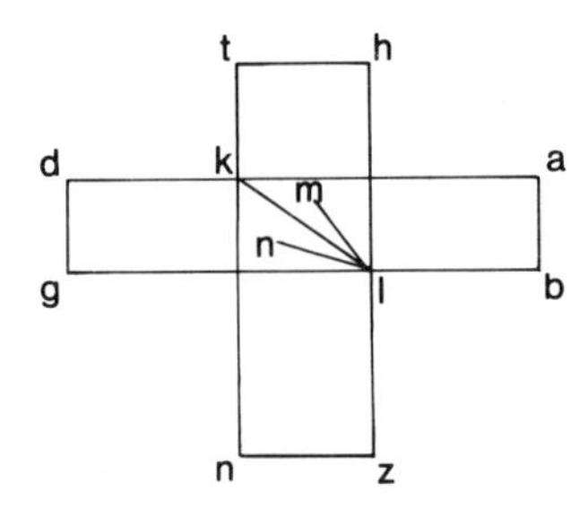

Aliter enim esse impossibile est. Quod si possibile non sit sicut diximus, producatur itaque de puncto *l* de linea *h z* linea secundum duos angulos rectos sitque *l m* in superficie *h z n t*. Eritque *m l* supra superficiem
350 assignatam secundum angulum rectum. Producaturque a puncto *l* linea secundum duos angulos rectos sitque *l n* in superficie *a b g d*. Quare *n l* supra superficiem assignatam secundum angulum rectum. Itemque *l m* supra superficiem assignatam secundum angulum rectum. Cadant itaque supra punctum unum supra superficiem unam due linee secundum
355 angulum rectum suntque *l m* et *l n*. Quod est contrarium impossibile. Erit igitur *k l* supra superficiem assignatam secundum angulum rectum. Et hoc est quod demonstrare intendimus.

<XI.20> Cum constituerint angulum solidum tres anguli superficiales, erunt illorum trium duo quolibet reliquo maiores.

350 puncto] producto D. 358 superficiales] superficies D.

360 *Exempli gratia*: Sint tres anguli plani *a b g* et *g b d* <et *a b d*> solidum angulum continentes. Dico itaque quia omnes duo ex tribus maiores angulo reliquo.

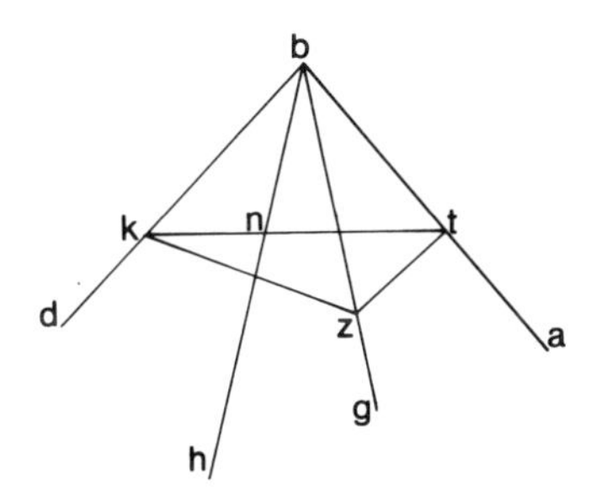

Rationis causa: Si enim fuerit unus eorum <non> maior reliquo autem equalis, erit quod intendimus. Si vero non, sit *a b d* maior utroque 365 reliquo secundum *a b g* et *g b d*. Statuaturque supra lineam *a b* supra punctum *b* angulus sicut angulus *a b g* sitque *a b h*. Ambeque linee equales *b z* et *b n*. Exeatque de *n* linea in superficie *a b* et *b d* sitque *k t*. Iungaturque *t* cum *z* et *z* cum *k*. Erit autem *n b* equalis *b z* sitque *b t* communis. Duo itaque linee *b n* et *b t* equales duabus lineis *b z* et *b t* 370 unaqueque respicienti se. Angulus autem *t b n* equalis angulo *t b z*. Quare basis *n t* equalis basi *t z*. Quare *z k* maior *k n* reliquo. Latus vero *z b* equale *b n* sitque *b k* communis. Due itaque linee *z b* et *b k* sicut due linee *b n* et *b k* unaqueque sicut respiciens se. Basisque *z k* maior basi *k n*. Angulus ergo *z b k* maior angulo *n b k*. Atqui *t b z* equalis *t b n*. 375 Duo itaque anguli *a b g* et *g b d* maiores angulo *a b d*. Sic igitur manifestum est quia angulorum reliquorum duo quilibet coniuncti reliqui angulo <reliquo> maiores. Et hoc est quod demonstrare intendimus.

<XI.21> Omnis angulus solidus minor quatuor angulis rectis.

Exempli gratia: Sit angulus solidus quem anguli superficiales 380 contineant sintque *h b z* et *z b n* et *h b n*. Dico itaque quia quatuor angulis rectis minor est.

Rationis causa: Iungantur enim in superficie assignata linee *h z* et *z n* et *h n*. Signeturque punctus superficie *h z n* quolibet casu sitque *t*. Iungaturque *h* cum *t* et *t* cum *z* et *t* cum *n*. Duo igitur anguli *h z b* et *b z n* 385 maiores angulo *h z n*. Atqui *z n b* et *b n h* maiores *z n h*. At vero *b h n*

381 minor] maior D.

et *b h z* maiores *z h n*. Reliqui ergo *h b z* et *z b n* et *h b n* minores reliquis *h t z* et *z t n* et *n t h*. Atqui *h t z* et *z t n* et *n t h* equales quatuor

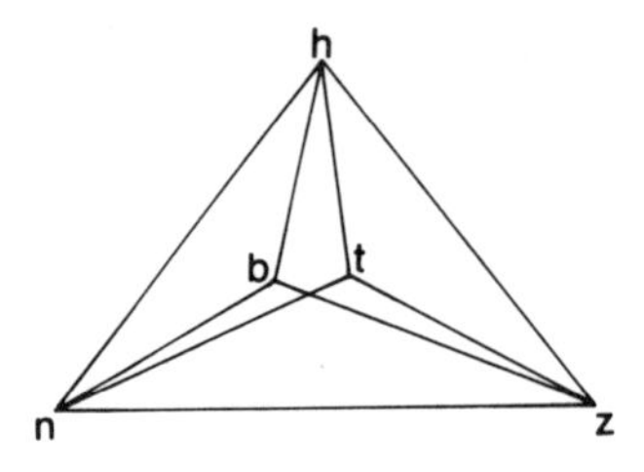

angulis rectis. Quare *h b z* et *z b n* et *h b n* minores quatuor angulis rectis. Erit igitur omnis angulus solidus minor quatuor angulis rectis. Et
390 hoc est quod demonstrare intendimus.

<XI.22> Cum fuerint tres anguli superficiales omnesque duo eorum angulo reliquo maiores continentque eos linee equales, possibile est constitui triangulum de lineis inter extremitates linearum equalium contentis.

395 *Exempli gratia*: Sint tres anguli superficiales *a b g* et *d h z* et *n t k* quorum omnes duo anguli maiores angulo reliquo lineeque continentes equales *a b* et *b g* et *d h* et *h z* et *n t* et *t k* sitque iunctum *a* cum *g* et *d* cum *z* et *n* cum *k*. Dico itaque quia ex *a g* et *d z* et *n k* triangulum statuti possibile est.

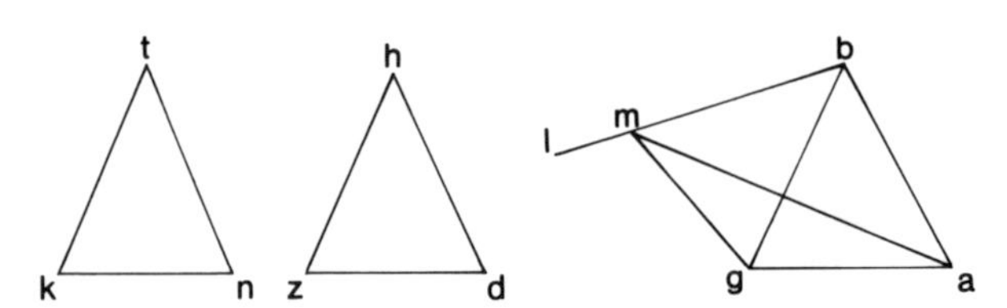

400 *Rationis causa*: Statuatur enim supra lineam *b g* supra punctum *b* sicut angulum *n t k* sitque ex duabus lineis *g b l*. Abscidaturque ex *b l* sicut *t k* sitque *b m*. Iungaturque *a* cum *m* et *m* cum *g*. Erat autem latus *b g* equale *t n*. Due ergo linee *b g* et *b m* equales duabus lineis *n t* et *t k* unaqueque se respicienti, angulus autem *g b m* equalis angulo *n t k*. Basis itaque *g m*
405 equalis basi *n k*. Erant autem duo anguli *a b g* et *n t k* maiores angulo *d h z*. Atqui angulus *n t k* sicut *g b m*. <Quare angulus *a b m*> maior *d h z*. Latus autem *a b* equale lateri *h d* et *b m* lateri *h z*. Quare *a b* et *b m*

386 minores] maiores D. 398 triangulum] angulum D.

lineis *d h* et *h z* unaqueque respicienti se equales. Angulus autem *a b m* maior angulo *d h z*. Quare basis *a m* maior basi *d z*. Atqui *a g* et *g m*
410 maior *a m* at linea *a m* maior *d z*. Quanta ergo maior additio *a g* et *g m* supra *d z*. Atqui *g m* equale *n k*. Quare *a g* et *n k* maior *d z*. Eodemque modo cum iungantur reliqua duo latera, fuerunt reliquo maiora quocumque modo accepta. Potest ergo constitui triangulum de lineis *a g* et *d z* et *n k* lineas equales coniungentibus. Et hoc est quod demonstrare
415 intendimus.

<XI.23> Nunc demonstrandum est quomodo ex tribus angulis superficialibus quorum omnes duo anguli maiores angulo reliquo, qualescumque sunt anguli superficiales, angulus solidus constituatur. Est autem necesse illos angulos tres quatuor angulis rectis minores esse.
420 Sint itaque tres anguli superficiales quatuor angulis rectis minores *b a g* et *d h z* et *n t k*. Sintque omnes duo ex eis reliquo maiores. Cum itaque ex istis angulum solidum constituere intendimus, lineas equales *b a* et *a g* et *d h* et *h z* et *n t* et *t k* abscidemus. Iungeturque *b* cum *g* et *d* cum *z* et *n* cum *k*. Quare possibile est ut constituatur triangulus ex *b g* et *d z* et *n k*
425 sitque triangulus *l n m*. Sitque *b g* equalis *l m* et *d z* *l n* et *n k* *m n*. Lineeturque supra triangulum *l m n* circulus supra quem *l m n* sitque centrum eius *s*. Iungaturque *m* cum *s* et *s* cum *l* et cum *n*. Dico itaque quia *l s* minor *b a*.

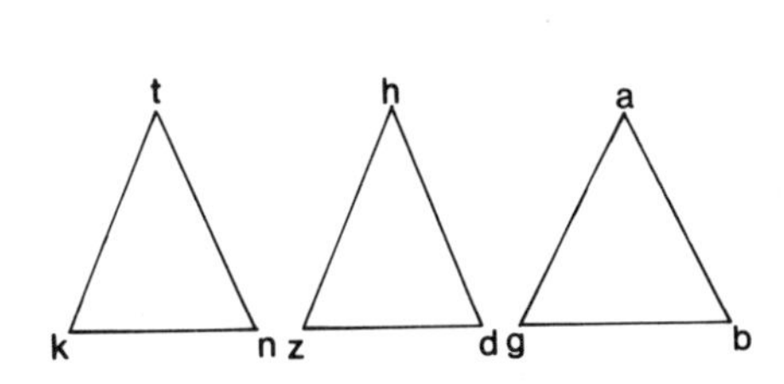

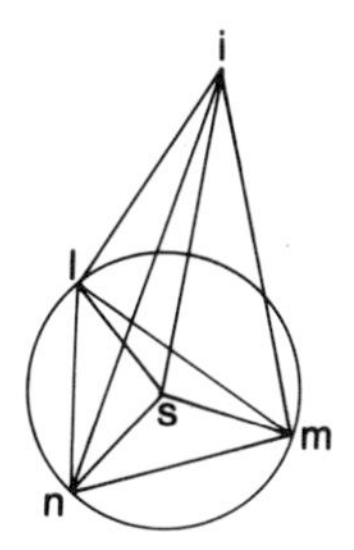

Quod si non fuerit, erit autem equalis aut maior. Sitque primo *l s* sicut
430 *b a* si sit possibile. Atqui *s l* sicut *s m* et *b a* sicut *a g*. Quare *s m* sicut *a g* atque *s l* sicut *a b*. Due itaque linee *m s* et *s l* equales duabus lineis *b a* et *a g* unaqueque respicienti se, basis autem *m l* equalis basi *b g*. Angulus ergo *m s l* sicut *b a g*. Eodemque modo *l s n* sicut *d h z* atque *m s n* sicut *n t k*. Anguli itaque *m s l* et *l s n* et *m s n* equales angulis *b a g* et
435 *d h z* et *n t k*. Atqui *m s l* et *l s n* et *m s n* sicut quatuor anguli recti. Quare *b a g* et *d h z* et *n t k* sicut quatuor anguli recti. Quod est impossibile. Sunt enim minores. Non itaque *b a* sicut *s l*. Sit itaque *s l* maior *a b* si est possibile. Quare *m s* maior *a g*. Atqui *m s l* et *b a g* duo

trianguli singuli duorum laterum equalium supra duo bases equales *m l* et
440 *b g*. At vero *m s* et *s l* maiores lineis *b a* et *a g*. Angulus ergo *b a g* maior
angulo *m s l*. Eademque ratione *d h z* maior angulo *l s n* atque *n t k*
maior angulo *m s n*. Anguli ergo *b a g* et *d h z* et *n t k* maiores angulis
m s l et *l s n* et *m s n*. Quare *b a g* et *d h z* et *n t k* maiores quatuor
angulis rectis. Quod est impossibile. Erant enim minores. Non itaque *s l*
445 maior *b a*. Patet autem quia non est ei equalis.

Quod si fuerit ea minor, exeat de puncto *s* supra superficiem *m l n* linea
secundum angulum rectum sitque *s i*. Sitque quod addit illud quod ex
ductu *b a* in seipsam supra illud quod ex ductu *s l* in seipsam illud quod
ex *s i* in seipsam. Iungaturque *i* cum *l* et cum *m* et cum *n*. Quod ergo ex
450 *a b* in seipsam equale ei quod ex *l s* et *s i* in seipsas. Angulus autem *l s i*
rectus. Quare ex *a b* in seipsam sicut quod ex *l i* in seipsam. Quare *a b*
sicut *l i*. Eodemque modo *a g* equalis *i m*. Due itaque linee *b a* et *a g*
duabus lineis *l i* et *i m* equales unaqueque respicienti se, basis autem *b g*
equalis basi *m l*. Angulus igitur *b a g* equalis angulo *m i l* angulusque
455 *d h z* angulo *l i n*, angulus vero *n t k* angulo *m i n* equalis. Et hoc est
quod demonstrare intendimus.

<XI.24> Cum contentum fuerit solidum superficiebus equidistantibus,
erunt superficies sibi invicem opposite equales equidistantes.

Sit solidum *a b* contentum superficiebus equidistantibus *g a d h* et
460 *z n t b* et *z g h b* et *n a d t* et *g a n z* et *b h d t*. Dico itaque quia superficies solide sibi opposite equales equidistantes.

Rationis causa: Sunt enim due superficies equidistantes *z g h b* et
n a d t. Incidit autem eas superficies *z g a n*. Incisiones ergo earum

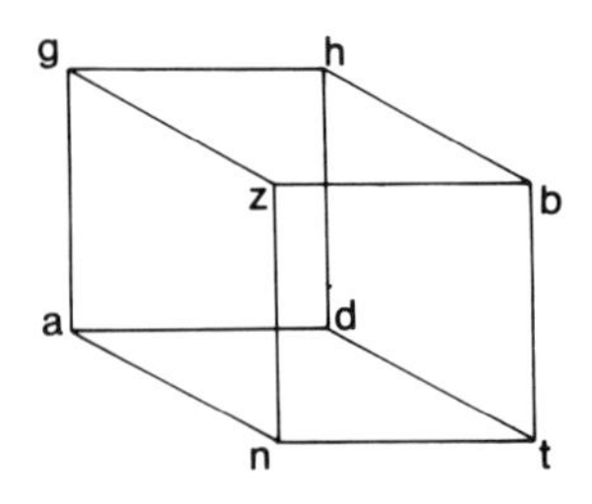

communes equidistantes. Quare *z g* equidistans *n a*. Item sunt superficies
465 equidistantes *z b n t* et *g a d h*. Incisiones ergo earum communes equidistantes. Est ergo *z n* equidistans *g a*. Eodemque modo omnes *b h* et *d t*
et *d h* et *t b* et *g a* et *g h* et *g z* et *z b* et *n a* et *n t* et *z n* et *a d* equidistantes. Atque linee contingentes *z n* et *n t* equidistantes duabus lineis

459 contentum] supra D. 467 *g h*] *d h* D. | *z b*] *h b* D. | *n t*] *d t* D. | *a d*] *t b* D.

contingentibus *g a* et *a d* nec in una superficie, continent enim duos
470 angulos equales. Angulus ergo qui est ex *z n* et *n t* equalis illi qui est ex *g a* et *a d*. Latus autem *z n* equale lateri *g a* et *n t a d*. Superficies ergo *z n t b* equalis superficiei *g a d h*. Eodemque modo *g z h b* equalis *n a d t* et *g n a z* ... *b h d t*. Et hoc est quod demonstrare intendimus.

<XI.25> Cum incidet superficies solidum equidistantium superficierum
475 supra duas superficies oppositas, erit quanta basis ad basim tantum solidum ad solidum.

Exempli gratia: Sit *a b* solidum equidistantium superficierum quod incidat *g d h z* dueque superficies opposite superficies *n k a t* et *b n m l*. Dico itaque quia quanta basis *t a h d* ad basim *d h l m* tantum solidum
480 ad solidum: *a g* ad *b h*.

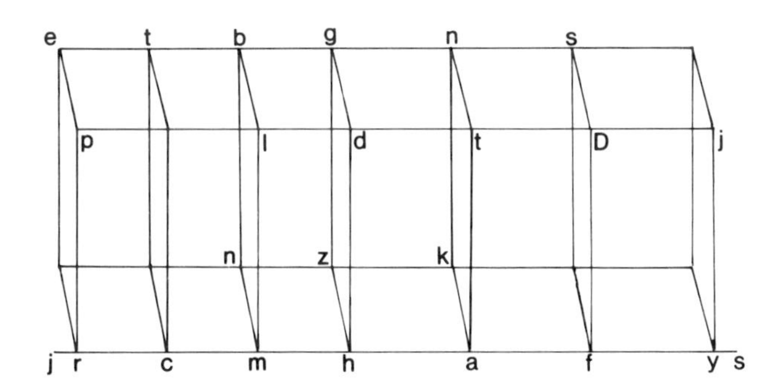

Rationis causa: Producatur enim linea *a m* in duas partes suntque *a s* et *m j*. Separenturque ab *a s* linee equales linee *a h* quotcumque sint sintque *a f* et *f y*. Itemque a linea *m j* separentur linee equales linee *h m* quotcumque sint *m c* et *c r*. Completurque solidum sintque *y s* et *f n* et
485 *m t* et *c e*. Atqui unaqueque ex *y f* et *f a* equalis *a h*. Quare unaqueque basium *y j D f*, *f D a t* equalis basi *a t d h* et unumquodque ex solidis *y s* et *f n* equale solido *a g*. Quantum itaque additio basis *j y h d* supra aliam *t a h d* tanta additio solidi *y g* supra solidum *a g*. Eodemque modo quantum additio basis *d h r p* supra basim *d h m b* tanta additio solidi
490 *h e* supra solidum *b h*. Quanta autem addit basis *d h j y* supra basim *h d r p* tantum addit solidum *y g* supra solidum *h e*. Sicque etiam si fuerit una earum minor altera, erit item unum altero eadem quantitate minus. Quod si fuerint equales, erunt equalia. Erit igitur quanta *t h* ad basim *d m* tantum solidum *a g* ad solidum *h b*. Et hoc est quod demonstrare
495 intendimus.

<XI.26> Nunc demonstrandum est quomodo fiat supra lineam assignatam supra punctum assignatum angulus solidus de lineis equalibus anguli assignati solidi lineis assignatis.

Sit itaque linea assignata linea *a b* punctusque assignatus punctus *a* 500 angulusque assignatus solidus ex lineis illum continentibus *g d* et *h d* et *d z*. Cum itaque supra lineam *a b* supra punctum *a* angulum equalem angulo solido assignato facere intendimus quem contineant linee equales lineis *g d* et *d z* et *d h*, sumatur punctus supra *d h* quocumque casu sitque *n*. Producaturque ex *n* perpendicularis supra superficiem *g d z* sitque *n t* 505 cadatque supra superficiem *g d z* supra punctum *t*. Sumaturque punctus supra *d g* quolibet casu sitque *k*. Iungaturque *t* cum *k* et *k* cum *n* et *d* cum *t*. Statuaturque supra *b a* supra punctum *a* sicut angulus qui est ex duabus lineis *g d* et *d z* sitque ex lineis *b a* et *a l*. Itemque statuatur supra lineam *b a* supra punctum *a* sicut angulus ex duabus lineis *g d* et *d t* sitque ex *b a*

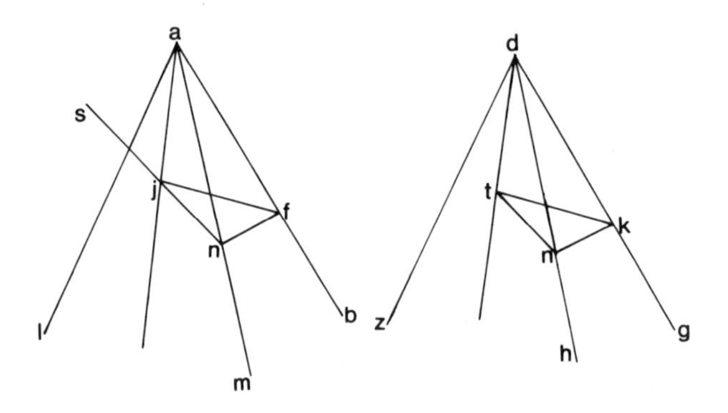

510 et *a m*. Separeturque ex *a b* sicut *d k* sitque *a f* separeturque ab *a m* simile *d t* sitque *a n*. Producatur autem ex *n* supra superficiem *a b* et *a l* linea supra angulum rectum sitque *n s*. Separeturque ex *n s* sicut *t n* sitque *n j*. Iungatur itaque *f* cum *n* et *f* cum *j* atque *j* cum *a*. Atqui *a f* equalis *d k* atque *a n* linee *d t*, angulus autem *f a n* sicut *k d t*. Basis ergo 515 *f n* equalis basi *k t*. Atqui *n j* sicut *t n*, angulus autem *f n j* rectus atque equalis ei qui ex *k t* et *t n*. Basis ergo *f j* basi *k n* equalis. Latus autem *a n* equale lateri *d t* et *n j* lateri *t n*, angulus autem *a n j* rectus equalis angulo *d t n*. Basis itaque *a j* equalis basi *d n*. Atqui *a f* equalis linee *d k* et *a j* linee *d n*. Quoniam *a f* et *a j* sicut *k d* et *d n* unaqueque sicut respiciens 520 se, basis autem *f j* equalis basi *k n*. Quare angulus *f a j* sicut angulus *k d n*. Eodemque modo angulus *j a l* sicut *n d z* angulusque *b a l* sicut *g d z*. Potest igitur statui supra lineam assignatam supra punctum assignatum sicut angulus assignatus. Et hoc est quod demonstrare intendimus.

525 <XI.27> Nunc demonstrandum est quomodo fiat supra lineam assignatam solidum simile solido assignato equidistantium superficierum.

Sit itaque linea assignata *a b* solidumque assignatum equidistantium superficierum solidum *f z*. Cum itaque supradicta intendimus, statuatur supra lineam *a b* supra punctum *a* sicut angulus solidi assignati qui est ex 530 lineis *h g z* et *h g n* et *n g z*. Sitque ex *t a b* et *t a k* et *k a b*. Sitque qui est ex *h g z* et qui ex *t a k* sicut *t a b*, *h g n* atque qui ex *k a b* sicut qui ex *n g z*. Sitque quanta *g z* ad *b a* tanta *n g* ad *k a* et *h g* ad *t a*. Compleaturque solidum *a l*. Quanta itaque *t a* ad *h g* tanta *a b* ad *g z*.

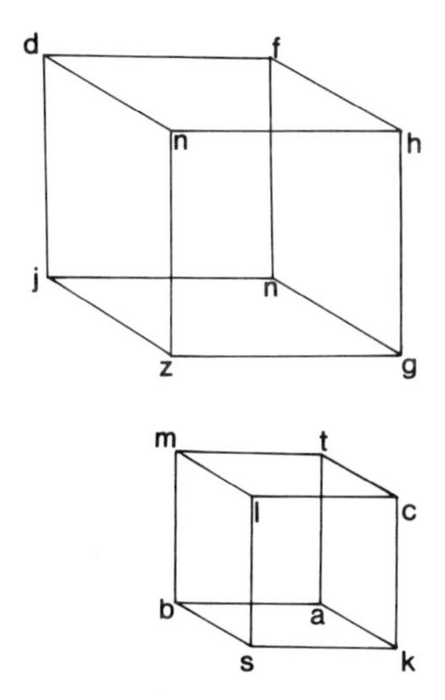

Latera itaque continentia duos angulos equales scilicet *t a b* et *h g z* 535 proportionalia. Quare *t b* similis *h z*. Item quanta *t a* ad *h g* tanta *a k* ad *g n*. Sunt latera continentia duos angulos equales qui sunt ex *t a k* et ex *h g n* proportionalia. Quare *t k c* similis *f g h*. Eodemque modo *k a b s* similis *n g z j*. Atqui *t b* atque *t k* et *k b* similes oppositis suis atque equales eis. At vero *h z* atque *h n* atque *n z* similes oppositis suis atque 540 equales eis. Est igitur *a l* simile *g d*. Et hoc est quod demonstrare intendimus.

<XI.28> Cum incidet superficies solidum equidistantium superficierum supra duos diametros duarum superficierum oppositarum, erit superficies in duo media incidens solidum.

545 *Exempli gratia*: Sit superficies *g h* incidatque solidum *a b* equidistantium superficierum supra diametros *z h* et *g d*. Sintque diametri duo duarum superficierum *n b* et *a t*. Dico itaque quia superficies solidum incidit in duo media.

Rationis causa: Superficiei enim *a t* diametros est *g d*. Triangulus
550 itaque *g a d* equalis triangulo *g t d*. Itemque superficiei *z n h b* diametros
z h. Quare triangulus *z n h* equalis triangulo *z h b*. Atqui *g n* equalis

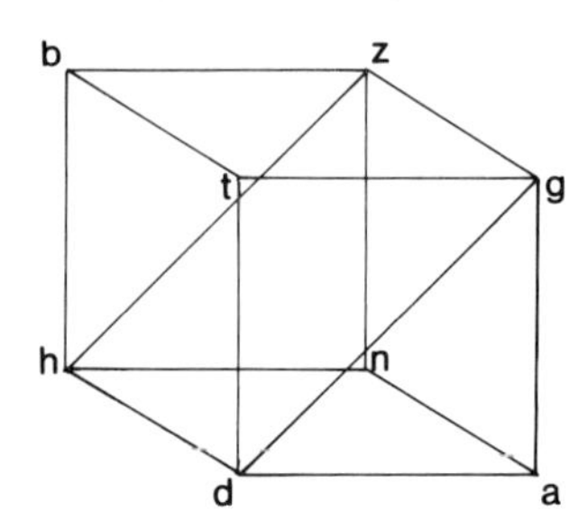

superficiei *t h* et *n d* superficiei *z t* sitque *g h* communis. Quare el mansor
quem continent duo trianguli *g a d* et *z n h* atque tres superficies
equidistantium laterum *z a* et *a h* et *g h* equalis el mansori quem
555 continent trianguli *g t d* et *z b h* tresque superficies equidistantium
laterum *g b* et *d z* et *d b*. Et hoc est quod demonstrare intendimus.

<XI.29> Solida equidistantium superficierum que supra basim unam
altitudoque earum una supra lineam unam erunt equalia.

Exempli gratia: Sint solida equidistantium superficierum sintque *b h* et
560 *b z* supra basim unam basisque *a b g d* altitudoque earum una supra
lineam unam sitque *z n* et *k n*. Dico itaque quia solidum *b h* equale solido
b z.

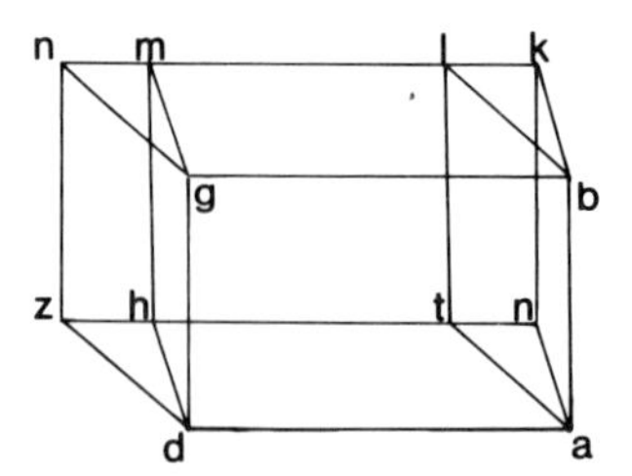

Rationis causa: Utraque enim *n h* et *t z* equalis *a d* quare *h n* equalis
t z. Sit autem linea *h t* communis. Erit itaque *n t* sicut *h z*. Triangulus
565 ergo *n a t* equalis triangulo *d h z*. Superficies autem *n l* equidistantium
laterum equalis superficiei *h n* equidistantium laterum. Eodemque modo
triangulus *k b l* equalis triangulo *g n m* superficiesque *a k* equalis superficiei *d m* et *t a b l* equalis *d z g n*. Quare el mansor contentus duobus
triangulis *n a t* et *k b l* tribusque superficiebus equidistantium laterum
570 *a k* et *a l* et *n l* equalis el mansori contento duobus angulis *h d z* et *m g n*

et tribus superficiebus equidistantium laterum *d m* et *d n* et *h n*. Sitque solidum qui basis *a b g d* communis dematurque solidum qui basis *t l m h* communis. Relinquitur igitur solidum *b h* equale solido *b z*. Et hoc est quod demonstrare intendimus.

575 <XI.30> Solida equidistantium superficierum existentium supra unam basim quarum altitudo una nec supra lineam unam erunt equalia.

Exempli gratia: Sint supra basim *a b g* <*d*> duo solida equidistantium superficierum sintque *b h* et *b z* quarum altitudo una nec supra lineam unam. Dico itaque quia solidum *b h* equale solido *b z*.

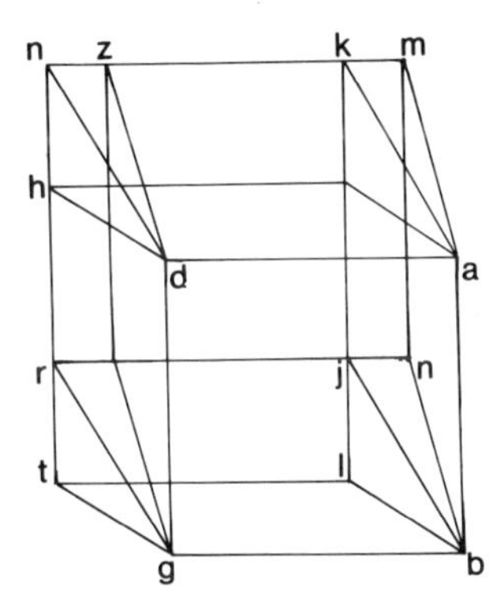

580 *Rationis causa*: Compleatur enim solidum *b n* protrahanturque linee due *t h* et *m z* directe coniunganturque supra punctum *n* applicenturque inter *n* et *d* et *r* et *g* secundum equidistantiam. Eodemque modo applicenturque inter *a* et *k* et *b* et *j*. Solida itaque *b n* et *b h* equalia. Sunt enim supra basim unam *a b g d* supra altitudinem unam et supra lineam 585 unam estque *t n* et *k l*. Eodemque modo *b n* equale *b z*. Sunt enim supra basim *a b g d* atque altitudo earum una et supra lineam unam estque *m n* et *r n*. Equalium vero alicui uni unumquodque equale alteri eritque solidum *b h* equale solido *b z*. Et hoc est quod demonstrare intendimus.

<XI.31> Solida equidistantium superficierum supra bases equales 590 quarum altitudo una lineeque que supra bases secundum angulos rectos erunt equalia.

Exempli gratia: Sint duo solida *b k* et *l z* equidistantium superficierum supra duas bases equales *a b g d* et *h z n t* sintque supra bases linee secundum angulum rectum. Dico itaque quia solidum *b k* equale solido 595 *z l*.

576 equalia] equales D.

Rationis causa: Producantur enim de duabus lineis *z n* et *n t* due linee *n q* et *n m*. Separeturque ex *n q* linea equalis *b g* sitque *n s*. Statuaturque supra lineam *s n* supra punctum *n* angulus equalis angulo *a b g* sitque qui est ex duabus lineis *s n* et *n i*. Separeturque ex *n i* linea equalis *a b* sitque
600 *n f*. Producaturque de *f* linea equidistans linee *s n* sitque *f r* compleaturque solidum *n s* atque *c e* vel *i r*. Latus itaque *s n* equale *b g* et *n f* equale *a b* angulusque ex *s n* et *n f* sicut ex *a b* et *b g*. Quare *n f* et *r s* sicut *a b g d*. Itemque *n s* equalis *b g* et *n i* equalis *b q*, angulus autem *i n s* rectus et equalis *q b g*. Quare *i n s e* equalis *q b g t*. Eodemque modo
605 *i n f y* equalis *b a q l*. Atque *n f r s* et *i n s e* et *i n f y* sunt similes sibi oppositis suntque eis equales. Item *a b g d* et *q b g t* et *a b q l* similes sibi oppositis et sunt eis equales. Quare *r i* equalis *b k*. Oportet *r i* sicut *c e*

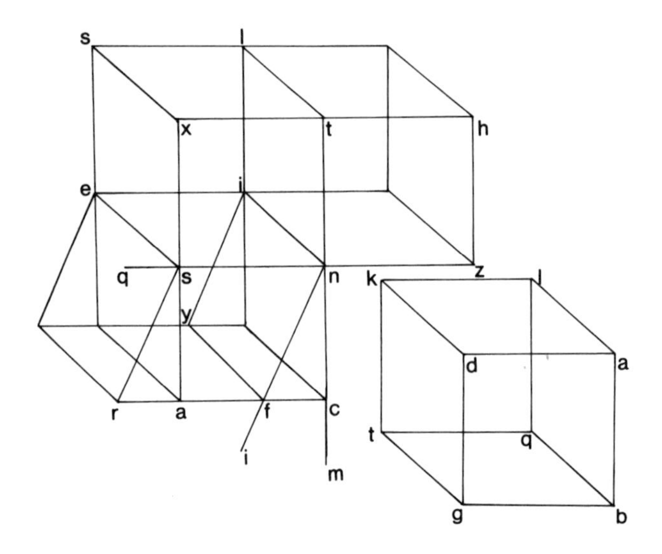

quia sunt supra basim unam *i n s e* supra altitudinem unam supra lineam unam et est *c r*. Quare *b k* equale *c e*. Atqui basis *n f r s* equalis basi
610 *n c a s*. At vero basis *n f r s* equalis basi *a b g d*. Basis autem *a b g d* equalis basi *h z n t*. Basis ergo *z h n t* equalis basi *n c a s*. Quanta itaque basis *h z n t* ad basim *t n s x* tanta basis *n c a s* ad basim *t n s x*. Atqui quanta basis *h z n t* ad basim *n t s x* tantum *z l* solidum ad *n s* solidum. At vero quanta *n c a s* ad basim *n t s x* tantum solidum *c e* ad solidum
615 *n s*. Quare quantum solidum *z l* ad solidum *n s* tantum solidum *c e* ad solidum *n s*. Quare utraque *z l* et *c e* ad *n s* proportio una. Quare *z l* equale *c e*. Erat autem *c e* equale *b k*. Est igitur solidum *b k* equale solido *z l*. Et hoc est quod demonstrare intendimus.

<XI.32> Solida equidistantium superficierum supra bases equales
620 quarum altitudo equalis neque ipse supra bases secundum angulos rectos erunt equalia.

Exempli gratia: Sint duo solida *b k* et *z l* equidistantium superficierum sintque supra duas bases equales *a b g d* et *h z n t* et altitudo earum equalis nec sunt supra bases secundum angulos rectos. Dico itaque quia
625 solidum *b k* equale solido *z l*.

Rationis causa: Producantur enim ex *l* et *m* et *n* et *k* perpendiculares cadentes supra superficiem assignatam. Sintque *l s* et *m j* et *n f* et *k c* supra *s* et *j* et *f* et *c*. Compleaturque solidum *k j*. Itemque producantur ex *r* et *s* et *j* et *l* perpendiculares supra superficiem assignatam sintque *r e* et *s q*
630 et *j d* et *l y* cadantque supra superficiem assignatam supra *e* et *q* et *d* et *y*. Compleaturque solidum *l q*. Basis itaque *a b g d* sicut basis *l m n k* basisque *h z n t* equalis basi *r s j l*. Basis ergo *l m n k* sicut basis *r s j l*.

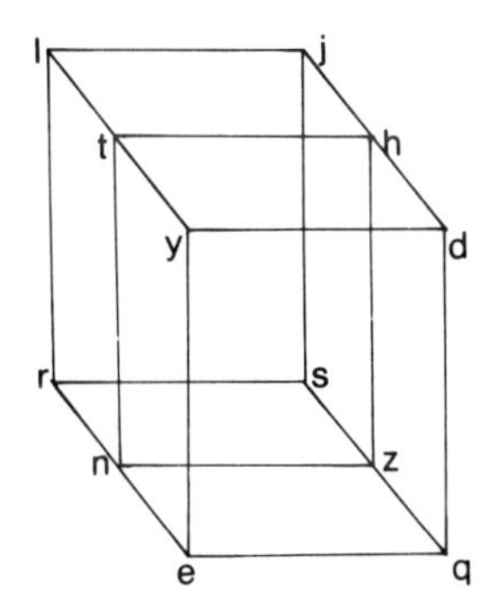

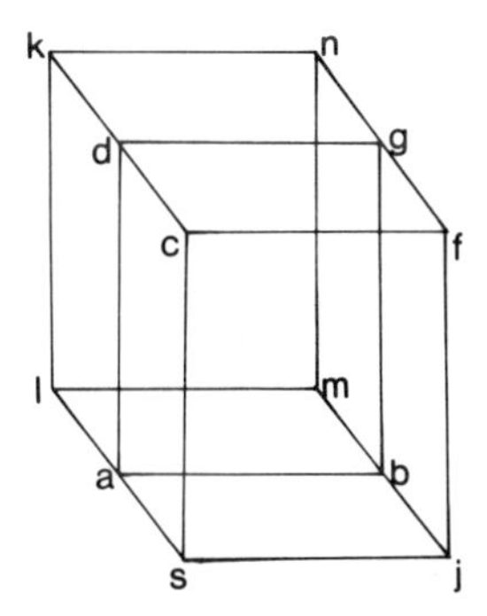

Solida autem equidistantium superficierum que sunt supra bases secundum angulos rectos sunt equalia. Quare solidum *k j* equale solido
635 *l q*. Atqui *k j* equale *k b*. Sunt enim supra basim *l m n k* et supra altitudinem unam nec supra lineam unam. Eodemque modo *l q* equale *l z*. Est igitur *k b* equale *l z*. Et hoc est quod demonstrare intendimus.

<XI.33> Solidorum equidistantium superficierum quarum altitudo una erit quantitas unius ad alterum sicut quantitas unius basis ad alteram.
640 *Exempli gratia*: Sint duo solida *b k* et *z l* equidistantium superficierum et altitudo earum una. Dico itaque quia quantum solidum *b k* ad solidum *z l* quanta basis *a b g d* ad basim *h z n t*.

Rationis causa: Ponatur enim *d g m n* equalis *h z n t*. Compleaturque solidum *s g*. Cum autem incidet superficies solidum equidistantium super-

641 et] ad D.

645 ficierum supra duas superficies oppositas, erit quantitas basis ad basim sicut quantitas solidi ad solidum. Quanta itaque basis *a b g d* ad basim

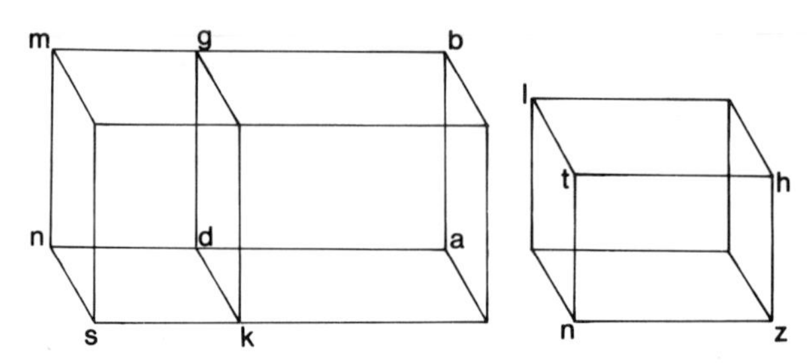

d g m n tantum solidum *b k* ad solidum *g s*. Atqui basis *g m n d* sicut basis *h z n t*. Quare solidum *s g* sicut solidum *z l*. Quanta igitur basis *a b g d* ad basim *z n h t* tantum solidum *b k* ad solidum *z l*. Et hoc est 650 quod demonstrare intendimus.

<XI.34> Solida superficierum equidistantium quorum altitudo supra bases eorum secundum angulos rectos si fuerint equalia, bases eorum mutue altitudinibus eorum. Atque solida equidistantium superficierum quorum altitudo supra bases suas secundum rectos angulos basesque 655 mutue altitudinibus erunt equalia.

Exempli gratia: Sint duo solida *a b* et *g d* equidistantium superficierum altitudoque supra bases eorum secundum angulos rectos. Sintque equalia. Dico itaque quia duorum solidorum *a b* et *g d* bases et altitudines mutue sunt. Quanta est basis *h a z n* ad basim *t g k l* tanta *g m* ad *n a*.

660 Si fuerit altitudo *m g* altitudini equalis *a n* atque solidum *a b* equale solido *g d*, erit basis *h a z n* equalis basi *g l*. Quanta itaque basis *h a z n* ad basim *g l* tanta altitudo *m g* ad altitudinem *a n*. Quare solidorum *a b* et *g d* basis et altitudo mutua.

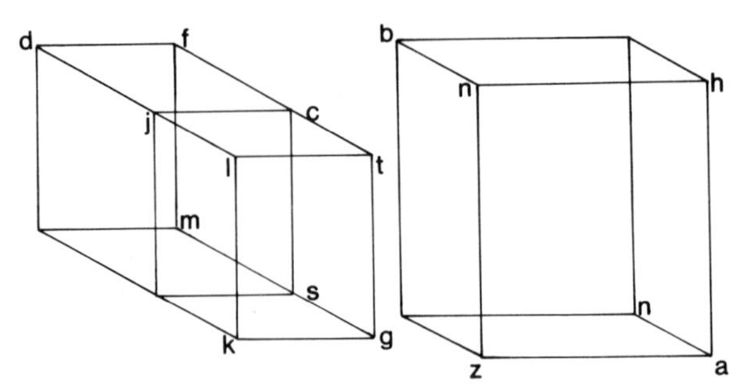

Si sit non altitudo altitudini equalis. Sitque una earum altera longior 665 sitque *g m*. Sitque *s g* equalis *n a*. Compleaturque solidum *g j*. Quanta itaque basis *h a z n* ad basim *t g k l* tantum solidum *a b* ad solidum *g j*.

Erat autem solidum *a b* equale solido *g d*. Quanta ergo basis *h a z n* ad basim *t g k l* tantum solidum *g d* ad solidum *g j*. Atqui quantum solidum *g d* ad solidum *g j* tanta basis *f t g m* ad basim *c t g s*. Quanta vero basis
670 *f t g m* ad basim *c t g s* tanta *g m* ad *g s*. Quanta itaque basis *h a z n* ad basim *t g k l* tanta *m g* ad *g s*. Atqui *s g* equalis *n a*. Quanta ergo basis *h a z n* ad basim *t g k l* tanta altitudo *m g* ad altitudinem *n a*. Duorum igitur solidorum *a b* et *g d* due bases duarum earundem altitudinum mutue sunt.

675 Item sit quanta basis *h a z n* ad basim *t g k l* tanta altitudo *m g* ad altitudinem *n a*. Dico itaque quia solidum *a b* equale solido *g d*.

Sitque eorum tedebir unum. Quanta itaque basis *h a z n* ad basim *t g k l* tanta *m g* ad *g s*. Quanta autem *m g* ad *g s* tanta basis *f t g m* ad basim *c t g s*. Quanta vero basis *f t g m* ad basim *c t g s* tantum solidum
680 *g d* ad solidum *g j*. Quanta itaque basis *h a z n* ad basim *t g k l* tantum solidum *g d* ad solidum *g j*. Atqui quanta basis *h a z n* ad basim *t g k l* tantum solidum *a b* ad solidum *g j*. Est igitur *a b* equale *g d*. Et hoc est quod demonstrare intendimus.

<XI.35> Si solida equidistantium superficierum fuerint equalia, erunt
685 eorum bases mutue altitudinibus eorum. Solida autem equidistantium superficierum quorum bases mutue altitudinibus eorum erunt equalia.

Exempli gratia: Sint solida *a b* et *g d* equalia equidistantium superficierum. Dico itaque quia bases eorum mutue altitudinibus eorum. Quanta scilicet basis *h a z n* ad basim *t g k l* tanta altitudo solidi *g d* ad
690 altitudinem solidi *a b*.

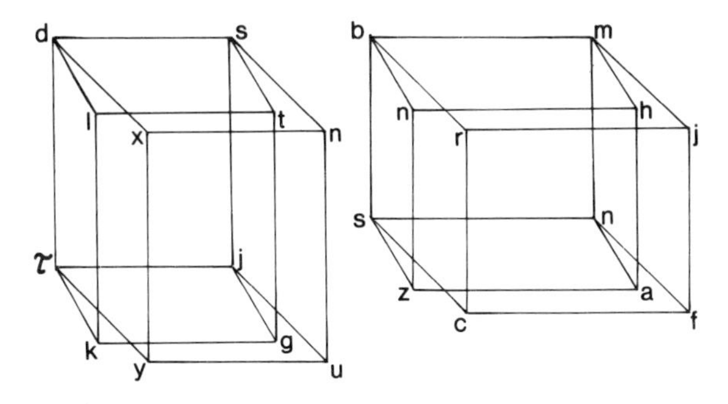

Producantur enim ex *m* et *n* et *s* et *b* perpendiculares supra superficiem assignatam sintque *m j* et *n f* atque *s c* et *b r*. Compleaturque solidum *f b*. Itemque producantur ex *s* et *j* et *d* et *τ* perpendiculares supra superficiem assignatam sintque *s n* et *τ y* et *j u* et *d x*. Compleaturque solidum *d u*.

694 *τ y*] *b d* D. | *d u*] *d g* D.

695 Solidum igitur *a b* equale solido *g d*. Est autem *a b* equale *b f* atqui *g d* equale *u d*. Quare *f b* equale *u d*. Quanta autem basis *n b* ad basim *j d* tanta altitudo solidi *u d* ad altitudinem solidi *b f*. Atqui altitudo <solidi *b f* sicut altitudo> solidi *b a* atque altitudo solidi *d u* sicut altitudo solidi *g d*. Quanta itaque basis *n b* ad basim *j d* tanta altitudo solidi *g d* ad 700 altitudinem solidi *a b*. Basis vero *n b* equalis basi *a n*, basis vero *j d* equalis basi *t k*. Quanta igitur basis *a n* ad basim *t k* tanta altitudo solidi *g d* ad altitudinem solidi *a b*.

Item sit quanta basis *a n* ad basim *g l* tanta altitudo solidi *g d* ad altitudinem solidi *a b*. Dico itaque quia solidum *a b* equale solido *g d*.

705 Sit enim tedebir eorum unum. Quanta ergo basis *m n s b* ad basim *s τ j d* tanta altitudo solidi *g d* ad altitudinem solidi *a b*. Quanta itaque basis *m n s b* ad basim *s τ j d* tanta altitudo solidi *d u* ad altitudinem solidi *f b*. Erit itaque solidum *f b* equale solido *u d*. Atque *f b* equale *a b* et *d u* equale *g d*. Erit igitur *a b* equale *g d*. Et hoc est quod demonstrare 710 intendimus.

<XI.36> Solidorum similium equidistantium superficierum erit proportio unius solidi ad aliud sibi simile sicut proportio lateris unius ad latus alterius respiciens se repetitione tripla.

Exempli gratia: Sint duo solida *a b* et *g d* similia equidistantium super-715 ficierum. Dico itaque quia proportio solidi *a b* ad solidum *g d* sicut proportio lateris *h z* ad *n t* repetitione tripla.

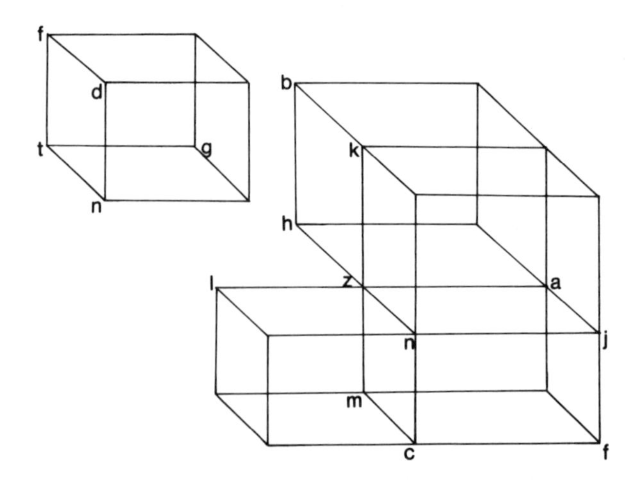

Rationis causa: Producantur enim supra lineas *a z* et *k z* et *h z* linee sintque *z l* et *z m* et *z n*. Sitque *z l* equalis *g t* et *z m* equalis *f t* et *z n* equalis *n t*. Compleanturque solida *k j* et *z f* et *l c*. Quanta itaque *h z* ad

720 *n t* tanta *k z* ad *f t* et tanta *a z* ad *g t*. Quanta igitur *h z* ad *z n* tanta *k z* ad *z m* atque *a z* ad *z l*. Atqui quanta *h z* ad *z n* tantum solidum *a b* ad solidum *k j*. Quanta autem linea *k z* ad lineam *z m* tantum solidum *k j* ad *z f*. Quanta vero *a z* ad *z l* tantum *z f* ad *l c*. Quare quantum *a b* ad *k j* tantum *k j* ad *z f* et tanta *z f* ad *l c*. Proportio itaque *a b* ad *l c* sicut
725 proportio *b a* ad *k j* repetitio tripla. Atqui quantum *b a* ad *k j* tanta *h z* ad *z n* et *z n* equale *n t*. Proportio ergo *b a* ad *l c* sicut proportio *h z* ad *n t* repetitione tripla. Atqui solidum *c l* equale solido *g d*. Erit igitur proportio *a b* ad *g d* sicut proportio *h z* ad *n t* repetitione tripla. Et hoc est quod demonstrare intendimus.

730 <XI.37> Si fuerint duo anguli plani equales statuanturque supra illos due linee recte angulos continentes unusquisque se respicienti equales signenturque supra illas puncta quolibet casu a quibus perpendiculares ad superficies illorum angulorum demittantur protrahenturque a punctis supra que ceciderint perpendiculares linee ad angulos planos, erunt anguli
735 lineis illis contenti equales.

Exempli gratia: Sint duo anguli superficiales equales et sint *a b g* et *d h z*. Statuanturque supra eos due ypotenuse sintque *b n* et *h t* angulos equales continentes quorum quisque equalis respicienti se: qui est ex *a b* et *b n* sicut qui est ex *d h* et *h t*; qui autem ex *n b* et *b g* sicut qui est ex *t h*

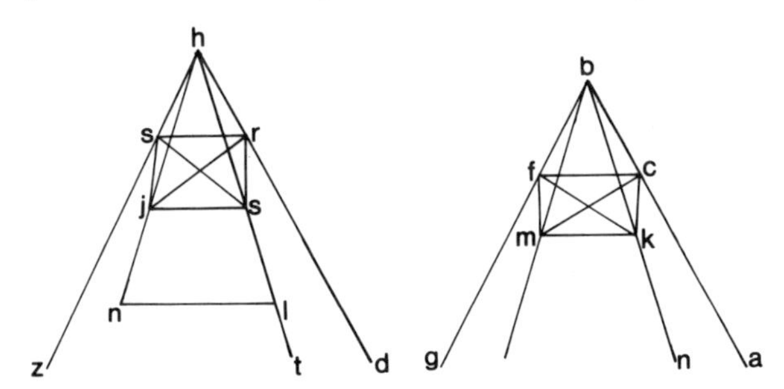

740 et *h z*. Signenturque supra *n b* et *h t* duo puncta quocumque modo cadant sintque *k* et *l*. Producanturque ex *k* et *l* ad superficies *a b g* et *d h z* perpendiculares cadentes supra duo puncta *m* et *n*, sintque *k m* et *l n*. Iunganturque *b* cum *m* et *h* cum *n*. Dico itaque quia angulus ex *m b* et *b k* equalis angulo qui ex *n h* et *h l*.
745 *Rationis causa*: Sit enim *h s* equalis *b k* ponaturque ex *s* perpendicularis cadens supra *h n* sitque *s j*. Producanturque ex *m* due perpen-

735 contenti D *corr. ex* contentum. 741 *a b g* et *d h z*] *a d b g* et *d h h z* D. 742 perpendiculares] linee de superperpendiculares assignate D. 745 *post s scr. et del.* D linea. 746 *post* due *scr. et del.* D linee.

diculares in superficie *a b*; *b g* sintque *m f* et *m c*. Producanturque ex *j* supra *d h* et *h z* due perpendiculares sintque *j r* et *j s*. Coniungaturque *f* cum *c* et *c* cum *k* et *f* cum *k* et *r* cum *s* et *s* cum *s* et *r* cum *s*. Quadratum
750 itaque ex *b k* in seipsam equale duobus quadratis ex *b m* et *m k* in seipsam. <Quadratum ex *b m*> equale est duobus quadratis ex *b f* et *f m* utraque in seipsam. Angulus enim *b f m* rectus. Quadratum ergo *b k* equale tribus quadratis ex *b f* et *f m* et *m k*. Quadratum autem ex *f k* in seipsam equale duobus quadratis ex *f m* et *m k*. Angulus enim *f m k*
755 rectus. Quadratum itaque ex *b k* in seipsam equale duobus quadratis ex *b f* et *f k* unaqueque in seipsam. Angulus itaque *b f k* rectus. Item quadratum ex *b k* in seipsam equale duobus quadratis ex *b m* et *m k*. Quod autem ex *m b* in seipsam sicut quod ex *b c* et *c m*. Angulus enim *b c m* rectus. Quadratum ergo ex *b k* equale quadratis ex *b c* et *c m* et
760 *m k* unaqueque in seipsam. Duobus autem quadratis ex *k m* et *m c* unaqueque in seipsam equale illud quod ex *c k* in seipsam. Angulus enim *c m k* rectus. Quadratum itaque quod ex *b k* equale duobus quadratis ex *b c* et *k c*. Angulus ergo *b c k* rectus. Eodemque modo uterque angulorum *h r s* et *h s s* rectus. Erat autem angulus *c b k* equalis angulo
765 *r h s*. Atqui angulus ex *b c* et *c k* rectus equalis ei qui est ex *h r* et *r s*. At vero duo latera *b k* et *h s* duos angulos equales respicientia erunt equalia. Quare latus *c b* equale *h r* et *c k* equale *r s*. Eodemque modo latus *b f* equale *h s* et *f k* equale *s s*. Quare *b f* et *b c* equalia duobus lateribus *r h* et *h s* unumquodque respicienti se. Erat autem angulus *f b c* equalis angulo
770 *r h s*. Basis itaque *f c* equalis basi *r s* angulusque *b c f* equalis angulo *h r s* angulusque *b f c* equalis angulo *h s r*. Angulus autem *b c m* rectus equalis angulo *h r j*. Angulus vero qui ex *b f* et *f m* rectus et equalis illi qui ex *h s* et *s j*. Relinquitur itaque *f c m* sicut *s r j* atque ille qui ex *c f* et *f m* equalis reliquo *r s j*. Latus vero *f c* lateri *r s*. Latus ergo *m c* lateri *r j*
775 latusque *f m* lateri *s j*. Quadratum autem ex *c k* sicut quod ex *r s*. Quare duo quadrata ex *c m* et *m k* sicut duo quadrata ex *r j* et *j s*. Quadratum autem quod ex *c m* in seipsam equale illi quod ex *r j* in seipsam. Est enim *c m* equalis *r j*. Quare quadratum quod ex *m k* in seipsam equale quadrato quod ex *j s* in seipsam. Unde *m k* equalis *j s*. Atque *h s* equalis
780 *b k*. Quadratum ergo quod ex *b k* equale ei quod ex *h s* in seipsam. Duo ergo quadrata que ex *b m* et *m k* equalia duobus quadratis que ex *h j* et *j s*. Quadratum autem ex *m k* equale quadrato quod ex *j s*. Est enim *m k* equalis *j s*. Relinquitur itaque quadratum quod ex *b m* equale illi quod ex *h j*. Quare *b m* equale *h j*. Atqui *b k* equale *h s*. Quare *b m* et *b k* sicut *h j*
785 et *h s* unumquodque sicut respiciens se. Basis autem *m k* equalis *j s*.

748 *post* due *scr. et del.* D linee.

Angulus igitur *m b k* equalis angulo *j h s*. Et hoc est quod demonstrare intendimus.

<XI.38> Cum fuerint tres linee secundum proportionem unam, erit solidum tribus lineis contentum equale solido quod ex linea media
790 equalium laterum angulique angulis predictis equales.

Exempli gratia: Ponantur tres linee secundum proportionem unam et sint *a* et *b* et *g* quantaque *a* ad *b* tanta *b* ad *g*. Dico itaque quia solidum contentum lineis *a* et *b* et *g* equale solido quod fit ex linea *b* equalium laterum angulique angulis predictis equales.

795 *Rationis causa*: Fiat enim *a* equalis *d h* statuaturque supra lineam *h d* supra punctum *d* angulus solidus quocumque fit ex lineis equalibus lineis *a*; *b*; *g*. Sitque qui continetur ex *z d h* et *z d n* et *n d h*. Sitque *n d* equale *b* et *t d* equalis *g*. Compleaturque solidum *d k*. Sitque *l m* equalis *b*.

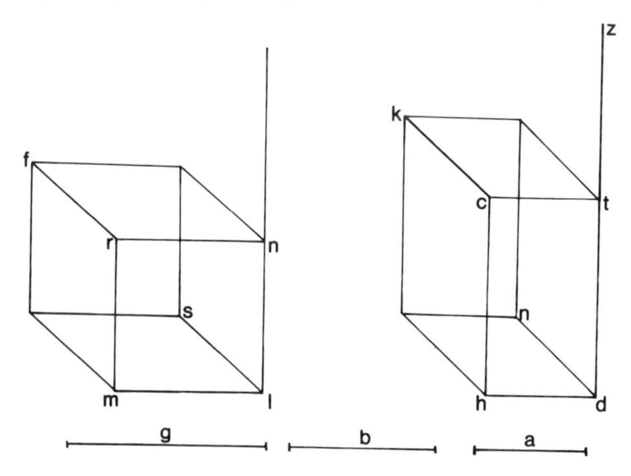

Statuaturque supra lineam *m l* supra punctum *l* sicut angulus solidus qui
800 continetur lineis ex quibus *t d h* et *t d n* et *n d h*. Sitque angulus solidus contentus ex *n l m* et *n l s* et *s l m*. Sitque qui ex *t d* et *d h* equalis illi qui ex *n l* et *l m*; qui vero ex *t d* et *d n* equalis illi qui ex *n l* et *l s*. Qui autem ex *n d h* sicut qui ex *s l m*. Sitque unumquodque ex *l s* et *l n* sicut *b*. Compleaturque solidum *l f*. Quanta ergo *d h* ad *m l* tanta *n l* ad *t d*.
805 Anguli autem equales qui sunt ex *t d* et *d h* et *n l* et *l m*, latera vero eos continentia mutua. Quare *t d h c* equale *n l m r*. Anguli autem superficiales equales qui sunt ex *t d* et *d h* et *n l* et *l m*. Atqui supra duos angulos qui ex *t d* et *d h* et ex *n l* et *l m* constituuntur due linee in aere *n d* et *l s* continentes angulos equales. Qui vero ex *t d* et *d n* sicut qui ex
810 *n l* et *l s*, qui autem ex *n d* et *d h* sicut qui ex *m l* et *l s*. Quare perpendiculares ex *n* et *s* ad duas superficies *h d* et *d t* et *n l* et *l m* sunt

equales. Itaque *d k* equale *l f*: solidum contentum lineis *a* et *b* et *g* equale solido quod ex linea *b* equalium laterum et angulorum sicut supradiximus. Et hoc est quod demonstrare intendimus.

815 <XI.39> Cum fuerint linee proportionales quotlibet, solida earum equidistantium superficierum et similium atque secundum unam creationem erunt proportionalia. Si etiam fuerint solida equidistantium superficierum similium secundum unam creationem proportionabilia, erunt linee ex quibus continentur ipsa solida proportionales.

820 *Exempli gratia*: Sint linee proportionales quotlibet *a b* et *g d* et *h z* et *n t*. Quantaque *a b* ad *g d* tanta *h z* ad *n t*. Fiatque ex unaquaque *a b* et *g d* et *h z* et *n t* solidum similium equidistantium superficierum et unius creationis sintque *a k* et *g l* et *h m* et *n n*. Dico itaque quia quantum solidum *a k* ad solidum *g l* tantum solidum *h m* ad solidum *n n*.

825 *Rationis causa*: Sit enim quanta *a b* ad *g d* tanta *g d* ad *s* tantaque *s* ad *j*. Quanta itaque prima *a b* ad quartam *j* tantum solidum quod ex prima estque *a k* ad solidum quod ex secunda estque *g l* sibi simile. Sitque quanta *h z* ad <*n*> *t* tanta *n t* ad *f* tantaque *f* ad *c*. Quanta ergo *h z* ad *c* tantum solidum *h m* ad solidum *n n*. Erat autem quanta *a b* ad *g d* tanta

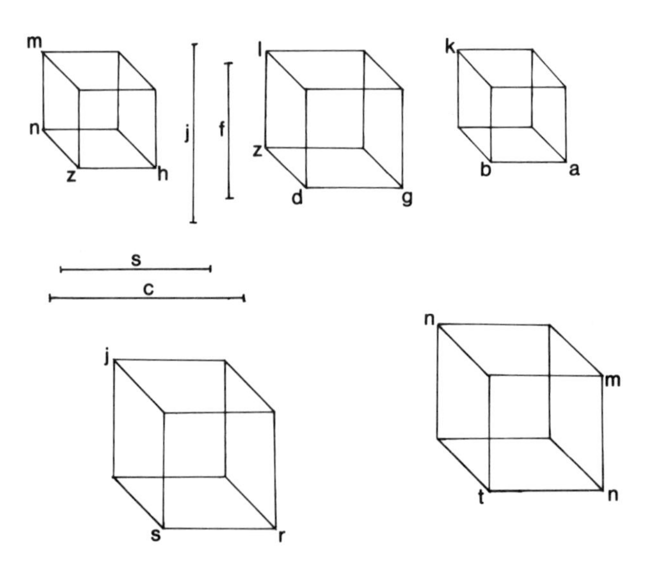

830 *h z* ad *n t*. Atqui quanta *a b* ad *g d* tanta *g d* ad *s* tantaque *s* ad *j*. Quanta vero *h z* ad *n t* tanta *n t* ad *f* tantaque *f* ad *c*. Quanta ergo *a b* ad *j* tanta *h z* ad *c*. Erat autem quanta *a b* ad *j* tanta solidum *a k* ad solidum *g l*. Quantaque *h z* ad *c* tantum solidum *h m* ad solidum *n n*. Quantum igitur solidum *a k* ad solidum *g l* tantum solidum *h m* ad solidum *n n*.

835 Item sit quantum solidum *a k* ad solidum *g l* tantum solidum *h m* ad solidum *n n*. Dico itaque quia quanta *a b* ad *g d* tanta *h z* ad *n t*.

Sit ergo quanta *a b* ad *g d* tanta *h z* ad *r s*. Fiatque ex *r s* solidum simile solido *n n* secundum creationem unam equidistantium superficierum sitque solidum *r j*. Quantum solidum *a k* ad solidum *g l* tantum solidum 840 *h m* ad solidum *n n* tantumque solidum *h m* ad solidum *r j*. Solidum *n n* equale solido et simile *r j*. Quare *n t* equalis *r s*. Quanta igitur *a b* ad *g d* tanta *h z* ad *n t*. Et hoc est quod demonstrare intendimus.

< XI.40 > Cum incisa fuerint latera duarum superficierum cubi oppositarum, unumquodque in duo media, extrahanturque a loco incisionum due 845 superficies cubum incidentes incidatque utraque alteram, erit incisio duarum superficierum communis incidens diametrum cubi in duabus mediis diametrusque item illam in duo media incidet.

Exempli gratia: ... latera superficierum cubi sibi invicem oppositarum sintque *g d a h* et *b z n t* lateraque earum *g d* et *d a* et *a h* et *h g* et *b z* et 850 *z n* et *n t* et *t b* supra *k* et *l* et *m* et *n* atque *s* et *j* et *f* et *c*. Extrahantur autem ex incisionibus due superficies sintque *k m f s* et *n l j c*. Atque incisio duarum superficierum communis *r y* diametrosque cubi *b a*. Dico itaque quia *r y* incidit diametron cubi in duo media atque diametros cubi incidit eam in duo media.

855 *Rationis causa*: Iungatur enim *g* cum *r* et *r* cum *a* et *b* cum *y* et *y* cum *n*. Due ergo linee *g n* et *n r* equales duabus lineis *a l* et *l r* unaqueque respicienti se. Angulus autem qui ex *g n* et *n r* equalis ei qui ex *a l* et *l r*.

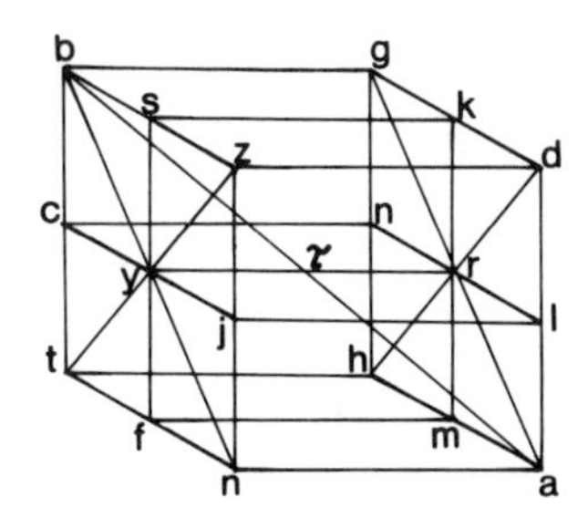

Basis ergo *g r* equalis basi *r a* triangulusque *g n r* triangulo *a l r* angulique reliqui angulis reliquis respicientes latera equalia. Angulus 860 secundus qui ex *g r* et *r n* angulo qui ex *l r* et *r a*. Sit autem angulus *n r a* communis. Duo itaque anguli *g r n* et *n r a* equales duobus angulis *l r a* et *n r a*. Sunt autem *a r l* et *a r n* duo anguli recti. Quare *g r n* et *n r a* duobus angulis rectis equales. Producte autem sunt de linea *n r* de puncto

848 oppositarum] opposita D. 859 Angulus *bis* D.

r linee *r g* atque *r a* ut in partem unam factique sunt duo anguli *g r n* et
865 *n r a* sicut duo anguli recti. Quare *g r* et *r a* directe iuncta sunt linea una estque *g a*. Eodemque modo *b y* et *n y* linea una estque *b n*. Atqui utraque *g b* et *a n* equalis *h t* atque ei equidistans. Atqui equidistantes uni linee nec supra superficiem unam sunt ad invicem equidistantes. Itaque *g b* et *a n* equidistantes equales. Sunt autem coniuncte cum *g a* et *b n*.
870 Quare *g a* et *b n* equidistantes equales. Mediumque *g a* est *r a* et medium *n b* est *b y*. Sunt ergo *r a* et *b y* equales equidistantes. Coniuncta vero *r* cum *y* et *a* cum *b* erit igitur *r τ* equalis *τ y* atque *a τ* equalis *τ b*. Et hoc est quod demonstrare intendimus.

<XI.41> Cum fuerint duo mansoreni quorum altitudo una basisque
875 unius triangula, basis vero alterius equidistantium laterum duplaque basi alterius triangule, erunt elmansorani equales.

Exempli gratia: Sint duo mansoreni supra unum quorum *a b g d h z* supraque alterum *n t k l m n* basisque unius triangula sitque *n k l*, basis vero alterius equidistantium laterum sitque *b g d h* sitque dupla basi *n k l*
880 triangule altitudoque eorum equalis. Dico itaque quia elmansorani equales.

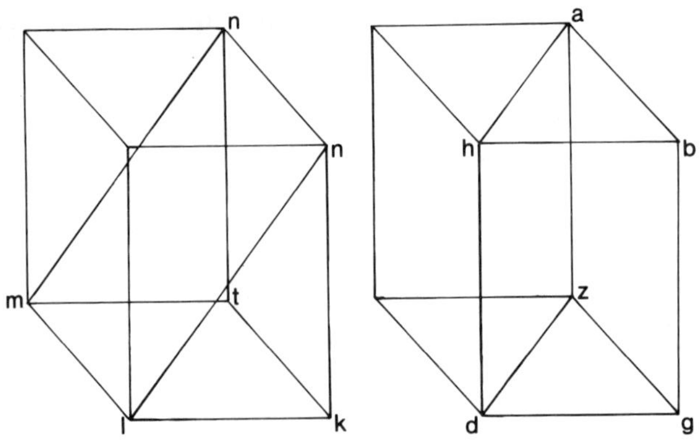

Rationis causa: Compleantur enim duo corpora equidistantium linearum *a d* et *n l*. Erat autem superficies equidistantium laterum *b g d h* dupla triangulo *n k l*. Due ergo superficies *b d* et *n l* sunt equales.
885 Sunt autem supra duas bases equales *b d* et *n l* duo solida *a d* et *n l* equidistantium superficierum quorum altitudo una. Quare sunt equalia. Atqui medietas solidi *a d* est el mansor *a b g d h z*, medietas vero solidi *n l* est el mansor *n t k l m n*. Est igitur el mansor *a b g d h z* equalis el mansori *n t k l m n*. Et hoc est quod demonstrare intendimus.

872 *b*] *r* D.

< Liber XII >

< XII.1 > Omnium duarum superficierum similium multorum angulorum duobus circulis existentium, erit proportio unius ad alterum sicut proportio duorum quadratorum ex diametris circulorum unius ad
5 alteram.

Exempli gratia: Sint due superficies *a b g d h* et *n t k l m* plurimorum angulorum similes in duobus circulis, diametri quorum *b z* et *t n*. Dico itaque quia proportio superficiei *a b g d h* ad superficiem *n t k l m* plurimorum angulorum sicut proportio quadrati ex diametro *b z* ad
10 quadratum ex diametro *t n*.

Rationis causa: Producantur enim linee *b h* et *a z* et *t m* et *n n*. Angulique *b a h* et *t n m* equales lateribus proportionalibus contenti. Angulus autem *a h b* equalis angulo *a z b*, angulus vero *n m t* angulo *n n t*. Quare *a z b* equalis angulo *n n t*. Atqui angulus *b a z* rectus
15 equalis angulo *t n n*. Relinquitur itaque angulus *a b z* equalis angulo reliquo *n t n*. Proportio itaque *b z* ad *t n* sicut proportio *b a* ad *t n*.

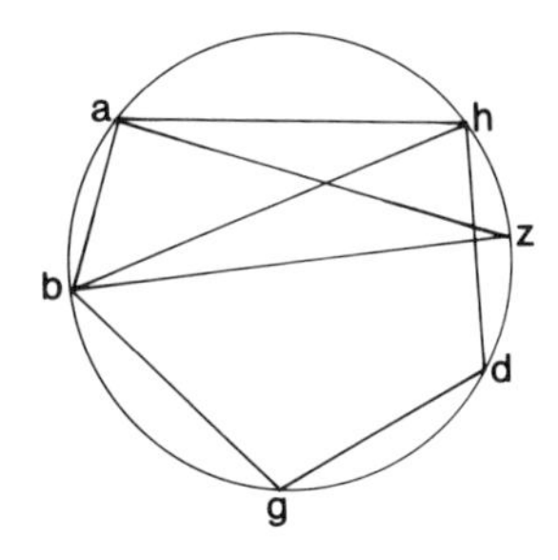

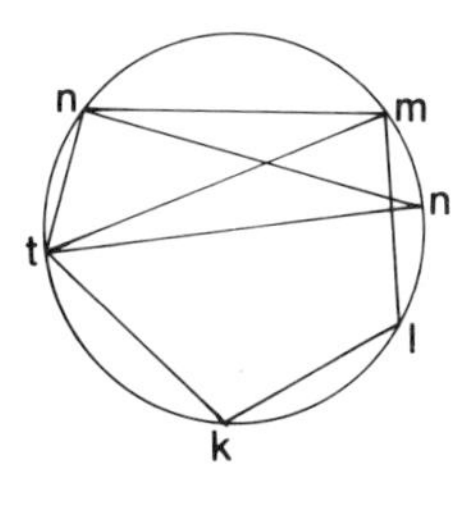

Proportio autem quadrati ex *b z* ad quadratum ex *t n* est proportio *b z* ad *t n* repetitione dupla. Proportio vero *a b* ad *n t* repetitione dupla sicut proportio *a b g d h* plurimorum angulorum ad *n t k l m* plurimorum
20 angulorum. Proportio igitur quadrati ex *b z* ad quadratum ex *t n* sicut proportio superficiei *a b g d h* plurimorum angulorum ad superficiem *n t k l m* plurimorum angulorum. Et hoc est quod demonstrare intendimus.

18 *post t n scr. et del.* D duplicata | *post n t scr. et del.* D duplicata.

<XII.2> Omnium duorum circulorum proportio unius ad alterum est
25 sicut proportio duorum quadratorum ex diametris unius ad alteram.

Exempli gratia: Sint duo circuli *a b g d* et *h z n t* diametrique eorum *b d* et *z t*. Dico itaque quia proportio quadrati diametri *b d* ad quadratum diametri *z t* sicut proportio circuli *a b g d* ad circulum *h z n t*.

Rationis causa: Aliter enim esse impossibile est quod sic patet. Si enim
30 possibile fuerit, sit proportio quadrati ex *b d* ad quadratum ex *z t* sicut proportio circuli *a b g d* <ad> superficiem minorem vel maiorem circulo *h z n t*. Sitque primo ad superficiem minorem *h z n t* sitque *θ*. Sintque *θ* et *n* coniuncte sicut circulus *h z n t*. Lineetur vero in circulo *h z n t* superficies quadrata *h z n t*. Eritque maior medictate circuli
35 *h z n t*. Incidantur autem arcus *h z* et *z n* et *n t* et *t h* unusquisque in duo media supra puncta *k* et *l* et *m* et *n*. Coniungantur *h* cum *k* et *k* cum *z* et *z* cum *l* et *l* cum *n* et *n* cum *m* et *m* cum *t* et *t* cum *n* et *n* cum *h*. Atqui unusquisque triangulorum *h k z* et *z l n* et *n m t* et *t n h* maior medietate portionis circuli in quam ipse triangulus. Est quod quidem, cum sepius
40 factum fuerit, relinquentur circuli portiones minores superficie *n*. Sintque *h k* et *k z* et *z l* et *l n* et *n m* et *m t* et *t n* et *n h*. Sitque superficies *h k z l n m t n* plurimorum angulorum maior superficies *θ*. Lineetur autem in circulo *a b g d* superficies similis superficiei *h k z l n m n t* plurimorum angulorum sitque *a s b j g f d c*. Proportioque quadrati *b d* ad quadratum
45 *z t* sicut circuli *a b g d* ad superficiem *θ*. Atqui proportio quadrati ex *b d* ad quadratum ex *z t* sicut proportio *a s b j g f d c* plurimorum angulorum ad superficiem *h k z l n m t n* plurimorum angulorum. Proportio itaque circuli *a b g d* in superficie *θ* sicut proportio superficiei *a s b j g f d c* ad superficiem *h k z l n m t n*. Atque alternatim proportio circuli *a b g d* in

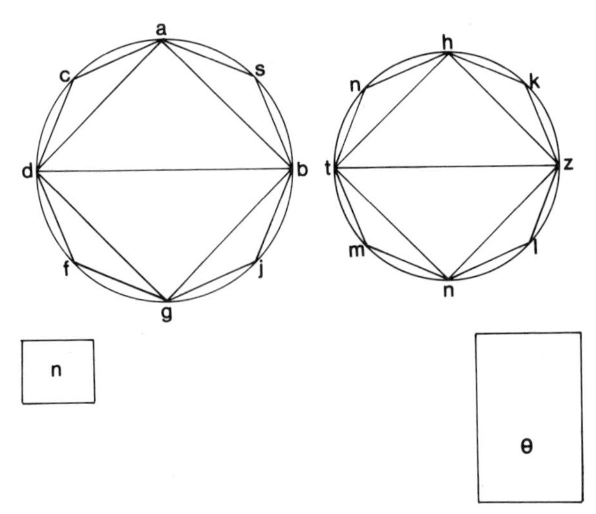

50 superficie plurimorum angulorum que in eo est sicut proportio superficiei θ ad *h k z l n m t n* plurimorum angulorum. Circulus autem *a b g d* maior superficie plurimorum angulorum que est in eo. Superficies ergo θ maior superficie *h k z l n m t n* plurimorum angulorum. Erat autem minor. Itaque minor maiore maior. Quod est impossibile. Non ergo proportio 55 quadrati ex *b d* ad quadratum ex *z t* sicut proportio circuli *a b g d* ad superficiem minorem circulo *h z n t*.

Dico itaque quia nec sicut ad superficiem maiorem eo.

Quod si fuerit, sit ad θ sitque maior eo. Atque e contrario proportio quadrati *z t* ad quadratum ex *b d* sicut proportio superficiei θ ad circulum 60 *a b g d*. Proportioque superficiei θ ad circulum *a b g d* sicut proportio circuli *h z n t* in superficiem minorem circulo *a b g d*. Sitque proportio quadrati ex *t z* ad quadratum ex *d b* sicut proportio circuli *h z n t* ad superficiem minorem circulo *a b g d*. Patet autem ex predictis hoc esse impossibile. Non itaque proportio quadrati ex *b d* ad quadratum ex *z t* 65 sicut proportio circuli *a b g d* ad superficiem maiorem circulo *h z n t*. Erat autem patens quia nec ad minorem eo. Proportio igitur quadrati ex *b d* ad quadratum ex *z t* sicut proportio circuli *a b g d* ad circulum *h z n t*. Et hoc est quod demonstrare intendimus.

<XII.3> Omnis pyramis cuius basis triangulus possibilis est ab eo dividi 70 duas pyramides equales quarum utraque similis sit maiori duoque mansoreni equales maiores medietate pyramidis maioris.

Verbi gratia: Sit pyramis cuius basis sit triangulus *a b g* caputque eius punctus *d*. Dico itaque quia possibile est ut ex *a b g d* due pyramides equales dividantur pyramidi *a b g d* similes duoque mansores equales 75 maiores medietate pyramidis *a b g d*.

Rationis causa: Dividantur enim latera pyramidis maioris unumquodque in duo media per puncta *h* et *z* et *n* et *t* et *k* et *l*. Iungaturque *h* cum *z* et *z* cum *n* et *h* cum *n* et *z* cum *t* et *t* cum *k* et *k* cum *z* et *n* cum *l* et *t* cum *l*.

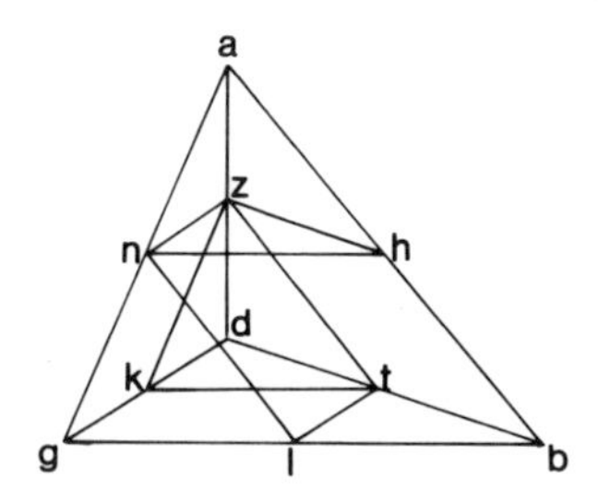

53 minor] maior D. 65 *ante* circuli *scr. et del.* D quadrati.

Est ergo *a z* equalis *z d* et *b t* linee *t d* qua *a b* equidistans linee *z t*.
80 Sintque *a h* sicut *h b* et *d z* sicut *z a*. Quare *b d* equidistat linee *h z*.
Superficies ergo *h b t z* equidistantium laterum. Quare *h b* equalis *z t* et
h z linee *b t*. Quare *a h* sicut *z t* et *h z* sicut *t d*. Atqui *a z* sicut *z d*.
Triangulus itaque *a h z* equalis et similis triangulo *z t d*. Eodemque modo
triangulus *a z n* equalis et similis triangulo *d z k*. Triangulus vero *a h n*
85 equalis et similis triangulo *z t k*. Triangulus quoque *h z n* equalis angulis
et lateribus triangulo *t d k*. Itaque pyramis cuius basis triangulus *a h n*
caputque eius punctus *z* equalis et similis pyramidi cuius basis triangulus
z t k caputque eius punctus *d*. Atqui pyramis cuius basis triangulus *z t k*
caputque punctus *d* similis pyramidi cuius basis triangulus *a b g* caputque
90 *d*. Pyramis vero cuius basis triangulus *a h n* caputque *z* similis est
pyramidi cuius basis *a b g* caputque punctus *d*. Item quoniam *b l* equalis
l g, erit superficies equidistantium laterum *h b l* dupla triangulo *n l g*.
Erat autem manifestum quod cum fuerint duo mansores quorum altitudo
equalis fueritque basis unius triangule, basis vero alterius equidistantium
95 laterum et dupla basis alterius triangule, erunt duo mansores equales.
Quapropter mansor quem continent duo trianguli *b t l* et *h z n* et tres
superficies equidistantium laterum *h b t z* et *z t n*; *l b h* equalis el
mansori quem continent duo trianguli *n g l* et *z t k* et tres superficies
equidistantium laterum *k z g n* et *g l k t* et *z n l t*. Divise igitur ex
100 pyramide *a b g d* due pyramides equales similes pyramidi maiori duoque
mansores equales eruntque maiores medietate maioris pyramidis. Et hoc
est quod demonstrare intendimus.

<xii.4> Omnium duarum pyramidum quarum altitudo equalis bases-
que triangule divideturque earum utraque in duas pyramides equales et
105 similes pyramidi maiori duosque mansores equales, erit proportio basis
unius ad basim alterius sicut proportio duorum mansorum qui sunt in ea
ad duos mansores existentes in alia.

Exempli gratia: Sint due pyramides quarum altitudo equalis basesque
earum duo trianguli *a b g* et *m n s* capitaque earum punctus *d* et *j*.
110 Dividanturque ab utraque earum due pyramides equales similes pyramidi
maiori sintque pyramides *a h n z* et *t k z d* et *f m r c* et *s j c i* duoque
mansores equales. Dico itaque quia proportio basis *a b g* ad basim *m n s*
sicut proportio duorum mansorum qui sunt in pyramidem *a b g d* ad
duos mansores qui sunt in pyramidem *m n s j*.

115 *Rationis causa*: Quoniam enim triangulus *a b g* similis triangulo *l g n*,
erit proportio trianguli *a b g* ad triangulum *l g n* sicut proportio linee *b g*
ad lineam *g l* repetitione dupla. Eodemque modo proportio trianguli
m n s ad triangulum *r o s* est proportio linee *n s* ad lineam *s o* repetitione

dupla. Proportio autem *b g* ad *g l* sicut proportio *n s* ad *s o*. Proportio
120 itaque trianguli *a b g* ad triangulum *l g n* sicut proportio trianguli *s m n* ad triangulum *r o s*. Atque alternatim proportio *a b g* trianguli ad triangulum *m n s* sicut proportio trianguli *l n g* ad triangulum *r o s*.

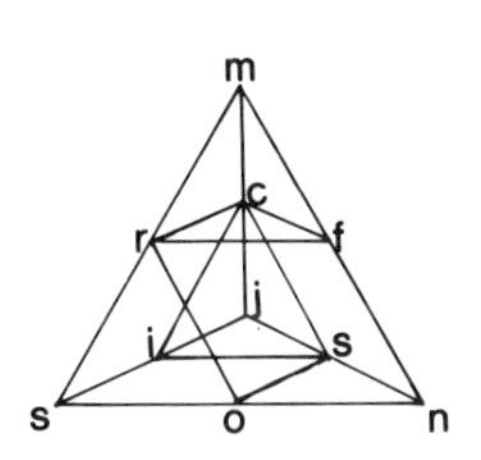

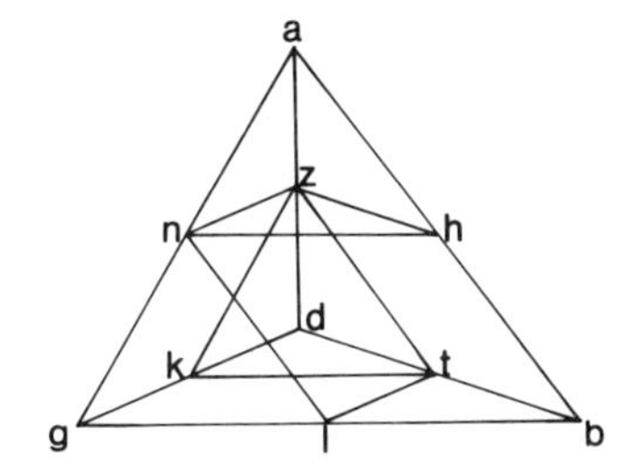

Atqui proportio trianguli *n l g* ad triangulum *r o s* sicut proportio el mansoris cui opponuntur superficies *l n g* et *t z k* ad el mansorem cui
125 opponuntur superficies *r o s* et *c s i*. Quanta itaque basis *a b g* ad basim *m n s* tantus el mansor cui opponuntur superficies *l n g* et *z k t* ad el mansorem cui opponuntur superficies *r o s* et *c s i*. Atqui duo el mansores qui sunt in pyramide *a b g d* dupli el mansori qui est inter superficies *l n g* et *t z k* oppositas. Duo autem el mansores qui sunt in
130 pyramide *m n s j* dupli el mansori cui opponuntur superficies *r o s* et *c s i* duorum triangulorum oppositorum. Proportio igitur basis *a b g* ad basim *m n s* quanta duorum el mansorum qui sunt in pyramide *a b g d* ad duos el mansores qui sunt in pyramide *m n s j*. Eodemque modo proportio basis *a h n* ad basim *m f r* sicut proportio duorum el
135 mansorum qui sunt in pyramide *a h n z* ad duos el mansores qui sunt in pyramide *m f r c*. Proportioque basis *z t k* ad basim *c s i* sicut proportio duorum el mansorum qui sunt in pyramide *z t k d* ad duos el mansores qui sunt in pyramide *c s j i*. Erit itaque proportio unius precedentium ad unum sequentium sicut proportio omnium antecedentium ad omnes
140 sequentes. Erit ergo proportio basis *a b g* ad basim *m n s* sicut proportio omnium el mansorum qui sunt in pyramide *a b g d* ad omnes el mansores qui sunt in pyramide *m n s j*. Et hoc est quod demonstrare intendimus.

<XII.5> Omnium duarum pyramidum quarum altitudo equalis bases-
145 que triangule erit proportio unius ad alteram sicut proportio basis ad basim.

Exempli gratia: Sint due pyramides quarum altitudo equalis basesque earum triangule *a b g* et *m n s* sintque pyramides *a b g d* et *m n s j*

capitaque earum punctus *d* et *j*. Dico itaque quia proportio basis *a b g* ad
150 basim *m n s* sicut proportio pyramidis *a b g d* ad pyramidem *m n s j*.

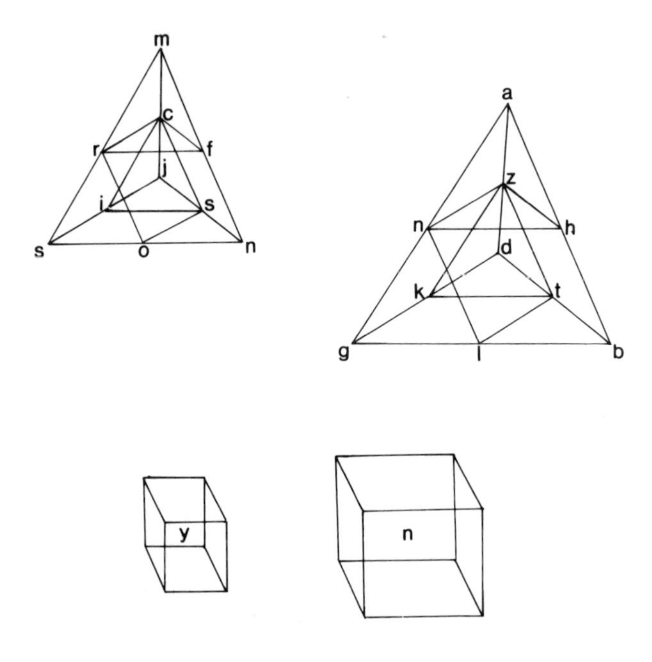

Aliter enim esse impossibile est. Quod si fuerit possibile, sit proportio basis *a b g* ad basim *m n s* sicut proportio pyramidis *a b g d* ad solidum minus pyramide *m*<*n*>*s j* aut maius ea. Sitque solidum ... sitque solidum *y*. Sintque duo solida *y* et *n* equalia pyramidi *m n s j*. Dividantur
155 ergo ex pyramidi *m n s j* due pyramides equales et similes pyramidi *m n s j* duoque el mansores equales coniuncti maiores medietate pyramidis *m n s j*. Cumque sepe diviserimus pyramides reliquas quas produximus ex pyramide tota, necesse est reliquum fieri minus solido *n*. Sintque *m f r c* et *c s j i*. Relinquitur ergo pyramidis *m n s j* mansores
160 maius esse corpore *y*. Dividatur itaque ex pyramide *a b g d* iuxta divisionem ex pyramide *m n s j*. Proportio autem basis *a b g* ad basim *m n s* sicut proportio omnium el mansorum qui sunt in pyramide *a b g d* ad omnes el mansores qui sunt in pyramide *m*<*n*>*s j*. Numerus enim horum numero illorum equalis. Proportio itaque pyramidis *a b g d* ad
165 corpus *y* sicut proportio omnium el mansorum qui sunt in pyramide *a b g d* ad omnes mansores in pyramide *m n s j*. Atque alternatim proportio pyramidis *a b g d* ad omnes el mansores qui sunt in se sicut proportio corporis *y* ad omnes el mansores qui sunt in pyramide *m n s j* numero eis equales. Atqui pyramis *a b g d* maior omnibus el mansoribus

170 qui in se sunt. Quare corpus *y* maius est omnibus el mansoribus qui sunt in pyramide *m n s j*. Erat autem minus. Itaque minus maiore maius. Quod est impossibile. Non itaque proportio basis *a b g* ad basim *m n s* sicut proportio pyramidis *a b g d* ad corpus minus pyramide *m n s j*.

Dico itaque quia nec ad maius ea.

175 Quod si possibile fuerit sitque *y* sitque maius ea. Dicemusque ... basis *m n s* ad basim *a b g* sicut proportio corporis *y* ad pyramidem *a b g d*. Atqui proportio corporis *y* ad pyramidem *a b g d* sicut proportio pyramidis *m n s j* ad corpus minus pyramide *a b g d*. Proportio itaque basis *m n s* ad basim *a b g* sicut proportio pyramidis *m n s j* ad corpus 180 minus pyramide *a b g d*. Patet ut hoc est impossibile. Non itaque proportio basis *a b g* ad basim *m n s* sicut proportio pyramidis *a b g d* ad corpus maius pyramide *m n s j*. Erat autem quia neque ad minus. Erit igitur proportio basis *a b g* ad basim *m n s* sicut proportio pyramidis *a b g d* ad pyramidem *m n s j*. Et hoc est quod demonstrare intendimus.

185 <XII.6> Omnem el mansorem cuius basis triangula in tres pyramides equales dividi possibilis est quarum bases triangule.

Exempli gratia: Sit el mansor *a b g d h* <*z*> circa quem superficies *a b g z* et *a z d h* et *b g d h* et *g z d* et *b a h* cuius basis triangula *g z d*. Dico itaque quia el mansor *a b g d h* <*z*> divisibilis est in tres 190 pyramides equales bases triangule.

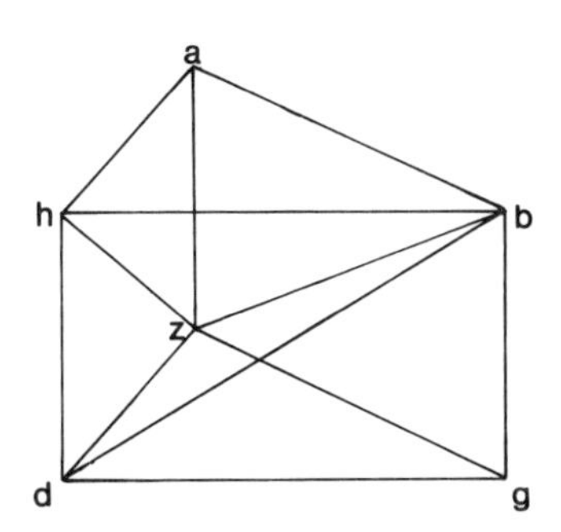

Rationis causa: Producantur enim linee *b d* et *b z* et *z h*. Atqui pyramis cuius basis triangula *g b d* caputque *z* equalis pyramidi cuius basis *b d h* caputque eius *z*. At vero pyramis cuius basis *b d h* caputque *z* equalis pyramidi cuius basis triangula *a h z* caputque *b*. Quare pyramis cuius 195 basis *a h z* caputque *b* equalis pyramidi cuius basis *g d b* caputque *z*. Erunt igitur divise de mansore *a b g d h* <*z*> tres pyramides equales basesque earum triangule *b g d* et *z h d* et *a h z* capitaque earum puncta *b* et *z*. Et hoc est quod demonstrare intendimus.

< XII.7 > Omnes pyramides equales quarum bases triangule erunt earum bases mutue earum altitudinibus. Si etiam fuerint bases earum mutue suis altitudinibus eas esse equales.

Exempli gratia: Sint due pyramides quarum bases duo trianguli *a b g* et *h z n* sintque pyramides *a b g d* et *h z n t* capitaque earum puncta *d* et *t* sintque equales. Dico itaque quia due bases duarum pyramidum *a b g d* et *h z n t* triangule mutue sunt altitudinibus earum.

Rationis causa: Compleantur enim duo solida *b d m l* et *z t c j*. Erant autem pyramides *a b g d* et *h z n t* equales, sexta solidorum *b l* et *z c* portio similis ad *a b g d* et *h z n t*. Solidum itaque *b d m l* solido *z t c j* equale et simile. Solidorum equalium equidistantium superficierum erant bases mutue altitudinibus. Quare ... itaque proportio basis *b m* ad basim *z j* sicut proportio altitudinis solidi *j c t z* ad altitudinem solidi *l b*. Proportio autem basis *b m* ad basim *z j* sicut proportio basis *a b g* ad basim *h z n*. Proportio itaque basis *a b g* ad basim *h z n* sicut proportio altitudinis solidi *j c t z* ad altitudinem solidi *b l*. Altitudo autem solidi *z t c j* et pyramidis *h z n t* una atque altitudo pyramidis *a b g d* et solidi *b l* una. Est proportio basis *a b g* ad basim *h z n* sicut proportio altitudinis pyramidis *h z n t* ad altitudinem pyramidis *a b g d*.

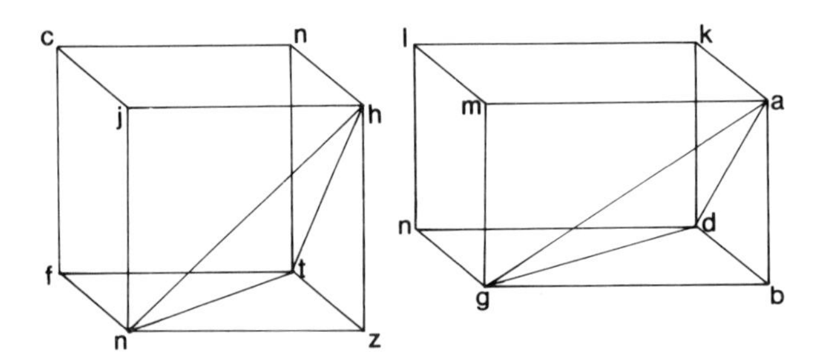

Item si duarum pyramidum *a b g d* et *h z n t* earundem altitudinibus bases mutue, dico itaque quia pyramis *a b g d* equalis pyramidi *h z n t*.

Rationis causa: Quanta enim basis *a b g* ad basim *h z n* tanta basis *b m* ad basim *z j*. Quanta ergo basis *b m* ad basim *z j* tanta altitudo pyramidis *h z n t* ad altitudinem pyramidis *a b g d*. Quanta itaque basis *b m* ad basim *z j* tanta altitudo solidi *z c* ad altitudinem solidi *b l*. Solida autem equidistantium superficierum quorum bases mutue altitudinibus ... equalia. Duo itaque solida *b l* et *z c* sunt equalia. Sexta pars solidi *b l* est pyramis *a b g d*, sexta vero solidi *z c* est pyramis *h z n t*. Erunt igitur pyramides *a b g d* et *h z n t* equales. Et hoc est quod demonstrare intendimus.

<XII.8> Omnium duarum pyramidum similium quarum bases duo
230 trianguli erit proportio unius ad alteram sicut proportio lateris unius ad latus quod ei refertur ter repetita.

Exempli gratia: Sint due pyramides similes *a b g d* et *h z n t* sintque bases *a b g* et *h z n* capitaque earum *d* et *t* ... Anguli *a b g* et *h z n* equales angulique *a b d* et *h z t* equales, anguli etiam *d b g* et *t z n*
235 equales. Eritque latus *b g* respiciens *z n* in proportione. Dico itaque quia proportio *a b g d* ad pyramidem *h z n t* est proportio lateris *b g* ad latus *z n* repetitione tripla.

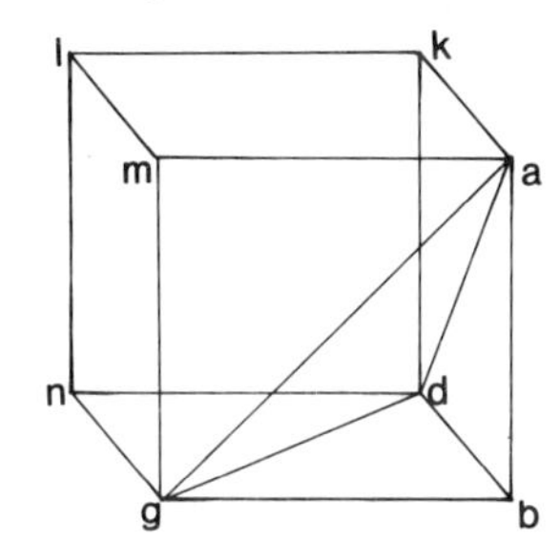

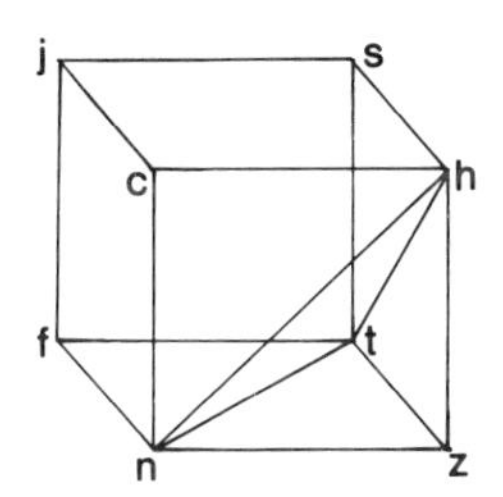

Rationis causa: Compleantur enim duo solida *b d m l* et *z t c j*. Quoniam ergo proportio *b g* ad *b a* sicut proportio *z n* ad *z h* lateraque
240 continentia duos equales angulos *a b g* et *h z n* proportionalia, erit superficies equidistantium laterum *b m* similis superficiei *z c* equidistantium laterum. Eodemque modo *a d* similis superficiei *h t* superficiesque *b n* superficiei *t n*. Sunt autem tres superficies *b m* et *a d* et *b n* similes sibi oppositis *l d* et *m n* et *a l*. Tres vero *z c* et *h t* et *t n* similes sibi
245 oppositis *t j* et *f c* et *h j*. Solidum itaque *b l* simile solido *z j*. Proportio itaque solidi *b l* ad solidum *z t c j* sicut proportio *b g* ad *z n* repetitione tripla. Sexta autem solidi *b l* est pyramis *a b g d*, sexta vero solidi *z t c j* est pyramis *h z n t*. Erit igitur proportio pyramidis *a b g d* ad pyramidem *h z n t* proportio *b g* ad *z n* repetitione tripla. Et hoc est quod
250 demonstrare intendimus.

<XII.9> Omnis columpne rotunde cuius extremitates et crassitudo equales erit pyramis sua sui pars tertii.

Exempli gratia: Sit circulus *a b g d* sitque basis columpne et basis pyramidis altitudoque earum una. Dico itaque quia columpna pyramidi
255 est tripla.

Rationis causa: Aliter enim esse est impossibile. Quod si patet sicut possibile fuerit, sit columpna maior aut minor triplo pyramidis. Sitque eo

237 *post* tripla *scr. et del.* D trirepetita. 247 *post* tripla *scr. et del.* D trirepetita. 249 *post* tripla *scr. et del.* D trirepetita.

maior secundum quantitatem solidi *c*. Lineeturque in circulo *a b g d* quadratum supra quod *a b g d* fiantque supra illum duo el mansores
260 secundum altitudinem columpne eruntque el mansores maius medietate columpne. Secenturque arcus quisque in duo media supra puncta *h* et *z* et *n* et *t*. Iungaturque *a* cum *h* et *h* cum *b* et *b* cum *z* et *z* cum *g* et *g* cum *n* et *n* cum *d* et *d* cum *t* et *t* cum *a*. Statuanturque supra triangulos *a h b* et *b z g* et *g n d* et *d t a* el mansores equales secundum altitudinem
265 columpne eritque unusquisque el mansor, quem statuimus, maior medietate portionis columpne in qua est. Quod cum sepius factum fuerit, relinquitur partium columpne minus corpore *c*. Sintque qui sunt constructi supra portiones *a h* et *h b* et *b z* et *z g* et *g n* et *n d* et *d t* et *t a*. Sint itaque el mansores, quorum bases *a h b z g n d t* multorum
270 angulorum suntque secundum altitudinem columpne, maius triplo pyramidis cuius basis est circulus *a b g d* altitudoque eius sicut altitudo columpne. Atqui el mansores, quorum bases *a h b z g n d t* multorum angulorum et altitudo sicut altitudo columpne, sunt triplum pyramidis cuius basis *a h b z g n d t* multorum angulorum et altitudo eorum sicut
275 altitudo columpne, quoniam omnis el mansor est triplus pyramidi que est in eo, sicut diximus ante. Quare pyramis cuius basis *a h b* <*z*> *g n d* <*t*> multorum angulorum et altitudo eius sicut columpne maior est pyramide cuius basis circulus *a b g d* contineturque in ea. Quod est impossibile. Non itaque columpna maior triplo pyramidis.
280 Dico itaque quia nec minor triplo eius.

Cum enim impossibile. Quod si possibile fuerit, sit item pyramis maior tertia columpne quanto corpus est *c*. Lineetur ergo in circulo *a b g d*

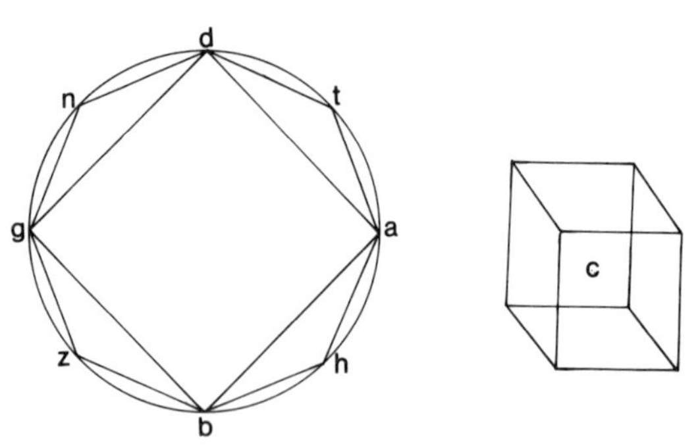

quadratum *a b g d* constituaturque supra illud pyramis cuius altitudo equalis altitudini pyramidis rotunde. Eritque pyramis supra eum
285 constituta maior medietate pyramidis rotunde. Incidanturque *a b* et *b g* et *g d* et *d a* unusquisque in duo media supra puncta *h* et *z* et *n* et *t* exeantque ab eo linee *a h* et *h b* et *b z* et *z g* et *g n* et *n d* et *d t* et *t a*. Statuanturque supra triangulos *a h b* et *b z g* et *g n d* et *d t a* pyramides

equales quarum altitudo equalis altitudini pyramidis rotunde eritque
290 unaqueque pyramidum quas statuimus maior medietate pyramidis illius
in qua est. Quod cum sepe fecerimus, necesse est superesse ex partibus
pyramidis rotunde minus corpore *c*. Supersit ergo sintque constitute supra
portiones *a h* et *h b* et *b z* et *z g* et *g n* et *n d* et *d t* et *t a*. Relinquetur ergo
pyramis, cuius basis *a h b z g n d t* multorum angulorum et altitudo eius
295 sicut altitudo pyramidis rotunde, maior tertia <columpne> rotunde
equalium extremitatum cuius basis circulus *a b g d* et altitudo sicut
altitudo pyramidis rotunde. Atqui pyramis illa est tertia pars mansorum
quorum basis *a h b z g n d t* multorum angulorum et altitudo eius sicut
altitudo pyramidis. Quare el mansores quorum bases *a h b z g n d t*
300 multorum angulorum et altitudo eius sicut altitudo pyramidis maius
solido rotunde equalium extremitatum cuius basis circulus *a b g d*
altitudoque eius sicut altitudo pyramidis et in ea continetur. Quod
contrarium est impossibile. Non est igitur columpna rotunda minor triplo
pyramidis .... Erat quod non est maior triplo pyramidis. Et hoc est quod
305 demonstrare intendimus.

<XII.10> Si columpna pyramisque rotunda quarum basis circulus unus
axisque earum una fuerint similes aliis duabus pyramidi atque columpne
rotundis quarum item basis circulus unus axisque una, erit proportio
harum ad illas proportio diametri ... basis ad diametrum basis earum
310 repetitione tripla.

Exempli gratia: Sit circulus *a b g d* basis columpne et pyramidis
rotunde quarum axis una *k l*, circulus vero *h z n t* basis pyramidis
rotunde et columpne axisque utriusque *m n*. Diametri autem duarum
basium *b d* et *z t* sintque pyramis et columpna *a b g d k l* similes pyramidi
315 et columpne *h z n t m n*. Dico itaque quia proportio pyramidis *a b g d k l*
ad pyramidem *h z n t m n* proportio *b d* ad *z t* terrepetita.

Rationis causa: Aliter enim impossibile est. Quod si est possibile, sit
proportio pyramidis *a b g d k l* ad corpus minus aut maius pyramide *h z n
t m n* sicut proportio *b d* ad *z t* terrepetita. Sitque primum ad minus ea
320 sitque corpus *a*. Lineetur ergo in circulo *h z n t* quadratum sitque *h z n t*.
Statuaturque supra illud pyramis cuius altitudo sicut altitudo pyramidis
rotunde. Eritque maior medietate eius. Dividanturque arcus *h z* et *z n* et
n t et *t h* unusquisque in duo media supra puncta *s* et *j* et *f* et *c*.
Iungaturque *h* cum *s* et *s* cum *z* et *z* cum *j* et *j* cum *n* et *n* cum *f* et *f* cum *t*
325 et *t* cum *c* et *c* cum *h*. Statuaturque supra omnes triangulos ex triangulis
h z s et *z n j* et *n t f* et *t h c* pyramides quarum altitudo equalis altitudini

310 *post* tripla *scr. et del.* D terrepetita.

pyramidis rotunde. Eritque unaqueque earum maior medietate pyramidis rotunde in qua est. Quod cum sepe fecerimus, relinquatur ex partibus pyramidis rotunde minus corpore *q*. Supersit ergo sintque que supra

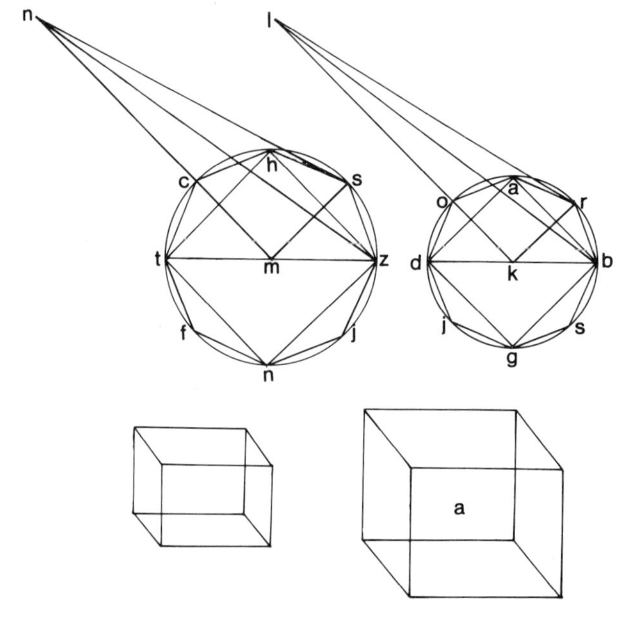

330 portiones *h s* et *s z* et *z j* et *j n* et *n f* et *f t* et *t c* et *c h*. Relinquitur ergo pyramis cuius basis superficies *h s z j n f t c* multorum angulorum caputque punctus *n* maior corpore *a*. Lineetur itaque in circulo *a b g d* simile superficiei multorum angulorum que est *h s z j n f t c* sitque *a r b s g j d o*. Constituaturque supra eam pyramis cuius altitudo equalis altitudini
335 pyramidis rotunde. Atqui pyramis que est supra basim multorum angulorum *a r b s g j d o* et caput eius *l* surgit supra eam orthogonium estque triangulus *l b k*. Atqui pyramidum rotundarum columpnarumve rotundarum similium axes suarum diametrique basium suarum sunt proportionales. Quoniam ergo latera continentia duos angulos *l k b* et
340 *z m n* rectos sunt proportionalia, erunt trianguli *k b l* et *m n z* similes. Proportio ergo *k l* ad *m n* sicut proportio *l b* ad *n z*. Item proportio *r k* ad *k l* sicut proportio *s m* ad *m n* lateraque continentia angulos *r k l* et *s m n* rectos proportionalia. Trianguli ergo *r k l* et *s m n* similes. Proportio itaque *k l* ad *m n* sicut proportio *l r* ad *n s*. Erat autem proportio *l k* ad
345 *m n* sicut proportio *l b* ad *n z*. Quare proportio *l r* ad *n s* sicut *l b* ad *n z*. Proportio autem *b k* ad *k r* sicut proportio *z m* ad *m s* lateraque continentia duos angulos *b k r* et *s m z* equales proportionalia. Trianguli

338 suarum[1]] seu D. 340 sunt] secundum D.

itaque *b k r* et *z m s* similes. Proportio ergo *k r* ad *r b* sicut proportio *m s* ad *s z*. Atqui proportio *k r* ad *r l* sicut proportio *s m* ad *s n*. Proportio
350 ergo *l r* ad *r b* sicut proportio *n s* ad *s z*. Atqui alternatim proportio *l r* ad *n s* sicut proportio *r b* ad *s z*. Manifestum est autem quia proportio *l r* ad *n s* sicut proportio *l b* ad *n z*. Proportio itaque *l b* ad *n z* sicut proportio *l r* ad *n s* et sicut proportio *r b* ad *s z*. Trianguli ergo *l r b* et *s n z* similes. Quare pyramis cuius basis triangulus *k b r* caputque eius *l* est
355 similis pyramidi cuius basis triangulus *m s z* caputque *n*. Omnium autem duarum pyramidum similium quarum bases triangule erit proportio unius ad alteram sicut proportio lateris unius ad latus alterius se respiciens repetitione tripla. Proportio itaque totius pyramidis *k b r l* ad pyramidem *m z s n* est proportio *b k* ad *z m* terrepetita. Proportio autem *b k* ad *z m*
360 sicut proportio *b d* ad *z t*. Quare proportio pyramidis *k b r l* ad pyramidem *m s z n* est proportio *b d* ad *z t* terrepetita. Eodemque modo patet quia proportio uniuscuiusque reliquarum pyramidum quarum bases triangule *r k a* et *a k o* et *o k d* et *d k j* et *j k g* et *g k s* et *s k b* caputque eorum *l* ad unamquamque reliquarum pyramidum quarum bases
365 trianguli *s m h* et *h m c* et *c m t* et *t m f* et *f m n* et *n m j* et *j m z* caputque earum punctus *n* est proportio *b d* ad *z t* terrepetita. Proportio itaque totius pyramidis cuius basis *a r b s g j d o* multorum angulorum caputque eius *l* ad totam pyramidem cuius basis *h s z j n f t c* multorum angulorum caputque eius punctus *n* est proportio *b d* ad *z t* terrepetita.
370 Erat autem proportio pyramidis *a b g d k l* rotunde ad corpus *a* proportio *b d* ad *z t* terrepetita. Proportio ergo pyramidis cuius basis *a r b s g j d o* multorum angulorum caputque eius *l* ad pyramidem basis cuius *h s z j n f t c* multorum angulorum caputque eius *n* quanta pyramidis *a b g d k l* rotunde ad corpus *a*. Atque alternatim proportio pyramidis *a b g d*
375 *k l* rotunde ad pyramidem cuius basis *a r b s g j d o* multorum angulorum caputque eius *l* sicut proportio corporis *a* ad pyramidem cuius basis *h s z j n f t c* multorum angulorum caputque eius *n*. Est autem pyramis *a b g d k l* rotunda maior pyramide cuius basis *a r b s g j d o* multorum angulorum caputque eius *l*. Quare corpus *a* maius est pyramide cuius basis *h s z j n f t*
380 *c* multorum angulorum caputque punctus *n*. Erat autem ea minus. Itaque minus maiore maius. Quod est impossibile. Non itaque pyramis *a b g d k l* rotunda ad corpus minus pyramide *h z n t m n* sicut proportio *b d* ad *z t* terrepetita.

Dico autem quod nec ad ea maius.

385 Quod si possibile fuerit, sit ad corpus *a* sitque ea maius diceturque in hunc modum. Proportio itaque corporis *a* ad pyramidem *a b g d k l*

358 *post* tripla *scr. et del.* D terrepetita.

rotundam sicut proportio *z t* ad *b d* terrepetita. Proportio autem corporis *a* ad pyramidem *a b g d k l* rotundam sicut proportio pyramidis *h z n t m n* rotunde ad corpus minus pyramide *a b g d k l* rotunda. Fietque proportio 390 pyramidis *h z n t m n* rotunde <ad> corpus minus pyramide *a b g d k l* rotunda sicut proportio *z t* ad *b d* terrepetita. Quod est impossibile. Non itaque proportio pyramidis *a b g d k l* rotunde ad corpus minus neque maius pyramide *h z n t m n* rotunda sicut proportio *b d* ad *z t* terrepetita. Est igitur proportio pyramidis *a b g d k l* rotunde ad pyramidem *h z n t m* 395 *n* rotundam sicut proportio *b d* ad *z t* repetitione tripla. Et hoc est quod demonstrare intendimus.

<XII.11> Omnium pyramidum et columpnarum rotundarum quarum basis axisque una et altitudo earum sicut altitudo pyramidum atque columpnarum aliarum rotundarum quarum basis circulus alter axisque 400 earum una, erit proportio pyramidis ad pyramidem et columpne ad columpnam sicut proportio basis earum ad basim aliarum.

Exempli gratia: Sit circulus *a b g d* basis pyramidis et columpne rotunde quarum axis una sitque *k l*. Circulusque *h z n t* basis pyramidis et columpne aliarum rotundarum quarum axis una sitque *m n*. 405 Diametrique basium *z t* et *b d* sitque altitudo pyramidis *a b g d k l* et columpne sicut altitudo pyramidis *h z n t m n* et columpne aliarum. Dico itaque quia proportio circuli *a b g d* ad circulum *h z n t* sicut proportio pyramidis *a b g d k l* ad pyramidem *h z n t m n*.

Rationis causa: Aliter enim est impossibile. Quod si fuerit possibile, sit 410 circuli proportio *a b g d* ad circulum *h z n t* sicut proportio pyramidis *a b g d* <*k*> *l* ad corpus minus aut maius pyramidis *h z n t m n*. Sitque primum ad minus ea. Sitque solidum *a*. Lineeturque in circulo *h z n t* quadratum sitque *h z n t*. Fiatque supra illud pyramis cuius altitudo equalis altitudini pyramidis rotunde eritque pyramis quam fecerimus 415 maior medietate pyramidis rotunde. Secentur autem arcus *h z* et *z n* et *n t* et *t h* unusquisque in duo media supra puncta *s* et *j* et *f* et *c*. Iungaturque *h* cum *s* et *s* cum *z* et *z* cum *j* et *j* cum *n* et *n* cum *f* et *f* cum *t* et *t* cum *c* et *c* cum *h*. Fiatque supra unumquemque triangulorum *h s z* et *z j n* et *n f t* et *t c h* pyramis cuius altitudo equalis altitudini pyramidis rotunde. Eritque 420 unaqueque earum maius dimidio incindule pyramidis rotunde in qua est. Quod cum sepe fecerimus, supererit ex partibus pyramidis rotunde minus corpore *o*. Supersit ergo sintque que supra portiones *h s* et *s z* et *z j* et *j n* et *n f* et *f t* et *t c* et *c h*. Relinquatur ergo pyramis cuius basis *h s z j n f t c* multorum angulorum caputque *n* maior corpore *a*.

395 *ante* repetitione *scr. et del.* D terrepetita. 398 *post* altitudo *scr. et del.* D earum.

425 Lineeturque in circulo *a b g d* simile *h s z j n f t c* multorum angulorum sitque *a z b s g j d o*. Erigaturque supra unumquemque triangulorum *a z b* et *b s g* et *g j d* et *d o a* pyramis equalis altitudini pyramidis rotunde. Proportio itaque circuli *a b g d* ad circulum *h z n t* sicut

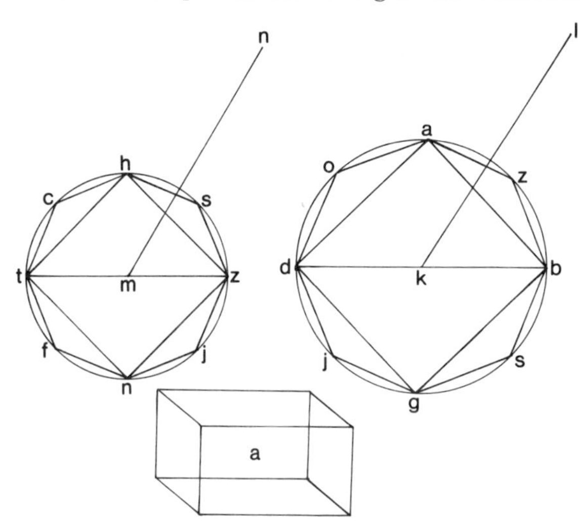

proportio *a z b s g j d o* multorum angulorum in *h s z j n f t c* multorum
430 angulorum. Erat autem proportio circuli *a b g d* ad circulum *h z n t* sicut proportio pyramidis *a b g d l* rotunde ad corpus *a*. Atque proportio *a z b s g j d o* multorum angulorum ad *h s z j n f t c* multorum angulorum sicut proportio pyramidis cuius basis *a z b s g j d o* caputque eius *l* in pyramidem cuius basis *h s z j n f t c* caputque eius *n*. Proportio ergo
435 pyramidis rotunde *a b g d l* ad corpus *a* sicut proportio pyramidis cuius basis *a z b s g j d o* multorum angulorum caputque eius *l* ad pyramidem cuius basis *h s z j n f t c* multorum angulorum caputque eius *n*. Cumque mutaverimus, erit proportio pyramidis rotunde *a b g d l* ad pyramidem cuius basis *a z b s g j d o* multorum angulorum caputque eius *l* sicut
440 proportio corporis *a* ad pyramidem cuius basis *h s z j n f t c* multorum angulorum caputque eius *n*. Atqui pyramis rotunda *a b g d k l* est maior pyramide cuius basis *a z b s g j d o* multorum angulorum caputque eius *l*. Quare corpus *a* maius pyramide cuius basis *h s z j n f t c* multorum angulorum caputque *n*. Eritque minus ea. Quod est impossibile. Non
445 itaque proportio circuli *a b g d* ad circulum *h z n t* sicut proportio pyramidis *a b g d l* rotunde ad solidum corpus minus pyramide *h z n t n* rotunda.

Dico autem quia nec ad maius.

Est enim impossibile. Quod si possibile fuerit, sit ad *a* sitque *a* maius ea
450 dicemusque in hunc modum. Proportio itaque circuli *h z n t* ad circulum

a b g d sicut proportio corporis *a* ad pyramidem *a b g d l*. Proportio autem corporis *a* ad pyramidem *a b g d l* rotundam sicut proportio pyramidis *h z n t n* rotunde ad corpus minus pyramide *a b g d l* rotunda. Proportio itaque circuli *h z n t* ad circulum *a b g d* sicut
455 proportio pyramidis *h z n t m n* rotunde ad corpus minus pyramide *a b g d l*. Quod est impossibile. Patet itaque quia proportio circuli *a b g d* ad circulum *h z n t* non sicut proportio pyramidis *a b g d l* rotunde ad corpus maius pyramide *h z n t m n* rotunda. Erat autem neque ad minus ea. Erit igitur proportio circuli *a b g d* ad circulum *h z n t* sicut proportio
460 pyramidis *a b g d l* rotunde ad pyramidem *h z n t n* rotundam. Et hoc est quod demonstrare intendimus.

<XII.12> Omnium pyramidum et columpnarum rotundarum quarum basis circulus unus axisque una equantium pyramides et columpnas alias rotundas quarum item basis circulus unus et nomen unum, erunt due
465 bases ex sua altitudine mutue. Si autem fuerint due bases duabus altitudinibus mutue, erunt ipse equales.

Exempli gratia: Sit circulus *a b g d* basis pyramidis et columpne *a b g d l* sintque axis utriusque *k l*. Circulus vero *h z n t* basis pyramidis et columpne *h z n t n* axisque earum *m n*. Dico itaque quia pyramis *a b g d l*
470 et columpna si fuerint equales pyramidi *h z n t n* et columpne erunt due bases *a b g d* et *h z n t* mutue duabus altitudinibus *k l* et *m n*.

Rationis causa: Si enim fuerit altitudo *k l* equalis altitudini *m n*, sunt autem pyramides *a b g d l* et *h z n t n* equales, erunt bases *a b g d* et *h z n t* equales. Quantus igitur circulus *a b g d* ad circulum *h z n t* tanta
475 altitudo *m n* ad altitudinem *k l*.

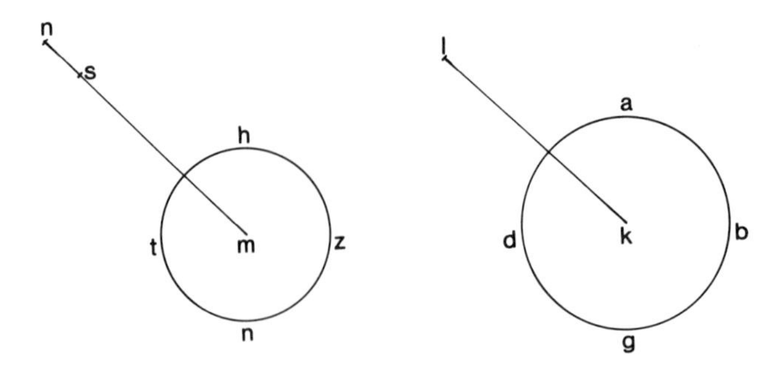

Quod si non fuerit, sit *m n* altior *k l*, sitque *m s* equalis *k l*. Erant autem pyramides *a b g d l* et *h z n t n* equales. Proportio ergo earum ad

458 neque] que nec D. 462 rotundarum quarum] rotundorum quorum D. 464 quarum] quorum D. | due D *corr. ex* douoe. 476 altior] altiter D.

quantitatem unam una. Quanta itaque pyramis *a b g d l* ad pyramidem *h z n t s* tanta pyramis *h z n t n* ad pyramidem *h z n t s*. Proportio
480 autem pyramidis *a b g d l* ad pyramidem *h z n t s* sicut proportio circuli *a b g d* ad circulum *h z n t*. Proportio vero pyramidis *h z n t n* ad pyramidem *h z n t s* sicut proportio *m n* ad *m s* et *m s k l*. Proportioque circuli *a b g d* ad circulum *h z n t* sicut proportio *m n* ad *k l*. Duarum pyramidum bases *a b g d l*; *h z n t n* et <columpnarum> earum quarum
485 altitudinibus <mutue>.

Item sint bases duarum pyramidum *a b g d* <*l*>; *h z n t n* et columpnarum earum mutue altitudinibus earum, erit proportio circuli *a b g d* ad circulum *h z n t* sicut proportio *m n* ad *k l*.

Dico quia due pyramides *a b g d l* et *h z n t n* equales.

490 *Rationis causa*: Eorum enim consideratio una. Proportioque circuli *a b g d* ad circulum *h z n t* sicut proportio *m n* ad *k l*; *k l* sicut *m s*. Proportioque circuli *a b g d* ad circulum *h z n t* sicut proportio *m n* ad *m s*. Eritque proportio pyramidis *a b g d* <*l*> ad pyramidem *h z n t* <*s*> proportioque pyramidis *h z n t n* ad pyramidem *h z n t s* sicut proportio
495 *m n* ad *m s*. Proportio itaque uniuscuiusque duarum pyramidum *a b g d l*; *h z n t n* ad pyramidem *h z n t s* una. Erunt igitur pyramides *a b g d l* et *h z n t n* equales. Et hoc est quod demonstrare intendimus.

<XII.13> Nunc demonstrandum est cum fuerint duo circuli supra centrum unum quomodo fiat in circulo maiori superficies multorum
500 angulorum equalium laterum non tangentium circulum minorem.

Sint igitur supra centrum unum sitque nomen eius *m* duo circuli

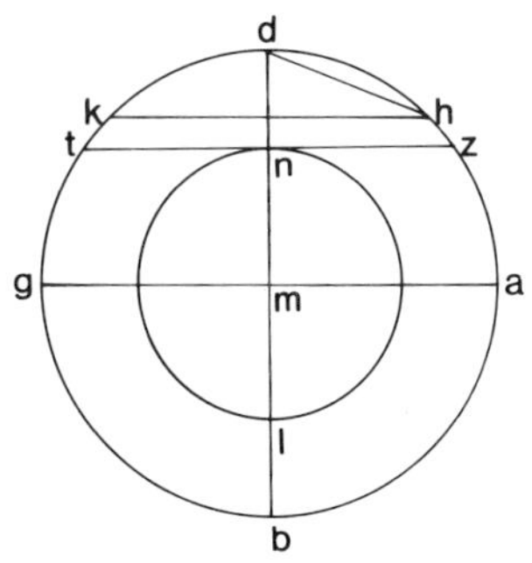

a b g d et *n l*. Cum itaque facere intendimus in circulo maiore *a b g d* superficiem multorum angulorum equalium laterum non tangentium circulum minorem *n l*, producantur in eis duo diametri utraque alteram

482 ad *m s*] *a* D. 484 *ante* earum *scr. et del.* D rotundarum. 486 *post* et *scr. et del.* D rotundarum. 487 mutue altitudinibus earum] in quo duarum qualitatum altitudinis D. 493 pyramidem] circulum D. 502 facere] lineam D.

505 incidens supra angulum rectum. Sintque *a g* et *b d*. Exeatque de puncto *n* de linea *b d* linea secundum orthogonum sitque *n z*. Protrahaturque linea *n z* usque ad *t* directe. Dividaturque arcus *a d* in duo media medietasque eius in duo media. Quo sepius facto relinquatur arcus minor arcu *z d*. Supersit ergo, sitque arcus *d h*. Ponaturque arcus *d k* sicut arcus *d h*.
510 Iungaturque *h* cum *k*. Dico itaque quia, cum abscisi fuerint de linea circuli arcus equales arcui *d h* unus post alium et corde earum linearum, fiet in circulo *a b g d* superficies multorum angulorum equalium laterum non tangentium circulum *n l* minorem.

Rationis causa: Quoniam *z d* sicut *d t* et *h d* sicut *d k*, relinquitur
515 itaque *z h* sicut *t k*. Erit ergo *z t* equidistans *h k*. Atqui *z t* tangit circulum *n l*. Quare *h k* eum non tangit. Et hoc est quod demonstrare intendimus.

<XII.14> Nunc demonstrandum est cum fuerint due spere supra centrum unum quomodo fiat in maiori earum solidum multarum basium non tangentium superficiem spere minoris.

520 Sint itaque due spere supra centrum unum sitque punctus *k*. Cum itaque in maiori earum facere intendimus solidum multarum basium non tangentium superficiem spere minoris, incidemus utramque speram cum superficie supra centrum transeunte. Eruntque in incisione duo circuli supra centrum unum *a b g d* et *h z n t* sintque due diametri *a g* et *b d*
525 sese orthogonaliter secantes. Lineeturque in circulo maiore superficies multorum angulorum equalium laterum non tangentium circulum minorem. Sintque latera *b m* et *m l* et *l a*. Iungaturque *l* cum *k* et *m* cum *k*. Protrahanturque due linee *l k* et *m k* directe ad *n* et *s*. Statuaturque supra superficiem circuli *a b g d* supra punctum *k* linea secundum
530 angulum rectum applicata ad superficiem maioris spere attingens eam supra punctum *j*. Sitque *k j*. Producanturque a linea *k j* due superficies supra duas lineas *m s*, *l n*. Eruntque in spera maiore differentie due duoque semicirculi sese secantes sintque *m j s* et *l j n*. Lineenturque in utraque ex quartis duobus *l j* et *m j* corde unaqueque earum equalis *m l*
535 sintque *l c* et *c f* et *f j* et *m r* et *s r* et *s j*. Producanturque a duobus punctis *c* et *r* supra superficiem circuli *a b g d* due perpendiculares cadentes supra duas portiones communes sintque *r j* et *c o*. Iungaturque *j* cum *o* et *r* cum *c* et *s* cum *f*. Erant autem sumpti supra duas portiones equales que sunt *l j n* et *m j s* arcus equales sintque *m r* et *l c* extraximusque duas
540 perpendiculares *r j* et *c o*. Quare *r j* equalis *c o* et *m j* sicut *l o*. Atqui *m k* equalis *l k*, relinquitur itaque *k o* equalis *k j* et corda *m l* equidistans linee

506 orthogonum] orthonum D. 520 *ante* spere *scr. et del.* D linee. 540 perpendiculares] superficies D.

j o. Est autem *r j* equalis *c o* et equidistans ei. Quare *r c* equalis et
equidistans *j o*. Erat autem *j o* equidistans *m l*. Quare *m l* equidistat *r c*.
Quare *m l r c* habens quattuor latera est in superficie una. Eodemque

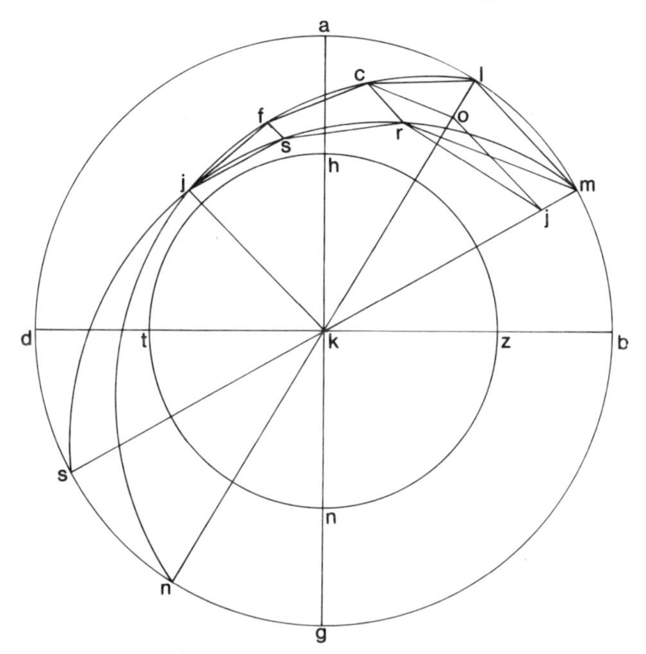

545 modo *f c r s* quattuor laterum est in superficie una. Et similiter triangulus
qui est *j f s* in superficie una. Atqui *k l m* est triangulus et *m l* equidistans
j o. Quare *m l* longior *j o* et *j o* equale *r c*. Quare *m l* longior *r c* et *m l*
non tangit speram minorem. Quare nec *r c* tangit eam. Eodemque modo
unumquodque ex *m r* et *l c* non tangit speram. Quare superficies *m r l c*
550 non tangit speram minorem. Eodemque modo superficies *f c r s* non
tangit speram minorem, triangulus *j f s* non tangit speram minorem.
Cumque fecerimus ita totum quartum ex quartis spere, fiet infra speram
maiorem solidum multarum basium non tangentium superficiem minoris.
Cumque fecerimus in spera alia solidum simile solido multarum basium
555 quod est in spera *a b g d*, erit proportio solidi multarum basium quod est
in spera *a b g d* ad solidum multarum basium quod est in altera spera
sicut proportio diametri *b d* ad diametrum spere alterius terrepetita.

Rationis causa: Cum enim proportio pyramidis cuius basis tetragonus
m l c r caputque eius *k* ad pyramidem cuius basis in spera altera similem
560 huic pyramidi proportio *b k* in mediam diametrum spere alterius
triplicata, proportio autem *b k* ad mediam diametrum spere alterius sicut

547 *j o*[1]] *j n o* D.

proportio diametri *b d* ad diametrum spere alterius, proportio itaque pyramidis cuius basis *m l r c* tetragonus et caput eius *k* ad pyramidem sibi similem in spera alia est proportio diametri *b d* ad diametrum spere
565 alterius triplicata. Eodemque modo patet quia proportio omnis pyramidis ad sibi similem est proportio diametri *b d* ad diametrum spere alterius triplicata. Proportio igitur totius corporis *a b g d k* multarum basium quod est in spera *a b g d* ad corpus multarum basium sibi simile in spera altera sicut proportio diametri *b d* ad diametrum spere alterius triplicata. Et hoc
570 est quod demonstrare intendimus.

<XII.15> Omnium duarum sperarum proportio unius ad alteram sicut proportio diametri unius ad diametrum alterius triplicata.

Exempli gratia: Sint due spere *a b g d* et *h z n t* diametrique earum *b d* et *z t*. Dico itaque quia proportio spere *a b g d* ad speram *h z n t* est
575 proportio diametri *b d* ad diametrum *z t* triplicata.

Rationis causa: Aliter enim est impossibile. Quod si fuerit possibile, sit proportio spere *a b g d* ad speram minorem vel maiorem spera *h z n t* proportio *b d* ad *z t* triplicata. Sitque primum ad speram minorem ea sitque spera *a*. Sitque spera *k l m n* que est infra *h z n t* equalis spere *a*.

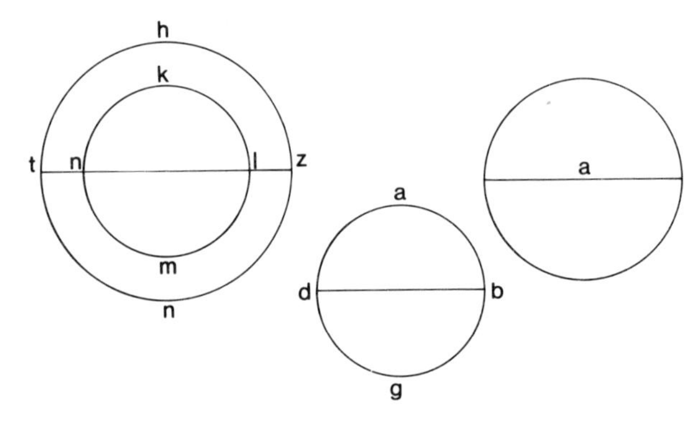

580 Fientque due spere supra centrum unum. Fiat igitur in spera *h z n t* maiore solidum multarum basium non tangentium superficiem spere *k l m n* minoris fiatque in spera *a b g d* corpus simile solido multarum basium quod est in spera *h z n t*. Proportio ergo spere *a b g d* ad speram *a* sicut proportio *b d* ad *z t* triplicata. Quare proportio spere *a b g d* ad
585 speram *a* sicut proportio solidi multarum basium in se contenti ad solidum multarum basium quod est in spera *h z n t*. Atque alternatim proportio spere *a b g d* ad multarum basium quod est in spera sicut proportio spere *a* ad multarum basium quod est in spera *h z n t*. Atqui

586 solidum] multarum ad D.

spera *a b g d* maior solido multarum basium in se contento. Quare spera
590 *a* maior solido multarum basium contento in spera *h z n t*. At vero
solidum multarum basium quod est in spera *h z n t* maior spera *k l m n*
equali spera *a*. Quod contrarium est impossibile. Non est itaque proportio
spere *a b g d* ad speram minorem spera *h z n t* proportio *b d* ad *z t*
triplicata.

595 Dico autem quia nec ad speram maiorem.

Quod est enim impossibile. Quod si est possibile, sit ad speram *a*
maiorem ea. Diceturque in hunc modum. Proportio itaque spera *a* ad
speram *a b g d* est proportio *z t* ad *b d* triplicata. Proportio autem spere *a*
ad speram *a b g d* sicut proportio spere *h z n t* ad minorem spere
600 *a b g d*. Proportio itaque spere *h z n t* ad speram minorem *a b g d* est
proportio *z t* ad *b d* triplicata. Quod contrarium est impossibile. Non
itaque proportio spere *a b g d* ad speram minorem vel maiorem spera
h z n t proportio *b d* ad *z t* triplicata. Erit igitur spera *a b g d* ad speram
h z n t proportio *b d* ad *z t* triplicata. Et hoc est quod demonstrare
605 intendimus.

595 maiorem] minorem D.

< Liber XIII >

<XIII.1> Divisa fuerit linea secundum proportionem linee habentem medium duasque extremitates addeturque dividenti maiori in longitudinem linea equalis medietati totius linee, erit quadratum quod fiet ex ea in
5 seipsam quincuplum quadrati ex medietate linee in seipsam.

Exempli gratia: Sit linea *a b* divisa secundum proportionem habentem medium duoque extrema supra *g* sitque dividens maior *a g* atque *a d* sicut medietas *a b*. Dico itaque quia quadratum quod ex *g d* in seipsam quincuplum quadrati quod ex *a d* in seipsam.

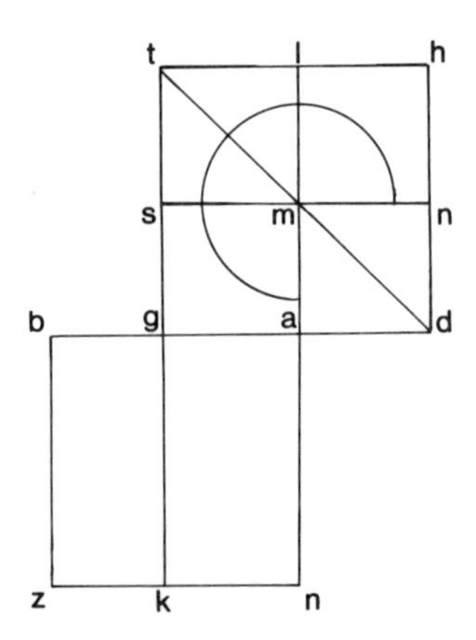

10 *Ratiocinationis causa*: Lineentur enim ex *a b* et *g d* duo quadrata sintque *h g* et *a z*. Protrahanturque *t g* et *n a* ad *k* et *l* coniunganturque *d* et *t*. Exeatque de puncto *m* linea equidistans *h t* sitque *n s*. Linea igitur *b a* dupla *a d* atque *d a* equalis *a m* et *b a* equalis *a n*. Quare *n a* dupla *a m*. Quanta autem *n a* ad *a m* tanta *k a* ad *a s*. Quare *k a* dupla superficiei
15 *a s*. Sunt autem *h m* et *m g* duplum superficiei *a s*. Quare *a k* equalis *h m* et *m g*. Quod autem ex *a b* in *b g* equale est quod ex *a g* in seipsam. Quare *g z* equalis *m t*. Erat autem *a k* equalis *h m* et *m g*. Quare *n l* et *s a* elalem equale *a z*. Atque *b a* dupla linee *a d*. Quod ergo ex *b a* in seipsam quadruplum ei quod ex *a d* in seipsam. Quare *a z* quadruplum *a n* atque
20 *n l s a* elalem equalis *a z*. Quare *n l* et *s a* elalem quadruplum *n a*. Sic igitur *h g* quincuplum *n a*. Erat autem *h g* quadratum quod ex *d g* in

seipsam. At vero *n a* est quadratum quod ex *d a* in seipsam. Quadratum
igitur quod ex *g d* in seipsam quincuplum quadrati quod ex *d a*. Et hoc
est quod demonstrare voluimus.
25 Sit autem alia figura significans quia productum ex *g d* in seipsam
quincuplum ei quod ex *d a* in seipsam.
Rationis causa: Quia enim ex *a b* in *b g* equale ei quod ex *g a* in
seipsam. Sitque quod ex *b a* in *a g* commune. Quod ergo ex *a b* in *b g* et
b a in *a g* equale ei quod ex *a b* in *g a* et *a g* in seipsam. Quod autem ex
30 *a b* in *b g* et *b a* in *a g* quadruplum est eius quod ex *a d* in seipsam.

b g a d

Quare quod ex *a b* in *g a* et *g a* in seipsam quadruplum est eius quod ex
a d in seipsam. Quod autem ex *a b* in *g a* sicut quod ex *d a* in *g a* bis.
Quod vero ex *d a* in *a g* bis cum eo quod ex *a g* in seipsam equale ei quod
ex *d a* in seipsam quater. Sit autem quod ex *d a* in seipsam commune.
35 Quod ergo ex *d a* in seipsam et *a g* in seipsam atque ex *d a* in *a g* bis
equale ei quod ex *d a* in seipsam quinquies. Equale vero productorum ex
d a et *a g* unaquaque in seipsam et quod ex *d a* in *a g* bis est illud quod
ex *d g* in seipsam. Et hoc est quod demonstrare intendimus.

<XIII.2> Cum divisa fuerit linea in duo dividentia fueritque quadratum
40 quod ex tota linea in seipsam quincuplum quadrato quod ex una duarum
dividentium in seipsam addeturque in longitudinem linee linea alia donec
linea addita cum dividente altera dupla linee prime dividenti, erit linea
reliqua divisa secundum proportionem habentem medium duasque
extremitates dividensque maior linea media.
45 *Exempli gratia*: Sit linea *g d* divisa supra punctum *a* quadratumque
quod ex *g d* in seipsam quincuplum quadrato quod *d a* in seipsam.
Addaturque in longitudinem linee *g d* linea *b g* fiatque *a b* duplum linee
a d. Dico itaque quia *a b* divisa erit secundum proportionem habentem
medium duasque extremitates supra *g* dividensque maior *a g*.
50 *Rationis causa*: Lineetur enim ex unaquaque *d g* et *a b* quadratum
sintque *h g* et *a z* producanturque *t g* ad *k* atque *n a* ad *l*. Iungaturque *d*
cum *t* linea *d t* producanturque ex *m* linee equidistantes linee *h t* sintque
<*m*> *n* et <*m*> *s*. Atque *a b* dupla *a d* et *b a* equalis *a n* atque *d a*
equalis *a m*. Quare *n a* dupla *a m*. Quanta autem *n a* ad *a m* tanta *k a* ad
55 *a s*. Quare *k a* dupla *a s*. Sunt autem *h m* et *m g* duplum *a s*. Quare *a k*
equale *h m* et *m g*. Erat autem quod ex *g d* in seipsam quincuplum eius
quod ex *a d* in seipsam. Quapropter *h g* quincuplum est *n a*. Quare
n l s a elaalem quadruplum est superficiei *n a*. Atque *n l* et *l s* et *s a*

equale *a z* atque *a k* equale *h m* et *m g*. Relinquitur itaque *l s* equalis
60 reliquo *g z*. Atqui *l s* quod ex *a g* in seipsam atque *g z* quod ex *a b* in *b g*.

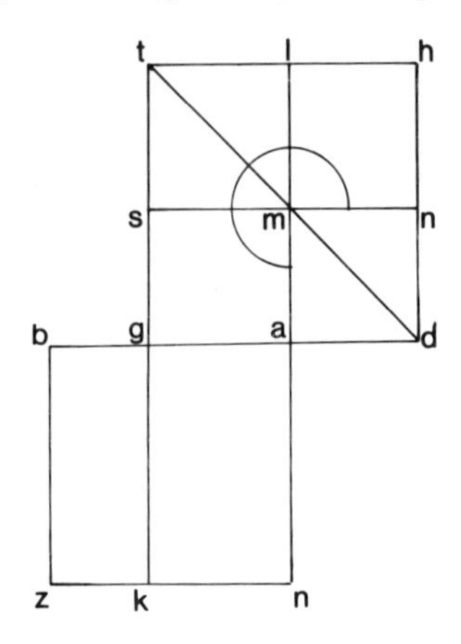

[At vero *a b* equalis *b z*.] Quod ergo ex *a b* in *b g* equale ei quod ex *g a* in seipsam. Est igitur *a b* divisa secundum proportionem habentem medium et duas extremitates maiorque dividens *a g*. Et hoc est quod demonstrare intendimus.

65 Sit autem alia figura significans quia *a b* iam divisa est secundum proportionem habentem medium duasque extremitates supra *g* dividensque maior *g a*.

Rationis causa: Quod enim ex *g d* in seipsam quincuplum est eius quod ex *d a* in seipsam. Quod ergo ex *d a* in *a g* bis atque quod ex *a g* in
70 seipsam quadruplum sunt illius quod ex *d a* in seipsam. At vero quod ex *d a* in *a g* bis equale ei quod ex *b a* in *a g*. [Quoniam *a b* dupla linee *a d*.]

Quare quod ex *b a* in *a g* cum eo quod ex *a g* in seipsam equale ei quod ex *d a* in seipsam quater. Quod vero ex *d a* in seipsam quater equale ei quod ex *a b* in seipsam. Quod vero ex *b a* in seipsam equale ei quod ex
75 *a b* in *a g* <cum eo quod ex *a g*> in seipsam. At vero quod ex *b a* in seipsam equale ei quod ex *b a* in *a g* et ex *a b* in *g b*. Quare quod ex *a b* in *g b* et in *g a* equale ei quod ex *b a* in *a g* et ex *a g* in seipsam. Eiciaturque ex eis commune quod ex *b a* in *a g*. Relinquitur itaque quod ex *a b* in *b g* equale ei quod ex *g a* in seipsam. Sic igitur divisa est *a b*
80 secundum proportionem habentem medium duasque extremitates supra *g* dividensque maior *a g*. Et hoc est quod demonstrare intendimus.

72 ei quod] eis que D. 75 *ante* in[3] *add.* D in se.

<XIII.3> Cum divisa fuerit linea secundum proportionem habentem medium duoque extrema iungeturque dividenti minori medietas dividentis maioris, erit quadratum quod ex ea in seipsam quincuplum quadrati
85 quod ex medietate maioris dividentis in seipsam.

Exempli gratia: Sit linea *a b* divisa secundum proportionem habentem medium duoque extrema supra *g* sitque maior dividens *a g* dividaturque *a g* in duo media supra *d*. Dico itaque quia quod ex *b d* in seipsam quincuplum ei quod ex *d g*.

90 *Rationis causa*: Lineetur enim ex *a b* quadratum sitque *a h* iungaturque *b* cum *z* linea *b z* producanturque ex *g* et *d* due linee equidistantes *a z* sintque *d n* et *g t*. Deinde extrahantur ex *k* et *l* due linee equidistantes linee *a b* sintque *m n* et *s i*. Quod itaque ex *a b* in *b g* equale ei quod ex *a g* in seipsam. Quod autem ex *a b* in *b g* est *a n*. Quod vero ex *a g* in
95 seipsam est *m t*. Itaque *a n* equalis *m t*. Atqui *a d* equalis *d g*. Quare *d m* equalis *d k* atqui *d k* equalis *k i*. Quare *m d* equalis *k i*. Sit itaque *d n* commune. Est ergo *a n* equalis *f t c* elaalem. Erat autem *a n* equalis *m t*.

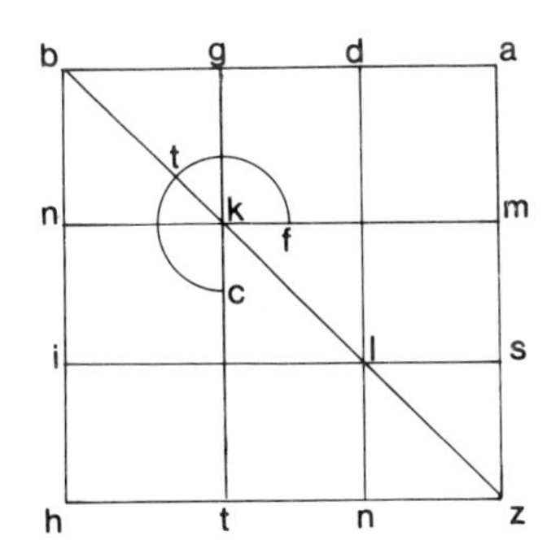

Quare *m t* equalis *f t c* elaalem. Atque *g a* dupla *g d*. Quod ergo *g a* in seipsam quadruplum ei quod ex *d g* in seipsam. Quapropter *f t c* elaalem
100 quadruplum *k l*. Quare *d i* quincuplum est eius quod ex *d g* in seipsam. Erit igitur illud quod ex *d b* in seipsam quincuplum ei quod ex *d g* in seipsam. Et hoc est quod demonstrare intendimus.

Sit autem alia figura ... supra hoc quod ex *b d* in seipsam quincuplum est quod ex *g d* in seipsam.

105 *Rationis causa*: Quod enim ex *a b* in *b g* equale ei quod ex *a g* in seipsam. Quod vero ex *a g* in seipsam quadruplum ei quod ex *d g* in seipsam. Quod vero ex *a b* in *b g* cum eo quod ex *g d* in seipsam quincuplum ei quod ex *g d* in seipsam. Sunt autem que ex *a b* in *b g* et ex *g d* in seipsam equale eius quod ex *b d*. Est igitur quod ex *b d* in seipsam

110 quincuplum eius quod ex $g\ b$ in seipsam. Et hoc est quod demonstrare intendimus.

<XIII.4> Cum divisa fuerit linea secundum proportionem habentem medium duoque extrema addeturque ei in longitudinem linea sicut maior dividens, erit linea tota divisa secundum proportionem habentem medium
115 duoque extrema eritque dividens maior linea prima.

Exempli gratia: Sit linea $a\ b$ divisa secundum proportionem predictam supra punctum g sitque dividens minor $b\ g$. Sitque equalis $d\ a$ linee $a\ g$. Dico itaque quia $d\ b$ divisa est secundum proportionem habentem medium duoque extrema supra punctum a dividensque maior $b\ a$.

120 *Rationis causa*: Quod ex $a\ b$ in $b\ g$ equale ei quod ex $g\ a$ in seipsam. Quantaque itaque $b\ a$ ad $a\ g$ tanta $a\ g$ ad $g\ b$. Atqui $g\ a$ equalis $d\ a$. Quanta ergo $b\ a$ ad $d\ a$ tanta $a\ g$ ad $g\ b$. Cumque permutabitur, quanta $d\ a$ ad $a\ b$ tanta $b\ g$ ad $g\ a$. Cumque componetur, quanta $d\ b$ ad $b\ a$ tanta $b\ a$ ad $d\ a$. Quod ergo ex $b\ d$ in $a\ d$ equale ei quod ex $a\ b$ in seipsam.

b g a d

125 Linea igitur $d\ b$ divisa est secundum proportionem habentem medium duoque extrema supra punctum a dividensque maior $a\ b$. Et hoc est quod demonstrare intendimus.

<XIII.5> Cum divisa fuerit linea secundum proportionem habentem medium duoque extrema, erunt quadrata ex linea tota et ex dividente
130 minore in seipsam triplum quadrati quod ex dividente maiore in seipsam.

Exempli gratia: Sit linea $a\ b$ divisa secundum proportionem predictam supra punctum g dividensque maior $a\ g$. Dico itaque quia quod ex $a\ b$ in seipsam et $b\ g$ in seipsam triplum ei quod ex $g\ a$ in seipsam.

Rationis causa: Quod enim ex $a\ b$ in $b\ g$ equale est ei quod ex $g\ a$ in
135 seipsam et quod ex $a\ b$ in $b\ g$ bis duplum ei quod ex $g\ a$ in seipsam. Quod ergo ex $a\ b$ in $b\ g$ bis cum eo quod ex $g\ a$ in seipsam triplum eius quod ex $g\ a$ in seipsam. Quod autem ex $a\ b$ in $b\ g$ bis cum eo quod ex $g\ a$ in seipsam equale est ei quod ex $a\ b$ et $b\ g$ in seipsas. Erit igitur quod ex $a\ b$ et $b\ g$ utraque in seipsam triplum quadrato quod ex $g\ a$ in seipsam. Et hoc
140 est quod demonstrare intendimus.

<XIII.6> Cum divisa fuerit linea rationalis secundum proportionem habentem medium duoque extrema, erit utraque dividens elmunfasceles.

Exempli gratia: Sit linea *a b* rationalis divisa secundum proportionem predictam supra *g* dividensque maior *g a*. Dico itaque quia utraque *a g* et
145 *g b* differens.

Rationis causa: Sit enim *d a* medietas *a b*. Quare *d a* rationalis. Quod itaque ex *g d* in seipsam quincuplum ei quod ex *d a* in seipsam. Quare *d g* communicans *a d* in potentia. At vero *g d* non communicans linee *a d* in longitudinem. Sunt itaque potentia tantum communicantes. Atqui utraque
150 *g d* et *a d* rationalis potentia. Quare *g a* differens. Atque *b a* rationalis.

[Quod autem ex differenti in seipsam cum adiuncta fuerit superficies equalis ei ad lineam rationalem, erit latus eius secundum differens.] Atqui quod ex *a g* in seipsam cum multiplicata adiungatur superficies equalis ei ad lineam *a b*, erit latus secundum accidens linea *g b*. Est igitur *g b*
155 differens. Et hoc est quod demonstrare intendimus.

<XIII.7> Cum propositi fuerint in pentagono equalium laterum tres anguli equales, erunt anguli omnes pentagoni equales.

Exempli gratia: Sint in pentagono equalium laterum *a b g d h* tres anguli equales sintque *b a h* et *b g d* et *g d h*. Dico itaque quia
160 pentagonus *a b g d h* equalium angulorum.

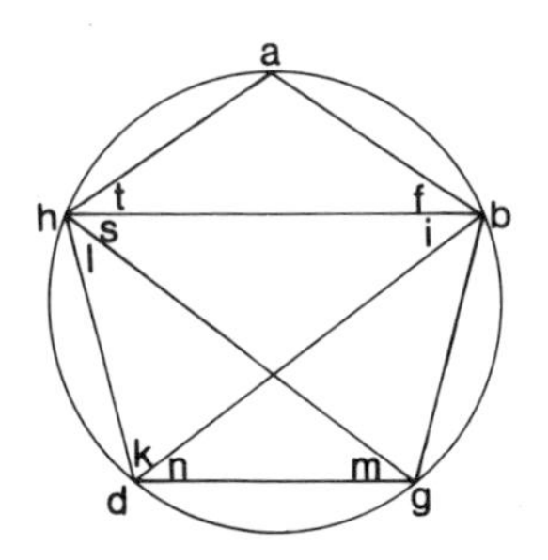

Rationis causa: Iungatur enim *h* cum *b* et *b* cum *d* et *h* cum *g*. Atqui *b g* et *g d* sicut *h a* et *a b* unaqueque sicut respiciens se. Angulus autem *b g d* equalis angulo *b a h*. Alkaida ergo *b h* equalis alkaide *b d* triangulusque *b g d* equalis triangulo *a h b* angulusque *n* equalis angulo *t*. Angulus ergo
165 *a h d* equalis angulo *h d g*. Eodemque modo qui ex *a b* et *b g* equalis angulo *b g d*. Pentagonus igitur *a b g d h* equalium angulorum.

Sint autem anguli sese sequentes equales illi qui sunt ex *b g* et *g d* et ex *g d* et *d h* et ex *d h* et *h a*. Dico itaque quia pentagonus equalium angulorum.

170 *Rationis causa*: Iungatur enim *g* cum *h*. Atqui *b g* et *g d* equales lineis *h d* et *d g* angulusque *b g d* equalis angulo *h d g*. Alkaidaque *b d* sicut alkaida *g h* triangulusque *b g d* equalis triangulo *h g d* angulusque qui ex *g b* et *b d* equalis illi qui ex *g h* et *h d*. Angulusque *m* equalis angulo *n* angulusque *n* equalis angulo *s* angulusque *i* equalis angulo *m* angulusque *f* 175 equalis angulo *t*. Quoniam *a b g* equalis ei qui ex *a h* et *h d*, erit igitur pentagonus *a b g d h* equalium angulorum. Et hoc est quod demonstrare intendimus.

<XIII.8> Cum lineatur in circulo triangulus laterum equalium erit quod ex ductu lateris trianguli in seipsum triplum ei quod ex ductu medietatis 180 diametri in seipsam.

Exempli gratia: Sit in circulo *a b g* triangulus equalium laterum *a b g* centrumque circuli *d*. Iungaturque *a* cum *d*. Dico itaque quia ex ductu *a g* in seipsam triplum ei quod ex *a d* in seipsam.

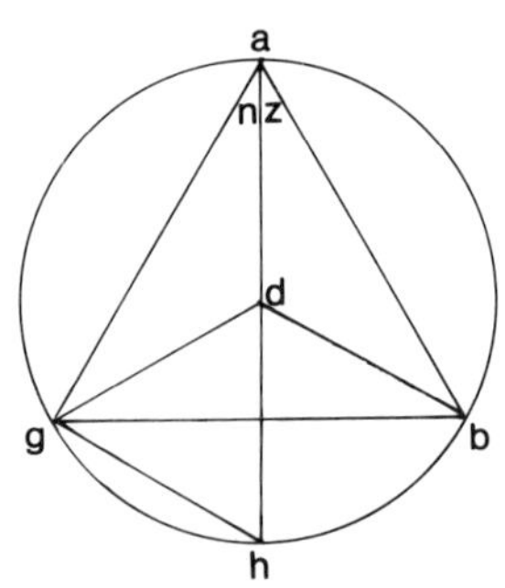

Rationis causa: Iungatur enim *b* cum *d* et *d* cum *g*. Producaturque *a d* 185 ad *h*. Iungaturque *g* cum *h* et *h* cum *b*. Erat autem *b a* equalis *a g* sitque *a d* commune. Quare *b a* et *a d* sicut *g a* et *a d* unaqueque sicut respiciens se. Alkaida autem *b d* equalis alkaide *g d*. Angulus ergo *z* sicut angulus *n* arcusque *b h* sicut arcus <*h g*. Itaque arcus> *b h g* divisus in duo media supra *h*. Atqui *h g* latus exagoni equale *d a*. Quare *a h* dupla 190 linee *h g*. Quod ergo ex *a h* quadruplum ei quod ex *h g*. Quod autem ex *a h* equale ei quod ex *a g* et *g h* unaqueque in seipsam. Quod itaque ex *a g* et *g h* utraque in seipsam quadruplum ei quod ex *h g* in seipsam. Atqui *g h* equalis *a d*. Quod igitur ex *g a* in seipsam triplum ei quod ex *a d* in seipsam. Et hoc est quod demonstrare intendimus.

174 *m*] *l* D.

195 <XIII.9> Cum coniunctum fuerit directe latus exagoni latusque decagoni in circulo uno contentorum modo, erit linea tota divisa secundum proportionem habentem medium duoque extrema maiorque dividens latus exagoni.

Exempli gratia: Sit circulus *a b g* sitque latus decagoni in eo contenti 200 linea *b g* latusque exagoni *b d* centrumque circuli *h*. Dico itaque quia *g d* divisa est secundum proportionem habentem medium duoque extrema supra *b* dividensque maior *b d*.

Rationis causa: Iungatur enim *b* cum *h* et *h* cum *g* et cum *d*. Producaturque linea *b h* ad *a*. Erat autem latus decagoni *b g*. Arcus ergo 205 *a g b* quincuplus arcui *b g*. Quare arcus *a g* quadruplus arcui *b g*. Quare

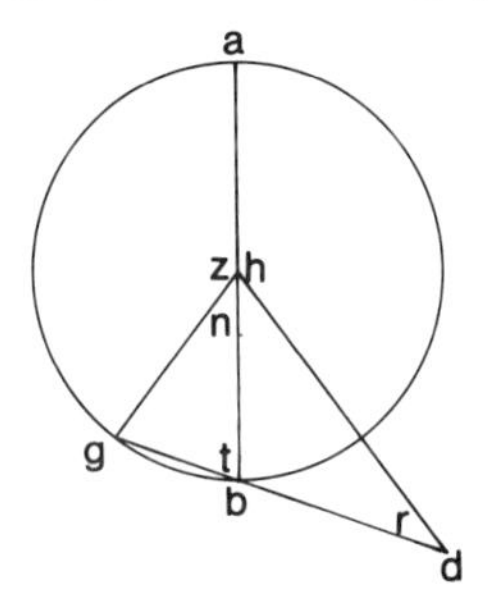

angulus *z* quadruplus angulo *n*. Angulus vero *t* duplus angulo *r*, angulus ergo *n* equalis angulo *r*. Quare quod ex *d g* in *b g* equale ei quod ex *g h* in seipsam. Atqui *g h* equalis *b d*. Quod ergo ex *d g* <in> *b g* equale ei quod ex *b d* in seipsam. Erit igitur *g d* divisa secundum proportionem 210 habentem medium duoque extrema maiorque dividens *b d*. Et hoc est quod demonstrare intendimus.

<XIII.10> Omne latus pentagoni equalium laterum potens supra latus exagoni latere decagoni cum fuerint in circulo uno.

Exempli gratia: Sit in circulo *a b g* pentagonus equalium laterum supra 215 quem *a b g d h*. Dico itaque quia latus pentagoni potens supra latus exagoni latere decagoni.

Rationis causa: Producatur enim diametros circuli sitque *a z* centrumque circuli *n*. Produceturque ex *n* alamud ad lineam *a b* sitque *n t*. Producatur etiam ad *r*. Iungaturque *a* cum *r* et *r* cum *b* et *b* cum *n*. 220 Producaturque ex *n* alamud ad cordam *a r* sitque *n l* producaturque ad *m*. Signeturque latus pentagoni supra punctum *n* iungaturque *r* cum *n* linea *r n*. Arcus itaque *d z* sicut arcus *b r*. Arcus ergo *d z* duplus arcui *r m*,

195 coniunctum] coniuncto D. | directe] directo D. 204 *ante b g scr. et del.* D *a*. 209 *post* divisa *scr. et del.* D in seipsam.

225 arcus autem *b d* duplus arcui *b r*. Quare arcus *b d z* duplus arcui *b r m*. Angulus itaque *s* duplus angulo *l n b*. Angulus autem *s* duplus angulo *b a n*. Quare angulus *b a n* equalis angulo *l n b*. Quod ergo ex *b a* in *b n*

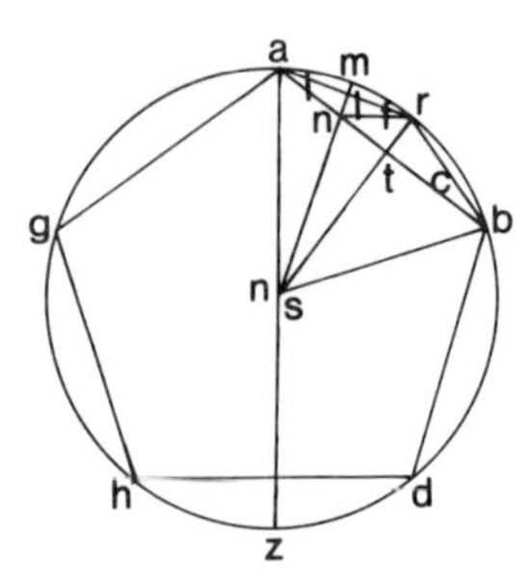

sicut quod ex *b n* in seipsam. Atqui *a l* equalis *l r* sitque *l n* communis. Itaque *a l* et *l n* sicut *r l* et *l n* unumquodque sicut respiciens se. Angulus autem qui ex *a l n* rectus et equalis recto *r l n*. Quare alkaida *a n* sicut alkaida *n r* angulusque *i* equalis angulo *f*. Angulus vero *i* equalis angulo *c*.
230 Quare angulus *f* equalis angulo *c*. Quod itaque ex *b a* in *a n* sicut quod ex *a r* in seipsam. Quare quod ex *b a* in seipsam equale ei quod ex *a r* in seipsam et *b n* in seipsam. Latus igitur pentagoni potens supra latus exagoni latere decagoni cum fuerint in circulo uno. Et hoc est quod demonstrare intendimus.

235 <xiii.11> Cum lineatus fuerit pentagonus equalium laterum in circulo in quo duo latera respicientia duos angulos angulorum pentagoni se invicem incidant, erit utraque dividens alteram secundum proportionem habentem medium duoque extrema supra punctum in quo due incisiones dividensque longior utriusque equalis lateri pentagoni.
240 *Exempli gratia*: Sit in circulo *a b g* elmugmez equalium laterum

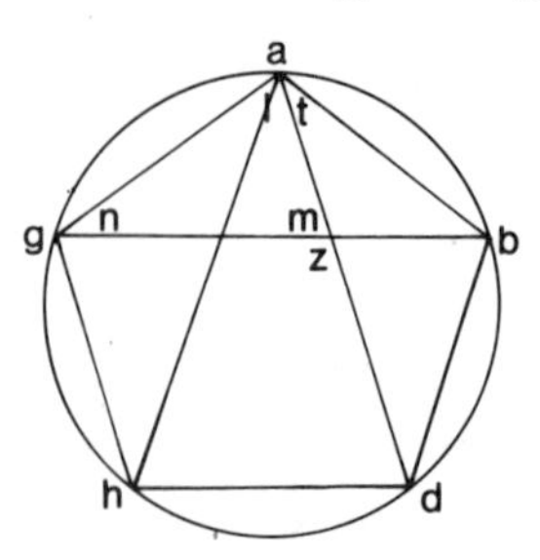

a b d h g iungaturque *a* cum *d* et *b* cum *g* lateraque *a d* et *b g* respicientia duos angulos pentagoni incidentia se invicem. Dico itaque quia *b g* divisa

232 *ante* Latus *scr. et del.* D Quare quod ex *b a* in seipsam.

est secundum proportionem habentem medium duoque extrema supra *z*
dividensque maior *g z* equalis *g a*.
245 *Rationis causa*: Arcus enim *a b* equalis arcui *b d*, angulus ergo *n*
equalis angulo *t*. Quod itaque ex *g b* in *b z* sicut quod ex *a b* in seipsam.
Atqui *b a* equalis *g a*. Itaque quod ex *g b* in *b z* sic quod ex *g a* in
seipsam. Arcus autem *g h d* duplus arcui *b d*. Angulus ergo *l* duplus
angulo *t*. Quare angulus *l* equalis angulo *m*. Latus itaque *a g* equale lateri
250 *g z*. Quod itaque ex *a g* in seipsam equale est illi quod ex *z g* in seipsam.
Linea igitur *b g* divisa est supra proportionem habentem medium duoque
extrema supra punctum *z* dividensque maior *z g*. Estque *z g* sicut *g a*.
Eademque ratione divisa est *a d* secundum proportionem habentem
medium duoque extrema dividensque maior *z d* equalis *b d*. Et hoc est
255 quod demonstrare intendimus.

<XIII.12> Cum lineatus fuerit in circulo pentagonus equalium laterum
fueritque diametros circuli rationalis, dicetur latus pentagoni surdum
estque ea que dicitur minor.
Exempli gratia: Sit in circulo *a b g* cuius diametros rationalis
260 pentagonus laterum equalium supra quem *a b d h g* diametrosque *n b*
rationalis. Dico itaque quia *a b* surda diceturque minor.
Rationis causa: Producantur enim duo diametri circuli sintque *a z* et
b n. Sitque quarta linee *a t* linea *t r*. Iungatur *d* cum *a*. Angulus itaque
a l t rectus estque recto equalis qui ex *a m* et *m d* angulusque *d a m*
265 communis duobus triangulis *a d m* et *a l t*. Relinquitur ergo *a t l* equalis
reliquo *a d m*. [Anguli ergo trianguli *a l t* equales angulis trianguli

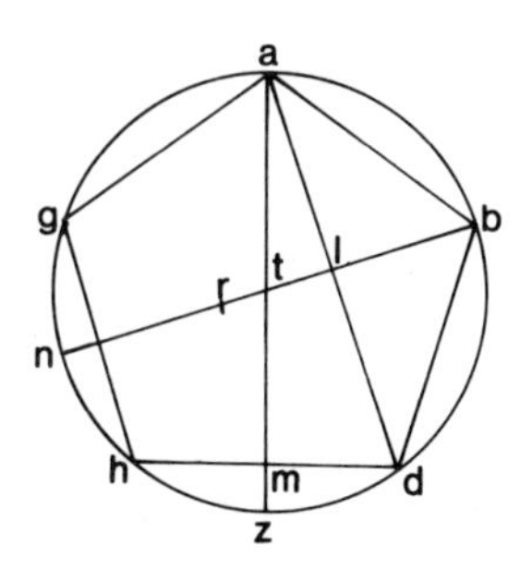

a d m.] Quanta itaque *m d* ad *d a* tanta *l t* ad *t a*. Quare quanta *m d* ad
quartam linee *d a* tanta *l t* ad *r t*. Quanta autem *m d* ad quartam linee *d a*
tantum duplum linee *m d* ad medietatem linee *a d*. Quantum ergo
270 duplum linee *m d* ad medietatem linee *a d* tanta *l t* ad *r t*. Duplum autem
linee *d m* est *d h*, medietas vero linee *d a* est *d l*. Quanta ergo *d h* ad *d l*

tanta *l t* ad *t r*. Cumque composuerimus, erit quanta *h d* et *d l* ad *d l* tanta
l r ad *r t*. Quantum itaque quod ex *h d l* ad id quod ex *d l* in seipsam
tantum quod ex *r l* in seipsam ad illud quod ex *r t* in seipsam. Atqui *a d*
275 divisa secundum proportionem habentem medium duoque extrema
iunctaque medietati totius linee maiore parte eius fiet linea in potentia
quincuplum medietatis linee divise. Quod ergo ex *h d* et *d l* gemea
coniunctis sibi equale quincuplum eius quod ex *d l* in seipsam. [Erat
autem quod ex *h d* et *d l*, cum composite vel coniuncte fuerint linea una,
280 ad id quod ex *d l* in seipsam tantum quod ex *l r* ad id quod ex *r t*.] Quod
ergo ex *l r* quincuplum eius quod ex *r t* in seipsam. Erat autem *a t*
quadruplum *t r*. Est ergo *b r* quincuplum linee *r t*. Quod itaque ex *b r* in
seipsam quincuplum ei quod ex *r l*. Atqui *b r* rationalis. Est ergo *r l*
rationalis in potentia. Itaque *b r* et *r l* rationales potentia. At vero *b r* non
285 communicat linee *r l* in longitudine. Quare *l b* differens quarta. Atque *b n*
rationalis. [Omnis autem superficies linea rationali et differente quarta
contenta erit linea supra eam potens surda diceturque minor.] Linea vero
potens supra superficiem ex *b n* et *b l* est *a b*, est ergo *a b* linea surda
diciturque minor. Et hoc est quod demonstrare intendimus.

290 <xiii.13> Nunc demonstrandum est quomodo fiat pyramis quattuor
basium triangularum equalium laterum contenta in spera assignata cuius
spere diametrus in potentia sesquialtera lateri pyramidis.

Sit itaque diametros spere assignate *a b* dividaturque supra *g* sitque
dividens *a g* duplum reliquo *g b*. Producaturque de linea *a b* de puncto *g*
295 linea secundum duos angulos rectos. Sitque *g d*. Lineeturque supra *a b*
semicirculus *a b d*. Iungaturque *a* cum *d* et *d* cum *b*. Sitque circulus alius
r l m sitque medietas diametri equalis linee *g d*. Lineeturque in circulo
r l m triangulus equalium laterum *r l m* centrumque circuli *d*. Statuaturque supra *d* supra superficiem *r l m* linea in aere secundum angulum
300 rectum. Sitque *d z* sitque equalis linee *a g*. Iungaturque *r* cum *d* et *d* cum *l*
et cum *m* et *r* cum *z* et *z* cum *l* et cum *m*. Erat autem *a g* dupla linee *g b*.
Quare *a b* tripla *b g*. [Atqui quanta *a b* ad *b g* tantum quod ex *a d* in
seipsam ad id quod ex *d g* in seipsam.] Quod ergo ex *a d* in seipsam
triplum ei quod ex *d g* in seipsam. Atqui quod ex *l r* in seipsam triplum ei
305 quod ex *r d* in seipsam. Erat autem *g d* equalis linee *d r*. Quare *a d*
equalis linee *r l*. Atqui *a g* et *g d* sicut *r d* et *d z* unaqueque sicut
respiciens se. Angulus vero *d g a* rectus et equalis angulo *r d z*. Alkaida
itaque *a d* equalis alkaide *r z*. Eodemque modo unaqueque alkaidarum

278 equale] inequale D. 292 *ante* in *add.* D lateri pyramidis.

l z; *z m* alkaide equalis *a d*. Sicque constituta est pyramis quam continent
310 quattuor bases triangule equalium laterum.

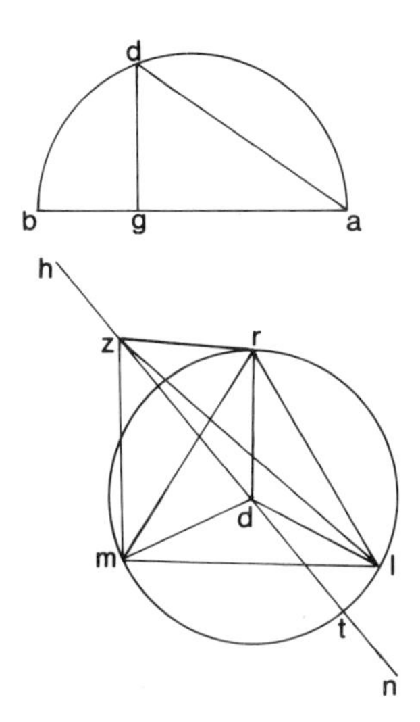

Cum itaque secundum eam alkoram lineam intendimus, producatur *z d* ad *n* sitque *d t* equalis *b g*. Quanta autem *a g* ad *g d* tanta *d g* ad *g b*. Atqui *a g* equalis *d z* et *g b* equalis *t d* atque *g d* equalis *d r*. Quanta itaque *d z* ad *d r* tanta *d r* ad *d t*. Atqui *d r* supra *z t* secundum duos
315 angulos rectos erecta. Circulusque qui circuit *z t* donec redeat ad locum unde ceperat est transiens supra punctum reliquum. Sicque lineata est pyramis in alkora assignata.

Dico itaque quia diametros spere in seipsam ducta quod in se productum fuerit sicut quod ex ductu lateris almanrotis in seipsum et
320 medietas eius.

Rationis causa: Quoniam *a g* dupla linee *g b*, erit *b a* sicut *a g* <et> medietas eius. Quanta autem *b a* ad *a g* tantum quod ex *b a* in seipsam ad id quod ex *a d* in seipsam. Quod ergo ex *b a* in seipsam sicut quod ex *a d* in seipsam et eius medietas. Atqui *a b* diametrus alkore. At vero *a d* latus
325 pyramidis. Diametros igitur alkore potentia quidem sesquialtera lateri pyramidis. Et hoc est quod demonstrare intendimus.

<XIII.14> Nunc demonstrandum est quomodo fiat cubus in alkora assignata contentus patebitque quia diametrus spere tripla lateri cubi in potentia.

330 Sit itaque diametros alkore assignate *a b* dividaturque supra *g* sitque *a b* tripla linee *b g*. Lineeturque supra *a b* semicirculus *a d b* sitque *g d* supra duos angulos rectos. Iungaturque *b* cum *d*. Fiat quoque quadratum

h z n t. Sitque latus eius equale linee *b d* producaturque ex *h* et *z* et *n* et *t* supra superficiem *h z n t* linee secundum angulum rectum. Sintque *h s* et
335 *t l* et *z m* et *n n*. Sitque latus *h s* equale lateri *t h*. Compleaturque cubus

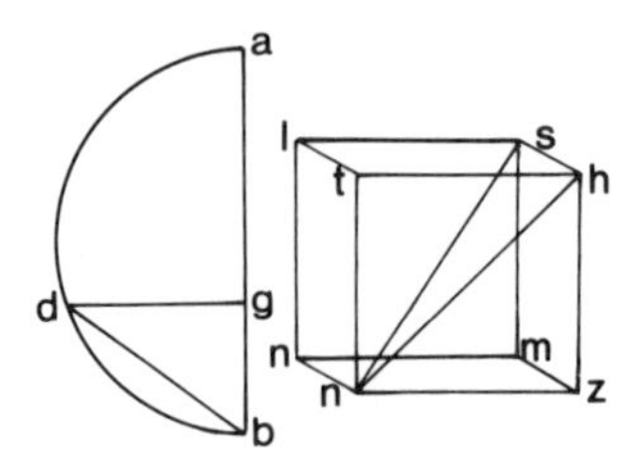

l z. Iungaturque *s* cum *n* et *h* cum *n*. Erat autem *h s* supra superficiem *h z n t* secundum angulum rectum. Angulus ergo qui ex *s h* et *h n* rectus. Semicirculus autem qui ambit *s n* et transit supra *h* donec redeat ad locum unde cepit transibit supra puncta reliqua. Sicque lineatus est cubus in
340 alkora assignata. Est autem *h z* equalis *z n*. Angulus vero qui est ex *h z* et *z n* rectus. [Quare ergo ex *z n*; *z h* in seipsas equale ei quod ex *h n* in seipsam.] Atqui *z h* equalis *h s*. Quod ergo ex *h n* in seipsam duplum ei quod ex *h s* in seipsam. [Quod itaque ex *h n* et *h s* triplum eius quod ex *h s* in seipsam. Equale vero eis que ex *n h* et *h s* est illud quod ex *n s* in
345 seipsam.] Quare quod ex *n s* in seipsam triplum quod ex *s h* in seipsam. Atqui *a b* tripla *b g*. Quanta autem *a b* ad *b g* tantum quod ex *a b* in seipsam ad id quod *b d* in seipsam. Quadratum ergo ex *a b* triplum ei quod ex *b d* in seipsam. [Erat autem quod ex *n s* in seipsam triplum ei quod ex *h s* in seipsam.] Atque *h s* equalis linee *b d* et *a b* linee *s n*. Sic
350 igitur lineatus est cubus contentus intra speram assignatam patetque quia diametros alkore tripla lateri cubi in potentia. Et hoc est quod demonstrare intendimus.

<XIII.15> Nunc demonstrandum est quomodo fiat habens alkaidas octo triangulos equales alkora assignata sicut supradictum est contenta eritque
355 palam quia diametros alkore dupla lateri figure octo alkaidarum in potentia.

Sit ergo diametrus alkore assignate *a b*. Lineaturque supra *a b* semicirculus *a g b* sitque centrum *d*. Producaturque a centro *d* linea supra duos angulos rectos. Sitque *d g*. Iungaturque *g* cum *b*. Fiat quoque
360 quadratum *h z n r* sitque latus equale linee *g b*. Iungaturque *h* cum *n* et *z* cum *r*. Exeatque de *t* supra superficiem *h z n r* linea in altum secundum angulum rectum. Sitque *l m*. Sitque utraque *t n* et *t s* equalis linee *h t*.

340 *z n*] *h n* D.

Iungaturque *h* cum *n* et *n* cum *r* et *z* cum *n* et *n* cum *n* et *h* cum *s* et *s* cum *z* et *r* cum *s* et *s* cum *n*. Erat ergo <*t*> *h* equalis linee *t n*. Angulus autem
365 ex *h t* et *t n* rectus. Quod itaque ex *n h* in seipsam duplum ei quod ex *h t*

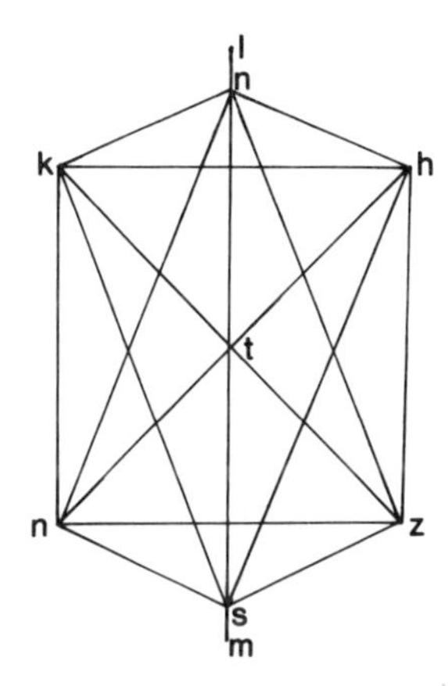

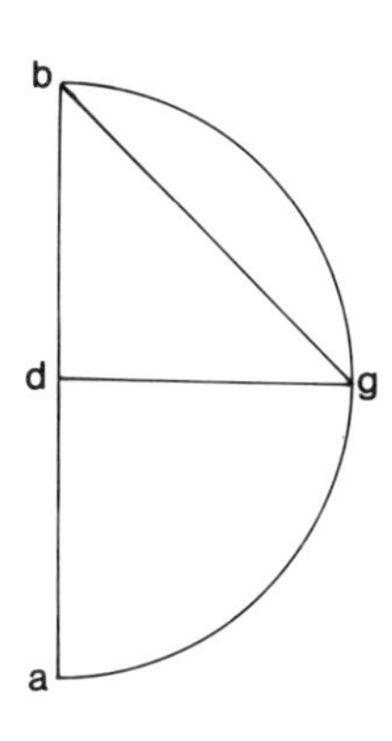

in seipsam. Quod autem ex *r h* in seipsam duplum ei quod ex *h t* in seipsam. Quapropter *n h* equalis linee *h r*. Eodem modo atqui *n r* equalis linee *h r*. Triangulus itaque *n h r* equalium laterum. Eodemque modo trianguli reliqui laterum equalium. Sicque facta est figura solidi octo
370 alkaidarum triangularum equalium laterum.

Intendo autem lineare circa eam speram.

Erant itaque tres linee *s t* et *t n* et *h t* equales angulusque ex *h n* et *h s* rectus. Semicirculus itaque qui ambit *n s* transitque supra *h* donec redeat ad locum a quo processit transibit supra puncta reliqua. Lineata igitur est
375 alkora assignata continens figuram octo basium.

Quod autem ex *s n* in seipsam quadruplum ei quod ex *n t* in seipsam. Quod vero ex *h n* duplum ei quod ex *n t* in seipsam. Quare quod ex *n s* in seipsam duplum ei quod ex *n h* in seipsam. Quod autem ex *a b* in seipsam duplum ei quod ex *b g* in seipsam. Atqui *b g* equalis *h n* atque *a b* equalis
380 *n s*. Sic igitur patens quia diametrus spere assignate potentia quidem dupla lateri figure octo alkaidarum. Et hoc est quod demonstrare intendimus.

<XIII.16> Nunc demonstrandum est quomodo fiat figura xx alkaidarum triangularum equalium laterum in alkora assignata cuius diametros rationalis contenta eritque palam quia latus figure xx alkaidarum surdum
385 diceturque minor.

377 *post n t add.* D *h*.

Sit itaque diametros alkore assignate *a b* dividaturque supra *g* sitque
dividens *a g* quadruplum linee *b g*. Lineeturque supra *a b* semicirculus
a d b. Producaturque *g d* supra duos angulos rectos iungaturque *d* cum *b*.
Fiatque circulus supra quem *h n* sitque medietas diametri eius equalis
390 linee *d b*. Lineeturque in circulo *h n* pentagonus equalium laterum
h z t n r. Dividanturque arcus *h z* et *z t* et *t n* et *n r* et *r h* unusquisque in
duo equa supra puncta *l* et *m* et *n* et *s* et *j*. Iungaturque *h* cum *l* et *l* cum *z*
et *z* cum *m* et *m* cum *t* et *t* cum *n* et *n* cum *n* et *n* cum *s* et *s* cum *r* et *r* cum
j et *j* cum *h*. Extrahanturque ex *h* et *z* et *t* et *n* et *r* supra superficiem
395 *h z t n r* linee secundum angulos rectos. Sintque *h f* et *z c* et *t r* et *n s* et
r i. Sintque equales medietati diametri. Iungaturque *f* cum *l* et *l* cum *c* et *c*
cum *m* et *m* cum *r* et *r* cum *n* et *n* cum *s* et *s* cum *s* et *s* cum *i* et *i* cum *j* et *f*
cum *j* et *l* cum *j* et *j* cum *s* et *s* cum *n* et *n* cum *m* et *m* cum *l*. Est autem *f h*
latus exagoni. At vero *h l* latus decagoni. Angulus autem *f h l* rectus.
400 Quare *f l* latus pentagoni. Eodemque modo *f j* latus pentagoni. Itemque *l j*
latus pentagoni. Triangulus itaque *f j l* equalium laterum. Eodemque
modo reliqui laterum equalium alkaideque eorum *l m* et *m n* et *n s* et *s j*
capitaque eorum puncta *f* et *c* et *r* et *s* et *i*. Atqui *h f* equalis *c z* atque ei
equidistans. Quare *c f* equalis et equidistans linee *h z*. Atqui *h z* latus
405 pentagoni. Quare *c f* latus pentagoni. Atqui utraque *f l* et *l c* latus
pentagoni. Triangulus ergo *f c l* equalium laterum. Eodemque modo
reliqui laterum equalium alkaideque eorum *c r* et *r s* et *s i* et *i f* capitaque
eorum *l* et *m* et *n* et *s* et *j*. Sit autem centrum circuli *b*. Producaturque de *b*
supra superficiem *h z t n r* linea secundum angulum rectum sitque *b q*.
410 Sitque *b q* equalis medietati diametri. Sint autem cum ... decagoni directe
coniuncta. Sintque *d q* et *b y*. Iungaturque *z* cum *y* et *f* cum *d* et *c* cum *d*
... *h f* equalis linee *b q* et equidistans ei. Quare *h b* equalis et equidistans
linee *f q*. Est ergo *f q* latus exagoni, *q d* autem latus decagoni. Angulus
vero ex *f q* et *q d* rectus. Quare *f d* latus pentagoni. Eodemque modo *c d*
415 latus pentagoni. Erat autem *f c* latus pentagoni. Quare triangulus *f c d*
equalium laterum. Eodemque modo reliqui laterum equalium alkaideque
eorum *f c* et *c r* et *r s* et *s i* et *i f* caputque eorum punctus *d*. Erat autem
y b latus decagoni. At vero *h b* latus exagoni, angulus autem ex *h b* et *b y*
rectus. Quapropter *h y* latus pentagoni. Atque *y z* latus pentagoni.
420 Triangulus itaque *h z y* equalium laterum. Reliqui quoque laterum
equalium. Quare alkaide *h z* et *z t* et *t n* et *n r* et *r h* caputque eorum
punctus *y*. Facta itaque est figura xx alkaidarum habens xx equalium ....
Est autem supra illam alkoram assignatam lineam. Est ergo *b d* divisa
secundum proportionem habentem medium duasque extremitates supra *q*
425 dividensque maior *b q*. Quod itaque ex *b d* in *d q* equale ei quod ex *b q* in

seipsam. Atqui *b d* equalis linee *y q* et *f q* equalis linee *b q*. Quod ergo ex *y q* in *q d* equale ei quod ex *f q* in seipsam. Angulus autem ex *f q* et *q y* rectus. Semicirculus ergo qui amplectens *y d* transit supra *f*. Diametro *y d* firmata donec ad eundem locum eius redeat circumducatur transibitque
430 supra puncta reliqua. Sic ergo facta est circa figuram xx basium equalium linea spera assignata.

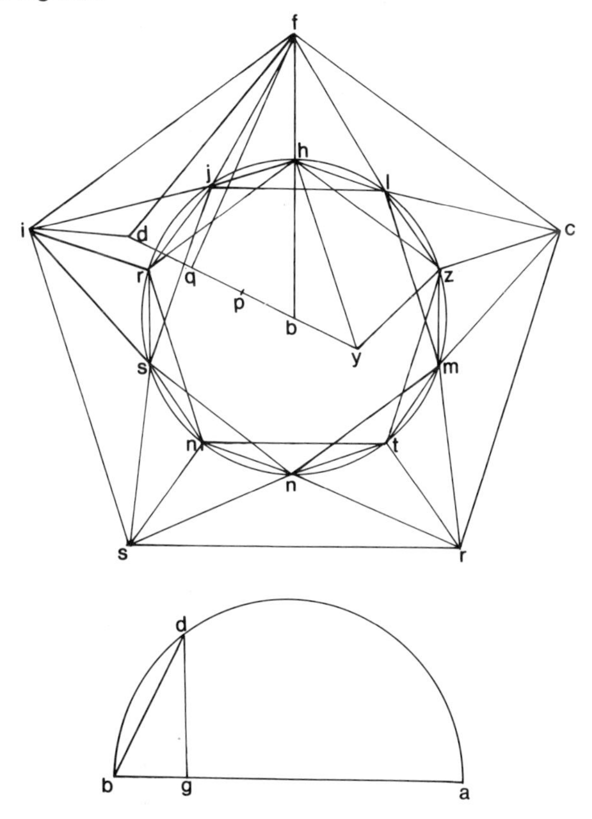

Dividatur autem *q b* in duo media. Atqui *b d* iam divisa est secundum proportionem habentem medium et duas extremitates dividensque maior *b q*. Linea vero *b q* in duo media divisa erit supra *p*. Erit itaque quod ex
435 *d p* in seipsam quincuplum ei quod ex *b p* in seipsam. Atqui *b d* equalis linee *b q*. Quare *a b* equatur linee *y d*. Atqui *a b* diameter spere assignate.

Dico itaque quia latus figure xx alkaidarum surdum eritque quod dicitur minus.

Latus enim pentagoni surdum et quod dicitur minus estque equale lateri
440 figure xx alkaidarum. Et hoc est quod demonstrare intendimus.

426 *f q*] *b h* D. 427 *f q*[1]] *f h* D. 436 *b q*] *y q* D.

<xiii.17> Nunc demonstrandum est quomodo fiat figura solida xii alkaidarum contenta in alkoram assignatam eritque patens quia solidi latus surdum estque quod dicitur elmunfascel.

Sint due superficies ex superficiebus elmukaab contenti in alkora
445 assignata *a b* et *a g* sitque latus elmukaab rationale. Dividaturque unumquodque latus *g d* et *d a* et *a z* et *z g* et *a h* et *h b* et *b z* in duo media supra punctum *n*; *t*; *r*; *l*; *m*; *n*; *s*. Producanturque linee *n l*; *r t*; *l n*; *m s*. Dividaturque *t f* et *f r* et *l j* unaqueque secundum proportionem habentem medium duoque extrema supra *c* et *e* et *s* longiores dividentes
450 earum *c f* et *f e* et *j s*. Eriganturque a punctis *c* et *e* due linee supra superficiem *a g* sintque *c j* et *e o* utraque equalis linee *c f*. Erigaturque ex *s* linea secundum angulum rectum supra superficiem *a b* atque *s q* equalis *s j*. Iungaturque *j* cum *o* et *o* cum *z* et *a* cum *c* et *a* cum *j* et *a* cum *q* et *q* cum *l* et *q* cum *z*. Erat autem *t f* divisa secundum proportionem habentem

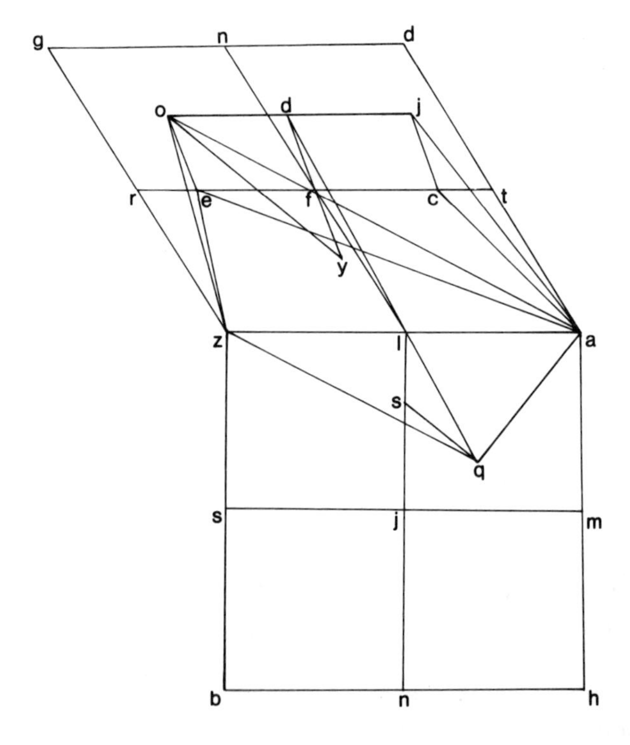

455 medium duasque extremitates dividensque longior *c f*. Quadrata ergo linearum *t f* et *t c* triplum quadrati linee *c f*. Atqui *f t* equalis linee *t a* atque *c f* equalis *c j*. Quadrata itaque ex *c t* et *t a* triplum quadrati ex *c j*. Quadratum autem ex *a c* sicut duo quadrata *c t* et *t a*. Quare <quadratum ex *a c*> triplum quadrati ex *c j*. Atqui quadratum ex *a j* sicut duo

460 quadrata ex *a c* et *c j*. Quadratum ergo ex *a j* quadruplum illi quod ex *j c*. Quare *a j* duplum *c j*. Quapropter *a j* equalis linee *j o*. Eodemque modo patet autem quia reliqua latera *a q* et *q z* et *z o* equalia. Producatur itaque ex *f* linea secundum angulum rectum supra superficiem *a g* equalis linee *c f* sitque *f d*. Iungaturque *d* cum *l*. [Est autem superficies *f t* in *t c* equalis
465 quadrato ex *c f*.] Proportioque *t f* ad *f c* sicut proportio *f c* ad *t c*. Atque *t f* sicut *f l* et *t c* sicut *l s* et *c f* sicut unumquodque *d f* et *s q*. Proportio itaque *f l* ad *s q* sicut proportio *d f* ad *l s*. Est autem *d f* equidistans *l s* et *l f* equidistans *s q*. Quare *d l q* linea recta. Et *a l z* linea recta. Atque *j* et *a* et *q* et *z* et *o* supra superficiem unam. Iungaturque *o* cum *a* et *a* cum *e*.
470 Atqui *t e* divisa est secundum proportionem habentem medium et duo extrema dividensque longior *t f*. Atque *t f* sicut *t a*. Quadrata ergo linearum *t e* et *e f* triplum quadrati ex *t a*. Quadrata itaque *t e* et *e f* et *t a* quadruplum quadrati ex *t a*. Atqui quadratum ex *a e* equale duobus quadratis ex *e t* et *t a*. Suppleturque *e o* sicut *e f*. Quadratum vero *a o*
475 equale duobus quadratis *a e* et *e o*. Quadratum ergo *o a* quadruplum quadrato ex *a t*. Atqui quadratum *z a* quadruplum quadrato *a t*. Quadratum itaque ex *o a* equale quadrato ex *a z*. Atqui *a j* et *j o* sicut *q a* et *q z*, alkaida vero *o a* equalis alkaide *a z*. Angulus ergo *a q z* sicut angulus *a j o*. Eodemque modo angulus *j o z* equalis angulo *a q z*.
480 Pentagonus itaque *a q z o j* equalium laterum et angulorum supra latus unum laterum cubi latusque illud cubi est *a z*. Latera vero elmukaab xii. Cumque intenderimus similiter supra unumquodque laterum eius, complebitur solidum contentum xii pentagonis equalium laterum.

Cum ergo intendo speram assignatam circa illud lineare, protrahatur
485 linea *f d* usque ad diametrum cubi donec applicet supra punctum *y*. Quare *f y* secat diametrum cubi in duo media. Estque *f y* medietas lateris cubi. Copuleturque *o* cum *y*. Erant autem quadrata linearum *t e* et *e f* triplum quadrati ex *t f*. Atqui *t f* equalis linee *f y* et *f e* sicut *f d*. Quare *t e* equalis linee *y d*. At vero *o d* equalis linee *e f*. Quadrata itaque ex *y d* et *d o*
490 triplum quadrati ex *t f*. Quadratum ergo ex *o y* triplum quadrato ex *t f*. Quadratum itaque *o y* triplum quadrato medietatis lateris cubi. [Est enim *t f* equalis medietati lateris cubi.] Quare *o y* equalis medietati diametros alkore. [Manifestum est enim ex precedentibus quia ex ductu medietatis diametros alkore in seipsam triplum est quod ex medietate lateris
495 almukaab in seipsam. Est itaque *y* centrum spere et *o* supra caput spere. Iamque continet spera assignata figuram xii basium.

460 quadruplum] quadratum D. 477 Quadratum] quadruplum D. 480 *a q z o j*] *a q z j o j* D. 481 Latera] latus D. 491 medietatis] medietas D.

Dico itaque quia latus habentis xii bases surdum estque quod dicitur differens.

Quoniam latus eius *a z* rationalis cum autem dividetur linea secundum
500 proportionem habentem medium et duas extremitates erit utraque dividens munfascal.] Est autem divisa secundum proportionem habentem medium et duo extrema dividensque maior *j o*. Est igitur surda diciturque munfascal. Latus igitur figure xii basium surdum diciturque munfascal. Et hoc est quod demonstrare intendimus.

505 <XIII.18> Nunc temptandum est latera quinque corporum in spera collocare.

Sit itaque alkora assignata cuius diametros *a b* dividaturque supra *g* ita ut sit *a g* duplum linee *g b*. Lineeturque supra *a b* semicirculus supra quem *a d b*. Producaturque ex *g* linea secundum duos angulos rectos
510 sitque *g d*. Coniungaturque *a* cum *d* et *d* cum *b*. Centrum autem spere sit punctus *h*. Producaturque *h z* secundum angulum rectum. Iungaturque *z* cum *b*. Erat autem *a g* duplum linee *g b*. Quare *b a* sesquialtera linee *a g*. Quanta autem *a b* ad *a g* tantum illud quod ex *b a* in seipsam ad illud quod ex *a d* in seipsam. Quare quod ex *a b* in seipsam sesquialterum illi
515 quod ex *a d* in seipsam. Diametrus itaque spere sesquialtera in potentia illi quod ex *a d* in seipsam. Diametros autem spere sesquialtera in potentia lateri pyramidis. Latus ergo pyramidis est *a d*. Sitque *a g* duplum et *a b* triplum linee *b g*. Quod ex *a b* in seipsam triplum ei quod ex *b d* in seipsam. Diametros autem alkore tripla lateri cubi in potentia. Latus ergo

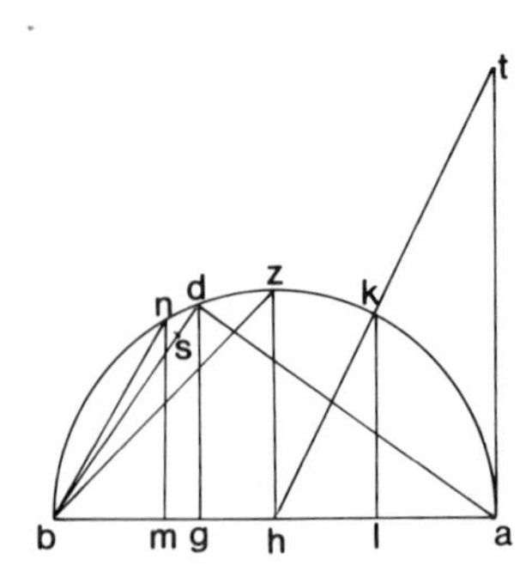

520 cubi est *b d* ... *a b* dupla linee *b h*. Quod ergo ex *a b* duplum ei quod ex *b z*. Diametros autem alkore in potentia dupla lateri figure octo alkaidarum. Latus ergo figure octo alkaidarum est *z b*. Producaturque de puncto *a* quod est supra *a b* lineam secundum duos angulos rectos sitque

505 corporum] corporeorum D.

$a\ t$. Sit autem $a\ t$ equalis linee $b\ a$. Copuleturque t cum h fiatque alamud
525 $k\ l$. Atqui $b\ a$ dupla $a\ h$, ergo $a\ t$ dupla linee $a\ h$. Sitque $k\ l$ dupla linee
$l\ h$. Quod ergo ex $k\ l$ quadruplum ei quod ex $l\ h$. Quod vero ex $k\ h$
quincuplum ei quod ex $h\ l$ in seipsam. Atqui $k\ h$ equalis $h\ b$. Quod itaque
$b\ h$ in seipsam quincuplum ei quod ex $h\ l$ in seipsam. Atque $a\ b$ dupla
$b\ h$. At vero $a\ g$ dupla $g\ b$. Relinquitur itaque $b\ g$ dupla relique $g\ h$. Atqui
530 $b\ h$ triplum linee $h\ g$. Quare quod ex $b\ h$ in seipsam nonuplum ei quod ex
$h\ g$ in seipsam. Erat autem quod ex $b\ h$ in seipsam quincuplum ei quod ex
$h\ l$. Quare $h\ l$ longior linea $g\ h$. Ponatur ergo $h\ m$ equalis linee $h\ l$.
Extrahatur perpendicularis $m\ n$ copuleturque n cum b. At vero $a\ b$ dupla
$b\ h$ et $l\ m$ dupla $h\ l$. Quod autem ex $h\ b$ in seipsam quincuplum ei quod
535 ex $h\ l$. Quare quod ex $a\ b$ in seipsam quincuplum ei quod ex $l\ m$ in
seipsam. Quod vero ex diametro alkore quincuplum ei quod ex medietate
diametri circuli figure xx basium. Quare $l\ m$ equalis medietati diametri
circuli figure xx alkaidarum. Diametrus autem spere equalis est medietati
diametri circuli figure xx basium cum duplo lateri decagoni. At vero linea
540 $a\ l$ equalis linee $m\ b$, utraque ergo $a\ l$ et $m\ b$ latus decagoni et $l\ m$ latus
exagoni. Est autem $l\ m$ equalis linee $m\ n$. Quare $m\ n$ latus exagoni atqui
$m\ b$ latus decagoni. Angulus vero $n\ m\ b$ rectus. Quare $n\ b$ latus
pentagoni. Latus autem pentagoni equale lateri figure xx basium. Linea
itaque $n\ b$ latus figure xx alkaidarum. Manifestum est autem quia $a\ d$
545 maior quam $z\ b$ et $z\ b$ maior quam $b\ d$ et $b\ d$ maior quam $b\ n$. Dividatur
itaque $b\ d$ secundum proportionem habentem medium et duo extrema
supra punctum s sitque dividens maius $s\ b$. Cum autem partitum fuerit
latus cubi secundum proportionem predictam, erit maior pars ipsius latus
figure xii alkaidarum. Latus ergo figure xii basium est $s\ b$. Atqui $a\ g$ dupla
550 $g\ b$. Quare quod ex $a\ g$ in seipsam quadruplum ei quod ex $g\ b$ in seipsam.
Quod vero ex $d\ b$ in seipsam triplum ei quod ex $g\ b$ in seipsam. Quare $a\ g$
maior quam $d\ b$. Quanto ergo maior $m\ a$ quam $b\ d$. Cum ergo divisa linea
$a\ m$ secundum proportionem habentem medium et duo extrema, dividens
eius maior equalis sit linee $m\ n$. Divisa vero $b\ d$ secundum proportionem
555 habentem medium duoque extrema, dividens eius maior linea $s\ b$. Et $n\ b$
maior quam $m\ n$ et $m\ n$ maior quam $s\ b$. Quanto maior linea $n\ b$ quam
$b\ s$. Et hoc est quod demonstrare intendimus.

Explicit liber tertius-decimus Dei gratia eiusque adiutorio.

Quartus decimus incipit

< XIV.1 > Omnis perpendicularis de centro circuli producta ad latus pentagoni in ipso circulo contenti equalis est medietati lateris decagoni atque medietati lateris exagoni coniunctis in eodem circulo ....

5 *Exempli gratia*: Sit latus pentagoni intra circulum *a b g* linea *b g* perpendicularis vero producta de centro circuli ad latus pentagoni linea *d h*. Punctus autem *d* centrum circuli. Producatur autem linea *d h* secundum rectitudinem ad punctum *z* circumferentie circuli. Fiatque linea *g z*. Eritque arcus *g z* medietas arcus *g b*. Arcus autem *g b* quinta circuli.
10 Quare arcus *g z* decima circuli. Atqui *d z* corda sexte circuli. Dico itaque quia linea *d h* equalis est medietati *d z* et medietati linee *g z* coniunctis.

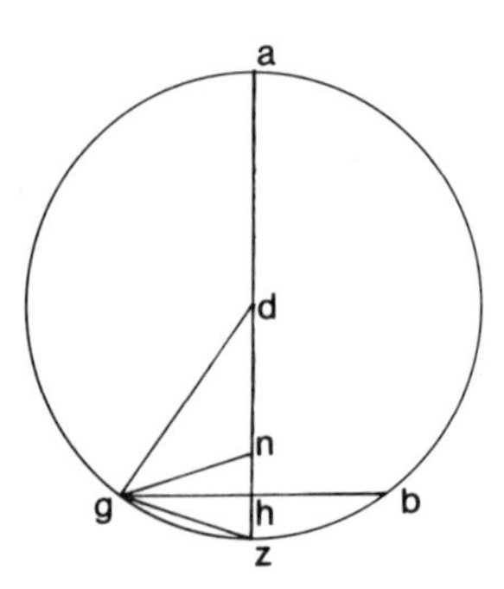

Rationis causa: Producatur enim linea *d g*. Dividatur autem de linea *d h* linea *h n* equalis linee *h z*. Coniunganturque *g* et *n*. Tota igitur circumferentia circuli quincupla arcui *g z b*. Arcus autem *a g z* medietati
15 circuli. Arcus vero *g z* medietati arcus *g z b*. Arcus ergo *a g z* quincuplus arcui *g z*. Arcus itaque *a g* quadruplus arcui *g z*. Quare angulus *a d g* quadruplus angulo *z d g*. Est enim extrinsecus trianguli *d z g*. Angulus autem *a d g* sicut duplus angulo *d z g*. Quare angulus *d z g* duplus angulo *z d g*. Atqui *z h* equalis linee *h n*. Angulus ... rectus. Linea vero
20 perpendicularis supra *n z*. Linea ergo *g n* equalis linee *g z*. Angulusque *g n z* equalis angulo *n z g*. Angulus itaque *g n z* duplus angulo *g d z*. Est autem extrinsecus triangulo *g d n*. Atque angulus *d g n* equalis angulo

20 *g z*] *g h z* D.

g d n. Linee itaque *d n* et *n g* equales. Quare linea *d n* equalis est linee *g z*. Erat autem *n h* equalis linee *h z*. Linee ergo *d n* et *n h* coniuncte
25 linearum *h z* et *z g* coniunctarum sunt equales. Est igitur *d z g* duplum linee *d h*. Et hoc est quod demonstrare intendimus.

<xiv.2> In octava ex xiii° libro manifestum est quia elaamud producta a centro circuli ad latus trianguli laterum equalium est sicut medietas linee producte a centro circuli ad circumferentiam. Quare perpendicularis
30 producta a centro ad latus pentagoni equalis est perpendiculari producte a centro ad latus trianguli et medietati lateris decagoni coniunctis. Primoque explicandum est quod ait Aristeus in libro intitulato Expositio scientie quinque figurarum. Atque etiam Appollonius in dono secundo de proportionalitate figure xii alkaidarum ad xx alkaidarum cum dicit quia
35 proportio superficiei habentis xii alkaidas ad superficiem habentis xx alkaidas sicut proportio figure xii basium ad xx basium. Linea etenim exiens a centro circuli pentagoni figure xii alkaidarum ad lineam circumferentie eius sicut lineata a centro circuli trianguli figure xx alkaidarum <ad circumferentiam>. Necessarium autem est unum ut conveniat
40 proponere.

Dico itaque quia quadratum lateris pentagoni et quadratum lateris quod respicit angulum pentagoni, qui cadit in circulo, coniuncta quincuplum quadrati medietatis diametri circuli.

Exempli gratia: Sit circulus *a b g* producaturque in eo latus pentagoni
45 sitque linea *b g*. Producatur autem diametros *a d h z* incidatque lineam *b g* in duo media supra punctum *h*. Iungaturque *g* cum *z*. Linea ergo *g z* corda est decime circuli. Relinquitur itaque arcus *a g* due quinte circuli. Lineaque *a g* respiciens ... angulum pentagoni. Dico itaque quia quadratum linee *a g* et quadratum linee *g b* sunt quincuplum quadrati
50 linee *d z*.

Rationis causa: Quoniam linea *d z* medietati linee *a z*, erit quadratum ex *a z* quadruplum quadrati ex *d z*. Quadratum autem ex *a z* equale duobus quadratis ex *a g* et *g z*. [Angulus enim *a g z* rectus.] Quadrata ergo ex *a g* et *g z* quadruplum quadrati ex *d z*. Sit autem quadratum ex
55 *d z* commune. [Atqui quadratum ex *a z* et quadratum ex *d z* quincuplum quadrati ex *d z*.] Quadratum itaque ex *a g* et quadratum ex *g z* et quadratum ex *d z* quincuplum quadrati ex *d z*. [Linea autem *g b* latus pentagoni potens est supra *g z* quod est latus decagoni et supra *d z* que est

28 laterum equalium] circuli D. 31 coniunctis D *corr. ex* contentus iunctis.
45 incidatque] incidaturque D.

corda exagoni.] Quadratum autem ex *g b* sicut quadratum ex *g z* et
60 quadratum ex *d z*. Quadrata igitur ex *a g* quod est corda anguli

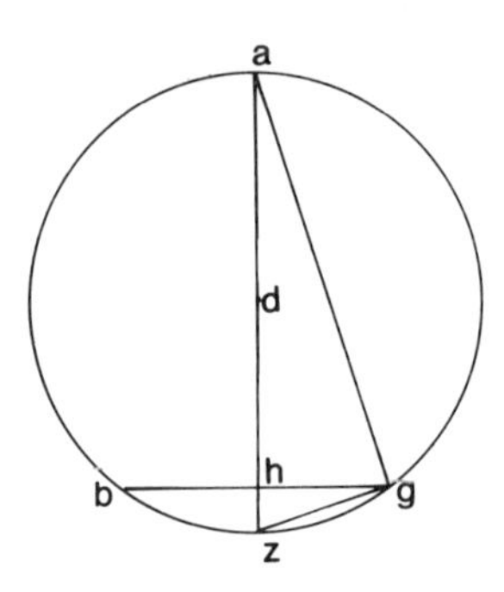

quinquanguli et ex *g b* que est corda quinquanguli quincuplum quadrati
ex *d z*. Quadratum itaque linee que respicit angulum pentagoni figure xii
basium que est intra speram atque quadratum lateris pentagoni figure xii
basium que est intra speram coniuncta quincuplum quadrati medietatis
65 diametri circuli qui circuit pentagonum figure xii basium que est intra
speram. Et hoc est quod demonstrare intendimus.

<XIV.3> Nunc demonstrandum est quia pentagonus figure xii alkaidarum triangulusque habentis xx alkaidas in eadem alkora lineati eodem
circulo continentur.
70 *Exempli gratia*: Sit diametrus alkore *a b* signenturque in ea figuram xii
basium habentemque xx alkaidas. Sitque pentagonus habens xii alkaidas
g d h u z triangulusque figure xx alkaidarum *t f r*. Dico itaque quia
circulus continens pentagonum *g d h u z* equalis circulo continenti
triangulum *t f r*.
75 *Rationis causa*: Iungatur enim *d* cum *z*. Lineeturque linea *l m* directe.
Sitque quadratum eius quinta quadrati linee *a b*. Erat autem patens in
libro xiii° quia quadratum medietatis diametri circuli cuius pentagoni latus
est latus trianguli figure xx basium signate in alkora est quinta quadrati
diametri alkore. Linea itaque *m l* medietas diametri circuli latus cuius
80 pentagoni latus trianguli habentis xx alkaidas. Dividatur itaque linea *l m*
secundum proportionem habentem medium duoque extrema sitque
dividens maior linea *l n*. Linea ergo *m l* corda sexte circuli. At vero *l n*
decime eiusdem corda. Quadratum itaque linee *a b* triplum quadrati linee
d z. Est enim latus *d z* cubi spere lineate supra diametrum *a b*. Triplum
85 ergo quadrati linee *d z* equale quincuplo quadrati linee *l m*. Erat autem in

68 lineati] lineatorum D.

libro terciodecimo quia linea que cordat respiciens angulum pentagoni si abscidatur ab ea equale lateris pentagoni erit divisa secundum proportio-

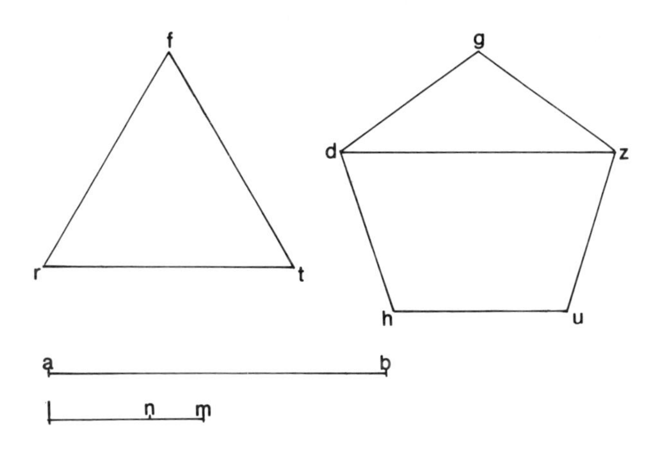

nem habentem medium duasque extremitates maiusque dividens latus pentagoni. Proportio itaque linee *g d* ad lineam *d z* sicut linee *l n* ad
90 lineam *l m*. Quare quod ex quincuplo quadrati linee *l m* quincuploque quadrati linee *l n* equale ei quod ex triplo quadrati linee *d z* et triplo quadrati linee *g d*. Latus autem *f t* potens supra latus *m l* latere *l n*. Quincuplum ergo quadrati linee *f t* equale triplo quadrati *d z* et triplo quadrati *d g* coniunctis. Manifestum autem est ex libro terciodecimo quia
95 latus trianguli potentia triplum medietatis diametri. Itaque quadratum linee *f t* triplum quadrati ex medietate diametri circuli continentis triangulum *f t r*. Quapropter quincuplum quadrati linee *f t* equale est quindecuplo quadrati medietatis diametri circuli continentis triangulum *f t r*. Patet autem ex presenti libro quia quadratum lateris pentagoni
100 quadratumque lateris respicientis angulum pentagoni quincuplum quadrati medietatis diametri circuli continentis pentagonum. Triplum itaque quadrati linee *d z* et triplum quadrati linee *g d* quindecuplum quadrati medietatis diametri circuli continentis triangulum *f t r*. Atque quindecuplum quadrati medietatis diametri circuli continentis pentagonum
105 *g d h u z*. Medietas igitur diametri circuli *g d h u z* equalis medietati diametri circuli *f t r* duoque circuli equales. Et hoc est quod demonstrare intendimus.

<xiv.4> Quadratum equale trigincuplo quadrati quod ex ductu perpendicularis a centro producte circuli continentis <pentagonum ad
110 latus pentagoni in latus> pentagoni est equale superficierum habentis xii alkaidas.

Exempli gratia: Sit circulus *a b g d h* continens pentagonum figure xii basium sitque pentagonus *a b g d h* centrumque circuli punctus *h*. Producatur autem ex eo perpendicularis ad punctum *t* linee *g d*. Dico
115 itaque quia quod ex linea *g d* in *z t* trigies equale est superficierum habentis xii alkaidas ex quibus pentagonus *a b g d h*.

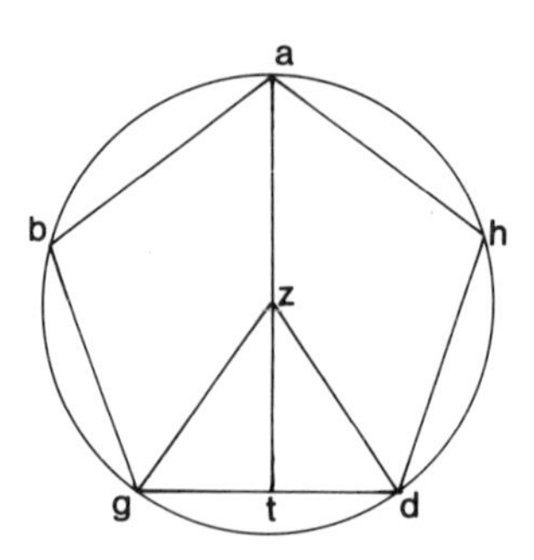

Rationis causa: Quoniam *g d* in *z t* duplum trianguli *z g d*, erit quod ex *g d* in *z t* quinquies duplum pentagoni *a b g d h*. Atqui habentis xii bases duodecuplum superficiei *a b g d h*. Atqui sex in duplum pentagoni
120 *a b g d h* duodecuplum pentagoni *a b g d h*. Quare sex in duplum pentagoni *a b g d h* est sescuplum eius quod ex *g d* in *z t* quinquies. [Proportioque in multiplicationes *a b g d h* est proportio similium ex ductu *g d* in *z t* quinquies.] Erit igitur *g d* in *z t* trigies sicut superficies figure xii alkaidarum. Et hoc est quod demonstrare intendimus.

125 <XIV.5> Non dissimili vero modo quadratum equale trigincuplo tetragoni quadrati quod ex ductu perpendicularis de centro circuli producte ad latus trianguli in eo contenti estque triangulus figure xx alkaidarum in alkora contente in qua habens xii alkaidas continetur in latus trianguli equale superficiebus ipsius xx basium.

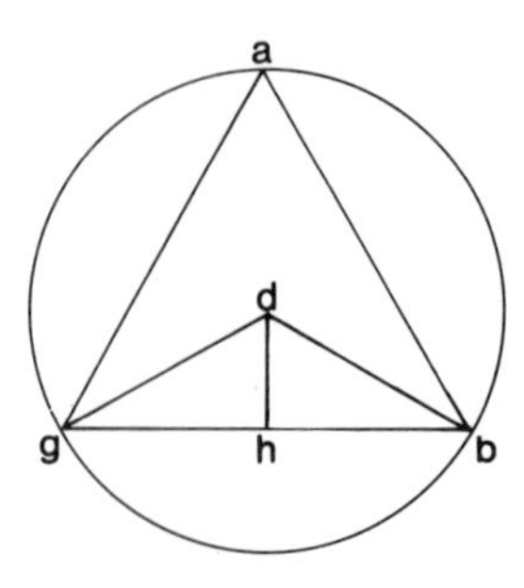

130 *Exempli gratia*: Sit circulus *a b g* continens triangulum figure xx alkaidarum sitque triangulus *a b g* centrumque circuli punctus *d*.

Producatur autem ab eo perpendicularis ad punctum *h* ex linea *b g*. Dico
itaque quia ductus *b g* in *d h* trigies sicut superficies figure xx alkaidarum
que continet triangulum circuli *a b g*.
135 *Rationis causa*: Quoniam quod ex *d h* in *b g* duplum trianguli *d g b*,
erit quod ex linea *d h* in *b g* ter duplum trianguli *a b g*. Quare *d h* in *b g*
trigies equalis vigincuplo trianguli *b g a*. Atque vigincuplum trianguli
a b g equale est superficierum figure xx alkaidarum cuius triangulus
a b g. Quod igitur ex linea *d h* in linea *b g* trigies equale est superficiei
140 figure xx alkaidarum. Et hoc est quod demonstrare intendimus.

<XIV.6> Proportio vero superficierum habentis xii alkaidas ad superficies habentis xx alkaidas sicut proportio partis superficierum xii alkaidarum ex triginta ad partem xx alkaidarum ex triginta.

Proportio itaque superficierum xii alkaidarum ad superficiem xx alkai-
145 darum sicut proportio superficiei que ex *z t* in *d g* ad superficiem que ex
d h in *b g*. Sicque patet quia proportio superficierum corporis xii
alkaidarum ad superficiem corporis xx alkaidarum cum sint ambo in una
alkora contenta sicut proportio quadrati quod ex perpendiculari producta
de centro circuli ad latus pentagoni in eo contenti habentis xii alkaidas in
150 latus pentagoni ad quadratum quod ex alamud producta ex centro circuli
ad latus trianguli corporis xx alkaidarum contenti in ipsa alkora in latus
trianguli. Et hoc est quod demonstrare intendimus.

<XIV.7> Nunc demonstrandum est quia proportio superficierum
corporis xii alkaidarum ad superficiem corporis xx alkaidarum que
155 continentur in alkora una sicut proportio lateris cubi quem continet ipsa
alkora ad latus trianguli xx alkaidarum.

Exempli gratia: Sit circulus *a b g* continens triangulum habentis xx
alkaidas latusque eius linea *a b*. Sitque pentagonus habentis xii alkaidas
cuius latus linea *a g*. Centrumque circuli punctus *d*. Producatur autem
160 perpendicularis de puncto *d* ad punctum *h* ex linea *a b*. Producaturque
item puncto *d* alamud ad punctum *z* ex linea *a g*. Protrahaturque directe
ad punctum *u* ex circumferentia circuli. Iungaturque *a* cum *u*. Lineetur
autem latus cubi quem continet alkora continens xii alkaidarum
habentemque xx alkaidas quorum latera linea *a b* lineaque *a g*. Sitque
165 linea *t*. Dico itaque quia proportio superficiei habentis xii alkaidas ad
superficiem habentis xx alkaidas proportio linee *t* ad lineam *a b*.

Rationis causa: Quoniam due linee *d u* et *u a* cum eas diviserimus
secundum proportionem habentem medium duoque extrema, erit

134 que continet triangulum] contente a triangulo D.

dividens maior *d u*. Est enim corda sexte circuli lineaque *u a* corda
170 decime circuli. Patetque ex precedentibus huius libri quia linea *d z*
medietas duarum linearum *d u* et *u a*. Atqui linea *d h* medietati linee *d u*,

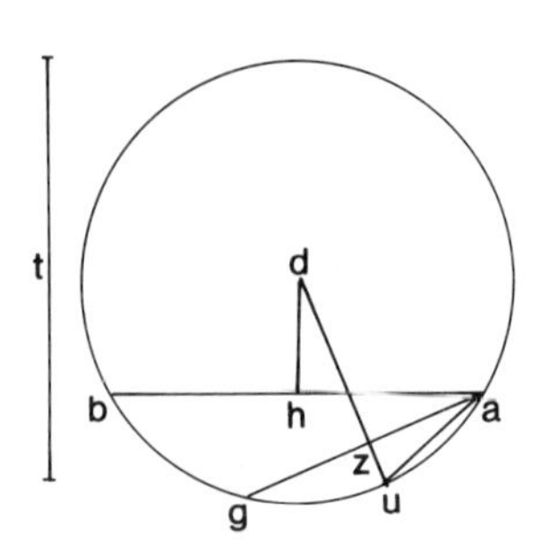

quoniam *d u* medietas diametri circuli. Et *d h* alamud producta de centro
supra latus trianguli. Erat autem ex libro tertiodecimo quia latere cubi
diviso secundum proportionem habentem medium duoque extrema erit
175 enim maius dividens latus pentagoni corporis xii alkaidarum quod in
alkora continetur continente ipsum cubum, linea itaque *d h* medietas linee
d u et *d z* medietas linearum *d u* atque *u a*. Atque *d u* et *u a* iam divisa
est secundum proportionem habentem medium duoque extrema eritque
dividens maius *d u*. Quare linea *d z* divisa secundum proportionem
180 habentem medium duoque extrema erit dividens maius equalis linee *d h*.
Proportio itaque linee *t* ad lineam *a g* sicut proportio linee *d z* ad lineam
d h. Tetragonus ergo qui ex *t* in *d h* equalis illi qui ex *a g* in *d z*. Proportio
itaque quadrati quod ex *t* in *d h* ad quadratum quod ex *a b* in *d h* sicut
proportio superficierum corporis xii alkaidarum ad superficiem xx
185 alkaidarum. [Omnium autem duarum linearum in communem lineam
ductarum erit proportio unius superficierum ex eius productarum in
superficiem alteram sicut proportio unius linee ad lineam alteram. Atqui
d h communis. Quare proportio linee *t* ad lineam *a b* sicut proportio
superficiei que ex linea *t* in lineam *d h* ad superficiem quadrati que ex
190 linea *a b* in lineam *d h*.] Proportio ergo linee *t* ad lineam *a b* sicut
proportio superficierum habentis xii alkaidas ad superficies xx alkaidarum. Linea autem *t* latus cubi, linea vero *a b* latus trianguli xx alkaidarum
quos continet alkora una. Proportio igitur lateris cubi ad latus trianguli
corporis xx alkaidarum sicut proportio superficierum habentis xii alkaidas
195 in xx alkaidas que continet alkora una. Et hoc est quod demonstrare
intendimus.

170 *post* libri *add.* D quia libri.

< XIV.8 > Idem autem aliter demonstrandum est. Quadratum igitur quod ex ductu trium quartarum diametri in quinque sextas linee respicientis angulum pentagoni circuli equale est pentagono circuli.

200 *Exempli gratia*: Sit circulus *a b g* et diametros eius *a h*. Signeturque in eo pentagonus *b a g l k* coniungaturque *b* cum *g*. Signatur ubi *b g* incidit diametrum et incidat eam supra *t*. Centrumque circuli *d*. ... cum *b*. Dividatur *d h* in duo media apud *z*. Dividaturque *g b* supra punctum *u* ita ut linea *t u* dupla linee *u g*. Linea ergo *u b* quinque sextas linee *g b* et *a z* 205 in quarte tres *a h*. Dico itaque quia quadratum quod fit ex *a z* in *u b* equale pentagono *a b g l k*.

Rationis causa: Linea enim *t b* equalis linee *t g*. Atque *t g* triplum linee *g u*. At vero *d z* medietas linee *a d*. Linea ergo *a z* triplum linee *d z*. Et linea *a z* sesquialtera linee *a d* atque *g t* sesquialtera ... *a d* sicut proportio 210 linee *g t* ad lineam *u t*. Atqui *g t* equalis *t b*. ... proportio linee *t b* ad lineam *u t*. Quadratum ergo quod ex *a z* in *t u* ... duplum trianguli *a b d*.

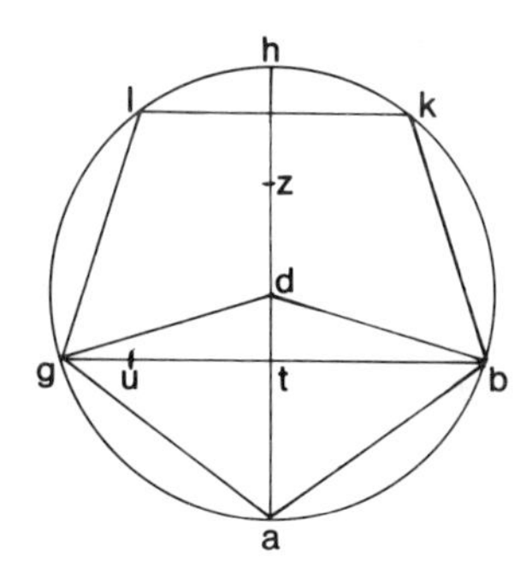

Pentagonus autem *a g l k b* quincuplum trianguli *a b d*. ... duplum trianguli *a b d*. Atque *t b* in *d z* sicut triangulus *a b d*. [Quare *d z* ...] *a z* in *u t* et *a d* in *b t* et *d z* in *b t* sunt equale pentagoni *a g k l b*. Atqui *a z* 215 in *u t* atque *a d* in *t b* et *d z* in *t b* sunt equale eius quod ex *a z* in *u b*. Quare quod ex *a z* in *u b* equale pentagono *a b k l g*. Et hoc est quod demonstrare intendimus.

< XIV.9 > Demonstrandum est item quia proportio superficierum figure xii alkaidarum ad superficiem figure xx alkaidarum quas continet alkora 220 una sicut proportio lateris cubi quem continet ipsa alkora ad latus trianguli habentis xx alkaidas.

Exempli gratia: Sit circulus *a b g* in quo lineetur pentagonus xii alkaidarum sitque pentagonus *a b k l g* et triangulus xx alkaidarum sitque

208 *post* linee[1] *add.* D sesquialtera.

triangulus *t z a*. Coniungaturque *g* cum *b* et producatur diametros *a h*
225 incidens lineam *g b* supra punctum *u*. Centrumque circuli punctus *d*.

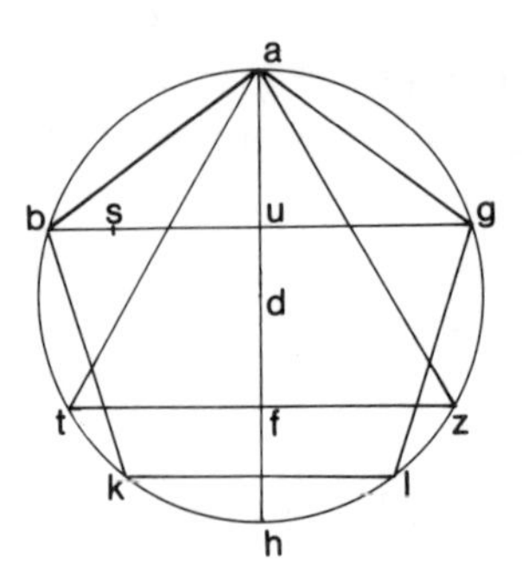

Signeturque ubi diametros incidit alkaidam *z t* ... linee *g b* quinque sexte sitque linea *g s*. Atqui linea *g b* respicit angulum pentagoni. Est ergo *g b* latus cubi ... xii alkaidarum. Dico itaque quia proportio linee *g b* ad lineam *z t* sicut proportio superficierum xii alkaidarum ad superficies xx
230 alkaidarum quarum continet pentagonum istarum triangulumque illarum circulus *a b g*.

Rationis causa: ... *a f* in *g s* equalis est pentagono *a b k l g*. At vero quod ex *a f* in *z f* equale triangulo *a z t* ... communis duabus lineis *g s* et *z f*, erit proportio pentagoni *a b k l g* ad triangulum *a t z* sicut proportio
235 linee *g s* ad lineam *z f*. Proportio itaque duodecupli linee *g s* ad vigincuplum ... duodecupli *a b k l g* ad vigincuplum trianguli *a t z*. Quare proportio xii alkaidarum ad xx alkaidarum sicut proportio duodecupli *g s* ad vigincuplum linee *z f*. Erat autem *g s* quinque sexte linee *g b* atque *z f* medietas linee *z t*. Decuplum autem linee *g b* equale
240 duodecuplo linee *g s*, decuplum vero linee *z t* equale vigincuplo linee *z f*. Proportio itaque decupli linee *g b* que est latus cubi ad decuplum linee *t z* que est latus trianguli xx alkaidarum sicut proportio linee *g b* ad lineam *z t*. Proportio igitur linee *g b* ad lineam *z t* sicut proportio superficierum habentis xii alkaidas ad superficiem xx alkaidarum quas continet alkora
245 una. Et hoc est quod demonstrare intendimus.

<xiv.10> Nunc demonstrandum est quia qualibet linea divisa secundum proportionem habentem medium duoque extrema erit proportio linee potentis supra totam lineam et supra maius dividens ad lineam potentem supra totam lineam et dividens minus sicut proportio lateris cubi
250 ad latus trianguli habentis xx alkaidas quas continet alkora una.

236 *ante* trianguli *add.* D xx. 244 quas] que D.

Exempli gratia: Sit linea *b g* divisa secundum proportionem habentem medium duoque extrema supra *d* sitque maior pars *g d*. Lineeturque supra *g* et ... *g b* circulus *a b*. Sit autem linea *h* latus trianguli ... *z* latus pentagoni ... lineaque *u* latus cubi contenti in alkora continente corpus xx
255 basium cuius latus trianguli linea *h* atque corpus xii basium cuius latus pentagoni linea *z*. Ponatur vero linea *t* potens supra duas lineas *b g* et *b d*. Sitque linea *l* equalis linee *d g*. Linea autem *d g* est latus decagoni circuli *a b*. Linea vero *g b* latus exagoni .... Linea itaque *z* que est latus pentagoni circuli *a b* potens supra lineam *b g* et *d g* estque linea dividens maior. Est
260 autem ... linea *t* potens supra lineam *b g* lineamque *b d* minorem partem. Dico itaque quia proportio linee *z* ad lineam *t* sicut proportio linee *u* que est latus cubi ad lineam *h* que est latus trianguli habentis xx alkaidas.

Rationis causa: Linea enim *h* potens supra triplum linee *b g* et *h* latus trianguli lineaque *b g* latus exagoni. Patet autem ex libro tertiodecimo
265 quia qualibet linea divisa secundum proportionem habentem medium duoque extrema erit linea potens supra totam lineam supraque partem minorem potens supra triplum dividentis partis maioris. Linea itaque *t* potens supra triplum linee *d g*. Linea vero *d g* equalis linee *l*. Proportio itaque linee *h* ad lineam *b g* sicut proportio linee *t* ad lineam *l*. Atque et
270 alternatim proportio linee *h* ad lineam *t* sicut proportio linee *b g* ad lineam *l*. Atqui linea *u* cum dividatur secundum proportionem habentem medium duoque extrema erit dividens maius linea *z*. [Patet autem hoc ex libro tertiodecimo.] Proportio itaque linee *u* ad lineam *z* sicut proportio linee *b g* ad lineam *l* partem linee *b g* maiorem. Proportio vero linee *b g*
275 ad lineam *l* sicut proportio linee *h* ad lineam *t*. Proportio ergo linee *h* ad lineam *t* sicut proportio linee *u* ad lineam *z*. Cum igitur permutabitur, erit

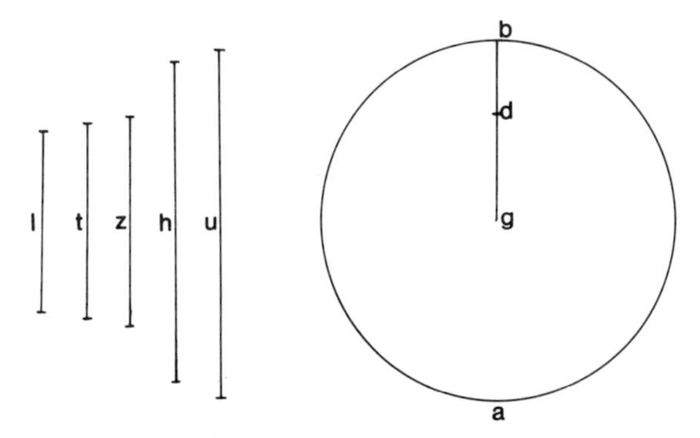

proportio linee *z* ad lineam *t* sicut proportio linee *u* ad lineam *h*. Erat autem *z* potens supra *b g* et *g d* atque *t* supra *b g* et *b d*, linea autem *u* latus cubi, linea vero *h* latus trianguli habentis xx alkaidas quam continet
280 alkora una. Et hoc est quod demonstrare intendimus.

<XIV.11> Nunc demonstrandum est quia proportio corporis habentis
xii alkaidas ad corpus xx alkaidarum sicut proportio lateris cubi ad latus
habentis xx alkaidas contentorum in alkora una.

Rationis causa: Quoniam enim circuli in quibus lineantur pentagonus
285 habentis xii alkaidas <et> triangulus habentis xx alkaidas contentorum
et alkora una sunt equales, erunt spatiaque ab eis ad centrum spere equalia
atque perpendicularesque exeuntes de centro spere ad superficiem eorum
circulorum que cadunt supra centra circulorum continentium pentagonos
xii basium triangulosque xx basium sunt equales. Pyramidum ergo
290 quarum alkaide pentagoni habentis xii bases atque quarum alkaide
trianguli habentis xx alkaidas sunt equales altitudines. Pyramidum
equalium altitudinum proportio unius ad alteram sicut proportio
alkaidarum unius ad alteram. Proportio itaque pyramidis cuius alkaida
pentagonus habentis xii alkaidas ad pyramidem cuius alkaida triangulus
295 habentis xx alkaidas sicut proportio pentagoni habentis xii alkaidas ad
triangulum habentis xx alkaidas. Quapropter proportio duodecupli
pentagoni habentis xii bases ad vigincuplum trianguli habentis xx alkaidas
sicut proportio xii pyramidum quarum bases pentagoni habentis xii
alkaidas ad xx pyramides quarum bases trianguli habentis xx alkaidas
300 contentorum in alkora una. Atqui xii pentagoni habentis xii bases sunt
omnis eius superficies. At vero xii pyramides quarum bases ipsi pentagoni
sunt ipsum corpus xii basium. Atqui xx ex triangulis habentis xx bases
sunt equale superficierum eius. At vero xx pyramides quarum bases ipsi
trianguli sunt corpus habentis xx alkaidas. Proportio itaque superficierum
305 habentis xii alkaidas ad superficies habentis xx alkaidas que sunt in alkora
una sicut proportio corporis habentis xii alkaidas ad corpus xx
alkaidarum. Iam vero manifestum est quia proportio superficierum
habentis xii alkaidas ad superficies habentis xx alkaidas que continentur in
alkora una sicut lateris cubi quem continet ipsa alkora ad latus xx alkaidas.
310 Proportio ergo corporis xii alkaidarum ad corpus xx alkaidarum que sunt
in alkora una sicut proportio lateris cubi qui est in ipsa alkora ad latus
habentis xx alkaidas. Et hoc est quod demonstrare intendimus.

<XIV.12> Nunc demonstrandum est omnia accidentia que accidunt
linee divise secundum proportionem habentem medium duoque extrema
315 omni linee divise similiter accidere.

Exempli gratia: Dividatur linea *a b* secundum proportionem habentem
medium duoque extrema supra *g* sitque longius dividens *a g*. Dividatur
autem linea alia cadatque supra illam proportionem scilicet supra
proportionem habentem medium et duo extrema. Sitque linea illa *d h*.

320 Eritque *z* sitque longius dividens linea *d z*. Dico itaque quia omnia accidentia, que accidunt linee *a b*, accidunt etiam linee *d h*.

Rationis causa: Cum enim diviserimus illas secundum proportionem unam habentem medium et duo extrema, erit proportio *a b* ad *a g* sicut proportio *a g* ad *g b* proportioque *d h* ad *d z* sicut proportio *d z* ad *z h*. 325 Proportio itaque *a b* ad *a g* sicut proportio *d h* ad *d z*. Quod enim ex *a b* in *b g* equale ei quod ex ductu *a g* in seipsam. Eodemque modo illud quod ex ductu *d h* in *h z* equale ei quod ex ductu *d z* in seipsam.

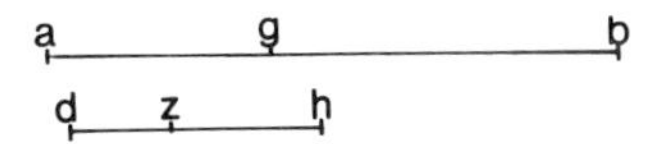

Quapropter quod ex ductu *a b* in *b g* ad illud quod ex ductu *a g* in seipsam sicut quod ex *d h* in *h z* ad illud quod ex *d z* in seipsam. 330 Proportio ergo productorum ex *a b* in *b g* quater ad illud quod ex *a g* in seipsam sicut proportio productorum ex *d h* in *h z* quater ad illud quod ex *d z* in seipsam. [Cum itaque composuerimus, erit proportio productorum ex *a b* in *b g* quater et *a g* in seipsam ad illud quod ex *a g* in seipsam sicut proportio productorum ex *d h* in *h z* quater et *d z* in seipsam ad illud ex 335 *d z* in seipsam.] Quia proportio eius que ex *d h* et *h z* in seipsas ad *d z* in seipsam sicut proportio que ex *a b* et *b g* in seipsas ad *a g* in seipsam. Proportio ergo linearum *a b* et *b g* ad *a g* sicut proportio linearum *d h* et *h z* ad *d z*. Cumque composuerimus, erit proportio linearum *a b* et *b g* cum *a g* ad *a g* sicut proportio linearum *d h* et *h z* cum *d z* ad *d z*. 340 Proportio itaque linee *a b* ad lineam *a g* sicut proportio *d h* ad *d z*. Atque alternatim proportio linee *a b* ad *d h* sicut proportio linee *a g* ad *d z* et sicut proportio *b g* ad *h z*. Manifestum est igitur quia quicquid accidit linee divise secundum proportionem habentem medium et duo extrema, accidit omni linee divise secundum proportionem habentem medium et 345 duo extrema. Et hoc est quod demonstrare intendimus.

Ostensum igitur est quia divisa qualibet linea secundum proportionem habentem medium et duo extrema erit proportio linee potentis supra ipsam lineam et supra maiorem partem ad lineam potentem supra eandem lineam et supra partem minorem sicut proportio lateris cubi ad latus 350 trianguli habentis xx alkaidas signatorum contentorum in alkora una. Item iam manifestum est quod proportio superficierum habentis xii alkaidas ad superficiem habentis xx alkaidas que sunt in alkora una sicut proportio lateris cubi qui continetur in ipsa alkora ad latus trianguli habentis xx alkaidas. Itemque manfestum est quia proportio superficierum 355 habentis xii alkaidas ad superficiem habentis xx alkaidas que continentur in alkora una sicut proportio corporis habentis xii alkaidas ad corpus

habentis xx alkaidas. Itemque manifestum est quia proportio corporis habentis xii alkaidas ad corpus habens xx alkaidas que continet alkora una est sicut proportio lateris cubi in alkora ipsa contenti ad latus trianguli
360 habentis xx alkaidas. Hisque provenit quia qualibet linea divisa secundum proportionem habentem medium duoque extrema erit proportio linee potentis supra ipsam lineam <et> dividentem maiorem partem ad lineam potentem supra eandem lineam partemque minorem sicut proportio corporis xii basium ad corpus xx basium que continentur intra
365 speram unam. Et hoc est quod demonstrare intendimus.

<xiv.13> Diviso latere exagoni secundum proportionem habentem medium et duas extremitates erit eius maior pars latus decagoni contenti a circulo continente ipsum exagonum.

Exempli gratia: Sit linea *a b* latus exagoni sitque divisa secundum pro-
370 portionem habentem medium duoque extrema supra punctum *g* dividensque maius *g b*. Dico itaque quia *b g* latus decagoni contenti in circulo in quo ipse exagonus cuius linea *a b*.

Rationis causa: [Manifestum est enim ex libro tertiodecimo quia latus exagoni circuli decagonique eiusdem cum iuncta fuerint directo modo
375 dividaturque linea secundum proportionem habentem medium duoque extrema dividens maius latus exagoni, dividens vero minor latus decagoni.] Iungatur enim directo modo linee *a b* latus decagoni sitque *d b*. Linea itaque *a d* iam divisa est secundum proportionem habentem medium duoque extrema supra punctum *b* dividensque eius maior linea
380 *a b*. Signetur autem linea equalis linee *a b* sitque *h u*. Dividaturque supra punctum *z* secundum proportionem habentem medium duoque extrema dividensque maior *u z*. Quare linea *u z* equalis linee *b g*. [Proportio autem linee *a d* ad *a b* sicut proportio *h u* ad *u z*. Cumque disiuncte fuerint, erit] proportio autem linee *a b* ad *b d* sicut proportio linee *u z* ad *z h*.
385 Quadratum ergo quod ex *a b* in *h z* equale ei quod ex *b d* in *u z*. Erat autem *h u* equalis linee *a b*. Quare quod ex *h u* in *h z* equale ei quod ex *b d* in *u z*. Atqui quod ex *h u* in *h z* equale ei quod ex *u z* in seipsam. Erit itaque linea *d b* equalis linee *u z*. Erat autem linea *u z* equalis linee *b g* atque *d b* latus decagoni. Linea igitur *b g* latus decagoni. Et hoc est quod
390 demonstrare intendimus.

<xiv.13bis> Si latus exagoni secundum proportionem habentem medium duasque extremitates dividatur, erit dividens maior latus decagoni contenti in circulo continente exagonum.

376 minor] maior D.

Exempli gratia: Sit latus exagoni linea *a b* dividaturque secundum pro-
395 portionem habentem medium duasque extremitates supra punctum *g* sitque dividens maior *b g*. Dico itaque quia *b g* latus decagoni contenti in circulo continente exagonum cuius latus *a b*.

Rationis causa: Patet enim ex sermone tertiodecimo quia latus exagoni circuli atque decagoni eius cum coniungentur directe divideturque linea
400 ex eis constans secundum proportionem habentem medium duasque extremitates erit dividens maior latus exagoni dividensque minor latus decagoni. Iungatur itaque linea *a b* lateri decagoni scilicet *d b*. Divisa itaque linea *d a* secundum proportionem habentem medium duoque extrema supra punctum *b* dividensque maior linea *a b*. Sitque linea
405 equalis linee *a b* linea *h u* dividaturque supra punctum *z* secundum proportionem habentem medium duoque extrema dividensque maior *u z*.

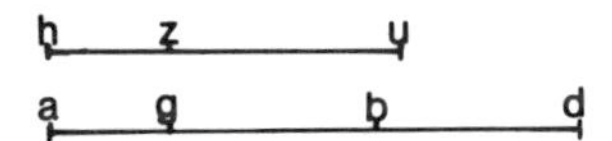

Erit itaque *u z* equalis linee *b g* proportioque *a d* ad *a b* sicut proportio *h u* ad *u z*. Cumque dividentur, erit proportio *a b* ad *b d* sicut proportio *u z* ad *z h*. Quadratum quod ex *a b* in *h z* sicut quadratum quod ex *b d* in
410 *u z*. Atque *a b* sicut *h u*. Quare *h u* in *h z* sicut *d b* in *u z*. Quod quia ex *h u* in *h z* equale ei quod ex *u z* in seipsam quare linea *d b* equalis linee *u z*. Lineaque *u z* equalis linee *b g* atqui *d b* latus decagoni. Erit igitur linea *b g* latus decagoni. Et hoc est quod demonstrare intendimus.

401 minor] maior D. 413 decagoni] exagoni D.

< Liber XV >

<xv.1> Nunc signandum est corpus habens quattuor alkaidas triangulas equalium laterum in cubo assignato.

Sit itaque cubus assignatus muka <ab> $a b g d h u t z$ coniunganturque $a g$ et $a z$ et $g z$ et $a h$ et $h g$ et $h z$. Dico itaque quia iam signavimus corpus habens quattuor alkaidas triangulas equalium laterum estque mugecem $a g z h$.

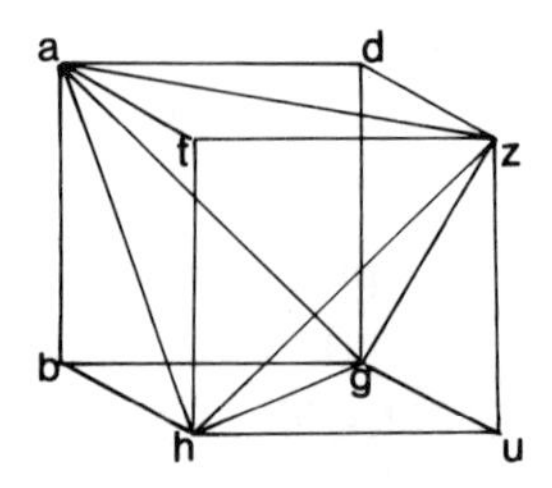

Rationis causa: Linea enim $a g$ respicit angulum $a d g$ rectum atque $a z$ respicit angulum $a d z$ rectum, linea autem $g z$ respicit angulum $g d z$ rectum, linea vero $a h$ angulum $a b h$ rectum. Atqui linea $g h$ respicit angulum $g b h$ rectum, at vero $h z$ angulum $h u z$ rectum. Linee ergo $a g$ et $g z$ et $z a$ et $a h$ et $g h$ et $h z$ equales trianguli que $a g z$ et $a h g$ et $a h z$ et $h z g$ equales. Corpus igitur $a g z h$ est quattuor alkaidarum triangularum equalium laterum alkaidaque eius triangulus $a g z$ caputque eius punctus h. Et hoc est quod demonstrare intendimus.

<xv.2> Nunc signandum est corpus habens octo alkaidas triangulas equalium laterum intra corpus quattuor alkaidarum triangularum equalium laterum.

Sitque itaque corpus cui quattuor alkaide triangulorum equalium laterum corpus $a b g d$. Sitque alkaida triangulus $a b g$ caputque eius punctus d. Dividaturque singula latera eius in duo media supra punctum h; u; z; n; t; l. Iungaturque $h z$ et $z u$ et $h u$ et $t l$ et $l n$ et $u l$ et $h t$ et $t u$ et $n h$ et $l z$ et $n t$ et $n z$. Dico itaque quia iam signavimus intra corpus $a b g d$ corpus octo alkaidarum triangularum equalium laterum.

25 Quoniam linee *n l* et *n t* et *n z* et *n h* et *u h* et *u z* et *u t* et *u l* et *h z* et *z l* et *l t* et *t h* sunt equales [ipse quippe angulos equales lineis equalibus contentos respiciunt.] Anguli autem corporis *a b g d* sunt equales. Alkaide enim eius sunt trianguli equalium laterum, linee autem predicte equidistant alkaidis triangulorum quorum angulos respiciunt, trianguli ...

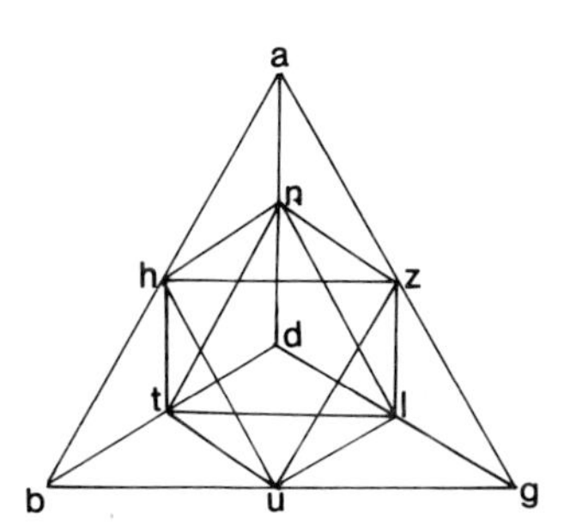

30 triangulis habentis quattuor alkaidas. Linea autem *h z* equidistat linee *b g*. Eodemque modo cetere linee trianguli *h z u* equidistantes lineis trianguli *a b g*. Itemque linee trianguli *n z l* equidistantes lineis trianguli *a d g*. Linee vero trianguli *u l t* equidistant lineis trianguli *d g b* lineeque trianguli *n h t* equidistant lineis trianguli *a d b*. Atque almugecem 35 *n h t u l z* habet quattuor alkaidas equalium linearum. Anguli autem <sunt equales>. Atque trianguli <sunt trianguli> equalium laterum. Triangulique equales <sunt> trianguli *z n l*, *h u z*, *t n h*, *u t l*. Trianguli cuius quattuor eis oppositi sunt trianguli *t u h*, *l n t* et *z u l* et *h z n*. Et quattuor latera quadrati contenti in medio que latera 40 triangulorum <sunt> *t l* et *z h* et *h t* et *z l*. [Angulique ... wahadine punctis acceptis....] Itaque factum est in almugecem *a b g d* quattuor alkaidarum almugecem habens octo alkaidas triangulorum equalium laterum. Et hoc est quod demonstrare intendimus.

[Book XV, Propositions 3-5 are not extant.]

35 habet] habens D. 37 *h u z*] *l n t* D. 38 *l n t*] *h u z* D. 40 Angulique ...] Angulique *d z u* et *d b h* D. 41 *a b g d*] *a b g d z* D.

Addendum 1

Arabic Words in Latin Versions of the *Elements*

a. Arabic terms found in the version by Hermann of Carinthia:

I, Def. 22	elmuaim	al-muʿayyin	rhombus
	simile elmuaim	al-muʿayyin	rhomboid
	almunharifa	al-munḥarifa	trapezia
I, Axioms	aelmam geme	ʿilm jāmiʿ	common notions
	almukadimas	al-muqaddimāt	axioms
I.1	chateti	khaṭṭ	line
II, Def. 2	alalem	al-ʿalam	gnomon
VI, Def. 2	mutekefie	mutakāfiʾ	reciprocally proportional
VI.17, VI.31	ale chelkatu wa tahtit	ʿalā khilqatu wa takhṭīṭ	in creatione et lineatione
VIII.11, 18	bi-tacrir	bi-takrīr	by repetition
IX.38	Wa delicah me aradene en nebeienne. Wa hed horatu	wa-dhālika mā aradnā an nubayyina wa-ḥadd ...	and this is what we want to prove and the end ...
X.28	dulithmein	dhū-l-ismain	binomial
X.29	dulmonsithatein al awwalein	dhū-l-muwassiṭain al awwalain	first bimedial
XI.28	al-manxor	al-manshūr	prism

b. Arabic terms found in the margin of Version I in Bruges MS 529:

Fol. 1r	I, Def.	nocta	nuqṭa	point
		Joz	juzʾ	part
		elkhat	al-khaṭṭ	line
		aarch	ʿarḍ	breadth
		mukaa	mukaʿʿab	cube

		elmuytes	al-muḥīṭ	circumference
		elscat musta	isqāṭ mustaqīm	to drop a straight [line]
		zeweie	zāwiya	angle
		mumez	mumāss	tangent
		jeohitbiht	yuḥīṭu bihi	surrounded it
		alamud	al-ʻamūd	perpendicular
		elmunfariga	al-munfarija	obtuse
		elh	ilā [ākhirihī]	etc.
		elscekl	ash-shakl	figure
		elhad	al-ḥadd	extremity
		eldeir	ad-dāʼira	circle
		elmuhit	al-muḥīṭ	circumference
		mutezevvi	mutasāwī	isosceles
		markat	markaz	centre
		Elkotar	al-quṭr	diameter
		elmunharifa	al-munḥarifa	trapezia
		muwezie	muwāzin	parallel
Fol. 4^{r}	I.16	mukabil	muqābil	opposite
Fol. 8^{v}	I.44	elmukadden	al-muqaddam	the preceding
		elnetiga	al-natīja	result
Fol. 9^{v}, in margin		pro أ	alif	i
		pro ق	qāf	c
		pro ح	ḥāʼ	H
		pro ط	ṭāʼ	t
		pro ت	tāʼ	T
		pro ث	thāʼ	θ
		pro ش	shīn	s
		pro س	sīn	ʃ
Fol. 10^{v}	II.3	gemea	jamīʻan	together
Fol. 11^{v}	II.7	marratain	marratainі	twice
Fol. 12^{r}, in margin		pro ta	ṭāʼ	t
		pro scin	shīn	s
		pro te	tāʼ	T
		pro the	thāʼ	θ
		pro ى	yāʼ	j
Fol. 14^{r}	III, Def.	Elmuit	al-muḥīṭ	circumference
		albaat	al-abʻād (pl.)	distance
		elkataatu	al-qiṭʻa	segment
		Elweter	al-watar	chord
		Elkauz	al-qaus	arc
Fol. 14^{v}	III, Def.	taifa	ṭāʼifa	part
	III.2	elkhariga	al-khārija	exterior angle
Fol. 15^{r}	III.3	judhare	yudāru	traced a circle

	III.4	mutemeceteni	mutamāssatāni	two another touching [circles]
Fol. 15v	III.7	Au!efeaulen	awwalan fa awwalan	one by one
		atouual	aṭwāl	length [pl.]
		ex arba asserin j^i	ex arba' wa-'ishrīn j^i	ex 24 primi
Fol. 16r	III.8	akcar	akthar	more
		min whet waasserin j^i	min wāḥadin wa-'ishrīn j^i	from 21 primi
Fol. 18v	III.21, 23	.kataatu	qiṭ'a	segment
Fol. 19r	III.26	kethein	qiṭ'aini	two segments
Fol. 21r	III.34	maktalifain	mukhtalifain	the two are different
Fol. 23r	IV, Def.	Elmuhit	al-muḥīṭ	circumference
		Elmumeth	al-mumāss	tangent
		Jeohit	yuḥīṭ	surround
		Jémet	yamudu	extended
Fol. 23v	IV.4	tokabile	tuqābilu	meet
Fol. 26v	IV.15	elmucedecen	al-musaddas	hexagon
	IV.16	elhakim	al-ḥakīm	philosopher; sage
Fol. 27r	V, Def.	emutenideba	mutanāsib	proportional
		elmuneciba	al-munāsabat	proportion-ality
		almukaden	al-muqaddam	antecedent
		teli	tālin	consequent
		bitekerir	bi-takrīr	by repetition
		tarkib	tarkīb	composition [of a ratio; i.e., $a+b : b = c+d : d$]
		tefcil	tafṣīl	separation [of a ratio; i.e., $a-b : b = c-d : d$]
		kalafne	khālafnā	inverse [ratio; i.e., $b : a = d : c$]
Fol. 27v	V.3	amthel	amthāl	examples (pl.)
	V.4	nidhba	nisba	ratio
		jetrob	ḍaraba	multiply
Fol. 28v	V.8	tedebir	tadbīr	planning
Fol. 30v	VI, Def.	artafaihe	irtifā'hu	his height
Fol. 34r	VI.18	mucenne	muthannan	duplicate
Fol. 35r	VI.22	gaalne	ja'alna	we have made

Fol. 36v	vi.29	mutekefiha	mutakāfi'	reciprocally proportional
Fol. 37r	vi.31	mutesebiha	mutashābiha	similars
Fol. 37v	vii, Def.	elekcer	al-akthar	the greatest
		elmusita	al-musaṭṭaḥ	plane [number]
		mustahein	musaṭṭaḥain	two plane [numbers]
	vii.1	muntaq	munṭaq	rational
		elascam	al-aṣamm	irrational
		elmuascat	al-muwassaṭ	medial
Fol. 42r	vii.33	pro خ	khā'	q
		pro ذ	dhāl	Δ
Fol. 46r	viii.11	muthetene biltekerir	mutathannā bi't-takrīr	triplicate

Some words I could not identify:

Fol. 1r	i, Def.	Sc̊s
		āserres
		aulābet
Fol. 14r	iii, Def.	elmuitentecha
Fol. 22r	iii.35	feeffehein
Fol. 27r	v, Def.	elerras
Fol. 30v	vi, Def.	eltachiar
Fol. 37v	vii, Def.	muthmetein
		elmuscanet

c. Arabic terms found in Version i, Books x.36-xv.2, in Bodleian Library, MS D'Orville 70, fols. 39r-71v:

alamud	al-'amūd	perpendicular	fol. 64v (xiii.10), 67v (xiii.18), 69r (xiv.5, xiv.6)
alkaida	al-qā'ida	base	fol. 64r (xiii.7), 64v (xiii.8), 65v (xiii.13, xiii.15), 66r (xiii.16), 67r (xiii.17, xiii.18), 68r (xiv.2), 68v (xiv.3, xiv.4, xiv.5), 69r (xiv.6), 69v (xiv.8), 70r (xiv.9, xiv.10), 70v (xiv.11), 71r (xv.1), 71v (xv.2)

alkora	al-kura	sphere	fol. 65^{v} (xiii.13, xiii.14, xiii.15), 66^{r} (xiii.16), 67^{r} (xiii.17, xiii.18), 68^{v} (xiv.3, xiv.5), 69^{r} (xiv.6), 69^{v} (xiv.8), 70^{r} (xiv.9, xiv.10), 70^{v} (xiv.11)
almā rotis	al-makhrūṭ	pyramid	fol. 65^{v} (xiii.13)
elaalem	al-ʿalam	gnomon	fol. 63^{r} (xiii.1, xiii.2), 63^{v} (xiii.3)
elmansor	al-manshūr	prism	fol. 54^{v} (xi.28, xi.29), 57^{r} (xi.41), 57^{v} (xii.3), 58^{r} (xii.4, xii.5), 58^{v} (xii.6), 59^{r} (xii.9)
elmugecem	al-mujassam	solid	fol. 71^{r} (xv.1), 71^{v} (xv.2)
elmugmez	al-mukhammas	pentagon	fol. 65^{r} (xiii.11)
elmukaab	al-mukaʿʿab	cube	fol. 67^{r} (xiii.17), 71^{r} (xv.1)
elmunfasceles	al-munfaṣl	apotome	fol. 64^{r} (xiii.6), 64^{r} (xiii.17)
gemea	jamīʿan	altogether	fol. 65^{r} (xiii.12)
tedʿbir	tadbīr	planning	fol. 43^{r} (x.64), 55^{v} (xi.34, xi.35)
wahadine	wa-ḥāddaini	two acute [angles]	fol. 71^{v} (xv.2)

d. Arabic terms found in Version ii:

alhamud	al-ʿamūd	perpendicular	xiii.18
alif	أ	*a*	vi.27; xi.6; xi.8; xi.20; xi.23; xi.26; xi.31; xi.33; xi.34; xi.36; xi.39; xi.41; xii.2; xii.5; xii.10; xii.11; xii.15
alkaida	al-qāʿida	base	i.25; xiii.16; xiv.5; xv.3
be	bāʾ	*b*	xi.6; xi.8; xi.20; xi.23; xi.26; xi.31; xi.33; xi.34; xi.36; xi.39; xii.2; xii.5; xii.10; xii.11; xii.15
Burrahunnu	burhānuhū	his proof	xii.15
del	dāl	*d*	xi.6; xi.8; xi.20; xi.23; xi.26; xi.31; xi.33; xi.34; xi.36; xi.39; xii.2;

			XII.5; XII.10; XII.11; XII.15
elaale	al-'alam	gnomon	II, Def. 1
Elburhan	al-burhān	proof	XIV.8
elfadhel	al-faḍl	remainder	XI.16
elgidher	al-jidhr	latus tetragonicum	II.14; XIII.1; X.17
elgidher	al-jidhr	radix; root	IX.3; X.46
elkalf leiunken	al-khilāf lā yumkin	the contradiction is impossible	IX.11
elmuhain	al-mu'ayyin	rhombus	I, Def. 23
elmunharifa	al-munḥarifa	trapezia	I, Def. 23; XIII.7
elwascat	al-wasaṭ	medial	X.18
fe	fā'	*f*	XI.23
filhewe	fī'l-hawā'	in the air	XIII.13; XV.2
gemea	jamī'an	altogether	X.105
gim	jīm	*g*	XI.23; XI.41
mutekefia	mutakāfi'	reciprocally proportional	VI.13; VI.14; XI.35
ne	nūn	*n*	XI.26
pe	?	?	XI.26
re	rā'	*r*	XI.26
ta	thā'	*t*	XI.26
te	tā'	*t*	XI.6; XI.8; XI.20; XI.23; XI.26; XI.31; XI.33; XI.34; XI.36; XI.39; XII.2; XII.5; XII.10; XII.11; XII.15
thedebir	tadbīr	planning	X.56; X.57
thulthein	thulthain	two thirds	VII.8
wa delicah me aradene en nubeienne	wa-dhālika mā aradnā an nubayyina	quod oportebat ostendere; and this is what we want to prove	XIII.7

Addendum 2

List of Characteristics of the Various Translations

Version I	Version II	Hermann of Carinthia	Gerard of Cremona
Nunc demonstrandum est			
Exempli gratia	Verbi gratia *or* Exempli gratia	Verbi gratia *or* Exempli gratia	Verbi gratia *or* Exempli gratia
Rationis causa			Probatio huius (*or* eius)
Et hoc est quod demonstrare intendimus (*or* proposuimus)	Quod oportebat ostendere		Et hoc (*or* illud) est quod demonstrare (*or* ostendere *or* declarare) voluimus.
elaalem (gnomo x.86)	gnomo	umbo	gnomo
superficies equidistantium laterum	parallelogrammum	superficies equidistantium laterum	superficies equidistantium laterum (parallelogrammum VI.24, 27, 28, 29, 30; XI.41; XII.3, 8)
triangulus	triangulus *or* trigonus	triangulus (trigonus II.14)	triangulus
hypotenusa XI.37	hypotenusa	hypotenusa II.9; XI.37, 38	
secundum angulum rectum *or* supra duos angulos rectos (orthogonaliter XII.14)	orthogonaliter	orthogonaliter	super rectum angulum *or* super rectos angulos
diametros	diametros *or* diagonus	diametros	diametrus
alternatim (a : b = c : d a : c = b : d)	permutatim	alternatim (permutatim V, Def. xii; VII.13	permutatim

Version I	Version II	Hermann of Carinthia	Gerard of Cremona
separata *or* disiuncta ([a − b] : b = [c − d] : d)	disiunctim	disiuncte	divisa *or* divisim
composita *or* coniuncta ([a + b] : b = [c + d] : d)	coniunctim	coniuncta	composita *or* coniunctim
rectangulus (orthogonius XII.10)	orthogonius *or* rectangulus	orthogonius	rectangulus *or* orthogonius
obtusangulus	ambligonius (obtusangulus XI, Def. x)	ambligonius	ambligonius
acutangulus	oxigonius	oxigonius	oxigonius
mutekefia *or* mutuus	mutekefia *or* mutuus	mutekefia *or* mutuus	alternate
inconiunctive linee	linee equidistantes (paralellus XI.11, 17)	linee equidistantes	linee equidistantes
precedens ad sequens	antecedens ad consequens	antecedens ad consequens	antecedens ad consequens
quadratum *or* superficies quadrata (tetragonus XIV.6)	quadratum *or* superficies quadrata (tetragonus VI.28; XIV.4, 5, 6)	tetragonus	quadratum
surdus (irrationalis X.80)	irrationalis (surdus X, Def. iii, iv)	mutus	surdus
differens X.47; XIII.6, 12, 17	residuum	residuum	residuum
mediatum (mediale X.40, 54, 79)	mediale	mediale	mediale
	kathetum XI.11; XII.10, 14	cathetus I.1; II.1	
	coraustus XI.17; XII.14; XIII.16; XV.1	coraustus II.1	
piramis rotunda	piramis rotunda	piramis teres	piramis rodunda
columpna rotunda	columpna rotunda	columna teres	columpna rotunda
el-mansor	serratilis	sectile (el manxor XI.28)	serratilis
el-kora *or* spera	spera	spera	spera
elmukaab *or* cubus	cubus	cubus	cubus

Version I	Version II	Hermann of Carinthia	Gerard of Cremona
	ysosceles XI.23; XII.2; XIII.7		
	porisma *or* corollarium		corollarium
	dodrans XIV.6		trium quartarum
quinque sexte	dextans		quinque sextus
	ysopleurus XV.2		
figura xii alkaidarum *or* basium	duodecedros *or* figura xii basium		corpus habens duodecim bases
figura viii alkaidarum	octocedros		corpus habens octo bases
figura xx alkaidarum *or* basium	ycocedros *or* figura xx basium		corpus habens xx bases
incommensurabilis	incommensurabilis	incommensurabilis	seiunctus
axis	axis	axis	meguar *or* axis
irregularis	elmunharifa *or* trapezia	almunharifa, *i.e.*, distorte	irregularis *or* trapezia
	emisperio XII.14		
	scema		
	tigillum XI.4, 37		
	pergamen XI.14		
	scedulum XI.14		
maximus numer	maximus numerus	maximus numerus	maior numerus, *e.g.*, VII.2, 3
minimus numerus	minimus numerus	minimus numerus	minor numerus, *e.g.*, VII.34, 35, 36
duae lineae	duae lineae	geminae lineae I.34, 35, 36, 37, 45; II.6; IV.2; X.13	
	ypotesis		
proportio duplicata VI.24; VIII.11, 16; repetitione dupla XII.1, 4	proportio duplicata VIII.11, 16; X.7; XII.1, 4	proportio geminata VI.24; VIII.5, 11, 16; X.7; XII.1, 4	proportio duplicata VI.23; VIII.11, 17; X.7, XII.1, 4
figura incisiva III, Def. X	sector III, Def. X; III.14, 27; XII.14	sectio III, Def. X	sector III, Def. X
	rombus XI.31, 35	rumbus I, Def. 23	rombus I, Def. 23

Addendum 3

The Version of the *Elements* in Vatican, MS Reg. lat. 1268, ff. 72^{r}-113^{v}

<v.18> (Fol. 80^{r}):[1] Vel aliter. Quoniam sic est $a\,b$ ad $b\,g$ sicut $d\,e$ ad $e\,z$ profecto cum permutantur, erit $a\,b$ ad $d\,e$ sicut $b\,g$ ad $e\,z$. Ergo $a\,g$ ad $d\,z$ sicut $b\,g$ ad $e\,z$. Cum ergo permutantur, profecto erit $a\,g$ ad $g\,b$ sicut $d\,z$ ad $z\,e$. Et hoc est quod monstrare voluimus.

<VI.11> (Fol. 85^{r}):[2] Datis tribus lineis rectis quartam lineam proportionalem invenire.

Exempli causa: Sint tres linee recte date a et b et g. Cum igitur voluero quartam invenire lineam proportionalem eis, protraham duas rectas lineas angulum continentes, que sint $d\,e$ et $d\,z$. Sitque $d\,e$ equalis a et b coniunctis de qua abscidam lineam $d\,h$ equalem linee a. Remanet itaque $h\,e$ equalis b. Sit quoque $d\,z$ maior g de qua abscidam partem ei equalem, que sit $d\,t$. Deinde protraham lineam $h\,t$ et a puncto e producam lineam equidistantem ei que sit $e\,z$. Dico igitur tribus datis lineis quartam proportionalem inventam esse lineam $t\,z$.

Quod sic probatur: Quia enim linea $h\,t$ equidistans basi $e\,z$ protracta est ab uno latere trianguli qui est $d\,e\,z$, tunc proportio $d\,h$ ad $h\,e$ equalis est proportioni que est $d\,t$ ad $t\,z$ ex secundo huius. Sed $d\,h$ est equalis a et $h\,e$ adequatur b. Sed $d\,t$ existit equalis g. Ergo proportio a ad b est sicut proportio g ad $t\,z$. Iam ergo invenimus quartam lineam $t\,z$ proportionalem tribus datis lineis que sunt a et b et g. Et hoc est quod invenire voluimus.

<VI.12> (Fol. 85^{r}):[3] Vel aliter. Linea $g\,a$ infinita a parte g coniungatur linee $a\,b$ continens cum ea angulum ut supradictum est. Deinde

[1] See also H. L. L. Busard, *The Latin Translation of the Arabic Version of Euclid's* Elements *Commonly Ascribed to Gerard of Cremona* (in press), c. 130.

[2] See also ibid., cc. 145, 146.

[3] See also ibid., c. 146.

incipiendo ab *a* abscidantur de ea tres equales partes per secundum primi, que sint *a d*; *d e*; *e g*. Et protrahantur alie linee ut predictum est, cetera non mutantur. Et hoc est quod probare voluimus.

<vi.19> (Fol. 87^{v}):[4] Item aliter secunda pars predicti theorematis sic probatur: Nam quoniam triangulus *a b e* triangulo *z h t* similis existit et linea *b e* refertur in proportione linee *h l*, ergo proportio trianguli *a b e* ad triangulum *z h l* est sicut proportio *b e* ad *h l* duplicata ex premissa. Et etiam quia duo trianguli *b g e* et *h t l* sunt similes et latus *b e* refertur in proportione lateri *h l*, ergo proportio trianguli *b g e* ad triangulum *h t l* est sicut proportio *b e* ad *h t* similiter duplicata. Ergo proportio trianguli *a b e* ad triangulum *z h l* est sicut proportio trianguli *b g e* ad triangulum *h t l*. Ita quoque ostenditur, quod proportio trianguli *b g e* ad triangulum *h t l* est sicut proportio trianguli *g d e* ad triangulum *t k l*. Ergo proportio trianguli *a b e* ad triangulum *z h l* est sicut proportio trianguli *b g e* ad triangulum *h l t* et sicut proportio trianguli *e g d* ad triangulum *t k l*. Sed proportio unius antecedentis ad suum comparem ex consequentibus est sicut proportio omnium antecedentium ad omnes consequentes ex xiii quinti. Ergo proportio trianguli *a b e* ad triangulum *z h l* sicut proportio superficiei plurium angulorum *a b g d e* ad superficiem *z h t k l* plurium angulorum. Sed proportio trianguli *a b e* ad triangulum *z h l* est sicut proportio lateris *a b* ad latus *z h* duplicata, ergo proportio superficiei plurium angulorum *a b g d e* ad superficiem plurium angulorum *z h t k l* est sicut proportio lateris *a b* ad latus *z h* duplicata. Et illud est quod demonstrare voluimus.

Et quia si fuerint tres linee proportionales, proportio trianguli constituti super primam ad triangulum sibi similem constitutum super secundam, cum triangulorum constitutio fuerit similis, erit sicut proportio prime ad tertiam. Sed proportio trianguli constituti super primam ad triangulum, qui sit super secundam, est sicut proportio figure plurium angulorum, que constituitur super primam, ad figuram plurium angulorum, que sit super secundam, cum fuerint similes et secundum similitudinem unam constitute. Ergo erit proportio prime ad tertiam sicut proportio figure, que constituitur super primam, ad figuram, que constituitur super secundam, cum fuerint similes et uno modo facte.

<vi.21> (Fol. 88^{r}):[5] *Exempli causa*: Vel si superficies *a g* et *h k* cum ei quam *d z* continent similes describantur et eas inter se similes esse pronuncio.

[4] See also ibid., c. 152.

[5] See also H. L. L. Busard, *The Translation of the* Elements *of Euclid from the Arabic into Latin by Hermann of Carinthia (?)* (Leiden, 1968), p. 129 and Busard, *Latin Translation ... Gerard of Cremona*, cc. 153, 154.

Quod sic probatur: Si enim *a g* et *d z* superficies ad invicem similes sunt, tunc angulus *b* ei quem *e* designat equus erit et latera proportionalia ex primo anxiomathe huius. (Hermann)

Summa etiam *a b* ad *d e* sicut quantitas *b g* ad *e z* respiciet. Amplius superficies quam *h k* continent et quam *d z* ambiunt alterutra similitudine convenire dicuntur. Quare angulus *t* ei quem *e* designat fit equalis. Quantitas etiam *d e* ad *h t* sicut *e z* ad summam *t k* accedit. Angulus autem *b* ei qui est *e* fuerat equalis. Quare etiam idem ei quem *t* describit equabitur. Quanta etiam *d e* ad *t h* tanta est *e z* ad *t k*. Summa vero *a b* ad *d e* sicut proportio *b g* ad *e z* constiterat. Tantam ergo *a b* respectu *t h* quantam *b g* ad *t k* fieri oportet. (Gerard)

Que vero rerum sive proportionum alicui rei equalia sunt, et sibi invicem equalia erunt ex xi quinti. Erunt igitur extremarum superficierum tam anguli quam laterum proportionales equales. (Hermann)

Unde *a g* superficiem ei quam *h k* constituunt similem fore manifestum est. (Gerard)

<VI.22> (Fol. 88^{r}): Si fuerint quotlibet linee proportionales atque super binas et binas similes superficies designentur, ipse quoque superficies erunt proportionales. Si vero supra binas et binas superficies constitute proportionales fuerint, ipsas quoque lineas proportionales esse necesse est.

Verbi gratia: Quattuor siquidem proportionis linee inde linee *a b* et *g d*, item *e z* et *h t* describuntur. Ut quanta *a b* ad *g d* tanta *e z* respectu *h t* consistat. Deinceps quoque supra utramque *a b* et *g d* lineam due superficies *a k b* et *g l d* similes assignentur per xx huius. Non minus quoque super reliquas *e z* et *h t* lineas duabus superficiebus que invicem sunt similes videlicet *e m z* et *h n t* formatis profecto tantam superficiem *a k b* eius que est *g l d* respectu quanta est *e m z* ad *h n t* esse pronuncio.

Quod sic probatur: Lineis namque *a b* et *g d* tertia proportionali *c* videlicet subscripta non minus quoque eis que sunt *e z* et *h t* tertia proportionalis videlicet *p* subiacet ex x huius. Quia ergo *a b* et *g d* linee tertiam *c* sibi proportionalem habent subiectam, tunc quantam *a b* ipsius *c* respectu fore constat, tanta superficies *a k b* ad superficiem *g l d* perhibetur ex corollario xviii huius. Ad hunc etiam modum ut *e z* ad ipsum *p* tertium tanta superficies *e m z* ad eam que est *h n t* consistit. Sed tantam *a b* respectu *g d* quantam *e z* ad *h t* esse constans erat ex ypotesi. Sic autem *a b* ad *g d* tamquam *g d* ad *c* quantitatem accedat. Et quanta *e z* ad summam *h t* tanta *h t* ad ipsum *p*. Rursum tanta *a b* ad summam *c* quanta *a b k* ad eam quam *g d* continent superficiem. Et tanta *e z* ad summam *p* quanta superficies *e m z* eius que est *h n t* respectu consistit. Quantitas ergo *a k b* ad *g l d* quanta *e m z* ad *h n t* efficitur. (Version I).

Item aliter: Quia enim proportio *a b* ad *g d* est sicut proportio *e z* ad *h t*, sed proportio *a b* ad *g d* est sicut proportio *g d* ad *c*. Et proportio *e z* ad *h t* est sicut proportio *h t* ad *p*. Igitur secundum proportionem equalitatis ex xvi anxiomate quinti erit proportio *a b* ad *c* sicut proportio *e z* ad *p*. Et quia proportio *a b* ad *g d* est sicut proportio *g d* ad *c* profecto erit proportio *a b* ad *c* sicut proportio *a b* ad *g d* duplicata ex x anxiomate quinti. Ergo proportio *a b* ad *c* est sicut proportio *a k b* ad *g l d* ex corollario xviii huius. Similiter etiam ostenditur, quod proportio *e z* ad *p* est sicut proportio *e m z* ad *h n t*. Ostensum est autem quod proportio *a b* ad *c* est sicut proportio *e z* ad *p*. Ergo proportio *a k b* ad *g l d* sibi similem est sicut proportio *e m z* ad *h n t*.

Deinde proportione superficiei *a k b* existente ad superficiem *g l d* sicut proportio *e m z* ad *h n t*. Dico quod proportio linee *a b* ad *g d* est sicut proportio linee *e z* ad lineam *h t*. (Gerard)[6]

Quod sic probatur: Quanta *e m z* ad *h n t* posita est quanta *a k b* ad *g l d*. Linea itaque *a b* ad *g d* tamquam *e z* ad *f q*. Constituta super lineam *f q* ei que est *h n t* similis et eiusdem creacionis superficies *f q r* designetur secundum xx huius. Tanto ergo *a b* ad *g d* summam accedit quanto *e z* ad *f q* propinquat. Tanta etiam *a k b* ad *g l d* quanta *e m z* ad *f q r* posita est. Quanta erat *a k b* ad *g l d* tanta *e m z* respectu *h n t* facta perhibetur. Quanta est ergo *e m z* ad *h n t* tanta ad *f q r* pariter consistit. Superficiei igitur *e m z* ad eas que sunt *h n t* et *f q r* eadem erit proportio. Quare *h n t* ei que est *f r q* palam est adequari ex viiii quinti. Item quoniam *a b* sic ad *g d* summam tamquam *e z* ad *f q* respicit, quantitas *a b* respectu *g d* tamquam *e z* ad *h t* referri probatur. (Version I)

Vel sic: superficierum ratione proportionalitatis modum linee succedant. (Hermann)[7] Quod hec innuit descriptio.

Item aliter hoc modo:[8] Quia proportio *a k b* ad *g l d* est sicut proportio *a b* ad *g d* duplicata ex xviii huius. Et proportio *e m z* ad *h n t* est sicut proportio *e z* ad *h t* similiter duplicata. Sed proportio *a b* ad *g d* est sicut proportio *e z* ad *h t*, ergo proportio *a k b* ad *g l d* est sicut proportio *e m z* ad *h n t*.

Item si ponatur proportio *a k b* ad *g l d* sicut proportio *e m z* ad *h n t* dico quod proportio *a b* ad *g d* est sicut proportio *e z* ad *h t*.

Quod sic probatur: Quia enim proportio *a k b* ad *g l d* est sicut proportio *a b* ad *g d* duplicata et proportio *e m z* ad *h n t* est sicut proportio *e z* ad *h t* duplicata. Sed proportio *a k b* ad *g l d* est sicut

[6] See also ibid., c. 154.
[7] See also Busard, *Translation ... Hermann of Carinthia (?)*, p. 130.
[8] See also Busard, *Latin Translation ... Gerard of Cremona*, c. 155.

proportio *e m z* ad *h n t*, ergo proportio *a b* ad *g d* erit sicut proportio *e z* ad *h t*. Et hoc est quod demonstrare voluimus. (Gerard)

<VI.32> (Fol. 91r):[9] Vel aliter. Quoniam proportio quadrati *b g* ad quadratum *b a* est sicut proportio *b g* ad *b a* duplicata ex xviii huius. Proportio autem superficiei lateris *b g* ad superficiem constitutam super latus *b a* sibi similem et secundum ipsius situm est sicut proportio lateris *b g* ad *b a* duplicata. Ergo proportio quadrati *b g* ad quadratum *b a* est sicut proportio superficiei adiuncte ad *b g* ad superficiem adiunctam ad *b a*. Et ita erit proportio quadrati *b g* ad quadratum *g a* sicut proportio figure adiuncte ad *b g* ad superficiem adiunctam ad *g a*. Ergo proportio quadrati *b g* ad duo quadrata *b a* et *a g* est sicut proportio figure adiuncte ad *b g* ad duas figuras adiunctas ad *b a* et *a g*. Sed quadratum *b g* est equale duobus quadratis *b a* et *a g*. Ergo superficies rectorum laterum adiuncta lateri *b g* est equalis duabus superficiebus rectorum laterum et eis similibus constitutis super latera *b a* et *a g*. Et hoc est quod monstrare voluimus.

<VI.33> (Fol. 91v): *Exempli causa*: Proponantur itaque duo *a b g* et *d e z* ad invicem equales circuli supra quorum centra duo anguli *b h g* et *e t z*. Item supra eorundem circumferentias alii duo anguli videlicet *a* et *d* formentur. Qua ergo proportione arcus *b g* ad eum qui *e z* inscribitur referri dicimus ea angulus *b h g* angulum *e t z* respicit ea etiam *a* et *d* anguli conveniunt.

... in circulo quem *a b g* continent quotlibet arcus ei qui est *b g* equales videlicet *g k* et *k l* designentur. Ad huius quoque pacti rationem et modum in circulo quem *e d z* ambiunt eiusdem cum arcu *e z* quantitatis quotlibet descriptis. A puncto *h* ad *k* et *l*. Item a nota *t* ad *m* et *n* linee protrahantur. (Gerard)[10] ut pares sint numero arcus et anguli et equalia utrorumque multiplicatio. (Hermann)[11]

Deinde sic argumentare dicens. Arcus ergo *b g* et *g k* et *k l* sunt equales quare angulos *b h g* et *g h k* et *k h l* equos suscipiunt ex xxvi tertii. Est igitur arcus *b l* ad arcum *b g* multiplex sicut angulus *b h l* ad eum qui est *b h g* sit multiplex. Simili quidem ratione ea quantitate arcus *e n* eius qui est *e z* summam respicit quanta angulus *e n t* angulum *e t z* complectitur. Tanto ergo arcus *b l* arcum *e n* exsuperat quanto angulus *b h l* angulum *e t n* antecedit. Quod si eidem fuerit equalis et anguli equi erunt. Si vero

[9] See also ibid., c. 162.
[10] See also ibid., cc. 163, 164.
[11] See also Busard, *Translation ... Hermann of Carinthia (?)*, p. 139.

minor, et hec minorem se exibit. Cum igitur quattuor quantitates arcus videlicet *b g* et *e z*, item anguli *b h g* et *e t z* sic ponuntur, (Gerard)[12] cumque accidit primi et tertii multiplicationes equas secundi et quarti multiplicationibus equis pariter vel equales esse vel equaliter maiores vel minores existere ex vi anxiomate quinti, (Hermann)[13] tunc manifestum est quoniam arcus *b g* et anguli *b h g* arcus *b l* et angulus *b h l* sunt eque multiplicia. Patet item quoniam arcus *e n* et angulus *e t n* arcum *e z* et eum quem *e t z* faciunt angulum eque multiplicant. Constat autem quod si se excedant, et partes se invicem excedant. Si vero adequantur, et partes coequari. Sed si minores fuerint et partes esse contractiores. Quantitas itaque arcus *b g* ad arcum *e z* tamquam angulus *b h g* ad angulum *e t z* se habebit. (Gerard)[14]

Non minus quidem hii qui supra circumferentiam consistunt eodem proportionis genere copulantur. Nam si in circulis equalibus supra eosdem arcus sint anguli, eos qui in circumferentiis ... eorum qui centra occupant subduplos esse constat ex xix tertii. Fit itaque dum eque multiplitiones fuerint, multiplicia atque submultiplicia eodem relationis modo teneri ex xx quinti. (Hermann)[15]

Anguli ergo *b h g* medietas quam videlicet *a* designat et eius qui est *e d z* pars altera quam punctus *d* innuit eodem modo conveniunt. Tanto igitur arcus *b g* ad arcum *e z* quanto angulus *b h g* angulo *e t z* refertur. Quanto etiam angulus *a* ad angulum *d* accedit. (Gerard)[16]

Manifestum est ergo quoniam in circulis equalibus qua proportione arcus iungantur, eadem omnes eorum angulos referri. (Hermann)[17]

Quod presens signat descriptio.

<x.2> (Fol. 92^r): *Verbi gratia*: Ut quantitatibus *a b* et *g d* inequalibus positis si maiori *a b* minoris equum videlicet *d g* auferatur quoad quantitate *g d* aliquid minus supersit ac deinceps minori *g d* ipsius reliqui equale donec minus ipso restet subtractum sit. Ac deinde de reliquo primo reliquum secundum quoad usque nullum occurrat quod[18] ante relictum numeret. Dico non esse quantitatem que utramque metiatur.

[12] See also Busard, *Latin Translation ... Gerard of Cremona*, c. 164.
[13] See also Busard, *Translation ... Hermann of Carinthia (?)*, p. 139.
[14] See also Busard, *Latin Translation ... Gerard of Cremona*, c. 164.
[15] See also Busard, *Translation ... Hermann of Carinthia (?)*, p. 139.
[16] See also Busard, *Latin Translation ... Gerard of Cremona*, c. 164.
[17] See also Busard, *Translation ... Hermann of Carinthia (?)*, p. 139.
[18] Here begins the Hermann text. See H. L. L. Busard, *The Translation of the* Elements *of Euclid from the Arabic into Latin by Hermann of Carinthia (?), Books VII-XII* (Amsterdam, 1977), pp. 78-79.

Quod sic probatur: Si enim possibile est, sit interdum *e* communis utrisque connumerans. Cum ergo *g d* numeret *b z*, relinquitur *z a* quod est minus *g d*. Hoc item scilicet *z a d h* numeret, donec *g h* minus scilicet *z a* sit reliquum. Sed cum *g h* ipsum *z t* metiatur profecto minus quantitate *g h* videlicet *t a* restabit. Si ergo undique ad hunc modum continua fiat detractio, tandem minus quam *e* relinqui. Sitque id *a t*. Quia ergo *e* numerat *g d*. At vero *g d* numerat *b z*, profecto *e* ipsam *b z* metitur. Numerabat autem totum *b a*. Quare et *a z* numerabit. Sed quoniam *a z* numerabat *h d*, nimirum et *e* numerat *h d*. Itemque totum *g d* et *g h* numerabit *e* porro *g h* numerat *t z*. Quare et *e* numerabit eandem. Numerabat autem totum *a z*. Numerabit igitur *a t*, maior minorem. Quod cum impossibile constet, eas duas quantitates incommensurabiles esse palam est. Et hoc est quod monstrare voluimus.

<x.7> (Fol. 93^{r}): *Exempli causa*: Si ergo sint *a* et *b* linee communicantes, dico dum earum superficies sunt quadrate, erit earundem que et numerorum quadratorum proportio.

Quod sic probatur: Cum enim *a* et *b* sint communicantes profecto que numeri ad numerum est earum proportio ex premisso. Sintque hii numeri *g* et *d*. Quia ergo *g* in se ductus numerum *e* producit sicque *d* in se numerum *z*, profecto erunt *e* et *z* numeri quadrati a descriptione quadrati numeri eorumque latera *g* et *d*. Est autem quadratorum que ex *a* et *b* fiunt proportio que et laterum earum *a* scilicet et *b* proportio duplicata per xi octavi. Eodem quoque modo *e* et *z* relatio que inter *d* et *g* proportio duplicata. Sed proportio *a* ad *b* est sicut proportio *g* ad *d*. Quadratorum ergo factorum ex *a* et *b* que et numerorum *e* et *z* proportio erit. Erant autem *e* et *z* numeri quadrati, superficiei igitur ex *a* quadrate ad *b* superficiem quadratam numeri quadrati ad numerum quadratum est proportio.[19]

<x.8> (Fol. 93^{r-v}):[20] *Verbi gratia*: Ut si *a* et *g* quantitates ei que est *b* communicent, eas inter se communicantes dicemus.

Quod sic probatur: Quoniam *a* ei que est *b* communicante, profecto erit earumdem tanquam numeri ad numerum proportio ex v huius. Sitque ut numeri *d* ad numerum *e*. Rursum si *g* et *b* communicent, profecto qua numerus ad numerum proportione ipsas constans est referri. Sint autem hii numeri *z* et *h*, est ergo quantitatum *a* et *b* que est numerorum *d* et *e*.

[19] This is the proof of the first part of x.7. See also ibid., pp. 81-82.

[20] See also ibid., p. 82.

Quare que est g et b ea est z et h proportio. Assumantur itaque numeri minimi in his duobus proportionibus continue proportionales ex iiii octavi sintque t k l ut que est d ad e ea fit t ad k et que est z ad h eadem inter k et l constet proportio. Quanta est ergo a ad b tanta est d ad e et quanta est d ad e tanta erat t ad k. Unde quanta est a ad b tanta t ad k esse constat per xi quinti. Similiter etiam ostenditur, quod proportio b ad g est sicut proportio k ad l, ergo secundum proportionem equalitatis erit quantus a ad g tantus t ad l. Perhibetur ex xxii quinti. Sunt autem t et l numeri. Cum ergo que numeri t ad numerum l ea sit a et g proportio quantitatum, profecto eas communicantes esse manifestum erit ex vi huius. Et hoc est quod monstrare voluimus.

<x.10> (Fol. 93^{v}):[21] Sint itaque a b g d quantitates quattuor proportionales. Ut que est a ad b eadem sit g ad d proportio. Sintque communicantes a et b. Quare g et d tandem communicantes dicemus.

Quod sic probatur: Quia ergo a et b sunt communicantes ex ipotesi, tunc proportio a ad b est tanquam numeri ad numerum proportio ex quinto huius. Que vero a et b eadem g et d iungit habitudo. Que ergo numeri ad numerum, eadem est g ad d proportio per xi quinti. Quare et he communicantes erunt ex vi huius. Rursum quoque si a et b incommensurabiles fuerint, utique g et d incommensurabiles esse consequitur.

Quod sic probatur: Si enim a et b incommensurabiles sint, profecto non erit earum que numeri ad numerum proportio ex vi huius per destructionem consequentis. Est autem a ad b que et g ad d ex ipotesi. Non igitur g ad d qua numerus ad numerum proportione refertur per xi quinti. Quare et has incommensurabiles esse constat. Et hoc est quod monstrare voluimus.

<x.18> (Fol. 96^{r}):[22] Linea enim potens supra eam si esset rationalis quadratum eius esset rationale, et superficies b g equalis quadrato eius esset rationalis. Sed iam ostensum est quod ipsa est surda. Non ergo vocatur b g medialis, nisi quia ab eius extremitatibus producuntur ea, quibus ipsa est media. Quod ideo est, quoniam faciam supra a g quadratum g z, et supra a b quadratum d b, et complebo figuram. Proportio igitur a d ad a g est sicut proportio b a ad a z. Sed proportio d a ad a g est sicut proportio superficiei d b ad superficiem b g, et

[21] See also ibid., p. 83.

[22] See also M. Curtze, *Anaritii in decem libros priores Elementorum Euclidis commentarii ex interpretatione Gherardi Cremonensis* (Leipzig, 1899), p. 303.

proportio *b a* ad *a z* est sicut proportio superficiei *b g* ad superficiem *g z*, ergo superficies *d b*; *b g*; *g z* sunt continue secundum proportionem unam. Quod ergo fit ex prima in tertiam equum est ei quod fit ex ductu medie in se, que est *b g*. Superficies vero due *d b* et *g z* sunt duo quadrata *a b* et *a g*. Sed *a b* et *a g* sunt in potentia rationales, ergo *d b* et *g z* sunt rationales. Quod ergo provenit ex *d b* in *g z* est rationale. Sed radix eius est superficies *b g*, ergo *b g* est radix rationalis. Et similiter linea potens supra superficiem est <radix radicis> rationalis. Iam ergo ex hoc manifestum est, quod superficies medialis est radix rationalis et linea potens supra superficiem medialem est radix radicis rationalis. Et hoc est quod monstrare voluimus.

<x.20> (Fol. 96^{v}):[23] Sit etiam *a* medialis cui communicet *b* in potentia. Dico igitur, quod *b* est medialis.

Quod sic probatur: Adiungam enim ad *g d* rationalem superficiem *g z* equalem quadrato *a* medialis, ergo *g e* est rationalis in potentia tantum et incommunicans *g d* in longitudine. Et sit superficies *z h* equalis quadrato *b*. Sed *a* communicat *b* in potentia, ergo *g z* communicat *z h*, ergo *g e* communicat *e h* in longitudine. Sed *g e* est rationalis in potentia tantum et incommunicans *g d* in longitudine, ergo etiam *e h* est rationalis in potentia et seiuncta *g d* in longitudine. Sed *g d* est equalis *e z*, ergo superficies *z h* continetur a duabus lineis in potentia tantum rationalibus et in ea communicantibus, ergo *z h* est medialis, et linea potens supra eam est medialis. Linea vero supra eam potens est *b*, ergo *b* est medialis. Et illud est quod demonstrare voluimus.

<x.23> (Fol. 97^{v}):[24] Vel aliter ceteris omnibus similiter permanentibus ab eo loco incipias ubi dicit: Rursum quoniam *g b d* ... huiusmodi: Et sit superficies que fit ex *g* in *d* equalis quadrato facto ex *b* per xvii sexti. Sed quadratum quod fit ex *b* est rationale, ergo superficies que fit ex *g* in *d* est rationalis. Et quia superficies ex *a* in *b* est equalis quadrato ex *g*, et quadratum factum ex *b* est equale superficiei facte ex *g* in *d*, <erit proportio superficiei que est ex *a* in *b* ad quadratum factum ex *g* sicut proportio quadrati facti ex *b* ad superficiem factam ex *g* in *d*. Cum ergo permutaverimus, erit proportio superficiei ex *a* in *b* ad quadratum factum ex *b* sicut proportio quadrati facti ex *g* ad superficiem factam ex *g* in *d*. Sed> proportio superficiei ex *a* in *b* ad quadratum factum ex *b* est sicut

[23] Ibid., pp. 306-307.

[24] See also Busard, *Latin Translation ... Gerard of Cremona*, c. 249 crit. app.

proportio a ad b ex primo sexti. Et proportio quadrati facti ex g ad superficiem ex g in d est sicut proportio g ad d, ergo proportio a ad b est sicut proportio g ad d. Sed linea a est communicans linee b in potentia tantum et potest super eam augmento quadrati ex linea communicante sibi in longitudine, ergo linea g est communicans linee d in potentia tantum et potest super eam augmento quadrati ex linea communicante sibi in longitudine. Sed linea g est medialis, ergo linea d est medialis, ergo due linee g et d sunt mediales et communicantes tantum in potentia et comprehendunt superficiem rationalem quod fit ex g in d. Et g potest super d augmento quadrati et linea communicante ei in longitudine. Et hoc est quod invenire voluimus.

<x.24> (Fol. 98^r):[25] Aliter sicut in premisso ab eo loco ubi dicit: Rursum quoniam eadem ... huiusmodi: Sed superficies ex b in g est equalis superficiei ex d in e que superficies ex b in g est medialis, ergo superficies ex d in e est medialis. Et quia superficies ex a in b est equalis quadrato ex d et superficies ex b in g est equalis superficiei ex d in e, profecto proportio superficiei ex a in b ad quadratum factum ex d erit sicut proportio superficiei ex b in g ad superficiem factam ex d in e. Cum ergo permutaverimus, erit proportio superficiei facte ex a in b ad superficiem factam ex b in g sicut proportio quadrati ex d ad superficiem factam ex d in e. Sed proportio superficiei facte ex a in b ad superficiem factam ex b in g est sicut proportio a ad g. Et proportio quadrati facti ex d ad superficiem factam ex d in e est sicut proportio d ad e, ergo proportio a ad g est sicut proportio d ad e. Sed a est communicans g in potentia tantum, igitur d est communicans linee e in potentia tantum. Sed d est medialis, ergo linea e est medialis. Igitur due linee d et e sunt mediales communicantes in potentia tantum et continentes superficiem que fit ex d in e que est medialis. Et d addit super e in potentia equale quadrato linee incommunicantis sibi in longitudine. Et hoc est quod invenire voluimus.

<x.26> (Fol. 98^v): In quibusdam libris invenitur huiusmodi quarum quadrata ambo pariter accepta sint mediale et duplum superficiei, que ab eis continetur, sit rationale, cuius probatio talis est. Omnibus siquidem ut in predictam permanentibus argumentare sic:[26] Et quoniam quadratum ex a b est equale duobus quadratis que fiunt ex a d et ex d b ex penultimo primi. Quadratum vero ex a b est mediale, ergo quod fit ex coniunctis

[25] See also ibid., c. 250 crit. app.

[26] See also ibid., c. 258. The diagram has been lettered as in Hermann's version; Gerard changed d into e, e into z and z into d.

duobus quadratis ex *a d* et ex *d b* est mediale. Et quia superficies contenta a duabus lineis *a b* et *b g* est rationalis, ergo superficies contenta a lineis *a b* et *b e* est rationalis. Et quia superficies contenta a lineis *a b* et *b e* est rationalis, profecto similiter duplum superficiei contente a lineis *a b* et *e b* erit etiam rationale. Sed ipsa est equalis duplo superficiei contente a duabus lineis *a d* et *d b*. Ergo due linee *a d* et *d b* sunt incommunicantes in potentia et quadrata earum cum coniunguntur sunt mediale et duplum superficiei contente ab eis est rationale. Et hoc est quod invenire voluimus.

<x.34> (Fol. 100ᵛ): Sic autem probatur predicta regula qua dicitur: quod superfluum quod est inter diversas diminutiones quantitatum equalium superfluo, quod est inter residua earum, est equale.[27]

Exempli causa: Sit linea *a g* in duobus punctis *b* et *d* divisa. Dico igitur, quod superfluum quod est inter duo quadrata coniuncta que sunt ex *a b* et ex *b g* et inter duo quadrata coniuncta que fiunt ex *a d* et ex *d g* est equale superfluo sive differentie que est inter duplum superficiei facte ex *a b* in *b g* et inter duplum superficiei facte ex *a d* in *d g*. Quod ideo fit quoniam duo quadrata coniuncta ex *a b* et ex *b g* cum duplo superficiei facte ex *a b* in *b g* est equalis quadrato ex *a g*. Similiter etiam coniuncta duo quadrata ex *a d* et ex *d g* cum duplo superficiei facte ex *a d* in *d g* est equalis quadrato facto ex *a g*. Cum igitur minuentur ex eo duo quadrata coniuncta que fiunt ex *a b* et ex *b g* et duo quadrata coniuncta que fiunt ex *a d* et ex *d g* profecto residuum erit differentia que est inter ea. Dico igitur, quod ipsum residuum vel differentia est equalis differentie que est inter duplum superficiei ex *a b* in *b g* et inter duplum superficiei ex *a d* in *d g*.

Quod sic probatur: Ponatur siquidem linea *e z* cui adiungatur superficies *k z* equalis quadrato facto ex linea *a g* ex qua minuam superficiem *h z* equalem duobus quadratis simul acceptis factis ex *a b* et ex *b g*. Et remanebit superficies *t k* equalis duplo superficiei facte ex *a b* in *b g*. Et minuam etiam ex ea superficiem *l z* equalem duobus quadratis simul que fiunt ex *a d* et ex *d g*. Et remanebit superficies *m k* equalis duplo superficiei contente a lineis *a d* et *d g*. Superfluum vero superficiei *l z* super superficiem *h z* est superficies *t l*. Et similiter superfluum superficiei *t k* super superficiem *m k* est superficies *t l*. Sed superficies *l z* est equalis quadratis ex *a d* et ex *d g* et superficies *h z* est equalis quadratis ex *a b* et ex *b g*. Augmentum ergo quadratorum ex *a d* et ex *d g* super quadrata

[27] See also ibid., cc. 264, 265.

a b et *b g* est superficies *t l*. Et quia duplum superficiei que fit ex *a b* in *b g* est equalis superficiei *t k* et duplum superficiei que fit ex *a d* in *d g* est equalis superficiei *m k*, ergo augmentum superficiei facte ex *a b* in *b g* super duplum superficiei ex *a d* in *d g* est superficies *t l*. Manifestum est igitur quod augmentum quadratorum simul ex *a d* et ex *d g* supra quadrata simul ex *a b* et ex *b g* est equale augmento dupli superficiei ex *a b* in *b g* super duplum superficiei ex *a d* in *d g*.

<x.42> (Fol. 102^{r-v}):[28] Lineam binomii tertii invenire.

Exempli causa: Ponam lineam rationalem *a* et ponam tres numeros quorum nullius proportio ad alium sit sicut proportio numeri quadrati ad numerum quadratum qui sint *b g*; *g d* et *e*. Et sit proportio *b g* ad *b d* sicut proportio numeri quadrati ad numerum quadratum. Et sit proportio quadrati facti ex *a* ad quadratum factum ex *z h* sicut proportio *e* ad *b g*. Ergo quadratum factum ex linea *a* est communicans quadrato facto ex *z h*, quoniam proportio eius ad ipsum est sicut proportio numeri ad numerum ex vi huius. Sed quadratum factum ex *a* est rationale ex ipotesi, ergo quadratum factum ex *z h* est rationale ex diffinitione rationalium. Et quia proportio *e* ad *b g* est sicut proportio quadrati ex *a* ad quadratum ex *z h* ex ipotesi et proportio *e* ad *b g* non est sicut proportio numeri quadrati ad numerum quadratum ex ipotesi, ergo proportio quadrati ex *a* ad quadratum ex *z h* non est sicut proportio numeri quadrati ad numerum quadratum, ergo linea *a* seiuncta est in longitudine linee *z h* ex tertia parte vii. Item sit proportio quadrati ex *z h* ad quadratum ex *h t* sicut est proportio *b g* ad *g d*, et ostendetur sicut superius quod quadratum ex linea *h t* est rationale, et tunc linea *h t* erit seiuncta in longitudine linee *z h*. Ergo due linee *z h* et *h t* sunt rationales in potentia et in ea tantum communicantes. Ergo linea *z t* est binomium. Dico etiam quod ipsa est binomium tertium ex lineis que dicuntur binomie.

Quoniam proportio *e* ad *b g* est sicut proportio quadrati ex *a* ad quadratum ex *z h* ex ipotesi et proportio *b g* ad *g d* est sicut proportio quadrati ex *z h* ad quadratum ex *h t*, ergo secundum proportionem equalitatis erit proportio *e* ad *g d* sicut proportio quadrati ex *a* ad quadratum ex *h t*. Sed proportio *e* ad *g d* non est sicut proportio numeri quadrati ad numerum quadratum. Ergo proportio quadrati ex *a* ad quadratum ex *h t* non est sicut proportio numeri quadrati ad numerum quadratum. Ergo linea *a* seiuncta est linee *h t* in longitudine. Nulla ergo duarum linearum *z h* et *h t* est communicans in longitudine linee rationali

[28] See also ibid., cc. 271, 272.

a. Et etiam quia proportio *b g* ad *g d* est sicut proportio quadrati ex *z h* ad quadratum ex *h t* et linea *b g* est maior linea *g d*, ergo quadratum ex linea *z h* est maius quadrato facto ex linea *h t*. Sit ergo augmentum eius super ipsam equale quadrato ex linea *k*. Et quia proportio *b g* ad *g d* est sicut proportio quadrati ex *z h* ad quadratum ex *h t*, erit, cum converterimus, proportio *b g* ad *b d* sicut proportio quadrati ex *z h* ad quadratum ex *k*. Sed proportio *b g* ad *b d* est sicut proportio numeri quadrati ad numerum quadratum. Ergo proportio quadrati ex *z h* ad quadratum ex *k* est sicut proportio numeri quadrati ad numerum quadratum, ergo linea *z h* est communicans linee *k* in longitudine ex secunda parte vii. Ergo linea *z h* addit super lineam *h t* in potentia equale quadrato quod est ex linea communicante sibi in longitudine. Sed nulla duarum linearum *z h* et *h t* est communicans in longitudine linee rationali date que est *a*. Ergo linea *z t* est binomium tertium ex diffinitione binomii tertii. Et hoc est quod monstrare voluimus.

Binomium tertium investigare.[29]

Exempli causa: Ut si sit linea *a* rationalis duobus itidem quadratis numeris *g b* et *b d* communiter descriptis, non tamen *g d* quadratus <*a* numeratur>. Amplius alio numero videlicet *e* descripto eius ad neutrum numerorum *g b* et *g d* tanquam numeri quadrati ad numerum quadratum sit proportio. Deinceps quoque si numeri *b g* ad *e* tanquam proportio quadrati *z h* ad tetragonum <*a*> quaque numerus *g d* ad *e*, eadem tetragoni *h t* ad *a* quadratum statuatur, que est *b g* et *g d* numerorum, eadem *z h*; *h t* quadratorum erit proportio. Quare *z t* binomium tertium dicemus.

Quod sic probatur: Cum enim que est *b g* ad *e*, eadem sit *z h* ad *a* quadratum relatio, equidem *b g* numeri ad *e* numerum non que quadratorum numerorum ad alios quadratos proportio, non etiam *z h* ad *a*, similiter linee *z h* et *a* longitudine incommensurabiles potentia communicantes necessario erunt. Atqui *a* rationalis. Quare et *z h* inde rationalis erit potentia. Eadem quoque ratio *h t* rationalem eidem *a* longitudine incommensurabilem esse convincit. Quia ergo *b g* ad *g d* numerum eadem que est *z h* ad *h t* tetragonorum constat proportio, equidem nec *b g* ad *g d* proportio neque *z h* ad *h t* tetragonorum tanquam numeri quadrati ad numerum quadratum, lineas *z h*; *h t* longitudine incommensurabiles potentia communicantes esse consequens est. Quare

[29] See also Busard, *Translation ... Hermann of Carinthia (?), Books VII-XII*, p. 106, and Curtze, *Anaritii...*, p. 333.

eedem potentia tantum rationales communicantes erunt. Est igitur *z t* binomium. ... ergo ratione qua et supradicta constiterunt, longiorem *z h* portionem alicuius sibi longitudine commensurabilis linee tetragono amplius quam *h t* posse geometer convincet. Cum utraque *a* linee rationali longitudine sit incommensurabilis, nimirum *z t* binomium tertium liquido constabit. Et hoc est quod investigare voluimus.

<x.45> (Fol. 103ʳ) Lineam binomii sexti inquirere.

Exempli causa: Sit linea rationalis *a* et sint tres numeri quorum nullius proportio ad alium sit ut proportio numeri quadrati ad numerum quadratum qui sint *b g*; *g d*; *e*. Nec etiam sit proportio *b g* ad *b d* ut proportio numeri quadrati ad numerum quadratum. Et sit proportio quadrati facti ex *a* ad quadratum ex *z h* sicut proportio *e* ad *b g*, ergo quadratum factum ex *z h* est communicans quadrato ex *a*. Sed quadratum ex *a* est rationale, ergo quadratum factum ex *z h* est rationale. Sed *z h* est seiuncta linee *a* in longitudine, ergo si nos processerimus sicut in binomio tertio, fiet manifestum quod due linee *z h* et *h t* sunt raionales in potentia et in ea tantum communicantes, et quod nulla earum in longitudine communicat linee rationali date que est *a* et quod maior que est *z h* addit super minorem que est *h t* equale quadrato linee seiuncte ei in longitudine, ergo linea *z t* est binomium sextum. Et hoc est quod inquirere voluimus.[30]

Binomio sexto demum oportet insistamus.

Ut si *a* rationali linea duo etiam numeri *d z* et *e z* solito describantur, nullum eorum *d e* numerus quadrati numeri ad quadratum proportione respiciat. Item alio numero *t* videlicet signato ipsius ad reliquorum *d e* scilicet et *e z* neutrum sicut quadratorum proportio sit assumpta. His itaque descriptis ea sit etiam *d e* ad numerum *t* que inter *b g* et *a* tetragonos constat proportio, non minus quidem numerus *t* ad *z e* eadem *a* et *g h* tetragoni habitudine referantur. Erit ergo siquidem <quam> in binomiorum tertio processimus ratio in medium processerit, ut *b h* binomium fieri manifeste habeatur. Ac deinceps cum *b g* lineam ea que est *g h* quadrato linee eidem longitudine incommensurabilis potentiorem esse constet, utraque necnon partium *b g* scilicet et *g h* scilicet linee *a* rationali posite incommensurabilis longitudine fiat, *b h* lineam binomium sextum consequitur. Et hoc est quod monstrare voluimus.[31]

[30] See also Busard, *Latin Translation ... Gerard of Cremona*, cc. 273, 274.

[31] See also Busard, *Translation ... Hermann of Carinthia (?), Books VII-XII*, pp. 107-108.

Addendum 4

The Gerard of Cremona Version and the Arabic Text

After finishing my edition of the Gerard of Cremona version of the *Elements*, I became acquainted with the unpublished dissertation of Gregg R. De Young, "The Arithmetic Books of Euclid's *Elements* in the Arabic Tradition: An Edition, Translation, and Commentary" (Harvard University, 1981). This thesis is a critical edition of Books VII-IX of the *Elements* in the Isḥaq-Thābit translation. The author distinguished two distinct textual traditions within the ten manuscripts used for his edition. Of the ten, six fall within Group A, namely N = Copenhagen, Bibl. Regiae Hafniensis, MS Mehren LXXXI; F = Istanbul, Fatiḥ MS 3439; S = Escurial, MS Derenbourg 907; M = Teheran, Majlis Shūra, MS I'tiṣāmī 200; R = Rampur, Raza Library, MS Arshī 200; and C = Dublin, Chester Beatty Library, MS 3035. This Group is further subdivided into two subfamilies, namely N and F, and M, R and C. Manuscript S does not fit fully into either subfamily. Group B includes the four manuscripts G = Cambridge, University Library, MS Add. 1075; H = Oxford, Bodleian Library, MS Huntington 435; T = Oxford, Bodleian Library, MS Thurston 11; and D = Uppsala, University Library, MS O.Vet.20. These, too, are further divided into two subfamilies, namely G and H, and T and D, but these are not so closely related as are the manuscripts that make up each of the subfamilies of Group A. The commentary section includes, besides other things, remarks on the text of yet another translation version of the *Elements* in the Leningrad Akademia Nauk, MS C 2145, which arrived too late to be fully integrated into the thesis.

I have compared the Latin text of Gerard of Cremona with the edition of Young, and we can conclude, in agreement with Murdoch in his "Euclid: Transmission of the *Elements*," [1] that it seems very likely that Gerard based his labors on an Isḥaq-Thābit text that contained material drawn from one or another of the Ḥajjāj versions. Secondly we can

[1] J. E. Murdoch, "Euclid: Transmission of the *Elements*," *Dictionary of Scientific Biography*, ed. Charles C. Gillispie, 4 (New York: 1971), p. 445.

conclude that it is very unlikely that Gerard used one of the above-mentioned Arabic manuscripts:

Book VII

After VII Def.9 we read with Gerard: "Post hoc quod dicitur de impariter pari repperi in alia arabica scriptura hoc: Quando fuerit medietas impar, nominatur par impariter; et quando fuerit medietas par, nominatur par pariter et impariter. Neque repperi illud in greco." The Leningrad text adds after that definition: "Now, if its half is odd, it is called even times odd, and if its half is even, it is called even times even times odd." [2] The manuscript G adds after VII Def.8: "Thābit ibn Qurrah said we found in the Arabic text 'and if its half is even it is called even times even times odd,' and we did not find that in any of the Greek texts." [3]

Group A VII Def.15 and 16 = Leningrad VII Def.10 and 11; S, Group B and Gerard omit these.

The last phrase of Gerard's VII Def.16, "qui sunt ipsius latera quorum unus in alium multiplicatur," as well as Gerard's VII Def.17, "Latus quoque numeri est eius radix," are omitted in Groups A, B, and Leningrad.

Gerard's VII Def.19 = Def.19 of Group A = Def.17 of Group B.

Gerard's VII Def.18 = Def.20 of Group A = Def.18 of Group B.

The Leningrad text has the unified form of VII Def.23 as found in Group A rather than the divided form as in Group B Def.20 and 21. Gerard's VII Def.21 agrees with Def.20 and 21 of Group B and is found in the same place.[4]

The order of propositions of Gerard agrees with that of Group B with one exception: Gerard's VII.10 = Group B, VII.13. See the following table:

BOOK VII PROPOSITIONS

Group A	Group B	Leningrad	Gerard
7	10	7	11
8	11	8	12
9	7	9	7
10	8	10	8
11	12	11	13
12	13	12	10
13	9	13	9

[2] De Young, "The Arithmetic Books," p. 569.
[3] Ibid., p. 289.
[4] See also De Young, p. 9 note 24.

There is a difference in terminology: Group A uses "mutually incommensurable" (based on Group A, Def.16), and Group B, like Gerard, uses "prime to each other" (based on Def.13). The propositions of Gerard follow Group B rather than those of Group A, but his system of lettering to label the elements of the propositions is that of Group A.

The remark of Gerard after VII.28, "Thebit inquit: Hanc figuram et illam que sequitur post hanc repperi in greco post duas figuras que post eas sequuntur," is only found as a marginal note in T after VII.29: "in the Greek text we found this proposition and the one after it following the two propositions which follow them [in the Arabic text]." [5] And indeed Gerard's remark belongs after VII.29.

Book VIII

The variant reading of Gerard of the last part of his proof of VIII.7, "In alio libro erat: Sed si *a* numerat *d*, tunc ipse etiam numerat *b*," agrees with that of Group B. His own proof is found neither in Group A nor in Group B.

Group A texts and Gerard have in the proof of VIII.10: "but the unit measures *G* according to the amount of the units of *G*. Thus *D* measures *A* according to the amount of the units of *G*. Thus *G* is multiplied into *D* to yield *A*." [6] Group B texts omit this sentence.

In the margin of VIII.15 of one of the manuscripts of Ibn Sīnā's summary is the following note: "What the Shaykh discussed in the case of proposition 11 is, in the text of the *Elements* by Thābit, discussed in propositions 11 and 12; and what he discussed in proposition 2 is discussed [in Thābit's text] in proposition 13; and what he discussed in the case of the two propositions, 17 and 18, is discussed in the reverse of the order [of Thābit]; and he [Thābit] introduced the opposite of propositions 24 and 25 in two propositions equal to them. Thus the [number of the] propositions became 27. As for what the Shaykh discussed, it is consistent with the text of al-Ḥajjāj." After VIII.15 aṭ-Ṭūsī's recension comments: "And concerning the order of some of these propositions: it is different from what was presented to us according to the ordering of Thābit. As for al-Ḥajjāj, he presented what was presented to us in propositions 11 and 12 [by Thābit] in proposition 11 alone, and he presented to us as proposition 13 what was presented as proposition 2 [by Thābit], and there is presented in [al-Ḥajjāj] as propositions 13 and 14 the proofs mentioned in [Thābit's]

[5] Ibid., p. 361.
[6] Ibid., p. 137.

propositions 14 and 15, and proposition 15 [of al-Ḥajjāj] is lacking [in Thābit's text]. After that the two of them are in agreement." [7] Both assertions are in full agreement with what we have found in the Latin translations of the *Elements* with one exception: only in the Leningrad text is VIII.2 given as number 13.

VIII.11 in the Leningrad text is different from either of the Isḥaq-Thābit versions because it only deals with the second part of the proposition which is combined with the second part of VIII.12 into a single proposition. Gerard gives the same proposition as Leningrad at the end of Book VIII. The proposition in the Leningrad text is:

> When there are two square numbers, the ratio of one of the two of them to the other is the ratio of its side to its side taken twice; and when there are two cube numbers, the ratio of one of the two of them to the other is the ratio of its side to its side taken three times.
>
> An example of that is that the two numbers, *A*, *B*, are squares, and the two numbers *G*, *D*, are cubes, and the two sides are *E*, *Z*.
>
> I say that the ratio of *A* to *B* is the ratio of *E* to *Z* doubled, that is, repeated twice; and that the ratio of *G* to *D* is the ratio of *E* to *Z* tripled, that is, repeated three times.
>
> The proof is that *A*, *B* are two squares, and *G*, *D* are two cubes, and the two sides are *E*, *Z*. Thus *E* is multiplied into its equal to yield *A*, and is multiplied into *A* to yield *G*; and *Z* is multiplied into its equal to yield *B*, and is multiplied into *B* to yield *D*. Also, *E* is multiplied into *Z* to yield *H* and is multiplied into *H*, *B* to yield *T*, *K*.
>
> We may show, as we showed before, that *A*, *H*, *B* are continuous and that *G*, *T*, *K*, *D* are continuous to the ratio of *E* to *Z*, because the ratio of *A* to *B* is as the ratio of *A* to *H* doubled.
>
> But the ratio of *A* to *H* is as the ratio of *E* to *Z*.
>
> Thus the ratio of *A* to *B* is the ratio of *E* to *Z* doubled.
>
> Also, the ratio of *G* to *T* is as the ratio of *T* to *K* and as the ratio of *K* to *D*. Thus the ratio of *G* to *D* is the ratio of *A* to *T* tripled. But the ratio of *G* to *T* is as the ratio of *E* to *Z*. Thus the ratio of *G* to *D* is the ratio of *E* to *Z* tripled.
>
> Therefore, the ratio of *A* to *B* is the ratio of *E* to *Z* doubled, and the ratio of *G* to *D* is as the ratio of *E* to *Z* tripled.[8]

The Leningrad text and Gerard follow VIII.15 with the former numbered 15 and the latter 16, which corresponds to propositions 16 and 17 in the Greek:

[7] Ibid., pp. 638-639.

[8] Ibid., pp. 633-634 and Busard, *Latin Translation... Gerard of Cremona*, c. 210.

When a square number does not measure a square number, its side does not measure its side; and if its side does not measure its side, the square does not measure the square.

An example of that is that the two numbers, *A*, *B*, are two squares, and the sides of the two of them are *G*, *D*, and *A* does not measure *B*. I say that *G* does not measure *D*.

Because if *G* measured *D*, then A would measure *B*.

But *A* does not measure *B*. Therefore, *G* does not measure *D*.

Again, let *G* not measure *D*.

I say that *A* does not measure *B*.

Because if *A* measured *B*, then *G* would measurc *D*.

But *G* does not measure *D*. Therefore, *A* does not measure *B*.

Likewise, we may show than when a cube does not measure a cube, its side does not measure its side; and if its side does not measure its side, the cube does not measure the cube, and that is what we wanted to show.[9]

The Leningrad text corresponds to the alternative proofs of VIII.20 and 21, which are ascribed to al-Ḥajjāj in the Escurial manuscript, 907 (= s). Gerard too gives these alternative proofs after VIII.21 and 22.

The addition of s reads as follows:

We found in the text of al-Ḥajjāj these two propositions with a different proof.

When the first of any three continuously proportional numbers is a square, the third is a square.

An example of that is that the three numbers, *A*, *B*, *G*, are continuously proportional, and the first, namely *A*, is a square.

I say that *G* is a square.

The proof is that the ratio of *A* to *B* is as the ratio of *B* to *G*. Thus there falls between *A* and *G* a number which is proportional to the two of them and they are all proportional, namely *B*. Thus *A* and *G* are two similar plane numbers.

But *A* is a square.

Therefore, *G* is a square.

And he says in the second:

When the first of any four continuously proportional numbers is a cube, [the fourth is a cube].

An example of that is that the four numbers, *A*, *B*, *G*, *D*, are continuously proportional, and the first, namely *A*, is a cube.

I say that the fourth, namely *D*, is a cube.

The proof is that the ratio of *A* to *B* is as the ratio of *B* to *G* and as the

[9] De Young, p. 640, and Busard, c. 202.

ratio of *G* to *D*. Thus there fall between the two numbers, *A* and *D*, two [other] numbers, namely *B*, *G*, and they are continuously proportional.

Thus *A*, *D* are similar solid numbers.

But *A* is a cube.

Therefore, *D* is a cube.[10]

Like Gerard in the proof of VIII.23, the Leningrad text differs from the other texts only in the second sentence of the penultimate paragraph where it has: "Thus *A* and *B* are two similar plane numbers and there falls between the two of them a number and they are continuously proportional." This corresponds with some re-ordering of the phrases to the version in S.[11]

At the end of VIII.23 Pseudo-Ṭūsī says: "I say that the two propositions which we have discussed as 'porisms' in this proposition and in the proposition preceding it are made by Thābit ibn Qurrah [to be] propositions 24 and 25."

The Leningrad text does not contain these interpolated propositions, but they are found in all the other Arabic manuscripts and with Gerard too (propositions 25 and 26). Aṭ-Ṭūsī also includes these propositions, followed by the note: "These two propositions are not in the text of al-Ḥajjāj." [12]

An-Nayrīzī ascribed the interpolated propositions to Heron.[13]

Book IX

In IX.1 the Leningrad text and Gerard differ from the two Isḥaq-Thābit versions in two places. In paragraph two they have: "But *A* is multiplied into its equal to yield *D*, and is multiplied into *B* to yield *G*. Thus *A* is multiplied into two numbers, *A*, *B*, to yield *D*, *G*." At the end of paragraph three they add: "and the ratio of *A* to *B* is as the ratio of *D* to *G*." This is also added in MS G.[14]

The Leningrad text and Gerard differ from the Isḥaq-Thābit versions in only one point: paragraph three of the proof of IX.2. There they omit the second sentence, substituting in its place the material which is also found in the Escurial manuscript:

> Thus the two of them are similar plane numbers. Thus a number falls between the two of them and they are continuously proportional.

[10] De Young, pp. 179-180, and Busard, cc. 206-207.
[11] De Young, p. 645, and Busard, c. 208
[12] De Young, p. 647, and Busard, cc. 208-209.
[13] M. Curtze, *Anaritii*, pp. 194-195.
[14] De Young, p. 649, and Busard, c. 211.

> But the ratio of *D* to *G* is as the ratio of *A* to *B*. Therefore, a number also falls between *A*, *B*, and they are continuously proportional.[15]

The part of Gerard's proof of IX.3 which he has enclosed within square brackets is not found in Groups A and B and the Leningrad text. Moreover, in the margin of the Gerard's manuscripts Bruges 521, Vat. Lat. 7299 and Rossiano 578 we read: "littera signata videtur superflua et non invenitur in quibusdam libris." So it seems that this part of his proof is superfluous.[16]

The Leningrad text of IX.3 parallels that of the Isḥaq-Thābit tradition, with only one minor exception, namely the additional sentence found at the end of the penultimate paragraph: "therefore, *A*, *B* are two similar solid numbers." This additional statement is also found with Gerard and in the summary of Ibn Sīnā.[17]

The Arabic manuscripts M, R, C add after IX.4 the porism that follows IX.5: "It is clear that if a cube is multiplied into a non-cube, they yield a non-cube; and that if a cube is multiplied into a number such that they yield a non-cube, the number into which it is multiplied is a non-cube." [18] The second part of this assertion is also added by Gerard after IX.4.

The Leningrad text of IX.6 differs from the Isḥaq-Thābit traditions by substituting for the last sentence in the penultimate paragraph:

> and they are two similar solid numbers.
>
> But there fall between the two of them two numbers, and they are continuously proportional. Thus *A*, *B* are two similar solid numbers.
>
> But *B* is a cube. Therefore, *A* is a cube.[19]

The Gerard text is very similar to the Leningrad text.

The Greek adds to the penultimate paragraph of IX.7: "and *A* is [the result of the multiplication] of *D*, *E*. Thus the [result of the multiplication] of *D*, *E* is multiplied into *B* to yield *G*." Gerard substitutes for the penultimate paragraph a phrase which is very similar to the Greek.[20]

The Greek, the Arabic manuscrits F and G, and Gerard add in the proof of IX.8: "thus *A* measures *B* according to the amount of the units of *A*." [21]

[15] De Young, pp. 196, 650, and Busard, c. 211.
[16] Busard, cc. 212-213.
[17] De Young, p. 652, and Busard, c. 213.
[18] De Young, p. 201, and Busard, c. 213.
[19] De Young, pp. 653-654, and Busard, c. 214.
[20] De Young, p. 207, and Busard, c. 214.
[21] De Young, p. 210 note 3 and p. 488 note 6; Busard, c. 215.

The first proof of IX.11 given by Gerard is not a proof at all, it seems rather to be another example. The second proof given by Gerard of the same proposition differs from the texts in the Isḥaq-Thābit tradition. The last remark is also true for Gerard's proofs of IX.12 and 13.

The Leningrad text reverses the order of IX.11 and 12 of Groups A and B and Gerard. So do Adelard II and Hermann of Carinthia. Aṭ-Ṭūsī's version follows IX.12 with the comment: "in the text of al-Ḥajjāj this proposition precedes that which is before it [in my text]." [22]

IX.14 of Groups A and B and Gerard is numbered proposition 20 in the Leningrad text, Adelard II and Hermann of Carinthia. Aṭ-Ṭūsī's recension is followed by the comment: "this is proposition 20 in the text of al-Ḥajjāj." [23]

The Leningrad text interchanges IX.25 and 26 of Groups A and B and Gerard, and omits IX.27.[24]

Gerard says at the beginning of IX.30, and the Arabic manuscripts S, T and D at the end: "Thābit said, 'We did not find proposition thirty and thirty-one in the Greek texts which were available, but we found them in the Arabic.'" [25]

The Leningrad text of IX.31 differs in two places from that of the Isḥaq-Thābit versions. First, with only minor changes in phrasing, it follows the variant reading in Arabic Group A, but Gerard follows the Isḥaq-Thābit tradition. Second, after the first sentence of the second paragraph of the Isḥaq-Thābit version of the proof, the Leningrad text and Gerard insert the sentence: "But A, an odd [number] is multiplied into G, an even [number] to yield B." [26]

The Leningrad text corresponds in IX.34 to that of the Isḥaq-Thābit versions, with the usual minor re-phrasings, until the middle of the proof. After the third paragraph of the proof, it has:

> But G, the smaller, measures D, the larger, according to the amount of a number from the proportional numbers. But G is an even number, and measures D according to the amount of one of the two numbers A, B. But the two of them are even numbers. Thus D is even times even.
>
> Likewise, we may show that each one of B, G is even times even, and that is what we wanted to show.

[22] De Young, pp. 659-660.
[23] Ibid., pp. 661-662.
[24] Ibid., p. 668.
[25] De Young, p. 263 note 5, p. 539 note 2; Busard, c. 227.
[26] De Young, p. 670, and Busard, c. 227.

With the exception of "and that is what we wanted to show," Gerard substitutes this phrase of the Leningrad text for the paragraphs 5 and 6: "Therefore, number *D* is even times even. Likewise, each one of *B, G* is even times even." [27]

Gerard follows in the proof of IX.37 the text of Group A. At the end of his proof Gerard gives two phrases which are very similar: "ergo proportio superflui *g d* super *a b* ad *a b* est sicut proportio *t m* qui est superfluum *t n* super *a b* ad omnes *z h*; *g d*; *a b*." And: "Ergo proportio residui ex *g d* secundo ad *a b* est sicut proportio residui ex *t n* postremo ad omnes *z h*; *g d*; *a b*." [28] In the Groups A and B only the second phrase is found.

The end of the proof of IX.38 is in Greek: "And *FG* was proved equal to *A, B, C, D, E, HK, L, M* and the unit; and a perfect number is that which is equal to its own parts; therefore *FG* is perfect;" in the Groups A and B: "But *ZH* is equal to the sum of its parts (to their sum *B*), and the unit with them. Therefore, *ZH* is a perfect number, equal to the sum of its parts;" and with Gerard: "Et *hz* est equalis eis coniunctis et uni cum eis, ergo *zh* est numerus perfectus, quoniam perfectus numerus est equalis omnibus suis partibus." [29]

[27] De Young, pp. 270, 545-546, 671, and Busard, c. 228.
[28] Busard, c. 230.
[29] Heath, *The Thirteen Books...*, 2: 424; De Young, pp. 281, 558; and Busard, c. 232.

Concordance

Version I and Heiberg's Edition

Version I	Heiberg's Edition
Book I	
Def. 1-18	Def. 1-18
Def. 19	III, Def. 6
Def. 20-24	Def. 19-23
Post. 1	Post. 1
—	Post. 2
Post. 2-4	Post. 3-5
Post. 5	—
Axioms 1-3	Axioms 1-3
Axioms 4-6	—
Axioms 7-8	Axioms 4-5
Prop. 1-44	Prop. 1-44
—	Prop. 45
Prop. 45-47	Prop. 46-48
Porism I.15	Porism I.15
Book II	
Def. 1-2	Def. 1-2
Prop. 1-13	Prop. 1-13
—	Prop. 14
Prop. 14	—
Porism II.4	—
Book III	
Def. 1-5	Def. 1-5
[I, Def. 19	Def. 6]
Def. 6-7	—
Def. 8-9	Def. 7-8
—	Def. 9
Def. 10	Def. 10
Def. 11-12	—
Def. 13	Def. 11
Prop. 1-11	Prop. 1-11
—	Prop. 12
Prop. 12-35	Prop. 13-36
—	Prop. 37
Porism III.1	Porism III.1
Porism III.15	Porism III.16
Book IV	
Def. 1	Def. 1
—	Def. 2-7
Prop. 1-16	Prop. 1-16
Porism IV.15	Porism IV.15
Book V	
Def. 1-3	Def. 1-3
—	Def. 4
Def. 4-5	—
Def. 6-10	Def. 5-9
—	Def. 10-11
Def. 11	Def. 13
Def. 12	Def. 12
Def. 13-16	Def. 14-17
—	Def. 18
Prop. 1-11	Prop. 1-11
Prop. 12	Prop. 13
Prop. 13	Prop. 12
Prop. 14-25	Prop. 14-25
—	Porism V.7
Book VI	
Def. 1-2	Def. 1-2
—	Def. 3-4
Prop. 1-8	Prop. 1-8
Prop. 9	Prop. 13
Prop. 10	Prop. 11

Version I	Heiberg's Edition
Prop. 11-12	Prop. 9-10
—	Prop. 12
Prop. 13-16	Prop. 14-17
Prop. 17-18	Prop. 19-20
Prop. 19	Prop. 18
Prop. 20-21	Prop. 21-22
Prop. 22	Prop. 24
Prop. 23	Prop. 26
Prop. 24	Prop. 23
Prop. 25	Prop. 25
Prop. 26-29	Prop. 27-30
Prop. 30	Prop. 32
Prop. 31	Prop. 31
Prop. 32	Prop. 33
Porism VI.8	Porism VI.8
Porism VI.17	Porism VI.19
—	Porism VI.20
Book VII	
Def. 1-2	Def. 1-2
—	Def. 3-5
Def. 3-8	Def. 6-11
Def. 9	Def. 13
Def. 10	Def. 12
Def. 11-12	Def. 14-15
Def. 13-14	Def. 18-19
Def. 15-16	Def. 16-17
Def. 17	Def. 22
Def. 18-19	Def. 20-21
Prop. 1-20	Prop. 1-20
Prop. 21	Prop. 22
Prop. 22	Prop. 21
Prop. 23-28	Prop. 23-28
Prop. 29-30	Prop. 31-32
Prop. 31-32	Prop. 29-30
Prop. 33-39	Prop. 33-39
Porism VII.2	Porism VII.2
Book VIII	
Prop. 1-10	Prop. 1-10
Prop. 11	Prop. 11-12
Prop. 12-15	Prop. 13-16
Prop. 16	Prop. 18
Prop. 17	Prop. 20
Prop. 18	Prop. 19
Prop. 19-25	Prop. 21-27
Porism VIII.2	Porism VIII.2
Porism VIII.15	Prop. 17
Book X	
Prop. 36-41	Prop. 42-47
Def. 1-6	Def. 1-6
Prop. 42-66	Prop. 48-72
Prop. 67	Explanation
Prop. 68-79	Prop. 73-84
Def. 1-6	Def. 1-6
Prop. 80-106	Prop. 85-111
—	Prop. 112-114
Prop. 107	Prop. 115
Book XI	
Def. 1	Def. 1-2
Def. 2-3	Def. 3-4
—	Def. 5-7
Def. 4	Def. 8
Def. 5	Def. 10
Def. 6	Def. 9
Def. 7-8	Def. 13-14
Def. 9	Def. 12
—	Def. 15-17
Def. 10	Def. 18-20
Def. 11	Def. 21
Def. 12	Def. 11
—	Def. 22-23
Def. 13	Def. 24
—	Def. 25-28
Prop. 1-31	Prop. 1-31
Prop. 32	Prop. 31 pars 2ª
Prop. 33	Prop. 32
Prop. 34	Prop. 34
Prop. 35	Prop. 34 pars 2ª
Prop. 36	Prop. 33
Prop. 37-41	Prop. 35-39
—	Porism XI.33
—	Porism XI.35
Book XII	
Prop. 1-5	Prop. 1-5
—	Prop. 6
Prop. 6	Prop. 7
Prop. 7	Prop. 9
Prop. 8	Prop. 8
Prop. 9	Prop. 10

Version I	Heiberg's Edition
Prop. 10	Prop. 12
Prop. 11	Prop. 11
—	Prop. 13-14
Prop. 12-15	Prop. 15-18
—	Porism XII.7
—	Porism XII.8
Porism XII.14	Porism XII.17
Book XIII	
Prop. 1-3	Prop. 1-3
Prop. 4	Prop. 5
Prop. 5	Prop. 4
Prop. 6-7	Prop. 6-7
Prop. 8	Prop. 12
Prop. 9-10	Prop. 9-10
Prop. 11	Prop. 8
Prop. 12	Prop. 11
Prop. 13	Prop. 13
Prop. 14	Prop. 15
Prop. 15	Prop. 14
Prop. 16-18	Prop. 16-18
—	Porism XIII.16
—	Porism XIII.17
Book XIV	
Prop. 1	Prop. 1
Prop. 2	Lemma Prop. 2
Prop. 3	Prop. 2
Prop. 4-5	Prop. 3-4
Prop. 6	Prop. 5
Prop. 7-9	Prop. 6
Prop. 10-11	Prop. 7-8
Prop. 12	Lemma Prop. 8
Prop. 13	—
Book XV	
Prop. 1-2	Prop. 1-2